植物保护技术

主　编　黄保宏

编　者　黄保宏　王增霞

武德功　杜军利

图书在版编目(CIP)数据

植物保护技术/黄保宏主编. —合肥:安徽大学出版社,2022.12

ISBN 978-7-5664-2393-1

Ⅰ. ①植… Ⅱ. ①黄… Ⅲ. ①植物保护—高等学校—教材 Ⅳ. ①S4

中国版本图书馆 CIP 数据核字(2022)第 001648 号

植物保护技术

黄保宏 主编

出版发行:北京师范大学出版集团
安 徽 大 学 出 版 社
(安徽省合肥市肥西路 3 号 邮编 230039)
www.bnupg.com
www.ahupress.com.cn

印　　刷:合肥图腾数字快印有限公司
经　　销:全国新华书店
开　　本:787 mm×1092 mm　1/16
印　　张:29.5
字　　数:681 千字
版　　次:2022 年 12 月第 1 版
印　　次:2022 年 12 月第 1 次印刷
定　　价:108.00 元
ISBN 978-7-5664-2393-1

策划编辑:刘中飞　武溪溪　陈玉婷
责任编辑:陈玉婷
责任校对:武溪溪
装帧设计:李　军
美术编辑:李　军
责任印制:赵明炎　孟献辉

前　言

近年来，随着农业结构的调整、生产条件的改善及现代农业技术的发展，绿色农产品安全标准逐年提高，对农作物有害生物绿色防控技术的要求也越来越高。这对应用型本科人才培养、新型职业农民培训工作提出了新的挑战，也为基层农技工作者不断更新知识、更新观念，更好地为农业生产服务提供了新的机遇。

本书以成果导向教育理念为指导，紧密结合植物保护科技发展、应用型本科教学需要，采取课程结构模块化的思路组织编写而成，力求体现植物保护学科的发展特色与应用型本科的教育特点。本书融合了植物保护相关知识与农业生产实践经验，旨在实现“做中学、做中教”，帮助学生夯实基础知识，掌握基本技能，提高职业素养。

本书由植物保护技术基础知识、农作物病虫草害防治技术和植物化学保护技术3个模块组成。其中，模块1主要介绍植物病虫草害识别要点、防治方法、田间调查方法及农药基础知识；模块2主要介绍水稻、小麦、棉花、玉米、油菜等主要农作物的病虫草害防治技术；模块3主要介绍常用农药品种及农药科学使用技术。

做好农作物病虫草害绿色防控，是夺取农业丰收，保障农作物高产、稳产、优质的关键环节之一。当前，乡村振兴战略对植保科技工作提出了新要求。植保科技是支撑社会主义新农村建设的重要力量，本书的编写是践行服务“三农”和“科技惠农”的一次尝试。

本书的出版得到了安徽科技学院的资助，在此表示感谢！

由于编者学识水平有限，书中难免有疏漏欠妥之处，欢迎各位专家和读者批评指正，并提出宝贵意见和建议。

编　者

2022年6月

目　录

模块1　植物保护基础知识

模块2 农作物病虫草害防治技术

模块3 植物化学保护技术

模块 1

植物保护基础知识

第1章 植物病害基础知识

扫码查看本章彩图

1.1 概述

1.1.1 植物病理学简史

植物病理学(plant pathology)是研究植物病害的现象、原因、发生发展及防治方法的一门应用学科。它以植物病害为研究对象,探讨发病的原因,从解剖学、生理学或生物化学的角度,探讨感染和症状出现的过程。为了确立防病和治病的方法,植物病理学还需要研究形成病原的环境条件、病原物的传染途径、病害的诊断方法、药剂对病原物或植物的药理作用,以及其他所有与植物病害有关的广阔领域。植物病理学由植物学派生,与植物生理学和微生物学相互渗透、发展,与作物学、原生动物学、土壤学、气象学、遗传学、生物化学等学科密切相关。植物细菌性病害学、植物病毒病理学、植物病害的化学防治、植物抗病育种与免疫学及生态植物病理学等均为植物病理学衍生的主要分支学科。

1.1.1.1 植物病理学的发展演变

在古代,由于生产水平低下,人类对自然的认识和改造能力极其有限,"植物病害是神灵对人类的惩罚"的观念实现了长达2000年之久的统治。

18世纪后期,许多科学家冲破宗教观念的束缚,对植物病害的本质进行了广泛的探究。法国科学家Mathieu Tillet通过实验证明,小麦腥黑穗病是由一种"黑粉"传染所致。此后,法国科学家M. Prevost确证这种病原物是一种真菌,成为用事实证明植物病害直接原因的第一人,这也是病原学说的开端之一。1845—1846年,爱尔兰马铃薯晚疫病大流行,造成了大饥荒。这一悲剧性事件极大地推动了植物病理学的发展。当时,对马铃薯晚疫病发生的原因众说纷纭。德国医生兼真菌学家Heinrich Anton de Bary于1861年完全证实其病原物为一种疫病菌,由此建立了植物病原学说。他还提出黑粉病和霜霉病是真菌侵染的结果,锈菌有转主寄生现象,因此被誉为植物病理学之父。

继Luis Pasteur和Robert Koch于1876年发现动物炭疽病的病原物是细菌,Robert Koch提出著名的科赫法则,Thomas J. Burrill于1877年证明梨和苹果的火疫病为细菌所致。1895年,美国科学家Erwm F. Smith开始研究植物细菌性病害,消除了人们对葫芦科、茄科、十字花科细菌性萎蔫病病原物的疑问。除此之外,他还从解剖学的角度揭示了果树根癌病的发生发展规律,提出该病与人类的肿瘤类似,被誉为植物细菌病害的奠基人。

植物病毒病害很早就引起了人们的注意,但对病毒的认识是从19世纪末才开始的。1886年,德国科学家Adolf Mayer发现烟草花叶病可由病叶的汁液传染,证明这种病害是一种侵染性病害。1892年,俄国科学家进一步证明烟草花叶病病株汁液通过细菌过滤器后仍具有致病力。1898年，荷兰科学家Martinus W. Beijerinck重复试验后得到同样的结果，并且发现这种致病物质能在琼脂中扩散，认为这是一种“传染性活液”(后被称为病毒)。这才首次将植物病毒病同其他侵染性植物病害区分开。此后，类似的病害不断被发现。科学家们还发现了病害同媒介昆虫的关系。1935年，美国科学家W. M. Standey用硫酸铵沉淀法和乙酸铅脱色法提纯烟草花叶病毒(tobacco mosaic virus，TMV)，得到纯结晶，并证明它是一种蛋白质。1936年，英国科学家F. C. Bawden和N. W. Pirie发现TMV中含有核糖核酸(ribonucleic acid，RNA)。1956年，H. Fraenkel-Conrat发现除去TMV的蛋白质后，仅用RNA接种也有侵染力，且感病植株可表现出相同症状。1968年，R. Shepherd等人证明花椰菜花叶病毒是脱氧核糖核酸(deoxyribonucleic acid，DNA)病毒。1972年，T. O. Diener发现了类病毒。

1743年，英国人T. Needham首次报道了小麦籽粒(虫瘿)内的植物寄生线虫。1907年，植物寄生线虫奠基人N. A. Cobb在美国农业部内建立第一个线虫学研究机构，并于1913—1932年系统地研究了植物寄生线虫，对线虫的分类学和形态学做出了很大的贡献。1916年，章祖纯发表了关于北京附近的小麦粒线虫和粟线虫的报告。这一时期，我国其他学者对其他植物线虫病害也做了调查研究，其中朱凤美于1940年研制的小麦粒线虫虫瘿汰除机汰除虫瘿率达99%。

1967年，日本科学家土居养二发现几种由叶蝉传播、引起植物黄化病的植原体。

在认真总结经验的基础上，有人提出了病害三角关系、病害四面体关系，认为任何一种因素的变动都将对植物病害产生一定的影响。20世纪70年代后，随着生态学的发展，植物病理学界提出了植物病害系统的概念及较为科学的病害综合防治策略，迈入成熟发展的阶段。20世纪80年代末以来，人们更多利用生化技术、基因工程和分子生物学的理论和方法研究植物病害发生的机制，阐明植物病害过程中寄主与病原物相互识别的分子基础，以及寄主、病原物与病程有关的基因结构、表达和调控机制。近年来，以DNA重组技术为基础开展的植物抗病基因工程，以及病原物的群体遗传学研究和病害流行学研究等取得了惊人的进展。

1.1.1.2 中国植物病理学的发展演变

中国古代病害资料较少，远少于虫害。最早的记载见于公元前239年，《吕氏春秋·审时篇》中有“先时者，暑雨来至，胕动蚼蛆而多疾”，说明过早播种的麦易受病虫害的侵袭。“蚼蛆”是指虫，“多疾”既有病害的意思，也有其他自然因素危害之意。

晋代葛洪的《抱朴子》一书中载有“铜青涂木，入水不腐”，即用氧化铜作木材防腐剂的方法。

533—544年，北魏贾思勰《齐民要术·种麻篇》中有“麻，欲得良田，不用故墟”和“大麻连作，有点叶夭折之患”的记载，说明当时人们已经认识到轮作的重要性。其中“点叶夭折”可能是叶斑病与立枯病。

宋代《陈旉农书·善其根苗篇》(1149年)中有“先夏看其年气候早晚寒暖之宜乃下种，则万不失一，若气候尚有寒，尚且从容熟治苗田”，对培育壮秧又提出“欲得根苗壮好，在夫种之以时，择地得宜，用粪得理"，说明当时人们已经掌握气候变化规律，懂得适时播种防止烂秧和培育壮秧。

南宋韩彦直于1178年撰写的《橘录》给出了柑橘病虫害的有效防治方法以及腐烂柑橘具有传染性的科学结论。"木之病有二：藓与蠹是也。树稍久，则枝干之上苔藓生焉，一不去，则蔓衍日滋。木之膏液荫藓而不及木，故枝干老而枯。善圃者用铁器时刮去之，删其繁枝之不能华实者，以通风日，以长新枝。""采藏之日，先净扫一室，密糊之，勿使风入，布稻稿其间，堆柑橘於地上，屏远酒气，旬日一翻拣之，遇微损谓之点柑，即拣出，否则侵损附近者，屡汰去之"。《橘录》中提出了病害与虫害的区别，可能是中国首次确定植物病害概念。《橘录》发表的时间早于国外确定病原生物学说近700年。1981年，英国发表的植物病理学发展史唯一引用的中国资料便是《橘录》。

元、明两代，中国对外交流频繁。马哥·波罗在游记中提及当时中国杀黑面羊作祭品保佑作物和牲畜生长良好，与欧洲一些国家祭锈神的情形相似。明代宋应星《天工开物·稻灾》(初刊于1637年)说到稻瘟病，还提出"祟在种内，反怨鬼神"，有破除迷信的思想。徐光启撰《农政全书》(1639年刊行)记载了播种期与棉病的关系，提出适当推迟播种的防病措施。《沈氏农书》(成书于崇祯末年)中有对桑萎缩病的观察："设有瘥桑，即番去之，不可爱惜，使其缠染，皆缘剪时刀上传过。"可见当时已知此病能随剪刀切口传染。

清代农书中有关病害的记载较多。方观承命人编制的《棉花图》(1765年)中提到，"种选青黑核，冬月收而曝之，清明后淘取坚实者，沃以沸汤，俟其冷，和以柴灰种之"，说明综合处理棉籽的方法有杀菌和催芽的效果。祁寯藻的《马首农言》(1836年)中提到栽培技术不良或旱涝引起的非传染性"五谷病"。冯撰的《区田试种实验图说》(1908年)里描述了麦、玉米、高粱黑穗病和谷的"糠谷老"(即粟白发病)症状，提出用黑矾可除此发霉之病。至于清末书刊中所提到的一些植物病害，大都是介绍国外的材料。陈启谦的《农话》(1902年)和何刚德的《抚郡农产考略》(1903年)均详细描述稻瘟病症状并分析病因，同时提出预防方法，描述麦黑粉病症状观察、传染途径("农家如见到麦穗之中生有黑粉，急宜拔去烧之，不使黑粉飞散，然后可免此害")。1906年，《东方杂志》3卷10期《实业》详细描述了麦类黑穗病的侵染过程并提出"温汤浸种"法。该刊还记载了用硫酸铜石灰液防治李树痈病的方法，为法国Pierre Marie Alexis Millardet于1883年发表波尔多液防病试验报告之后的20年始见于中国书刊。

纵观前文引举的较重要的中国古籍中有关病害的记述，前人在植物病理学方面的主要贡献是发现病害发生与气候和栽培技术的关系，提出了一些防治措施。由于缺乏显微镜，不能根据所描述的症状确定具体病害。我国自宋代起从国外引进生活用的放大镜，直至清末民初才开始利用显微镜观察真菌等微生物。

中国现代植物病理学起步较晚，但在生物学科中属于创建较早的一门学科。20世纪初，我国植物病理学的教育和科研工作开始起步，大约在1912年前后才开始有人从事植物病理学研究工作。1917年，高等农林学校中开始设置植物病理学课程。1929年，中国植物病理学会成立。20世纪20—40年代，中国植物病理学的先驱者戴芳澜、邓叔群、朱凤美、俞大绂等在研究中国真菌的形态和分类，各主要作物的真菌、细菌和病毒病害以及抗病育种等方面做出了重要贡献。他们在几个高等农业院校和研究所中建立了研究室，培养了许多植物病理学工作者，为中国植物病理学的发展奠定了基础。20世纪50年代以后，植物病理学研究者主要投身于小麦锈病、稻瘟病、棉花枯黄萎病、大白菜三大病害和苹果树腐烂病等主要经济作物病害的研究，我国植物病理学迅速发展并取得显著成效。目前，我国植物病理学领域的研究已与国际接轨。经过广大植病工作者的努力，有些领域已经达到世界先进水平。

1.1.2 植物病害的概念及症状

1.1.2.1 植物病害的概念

植物在生长发育或储藏运输过程中，由于遭受有害生物的侵袭或不良环境条件的影响，其正常的生理活动受到干扰和破坏，表现出各种病态，甚至死亡，造成经济、景观或生态上的损失，这种现象称为植物病害。

植物病害的定义与内涵

不同学者对植物病害的定义不同，但其内涵是一致的。

植物在生长发育过程中由于受到病原生物的侵染或不良环境条件的影响，其影响或干扰强度超过了植物能够忍耐的限度，植物正常的生理代谢功能受到严重影响，产生一系列病理学变化过程，在生理和形态上偏离了正常发育的植物状态，有的植株甚至死亡，造成显著的经济损失，这种现象就是植物病害。(《普通植物病理学》，许志刚)

植物在环境因素的有害作用下，其生理程序的正常功能偏离到不能或难以调节复原的程度，从而导致一系列生理病变、组织病变和形态病变，生长发育失常或受害，最终使人类所需产品的产量和品质受到损失，这便是植物病害。(《普通植物病理学》，曾士迈、肖悦岩)

植物受到有害生物的侵染或不良的非生物因素的持续干扰作用，当超出所能忍受的限度时，其正常的生理和生化功能受到干扰，生长和发育受到影响，因而在生理或组织结构上出现种种病理变化，表现出各种不正常的状态即病态，甚至死亡，最后使植物或其产品受到质量或产量损失的现象，称为植物病害。(《植物病理学导论》，刘大群、董金皋)

植物在生长发育过程中受到生物因子或(和)非生物因子的影响，使正常的新陈代谢过程受到干扰或破坏，导致植株生长偏离正常轨迹，最终影响到植物的繁衍和生息等称为植物病害。(《普通植物病理学》，谢联辉)

综上所述，植物由于受到病原生物或不良环境条件的持续干扰，其干扰强度超过了植物能够忍耐的程度，使其正常的生理功能受到严重影响，在生理上和外观上表现出异常，这种偏离了正常状态的现象称为植物病害。

简而言之，植物病害就是植物受到生物或非生物因素的影响(不良环境条件或病原生物的侵害)，这种影响超过了植物能够忍耐的程度，使植物从生理到组织再到形态发生病理变化并最终导致经济损失的过程。

需要指出的是，在植物病害的概念中，环境因素包括非生物性因素（极端温度、水分和营养失调、有害气体等）和生物因素（各种病原生物），“正常”与“失常”、“健康”与“病态”都是相对的，是边界模糊的概念，但其核心是明确的。在自然界生活过程中，植物对外界各种环境的干扰有一定的自我适应和调节作用（符合事物自组织理论），但当某一因素或某些因素的干扰有害作用超出自我调节的范围就会引起发病。当植物感染病害后，首先引起生理功能上的改变，然后造成组织结构上的改变，最后发病植物外观表现出病态。这些病变都有一个逐渐加深、持续发展的过程，因此这个过程也称为病理程序。

1.1.2.2　判断病害的标准

1）有病理程序　植物病害有一个病理变化过程（病理程序，简称病程），而且这个过程是动态连续的变化过程。例如水稻稻瘟病，病原物侵染后，先是生理生化失调（呼吸、蒸腾加强，产生植保素、病程相关蛋白），侵染点周围叶绿素急剧减少（生理病变），然后细胞、叶肉组织受害逐渐死亡（组织病变），最后叶表出现褪绿、变黄、变褐的枯斑（形态病变）。

环境因素的有害作用并不都构成病害。只有那些能引起植物生理程序异常，引起一系列病理变化过程的，且过程是动态连续的，才能称为植物病害。因此，也可以说植物病害是动态的病理变化过程及其后果。显然，单纯的机械损伤，如冰雹、鸟兽取食、虫伤等都不被列入植物病害之中，因为其对植物的损害是瞬间完成的，没有病理变化过程，这是植物病害与伤害的本质区别。想一想，有病理程序的就一定是病害吗？

2）有一定的发病原因　植物病害的发生都是有一定的原因或“病因”（或病原）的。发生病害的原因是多方面的，但大体可分为生物和非生物因素，具体可分为3种：

①不良的环境条件（物理的或化学的），属于非生物因素。

②病原生物，属于生物因素（外来的），是使植物产生病害的生物。植物病理学主要研究的就是病原生物。

③植物自身的基因异常，属于生物因素（植物自身的因素）。例如，植物先天发育不全或带有某种异常的基因，播种后显示出遗传性病变或生理性病变（如白化苗、先天不孕等）。这类病害与外界环境因素无关，也没有外来生物的参与，病因是植物自身的基因异常。

3）有可见的症状表现　植物罹病后所表现的病态或其外表的不正常表现称为“症状”，也就是“形态病变”。由于植物病害具有症状复杂性、类型多样性以及变化不确定性，因此植物病害诊断常以肉眼可见、最直观表现的症状作为最主要依据。

4）造成经济损失　以生理学、生物学观点阐述病害的概念不够完善，还必须从经济学角度认识病害（病和病害的区别）。从植物病害的概念不难看出，对人类而言，植物病害造成了一定的经济损失。也就是说，其病理变化造成人类所需农产品的产量下降、品质降低。若这种病变没有造成损失，甚至对人有益，也不可纳入植物病害的研究范畴。因此，并非具有病理变化过程的都称为病害，如茭白黑粉病和郁金香花叶病等（图1-1-1）都不属于植物病害；当然，就植物本身而言，不应从经济学角度理解病害的概念。

图 1-1-1 茭白黑粉病和郁金香花叶病

5)造成生态失衡 进一步从生态学角度分析植物病害可以看出,在环境因素中,有些非生物因素是植物生存所必需的,如水分、光照、无机营养,但若强度或浓度过高或过低,超过了植物自调节范围,便成了致病的因素;对于非必需的因素更是如此。生物因素可分为对植物有益(豆科植物根瘤菌)、有害、中性三大类。在自然生态系中,有害生物可与植物协同进化,处于一种动态平衡状态。但在农业生态系统中,由于人类的干扰(如大面积种植单一品种),这种平衡被打破,植物病害就发生了。因此,植物病害可以看作生态失衡的现象。

6)有个体和群体的差异 植物病害是个体或局部的具体表现,而病害损失往往是以植物群体受害为基础的。只有正确理解个体和群体间关系,才能正确理解病害的概念。

综上所述,病害的实质是有害环境因素(生物的或非生物的)的作用,动态连续的病理变化过程,以及造成一定的经济损失。

1.1.2.3 植物病害的症状

(1)植物病害症状的概念

植物病害的症状是指植物罹病后其外表所表现出的病态,可分为内部症状和外部症状两类。其中,外部症状按照有无病原物出现可分为病状和病征。病状是指感病植物发病后本身表现出的不正常状态,病征是指病原物在植物的发病部位所表现的特征。

区别病状和病征

一般来讲,病状较易发现,病征往往只在病害发展至某一特定阶段时形成,非侵染性病害和病毒病害等没有病征。

(2)植物病状类型

1)变色 变色(discoloration)是指植株罹病后局部或全株失去正常的绿色或发生颜色变化。

①褪绿或黄化(图 1-1-2):整个植株、整张叶片或者叶片的一部分均匀地变色。这种变色有时局限于叶片的一定部位,如单子叶植物的叶尖或双子叶植物的叶缘。例如,缺氮、盐碱危害、小麦黄矮病(橘黄色)、苹果缺铁造成黄叶病。

②花叶或斑驳(图 1-1-3):花叶是指叶片发生不均匀褪色,黄绿相间,各部分轮廓明显的变色;斑驳是指各部分轮廓不清的变色。

③红叶:叶片变红或紫红。例如,小麦红矮病、桃红叶病(病毒病)造成红叶。

图 1-1-2　变色(褪绿或黄化)

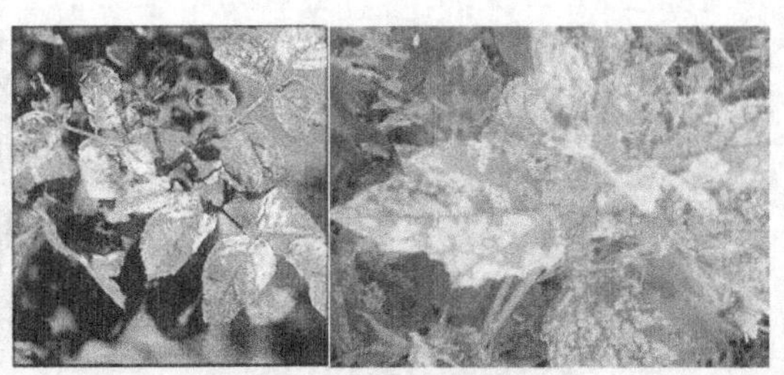

图 1-1-3　变色(花叶或斑驳)

2)坏死　坏死(necrosis)是指植物病部的局部细胞和组织受到破坏而死亡。因受害的部位不同,坏死表现出各种症状。

①叶斑(角斑、轮斑、条斑、白斑、黑斑、灰斑、褐斑、锈斑)(图 1-1-4):受害叶片产生的各种形状、各种颜色的凹陷小点。

②溃疡(图 1-1-5):树干木质部坏死。

③疮痂(图 1-1-6):病部产生一些油渍状黄褐色小点,向一面隆起,呈圆锥形疮痂状。

④猝倒、立枯(图 1-1-7):幼苗近地表茎部坏死。前者倒伏,后者死而不倒。

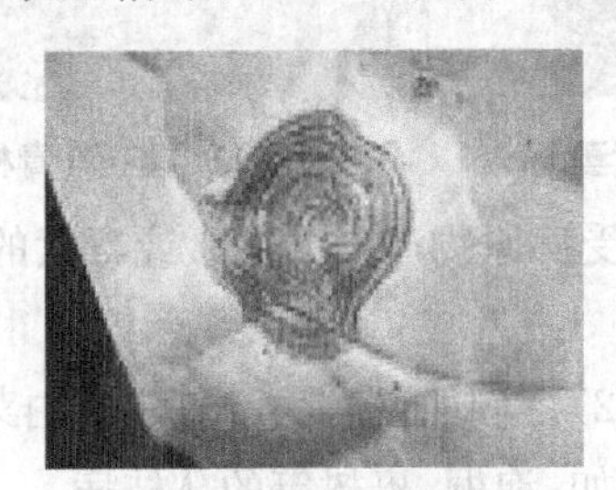

图 1-1-4　坏死(叶斑)

图 1-1-5　坏死(溃疡)

图 1-1-6　坏死(疮痂)

图 1-1-7　坏死(猝倒)

3)腐烂　腐烂(rot)是指细胞或组织坏死的同时,伴随着组织结构的破坏和分解。按照腐败组织的质地,腐烂可分为干腐、湿腐(或软腐)两种(图 1-1-8)。组织腐烂时,若水分能及时蒸发,则形成干腐;若细胞消解得很快,腐烂组织不能失水,则形成湿腐。

图 1-1-8　腐烂

4)萎蔫　萎蔫(wilt)是指植物根茎的维管束组织受侵染后,生理功能受到破坏,影响水分的运输,使枝叶凋萎、下垂的现象。常见的萎蔫有枯萎(图 1-1-9)、黄萎(图 1-1-10)和青枯(图 1-1-11)。

图 1-1-9　萎蔫(枯萎)

图 1-1-10　萎蔫(黄萎)

图 1-1-11　萎蔫(青枯)

5)畸形　畸形(malformation)是指植物发病后,受病原物产生的激素或毒素的刺激而表现异常生长。

①肿瘤:病组织过度增生肿大形成肿瘤(图 1-1-12)。例如,葡萄根癌病、大白菜根肿病。

②丛枝:植株过度分化造成丛枝(图 1-1-13)。例如,泡桐、枣树等的丛枝病。

③徒长:植株生长特别快,发生徒长(图 1-1-14)。例如,水稻恶苗病。

④矮缩:植株生长受抑制造成矮缩、小叶、小果、缺素等(图 1-1-15)。例如,玉米粗缩病。

⑤皱缩、卷叶:病组织生长不均匀引起皱缩、卷叶等(图 1-1-16)。例如,国槐带化病。

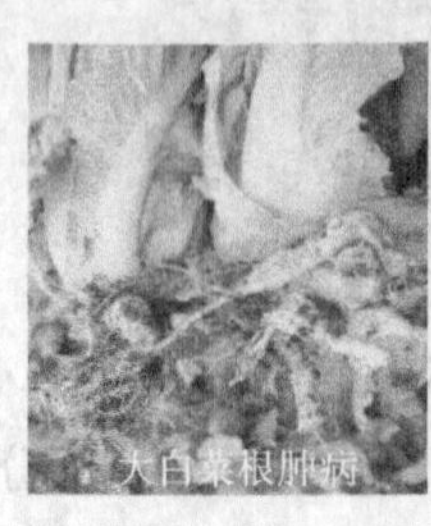

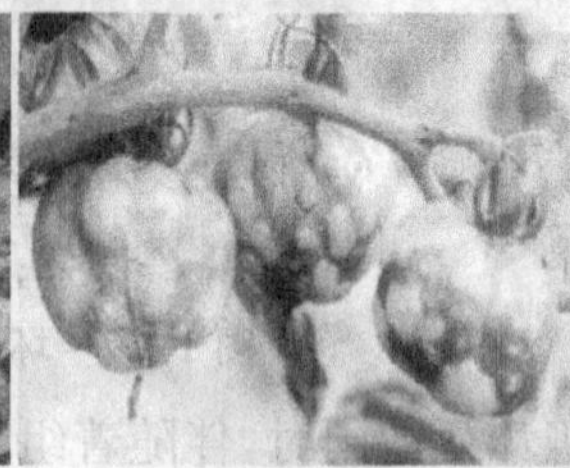

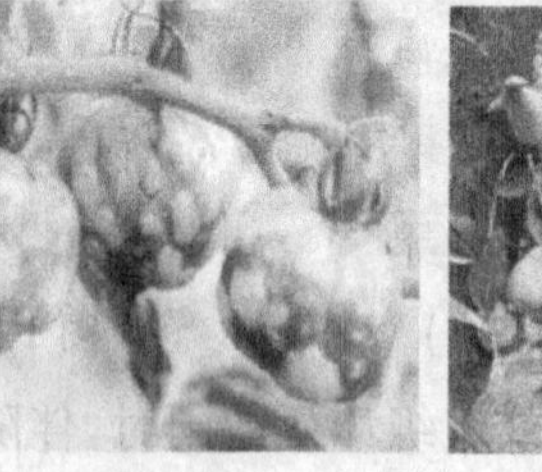

图 1-1-12　畸形(肿瘤)

图 1-1-13　畸形(丛枝)

图 1-1-14　畸形(徒长)

缺锌引起的小叶病

图 1-1-15　畸形(矮缩、矮化、小叶)

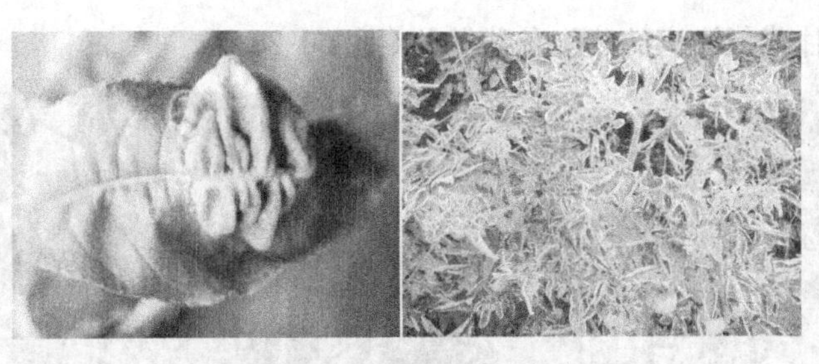

图 1-1-16　畸形(皱缩、卷叶)

(3)植物病征类型

1)霉状物　霉状物是真菌性病害常见的病征,不同病害对应霉层的颜色、结构、疏密等差异较大,可分为霜霉、黑霉、灰霉、青霉和白霉等(图 1-1-17)。

图 1-1-17　霉状物(霜霉、灰霉、白霉)

2)粉状物　粉状物是指某些真菌的孢子密集地聚集在一起所表现的特征,根据颜色可分为白粉、锈粉和黑粉等(图 1-1-18)。

图 1-1-18　粉状物(白粉、锈粉、黑粉)

3)颗粒状物　颗粒状物是指病部所产生的各式各样的颗粒状物,如水稻纹枯病的褐色菌核,十字花科作物菌核病的鼠粪状菌核(图 1-1-19),半埋于病部组织表皮下的小黑点(如柑橘炭疽病病部的小黑点)。

图 1-1-19　颗粒状物(菌核)

4)索状或线状物　索状或线状物是指病部产生的白色或紫红色的线状物,如花生白绢病的白色丝状物、甘薯紫纹病的紫红色线状物(图 1-1-20)。

图 1-1-20 索状或线状物

5)脓状物 脓状物是细菌性病害特有的病征。病部表面溢出的含有许多细菌和胶质物的黏液,称为菌脓或菌胶团(图 1-1-21)。

图 1-1-21 脓状物

植物病害都有病状,是否也都有病征呢?

病征只在由真菌、细菌所引起的病害上表现明显。常见的病征多属真菌的菌丝体和繁殖体,细菌性病害的病征多为胶状菌脓。

1.1.2.4 植物病害的病因分析

(1)病害三角关系

1)病原(pathogen)

①生物因素:寄生于高等植物的多种真菌、病毒(类病毒)、细菌、植原体、线虫、寄生植物等。它们是寄生物,也是病原物。由生物因素引起的病害能够传染,故此类病害称为侵染性病害、传染性病害或寄生性病害,如小麦条锈病、烟草花叶病、白菜软腐病、泡桐丛枝病和大豆根结线虫病等。

②非生物因素:非生物因素包括气候条件、大气环境和栽培条件等。由非生物因素引起的植物病害不能相互传染,故此类病害称为非侵染性病害、非传染性病害或生理性病害。对于非侵染性病害而言,由于各种植物对环境条件的反应不同,在相同的环境条件下,只有那些对不利环境因素较敏感的植物才会生病。因此,非侵染性病害发生的原因有两方面:不利的环境因素和植物对这些因素的反应。

2)寄主植物(host plant) 不同植物种类、品种、品系或个体对病害的表现不一,其发病程度、轻重也不一。只有当那些感病寄主植物大面积种植时,植物病害才会大流行。

3)环境(environment) 有适宜病害发生的环境条件(包括自然环境和栽培条件)。

植物病害是寄主植物、病原、环境三方面因素相互作用的结果(病害三角关系,图

1-1-22)。但对某些植物病害而言，三者的影响不是等同的，有主次之分，要区别对待，具体情况具体分析。例如，小麦条锈病发生条件为大面积单一的感病小麦品种、适宜的环境条件(安徽省 4 月中上旬至 5 月上旬的降雨)和越冬菌源(或大区流行的越冬菌源)；小麦赤霉病发生条件为菌源大量存在，小麦品种间抗病性差异不明显，病害发生主要取决于扬花至乳熟期的降雨量。

图 1-1-22　病害三角

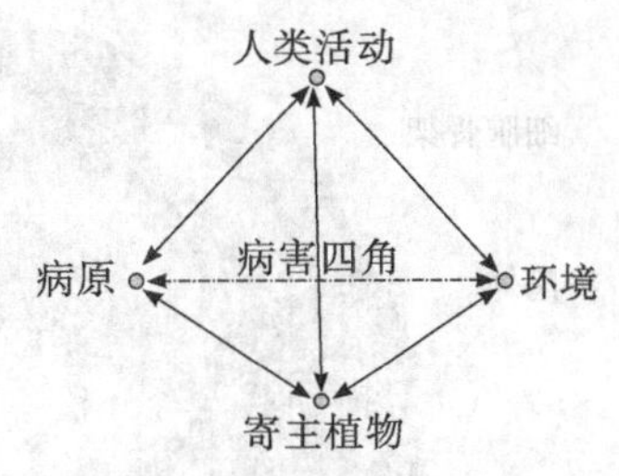

图 1-1-23　病害四面体

(2)病害四面体

人类活动对植物病害流行有干预作用。在植物病害的三要素的基础上加上人类活动所构成的多面体称为病害四面体，如图 1-1-23 所示。20 世纪 70 年代初，美国玉米小斑病大流行，就是由大面积种植单一的不抗 T 小种的玉米品种导致的。

人类的经济、文化交流等活动中，携带、传播植物病害的事例屡见不鲜。例如，日本侵华带来甘薯黑斑病；品种的引进、调运等引起水稻白叶枯病北移等。

1.2　植物病原物的主要类群

植物病原物主要类群包括真菌、病原原核生物(细菌)、病毒、线虫和寄生植物等。

1.2.1　植物病原真菌

真菌是一类营养体通常为丝状体，具有细胞壁，以吸收为营养方式，通过产生孢子进行繁殖的异养型真核生物。在所有的病原物中，真菌引起的植物病害最多，已有记载的植物病原真菌有 8000 多种。

1.2.1.1　真菌的主要特征

①有固定的细胞核，属于真核生物。

②营养体简单，大多为菌丝体。

③营养方式为异养型(腐生和寄生)，无光合色素。

④繁殖方式为产生各种类型孢子。

⑤真菌大多腐生，以已死的有机体作为营养来源，少数寄生的真菌主要寄生在活植物上。

1.2.1.2　真菌与其他生物的异同

真菌(图 1-2-1)：无根、茎、叶，属于异养生物，储存物质为糖原、脂肪。

细菌:有细胞壁,无核,有核区,属于原核生物。

黏菌:无细胞壁,有核,繁殖产生孢子。

藻类:有光合色素,属于自养生物。

高等植物:有根、茎、叶,属于异养生物,储存物质为淀粉。

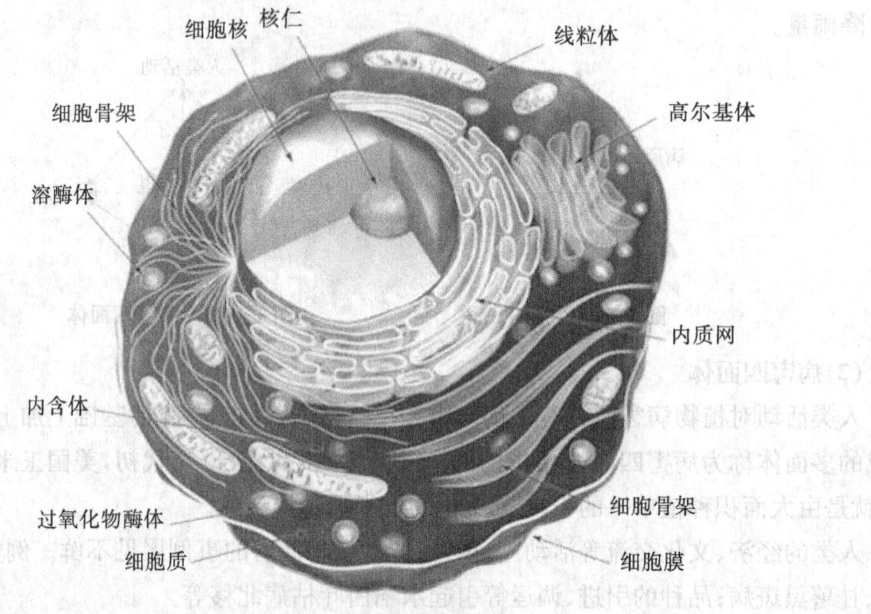

图 1-2-1　真菌细胞结构

1.2.1.3　真菌的一般形态特征

从孢子萌发形成菌丝,菌丝生长发育到生殖器官形成前的阶段,称为营养生长阶段。这个阶段的菌丝体称为营养体。真菌繁殖阶段所形成的结构称为繁殖体。营养体的主要功能是吸收、输送和储存营养,为繁殖生长做准备。真菌的营养体还可以形成菌组织以及特殊结构。

(1)菌丝体

真菌的典型营养体是丝状体,单根细丝称为菌丝,组成真菌菌体的一团菌丝称为菌丝体(图 1-2-2)。菌丝呈管状,多数真菌的菌丝可以隔膜将菌丝分成很多间隔,称为有隔菌丝(高等真菌的菌丝);有些真菌的菌丝没有隔膜,称为无隔菌丝(低等真菌的菌丝)。菌丝在各菌种之间差异有限,主要体现在颜色(透明、有色、暗色)、有无隔膜、直径大小、横隔的构造、隔膜处是否小于菌丝直径、表面有无疣状物、是否等径等方面。

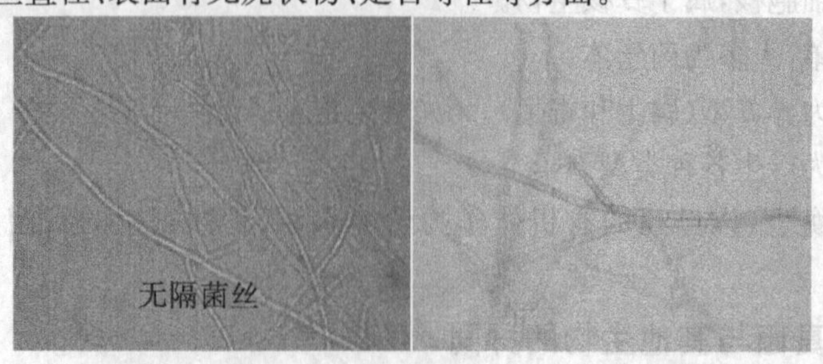

图 1-2-2　真菌的典型菌丝体(无隔菌丝和有隔菌丝)

菌丝呈辐射状延伸，在培养基上形成的圆形菌丝群落称为菌落(图 1-2-3)。

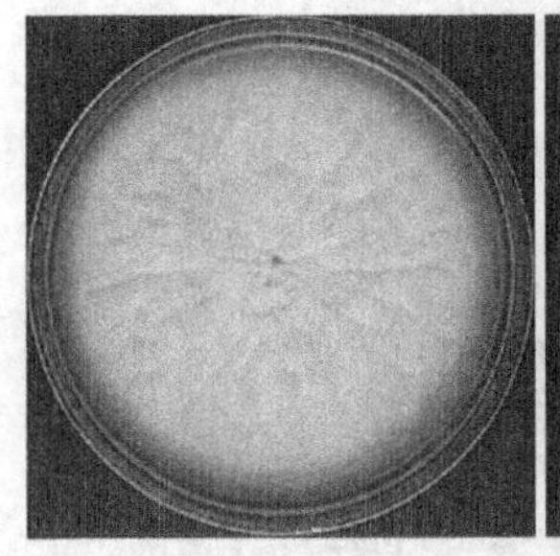
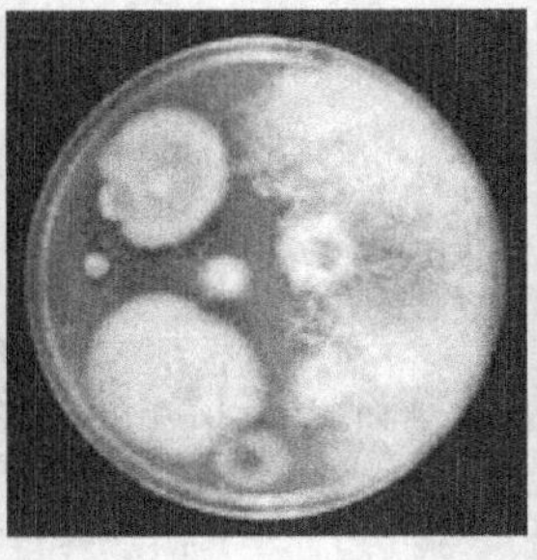
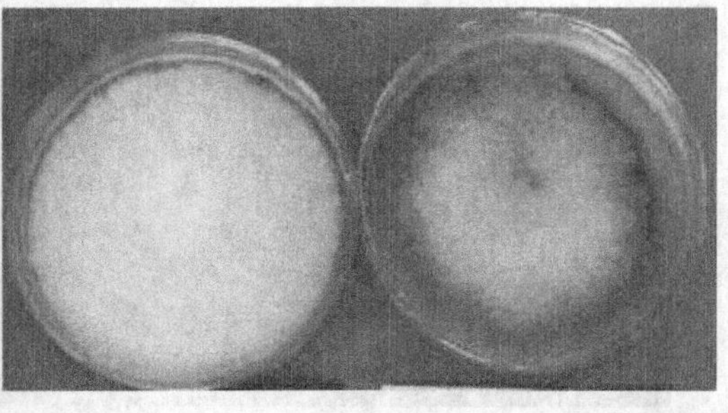

图 1-2-3　真菌的典型菌落

真菌的营养体没有根、茎、叶的分化，没有维管组织，可直接从环境中吸收养分，具有输送和储存养分的功能。菌丝细胞主要由细胞壁、细胞质膜、细胞质和细胞核组成。多数真菌细胞壁的主要成分是几丁质，而卵菌细胞壁的主要成分是为纤维素。真菌的营养体以顶端部分生长(图 1-2-4)，不断分支，且各部分都具有潜在的生长能力。

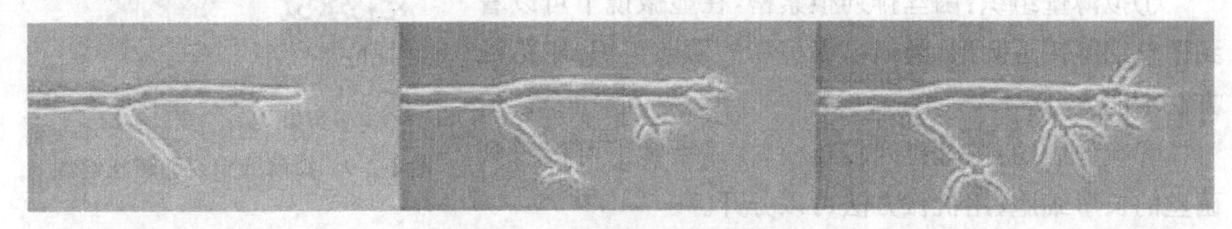

图 1-2-4　真菌的营养体顶端生长

1)菌丝的变态　在进化过程中，为了更好地吸收营养，满足其生长发育的要求，真菌的菌丝逐渐形成了一些特殊形态的结构——变态结构。

①附着胞(图 1-2-5)：植物病原真菌孢子萌发形成的芽管或菌丝顶端的膨大部分可以牢固地附着在寄主体表面，其下方产生侵染钉可以穿透寄主角质层和表层的细胞壁，附着并吸收养分。

②附着枝：菌丝两旁长出的短的分枝结构只起附着或吸收营养功能，无侵入功能。小煤炱目等外生真菌可产生附着枝。

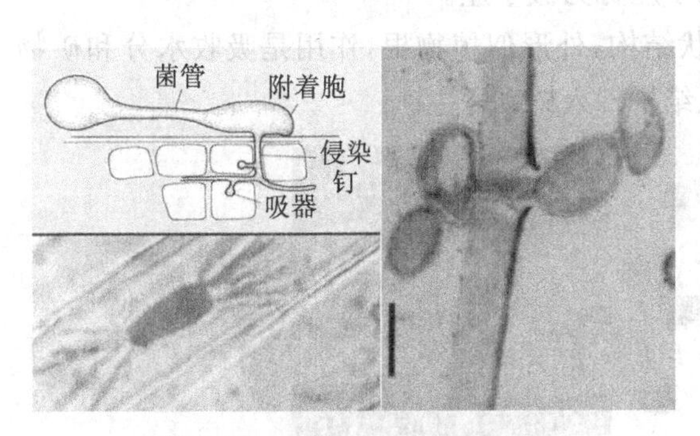

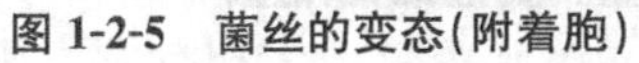

图 1-2-5　菌丝的变态(附着胞)

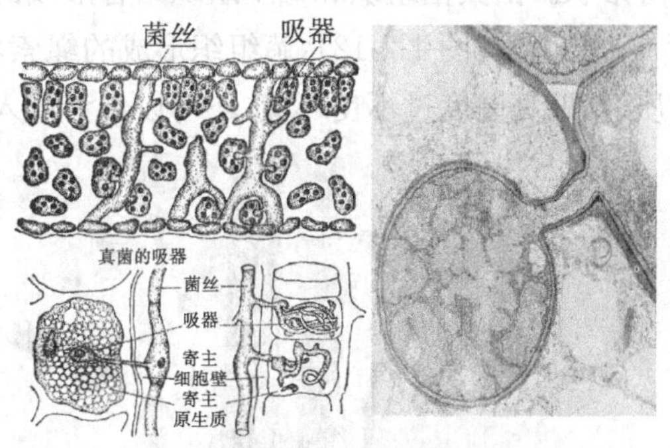

图 1-2-6　菌丝的变态(吸器)

③吸器(图 1-2-6)：植物专性寄生菌菌丝在寄主间隙延伸穿过细胞壁，在植物细胞内形成的膨大或分枝状的结构，其功能是增大真菌对营养的吸收面积，形状各异。

④假根(图 1-2-7)：菌丝产生的类似植物根的结构，深入基质吸收营养，固定、支撑菌体。

⑤菌环和菌网(图 1-2-8):菌丝组成的环状物及多个菌环形成的网,用于捕食(套住或粘住)小动物(线虫)。

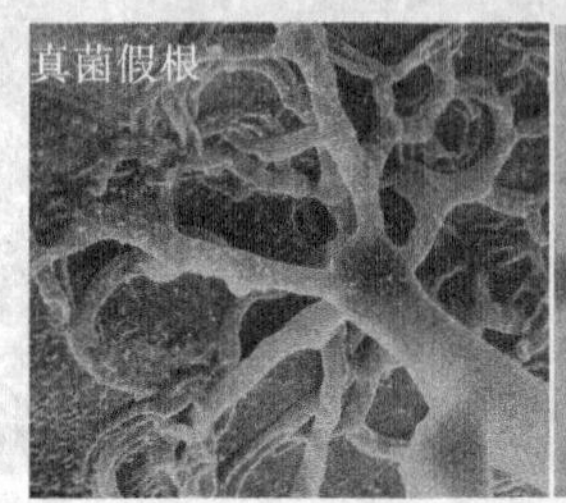

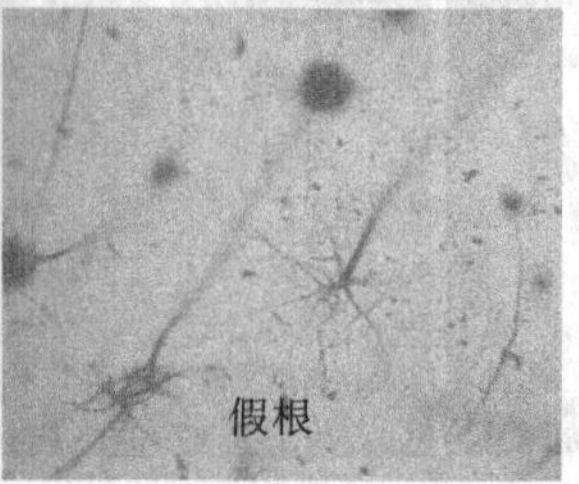

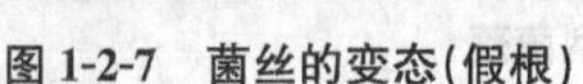

图 1-2-7　菌丝的变态(假根)

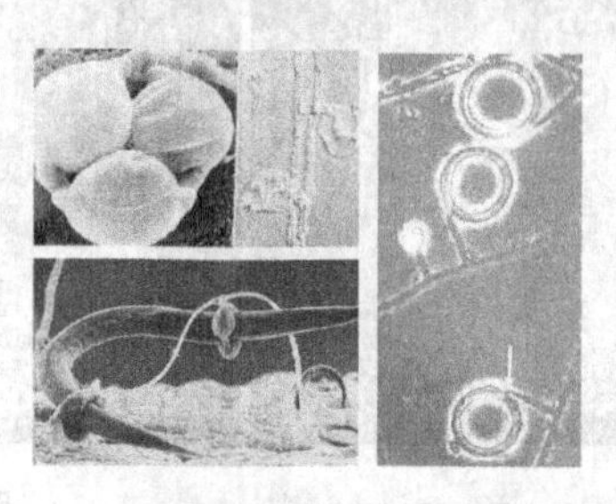

图 1-2-8　菌丝的变态(菌环和菌网)

2)菌丝的组织化　高等真菌的有隔菌丝可以密集地纠结在一起,形成具有一定功能的结构,即菌组织。菌组织可分为拟薄壁组织和疏丝组织(图 1-2-9)。

①拟薄壁组织:菌丝排列很紧密,在显微镜下可以看到菌丝细胞接近圆形,类似高等植物的薄壁组织,用机械方法不能分开。

②疏丝组织:菌丝排列较疏松,在显微镜下可以看到菌丝的长形细胞,用机械方法可以分开。

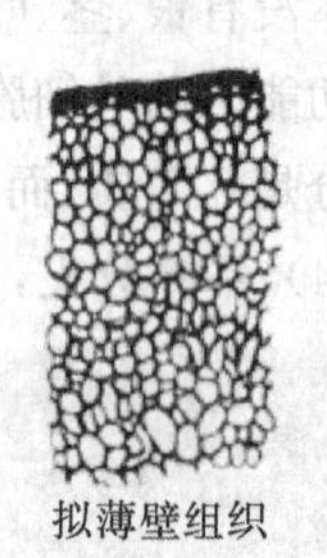

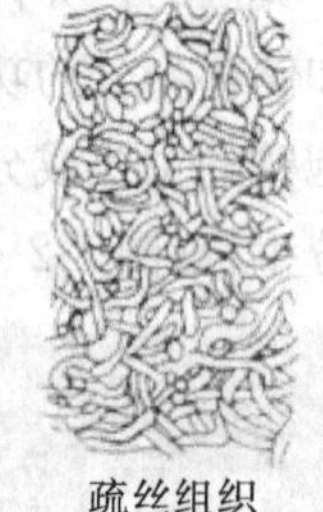

图 1-2-9　拟薄壁组织和疏丝组织

3)菌组织形成的特殊结构

①菌核(图 1-2-10):菌丝紧密交织而成的休眠体,内层为疏丝组织,外层为拟薄壁组织,表皮细胞壁厚、色深、较坚硬,其功能是抵抗不良的环境。当条件适宜时,菌核可以萌发产生新的营养菌丝或形成新的繁殖体。由菌组织和寄主组织结合在一起形成的菌核称为假菌核。

②子座(图 1-2-11):由真菌组织在寄主植物表面或表皮下交织形成,可产生子实体,称为子座。子座的作用是产生繁殖体,也可帮助真菌度过不良环境。子座有柱状、棒状和头状等形状。由真菌组织和寄主组织结合形成的子座称为假子座。

③菌索(图 1-2-12):菌组织形成的绳索状结构,外形似植物根,作用是吸收水分和矿物质,帮助真菌度过不良环境,还可以作为侵入结构侵入树木寄主。

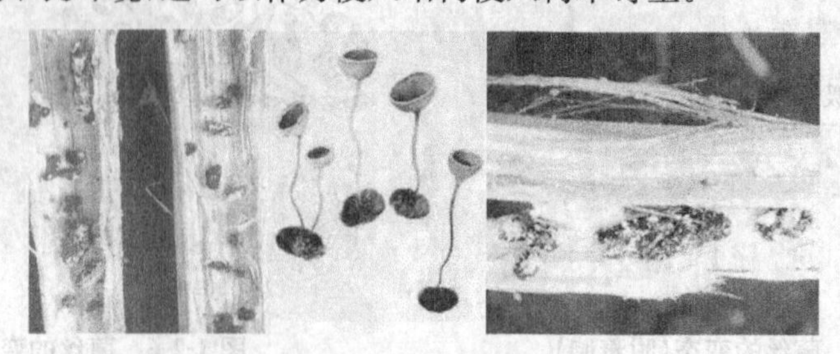

图 1-2-10　菌核

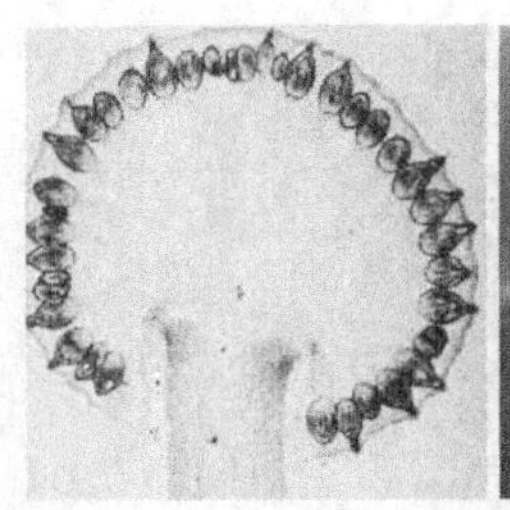

图 1-2-11　子座

图 1-2-12　菌索

(2)原生质团

原生质团没有细胞壁,只有一层原生质膜包围着多核的原生质,变形虫状,可以随着原生质流动而运动,如根肿菌的营养体。

(3)单细胞

营养体为有细胞壁和原生质膜的单细胞(图 1-2-13),如酵母菌、壶菌的营养体。

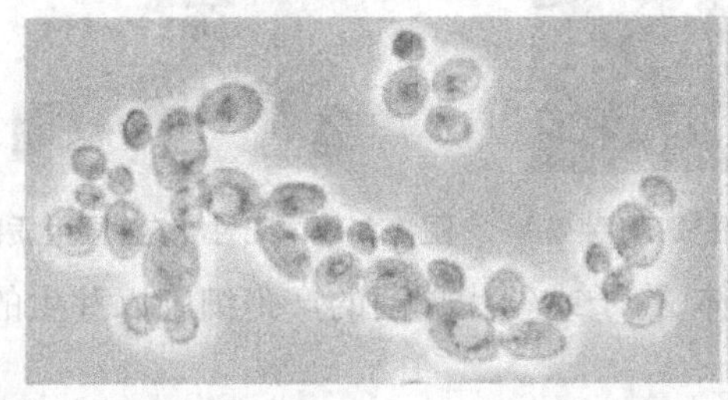
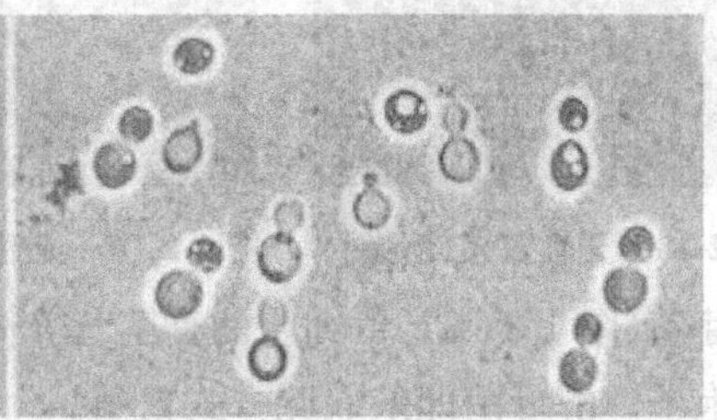

图 1-2-13　单细胞

(4)假菌丝

某些酵母菌细胞进行芽殖产生的芽孢互相连接成链状类似菌丝体。

(5)两型菌丝

菌体在寄主体内和培养基上表现出两种不同的菌丝类型称为两型菌丝。例如,外囊菌在寄主体内表现为菌丝体,在培养基上表现为酵母状菌体。

1.2.1.4　真菌的营养方式

真菌的营养方式主要是吸收,靠渗透作用(高渗透压)。吸收时,真菌分泌各种酶类,如淀粉酶、纤维素酶等,其种类决定真菌的寄主范围。

1.2.1.5　真菌的繁殖形式

(1)无性繁殖

真菌不经过核配和减数分裂,营养体直接以断裂、裂殖、芽殖和割裂的方式产生后代新个体的过程称为无性繁殖。无性繁殖产生的各种孢子均称为无性孢子。无性孢子多种多样,繁殖能力很强,几天一代,在病害传播和流行中起重要作用。

1)无性繁殖方式

①断裂(图 1-2-14):菌丝断裂成短片段或菌丝细胞相互脱离产生孢子(节孢子、厚垣孢子)。

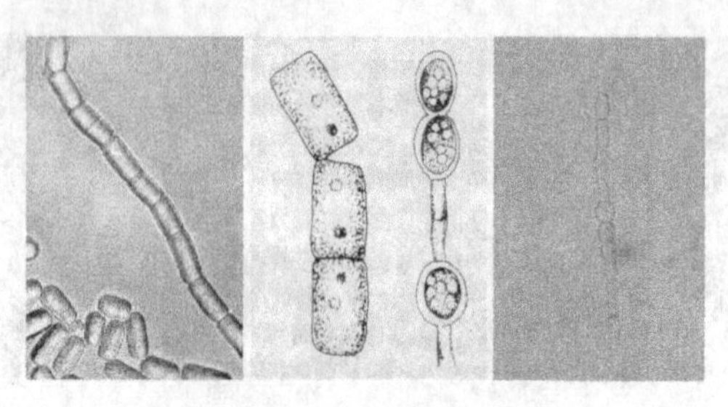

图 1-2-14　无性繁殖(断裂)

②裂殖(图 1-2-15):单细胞的真菌营养体一分为二,变成两个菌体,类似细菌的裂殖。裂殖酵母菌即采取此方式繁殖。

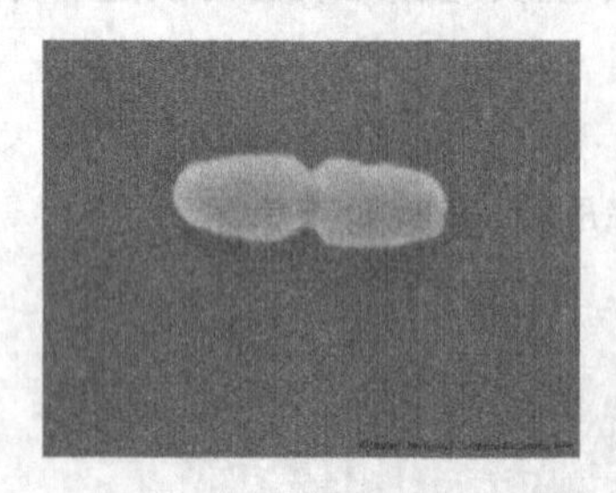

图 1-2-15　无性繁殖(裂殖)

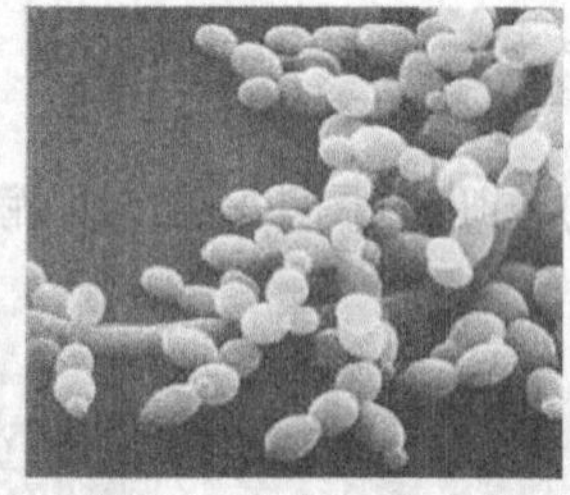

图 1-2-16　无性繁殖(芽殖)

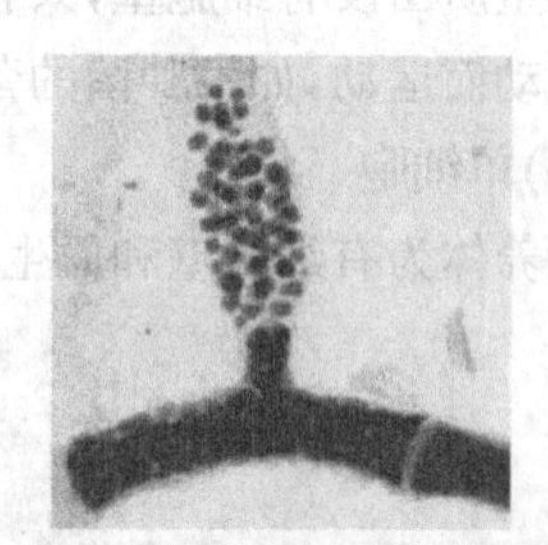

图 1-2-17　无性繁殖(原生质割裂)

③芽殖(图 1-2-16):单细胞的真菌营养体、孢子或丝状真菌的产孢细胞以芽生的方式产生无性孢子。酵母菌即采取此方式繁殖。

④原生质割裂(图 1-2-17):成熟的孢子囊内的原生质被分割成许多小块,每小块的原生质连同其中的细胞核共同形成一个孢子。鞭毛菌即以此方式产生游动孢子。

2)真菌无性繁殖产生的孢子

①典型的无性繁殖。

a. 内生:成熟的孢子囊内的原生质分割成若干小块(割裂),每一小块形成一个孢子。真菌产生内生无性孢子的器官统称为孢子囊。孢子囊通常着生在特化的菌丝上,这种特化的菌丝称为孢囊梗。

b. 外生:外生在特化的菌丝上的无性孢子称为分生孢子。

②无性孢子的类型(图 1-2-18)。

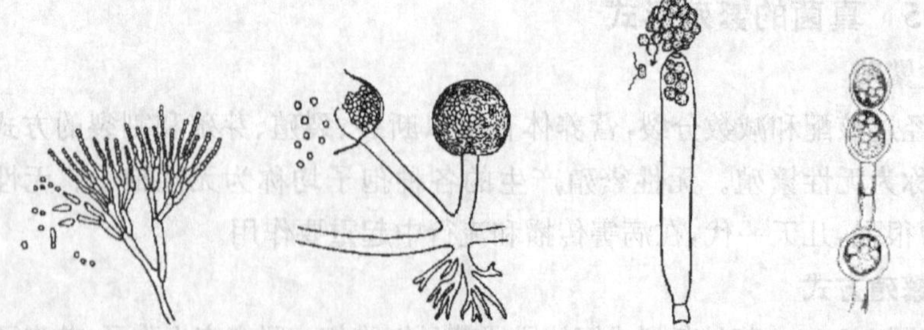

1.分生孢子梗及分生孢子　2.孢子囊及孢囊孢子　3.子囊及游动孢子　4.厚垣孢子

图 1-2-18　真菌无性繁殖产生的孢子

a. 游动孢子(图 1-2-19):鞭毛菌的无性孢子,形成于游动孢子囊内,是菌丝顶端形成的一种囊状物。游动孢子囊萌发时，原生质割裂成许多小块，形成单细胞，无细胞壁，只有原生质膜，膜上着生 1～2 根鞭毛。

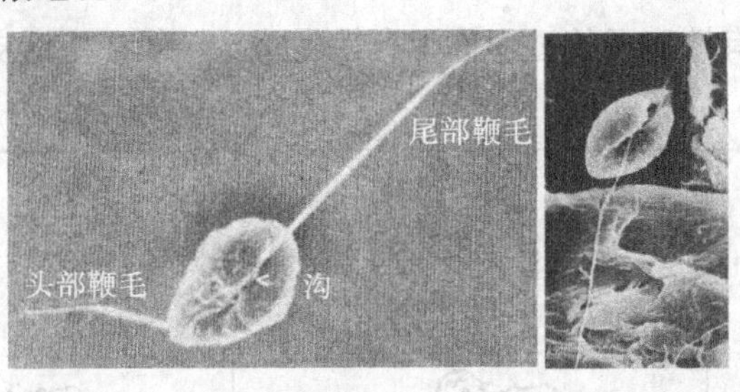

图 1-2-19　真菌无性繁殖产生的游动孢子(配子)

b. 孢囊孢子(图 1-2-20)：接合菌的无性孢子，单细胞，有细胞壁，无鞭毛，风传，陆生，形成于孢子囊内，孢子囊由孢囊梗的顶端膨大而成。

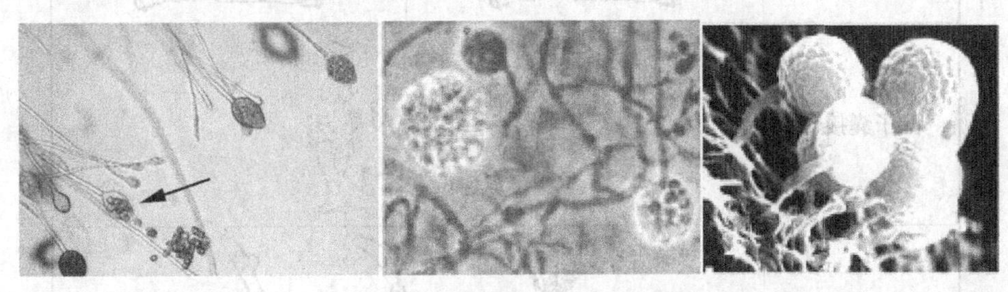

图 1-2-20　真菌的孢子囊和孢囊梗

c. 分生孢子(图 1-2-21)：子囊菌、半知菌和担子菌的无性孢子，外生于特化的菌丝上。产生孢子的特化的菌丝称为分生孢子梗(图 1-2-22)。分生孢子梗可以单生、簇生或束生。有的分生孢子梗自垫状菌丝长出，使产孢的总体结构呈盘状(分生孢子盘)，有的产生于覆碗状或球形的结构(分生孢子器)。分生孢子主要通过芽殖或断裂的方式产生，形状大小各异。

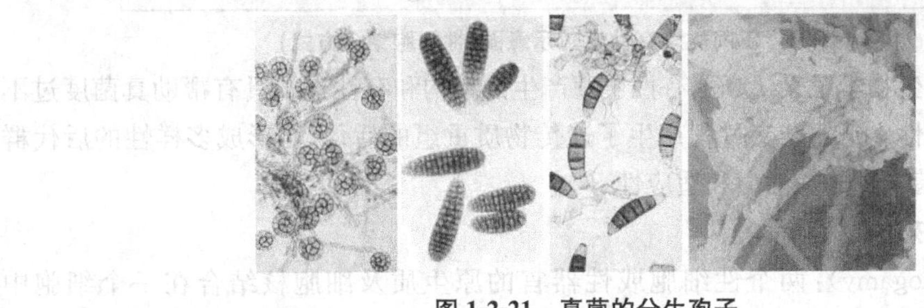

图 1-2-21　真菌的分生孢子

d. 厚垣孢子(图 1-2-23)：各类真菌均可产生，属于休眠孢子，壁厚；菌丝生长到一定阶段时，由菌丝个别细胞内原生质浓缩形成，抗逆境，可以存活多年。

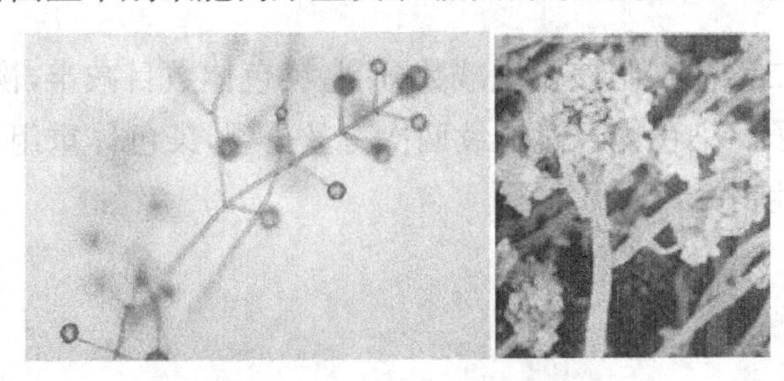

图 1-2-22　真菌的分生孢子梗

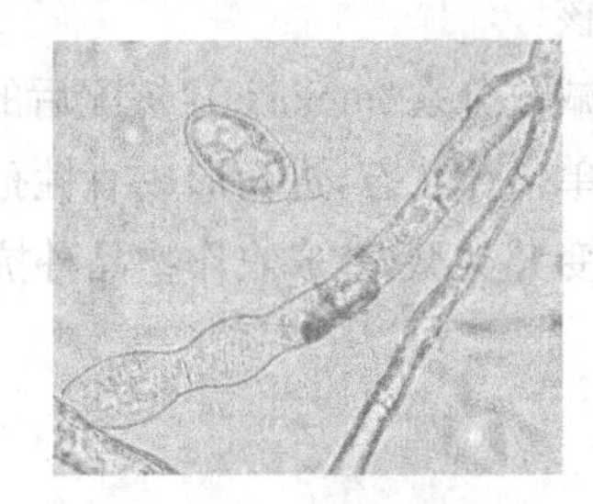

图 1-2-23　真菌的厚垣孢子

(2)有性生殖

1)有性生殖的概念 真菌性细胞(配子)或性器官(配子囊)结合(图 1-2-24),经过质配、核配和减数分裂,形成有性孢子的过程称为有性生殖。一般在生活史中只进行一次,多发生在真菌侵染植物后期。

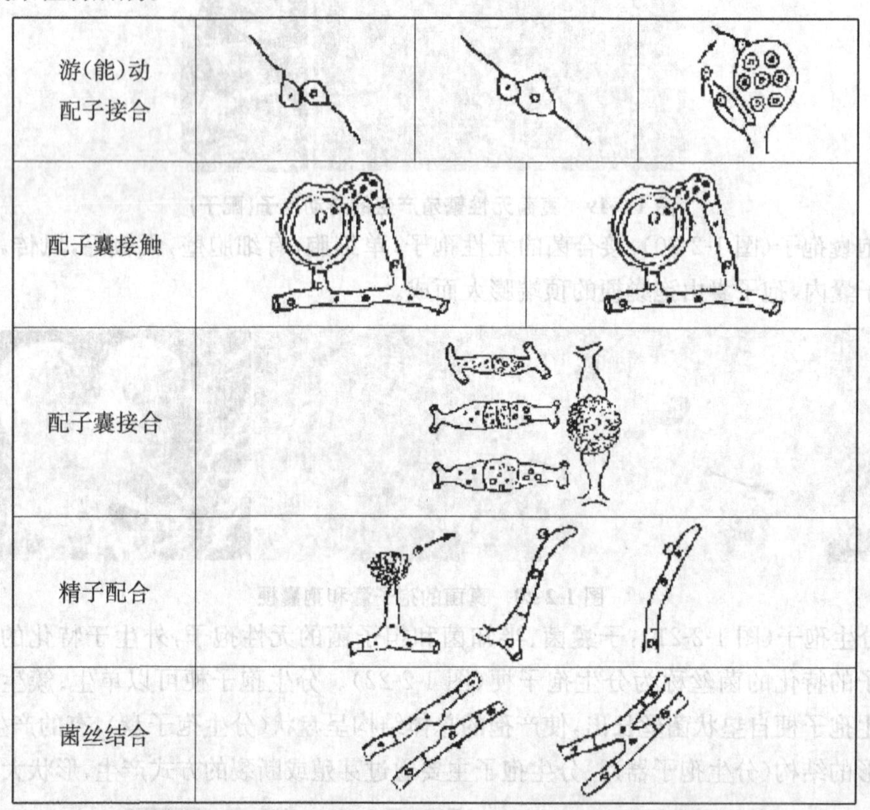

图 1-2-24 不同类型有性生殖示意图(性细胞结合方式)

2)有性生殖的生物学意义 真菌有性生殖产生的结构和有性孢子具有帮助真菌度过不良环境的作用。有性生殖的杂交过程产生了遗传物质重组的后代,可形成多样性的后代群体,有益于增强真菌物种的生活力和适应性。

3)真菌有性生殖的过程

①质配(plasmogamy):两个性细胞或性器官的原生质及细胞核结合在一个细胞中(图 1-2-25、图 1-2-26),其中有两个不同来源的细胞核(双核期)。

②核配(karyogamy):经质配后不同来源的两个细胞核(双核)结合为一个核,变为二倍体细胞核。

③减数分裂(meiosis):核配后的二倍体细胞核发生减数分裂,染色体数目减半,恢复为原来的单倍体状态,进而形成有性孢子。染色体经过连续两次有丝分裂,染色体重组,易产生新的变异类型,造成农作物品种抗性丧失。

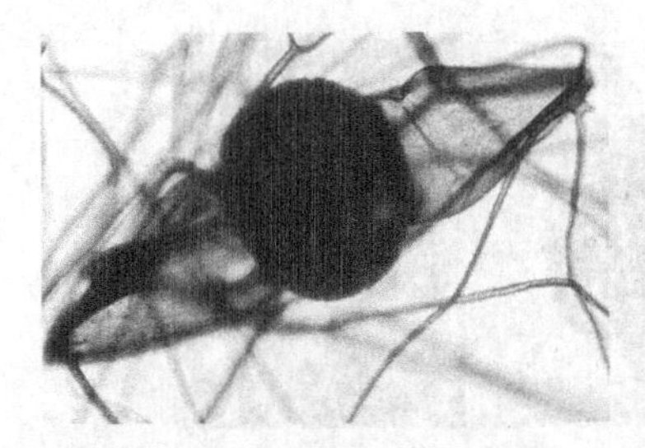

图 1-2-25　配子囊接触交配或配合

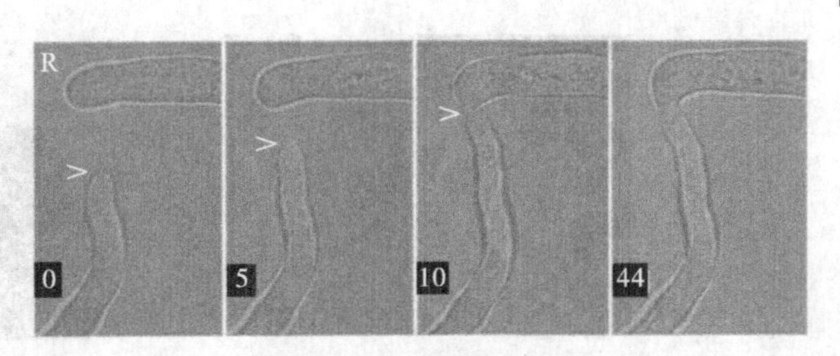

图 1-2-26　体细胞结合

4)真菌有性生殖的核相变化(图 1-2-27)

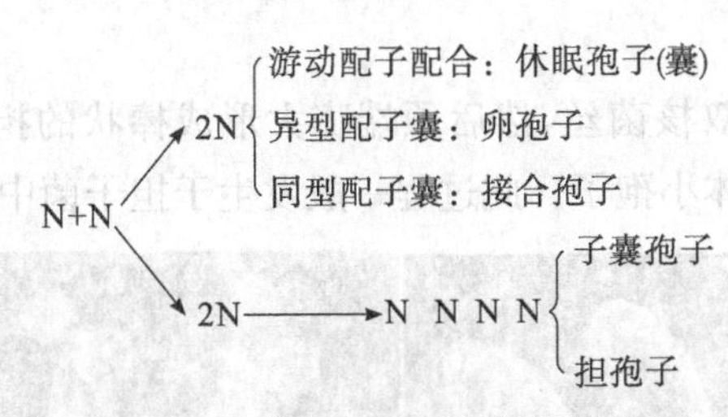

图 1-2-27　真菌有性生殖的核相变化

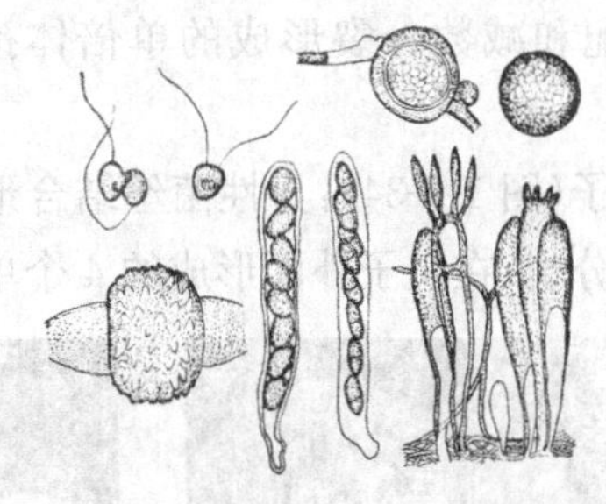

图 1-2-28　真菌有性生殖产生的孢子

5)真菌有性生殖产生的孢子

真菌有性生殖产生的孢子(图 1-2-28)有以下几种类型。

①休眠孢子囊(resting sporangium):一些鞭毛菌有性生殖产生的厚壁休眠结构,由两个游动配子配合所形成的合子发育而成,具厚壁;休眠后萌发时发生减数分裂释放出多个单倍体的游动孢子(图 1-2-29)。不同种类鞭毛菌形成休眠孢子囊的方式及其萌发发育等各有区别。如壶菌、根肿菌纲真菌的休眠孢子囊萌发时通常只释放一个游动孢子。休眠孢子囊有时也称为休眠孢子(图 1-2-30)。

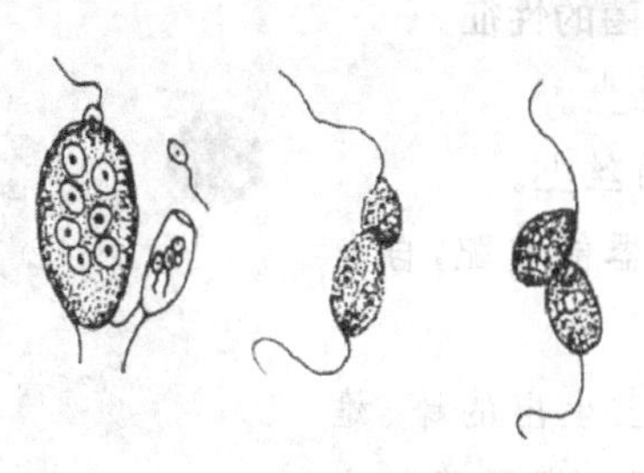

图 1-2-29　游动孢子囊及游动孢子

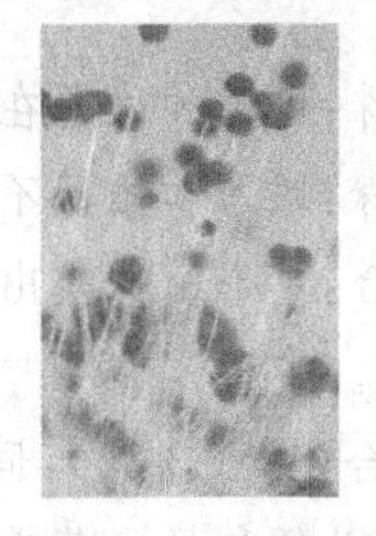

图 1-2-30　休眠孢子

②卵孢子:两个异型配子囊(雄器和藏卵器)接触后,雄器的细胞质和细胞核经授精管进入藏卵器,经核配后发育成的双倍体的卵孢子(图 1-2-31)。此过程一般发生于鞭毛菌中。卵孢子大多为球形,壁厚,包裹在藏卵器内,通常经过一定时间的休眠后萌发。每个藏卵器内含一至多个卵孢子(低等的数目多,高等的只一个)。卵菌的有性孢子即为卵孢子。

③接合孢子(图 1-2-32):两个同型配子囊融合成一个细胞,在这个细胞中进行质配和核配后形成的厚壁孢子。此过程一般发生于接合菌中。接合孢子被厚壁的接合孢子囊所包被,通常需要经较长时间的休眠后才萌发。

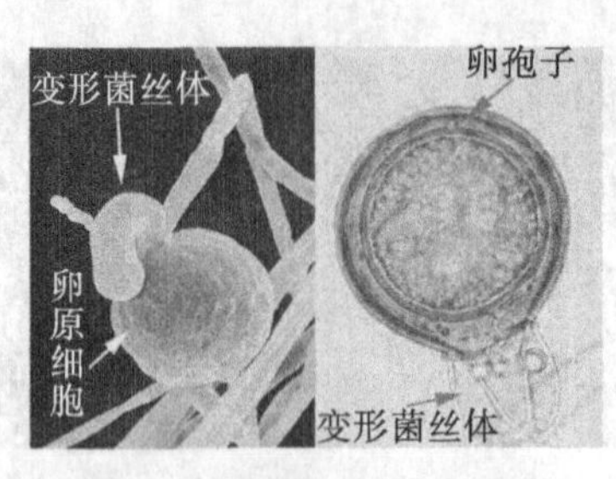

图 1-2-31 藏卵器和卵孢子

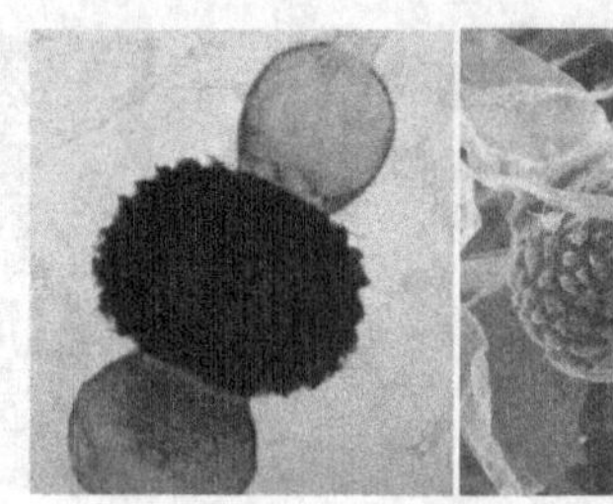

图 1-2-32 接合孢子

④子囊孢子(图 1-2-33):两个异型配子囊(雄器和产囊体)相结合,发育成子囊,子囊中经质配、核配和减数分裂形成的单倍体孢子,一般为 8 个。子囊菌的有性孢子即为子囊孢子。

⑤担孢子(图 1-2-34):异性菌丝结合形成双核菌丝,然后顶端膨大形成棒状的担子,经核配和减数分裂,在担子外面形成的 4 个单倍体小孢子。此过程一般发生于担子菌中。

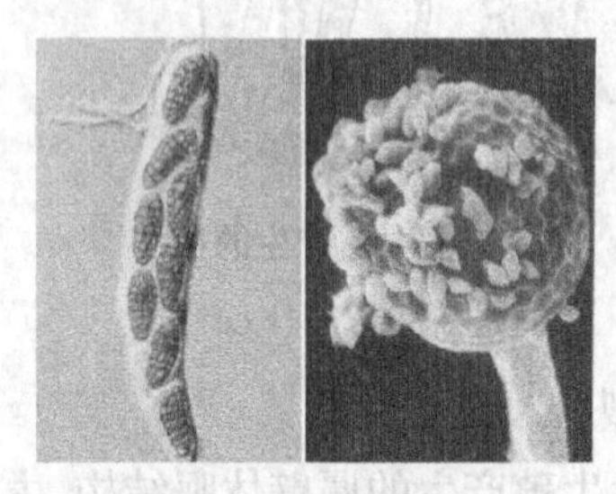

图 1-2-33 子囊孢子

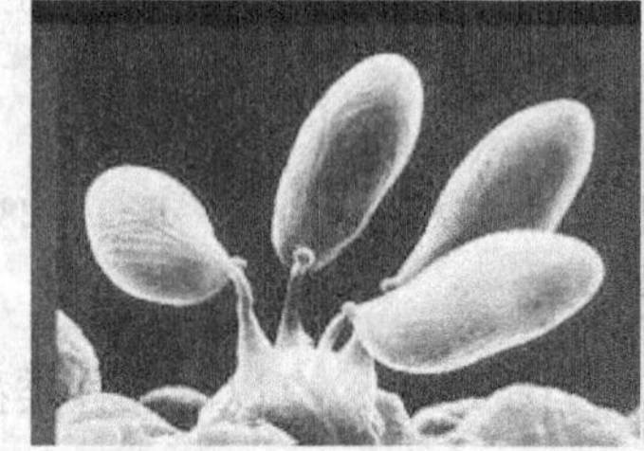

图 1-2-34 担子和担孢子

接合孢子、卵孢子及休眠孢子囊形成于核配后、减数分裂前,仍为二倍体,且均为厚壁孢子,到萌发时才进行减数分裂,形成单倍体。子囊孢子和担孢子都是减数分裂后形成的单倍体有性孢子。

真菌的性征

雌雄同株:雌器和雄器在同一菌丝上。

雌雄异株:雌器和雄器不在同一菌丝上。

同宗配合:单个菌株生出的雌、雄器能交配,自身亲和,如卵菌。

异宗配合(图 1-2-35):同一菌株上生出的雌、雄器不能交配,必须和另一菌株上的交配。担子菌以此为主(接合、子囊两种方式都有)。

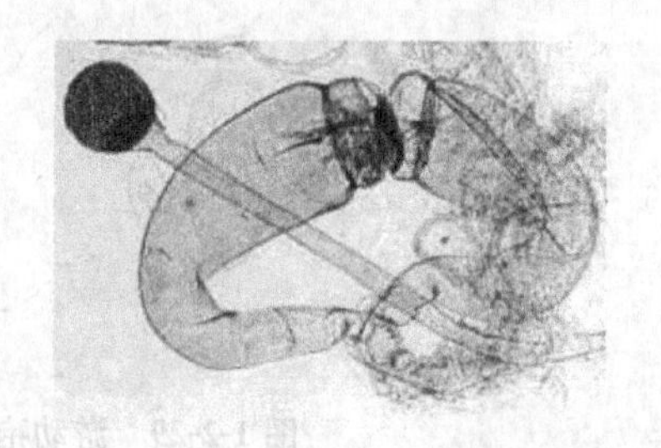

图 1-2-35 异宗配合

(3)准性生殖

准性生殖是指异核体菌丝细胞中,两个遗传物质不同的细胞核结合成杂合二倍体细胞核,该细胞核经有丝分裂发生染色体交换并单倍体化,最后形成遗传物质重组的单倍体的过程。准性生殖过程包括异核体、杂合二倍体的形成,以及染色体的交换与单倍体化。准性生殖的作用与有性生殖类似,实质是在体细胞中发生的染色体基因的重组。一些未发现有性生殖的半知菌可以进行准性生殖。某些真菌既可进行有性生殖,也可进行准性生殖。

准性生殖与有性生殖的区别

有性生殖通过减数分裂进行遗传物质重组并产生单倍体，而准性生殖通过二倍体细胞核的染色体交换进行遗传物质的重组，通过产生非整倍体后不断丢失染色体来实现单倍体化。

1.2.1.6　真菌的生活史

1)真菌的生活史概念　真菌的生活史是指真菌孢子经萌发、生长和发育，产生同一种孢子的整个生活过程(图1-2-36)。典型的生活史包括无性繁殖和有性生殖两个阶段。但在有些真菌的生活史并不都具有无性和有性两个阶段。例如：半知菌只有无性阶段；而一些高等担子菌经一定时期的营养生长后就进行有性生殖，只有有性阶段而缺乏无性阶段。

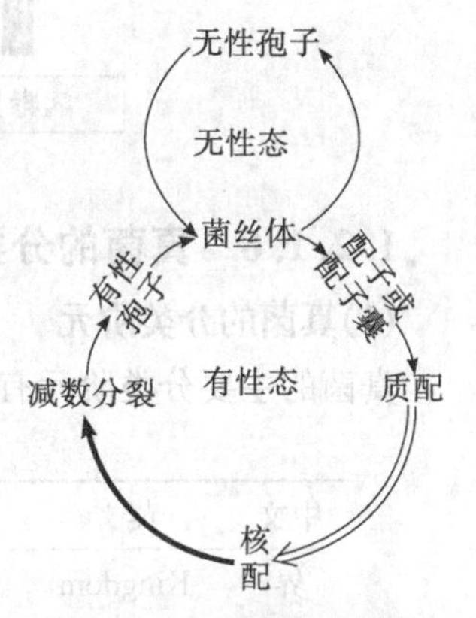

图 1-2-36　真菌的生活史

2)真菌的生活史特点　真菌无性繁殖阶段在它的生活史中往往可以独立地多次重复循环，而且完成一次无性循环的时间较短，一般为 7～10 天，产生的无性孢子的数量极大，对植物病害的传播和发展作用很大。在营养生长后期、寄主植物休闲期或环境不适等情况下，真菌进行有性生殖产生有性孢子，即为其有性阶段，在整个生活史中往往仅出现一次。植物病原真菌的有性孢子多半是在侵染后期或休眠后产生的，可能成为翌年病害的初侵染源。通常来说，无性繁殖在生长季节时常发生，有性生殖在生长季节末发生，此阶段产生的孢子是翌年初侵染源，易发生变异。

多型现象：许多真菌在整个生活史中可以产生 2 种或 2 种以上的孢子。如全生活史的锈菌可产生性孢子、锈孢子、夏孢子、冬孢子和担孢子 5 种孢子。

单主寄生：多数植物病原真菌在一种寄主植物上就可以完成生活史，也称为同主寄生。

转主寄生：有的真菌必须在 2 种亲缘关系不同的寄主植物上生活才能完成生活史。无性阶段在一种植物上寄生，有性阶段在另一种植物上。经济价值较高的植物称为寄主，另一寄主植物称为转主寄主或中间寄主。如梨锈病菌冬孢子和担孢子产生于桧柏，性孢子和锈孢子产生于梨树，转主寄主为桧柏；再如小麦秆锈病菌，夏孢子、冬孢子、担孢子产生于小麦，性孢子和锈孢子产生于小檗。

3)真菌的生活史类型　真菌的生活史类型共有 5 种：①无性型，如半知菌；②单倍体型，如许多单倍体鞭毛菌、接合菌和一些低等子囊菌；③单倍体-双核型，如锈菌；④单倍体-二倍体型，仅见于少数低等鞭毛菌，如异水霉属真菌；⑤二倍体型，如卵菌。

1.2.1.7　真菌的起源及其在生物界的地位

目前，大多数学者认为，所有真菌都是由水生鞭毛生物进化而来的，但也有人认为真菌是由藻类失去叶绿素退化而成的。

五界系统将细胞生物分为以下五界：①原核生物界，无真正细胞核的生物，包括细菌和蓝细菌等；②原生生物界，单细胞，有核，如孢子虫等；③菌物界，吸收异养，如真菌、黏菌；④动物界，吞噬异养；⑤植物界，光合自养。

我国王大耜、陈世骧等提出病毒应单独作为一界，即采用六界系统，如图 1-2-37 所示。

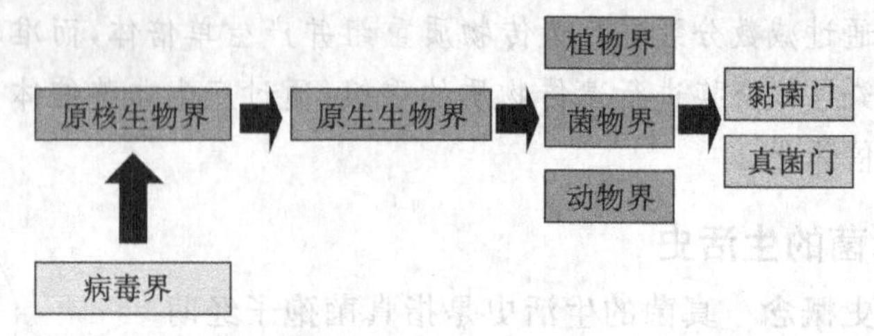

图 1-2-37　六界系统

1.2.1.8　真菌的分类

(1)真菌的分类阶元

真菌的主要分类阶元有界、门、亚门、纲、亚纲、目、科、属、种，见表 1-2-1。

表 1-2-1　真菌分类的基本阶元

中文	英文	拉丁固定词尾	中文	英文	拉丁固定词尾
界	Kingdom	无	目	Order	(-ales)
门	Phylum	(-mycota)	科	Family	(-aceae)
亚门	Subphylum	(-mycotina)	属	Genus	无
纲	Class	(-mycetes)	种	Species	无
亚纲	Subclass	(-mycetidea)			

真菌种的建立主要以形态特征为基础，种与种之间在主要形态上应该具有显著而稳定的差异，具有生物学意义。真菌在种以下还有变种、专化型、生理小种等分类阶元。

①变种：在种以下，有一些细微的形态差异。

②专化型：根据植物病原真菌种对不同寄主属的寄生专化性差异，在真菌种下面划分为若干个专化型。如禾柄锈菌可根据寄生情况划分为 6 个专化型，危害小麦的是其中一个专化型(*Puccinia graminis* f. sp. *tritici.*)。

③生理小种：在专化型以下，形态上没有差异，但对不同寄主植物品种的致病性不同。

④生物型：在遗传上完全一致的个体称为生物型，如单孢菌系。

(2)真菌界分类系统

目前，植物病理学采用的是安斯沃斯分类系统。首先承认真菌界，下分黏菌门和真菌门。

1)黏菌门　黏菌门的真菌一般称为黏菌，其营养体是原生质团或变形体，营养方式是吞食，繁殖产生游动孢子，生活方式为腐生，一般不危害植物。

2)真菌门　营养体是菌丝体，营养方式是吸收，繁殖产生各种类型孢子，生活方式为腐生和寄生，有很多植物病原菌。目前，真菌分为 5 个亚门、18 个纲、68 个目。真菌 5 个亚门的主要特征见表 1-2-2。

表 1-2-2　真菌 5 个亚门的主要特征

亚门	营养体	无性繁殖	有性生殖
鞭毛菌亚门	原生质团或没有隔膜的菌丝体	产生游动孢子	产生休眠孢子囊或卵孢子
接合菌亚门	菌丝体，典型者没有隔膜	产生孢囊孢子	产生接合孢子
子囊菌亚门	有隔膜的菌丝体，少数是单细胞	产生分生孢子等	子囊孢子
担子菌亚门	有隔膜的菌丝体	不发达	产生担孢子
半知菌亚门	有隔膜的菌丝体或单细胞	产生分生孢子等	无(可能进行准性生殖)

(3)真菌界分类检索表

1. 原生质团或假原生质团存在 ………………………………………… 黏菌门
1. 原生质团或假原生质团缺乏 ………………………………………… 2(真菌门)
2. 有能动细胞(游动孢子)，有性孢子为卵孢子 ……………………… 鞭毛菌亚门
2. 无能动细胞 …………………………………………………………………… 3
3. 具有性阶段 …………………………………………………………………… 4
3. 缺有性阶段 ………………………………………………………… 半知菌亚门
4. 有性孢子为子囊孢子 ……………………………………………… 子囊菌亚门
4. 有性孢子为接合孢子 ……………………………………………… 接合菌亚门
4. 有性孢子为担孢子 ………………………………………………… 担子菌亚门

1.2.1.9　真菌的命名

根据《国际植物命名法规》，真菌和植物的命名起点都是 1753 年 5 月 1 日；应有拉丁文描述，有清晰的照片或绘图，发表在正式的刊物上；必需保存模式标本(type specimen)。第一个发表的具有优先权，其他以后发表的名称都是该名称的异名(synonym)。学名需改动，建立新组合时，将原定名称用括号括起来。

一种真菌只能有一个学名(有性)，但对于半知菌，允许有性阶段和无性阶段采用不同的学名。真菌命名与其他生物一样，采用瑞典著名植物学家林奈(Carolus Linnaeus，1707—1778)于 1768 年在《自然系统》这本书中正式提出的生物命名法——拉丁双名法。按照双名法，每个物种的科学名称(即学名)由两部分组成，第一部分是属名，第二部分是种名，有时种名后面还有命名者的姓名，有时命名者的姓名可以省略。双名法的生物学名部分均为拉丁文，且采用斜体；命名者姓名部分为正体。属名的首字母要大写，种名则一律小写，且采用斜体(印刷体)或添加下划线(手写)。

1.2.2　植物病原原核生物

1.2.2.1　植物病原细菌学发展简史

在引起植物病害的几类病原生物中，细菌的重要性仅次于真菌和病毒。已鉴定的 1600 多种细菌中，有 300 种左右可引起植物细菌病害。由植物病原细菌引起的病害有 500 多种，其中细菌性青枯病、软腐病和马铃薯环腐病都是世界性重要病害。Mistcherlich 于 1850 年

借助显微镜观察到活动的液体能引起马铃薯细胞崩解。此为人类发现的首个植物细菌病害。Thomas Jonathan Burrill 于 1877 年首次描述梨火疫病的症状(图 1-2-38),证明梨和苹果的火疫病由细菌引起,并用胶状菌脓接种获得成功,因此被称为植物病原细菌学之父。

图 1-2-38 梨火疫病症状

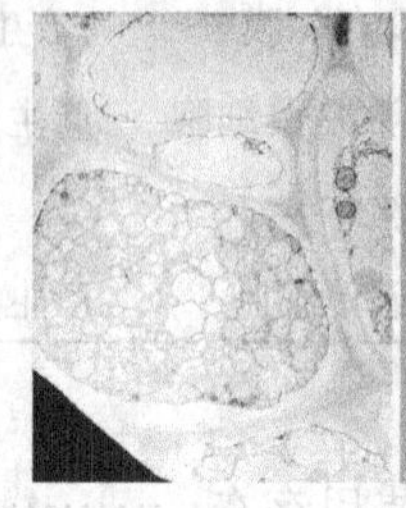
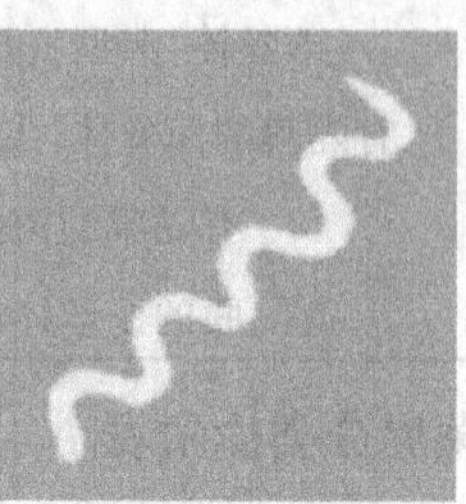

图 1-2-39 植物菌原体

C. Auther 于 1885 年用纯培养细菌接种和再分离,从而证实细菌是病原物。Erwin F. Smith(美国)和 A. Fisher(德国)于 1905 年出版了 *Bacteria in relation to plant diseases*(《细菌与植物病害的关系》),为植物病原细菌学奠定了基础。

土居养二于 1967 年确定桑萎缩病的病原是植物菌原体(图 1-2-39)。法国的 Saglio 于 1973 年首先从柑橘僵化病病株中分离出一种螺旋形的菌原体(螺原体),并由此建立螺原体属。

1.2.2.2 植物病原原核生物的一般性状

原核生物(prokaryote)是没有真正细胞核的单细胞生物,一般由细胞膜和细胞壁或只有细胞膜包围。原核生物的遗传物质(DNA)分散在细胞质中,没有核膜包围,没有明显的细胞核,细胞质中含有小分子的核糖体(70S),但没有内质网、线粒体等细胞器。原核生物界的成员很多,包括细菌、放线菌以及无细胞壁的菌原体等。原核生物与真核生物的对比见表1-2-3。

表 1-2-3 原核生物与真核生物的对比

项目	原核生物	真核生物
大小/μm	1~10	>10
染色体数目	1	>1
核膜	−	+
呼吸作用场所	原生质膜	线粒体
核糖体	70S	80S
肽聚糖	+	−
DNA	环状	线状
繁殖	裂殖	有丝分裂

1)形态和结构 细菌的形态有球状、杆状和螺旋状(图 1-2-40)。植物病原细菌大多是杆状菌,大小为(0.5~0.8) μm×(1~3) μm,少数为球状。绝大多数的病原细菌无芽孢,细胞壁外有黏质层,但很少有荚膜。革兰氏染色反应大多是阴性,少数是阳性。植物病原细菌对营养的要求大都不严格,绝大多数可以在一般培养基上生长。

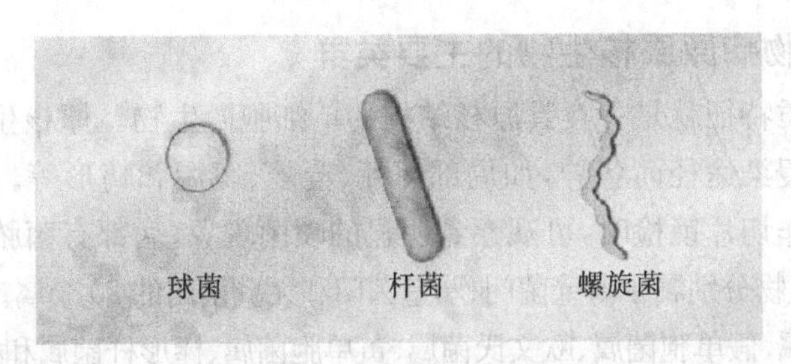

图 1-2-40　植物病原细菌形态

大多数植物病原细菌有鞭毛。各种细菌的鞭毛数目和着生位置不同，在属的分类中有重要意义。鞭毛着生情况（图 1-2-41）可分为 3 种：只有一根鞭毛的为单鞭；着生于菌体一端或两端的称为极鞭；多鞭毛极生或极生多鞭毛，着生于菌体侧面或四周的称为周鞭。

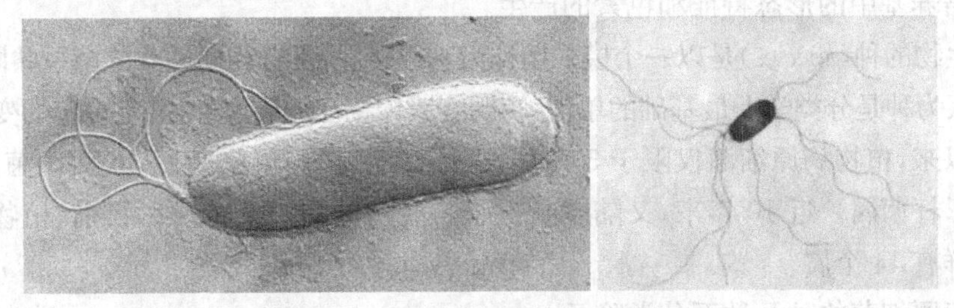

图 1-2-41　植物病原细菌鞭毛着生情况

在某些细菌细胞质中，还有一种称为质粒（plasmid）的遗传物质。绝大多数质粒由闭合环状双螺旋 DNA 分子构成（图 1-2-42）。很多植物病原细菌（如根癌土壤杆菌、茄假单胞菌、菊欧文氏菌）都有质粒。质粒可编码与抗药性或致育因子有关的基因，使病原物对某些金属离子或射线具有抗性，是基因工程中重要载体之一。

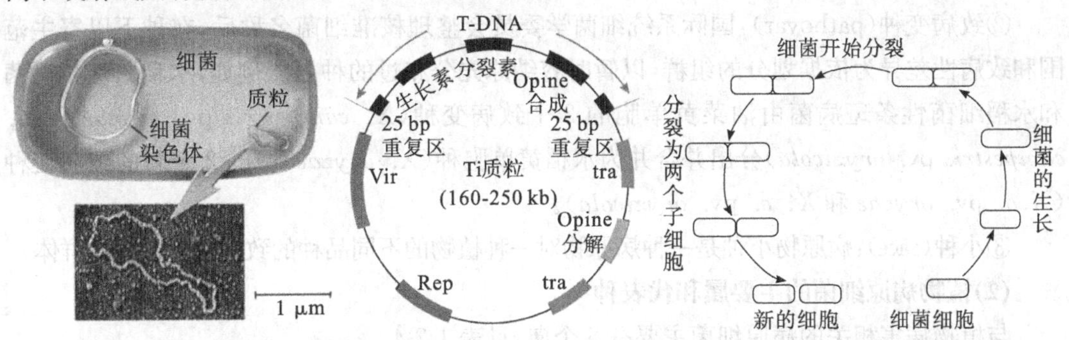

图 1-2-42　质粒示意图　　图 1-2-43　细菌细胞的繁殖过程

一般植物病原细菌的致死温度在 48 ℃到 53 ℃之间，耐高温细菌的致死温度最高也不超过 70 ℃。细菌的繁殖速度很快。其他条件适宜时，温度对细菌生长和繁殖的影响很大。植物病原细菌的生长适温为 26～30 ℃，少数在高温或低温下生长较好，如茄青枯菌的生长适温为35 ℃，马铃薯环腐病菌的生长适温为 20～23 ℃。

2）繁殖、遗传和变异　原核生物均以裂殖的方式繁殖，螺原体繁殖时是芽生长出分枝，断裂而成子细胞。原核生物的这种繁殖方式（图1-2-43）能保证亲代的各种性状稳定地遗传到子代中。但是，原核生物经常发生变异，原因还不完全清楚。原核生物一般有 2 种不同性质的变异：一种变异是细胞的突变，另一种变异是两个性状不同的细菌的结合。

1.2.2.3 植物病原原核生物的主要类群

原核生物的本质特征就是一类具原核结构的单细胞微生物。原核生物导致的植物病害症状因病原种类和侵染途径而各异，如局部坏死、萎蔫、腐烂和畸形等。对大多数感染细菌病害的植物病组织作切片镜检时，可观察到明显的喷菌现象，病部有菌脓溢出。

植物病原原核生物分别属于薄壁菌门、厚壁菌门和无壁菌门的20个属。其中，最重要的是土壤杆菌属、劳尔氏菌属、假单胞菌属、欧文氏菌属、黄单胞菌属、棒形杆菌属和植原体属等8个属。

(1)植物病原原核生物的属和种

植物病原原核生物的属是由一个模式种和一些形状与模式种类似的群体组成。在种和属的分类鉴定中，最重要的是观察下列性状与特征：菌体形态与大小、鞭毛、荚膜、芽孢，在固体或液体培养基中的形态特征和色素的产生。

原核生物的种(species)是以一个模式菌株为基础，一些具有相同性状的菌系共同组成的群体。通常认为种是分类学上最基础的单位，它既有遗传特征的稳定性，又有一定的变异范围。

长期以来，植物病原细菌仅限于5个属：土壤杆菌属、假单胞菌属、欧文氏菌属、黄单胞菌属和棒形杆菌属。近10年来，又陆续新建了一些植物病原细菌属。目前，植物病原细菌的主要类群有14个属。

植物病原细菌的种及种下分类阶元。

①亚种(subspecies)和变种(variety)：亚种是种以下在次要性状方面具有稳定变化的组群。这些组群的划分可以具有遗传学依据。亚种是命名法规中承认的最低分类阶元且具有合法的名称。亚种的生理生化性状和遗传特征基本相同，但亦有少数稳定差异。变种是在亚种以下某一生物学性状有明显稳定变化的群体。

②致病变种(pathovar)：国际系统细菌学委员会整理核准细菌名称后，在种下以寄主范围和致病性差异为依据划分的组群，以暂时容纳原先公布过的种名。例如，水稻白叶枯病菌和水稻细菌性条斑病菌由油菜黄单胞的2个致病变种(*X. campestris* pv. *oryzae* 和 *X. campestris* pv. *oryzicola*)分出并合并为水稻黄单胞种(*X. oryzae*)中的2个新的致病变种(*X. o.* pv. *oryzae* 和 *X. c.* pv. *oryzicola*)。

③小种(race)：病原物小种是一种病原物对一种植物的不同品种的致病性有差异的群体。

(2)植物病原细菌的主要属和代表种

与植物病害相关的病原细菌主要有5个属，见表1-2-4。

表1-2-4 与植物病害相关的病原细菌

属名	菌体形态	鞭毛数目及种类	G	菌落形状、颜色	植物病状
土壤杆菌属	短杆状	周或极鞭1～6根	G^-	圆形光滑凸起，白色	肿瘤
假单胞菌属	短杆状	极鞭1～4根	G^-	圆形隆起光滑，白色	多叶斑，少萎蔫、腐烂或肿瘤
欧文氏菌属	短杆状	周鞭多根	G^-	圆形光滑凸起，白色或黄色	多腐烂，少萎蔫
黄单胞菌属	短杆状	极鞭1根	G^-	圆形光滑凸起，黄色	多叶斑，少萎蔫、腐烂
棒形杆菌属	棒状至不规则状	极鞭0～1根	G^+	圆形光滑凸起，白色	萎蔫

1)土壤杆菌属 土壤杆菌属(*Agrobacterium*)属于薄壁菌门根瘤菌科，为土壤习居菌，菌体短杆状，单生或双生，鞭毛1～6根，周生或侧生，好气性，革兰氏反应阴性，无芽孢。共5

个种，其中4种致病。

土壤杆菌属带有除染色体外的另一种遗传物质，即大分子质粒：有的能侵染寄主，引起肿瘤症状，称为致瘤质粒（tumor-inducing plasmid，Ti 质粒）；有的能使寄主产生不定根，称为毛根诱导质粒（root-inducing plasmid，Ri 质粒）。

根癌土壤杆菌（*A. tumefaciens*）又称冠瘿病菌，寄主范围极广，可侵害90多科300多种双子叶植物（以蔷薇科植物为主），可引起桃、苹果、葡萄、月季的根癌病。通常从近地表的茎基部或根冠部伤口侵染，产生大小不等的圆形瘤肿，初为淡褐色，表面光滑，后期变为深褐色。代表病害：樱桃根癌病（图1-2-44）、苹果实生苗根癌病（图1-2-45）等。

图1-2-44 樱桃根癌病

图1-2-45 苹果实生苗根癌病

2）假单胞菌属 假单胞菌属（*Pseudomonas*）是假单胞菌科的模式属。菌体短杆状或略弯，单生，鞭毛1～4根或多根，极生，革兰反应氏阴性，严格好气性，代谢为呼吸型，无芽孢，DNA中G+C含量为58%～70%。

假单胞菌广泛存在于自然界，多数为腐生性的，也有一些是重要的植物病原菌。植物病原细菌中有一半是此属成员，现已分离出噬酸菌属、布克氏菌属、劳尔氏菌属等。假单胞菌属的典型种是丁香假单胞菌（*P. syringae*），可引起黄瓜细菌性角斑病和桑疫病（图1-2-46）等病害。丁香假单胞菌寄主范围很广，可侵害多种木本植物和草本植物的枝、叶、花和果，在不同的寄主植物上引起叶斑、坏死、腐烂、萎蔫和茎秆溃疡等症状。丁香假单胞菌纯培养在紫外光下照射能发出强烈的荧光，俗称荧光菌，包括41个致病变种。

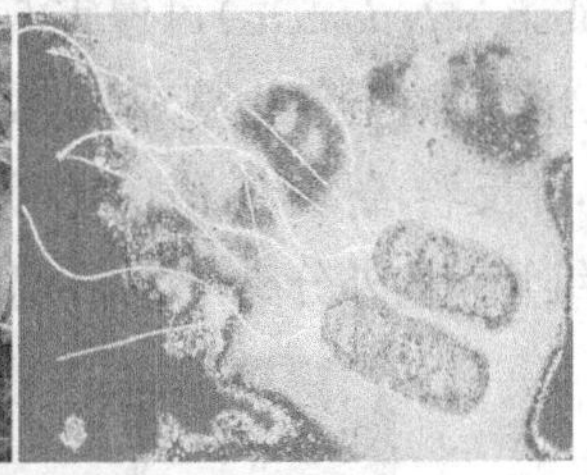

图1-2-46 桑疫病及病原假单胞菌

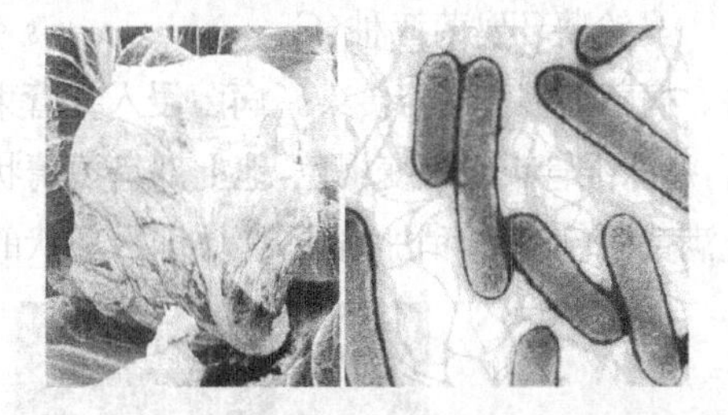

图1-2-47 大白菜软腐及病原胡萝卜欧文氏菌

3）欧文氏菌属 欧文氏菌属（*Erwinia*）的菌体呈短杆状，大小为（0.5～1.0）μm×（1～13）μm，多双生或短链状，偶单生，革兰氏反应阴性，大多数都有多根周生鞭毛，兼性好气性，无芽孢，DNA中G+C含量为50%～58%。根据细菌寄生性和致病性的特点，结合生理生化要求，可分为2个组群（包括17个重要的种）：一是以梨火疫病菌为代表的解淀粉菌群，二是以胡萝卜软腐菌为代表的软腐菌群。

胡萝卜欧文氏菌（*E. carotovora*）寄主范围很广，包括十字花科、禾本科、茄科等20多科的数百种果蔬和大田作物，大多由伤口侵染，或由介体动物传带侵染，引起肉质或多汁的组织软腐（图 1-2-47）。

4）黄单胞菌属 黄单胞菌属（*Xanthomonas*）的菌体呈短杆状，多单生，少双生，大小为（0.4～0.6）μm×（1.0～2.9）μm，单鞭毛，极生，革兰氏反应阴性，严格好气性，代谢为呼吸型，DNA 中 G+C含量为 63%～70%。营养琼脂上的菌落呈圆形隆起，蜜黄色，产生非水溶性黄色素。

黄单胞菌属的成员都是植物病原菌，模式种是野油菜黄单胞菌（*X. campestris*），寄主为十字花科植物，尤以芸薹属甘蓝受害最重，可引起甘蓝黑腐病（图1-2-48）。甘蓝黑腐病症状：叶片上的病斑多从叶缘向内扩展，形成"V"字形黄褐色枯斑，病斑周边淡黄色；病原菌沿脉向里扩展时会形成大块黄褐色病斑或网状黑脉。

图 1-2-48 甘蓝黑腐病

图 1-2-49 水稻白叶枯病

稻黄单胞菌水稻致病变种（*X. oryzae* pv. *oryzae*）侵染水稻引起白叶枯病（图 1-2-49）。水稻白叶枯病是各水稻产区常见的一种病害，在热带亚洲各国发生较重。

柑橘溃疡病（图 1-2-50）危害柑橘叶片、枝梢和果实，是国内外的植物检疫对象，其病原是一种黄单胞菌属的细菌。苗木和幼树受害重者落叶、枯梢，影响树势；果实受害重者落果，轻者带有病疤，不耐储藏，易腐烂，大大降低果实商品价值。

5）棒形杆菌属 棒形杆菌属（*Clavibacter*）的菌体呈短杆状至不规则杆状，无鞭毛，不产生内生孢子，革兰氏反应阳性，好气性，DNA 中 G+C 含量为 67%～78%。原来的棒形杆菌大多数成员都放在这一新属中，包括 5 个种，7 个亚种，模式种是密执安种的马铃薯环腐菌亚种。

马铃薯环腐菌亚种（*C. michiganensis* subsp. *sepedonicus*）可侵害 5 种茄属植物，番茄亦可受害。病菌大多借切刀传染。病菌侵入维管束组织后在导管中蔓延，刺激寄主产生侵填体等堵塞导管，病株维管束组织变褐色，地上部呈萎蔫状，叶反卷，薯块小，横切时可见环状维管束组织坏死且充满黄白色菌脓，稍加挤压，薯块即沿环状的维管束内外分离，故称环腐病（图 1-2-51）。

图 1-2-50 柑橘溃疡病

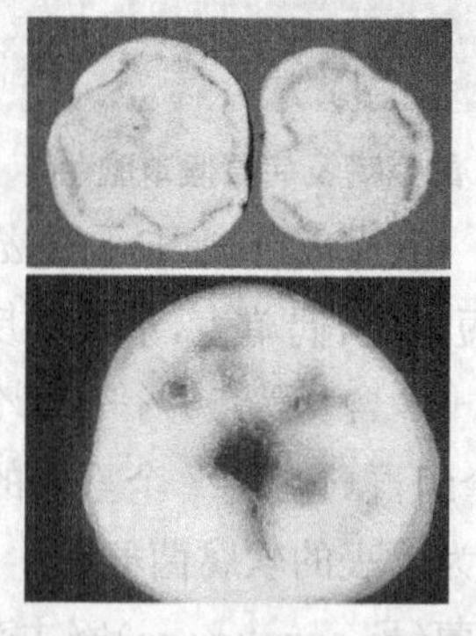

图 1-2-51 马铃薯环腐病

除以上5个属，劳尔氏菌也与常见的植物病害有关。劳尔氏菌属(*Ralstonia*)是从原假单胞菌属独立出来的。茄青枯病菌(*R. solanacearum*)可为害百余种植物，引起青枯病(如辣椒青枯病、烟草青枯病)。青枯病的主要症状是萎蔫。

(3)植物菌原体的主要属和代表种

植物菌原体(图1-2-52)属原核生物界、无壁菌门，无细胞壁，但有细胞膜包围。目前，已经证实约有300种高等植物上发生了菌原体病害，重要的病害如桑萎缩病、泡桐丛枝病、枣疯病、椰子致死性黄化病和梨衰退病等。已知与植物病害有关的有螺原体属和植原体属。

1)菌原体的基本特征

①菌原体不具有细胞壁，对青霉素不敏感，对四环素敏感，细菌则相反。

②菌原体的形态大小变化很大，表现为多型性，有圆形、椭圆形、哑铃形、梨形、线条形等形态，还有些特殊的形态，如分枝形、螺旋形等。

③在固体培养基上形成的菌落很小，一般菌落的直径是0.1～1 mm，典型的菌落呈煎蛋形(图1-2-53)。菌原体一般不能运动。植原体不能人工培养。

④菌原体以二分法和缢缩断裂法为主要繁殖方式。

⑤对于大部分菌原体，培养中必须提供甾醇。

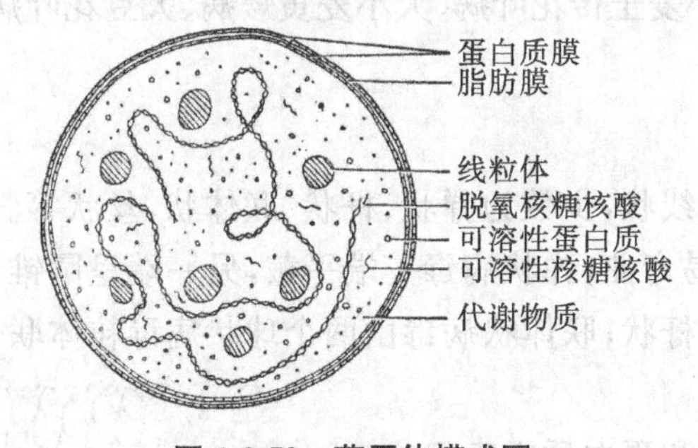

图1-2-52　菌原体模式图

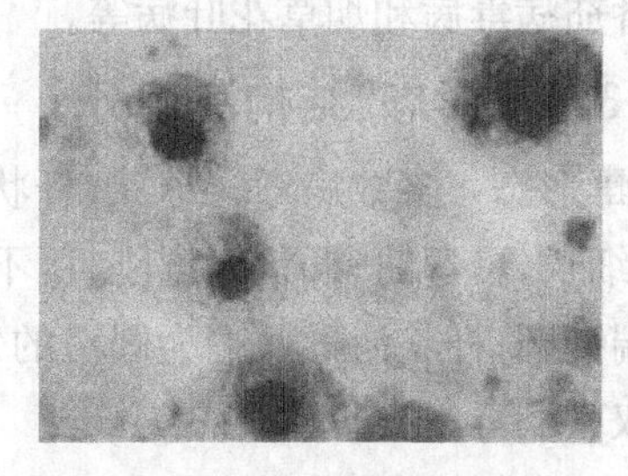

图1-2-53　煎蛋形菌落

2)螺原体属　螺原体属在生活史中的主要阶段呈螺旋形。螺原体没有鞭毛，但在液体培养基中能以旋转、波动和屈伸的方式运动。螺原体都能分离培养。引起植物病害的螺原体都寄生于植物韧皮部的筛管组织内。螺原体的培养适温是30～32 ℃，pH为7.2～7.4，需要高渗透压。

植物病原螺原体有3个种，主要寄主是双子叶植物和昆虫，可引起柑橘僵化病(图1-2-54)和玉米矮缩病等植物病害。柑橘僵化螺原体(*S. citri*)可侵染柑橘和豆科植物。叶蝉是传染螺原体的媒介昆虫，从吸食到传染需经2～3周的循回期，接种到发病的潜育期为4～6周。螺原体可以在多年生宿主假高粱的体内越冬存活，也可以在叶蝉体内越冬。

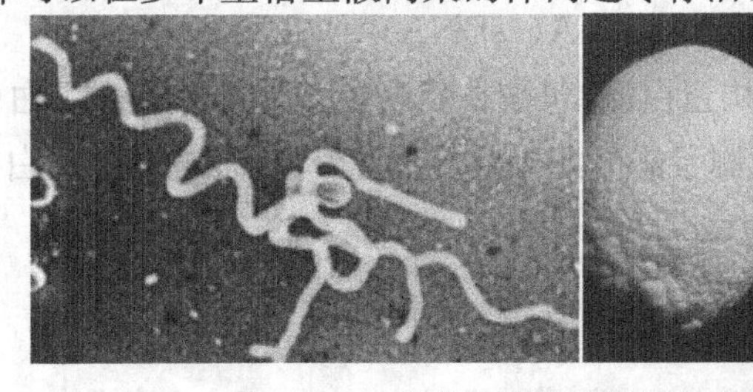

图1-2-54　螺原体属及柑橘僵化病症状

3)植原体属 植原体菌体的基本形态为圆球形或椭圆形，但寄生于植物韧皮部筛管中或在穿过细胞壁上的胞间连丝时，可呈丝状、杆状或哑铃状等变形体状。虽然可用电子显微镜(电镜)直接观察植原体(图 1-2-55)，但目前还不能在离体条件下培养，因此许多基本性状仍无详细研究资料。植原体所致病害有枣疯病(图 1-2-56)、泡桐丛枝病(图 1-2-57)、仙人掌丛枝病、桑萎缩病、水稻黄萎病、水稻橙叶病、甘薯丛枝病和梨衰退病等。

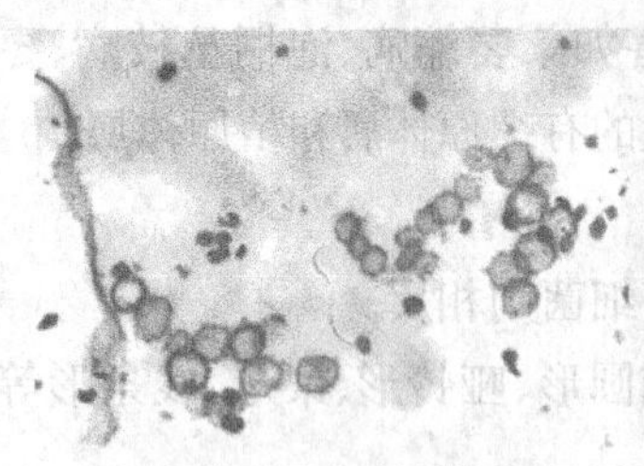

图 1-2-55 植原体电镜照片

图 1-2-56 枣疯病

图 1-2-57 泡桐丛枝病

1.2.3 植物病原病毒

植物病毒引起的病害数量和危害性仅次于真菌，大田作物、果树、蔬菜、花卉等都有病毒病害，如水稻黄矮病、水稻条纹叶枯病、大小麦土传花叶病、大小麦黄矮病、大豆花叶病、油菜病毒病、番茄病毒病和烟草花叶病等。

1.2.3.1 形态、结构和组分

1)病毒形态 多数病毒为球状、杆状、线状，少数为弹状、杆状、联体状、丝状等。其中：线状病毒细长，可弯曲；杆状病毒刚直，不易弯曲；弹状病毒一端平截，另一端呈圆锥形的子弹状，双端钝圆；杆状病毒两端为圆滑的短杆状；联体状病毒由两个球状病毒粒体联合在一起，也称双联病毒。

2)病毒结构 绝大多数病毒是由核酸和蛋白质衣壳组成。植物弹状病毒有囊膜包被。杆状或线状病毒中间是螺旋状核酸链，外面是由许多蛋白质亚基组成的衣壳(图 1-2-58)。球状病毒结构复杂，表面由多个正三角形组成，典型的有 20 个，称为二十面体病毒。

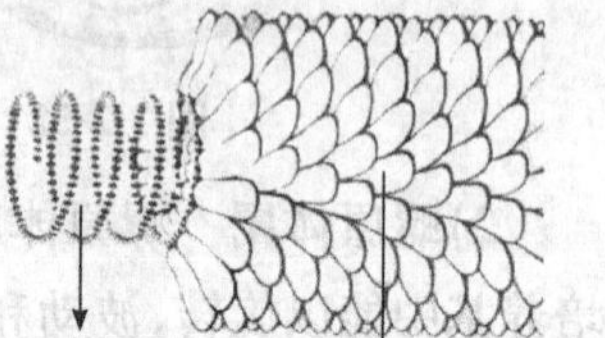

卷曲的RNA 蛋白质亚基

图 1-2-58 杆状病毒结构

3)病毒组分

①植物病毒的化学成分：核酸(弹状病毒 1.0%；线状或杆状病毒 5%～6%；球状病毒 15%～45%)、蛋白质、水分、矿物元素、类脂和聚胺类物。

②植物病毒的主要核酸类型：多数病毒为单链 RNA(ssRNA)，少数病毒为双链 RNA(dsRNA)、单链 DNA(ssDNA)或双链 DNA(dsDNA)

③植物病毒蛋白质类型：结构蛋白质，包被在病毒核酸外部的衣壳蛋白(capsid protein，CP)；非结构蛋白质，包括病毒复制所需的酶以及传播、运动所需的功能蛋白。

1.2.3.2 植物病毒的增殖

①病毒本身提供模板核酸和专化的聚合酶(复制酶)。

②核酸信息表达：按 mRNA 的序列，合成病毒的专化蛋白质（病毒的衣壳蛋白和复制酶）。有些病毒蛋白与病毒的核酸及寄主蛋白质成分聚集形成内含体（细胞核内含体、细胞质内含体），可用于某些病毒的鉴定。

③病毒增殖扩散程序：病毒从伤口进入寄主活细胞，脱壳释放核酸，核酸在寄主细胞内复制、转录、表达，新核酸与蛋白质衣壳进行组装得到病毒粒体，寄主胞间联丝进行扩散、转移。

1.2.3.3　传播方式

1）非介体传播　非介体传播是指不依靠介体的传播方式，包括接触传播、种子及花粉传播、无性繁殖材料和嫁接传播。

①接触传播（机械传播）：病株枝叶通过与健株表面摩擦造成的伤口进行传播；大多数花叶型的病毒都可通过接触传播。

②种子及花粉传播：有些病毒可以由病株带毒的花粉传到健株。授粉后，病毒进入子房，使种子带毒。种子传毒也可由带毒植株本身造成，但仅少数植物病毒由种子传播，例如大豆花叶病毒。

2）介体传播　介体传播是指依附在其他生物体上进行传播和侵染。自然界能传播植物病毒的生物介体有昆虫、螨虫、线虫和真菌等。其中，刺吸式口器的昆虫，特别是蚜虫、叶蝉、飞虱等极为重要。根据媒介昆虫传病的特性，植物病毒可相应分为 3 类：

①口针型（style-borne）：病毒只存在于传毒昆虫口针的前端，传毒昆虫在病株上吸食几分钟即能传毒，但当口针中的病毒排完后，就不再起传毒的作用了，因此称为非持久性传毒。此类病毒也称为非持久性病毒，如芜菁花叶病毒。此类病毒一般都可以通枝叶接触传染；传毒虫媒主要是半翅目蚜虫，引起的症状多为花叶型。

②循回型（circulative）：传毒昆虫在病株上取食较长时间才能获毒，病毒需在昆虫体内经过几小时至几天的循回期，即病毒从口针经中肠、血液、淋巴到唾液腺，再经唾液的分泌才开始传毒。传毒昆虫保持传毒的时间较长（大约 4 天），故称为半持久性传毒。以这种方式传染的病毒，称为半持久性病毒，如大麦黄矮病毒。这类病毒由较专化的蚜虫、叶蝉、飞虱传染，不能通过枝叶接触传染。

③增殖型（propagative）：传毒昆虫获毒后，病毒能在虫体内增殖，使昆虫终身带毒，甚至经过卵传染下一代（或几代），这种传毒方式称为持久性传毒，对应的病毒称为持久性病毒，如水稻普通矮缩病毒。此类病毒不能通过枝叶接触传染；传毒昆虫主要是叶蝉、飞虱；引起的症状为黄、矮、丛生等。

1.2.3.4　对外界条件的稳定性

不同的植物病毒对外界环境条件的稳定性不同，该特性是区分病毒的重要依据之一。

①稀释限点：病株汁液保持侵染力的最大稀释限度。烟草花叶病毒为 100 万倍左右，黄瓜花叶病毒为 1000～10000 倍。

②热钝化温度：对病株汁液处理 10 min，使其失去传染力的最低处理温度。烟草花叶病毒的热钝化温度为 80～93 ℃，黄瓜花叶病毒的热钝化温度为 55～65 ℃。

③体外存活期：病株汁液在室温（20～22 ℃）条件下能保持其侵染力的最长时间。烟草

花叶病毒为1年以上,黄瓜花叶病毒为1周左右。

1.2.3.5 植物病毒的主要类群

1)分类与命名 以核酸类型(DNA或RNA、单链或双链)、病毒粒体是否存在脂蛋白包膜、病毒粒体形态和核酸多分体现象等作为分类主要依据。

植物病毒科、属、种书写时一律用斜体,而暂定种或属名未定的暂用正体。

植物病毒的命名

种名:寄主的英文俗称+症状,缩写用正体。

例如:烟草花叶病毒为 *Tobacco mosaic virus*,缩写为 TMV;黄瓜花叶病毒为 *Cucumber mosaic virus*,缩写为 CMV。

属:典型种的寄主名缩写+主要症状特性缩写+virus,用斜体。

例如:烟草花叶病毒属为 *Tobamovirus*(Toba+mo+virus);黄瓜花叶病毒属为 *Cucumovirus*(Cucu+mo+virus)。

2)重要属的特性

植物病毒重要属的生物特性见表1-2-5。

表1-2-5 植物病毒重要属的特性

	粒体	核酸	症状	传播	寄主
烟草花叶病病毒	杆状	ssDNA	花叶	机械、蚜虫	烟草、番茄等
马铃薯Y病毒	线状	ssRNA	花叶、皱缩、叶条	机械、蚜虫	马铃薯、烟草、番茄等
黄瓜花叶病毒	球状	ssRNA	花叶	机械、蚜虫	67科470种植物
麦黄矮病毒	粒状	ssRNA	黄矮	蚜虫	100多种禾本科植物
小麦土传花叶病毒	杆状	ssRNA	黄矮、短线状褪绿条纹	土壤中禾谷多黏菌	小麦、大麦等

1.2.4 寄生植物

由于根系或叶片退化,或者缺乏足够的叶绿素,不能自养,必须从其他的植物上获取营养物质而营寄生生活的植物,称为寄生植物(parasitic plant)。营寄生生活的植物大多是高等植物中的双子叶植物,能够开花结籽,称为寄生性高等植物或寄生植物。

1.2.4.1 寄生植物的一般性状

(1)寄生植物的寄生方式

1)按寄生物对寄主的依赖程度或获取的营养成分分类

①全寄生:从寄主植物上获取自身生活需要的全部营养物质的寄生方式称为全寄生。全寄生植物叶片退化,叶绿素消失,根系退变为吸根,吸根中的导管和筛管与寄主的导管和筛管相连,并从中不断吸取各种营养物质,如中国菟丝子(图1-2-59)、列当(图1-2-60)、无根藤等。

②半寄生:寄生物对寄主的寄生关系主要是水分的依赖关系,这种寄生方式俗称"水寄生"。半寄生植物茎叶有叶绿素,能够进行光合作用合成有机物质,根系缺乏,以吸根的导管

与寄主维管束的导管相连，吸取寄主植物的水分和无机盐，如槲寄生、桑寄生、樟寄生等。

图1-2-59　中国菟丝子　　图1-2-60　列当

2)按寄生部位分类

①根寄生：列当(图1-2-60)、独脚金等寄生于寄主植物的根部，地上部与寄主彼此分离。

②茎(叶)寄生：无根藤、菟丝子、槲寄生、寄生藻类(两者紧密结合)等寄生于寄主的茎秆枝条或叶片上。

(2)寄生植物对寄主的危害

桑寄生的影响主要是与寄主争夺水分和无机盐，不争夺有机养料，对寄主的影响较小；列当、菟丝子等与寄主争夺全部生活物质，对寄主危害很大。

如寄生物群体数量很大，危害更明显，轻者致使寄主植物萎蔫或生活力衰退、产量降低、落叶提早，重者致使寄主植物绝产。

注意：一些高等植物(如某些兰花)，常依附在一些木本植物上，从这些木本植物表面吸取一些无机盐或可溶性物质，它们对宿主无明显的损害或影响，也未建立寄生关系。这类植物称为附生植物(epiphyte)，不属于寄生植物。

(3)寄生植物的致病性

①致病作用：对营养物质的争夺。寄生植物都有一定的致病性，致病力因种类而异。半寄生类对寄主的致病力较全寄生类弱。全寄生类致病能力强，主要寄生在一年生植物上，可引起寄主植物黄化、生长衰弱，严重时造成大片死亡，对产量影响极大。半寄生类主要寄生在多年生木本植物上，寄生初期对寄主无明显影响，后期群体数量较大时造成寄主生长不良和早衰，最终亦会导致死亡，但树势颓败速度较慢。

②传播病毒：菟丝子。

③影响寄主植物光合作用：寄生藻类。

1.2.4.2　寄生植物的主要类群

1)菟丝子　菟丝子(图1-2-61)是菟丝子科菟丝子属植物的通称，俗称金线草。菟丝子的叶退化为鳞片状，茎为黄色丝状物，缠绕在寄主植物的茎和叶部，吸器与寄主的维管束系统相连接，不仅吸收寄主的养分和水分，还会造成寄主输导组织的机械性障碍。

寄生方式为全寄生、茎寄生；寄主范围非常广，包括草本植物和木本植物、多年生植物和一年生植物(不同种的寄主范围具有一定专化性)，常为害大豆、辣椒、番茄、苜蓿、亚麻等。

图 1-2-61 菟丝子

图 1-2-62 埃及列当(瓜列当)

2)列当 列当(图 1-2-62)寄生方式为全寄生、根寄生,大多数寄生性较专化,有固定的寄主,少数较广泛;无真正的根,只有吸盘吸附在寄主的根表,以短须状次生吸器与寄主根部的维管束相连。

列当属的寄主多为草本植物,以豆科、菊科、葫芦科为主。向日葵列当(*O. cumana*)寄生向日葵、烟草、番茄等;埃及列当(*O. aegyptica*)又名瓜列当,寄生瓜类、番茄、烟草、向日葵等。

3)桑寄生 桑寄生(图 1-2-63)为木本树木的半寄生植物,寄生阔叶树,寄生方式为半寄生、茎寄生,分布于温带和亚热带,经鸟类消化道传播。

图 1-2-63 桑寄生

4)槲寄生 槲寄生(图 1-2-64)为常绿小灌木,二歧或三歧分支,叶对生,内含叶绿素;花单性,无梗,顶生于枝节或两叶间,黄绿色;浆果肉质球形,初白色,半透明,后为红色;寄生阔叶树,寄生方式为半寄生、茎寄生,分布于亚热带和温带,经鸟类消化道传播。

图 1-2-64 槲寄生

图 1-2-65 独脚金

5)独脚金 独脚金(图 1-2-65)茎绿色,叶片披针形,常退化为鳞片状,含少量叶绿素,寄生方式为全寄生、根寄生。

6)无根藤 多黏质全寄生缠绕植物,茎线状,以盘状吸根吸取营养,叶退化,茎寄生。

7)寄生藻类 寄生藻类(图 1-2-66)为寄生于高等植物体表的一些藻类,主要有绿藻门的头孢藻属(*Cephaleuros*)和红点藻属(*Rhodochytrium*),多以游动孢子经风雨传播。寄生方式为半寄生或全寄生、茎(叶)寄生;寄主范围为热带、亚热带果树、花木、林木,荫蔽、潮湿环境发生严重,易引起藻斑病或红锈病。

图 1-2-66　藻斑病

1.3　寄主植物与病原物的互作关系

植物侵染性病害是在一定的外界环境条件影响下寄主植物与病原物相互作用的结果。在互作过程中,病原物设法侵入寄主植物,进而在寄主植物组织中扩展,引起病害;而寄主植物则力图阻止和抵抗病原物的入侵和扩展,尽量减少由病原物侵染带来的危害。病原物致病作用、植物抗病作用及其机制,以及环境条件对它们的影响,构成了寄主植物与病原物互作的主要研究内容。

1.3.1　寄主植物与病原物的识别

如图 1-3-1 所示为病原物与寄主植物间关系。寄主植物与病原物的识别(pathogen-plant recognition)是指病原物与寄主接触时通过特定的信号和分子进行交流和作用的专化性事件,发生于双方互作过程的早期,包括病原物接近、接触和侵染植物 3 个阶段,能启动或引发寄主植物的一系列病理学反应,确定是否可以建立寄生或营养关系。

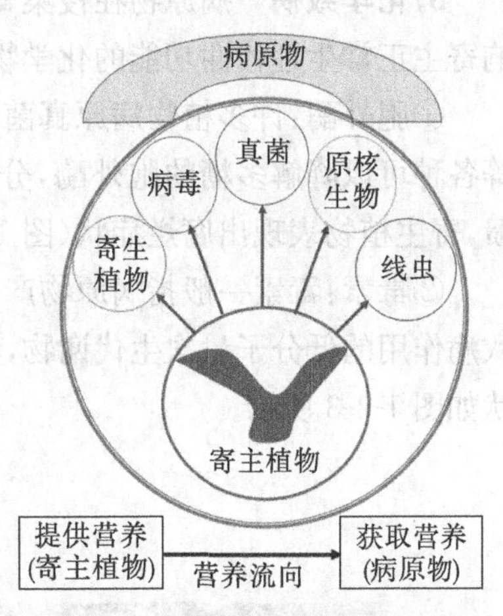

图 1-3-1　病原物与寄主植物间关系

当病原物与寄主接触时,两者之间产生一系列物质和信息的相互交流和作用。只有当病原物接收到有利于其生长和发育的最初识别信号时,病原物方可突破或逃避寄主的防御体系,被识别为可亲和的伙伴,与寄主建立亲和性互作关系。

寄主与病原物的识别有以下 3 种方式。

1)接触前识别　病原物受寄主专化性的理化刺激或引诱,向寄主方向移动(趋向)或生长(向性)。

2)接触识别　寄主与病原物之间发生机械性接触时会引发一系列特异性反应。这种特异性反应依赖于两者表面结构的理化感应及表面组分化学分子的互补性。

3)接触后识别　寄主与病原物之间发生机械性接触后,病原物的侵入期也会引发一系列特异性反应,如病原物诱导寄主植物产生植保素和致病酶。

植物对病原物的识别主要有2种机制:①病原物关联分子模式识别;②病原物效应分子识别。

1.3.2 病原物的致病作用

病原物的致病力(pathogenicity)是指病原物所具有的破坏寄主并诱发病害的能力或特性。不同病原物的致病力差异很大,植物病理学中通常使用毒力(virulence)和侵袭性(aggressive)等术语来更具体地表示这种差异。毒力常指不同病原物对寄主植物的相对致病能力,主要应用于病原物生理小种与寄主品种之间表现相互作用的范畴。侵袭性常指病原物具有的与致病力有关的生长和繁殖能力。

同种病原物形态相同,但生理生化、培养性状、致病力等方面有差异,其差异主要表现为对寄主品种的致病力不同,这样的生物型或生物型群体称为生理小种。

病原物与寄主接触后,引起寄主植物发病的作用主要包括机械穿透、营养和水分掠夺,以及涉及酶、毒素和生长调节物质的化学致病作用。

1)机械穿透 许多真菌、线虫及寄生植物直接侵入寄主时,常借助自身生长或渗透压产生的强大机械力量穿透寄主植物的角质层和细胞壁。

2)营养和水分掠夺 病原物在与寄主建立寄生关系以后,开始对寄主植物进行营养和水分的掠夺,使病原物生长、繁殖和扩展的需要得到满足,但寄主的生长发育受到抑制。

3)化学致病 病原物在侵染寄主植物过程中常产生胞外酶、毒素和生长调节物质等影响寄主正常生理代谢功能的化学物质,是病原物对寄主植物最重要的致病作用。

①胞外酶:许多植物病原真菌和细菌在侵入寄主过程中产生角质酶、果胶酶、纤维素酶等各种可以降解多糖的胞外酶,分解寄主细胞壁中的多糖物质,从而使完整的寄主细胞崩溃,寄主植物表现出腐烂症状(图1-3-2)。

②毒素:毒素一般指病原物产生的、除酶和生长调节物质以外的、对寄主有明显损伤和致病作用的低分子量次生代谢物,其化学本质是多糖、糖肽或多肽类化合物。毒素致病的症状如图1-3-3所示。

图1-3-2 胞外酶致病的症状(腐烂)

图1-3-3 毒素致病的症状(萎蔫、坏死)

③生长调节物质:健康植物的生长一定程度上受植物体内的生长调节物质调节。生长调节物质主要有吲哚乙酸、赤霉素和乙烯等。生长调节物质过量可使植物生长不正常,表现

为畸形(徒长、增生、矮化、肿瘤、丛枝)和早衰(衰老、早熟、落叶、落果),如图 1-3-4 所示。

图 1-3-4 生长调节物质致病的症状(早衰、畸形)

1.3.3 植物的抗病机制

1.3.3.1 植物抗病性的概念和特点

(1)植物抗病性的概念

植物抗病性是指植物抵抗病原物侵染危害及减轻所造成损害的能力或性能,是一种可遗传的特性。由于植物的基因存在差异,所面临病原物不同,所处环境条件不同,植物表现的抗病能力也不相同。如图 1-3-5 所示为田间水稻对白叶枯病抗病性表现。

图 1-3-5 田间水稻对白叶枯病抗病性表现

(2)植物抗病性的特点

①抗病性是植物普遍存在的、相对的性状。

②抗病性是植物的遗传潜能,受病原物互作性质和环境条件影响。

③病原物寄生专化性越强,寄主抗病性分化越明显。

(3)寄主植物对病原物侵染的反应

①亲和性与非亲和性:病原物能否成功侵染寄主植物并致病。

②专化性与非专化性:病原物种、生理小种对寄主属、种、品种的选择。

1.3.3.2 寄主抗病和非寄主抗性

(1)寄主抗性

寄主抗性是指在病原物寄主范围内的植物对某种病原物的抗性。不同寄主植物具有不同的抗病能力,因而对病原物的侵染产生不同的反应。这种反应大致可以分为以下几类。

①免疫:当病原物侵染时,在寄主范围内的某植物不受病原物侵染,表现为几乎完全抵抗病原物,完全不发病。

②抗病:病原物侵染后,寄主表现较强的抗性,轻微发病。

③感病:病原物侵染后,寄主植物发病较重。

④耐病:植物容忍病害发生。

⑤避病:植物因避免接触病原物或接触机会较少而不发病或发病减轻。

(2)非寄主抗性

非寄主抗性是指非寄主植物对某种病原物的抗性。

1.3.3.3 被动抗病性和主动抗病性

寄主植物的抗病能力有的是植物固有的,称为先天抗病性,也称被动抗病性;有的是由病原物的侵染或其他原因诱发的,称为获得抗病性,也称主动抗病性。

(1)植物被动抗病性

1)形态结构因素 角质层和蜡质层是植物表面最外层与植物抗病性有关的结构。一般幼嫩组织表面较薄,而成熟组织表面较厚。因此,后者抗侵入能力较强。

2)生理生化因素 植物被动抗病性的生理生化因素主要为体内预存的对病原物有害的酶和化学物质。这些物质包括某些有机酸、酚类化合物及其衍生物、皂角苷、不饱和内酯、芥末油等。

(2)植物主动抗病性

1)形态结构因素 病原菌侵染导致植物细胞壁木质化、木栓化以及酚类物质和钙离子沉积等多种强化细胞壁的防卫反应。木质化作用是在细胞壁、胞间层和细胞质等不同部位产生和积累木质素的过程,可以抵抗病原物侵入的机械压力,抵抗酶类对细胞壁的降解,阻断物质交流。

2)生理生化因素

①过敏反应:寄主植物对非亲和性病原物侵染表现高度敏感的现象。具体表现为受侵细胞及其邻近细胞迅速坏死(程序性细胞死亡),病原物被封锁在枯死组织中。

②活性氧爆发:寄主植物与病原菌互作早期,植物细胞内外迅速积累并大量释放活性氧的现象。

③植保素的积累:植保素是寄主植物受病原物侵染或受非生物因素激发后所产生或积累的对病原物有拮抗活性的低分子质量物质,在许多相互作用系统的抗病性中起关键作用。植保素是诱导产物,除真菌外,细菌、病毒、线虫等生物因素及金属粒子、叠氮化钠等化学物质都能诱导产生植保素。

④病程相关蛋白的积累:健康植株在正常条件下不产生,在病理或病理相关环境下特异性诱导植物产生并积累的蛋白,很有可能与病程相关。

1.3.4 寄主-病原物相互作用的遗传学基础

1.3.4.1 基因对基因学说

寄主-病原物相互作用受遗传控制,研究寄主-病原物相互作用的遗传学对深入理解互作分子机制以及作物抗病育种应用均有重要意义。

1954 年,Flor 提出基因对基因学说:在寄主植物中控制抗病性或感病性基因与在病原物中控制无毒性或有毒性基因相互对应。1962 年,Person 对基因对基因学说进行概括:一方某个基因是否存在取决于另一方的相应基因是否存在，双方基因的相互作用产生特定的表型，通过观察表型的变化即可判断任何一方是否具有相对应的基因。

1.3.4.2　植物抗病基因

目前，已从不同植物克隆得到 40 多个针对不同类型病原物的抗病基因。大多数抗病基因编码产物具有保守的结构域：富含亮氨酸重复单元、核苷酸结合位点、果蝇 Toll 蛋白、卷曲螺旋域、蛋白激酶域、WRKY 结构域、PEST 结构域和 ECS 结构域。

1.3.4.3　植物抗病性的遗传和变异

植物抗病性是一种受遗传控制的性状，因而在理想环境条件下是可以稳定遗传的。当然，在复杂的条件下，植物抗病性会受各种因素的影响而发生变化。

1)病原物　病原物毒性的改变是导致植物抗病性丧失的重要因素。

2)寄主　寄主本身引起抗病性变异主要与天然杂交、机械混杂、繁殖器官的异质性、生活力的降低以及生育期和着生部位的差异等因素有关。

3)环境条件　环境条件的改变可使植物的抗病性发生明显变化。影响植物抗病性的环境条件主要有气候条件和栽培管理条件等。

①气候条件：温度是影响植物抗病性的重要因素。在低温条件下，大多数幼苗病害发生较重，这是因为根部外皮层的形成、伤口愈合以及组织的木栓化都要求较高的温度。湿度与植物的抗病性也有一定的关系。一般情况下，高湿或多雨的条件下，植物的抗病性会下降。光照也影响寄主的抗病性。通常情况下，光照强度不足，植物生长较弱，木质化不良，因而抗病性差。

②栽培管理条件：施肥时间和施肥量严重影响植物的抗病性。多施或偏施氮肥，植物的抗病性明显下降，增施磷肥、钾肥往往能提高植物的抗病性。因此，在生产中，适时适量施肥是预防病害的一项重要措施。

1.3.4.4　病原物致病性的变异

无论在自然界还是在人工培养条件下，病原物的致病性都并非一成不变。病原物的致病性常通过有性杂交、无性重组、突变和适应性变异等途径发生变异。

1)有性杂交　有性生殖阶段，基因重新组合可使遗传性质发生改变，导致病原物后代致病性发生变异。

2)无性重组　无性繁殖或生长阶段，体细胞染色体或基因重组，主要有异核现象、准性生殖现象，常见于真菌，特别是半知菌。

3)突变　病原物遗传性状发生突然变化的现象称为突变。从分子水平上来看，突变是基因内不同位点的改变。

4)适应性变异　病原物为了更好地生存，可根据环境改造自己，以适应新的环境，这种变异为适应性变异。

1.3.4.5　定向选择和稳定化选择

1)定向选择　广泛种植寄主抗病品种有利于病原物相应毒性基因的发展，使病原物群体发生变异。

2)稳定化选择 寄主群体的抗病性对病原物的选择作用可使病原物群体组成趋向稳定。如生产中采用不同抗性的品种搭配种植,合理布局,使田间抗性(基因)多样化,则病原物毒性小种都处于竞争劣势,病原物群体组成趋于稳定。

因此,正确利用作物品种的群体抗病性,有利于控制病原物群体组成的变化,在生产中有重要意义。

1.4 植物病害的发生发展及流行规律

1.4.1 病原物的侵染过程

病原物的侵染过程可分为侵入前期、侵入期、潜育期和发病期,如图 1-4-1 所示。

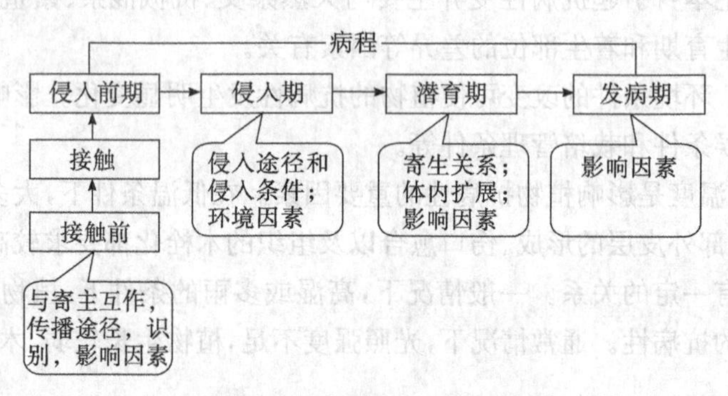

图 1-4-1 病原物的侵染过程

1.4.1.1 侵入前期

侵入前期是指病原物侵入前与寄主植物存在相互关系并直接影响病原物侵入的一段时间,包括接触以前和接触以后(形成某种侵入结构)。植物表面的理化状况和微生物组成对病原物有很大的影响:①根部分泌物对线虫和游动孢子有吸引作用,对真菌孢子和病原物休眠体萌发有刺激作用;②表面微生物对病原物有一定干扰和影响。

1.4.1.2 侵入期

侵入期是指从病原物开始侵入寄主到与寄主建立寄生关系的一段时间。病毒接触寄主即侵入;真菌孢子萌发长出芽管才能侵入。

1)侵入途径和方式

①直接侵入:病原物直接穿透寄主角质层和细胞壁,寄生植物和部分真菌、线虫可直接侵入。真菌直接侵入过程:孢子萌发产生芽管,芽管顶端膨大形成附着胞,附着胞产生侵染丝,侵染丝穿过角质层和细胞壁进入细胞。

②自然孔口侵入:病原物经气孔、水孔、皮孔、柱头和蜜腺等自然孔口侵入。

③伤口侵入:所有病毒、类病毒和部分病原原核生物、真菌通过该途径侵入。

各种病原物的侵入途径和方式（图 1-4-2）

真菌：强寄生者，直接侵入或由自然孔口侵入；弱寄生者，由伤口或衰亡组织侵入。

细菌：由自然孔口或伤口侵入。

菌原体和病毒：由伤口侵入。

线虫：直接穿刺或由自然孔口侵入。

寄生植物：直接产生吸根侵入。

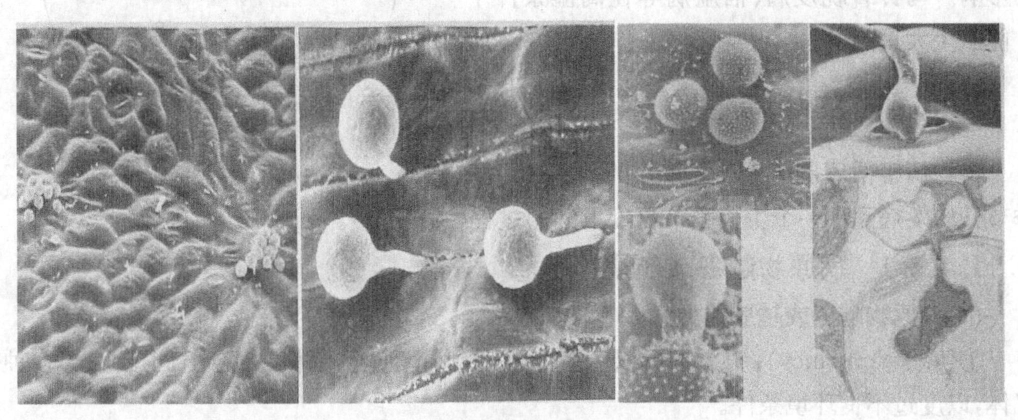

图 1-4-2　各种病原物的侵入途径和方式

2）环境因素对病原物侵入的影响

①温度：影响病原物萌发和侵入的速度。

②湿度：高湿度有利于病原物的侵入。

③光照：影响气孔的开闭。

1.4.1.3　潜育期

潜育期是指从病原物侵入寄主建立寄生关系到表现症状前的一段时间，是病原物在寄主体内繁殖和蔓延的时期。潜育期内，病原物在寄主体内获得营养和水分，建立寄生关系并不断扩展。在此期间，病原物与寄主间存在复杂的相互作用，决定能否建立寄生关系。

1）病原物在寄主植物内的扩展方式

①局部侵染：病原物的扩展局限于侵染点附近的细胞和组织，引起局部性病害。侵染性病害中大部分属于此类。

②系统侵染：病原物可以从侵染点扩展到寄主植物的其他部分或全株，引起系统性病害。如病原物侵入维管束引起的萎蔫病、大多数病毒病、黑穗病均属于此类。

③潜伏侵染：病原物侵入寄主后，长期处于潜育阶段，不表现症状。

2）不同病原物的扩展方式

①真菌：以菌丝在细胞间或直接穿过细胞扩展；以吸器伸入细胞吸收养分；死体营养真菌先杀死寄主组织再扩展；有的以菌丝在植物木质部导管扩展。

②细菌：先在寄主薄壁组织细胞间繁殖、扩展，细胞壁破坏以后进入细胞。

③病毒：先在细胞内繁殖，然后进入维管束。

3)潜育期的影响因素 潜育期的长短取决于病害种类和环境条件等。

1.4.1.4 发病期

发病期是指寄主植物出现症状而发病的过程。许多病害在病部出现病征,如真菌的子实体、细菌的菌脓、线虫虫瘿等。环境条件(特别是温度和湿度)对植物病害的扩展和病征的出现有很大的影响。马铃薯晚疫病、稻瘟病等在高湿条件下才能产生大量孢子。

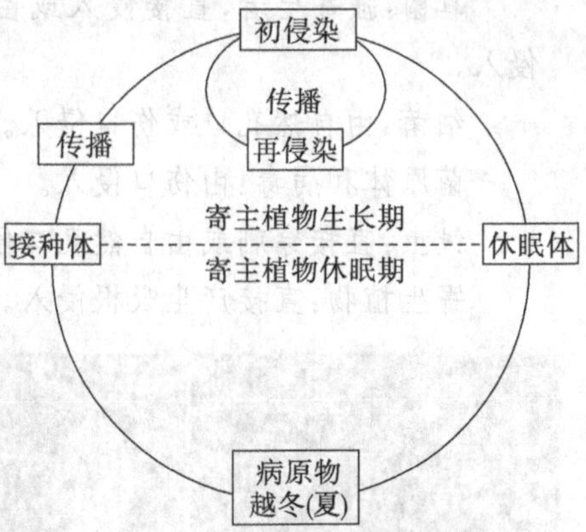

图 1-4-3 植物病害循环

1.4.2 植物病害循环

植物病害循环是指从寄主植物的前一个生长季节开始发病到下一个生长季节再度发病的过程(图 1-4-3)。

1.4.2.1 病原物越冬或越夏

(1)病原物越冬或越夏的方式

①休眠(dormancy):病原物可以产生卵孢子、厚垣孢子、菌核、冬孢子、子囊壳等多种休眠体,以度过不良环境条件。

②腐生(saprophytism):有些病原物可在病株残体、土壤及各种有机物上腐生而越冬、越夏。

③寄生(parasitism):活体营养的病原物只能在活的寄主上越冬、越夏。

(2)病原物越冬或越夏的场所

1)种子、苗木和其他繁殖材料

①病原物的休眠体混于种子内,如菌核、线虫的虫瘿、菌瘿等。

②休眠孢子附着于种子表面。

③病原物既可以繁殖体附着于种子表面,也可以菌丝体潜伏于种子的内部。

④病原物侵入种苗和繁殖材料的内部。

2)田间病株 许多活体营养的病原物(如小麦锈菌、病毒等)必须在活的寄主植物上越冬或越夏。

3)病株残体 许多真菌和细菌可以在病株残体上存活,存活时间的长短取决于病残体的分解速度。

4)土壤或粪肥 病原物的休眠体可在土壤或粪肥中长期存活。有的病原真菌和细菌可以腐生的方式在土壤中存活。

土壤寄居菌:在土壤中的病残体上存活。

土壤习居菌:在土壤中可以长期存活,且能在土壤有机质上繁殖。

5)昆虫或其他介体 如增殖型病毒。

1.4.2.2 病原物的传播方式

病原物的传播主要依赖外界因素,如气流、雨水、昆虫或其他生物介体以及农事操作等。

各种病原物的传播方式不同,如图1-4-4所示。

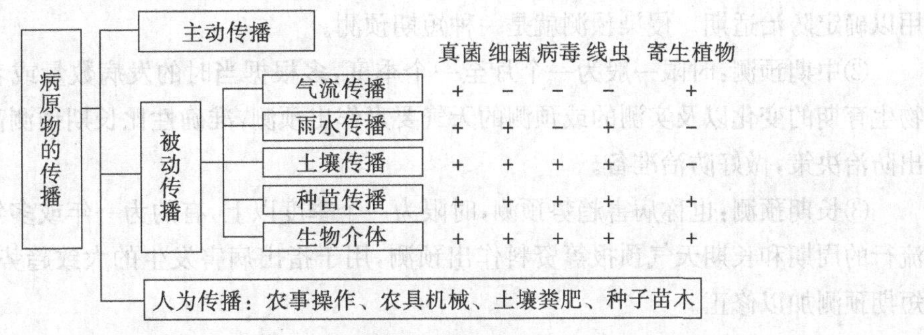

图1-4-4　病原物的传播方式

1.4.2.3　病原物的初侵染和再侵染

初侵染:越冬或越夏的病原物在植物一个生长季节中引起的最初侵染。

再侵染:初侵染植物上的病原物产生的繁殖体,经过传播再次侵染植物的健康部位或其他健康植物。

单循环病害:只有初侵染没有再侵染的病害,多为系统性病害。

多循环病害:在植物一个生长季节中可引起多次再侵染,多为局部性病害。

1.4.3　植物病害的预测

植物病害的预测(prediction)是指依据流行学原理和方法估计病害发生时期和严重程度,指导病害防治或病害管理。由权威机构发布的预测结果称为预报(forecasting)。有时对两者并不作严格的区分,统称病害预测预报,简称病害测报。代表一定时限后植物病害流行状况的指标称为预报(测)量,如病害发生期、发病数量和流行程度的级别等。而据以估计预报(测)量的流行因素称为预报(测)因子。当前,植物病害预测的主要目的是提供防治决策参考和确定防治的时机、次数和范围。

1.4.3.1　预测的种类

1)按预测内容和预报量划分　可分为流行程度预测、发生期预测、损失预测、防治效果预测、发生范围预测、发生频率预测、种类演替预测、生理小种消长动态预测等。

①流行程度预测:主要预测病害在一定时期内是否流行及流行强度,是最常见的预测种类。预测结果可用发病数量(发病率、严重度、病情指数等)作定量表达,也可用流行级别作定性表达。流行级别可分为大流行、中度偏重流行、中度流行、中度偏轻流行、轻度流行和不流行等,具体分级标准根据发病数量或损失率确定,因病害而异。

②发生期预测:估计病害可能发生的时期,包括始发期、盛发期及不同高峰期和侵染期等,以确定防治适期,这种预测亦称为侵染预测。德国有一种马铃薯晚疫病预测办法是在流行始期到达之前,预测无侵染发生,发出安全预报,称为负预测(negative prognosis)。

③损失预测:也称损失估计(loss assessment),主要根据病害流行程度与产量损失之间的关系预测其所造成的损失,为防治决策提供依据。

2)按预测时限划分　可分为短期预测、中期预测、长期预测和超长期预测。

①短期预测：时限在一周之内，有的只有几天，主要根据天气要素和菌源情况作出预测，用以确定防治适期。侵染预测就是一种短期预测。

②中期预测：时限一般为一个月至一个季度，多根据当时的发病数量或者菌量数据、作物生育期的变化以及实测的或预测的天气要素作出预测，准确性比长期预测高，主要用于作出防治决策，做好防治准备。

③长期预测：也称病害趋势预测，时限为一个季度以上，有的为一年或多年，多根据病害流行的周期和长期天气预报等资料作出预测，用于指出病害发生的大致趋势，需要借助中、短期预测加以修正。

④超长期预测：时限长达几年乃至更长，用于指导制订更宏观、更长远的病害管理计划。

1.4.3.2 预测的依据

病害流行预测的依据是病害的流行规律，也就是寄主、病原物和环境因素对病害的影响及其相互关系。一般情况下，菌量、气象条件、栽培条件和寄主植物生育状况等是最重要的预测依据。

1)根据菌量预测 多数单循环病害的侵染概率较为稳定，受环境条件影响较小，可以根据越冬菌量预测发病数量。如小麦腥黑穗病、小麦散黑穗、谷子黑穗病等种传病害，可以通过检查种子带菌情况，预测翌年田间发病率；棉花枯萎病、棉花黄萎病可根据当年土壤中微菌核数量和上一年发病情况预测其严重程度；麦类赤霉病可通过检查稻桩或田间玉米残秆上子囊壳数量和子囊孢成熟度，或者用孢子捕捉器捕捉空中孢子进行预测。有些多循环病害有时也以菌量作为预测因子。如水稻白叶枯病病原细菌大量繁殖后，其噬菌体数量激增，稻田病害严重程度与水中噬菌体数量高度正相关，可以利用噬菌体数量预测白叶枯病发病程度。

2)根据气象条件预测 多数多循环病害的流行受气象条件影响很大，而初侵染菌源对当年发病的影响较小，通常可根据气象因素预测。马铃薯晚疫病：若相对湿度连续 48 h 高于 75%，气温不低于 16 ℃，则 14～21 天后田间将出现中心病株。葡萄霜霉病：若气温为 11～20℃，且有 6 h 以上叶面结露就可能引起侵染。有些单循环病害也可根据初侵染期间的气象条件进行预测。例如，苹果、梨的锈病每年只发生一次。在果园附近桧柏上有越冬菌源的情况下，在北京地区，若 4 月下旬至 5 月中旬出现大于 15 mm 的降雨，且其后连续 2 天相对湿度大于 40%，则 6 月将大量发病。

3)根据菌量和气象条件进行预测 对于许多病害，在其他条件确定的条件下，菌量和气象因素对其流行程度影响较大，可作为预测依据。如我国北方小麦条锈病的春季流行通常依据秋苗发病程度、病菌越冬率和春季降水情况预测；我国南方小麦赤霉病流行程度主要根据越冬菌量和小麦扬花灌浆期气温、雨量和降雨天数预测；在某些地区，菌量的影响不大，只根据气象条件预测。

4)根据菌量、气象条件、栽培条件和寄主植物生育状况预测 有些病害流行条件比较复杂，因此预测时除考虑菌量和气象条件外，还要考虑栽培条件和寄主植物的生育期和生育状况。例如，稻瘟病的短期预测需注意氮肥施用期、施用量及其与有利气象条件的配合情况，若水稻叶片肥厚披垂，叶色墨绿，则预示着稻瘟病可能流行；水稻纹枯病流行程度主要取决于栽植密度、氮肥用量和气象条件；油菜菌核病多以花期降雨量、油菜生长势、油菜初花期迟早以及花朵带病率作为预测因子。

不同病害发生规律不同，预测依据也不尽相同。对于虫传病害，介体昆虫的数量和带毒率等是重要的预测依据。

1.4.3.3　预测方法

病害预测是信息的加工过程：根据有关病情和流行因素的多年多点历史资料，进行综合分析或模型处理，最后得出预测结论。预测的准确程度取决于信息材料的数量、质量、预测者的水平以及预测模型的合理性等。

依据预测形式，病害预测的基本方法可分为经验法、模型法和综合法。

1)经验法　经验法是预测工作者凭借其丰富的经验和深刻认识，选取预测因子和依据，参照历史资料，经过信息加工、比较和推理等，作出预测。经验法主要有类推法和综合分析预测法等。

①类推法：包括物候预测法、预测圃法和利用某些环境指标的预测方法，如标蒙氏法。此法基本属于直观经验预测法，预测因子和结果比较单一，仅适用于特定地域。

②综合分析预测法：预测人员调查并收集有关品种、菌量、气象因素和栽培管理等方面的资料，与历史资料进行比较，通过全面权衡和综合分析，依据主要预测因子的状态和变化趋势估计病害发生期和流行程度。综合分析预测法通常由一个或多个专家经过会商的方式实现，故也称专家预测法。此法属于定性预测，多用于中、长期预测或情况复杂尚缺乏定量数据或难以定量的病害，预测的可靠程度取决于专家业务水平、信息质量、民主讨论气氛和综合各种意见的科学方法。

2)模型法　模型法是先对调查和检测所得的数据资料进行统计分析或系统分析，建立预测模型，预测时输入预测因子的数据，经模型运算便可得出定量的和准定量的预测值。此法以模型运算代替人脑推理，但本质上并非与经验法对立。

模型又分为数学模型和知识模型。数学模型主要有整体模型和机理模型，适用于那些结构化和可计算的问题。知识模型主要有专家系统和决策支持系统等，适用于那些非结构化和无法计算的问题。

①整体模型：又名数理统计模型、经验模型，是将病害看成一个整体或“黑盒”，不考虑其详细过程和内部机理，只考虑输入和输出的关系，利用多年多点历史资料，运用统计学方法建立的预测模型，目前应用广泛。

特点：模型制作比较简单，应用也比较方便，比较经济；适用于流行主导因素比较少，且有长期定量的调查数据的病害；生物逻辑性差；使用时，数据应在原始建模数据的变幅范围内，否则误差较大；适用时空范围有局限性，只适用于环境背景与建模数据来源相同或相似的场合；只能作静态预测，只能预测某一时期的病情，不能预测流行过程的逐日变化。

建立该模型的数学方法主要是回归分析和时间序列分析。建模时，加工分析的历史资料和观测数据越多，各变量变幅越大，数据越准确，模型越可靠。

②机理模型：又名系统模型、系统模拟模型、系统分析模型或逼真模型，是将系统分解成若干子过程，将每个子过程各有关因素和病害发展的关系组建成子模型，然后再按生物学的逻辑将各子模型综合成病害预测模型，应用较少。

特点：结构合乎生物学逻辑，既有分析又有综合，能够说明病害流行动态及其内部机理；使用数据大小范围可适当外延；适用时空范围广，可以适应环境背景的变化；可以作出动态预测，能预测流行过程的逐日变化，可给出流行曲线；可以逐步改进，不断提高结构的合理性和预测的准确度；适合一些流行规律复杂、所获资料少、一时无法组建回归模型的病害；建立此模型繁杂，费工费时，投资大，且在初期应用阶段准确度不一定比已有的整体模型高。

从长远来看，机理模型是预测模型的发展方向。

③专家系统：具有大量专门领域知识的计算机智能程序系统，可应用人工智能技术，根据一个或多个专家提供的特定领域知识、经验进行推理判断，模拟或模仿人类专家解决问题的过程，解决那些需要专家解决的复杂问题，具有启发性、透明性和灵活性的特点。

专家系统的建立涉及以下环节：特定领域知识获取，即系统地获取和整理特定领域知识；知识表达，即将特定领域知识形式化、符号化，存入计算机，构成知识库；推理知识，即知识应用，使计算机像专家一样运用特定领域知识解决具体问题。

④决策支持系统：为决策者提供分析问题、构造模型及模拟决策过程和效果的人机交互式计算机辅助系统。一个决策支持系统由数据库及其管理系统、模型库及其管理系统、方法库及其管理系统和人机接口系统等组成。目前，决策支持系统已在农业生产中得到应用，如棉花作物管理系统、小麦病害管理系统、马铃薯晚疫病防治决策支持系统及苹果、梨主要病虫害防治决策支持系统等。

3）综合法 数学模型和专家系统综合形成的方法，主要有专家模拟系统、智能决策支持系统等。专家模拟系统是模拟模型与专家系统技术结合的产物，可以对系统复杂的动态变化作出一定预测。智能决策支持系统在决策支持系统中引入人工智能、专家系统技术，以弥补传统决策支持系统的不足，提高其对决策过程的辅助水平，又称综合专家系统。

1.4.3.4 病害损失估计

病害损失包括生物学和经济学两方面的含义，因而可分为狭义损失和广义损失。狭义损失是指可达到的产量与有害生物为害后的实际产量之间的差值，也称为作物损失，属于生物学损失。广义损失是指实际损失，包括直接损失和间接损失。直接损失又包括产量损失、品质损失、防治费用、收获操作额外损失、分级操作额外损失、引种费用、改种其他作物所致损失等原生损失，以及种植材料污染、土传病害所致土壤污染、树木落叶所致树势下降、再次防治费用等次生损失。间接损失又包括农民、出口商、消费者、国家等所受损失及环境污染。

病害损失的测算包括个体水平测定和群体水平测定。个体水平测定是指选择同块田内不同发病级别的个体，分类挂牌测产，然后根据各级病株平均产量与健株平均产量求出损失率。群体水平测定是指采用人工诱发和化学控制的方法在田间制造流行速率和发病程度不同的小区，系统调查各小区病情和产量，然后根据无病区和病区产量求出损失率。

病害损失估计的主要依据是病情与损失的关系、病害种类与损失的关系、补偿作用以及寄主品种、生育状况和环境条件对损失的影响等。

1)病情与损失的关系　病情是损失估计的重要因子,与损失之间存在种种关系,主要有以下 3 种类型。

①敏感型:一定范围内损失与病情大体上呈正相关,呈直线关系,主要见于被害部位是收获器官且处于生长后期的情况,如小麦赤霉病等。

②耐病型:由于植物存在补偿作用,病情发展至一定程度才有损失产生,后期病情趋于平稳,病情与损失呈 S 形曲线,主要见于被害部位是叶部而收获物为果实或种子的情况,如小麦锈病等。

③超补偿型:病情与损失呈 S 形曲线,但初期病情较轻时不仅不减产反而有增产作用,主要见于为害花和幼果的果树病害。在开花、坐果过多的果树上,一定数量以下的病害有疏花、疏果的作用。

2)病害种类与损失的关系　病害种类与损失的关系密切。减产是由病害发生量、病害对植物生理过程的影响、病害对产量形成因素的影响三方面造成的,此为损失估计的理论基础。不同病害对植物的危害和造成的损失不同。例如,小麦锈病破坏光合作用,消耗有机物,加剧水分丧失,影响小麦发育,于小麦拔节前减少穗粒数,于扬花灌浆期降低千粒重。

3)补偿作用　并非任何程度的损害都会造成减产,因为植物本身有补偿作用。

4)寄主品种、生育状况和环境条件对损失的影响　不同品种耐病性强弱不同,同一病情在不同品种上所造成的减产情况可能不同,同一品种在不同栽培条件、气候条件下的减产情况也不同。例如,小麦灌浆期发生锈病,若遇干旱则减产严重。此外,若两种病害同时发生,则二者往往会发生复杂的互作,估计损失时应依互作特点分别赋予权重。

损失预测结果可用以确定发病数量是否已经接近或达到经济危害水平和经济阈值,为防治决策提供参考。

①经济危害水平(economic injury level)是指造成经济损失的最低发病数量。这里的经济损失是指防治费用与防治挽回损失金额的差值,病害所致的经济损失包括直接的和间接的、当时的和后继的等多种经济损失,但主要由产量、品质以及产品单价决定。

②经济阈值(economic threshold)是指应该采取防治措施时的发病数量。此时防治可防止发病数量超过经济危害水平,防治费用不高于因病害减轻所获得的收益。因此,决定某种病害防治与否和如何防治,并不单纯取决于病情,而主要取决于病害所造成的经济损失、防治效能、防治成本及最终的防治效益。

1.5　植物病害诊断技术

植物病害的诊断是指根据病害症状、所处的场所和环境条件,对植物病害的发生原因、流行条件和危害性等作出准确判断。诊断目的是了解病害发生的原因,确定"是否"为某种病害(以病害特点为依据)。准确的诊断是控制植物病害的前提,是防治病害的依据。

诊断和鉴定是相互联系的,鉴定是将病原物种类同已知的种类相比较,确定其学名或分类学地位，确定其“是什么”（以病原物的分类性状为依据）。

诊断时，首先要求熟悉植物病害，了解各类植物病害的特点；其次要求全面检查，仔细分析；最后下结论要慎重，要留有余地。

1.5.1 诊断的程序和方法

诊断的基本步骤和方法：病情调查、显微镜检、试验验证、病原鉴定和专项检测。首先，应从症状入手确定病原类型，即确定是属于侵染性病害还是非侵染性病害。然后，再确定侵染性病害是由真菌、病毒、细菌还是线虫或其他病原物侵染引起，非侵染性病害是由营养失衡还是环境不适等其他原因引起。最后，鉴定病原，确定它是哪个种、变种、生理小种，确定病害的具体原因。

1.5.1.1 病情调查

调查植物病害在田间的表现时，应注意以下几个方面：

1)群体表现 包括病害在整个田间如何分布，其时间动态和空间动态如何变化，是个别零星发生还是大面积成片发生，是由点到面发展还是短时间同时发生，发病部位是随机的还是一致的，开始发病时间、株龄和生长发育阶段等。

2)个体表现 包括局部和整株、地上和地下、内部和外部、病征和病状表现及变化等。

3)田外表现 相邻田块和当地整体发生情况，不同类型作物发生情况，不同品种的田块发生情况等。

4)其他相关情况 询问病史，看以前是否发生过；查阅资料，看是否有相关报道。了解品种及栽培管理情况，包括品种来源、名称、播期及施肥、灌溉和农药使用情况等。调查生长环境及气象条件，包括土壤环境、周围生态（地势、工厂、生物、水源等）及近期或更早时间的温度、湿度、降雨等变化情况。

病情调查是诊断的第一步。通过以上调查，结合各种病害特点，可以初步确定病害类型，对其作出估计。对于症状不明显或者明显但无法断定是否由病原物引起的病害，就要进行显微镜检。

1.5.1.2 显微镜检

显微镜检主要观察和了解是否有病原物及病原物的形态。观察方法因病原物而异，真菌、线虫及部分病毒内含体可直接通过普通光学显微镜观察，细菌用油浸物镜（油镜）观察，菌原体、病毒粒体及部分病毒内含体用电镜观察。

注意：①采样要典型，症状必须表现明显，症状不明显的可以在25～28 ℃条件下保湿培养1～2天；②时间要适宜，过早观察不到，过迟存在腐生菌干扰或病原孢子飞散、释放；③部位要完整，观察发病主要部位、其他部位甚至整株；④制片要正确，病部正背面、内外部、刮切兼顾，要多取几个部位，多做几个切片观察；⑤观察要仔细，注意光线的调节，注意病原物与杂质、植物组织等的区别，注意观察病原物不同部分，不能仅仅根据观察到的孢子或其他某个部位就下结论。

1.5.1.3　试验验证

试验验证就是通过一系列试验过程来确定病原物。试验过程中遵循的一个重要法则就是科赫法则(Koch's rule)。该法则是通过测定致病性来确定某种生物是否是病原物,具体包括以下4条原则:①发病植物上常伴随有一种病原微生物存在;②该生物可在人工培养基上分离和纯培养;③将纯培养物接种到相同品种的健株上,健株表现出相同的症状;④从接种发病的植物上再分离到该生物的纯培养物,性状与原来记录的相同。简单地说,就是经过2次症状观察和2次分离培养,若前后结果相同,就可确定所观察到的生物是病原物。

科赫法则在病理学上非常有用,但也存在一些片面性,主要表现在以下几个方面:①只针对生物因素引起的病害,不能证实非生物因素或由非生物因素和生物因素结合引起的病害;②只针对单一病原物,忽略病原物之间的协同作用;③只针对体内病原物,寄主体外致病的生物不能完全运用该法则来验证;④只针对非专性寄生物,一些专性寄生物至今尚不能人工培养,难以完全依赖该法则进行验证。

虽然科赫法则存在一些片面性,但其基本原理对任何病原物都是适用的,只不过具体试验操作过程因病原物而异。

1.5.1.4　病原鉴定

病原鉴定是指确定病名和病原物的分类地位与学名等。以不同病原物分类鉴定指标为依据,先了解所要鉴定病原物的有关性状,再通过查阅资料进行对照比较。若与资料中某个种相符就可确定,若资料中没有则可能是新种或新病害。确定一个种需要有完备的资料。

各种病原物的鉴定依据不同,真菌、线虫主要依据形态特征,细菌、病毒主要依据其综合生物学性状及生理、生化特点。

注意:①在实际操作中,要注意病害和症状的复杂性、虫害和病害的区别、科赫法则在病害诊断和鉴定中的作用和应用;②植物发生一种病害的同时可伴随发生另一种病害,如小麦粒线虫病常伴随着小麦蜜穗病的发生;③一种病害的发生可能以另外一种病害的发生为条件,后发生的病害为继发病,如甘薯受冻后发生软腐病。

1.5.1.5　专项检测

人们为了及时、准确、快速诊断病害,将生物、物理和化学的方法应用于病害诊断,形成了针对不同病害或病原物特点的专项检测技术。专项检测包括理化方法、噬菌体方法、血清学技术、免疫电镜技术、核酸杂交及聚合酶链反应(polymerase chain reaction,PCR)诊断技术等。

1)理化方法　非侵染性病害可根据假设通过化学分析、人工诱发、化学治疗等方法进行诊断。例如,用紫外光照射感染马铃薯环腐病的病薯切片,病薯切片可以发出荧光。

2)噬菌体方法　噬菌体即侵染细菌的病毒,可引起细菌细胞破裂,使细菌培养液由浊变清或使含菌的固体培养基出现透明的噬菌斑。噬菌体和寄主细胞间大多存在专化性相互关系。寄主范围广的,可侵染一个属的不同种的细菌,称为多价噬菌体;寄主范围窄的,只能侵染同一种细菌的个别菌株,称为单价噬菌体。从病组织或病田土壤中能分离到专化性程度高的噬菌体,利用专化噬菌体可以检测从病组织上分离的细菌的种类和数量,10～20 h就可看到反应结果,是一种快速的诊断方法。

3)血清学技术 抗原和抗体特异性结合的反应技术,可以快速地鉴定病原,鉴别生物类群间的亲缘关系。常用的方法有沉淀反应、凝集反应、琼脂双扩散法、免疫电镜技术、放射免疫测定和酶联免疫吸附反应等。

4)免疫电镜技术 免疫电镜是将免疫学与电子显微技术相结合的病毒诊断技术,具有快速、灵敏、直观等特点。该技术将免疫学中抗原抗体反应的特异性与电镜的高分辨能力结合在一起,可以鉴别形态相似的不同病毒,在超微结构和分子水平上研究病毒等病原物的形态、结构和性质,还可进行细胞内抗原的定位研究,从而将细胞亚显微结构与其代谢、形态等各方面的研究紧密结合起来。

5)核酸杂交 已知的核酸片段和未知核酸在一定的条件下通过碱基配对形成异质双链的过程称为杂交,其中预先分离纯化或合成的已知核酸序列片段称为核酸探针(nucleic acid probe)。核酸杂交主要在DNA和RNA之间进行。由于大多数植物病毒的核酸是RNA,其探针为互补DNA(cDNA),称为cDNA探针。核酸探针技术是目前最特异、敏感、简便、快速的检测方法,可直接检出致病性微生物而不受非致病性微生物的干扰,不仅可以检测到目标病毒的核酸,而且还可以检测出相近病毒(或核酸)间的同源程度。

6)PCR诊断技术 一种体外扩增特异DNA片段的技术,用于扩增位于2段已知序列之间的DNA区段。首先由已知序列合成2段寡聚核苷酸作为反应的引物,然后进行DNA加热变性、引物退火和引物延伸(重复循环)。在正常反应条件下,经30个循环可扩增至百万倍。应用PCR扩增技术可将少量病原微生物核酸扩增放大,用于病害的早期诊断;也可制备大量核酸探针,用于诊断病害。

1.5.2 非侵染性病害诊断

对非侵染性病害的诊断通常从以下三方面着手:①进行病害现场的观察和调查,了解有关环境条件的变化;②依据侵染性病害的特点和侵染性试验的结果,尽量排除侵染性病害的可能;③病原鉴定。

1.5.2.1 病情调查

1)观察病害特点 非侵染性病害的特点如下:

①病害一般表现为较大面积同时发生,发病时间短,如由大气、水、土壤的污染或气候因素引起的冻害、日灼等病害。

②病害田间分布较均匀,发病程度可由轻到重,但没有由点到面的过程,即没有发病中心。

③发病部位在植株上的分布比较一致,有些表现在上部或下部叶片,有些表现在叶缘,有些表现在花、嫩枝、生长点等器官,有些表现在向阳或迎风的部位等。

④没有病征,病斑不规则。

⑤在适当的条件下,有的病状会减轻甚至消失。

2)了解环境条件 需要了解的环境条件一般包括地形、地势、土壤、气象、生态等。

1.5.2.2 病害确定

在以上观察和调查基础上，若还不能确定是否为非侵染性病害，可根据情况进一步诊断。不能确定有无病征时，可以通过病组织保湿培养和普通显微镜观察，看有无病征和病原物，以和细菌、真菌、线虫病害初步区分。

当和病毒、菌原体等病害难以区分时，可按病毒病害的诊断方法（如组织解剖、传染试验、免疫检测或电镜观察等）进一步诊断，也可按非侵染性病害诊断方法（如治疗诊断）进一步诊断。

对于病组织可能存在的非致病性腐生生物，结合非侵染性病害症状特点和病部生物种类综合分析，必要时可通过科赫法则进行验证。

1.5.2.3 病因鉴定

经过以上两步，确认为非侵染性病害后，可通过以下方法进一步鉴定具体病因。

①化学分析法：对病株组织或病田土壤进行化学分析，测定其成分和含量并与正常值进行比较，从而查明哪种成分过多或过少，确定病因。

②人工诱发法：根据初步分析的可疑病因，人为提供类似条件如低温、缺素或药害等，观察植物是否发病。

③化学治疗法：初步分析可疑病因，采取治疗措施（如怀疑缺素，可以喷洒、注射或浇灌营养液），观察能否减轻症状或恢复健康。

④指示植物法：根据可疑病因，选择对该病因敏感、症状表现明显且稳定的植物作为指示植物，并将其种植于发病环境中，观察症状。此方法一般用于果树缺素症鉴别。

1.5.3 侵染性病害诊断

田间观察时，应了解侵染性病害的一些特点：

①病害一般不表现为大面积同时发生，不同地区、田块发生时间不一致。

②病害田间分布较分散、不均匀，有由点到面、由少到多、由轻到重的发展过程。

③发病部位（病斑）在植株上的分布比较随机。

④多数有明显病征。病毒、菌原体等引起的病害虽无病征，但多表现全株性病状，且这些病状多数从顶端开始，然后在其他部位陆续出现。多数病害的病斑有一定的形状、大小。

⑤一旦发病，多数症状难以恢复。

在此基础上，可按不同病原物的病害特点和鉴定要求，进行诊断和鉴定。

1.5.3.1 植物病原真菌病害的诊断

1)症状鉴别

①真菌性病害主要特征：会产生不同形状的病斑；病斑上会产生不同颜色的霉状物或粉状物，无臭味。

②真菌性病害症状表现：真菌病害症状多为坏死、腐烂和萎蔫，病部多有霉状物、粉状物、点状物、锈状物等病征。一些真菌性的维管束病害，茎部维管束变褐，保湿培养后从茎部切面长出菌丝。对于常见病害，通过这一步就可确定病害种类。

2)镜检验证 对于不能确定的病害,通过刮、切、压、挑等方法制片,观察孢子、子实体或营养体的形态、类型、颜色及着生情况等。镜检时,病征不明显的,可进行保湿培养;保湿培养后仍没有病征的,可选用合适的培养基进行分离培养。另外,镜检或分离时,要注意区分次生或腐生的真菌或细菌,较为可靠的方法是从新鲜材料或病部边缘制片镜检或取样分离,必要时还要通过科赫法则进行验证。

3)病原鉴定 一般情况下,通过病菌形态观察可鉴定到属。对于常见的病害,根据病原类型,结合症状和寄主可确定病原真菌的种及病名;对于少见或新发现的真菌病害,必须进行病原菌致病性测定,根据其有性、无性孢子和繁殖器官的形态特征,查阅有关资料才能确定病原的种。对于有些病原真菌,需要测定其寄主范围以确定其属于哪个种、变种或专化型。对于寄生专化性强的真菌,需要测定其对不同寄主品种的致病力或鉴别寄主的反应,以确定其生理小种。

1.5.3.2 植物病原原核生物病害的诊断

1)症状鉴别

①细菌性病害主要特征:叶片上病斑无霉状物或粉状物,而且病斑处很薄,易破裂或穿孔。根茎叶易腐烂,有臭味。果实上有疮痂,果实表面有小突起。根部尖端维管束易变褐色。

②细菌性病害症状表现:多数植物细菌病害症状表现为坏死、萎蔫、腐烂和畸形(少数为肿瘤、根肿、发根和毛根),病部病征有菌脓(图 1-5-1)、菌胶、菌膜和菌痂。坏死病斑多受叶脉限制,为角斑或条斑,初期有水渍状或油渍状边缘,半透明,常有黄色晕圈。萎蔫性病害病株茎基部横切面用手挤压后可见菌脓,且维管组织变褐。腐烂组织常伴有臭味,无菌丝。少数维管束难养细菌病害表现为系统性病害,类似菌原体或病毒病害,无菌脓。

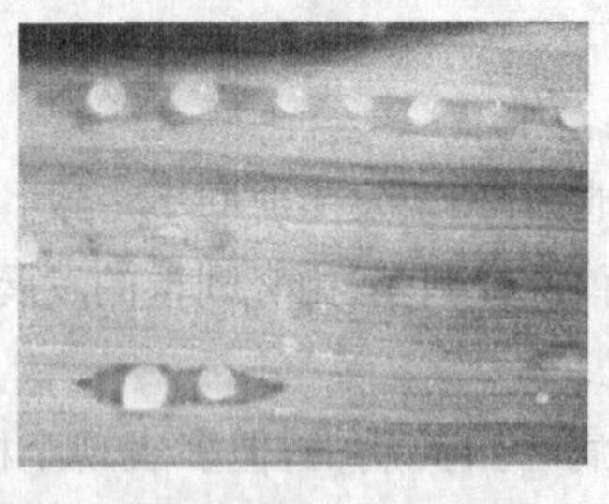

图 1-5-1 水稻叶片上的菌脓

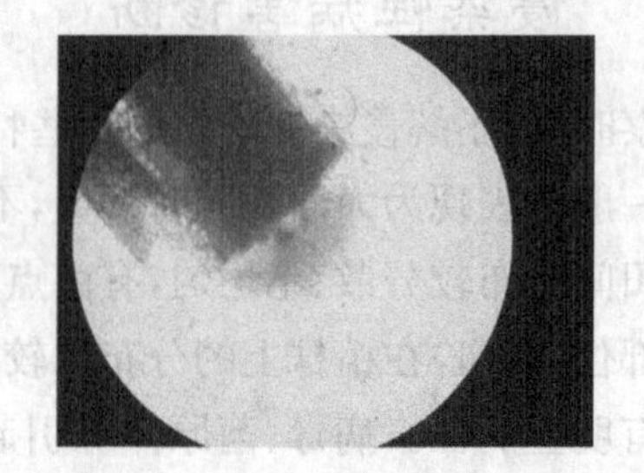

图 1-5-2 喷菌现象

2)镜检验证 对于一般细菌病害,简便而可靠的诊断方法是观察镜检病组织中有无喷菌现象(bacteria exudation,BE)。检查时,选择典型、新鲜、早期的病组织,用流水冲洗干净,吸干水分,在病健交界处用剪刀剪下 0.5~1 cm 组织,放在载玻片的中央,滴一滴无菌水,用解剖针将组织撕破,加上盖玻片,静置 10 min 后进行镜检。若观察到病组织周围有大量细菌云雾状逸出(图 1-5-2),则可确定为细菌病害。少数病组织中菌体较少,观察不到喷菌现象,可涂片观察。喷菌现象为细菌病害所特有,是区分细菌病害与真菌、病毒病害的简便手段之一。对于维管束难养细菌,可用超薄切片技术制样,用电子显微镜观察。植物菌原体只有用电子显微镜才能看清楚。

3)病原鉴定 一般常见病害经过田间观察、症状鉴别和镜检为细菌病害时,就可确定病名和病菌种名。对于少见或新的细菌病害，通过镜检和科赫法则验证后，在确定病原细菌的属、种时，还要观察、记录细菌形态、染色反应、培养性状、生理生化、血清学反应，测定DNA中G+C含量，有的还需进行噬菌体测定。

绝大多数植物病原细菌、螺原体可分离培养，均可用科赫法则验证其侵染性。但对于不能分离培养的植原体引起的病害，可以菟丝子或昆虫为介体，将其接种到长春花上，鉴定有无侵染性。

1.5.3.3　植物病毒病害的诊断

1)症状鉴别　症状往往主要表现在嫩叶上，出现花叶、黄化、矮缩、丛枝等，少数为坏死斑；发病一般由心叶开始，然后扩展至全株，绝大多数为系统性发病，即病状均匀分布；高温条件下，病状常缓解，出现隐症现象。

①花叶型：叶片皱缩，黄绿相间，金黄易凹，深绿易凸，无病叶平展，叶眉扇形。

②蕨叶型：叶片细长，叶脉上冲，呈线状。

③卷叶型：叶片扭曲，向水弯曲。

④条斑型：番茄近成熟果实青白色，渐变铁锈色，不易着色，果实皮里肉外有褐色条纹。辣椒果尖端向上变黄色，在变黄部位出现短的褐色条纹。

病害的扩展与生物传毒介体的数量和行踪有关；干旱的气候条件有利于病毒病的发生和流行。

2)病原鉴定　病毒病的诊断和鉴定依据包括症状类型、寄主范围、传染方式、对环境的稳定性、病毒的电镜观察、血清学反应、核酸序列及同源性等。

1.5.4　非侵染性病害与侵染性病害的鉴别

农业生产中，农作物病害防治至关重要。要想对症下药，首先就要辨别作物细菌性病害、真菌性病害、病毒性病害及非侵染性病害。认识一种农作物病害，首先要从症状诊断开始。通过症状诊断，至少可将病害与机械性伤害或虫害初步区分开来，可将侵染性与非侵染性病害区分开来，可将真菌性、细菌性病害与病毒性、线虫性病害区分开来。

1.5.4.1　病情调查

1)症状　症状是病害诊断的重要依据。首先要区别是伤害、虫害还是病害。若是病害，还要区别是侵染性病害还是非侵染性病害。

症状：病毒性病害和非侵染性病害多表现全株性症状；而真菌性、细菌性病害以局部性症状居多；线虫性病害在发病初期与缺素症相似。

病征：真菌性病害往往可见霉状物、粉状物、小黑点(粒)等病征；湿度大时，细菌性病害病部可见胶黏状物(菌脓)；病毒性和线虫性病害病部虽无病征，但有花叶、皱缩、矮化、根肿等特有病状。

2)田间分布　病情调查过程中，除了要注意观察症状外，还要注意观察病害在田间的分布情况。

非侵染性病害没有传染蔓延的迹象，田间分布较均匀而普遍，且发病地点常与地形、土质或特殊环境条件有关。由霜冻、寒潮、干旱等气象条件引起的非侵染性病害常大面积连片发生，受害的也不止一种蔬菜。由土壤酸碱度不适或缺营养元素引起的非侵染性病害往往连片发生。由农药、化肥引起的非侵染性病害只发生在施药、施肥的田里，而且斑点大小、形状很不规则。

侵染性病害有传染蔓延的迹象，且常常表现随风向或水流方向蔓延的趋势，或表现由点到面、由轻到重的蔓延扩大过程。

此外，还要注意了解栽培管理情况、近期天气情况，并善于从病田和正常田的对比中发现影响病情的有关因素，为病害诊断提供更多、更有力的根据。

1.5.4.2 如何区别非侵染性病害和侵染性病害

1)非侵染性病害的“三性一无” 植物非侵染性病害由非生物因素即不适宜的环境条件引起。这类病害没有病原物的侵染，不能在植物个体间互相传染，也称为生理性病害。

①突发性：发病时间多数较为一致，往往有突然发生的现象，病斑的形状、大小、色泽较为固定。

②普遍性：通常成片、成块发生，常与温度、湿度、光照、土质、水、肥、废气、废液等特殊条件有关，无发病中心，相邻植株的病情差异不大，甚至附近某些不同的作物或杂草也会表现出类似的症状。

③散发性：多数情况下，整个植株出现病状，且在不同植株上的分布比较有规律，若采取相应的措施改变环境条件，植株一般可以恢复健康。

④无病征：非侵染性病害只有病状，没有病征。

2)侵染性病害的“三性一有” 侵染性病害由生物因素引起，可以在植物个体间互相传染，因而又称传染性病害。

①循序性：循序性病害在发生发展上有由轻到重的变化过程，病斑在初、中、后期的形状、大小、色泽不同，田间可同时见到各个时期的病斑。

②局限性：田块里有一个发病中心，即一块田中先有零星病株或病叶，然后向四周扩展蔓延，病、健株交错出现，离发病中心较远的植株病情较轻，相邻病株间的病情也存在差异。

③点发性：除病毒、线虫及少数真菌、细菌引起的病害外，病斑在同一植株各部位的分布没有规律性，即病斑的发生是随机的。

④有病征：除病毒和菌原体病害外，其他侵染性病害都有病征，如细菌性病害在病部有脓状物，真菌性病害在病部有锈状物、粉状物、霉状物、棉絮状物等。

1.5.4.3 如何鉴别药害

1)斑点型药害 斑点型药害在植株上分布往往无规律，全田表现有轻有重；而非侵染性病害通常发生普遍，植株出现症状的部位较一致。斑点型药害与真菌性病害也有所不同，前者斑点大小、形状变化大，后者具有发病中心，斑点形状较一致。

2)药害引起的黄化

①药害引起的黄化：往往由黄叶发展成枯叶，阳光充足的天气多，黄化产生快。

②缺乏营养元素引起的黄化：阴雨天多，黄化产生慢，且黄化常与土壤肥力和施肥水平

有关,全田表现一致。

③病毒引起的黄化:黄叶常有碎绿状表现,且病株表现系统性病状,病株与健株混生。

3)畸形型药害　药害引起的畸形发生具有普遍性,在植株上表现局部症状;病毒病引起畸形往往零星发病,常在叶片混有碎绿、明脉、皱叶等症状。

4)药害引起的枯萎　药害引起的枯萎无发病中心,且大多发生过程迟缓,先黄化,后死株,根茎疏导组织无褐变;侵染性病害所引起的枯萎多是疏导组织阻塞,在阳光充足、蒸发量大时先萎蔫,后失绿死株,根基导管常有褐变。

5)药害引起的缓长　药害引起的缓长往往伴有药斑或其他药害症状,而生理性中毒发僵表现为根系生长差,缺素症发僵则表现为叶色发黄或暗绿等。

1.5.4.4　如何鉴别缺素症

1)看病害发生发展的过程　侵染性病害的发生一般具有明显的发病中心,然后迅速向四周扩散,通常成片发生,若不及时防治,可给蔬菜生长造成很大危害。缺素症一般无发病中心,以散发为多,若不采取补救措施,会严重影响产量和品质。

2)看病害与天气的关系　侵染性病害一般在阴天、湿度大的天气多发或重发,植株群体郁蔽时更易发生,应注意观察天气及植株群体长势状况,及早防治。缺素症与地上部空气湿度关系不大,但土壤长期滞水或干旱可促发某些缺素症。如植株长期滞水可导致缺钾,表现为叶片自下而上叶缘焦枯,像火燎一样。土壤含水量不稳定,忽高忽低,容易引发缺钙,导致脐腐病、心腐病、假黑星病、芹菜茎裂病等病害,同时也会不同程度地影响瓜果蔬菜的花芽分化。虽然侵染性病害症状通常表现出相对的稳定性,但是病害症状并不是固定不变的,同一种病害的症状往往因植物品种、环境条件、发病时期和发病部位等不同而异。例如菜豆锈病,其病征前期表现为锈色粉状物,后期表现为黑色粉状物;又如黄瓜霜霉病,其初期病状表现为暗绿色水渍状角斑,后期表现为黄褐色角状枯斑,并互相连接成大斑块;再如甜椒枯萎病、疫病、青枯病3种不同病害有相似的萎蔫症状。

第 2 章　农业昆虫基础知识

2.1　昆虫体躯的一般构造

昆虫属于无脊椎动物的节肢动物门昆虫纲。节肢动物(图 2-1-1)的共同特征是:身体左右对称,具有外骨骼的躯壳,体躯由一系列体节组成,有些体节上具有成对的分节附肢("节肢动物"的名称即由此而来),循环系统位于身体背面,神经系统位于身体腹面(图 2-1-2)。

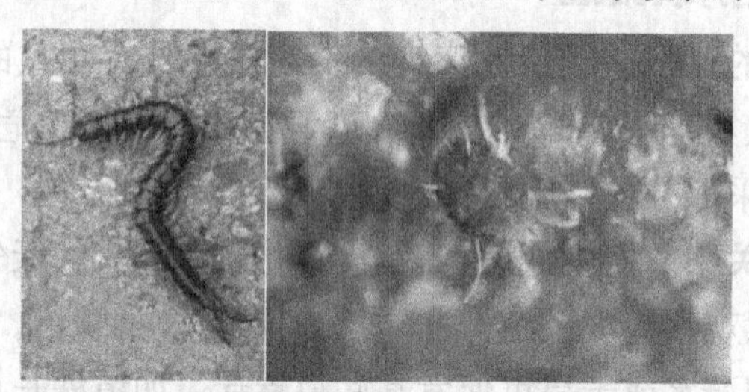

图 2-1-1　节肢动物(蜈蚣、棉花红蜘蛛)

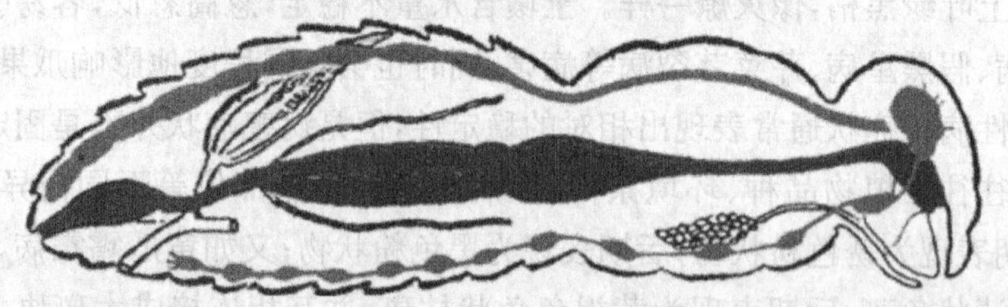

循环系统(红色)位于身体背面,神经系统(桃红色)位于身体腹面

图 2-1-2　节肢动物循环系统和神经系统的位置

昆虫纲除具有节肢动物的共同特征之外,其成虫还具有以下特征:①昆虫成虫体躯(图 2-1-3)分成头部、胸部和腹部 3 个明显的体段;②头部着生口器和 1 对角蛹,还有 1 对复眼和 0~3 个单眼;③胸部分前、中、后 3 个胸节,各节有 1 对足,中、后胸一般各有 1 对翅;④腹部大多由 9~11 个体节组成,末端有外生殖器,有的还有 1 对尾须;⑤昆虫在生长发育过程中通常需要经过一系列内部、外部形态的变化(变态),转变成性成熟的个体。另外,并非所有在特定时期内具有 3 对足的动物都是昆虫,某些蛛形纲、倍足纲和寡足纲的初龄幼虫就具有 3 对足。

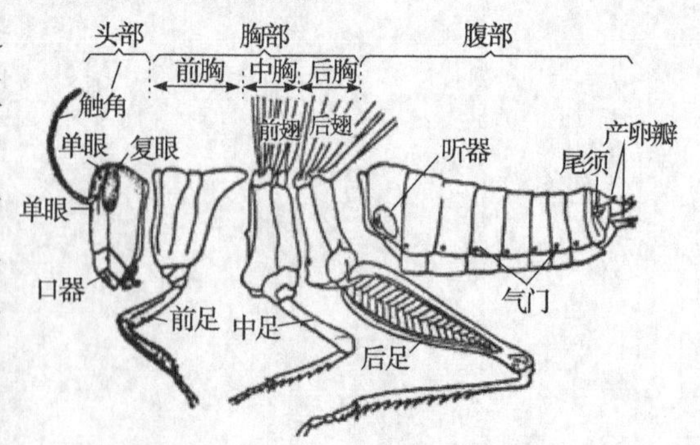

图 2-1-3　昆虫体躯的一般构造

昆虫纲与近缘纲的对比见表 2-1-1。掌握这些特征,就可分辨昆虫与节肢动物门的其他常见类群,如多足纲(蜈蚣、马陆)、蛛形纲(蜘蛛、蜱、螨)、甲壳纲(虾、蟹)。为害农作物的动

物中绝大多数为昆虫，也有不少螨类，还有福寿螺、蛞蝓等(图 2-1-4)软体动物。因此，农业昆虫学的研究也常附带研究蛛形纲的蜘蛛、蜱、螨等危害农业生产的动物。

表 2-1-1 昆虫纲与近缘纲的对比

	代表	体段	足	翅/触角
蛛形纲	蜘蛛	头胸部和腹部	4对	无/无
甲壳纲	龙虾	头胸部和腹部	至少5对	无/2对
唇足纲	蜈蚣	头部和胴部	每节1对，第1对特化为毒爪	无/1对
重足纲	马陆	头部和胴部	除前方3～4节及后方1～2节外，每节2对	无/1对
昆虫纲	蝗虫	头部、胸部、腹部	3对	多数2对/1对

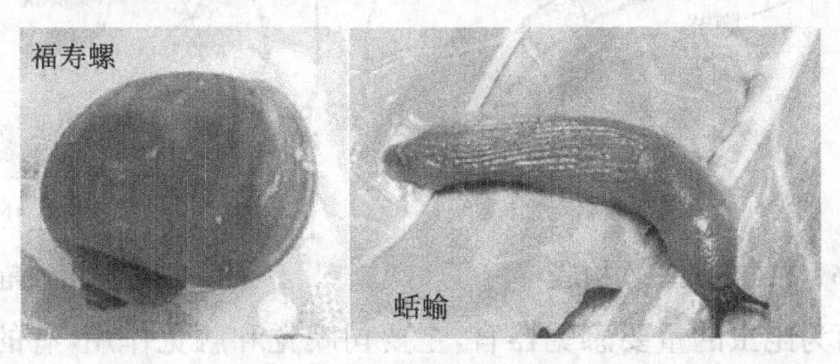

图 2-1-4 福寿螺和蛞蝓

2.1.1 头部及附器

头部位于体躯的最前端，是昆虫的第一体段，以膜质的颈与胸部相连。头上生有触角、复眼、单眼等感觉器官和取食的口器，故头部是昆虫的感觉和取食中心。

2.1.1.1 头部的基本构造

昆虫的头部由4～6个体节组成，但其分节仅在胚胎(embryo)发育期才能见到。至胚胎发育完成，各节已愈合成为一个坚硬头壳而无法辨别。昆虫头部的基本构造如图 2-1-5 所示。其上有许多沟和缝，将头壳划分为若干区：头壳前面最上方是头顶，头顶的前下方是额(forehead)。头顶和额之间以"人"字形的蜕裂线(又称头盖缝)为界。额的下方是唇基，以额唇基沟分隔，唇基的下方连接1个盘片(上唇)，二者以唇基上唇沟为界。头壳的两侧为颊，其前方以额颊沟和额区相划分，但头顶和颊间没有明显的界线。头壳的后面有一条狭窄拱形的骨片(后头)，其前缘以后头沟和颊区为界。后头的下方为后颊，二者无明显的界限。

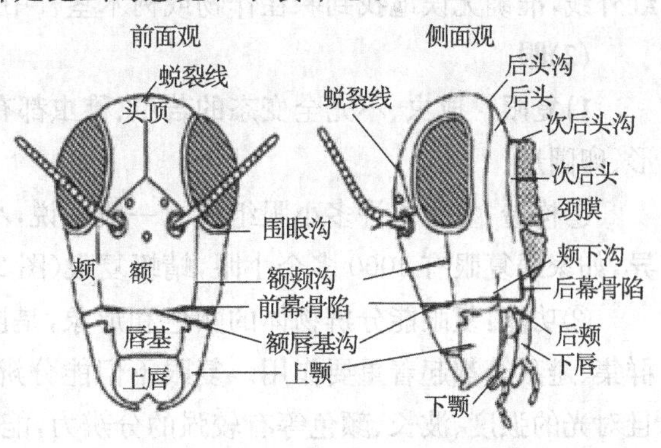

图 2-1-5 昆虫头部的基本构造

2.1.1.2 头部的附器

头部的附器主要包括触角、眼和口器。

(1)触角

1)触角基本构造 昆虫头部着生触角1对,具有感觉功能,分柄节、梗节和由若干亚节组成的鞭节三部分(图2-1-6)。

2)类型 刚毛状、丝状、念珠状、锯齿状、栉齿状、双栉状、膝状、具芒状、环毛状、棍棒状、锤状、鳃叶状等(图2-1-7)。

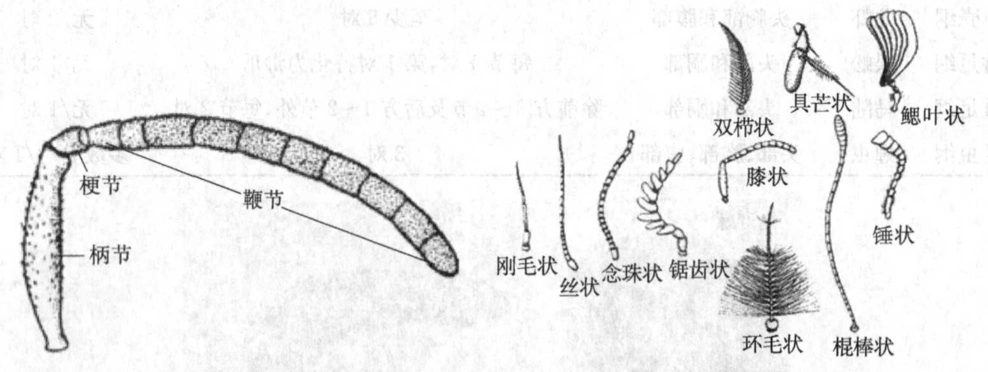

图2-1-6 昆虫触角基本构造

图2-1-7 昆虫触角类型

3)功能 触角为昆虫的重要感觉器官,主要司嗅觉和触觉作用,有的还有听觉作用,可以帮助昆虫进行通信联络、寻觅异性、寻找食物和选择产卵场所等活动。如二化螟凭借稻酮的气味可找到水稻;许多蛾类、金龟子雌虫分泌的性激素可引诱数公里外的雄体前来交尾;雌蚊的触角具有听觉作用;仰泳蝽的触角有保持身体平衡的作用;嗅觉灵敏的印第安月亮蛾能从11 km以外的地方察觉到配偶的性信息素;有些姬蜂的触角可凭借害虫散发出的微弱红外线,准确无误地找到躲在作物或树木茎秆中的寄主。

(2)眼

1)复眼 成虫、不完全变态的若虫、稚虫都有1对复眼,其着生于头部两侧上方,多为圆形、卵圆形。

①构造:复眼由许多小眼组成。一般来说,小眼数越多,其视力越强。其数目因种类而异,如家蝇复眼有4000多个小眼,蜻蜓复眼(图2-1-8)则有28000多个小眼。

②功能:复眼能分辨物体的颜色和形象,是昆虫的主要视觉器官,对昆虫的取食、觅食、群集、避敌等都起着重要作用。复眼不但能分辨近处物体的物像,尤其是运动着的物体,而且对光的强度、波长、颜色等有较强的分辨力,能看到人类所不能看到的短波,尤其对330~400 nm的紫外光有很强的趋性。因此,可利用黑光灯、双色灯等诱集害虫。很多农业害虫有趋绿性,蚜虫有趋黄性,但很少有昆虫能识别红色。

2)单眼 单眼分为背单眼和侧单眼两类,可分辨光线的强弱和方向。

①背单眼(图2-1-9):一般成虫、不全变态若虫有2~3个,少数种只有1个,着生于额区,与复眼同时存在。

②侧单眼:全变态昆虫的幼虫有1~7对,着生于头部的下侧缘。

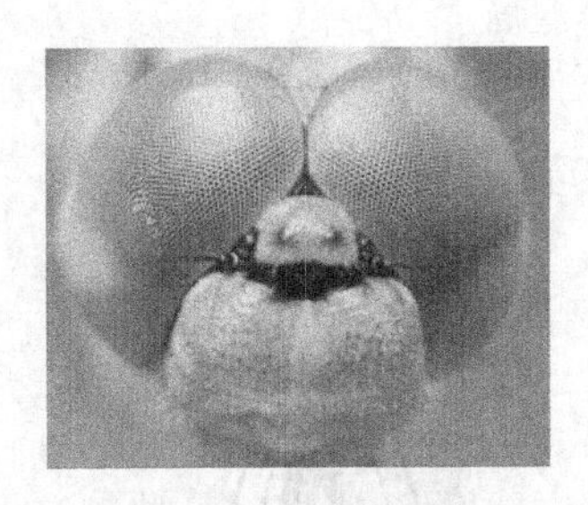

图 2-1-8　蜻蜓复眼

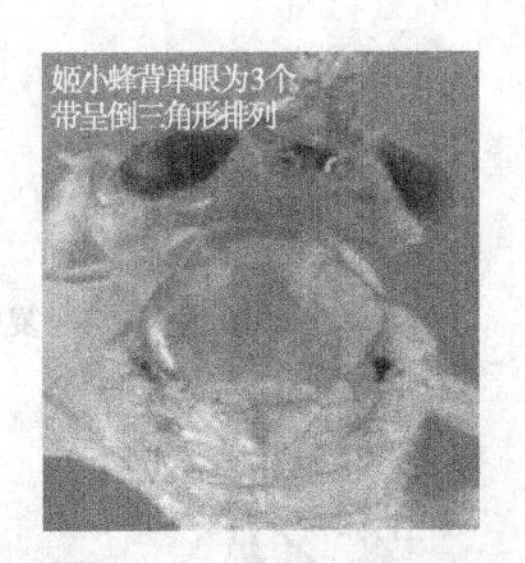

图 2-1-9　昆虫背单眼

(3)口器

口器是昆虫取食的器官,由头壳的上唇、舌以及头部的 3 对附肢组成。昆虫因食性和取食方式不同,形成了咀嚼式、刺吸式、锉吸式、虹吸式、舐吸式等各种口器类型。

1)咀嚼式口器　咀嚼式口器(chewing mouthparts)是最原始的口器类型,适合取食固体食物。其他不同类型的口器都是由它演化而来的。咀嚼式口器由上唇、上颚、下颚、下唇、舌等 5 部分组成(图 2-1-10)。主要特点是具有发达而坚硬的上颚以嚼碎固体食物。无翅亚纲、直翅类、襀翅目、大部分脉翅目、部分鞘翅目、部分膜翅目成虫及很多类群的幼虫或稚虫的口器都属于咀嚼式。

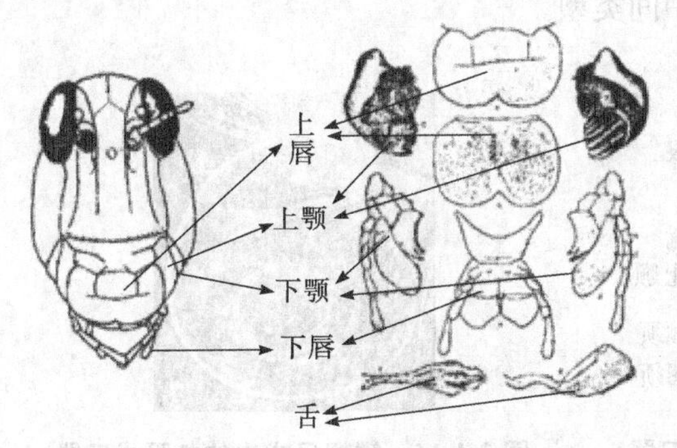

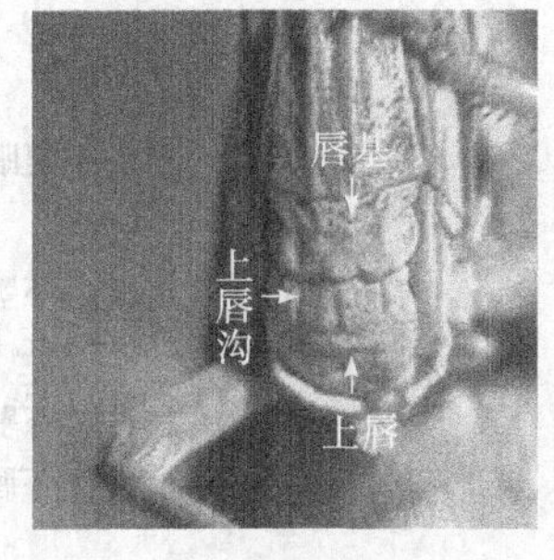

图 2-1-10　昆虫的咀嚼式口器

2)刺吸式口器　刺吸式口器(piercing-sucking mouthparts)适于取食植物汁液或动物血液,既能刺入寄主体内,又能吸食寄主体液,其下唇延长成喙,上、下颚都特化成针状,为半翅目、蚤目及部分双翅目昆虫所具有。虱目昆虫的口器也基本上属于刺吸式。如盲蝽(图 2-1-11)、蚜虫、蝉、蚊的口器就是刺吸式口器。

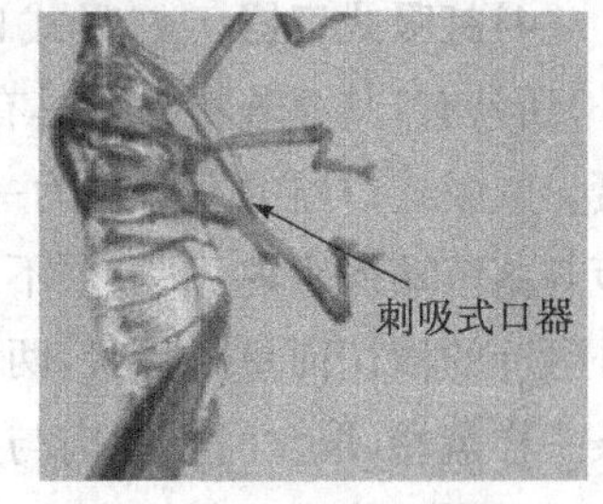

图 2-1-11　盲蝽的刺吸式口器

刺吸式口器的构造特点:下唇延长形成喙,用于保护口针,通常分为 3 节,上颚与下颚分别特化为 4 条细长的口针。

注意:蚊的刺吸式口器与蝉的刺吸式口器有些不同,蚊的舌与上唇各形成 1 条较粗的口针(图 2-1-12)。

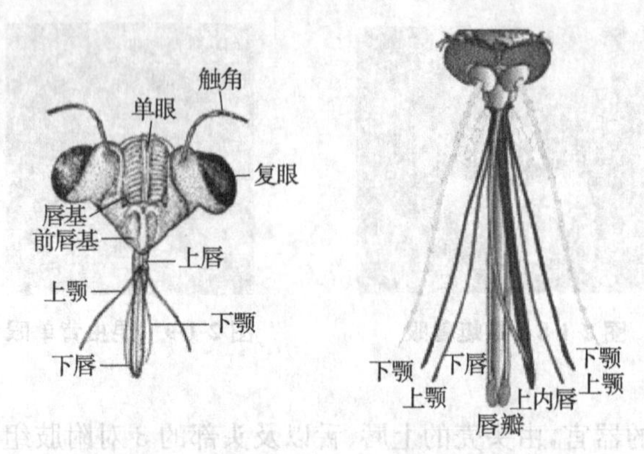

图 2-1-12 蝉(左)与蚊(右)的刺吸式口器

3)锉吸式口器 锉吸式口器(rasping-sucking mouthparts)为缨翅目昆虫蓟马(图 2-1-13)所特有,各部分的不对称性是其显著的特点。蓟马的口器呈短喙状(或鞘状);喙由上唇、下颚的一部分及下唇组成;右上颚退化或消失,左上颚和下颚的内颚叶变成口针,其中左上颚基部膨大,具有缩肌,是刺锉寄主组织的主要器官;下颚须及下唇须均在。蓟马取食时,喙贴于寄主体表,用口针将寄主组织刮破,然后吸取寄主流出的汁液。有学者认为,锉吸式口器是咀嚼式口器和刺吸式口器的中间类型。

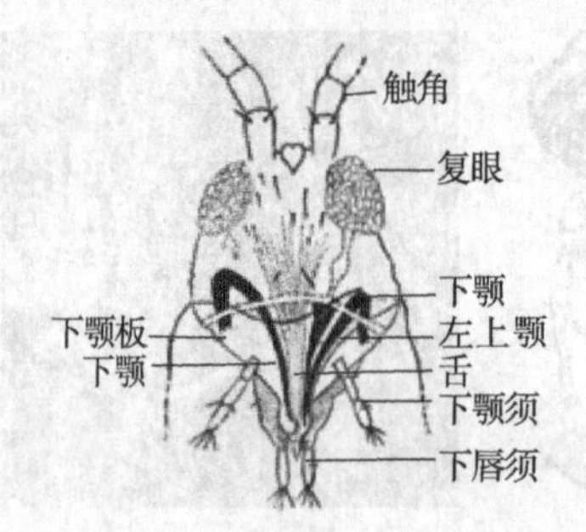

图 2-1-13 蓟马的锉吸式口器

图 2-1-14 鳞翅目成虫的虹吸式口器

4)虹吸式口器 虹吸式口器(siphoning mouthparts)为鳞翅目成虫(除少数原始蛾类外)所特有,其显著特点是具有一条能弯曲和伸展的喙(图 2-1-14),适于吸食花管底部的花蜜。虹吸式口器的上唇仅为一条狭窄的横片。上颚除少数原始蛾类外均已退化。下颚的轴节与茎节缩入头内,下颚须不发达,但左、右下颚的外颚叶却十分发达,两者嵌合成喙;每个外颚叶的横切面呈新月状,两叶中间为食物道;外颚叶内有一系列骨化环,不取食时喙像发条一样盘卷,取食时借肌肉与血液的压力伸直;有些吸果蛾类的喙端尖锐,能刺破果实的表皮。下唇退化成三角形小片,下唇须发达。舌退化。

2.1.1.3 昆虫的头式

昆虫头部根据口器着生的位置可分为 3 种。

①下口式(hypognathous type):口器向下(图 2-1-15),头和体纵轴约呈直角,多为植食性昆虫,如蝗虫和鳞翅目幼虫。

②前口式(prognathous type):口器向前(图 2-1-16),头和体纵轴平行或呈钝角,多见于具有咀嚼式口器的捕食性昆虫、钻蛀性昆虫等,如步行虫。

③后口式(opisthognathous type)：口器向后(图 2-1-17)，头和体纵轴呈锐角，多见于具有刺吸式口器的昆虫，如蝉、叶蝉等。

图 2-1-15　下口式　　图 2-1-16　前口式　　图 2-1-17　后口式

2.1.2　胸部及附器

胸部是昆虫的第二体段，由前胸、中胸、后胸 3 个体节组成，以膜质的颈部与头部相连，是运动和支撑中心。各胸节均着生有 1 对附肢，分别称为前足、中足、后足。大多数昆虫在中胸、后胸上各具有 1 对翅，故中胸和后胸又称为具翅胸节。

2.1.2.1　胸节的基本构造

胸部的每个胸节都由 4 块骨板组成，位于背面的称为背板，两侧的称为侧板，腹面的称为腹板。其中，背板按其所在的胸节命名为前胸背板、中胸背板、后胸背板等。各骨板又被若干沟划分为一些骨片，并各有其名称。如中胸背板的后方常有 1 块明显可见的骨片，称为小盾片(图 2-1-18)，其形态变化很大，常作为分类特征。

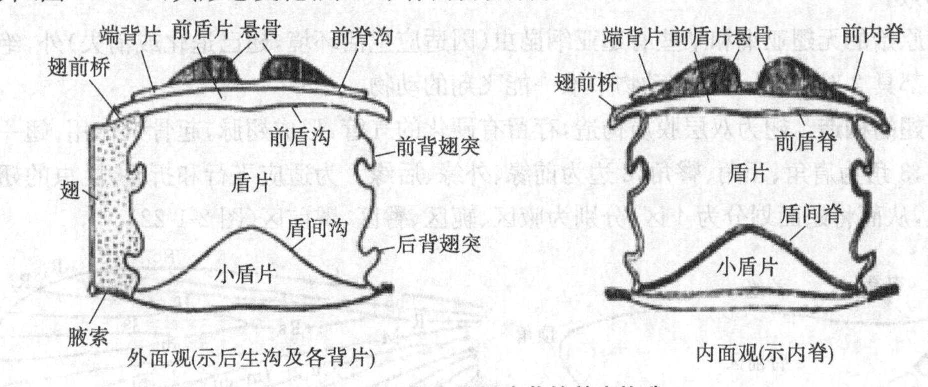

图 2-1-18　昆虫具翅胸节的基本构造

胸节构造的特点：①体壁高度骨化，肌肉高度发达；②各胸节结合紧凑，有 4 块骨板(1 块背板，1 块腹板，2 块侧板)。

2.1.2.2　胸部的附器

昆虫的胸部每节具足 1 对(图 2-1-19)，许多昆虫的中、后胸还各具翅 1 对。

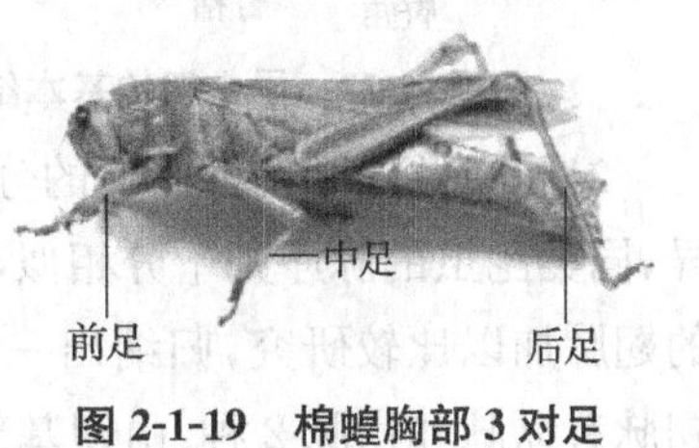

图 2-1-19　棉蝗胸部 3 对足

(1)胸足

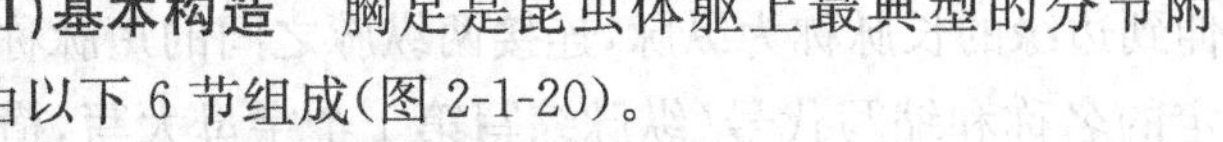

1)基本构造　胸足是昆虫体躯上最典型的分节附肢，由以下 6 节组成(图 2-1-20)。

①基节：与胸部相连的一节，粗短。

②转节：连接基节的第 2 节，常为各节中最小的一节，多数昆虫只有 1 节。

③腿节：最长最大的一节，能跳的昆虫腿节特别发达。

④胫节：细长，常着生成列的刺，端部有能活动的距，可折叠于腿节下。

⑤跗节：由 2～5 个亚节组成，其变化常作为分类依据。

⑥前跗节：为胸足最末端构造，由爪、中垫、爪垫等构成。

2)胸足的类型 常见的胸足类型有步行足（步甲前足）、跳跃足（蝗虫后足）、捕捉足（螳螂前足）、开掘足（蝼蛄前足）、携粉足（蜜蜂后足）、游泳足（龙虱后足）、抱握足（雄性龙虱的前足）等（图 2-1-21）。

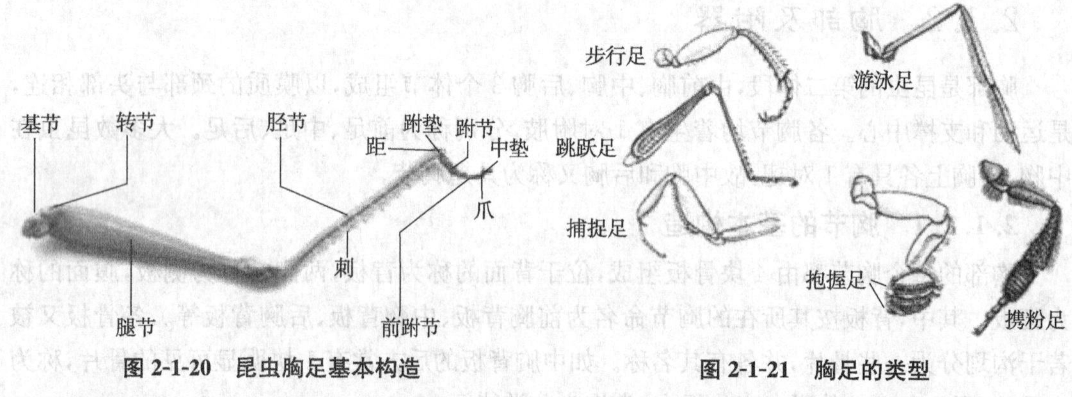

图 2-1-20 昆虫胸足基本构造　　图 2-1-21 胸足的类型

(2)翅

除原始的无翅亚纲和某些有翅亚纲昆虫（因适应生活环境，翅已退化或消失）外，绝大多数昆虫都具 2 对翅，是无脊椎动物中唯一能飞翔的动物。

1)翅的构造 翅为双层膜质构造，存留有硬化的气管，形成翅脉，起骨架作用；翅一般呈三角形，3 角为肩角、顶角、臀角，3 边为前缘、外缘、后缘。为适应飞行和折叠，昆虫的翅上生有褶纹，从而将翅面划分为 4 区，分别为腋区、轭区、臀区、臀前区（图 2-1-22）。

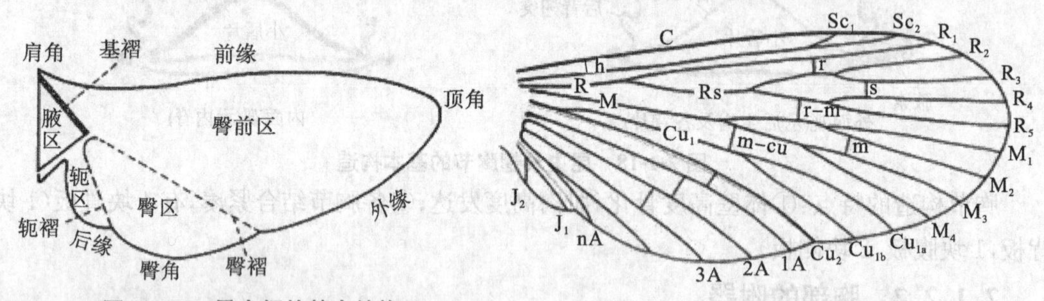

图 2-1-22 昆虫翅的基本结构　　图 2-1-23 昆虫翅的模式脉序

2)脉序 翅脉在翅面上的分布形式称为脉相或脉序。不同种类昆虫的脉序存在明显差异，同类昆虫的脉序则十分相似，故其是昆虫的重要分类依据。人们对现有昆虫和化石昆虫的翅脉加以比较研究，归纳出一个假想的原始脉序，或称模式脉序、标准脉相（图 2-1-23）。翅脉有纵脉和横脉 2 种：由翅基部伸到边缘的长脉称为纵脉，连接两纵脉之间的短脉称为横脉。模式脉序的纵脉、横脉都有一定的名称和缩写代号（纵脉缩写第 1 个字母大写，横脉缩写字母全部小写）。

①纵脉：前缘脉（C）、亚前缘脉（Sc）、径脉（R）、中脉（M）、肘脉（Cu）、臀脉（A）、轭脉（J）。

②横脉：通常有 6 条，根据所连接的纵脉而命名。肩横脉(h)：C-Sc。径横脉(r)：R_1-R_2。分横脉(s)：R_3-R_4 或 R_{2+3}-R_{4+5}。径中横脉(r-m)：R_{4+5}-M_{1+2}。中横脉(m)：M_2-M_3。中肘横脉(m-cu)：M_{3+4}-Cu_1。

3)翅的常见类型　昆虫的翅一般为膜质，用于飞行。根据质地及被覆物，昆虫的翅可分为不同类型。

①膜翅：翅膜质，透明，翅脉明显，如蚜虫、蜻蜓(图 2-1-24)、蜂类、蝇类的翅。

②鳞翅：翅膜质，翅面覆有一层鳞片，如蛾、蝶(图 2-1-25)的翅。

图 2-1-24　蜻蜓的膜翅

图 2-1-25　蝶的鳞翅

③毛翅：翅膜质，翅面密生细毛，如毛翅目石蛾(图 2-1-26)的翅。

④缨翅：翅膜质，狭长，边缘生很多细长的缨毛，如蓟马(图 2-1-27)的翅。

图 2-1-26　石蛾的毛翅

图 2-1-27　蓟马的缨翅

⑤覆翅：翅质加厚成革质，半透明，仍保留翅脉，兼有飞翔和保护作用，如直翅目棉蝗(图 2-1-28)的前翅。

⑥鞘翅：翅角质坚硬，翅脉消失，仅具保护作用，如鞘翅目金龟子(图 2-1-29)的前翅。

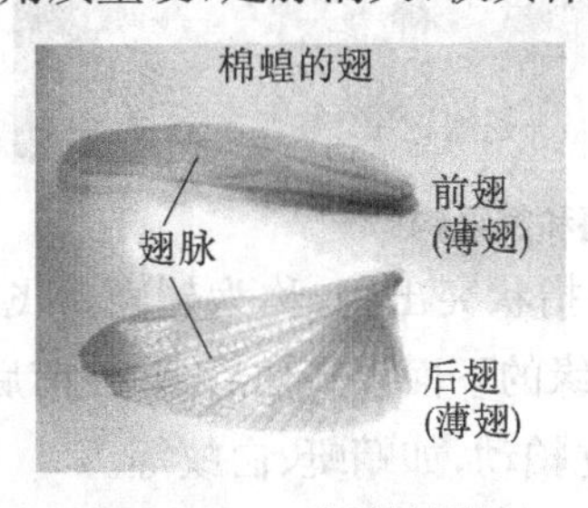

图 2-1-28　棉蝗的覆翅

图 2-1-29　金龟子的鞘翅

⑦半鞘翅：翅基半部为革质，端半部为膜质，如半翅目盲蝽(图 2-1-30)的前翅。

⑧平衡棒：翅退化成很小的棍棒状，飞翔时用以平衡身体，如蚊、蝇(图 2-1-31)、介壳虫雄体的后翅。

图 2-1-30　盲蝽的半鞘翅

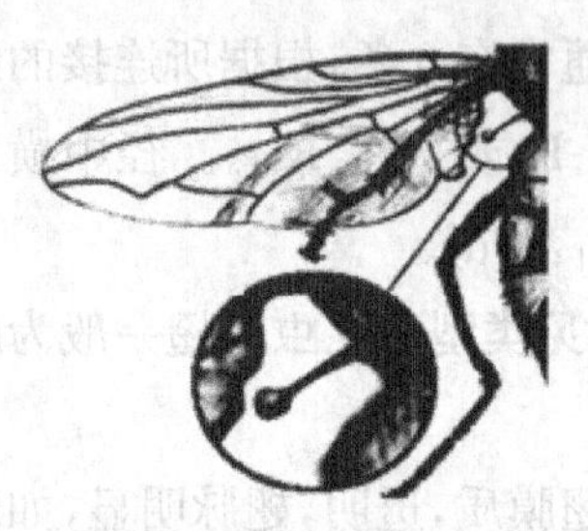

图 2-1-31　苍蝇的平衡棒

4)翅的连锁　翅的飞行运动包括上下拍打和前后倾斜 2 种基本动作。飞行时,许多昆虫的前后翅借各种特殊构造以相互连接起来,使其飞行动作一致,以增强飞行效能。这种连接构造系统称为翅的连锁器,主要有以下几种类型。

①翅钩:蜜蜂(图 2-1-32)等昆虫的后翅前缘具有 1 列小钩(翅钩),用以钩住前翅后缘的卷褶。有些昆虫前后翅都有卷褶,如蝉。

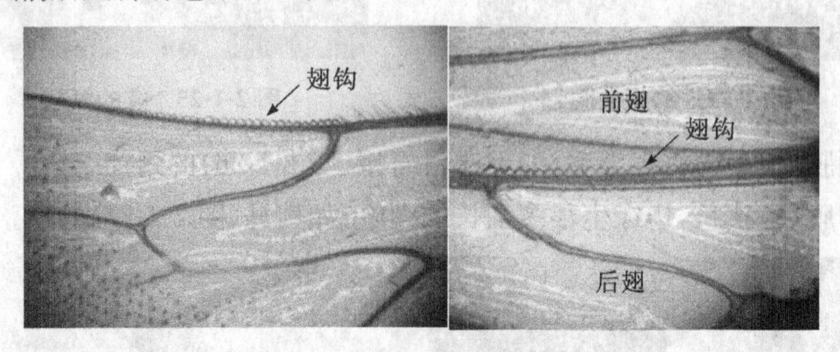

图 2-1-32　蜜蜂的翅钩

②翅缰和翅缰钩(图 2-1-33):大部分蛾类后翅前缘的基部具 1 根或几根鬃状的翅缰(通常雄体 1 根,雌体多至 3 根);在前翅反面的翅脉上(多在亚前缘脉基部)有一簇毛状的钩,称为翅缰钩。飞行时,翅缰插入翅缰钩内,使前后翅连接在一起。

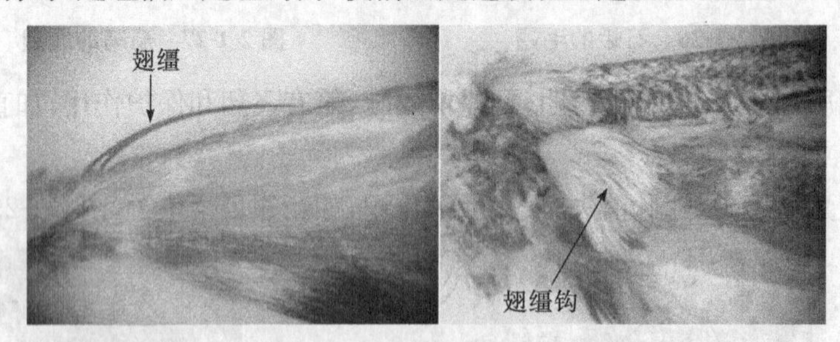

图 2-1-33　翅缰和翅缰钩

③翅轭:低等的蛾类在前翅后缘的基部有一指状突出物,称为翅轭。飞行时,翅轭伸在后翅前缘的反面,前翅臀区的一部分叠盖后翅前缘的下面以夹住后翅,使前后翅连接起来。

也有些昆虫,前后翅都无连锁结构,各自独立拍动,如蜻蜓、白蚁等。

2.1.3　腹部及附器

腹部是昆虫的第三体段,是昆虫的新陈代谢和生殖中心。

2.1.3.1　腹部的基本构造

昆虫的腹部通常有 10～11 节(图 2-1-34),较高等的昆虫多不超过 10 个腹节。每一腹节由 2 块骨板组成,即背板和腹板,两侧为膜质的侧膜。各腹节之间常由发达的节间膜相连,因而腹部能充分弯曲和伸缩,这对昆虫的呼吸、交尾和产卵活动以及卵的发育都是非常有利的。如蝗虫产卵时腹部可延长 1～2 倍,将卵产于土中。腹部 1～8 节的侧面具有椭圆形的气门,着生于背板两侧的下缘,是呼吸的通道。腹部第 8 节和第 9 节上着生外生殖器。有些昆虫在第 11 节上生有尾须,为一种感觉器官。

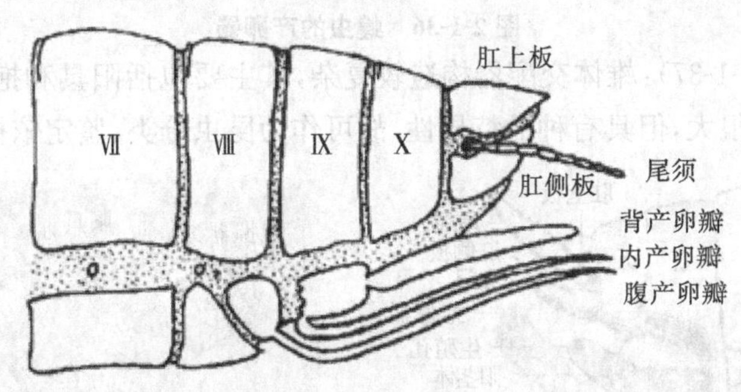

图 2-1-34　昆虫腹部的基本构造

2.1.3.2　腹部的附器

腹部的附肢特化为外生殖器和尾须。

1)外生殖器　昆虫的外生殖器(genitalia)是用来交配和产卵的器官。雌体外生殖器称为产卵器(ovipositor),可将卵产于植物表面,或产于植物体内、土中以及其他动物寄主体内。雄体外生殖器称为交配器(copulatory organ),主要用于与雌体交尾。

①产卵器(图 2-1-35):生殖孔多位于第 8、9 节的腹面,生殖孔周围着生 3 对产卵瓣,合称产卵器。在腹面的 1 对称为腹产卵瓣,由第 8 腹节附肢形成;内方的 1 对称为内产卵瓣,由第 9 腹节附肢特化而成;背方的称为背产卵瓣,是第 9 腹节肢基片上的外长物。

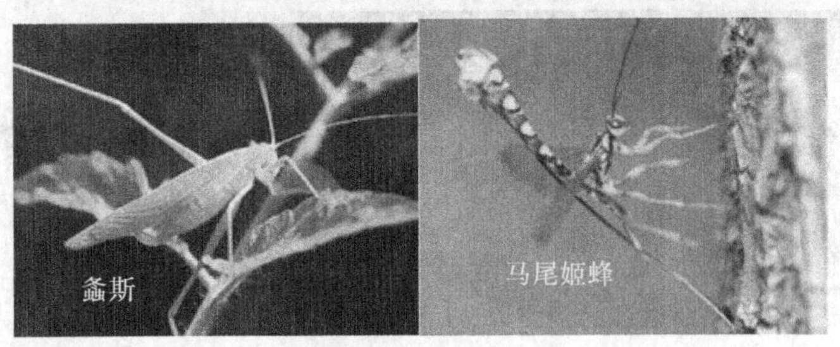

图 2-1-35　螽斯和马尾姬蜂的产卵器

产卵器的构造、形状和功能,常因昆虫种类而不同。如蝗虫的产卵器(图 2-1-36)是由背产卵瓣和腹产卵瓣所组成,内产卵瓣退化成小突起,背、腹产卵瓣粗短,闭合时呈锥状,产卵时借 2 对产卵瓣的张合动作,使腹部逐渐插入土中产卵。

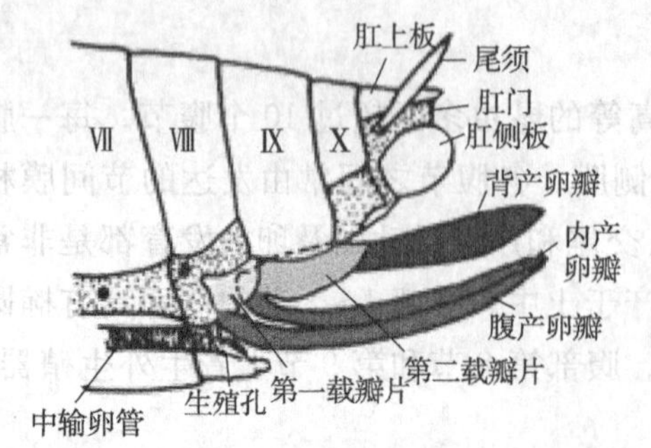

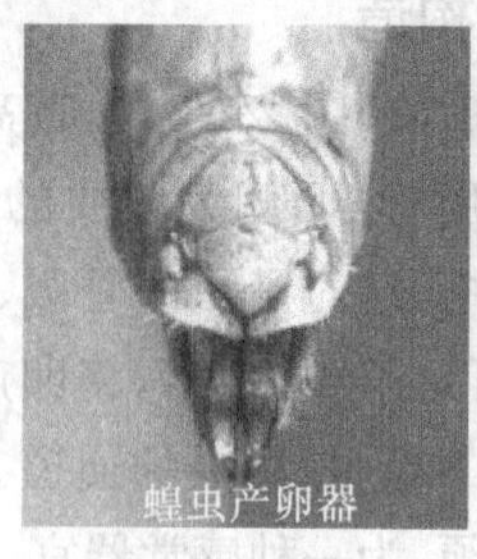

图 2-1-36 蝗虫的产卵器

②交配器(图 2-1-37):雄体交配器构造较复杂,其主要包括阳具和抱握器。交配器在不同种类昆虫中差异很大,但具有种的特异性,故可作为昆虫分类、鉴定依据。

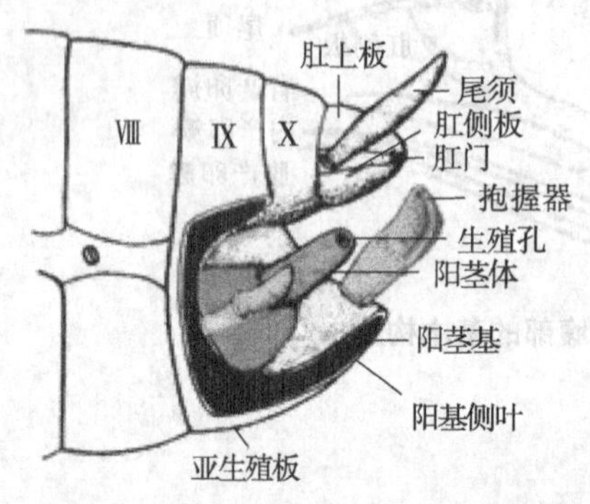

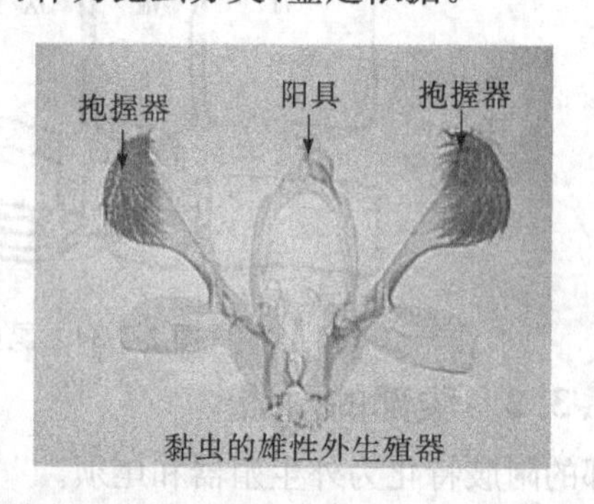

图 2-1-37 交配器模式构造和黏虫的交配器

2)尾须 尾须(图 2-1-38)是第 11 腹节的 1 对附肢,许多高等昆虫由于腹节的减少而没有尾须。尾须在低等昆虫中较普遍,且形状、构造等差异较大。如蝗虫的尾须呈短锥状;缨尾目和部分蜉蝣目昆虫的 1 对尾须中间夹 1 条与尾须极相似的中尾丝(中尾丝不是附肢);革翅目昆虫的尾须呈铗状。尾须生有许多感觉毛,具感觉作用。有些昆虫的尾须还有御敌作用。

图 2-1-38 昆虫尾须

3)无翅亚纲昆虫的腹部附肢 除具外生殖器、尾须外,无翅亚纲昆虫在腹部的脏节上还生有一些退化或特化的附肢,这是其与有翅亚纲昆虫的重要区别之一。

4)幼虫的腹足 有翅亚纲昆虫在幼虫期有行动用的附肢。常见到的如鳞翅目蝶、蛾幼虫(图 2-1-39)有 2～5 对腹足,常为 5 对,着生于第 3～6 腹节和第 10 腹节上。叶蜂类幼虫一般有 6～8 对腹足,有的可多达 10 对,从第 2 腹节开始着生。有无腹足及腹足数、有无趾钩是幼虫分类最常用的特征。这些幼虫的腹足亦称伪足,化蛹时便退化消失。

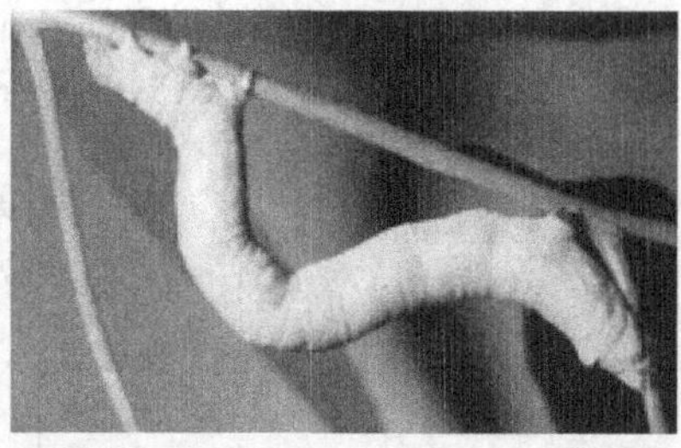

图 2-1-39　鳞翅目蝶、蛾幼虫的腹足

2.1.4　体壁及其衍生物

体壁是昆虫的外层组织，常硬化为外骨骼，具有防止机械损伤，阻止体内水分蒸发及外界毒物侵入的功能，同时也可着生肌肉，使昆虫保持一定体形。体壁上有多种感觉器官，用以与外界取得联系。了解昆虫的体壁构造与理化性质，对害虫防治，特别是对杀虫剂的研究有重大意义。

2.1.4.1　体壁构造和特性

昆虫的体壁来源于胚胎的外胚层，由外向内可分为表皮、真皮和基膜 3 层(图 2-1-40)。

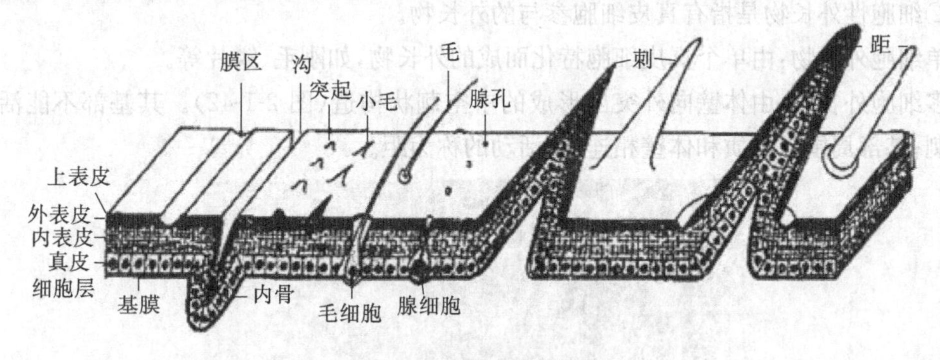

图 2-1-40　昆虫体壁构造

1)表皮　表皮是由真皮细胞向外分泌形成的非细胞性组织，位于体表，由外向内依次为上表皮、外表皮、内表皮。

①上表皮：表皮中最外和最薄的一层，由外向内可分为护蜡层、蜡层、多元酚层、角质精层。

②外表皮：质地坚硬致密，有许多微孔道。

③内表皮：最厚，其中有许多微孔道。

表皮的化学成分主要是蛋白质和几丁质。节肢动物表皮含特有的蛋白质、蜡质和拟脂类等，具有延展曲折性、坚韧性和不通透性的特点。

2)真皮　真皮为单细胞层，是体壁中唯一的活组织，它的主要功能是分泌表皮层，形成虫体的外骨骼，其中一些细胞特化成体壁的外长物和各种类型的感觉器、腺体、鳞片、毛等。

3)基膜　基膜位于体壁的最里层，是紧贴在真皮下的一层薄膜，由血细胞分泌而成，是真皮细胞与血腔之间的隔离层。其主要成分为中性黏多糖。

体壁的分层构造、化学组成如图 2-1-41 所示。

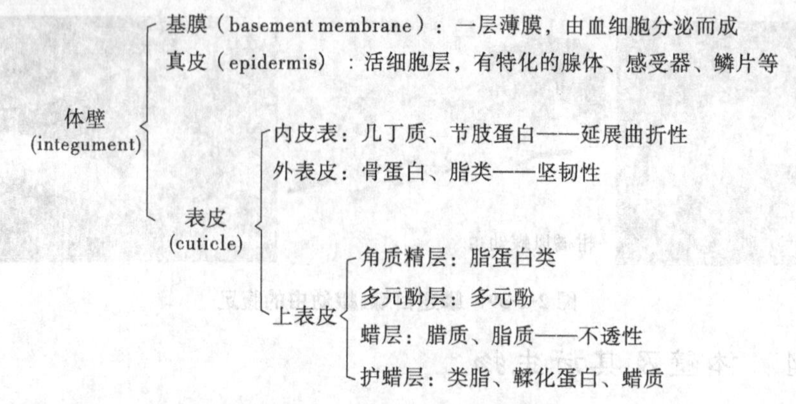

图 2-1-41　昆虫体壁构造和特性

2.1.4.2　体壁的衍生物

体壁的衍生物包括体壁外长物和内陷物 2 类。

1)外长物

①非细胞性外长物是指没有真皮细胞参与，仅由表皮层外突形成的外长物，如微小的突起、脊纹、刺、翅面上的微毛等。

②细胞性外长物是指有真皮细胞参与的外长物。

单细胞外长物：由单个真皮细胞特化而成的外长物，如刚毛、鳞片等。

多细胞外长物：由体壁向外突出形成的中空刺状构造(图 2-1-42)。其基部不能活动的称为刺；基部周围以膜质和体壁相连，可活动的称为距。

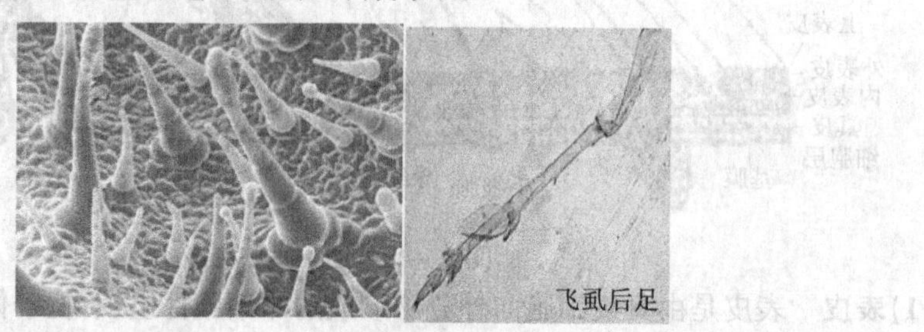

图 2-1-42　昆虫多细胞外长物

2)内陷物　内陷物是指向内陷入形成的内骨骼和各种腺体，如毒腺和丝腺等。

2.1.4.3　昆虫的体色

除极少数昆虫的体壁无色透明外，昆虫的体壁一般均有颜色，且差异很大，有时各种颜色相互配合，构成不同的花纹，这是光波与体壁相互作用的结果。昆虫的体色可分为色素色、结构色和混合色 3 类。

1)色素色　由色素化合物形成的颜色，也称化学色。这些色素化合物大多为代谢作用的产物或副产物，一般位于昆虫的表皮、真皮或皮下，可受外界环境因素的影响而发生变化。

2)结构色　由光线在虫体表面的不同结构(如纹、脊等)上发生折射、散射、衍射或干涉而形成的颜色，也称物理色或光学色。不会因煮沸、化学药品的处理和昆虫的死亡而消失。

3)混合色　由色素色和结构色二者结合而形成，也称结合色。大多数昆虫的体色属于混合色,如亮绿色是由黄色的色素色和蓝色的结构色结合而成。

昆虫的体色有较重要的生物学意义:有的昆虫体色和栖息场所的颜色相似而形成保护色,或体表有特异的鲜明颜色而形成警戒色,或与体形相配合而形成拟态,以躲避天敌的捕食。闪光很强的甲虫可使捕食性天敌误判其大小和位置。

2.1.4.4 昆虫体壁与化学防治的关系

要使杀虫剂进入虫体,达到杀死害虫的目的,必须首先让杀虫剂接触虫体。但体壁的特殊构造和性能,尤其是体壁上的被覆物和表皮的蜡层和护蜡层,对杀虫剂的侵入有一定阻碍作用。一般来讲,体壁多毛或硬厚者,杀虫剂难以进入。蜡质越硬,熔点越高,药滴的接触点越小,则展布能力越小。因此,常在药液中加入少量洗衣粉或皂素、油酸钠等湿润剂,降低表面张力,增强湿润展布性能,提高药效。同一种药剂的不同加工剂型,其杀虫效果亦不相同。如乳油,因其中的溶剂能穿透蜡层,使药剂易于进入害虫体内,其杀虫效果要比粉剂高得多。然而,昆虫体壁的外表皮和内表皮的性质与上表皮相反,呈亲水性,故较为理想的触杀剂应兼具脂溶性和水溶性。有些害虫如蚧虫,体表被有蜡质分泌物,一般杀虫剂不易渗透,如选用腐蚀性强的松脂酸钠等,就能获得较好的杀虫效果。

体壁的厚度是随虫龄而增加的,而表皮中微孔道则随体壁厚度增加而相应减少。高龄幼虫的抗性强,宜在低龄(3龄以前)用药。应用硅粉、蚌粉、白陶土等矿物惰性粉防治仓储害虫的原理是使害虫在活动时摩擦破坏表皮蜡质层,虫体水分蒸发而致死。

我国开发的激素杀虫剂如灭幼脲等,就是通过坏表皮中几丁质的合成,使幼虫(若虫)在蜕皮过程中不能形成新表皮而死亡。

2.2 昆虫的内部构造及生理

2.2.1 体腔和内部器官的位置

昆虫个体生命活动和繁殖后代依赖内部各器官的生理功能及其相互的协调,因此,昆虫内部器官的基本构造和生理功能是研究害虫防治不可缺少的理论基础。

2.2.1.1 体腔

昆虫体壁所包成的腔称为体腔(图2-2-1)。由于体腔内充满血液,故又称血腔。昆虫所有的内部器官都浸浴在体腔内。体腔由肌纤维和结缔组织构成的隔膜纵向分割成2个或3个小腔,称为血窦。大多数昆虫只在背血管下面有一层隔膜,称为背膈。背膈将体腔分为上方的背血窦和下方的围脏窦。由于司循环作用的背血管位于背血窦内,故背血窦又称围心窦。某些昆虫(如直翅目蝗科、鳞翅目和双翅目的成虫等),在腹部腹板两侧之间还有1层隔膜,称为腹膈,其下方为腹血窦。因为腹血窦内包含腹神经索,故称围神经窦。背膈和腹膈都有孔隙,故血窦之间彼此相通,血液可通过孔隙在体腔内循环。

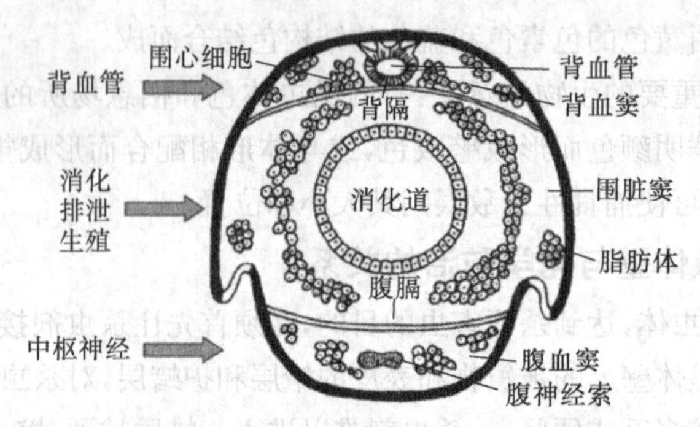

图 2-2-1 昆虫体腔

2.2.1.2 内部器官的位置

①消化系统:呈管状,纵贯于体腔的中央。

②循环系统:消化道上方是背血管,它是血液循环的动力。

③神经系统:神经系统(除脑外)位于消化道的下方。

④气管系统:位于消化道的两侧及背面和腹面的内脏之间,以成对气门开口于身体两侧。

⑤生殖系统:卵巢(或睾丸)位于腹部消化道的背面,侧输卵管和中输卵管(或输精管和射精管)位于消化道的腹面。

⑥排泄系统:排泄系统(马氏管)着生于消化道中、后肠之间。

⑦肌肉系统:体壁肌和内脏肌分别附着于体壁下方和内脏的表面。

⑧分泌系统:各种内分泌腺体位于内部器官相应的部位。

⑨脂肪体:主要包围在内脏周围。

由此可见,昆虫内部器官的位置(图 2-2-2)有别于脊椎动物,因为脊椎动物的循环器官(心脏)位于腹面,而神经系统(脊髓)位于背面。

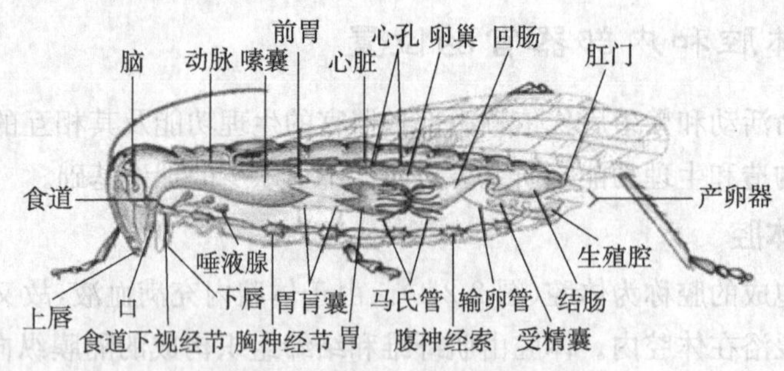

图 2-2-2 昆虫内部器官的位置

2.2.2 肌肉系统

昆虫具有很发达的肌肉组织,肌肉数目比高等动物还多。昆虫的肌肉为横纹肌肉型,按其附着位置可分为两大类:体壁肌和内脏肌。

2.2.2.1 体壁肌

体壁肌着生于体壁或内突上,供体节、附肢和翅等的运动,具有按体节自然分节现象。

2.2.2.2 内脏肌

内脏肌是包围在内脏外周的肌肉，如整齐排列在肠壁外的环肌和纵肌；也有不规则的网状肌，如背膈、腹膈、卵巢围膜中的肌肉均混在结缔组织内，成为结缔组织的一部分。

昆虫肌肉数目多，肌肉力量大。许多昆虫能举起或拖动超过它们体重几倍的物体，跳跃的高度超过它们体长的很多倍。例如：一只蚂蚁能拖动一只苍蝇，能爬上很高的树，在一定时间内往返多次；跳蚤可跳离地面的高度是其体长的 40 倍以上。

2.2.3 消化系统

昆虫的消化系统包括消化道和消化腺。消化道是一条从口到肛门纵贯体腔中央的管道；消化腺主要包括唾液腺和位于消化道管壁内的分泌细胞。

2.2.3.1 消化道的基本构造和功能

昆虫的消化道是 1 根很不对称的管道，前端开口于口腔的基部，后端终止于体躯的末节。据其来源和功能，可分为前肠、中肠、后肠（图 2-2-3）。

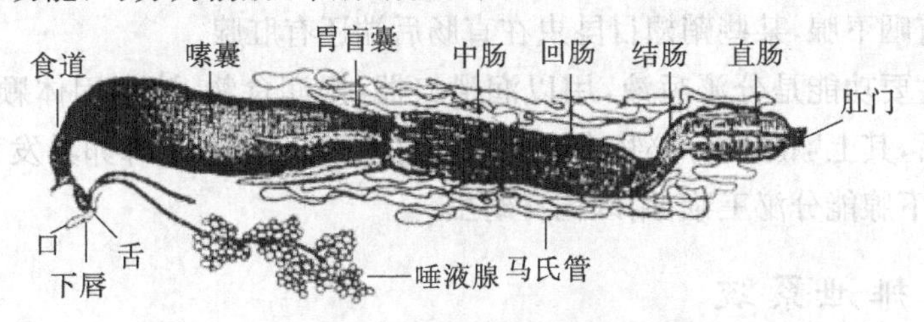

图 2-2-3　昆虫消化道的基本构造

1）前肠　前肠从口开始，经由咽喉、食道、嗉囊，止于前胃，而以伸入中肠前端的贲门瓣与中肠分界。

①咽喉：前肠的最前端。在咀嚼式口器昆虫中，咽喉是吞食食物的通道；而在吸收式口器昆虫中，咽喉形成咽喉唧筒，起摄食作用。

②食道：位于咽喉之后的狭长管道，是食物的通道。

③嗉囊：食道后端膨大的部分，形状各异。其主要功能是暂存食物，有些昆虫的嗉囊具有部分消化作用。如直翅目昆虫取食时，食物与唾液一同进入前肠，中肠分泌的消化液也倒流入前肠，此时嗉囊为进行食物部分消化的场所。在蜜蜂体内，花蜜和唾液腺分泌的酶在嗉囊中混合并转化成蜂蜜，故蜜蜂的嗉囊有“蜜胃”之称。在蜕皮过程中，很多昆虫的嗉囊可吸收空气而使虫体膨胀以帮助蜕皮或羽化（某些不取食的鳞翅目成虫）。

④前胃：前肠的最后区域，也是消化道中最特化的部位。前胃的形状变异很大，在取食固体的昆虫中常很发达，其内壁常具有突入腔中的纵脊和齿状突起。前胃的主要功能是磨碎食物。

⑤贲门瓣：位于前胃的后端，是前肠末端的肠壁向中肠前端内陷而成的一圈环形内褶，其主要功能是使食物直接从前肠进入中肠的肠腔，而不与胃盲囊接触，同时阻止中肠内食物倒流入前肠。

2）中肠　中肠又称胃，呈管状，前后粗细相当，是消化食物和吸收营养的主要部位。中肠前端与食道或前胃相连，后端以马氏管着生处与后肠分界。很多昆虫的中肠前肠壁向外突出，形成2～6个囊状的胃盲囊，其功能是增加中肠的消化和吸收面积。半翅目昆虫的胃盲囊可作为细菌繁殖的场所。多数昆虫的中肠内有一层由肠壁细胞分泌的围食膜，组分为蛋白质和几丁质，主要功能是包围食物，保护中肠肠壁细胞，对营养物质、酶具有渗透作用。

3)后肠 后肠是消化道的最后一段，前端以马氏管着生处与中肠分界，后端止于体节末端，常分成回肠(ileum)、结肠(colon)、直肠(rectum)3部分。后肠前端内面常特化成幽门瓣。幽门瓣开启时，中肠内消化后的残渣进入回肠；幽门瓣关闭时，只有马氏管的排泄物能进入后肠。在直肠、结肠的交界处，常有1圈瓣状物形成的直肠瓣，以调节残渣进入直肠。大部分昆虫直肠前半部肠壁特化成直肠垫，以增加直肠吸收面积。后肠的主要功能是吸收食物残渣和尿中的水分及无机盐类，排出食物残渣和代谢废物，以调节血淋巴渗透压和酸碱度等。

2.2.3.2 与消化有关的腺体

与消化有关的腺体主要有上颚腺、下颚腺、下唇腺，统称为唾液腺。此外，某些昆虫如蜜蜂中的工蜂还有咽下腺，某些鞘翅目昆虫在直肠后端还有肛腺。

唾液腺的主要功能是分泌唾液，用以润滑口器，湿润食物，溶解固体颗粒，帮助消化食物。蜜蜂受精后，其上颚腺的分泌物中含有性信息激素，能阻止工蜂卵巢发育以及建造应急王台；工蜂的咽下腺能分泌王浆，用以饲育幼虫。

2.2.4 排泄系统

2.2.4.1 排泄系统的组成

昆虫的排泄器官和组织包括体壁、马氏管、脂肪体、围心细胞等。

1)马氏管 马氏管(Malpighian tube)是一些节肢动物的主要排泄器官，因由意大利解剖学家马尔皮基(M. Malpighi)发现而得名。马氏管呈细长盲管状，基段开口于中、后肠交界处且进入消化道内，端段游离于血腔内或插入直肠的围膜内，是浸浴在血液中的长形盲管(图2-2-4)。马氏管一般由外向内由围膜、管壁细胞和内膜组成。围膜通透性较强。管壁细胞的基膜形成发达的内褶，顶膜形成微绒毛，内含丰富的线粒体，通过离子泵将原尿泵入管腔。有些昆虫的马氏管基段能从原尿中回吸水分和无机盐，使尿盐以结晶状态析出，排入直肠。部分昆虫的马氏管还具有管壁肌，能进行自主性蠕动。

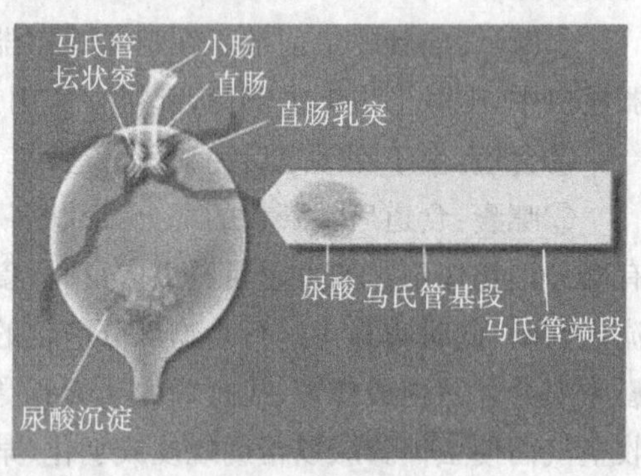

图2-2-4 马氏管的构造

马氏管的数目因昆虫种类而异，一般为4～6条，少则2条(如蚧类)，多则300多条(如直翅目)。幼虫龄期不同，马氏管数目也不同，如直翅目幼虫一般为4条。各种昆虫的马氏管数目虽有很大差异，但它们的总排泄面积相差不大，并不影响其排泄效能。因为马氏管数目多的常较短，数目少的则较长。

马氏管的主要功能是排泄代谢废物。有些昆虫的马氏管能分泌丝用以结茧，如草蛉幼虫；有些昆虫的马氏管能分泌石灰质颗粒，用以构成卵壳或作隧道覆盖物，如竹节虫、天牛等；还有部分昆虫的马氏管可分泌泡沫及黏液，用以保护虫体，减少水分散失，免受天敌为害，如沫蝉若虫等。

2)其他排泄器官

①脂肪体：昆虫的脂肪体为不规则的团状、疏松带状或叶状组织。组成脂肪体的细胞主要有2类，一类是储存养料的细胞，另一类是积聚尿酸结晶的尿酸盐细胞，具有排泄作用。

②围心细胞：围心细胞分布于背血管两侧，能够吸收血液中的叶绿素、胶体颗粒等大分子物质，也有积贮排泄的作用。

③体壁：其排泄作用是通过蜕皮实现的。呼吸形成的二氧化碳和水也通过体壁排出。

2.2.4.2　排泄系统的主要功能

排泄系统的主要功能是排出体内新陈代谢产生的二氧化碳和氮素废物等，以调节体液中无机盐的水分的平衡，保持血液渗透压和化学成分稳定，使各种器官能进行正常的生理活动。昆虫的排泄物为二氧化碳、氮素废物和无机盐类的结晶等。与高等动物不同，昆虫排泄的氮素废物主要是尿酸及其盐类。尿酸比尿素的氢元素含量少，更适于保持体内水分，而且游离的尿酸和尿酸盐几乎不溶于水，故排泄时不需要伴随水，这对于昆虫保留体内水分是非常有利的。

2.2.5　循环系统

昆虫的循环系统属于开放式，即血液在体腔内各器官和组织间自由流动。昆虫的主要循环器官是1根位于消化道背面、纵贯于背血窦内的背血管。很多昆虫体内和附肢的基部还有辅搏器，可以驱使血液进入附肢的尖端。

2.2.5.1　背血管的构造

背血管由肌纤维和结缔组织组成，可分为动脉和心脏。

1)动脉　动脉是背血管的前段部分，其前端开口于头腔，后端与第一心室相连，是引导血液向前流动的管道。

2)心脏　心脏是背血管后段连续膨大部分，大多位于腹腔，有的延伸到胸腔内。每个膨大的部分即为1个心室。心室的数目因种而异，一般为4个，多则11个(如蜚蠊)。每个心室均有1对心门，位于心室的中部或末端，孔口垂直或倾斜，是血液进入心脏的开口。心门的内缘向内折入，形成心门瓣。当心室收缩时，心室后的心门瓣将心门掩闭，使血液向心脏前端流动，而不至于从心门流回体腔。昆虫的心脏常以放射状、扇形的横纹翼肌连接并固定在附近的组织上。

2.2.5.2　血液的循环途径

当心脏舒张时，血液经由心门进入心室；当心室由后向前依次收缩时，血液不断向前流动，通过动脉流入头部。因此，在虫体前端的血液压力较高，驱使血液在体腔内由前向后流动。在触角有辅搏器的昆虫体内，部分血液被压入触角内进行循环。在有翅昆虫体内，翅基的辅搏器可使血液在翅脉壁与翅脉形成的翅脉腔之间流动：血流从翅前缘进入，经翅后缘流回血腔。昆虫体内的内脏蠕动及身体的活动有助于血液在体内的运行。昆虫的血液循环途径如图 2-2-5 所示。

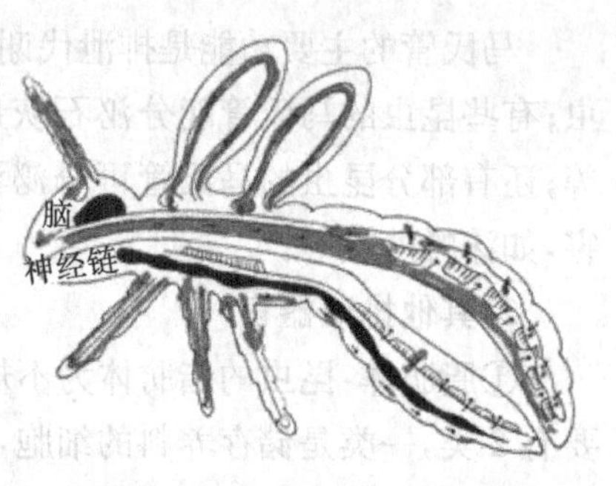

图 2-2-5 昆虫的血液循环途径

2.2.5.3 血液的组成及其功能

昆虫的血液也称血淋巴，主要由血浆和血细胞组成。昆虫血液以血浆为主；在血液中流动的血细胞数量很少，一般只占血液总量的 5%左右，因昆虫种类、虫态等而异。血液的主要功能：贮存与运送养料、酶、激素以及代谢废物，吞噬，愈伤，调节体内水分含量，传递压力，有利于孵化、蜕皮、羽化、展翅及气管系统的通风作用等。由于绝大部分昆虫血液中不存在红细胞与血红蛋白，故其循环系统没有运输氧气的功能。

2.2.6 气管系统

昆虫的气管系统是由气管和微气管组成的呼吸系统。由于各种昆虫生活习性和生活环境不同，因此昆虫的呼吸器官和呼吸方式各异。昆虫的呼吸方式有气管呼吸、体壁呼吸、气泡和气膜呼吸及气管鳃呼吸。绝大多数昆虫为气管呼吸。

2.2.6.1 气管系统的构造和分布

昆虫气管系统的构造和分布如图 2-2-6 所示。

昆虫气管的组织结构和性质与体壁基本相同，由底膜、管壁细胞和内膜组成，只是内外层次相反。气管内膜上没有蜡层和护蜡层。内膜局部加厚形成螺旋丝，能增强气管的弹性，以利于气管扩张。

气管有主干和分支，由粗到细，越分越细，最后分成许多微气管，着生于组织间或细胞内。

气管在体壁上的开口，称为气门。自气门伸入体内的一小段气管为气门气管。每体节的气门气管分出 3 支，分别伸向虫体的背面、腹面和中央，称为背气管、腹气管和内脏管。

各节气管之间还有纵行的气管相连，纵贯于体躯两侧。连接所有气门气管的为侧纵干；连接各节背气管的为背纵干；连接各节腹气管的为腹纵干；连接各内脏气管的为内脏纵干。

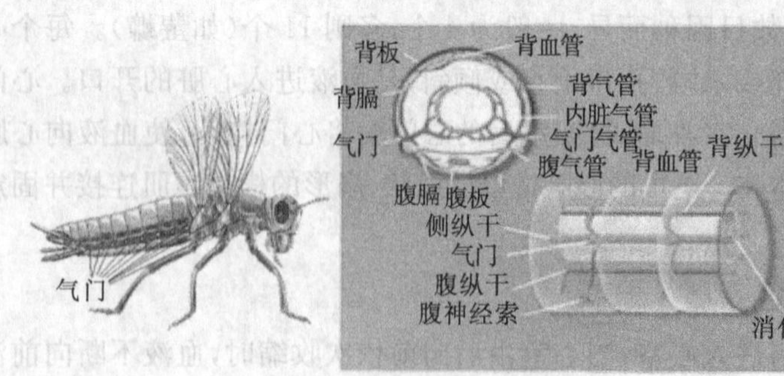

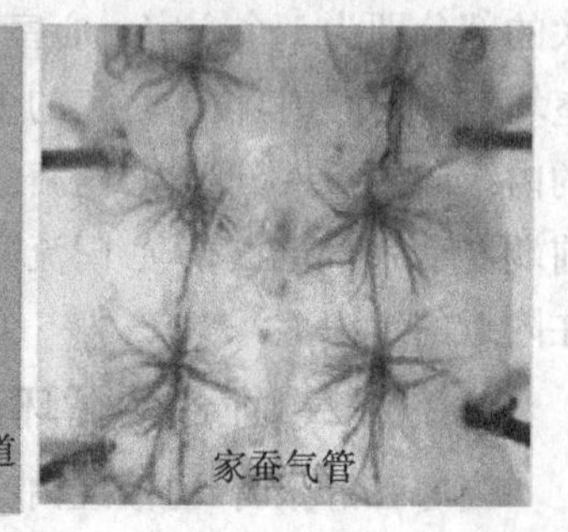

图 2-2-6 昆虫气管系统的构造和分布

某些善于飞行的昆虫气管局部膨大成囊状的气囊。气囊伸缩能加速空气流通和增加浮力，有利于飞行活动。

2.2.6.2　气门的构造

昆虫的气门数和位置常因种类而异。一般成虫和幼虫都有 10 对气门，胸部 2 对分别位于中、后胸的侧板上或侧板间膜上，腹部 8 对分别位于第 1～8 腹节背板的两侧或侧片侧膜上。蝇类幼虫仅在前胸和腹部末端各有 1 对气门。还有许多水生昆虫和内寄生昆虫的气门退化，用体壁及气管鳃等进行呼吸。

最简单最原始的气门是气管在体壁上的开口，绝大多数昆虫的气门都具有一些特殊构造。有的气门腔内具有绒毛或栅状的过滤结构，能阻止灰尘和其他外来物进入虫体；有些昆虫的气门还有调节器，可开闭，以调节空气的出入，阻止水分蒸发以及不良气体的入侵。

2.2.6.3　气体的交换

气体在气管系统(图 2-2-7)内的传送主要依靠气体的扩散作用和气管的通风作用。

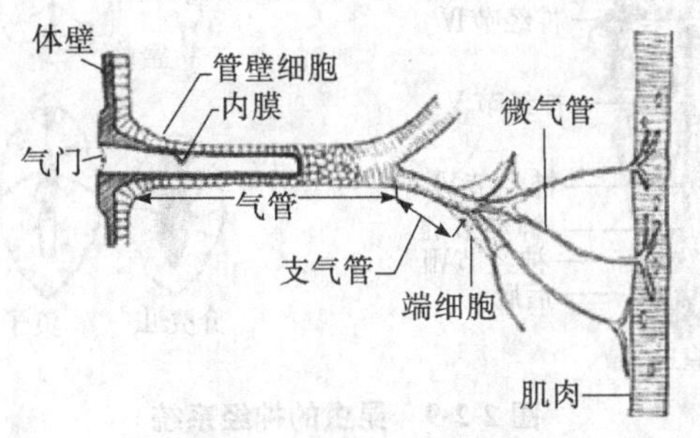

图 2-2-7　昆虫的气管系统

1)扩散作用　昆虫生命活动需用的氧气，是借助于大气与气管间、气管和微气管间、微气管与组织间的氧气压力差，从大气中直接获取的。组织内部消耗氧气，产生二氧化碳，因而使大气中氧气的分压高于气管内氧气的分压，气管内二氧化碳的分压高于大气中二氧化碳的分压，故氧气能向气管内扩散，二氧化碳则向气管外扩散。

2)通风作用　通风作用也称换气运动，是指昆虫依靠腹部的收缩、扩张，实现气管系统内气体交换的一种形式。具有气囊的昆虫可通过气囊的伸缩加强气管内的通风作用。

2.2.7　神经系统和感觉器官

昆虫的神经系统联系着体壁表面和体内各种感觉器官和反应器。感觉器官接受内外刺激而产生冲动，由神经系统将冲动传递到肌肉、腺体等反应器官，从而引起收缩和分泌活动，以适应环境的变化和要求。

2.2.7.1　神经系统的构造和类型

昆虫的神经系统由许多神经细胞及其发出的分支所组成。每个神经细胞及其分支称为神经元(图 2-2-8)。神经细胞分出的主支为轴状突，轴状突分出的支为侧支。轴状突及其侧支的顶端发生的树状细支，称为端丛。在细胞体四周发生的小树状分支，称为树状突。

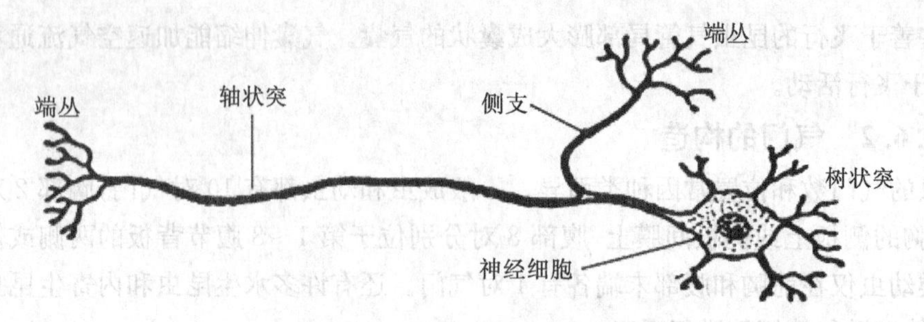

图 2-2-8 昆虫神经元模式构造

昆虫的神经系统(图 2-2-9)可分为中枢神经系统、交感神经系统和周缘神经系统 3 部分。

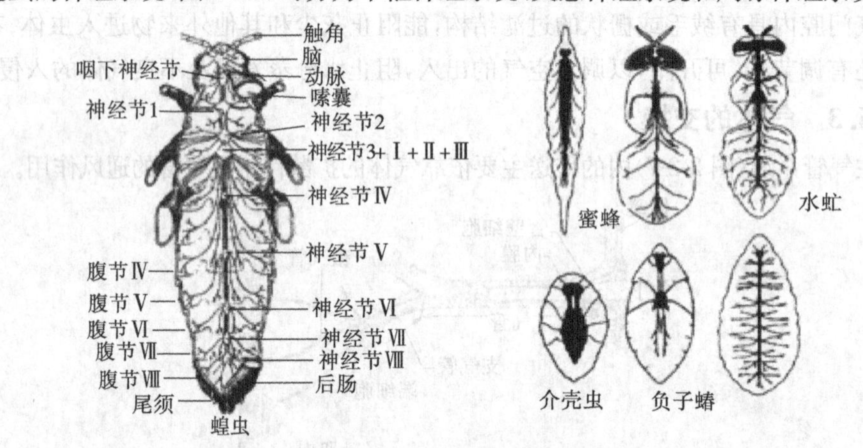

图 2-2-9 昆虫的神经系统

1)中枢神经系统 中枢神经系统包括脑和腹神经索，如图 2-2-10 所示。脑不仅是头部的感觉中心，也是神经系统中最主要的联系中心。腹神经索包括头内的食道下神经节及以后各体节的一系列神经节和神经连索。体神经节(胸部 3 对，腹部 8 对)是控制运动的神经中心，也是各体节的神经中心。脑和腹神经索之间以围咽神经索相连。中枢神经系统的主要作用是控制肌肉的运动，接受外界刺激并作出反应。

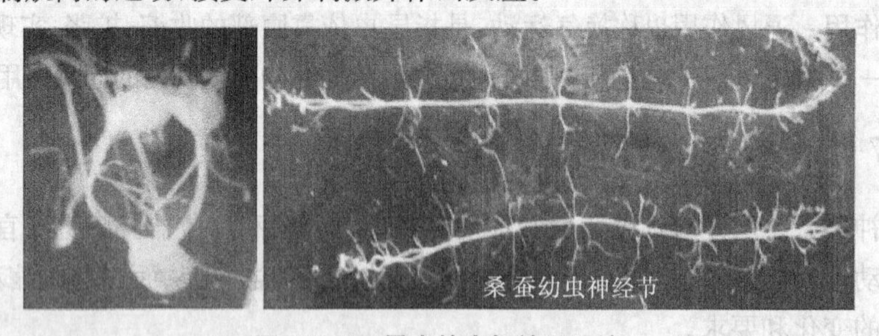

图 2-2-10 昆虫的中枢神经系统

2)交感神经系统 交感神经系统包括口道神经系统、中神经和腹部最后一个复合神经节(腹部最后一个神经节系由 8～10 个体节愈合而成)，主要功能是控制内部器官的活动。

3)周缘神经系统 周缘神经系统是指除去脑和神经节以外的所有感觉神经纤维和运动神经纤维形成的网络结构，一般位于体壁下。周缘神经系统接受环境刺激，并传入中枢神经系统，再把中枢神经系统发出的指令传到运动器官，使运动器官对环境刺激作出相应的反应。

2.2.7.2　昆虫的感觉器官

昆虫必须依靠身体的感觉器官接收外界的刺激，通过神经与反应器联系，然后才能对环境条件下的刺激作出适当的反应。昆虫的感觉器官主要分为 4 类：

①触感器：感受外界环境和体内机械刺激的感受器。

②听觉器：感受声波刺激的感受器。

③化感器：感受化学物质刺激的感觉器（味觉器、嗅觉器均为这一类型）。

④视觉器：感受光波刺激的感觉器。

2.2.7.3　神经传导的过程

神经冲动的传导主要包括神经元内、神经元与神经元之间以及神经元与肌肉（或反应器）间的传导。整个传导是相当复杂的过程。

1）神经元内的传导　感受器接受刺激后，连接于感受器上的感觉神经元膜的通透性发生改变，产生兴奋。兴奋达到一定程度时，感觉神经上即表现明显的电位差，形成动作电位，产生电脉冲。电波脉冲信号以约 7 m/s 的速度在神经元上推进传导。

2）神经元间的传导　冲动在神经元间的传导需要依赖突触。

①突触的构造：一个神经元与另一个神经元相接触（而不是细胞质的互相沟通）的部位，称为突触。前一神经元与后一神经元的神经膜分别称为突触前膜和突触后膜。两膜间隙约为 200～500 nm。神经元末端膨大，呈囊状，称为突触小结。小结内有许多突触小泡和线粒体。小泡内含有化学递质乙酰胆碱（acetylcholine，ACh），线粒体内含有酶类。

②突触的传导（图 2-2-11）：当突触前神经末梢发生兴奋时，就有兴奋性递质（乙酰胆碱）从突触小泡中释放出来，扩散到突触间隙，作用于突触后膜上的乙酰胆碱受体（acetylcholine receptor，AChR），激发突触后膜产生动作电位，使神经兴奋冲动的传导继续下去。每一次神经兴奋释放出的乙酰胆碱在引起突触电位改变以后的很短时间内被乙酰胆碱酯酶（acetylcholinesterase，AChE）水解为乙酸（acetic acid，Ac）和胆碱（choline，Ch），胆碱又被神经末梢重新摄取，参与合成乙酰胆碱，储存备用。

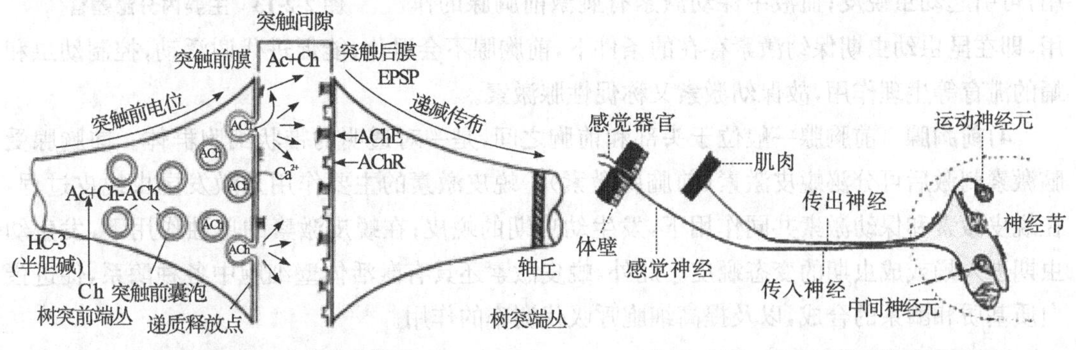

图 2-2-11　突触传导模式　　图 2-2-12　昆虫神经系统的反射弧

3）运动神经元与肌肉之间的传导　神经末梢释放化学传递物质谷氨酸盐，使神经冲动传至肌肉。然后释放出谷氨酸羧酶将谷氨酸水解，消除激发作用。在中枢神经系统的参与下，昆虫对内、外界环境刺激作出规律的反应称为反射。进行反射活动的结构基础称为反射弧，主要由感觉器官、感觉神经、中枢神经系统、运动神经和反应器5个部分组成(图2-2-12)。神经系统的活动都是各种简单或复杂的反射活动，故反射弧的构成有简有繁。

2.2.8 分泌系统

昆虫的分泌系统由散布在昆虫体内的一些特殊分泌细胞群和腺体组成，主要包括内分泌器官(图 2-2-13)和外分泌腺体。昆虫体内的各种内分泌活动受神经系统的直接支配和调节，受神经控制下某些组织器官所分泌的活性物(激素)的间接支配和调节。

2.2.8.1 主要内分泌器官

1)脑神经分泌细胞群 脑神经分泌细胞群由昆虫前脑内背面的大型神经细胞组成，常排列成2组，每组包含数个分泌细胞，2组分泌细胞的轴突组成1组神经，与心侧体和咽侧体相连。脑神经分泌细胞群的主要分泌物是脑激素，其主要功能为激发、活化前胸腺，使之分泌蜕皮激素，控制昆虫幼虫期的蜕皮作用，因而脑激素又称促前胸腺激素；脑激素还可影响和调节昆虫许多内部器官的生理作用。

2)心侧体 心侧体位于前胸后方及背血管前端的两侧或上方，是1对光亮的乳白色小球体，通过神经分别与脑、咽侧体和后头神经节相连。功能：储藏脑神经分泌球体，混合其他神经分泌物；产生心侧体激素，影响心脏搏动率以及消化道的蠕动；产生高血糖激素、激脂激素，刺激脂肪合成与分解；利尿、抗尿，控制水分代谢。

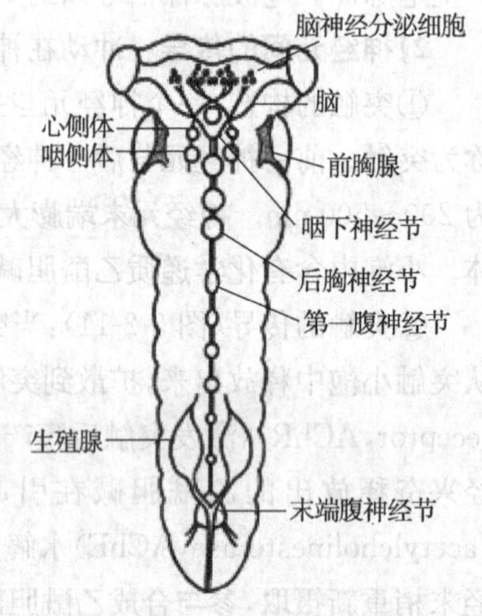

图 2-2-13 主要内分泌器官

3)咽侧体 咽侧体位于咽喉两侧，紧靠心脏，各有一神经与心侧体相连。大多数昆虫的咽侧体是一对卵圆形或球形的结构。咽侧体受脑激素的刺激，可分泌保幼激素。保幼激素的功能：抑制成虫器官芽的生长和分化，从而使虫体保持幼虫期形态；保幼激素与蜕皮激素共同作用，可引起幼虫蜕皮；血液中保幼激素有刺激前胸腺的作用，即在昆虫幼虫期保幼激素存在的条件下，前胸腺不会退化；能促进代谢活动，控制幼虫和蛹的滞育等生理作用，故保幼激素又称促性腺激素。

4)前胸腺 前胸腺一般位于头部和前胸之间，是一对透明的带状细胞群体。前胸腺受脑激素刺激后可分泌蜕皮激素(前胸腺激素)。蜕皮激素的主要作用是激发昆虫蜕皮过程：在蜕皮激素和保幼激素共同作用下，发生幼虫期的蜕皮；在蜕皮激素的单独作用下，发生幼虫期进入蛹或成虫期的变态蜕皮。此外，蜕皮激素还具有激活体壁细胞中各种酶系，促进蛋白质基质和酶系的合成，以及提高细胞呼吸代谢率的作用。

2.2.8.2 昆虫的信息素

昆虫的信息素又称外激素，由昆虫体表特化的腺体分泌至体外，能影响同种其他个体的发育、生殖及其他行为。昆虫的主要外激素有性信息素、踪迹信息素、警戒信息素、聚集信息素等。

1)性信息素 成虫在成熟时由腺体分泌于体外，用以引诱同种异性个体，进行交尾活动或具有其他生理效应的一类挥发性化学物质。蛾类性信息素的分泌腺常位于第8、9腹节的节间膜背面，而蝶类和甲虫等则多位于翅、后足或腹部末端。在鳞翅目昆虫中，蛾类的性信息素通常由雌性分泌，而蝶类则由雄体分泌。

2)性抑制外激素　某些昆虫如蜂、蚁等分泌的一种能抑制其他昆虫性器官发育的激素。

3)踪迹信息素　由社会性昆虫所分泌，在必要时排出体外，可遗留在它们经过的地方，作为指示路线的物质。如蚁类踪迹信息素由杜氏腺分泌。蜂类也能分泌此类信息素。

4)警戒信息素　大多数社会性昆虫和某些聚集性昆虫在受惊扰时能释放出一些招引其他个体保卫种群的物质，称为警戒信息素。警戒信息素常由上颚腺、杜氏腺等分泌，其腺体往往与保卫器官联系在一起，如上颚、螯刺等。蚜虫的警戒信息素由腹管分泌。

5)聚集信息素　为了形成强大的种群压力，以突破寄主的抵抗，钻蛀活树的某些甲虫常能分泌一种诱引其他个体的聚集信息素。聚集信息素是一系列化合物的混合物，其中有的是由甲虫合成的，有的是由寄主植物产生的。

2.2.9　生殖系统

生殖系统分雄、雌体，其主要功能是繁衍后代，延续种族。生殖系统一般位于消化道两侧或背面，雄、雌体均分内、外生殖器。内生殖器产生和排出生殖细胞，外生殖器完成雄、雌体交配和受精。雄体系统开口于第9腹节板上或其后方，雌体系统开口于第8或(和)第9腹节腹板后方。

2.2.9.1　雌性内生殖器的基本构造

雌性内生殖器包括1对卵巢、1对侧输卵管、受精囊、生殖腔(或阴道)、附腺等(图2-2-14)。卵巢由若干条卵巢管组成，数量不等，一般为4～8条，多者达2400条(如白蚁)。卵巢端部各有一端丝，所有的端丝集合为悬带或系带，附着于体壁、背膈等处，用以固定卵巢的位置。卵巢管是产生卵子的地方。卵按其发育的先后，依次排列在卵巢管内(越在下面的越大，越接近成熟)，形成一系列卵室。侧输卵管与卵巢相接，相接处通常膨大成卵巢萼，以便储存即将产出的卵粒。两侧输卵管汇合形成1条中输卵管。中输卵管通至生殖腔(或阴道)，其后端开口是雌体生殖孔。生殖腔是雌、雄体交尾时接纳阳具的场所，故称交配囊。生殖腔背面附有1个受精囊，用于储存精子。受精囊上着生有特殊的腺体，其分泌物有保持精子生活力的作用。生殖腔上还着生有1对附腺，其功能是分泌胶质，使虫卵黏着于物体上或相互黏着成卵块，还可形成卵块的卵鞘。昆虫的交配孔一般开口于第8腹节。很多鳞翅目昆虫在第9腹节还有仅供产卵的产卵孔。

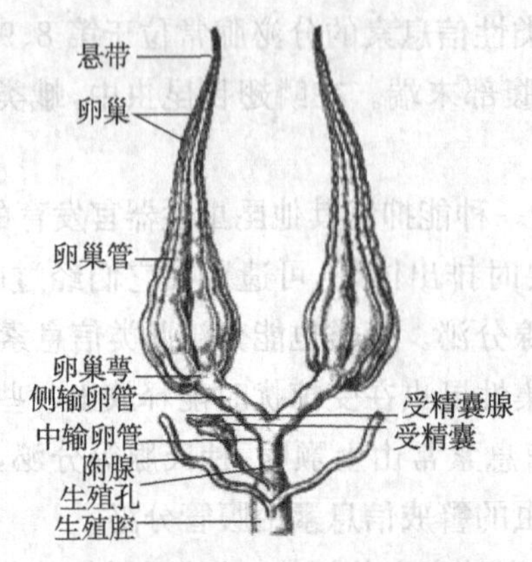

图 2-2-14 雌性内生殖器的基本构造

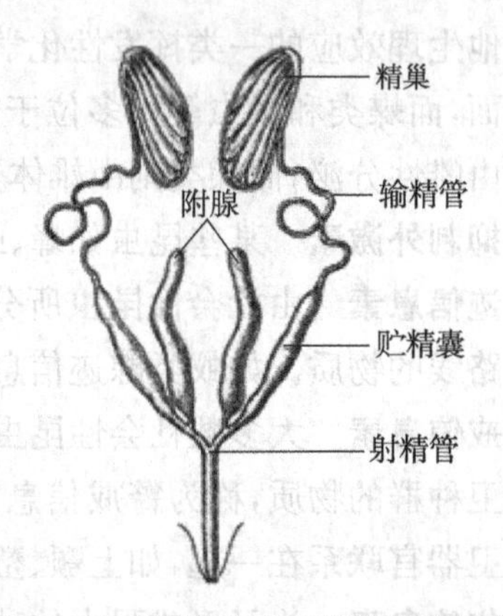

图 2-2-15 雄性内生殖器的基本构造

2.2.9.2 雄性内生殖器的基本构造

雄体包括 1 对精巢(或睾丸)、1 对输精管、贮精囊、射精管、阳具和生殖附腺(图2-2-15)。精巢由许多精巢管组成,数目因种类而异。精巢管是精子形成的场所。输精管与精巢相通,其基部膨大形成贮精囊,用以暂存精子。射精管由第 9 腹节板后的体壁内陷而成,直接开口于阳具的端部。雄体附腺大多开口于输精管与射精管相连接的部位,一般均为 1 对,其分泌液浸浴精子,或形成包藏精子的精球(或精珠)。

2.2.9.3 交尾、授精和受精

昆虫的交配又称交尾,是指雌、雄体成虫交合的过程。大多数昆虫羽化后性器官已成熟,可交尾。但部分昆虫成虫羽化后性器官尚未发育成熟,需要继续取食,补充营养,待性器官成熟才能交尾。交尾时,雄体将精子射入雌体生殖腔中,并储存在受精囊内,这个过程称为授精。此后不久,雌体开始排卵。当成熟的卵经过受精囊时,精子从受精囊中释放出来,与排出的卵相结合,这个过程称为受精。

2.3 昆虫生物学

昆虫生物学是专门研究昆虫的生殖方式、发育和变态、习性和行为、世代和生活史等昆虫的生命特性,了解昆虫个体发育基本规律的学科。

2.3.1 昆虫的生殖方式

昆虫为雌雄异体动物,但亦存在雌雄同体(hermaphrodite)现象。昆虫在复杂的环境条件下具有多样的生活方式,生殖方式也表现出多样性。

2.3.1.1 两性生殖

绝大多数昆虫以两性生殖的方式繁衍后代,即雌雄交配(图2-3-1)后精子与卵子结合,由雌体产虫卵,发育成新个体。这种生殖方式称为两性卵生,是昆虫繁殖后代最普遍的一种方式。

图 2-3-1 昆虫雌雄交配

2.3.1.2　孤雌生殖

孤雌生殖又称单性生殖，是指卵不经过受精就发育成新个体的生殖方式。孤雌生殖可分为 4 种类型：

1)偶发性孤雌生殖　在正常情况下，昆虫是进行两性生殖的，偶尔出现孤雌生殖的现象，见于家蚕、飞蝗等。

2)经常性孤雌生殖(永久性孤雌生殖)　此类昆虫完全或基本上以孤雌生殖的方式进行繁殖，一般没有雄体或极少有，常见于某些粉虱(图 2-3-2)、蚧虫、蓟马等。

3)周期性孤雌生殖　此类昆虫是两性生殖和孤雌生殖交替进行，故称异态交替(或世代交替)。这种交替往往与季节变化有关，如蚜虫(图 2-3-3)从春季到秋季，连续 10 多代都进行孤雌生殖，冬季来临前才产生雌蚜、雄蚜，进行两性生殖，产下受精卵越冬。

4)兼性孤雌生殖　如蜜蜂、白蚁(图 2-3-4)等高等社会性昆虫，两性生殖和孤雌生殖并存。雌雄交配后，产下的卵有受精和不受精之分，这是因为并非所有的卵都能从受精囊中获得精子。凡受精卵均孵化为雌体，未受精卵均孵化为雄体。

图 2-3-2　白粉虱经常性孤雌生殖

图 2-3-3　蚜虫周期性孤雌生殖

图 2-3-4　白蚁兼性孤雌生殖

2.3.1.3　卵胎生和血腔胎生

1)卵胎生　昆虫雌体未经交配的卵在母体内依靠卵黄供给营养进行胚胎发育，直至孵化为幼体后才从母体中产出，这种孤雌生殖的方式称卵胎生，也称孤雌胎生。如蚜虫的孤雌生殖就采用卵胎生的生殖方式。卵胎生与哺乳动物的胎生不同，因为卵胎生是雌体将卵产于生殖道内，母体没有供给胚胎发育所需的营养物质；而哺乳动物的胚胎发育是在母体子宫内进行，由母体供给养料。卵胎生能对卵起保护作用。

2)血腔胎生　瘿蚊等少数昆虫在母体尚未达到成虫阶段(还处于幼虫期)时就进行生殖，称为幼体生殖。幼体生殖是一种稀有生殖方式。凡进行幼体生殖的昆虫，母体产出的是幼虫，故也可视为卵胎生的一种形式，称为血腔胎生。

2.3.1.4　多胚生殖

多胚生殖(图 2-3-5)也是孤雌生殖的一种方式，1 个卵在发育过程中可分裂成 2 个以上胚胎，最多可至 3000 个，每一个胚胎发育成一个新个体，多见于膜翅目中的茧蜂科、跳小蜂科、广腹细蜂科等内寄生蜂。新个体的性别以所产的卵是否受精而定：受精卵发育为雌体，未受精卵发育为雄

图 2-3-5　膜翅目内寄生蜂的多胚生殖

体。因此,一个卵发育出来的个体,其性别是相同的。多胚生殖是对活体寄生的一种适应,可利用少量生活物质在较短时间内繁殖较多的后代。

孤雌生殖是昆虫在长期历史演化过程中适应各种生活环境的结果,不仅能在短期内繁殖大量后代,而且对昆虫的扩散蔓延有重要的作用,因为即使一头雌体被带到新地区,它也有可能在这个地区繁殖下去。因此可以说,孤雌生殖是一种有利于种群生存延续的重要生物学特性。研究害虫的生殖方式,对采用某些新技术防治害虫具有一定的意义。例如,目前应用性信息素迷向法干扰害虫交配而治虫,防治的对象必须是以两性生殖方式进行繁殖的昆虫。若该虫能进行孤雌生殖,则该方法无效。

2.3.2 昆虫的发育和变态

昆虫的个体发育由卵到成虫性成熟为止,可分成 2 个阶段:第一阶段是胚胎发育,即依靠母体供给营养(或由卵黄供给营养)在卵内进行的发育阶段;第二阶段是胚后发育,即从孵化出幼虫开始到性成熟为止,这是昆虫在自然环境中自行取食获得营养和适应环境条件的独立生活阶段。

2.3.2.1 昆虫变态的类型

在胚后发育过程中,昆虫在外部形态、内部器官及生活习性等方面要经过一系列的变化,即经过几个不同发育阶段,这种变化称为变态。变态的主要类型有增节变态、表变态、原变态、不全变态和全变态,其中最主要的是不全变态和全变态。

1)不全变态 这是有翅亚纲外翅部除蜉蝣目以外的昆虫所具有的变态类型。

昆虫个体发育经过卵、若虫和成虫 3 个发育阶段。成虫的特征随着若虫的生长发育而逐步显现,翅在若虫体外发育。不全变态又可以分为以下 3 个亚类。

①渐变态(图 2-3-6):幼体除翅和生殖器官尚未发育完全外,在其他形态特征和生活习性等方面均与成虫基本相同。渐变态昆虫有蝗虫、盲蝽、叶蝉、飞虱等直翅目、半翅目昆虫,它们的幼体称为若虫。

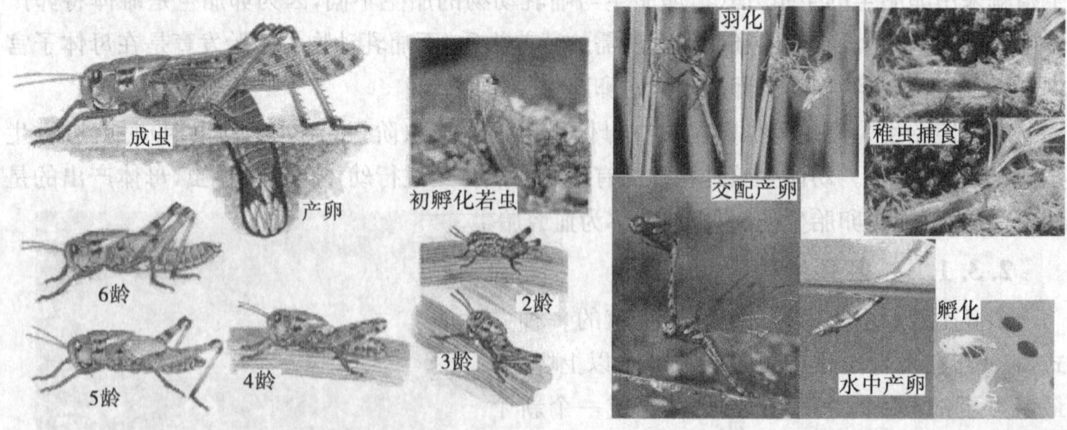

图 2-3-6 蝗虫的渐变态　　图 2-3-7 蜻蜓的半变态

②半变态(图 2-3-7):蜻蜓目、襀翅目也为不全变态昆虫,但其幼虫期是水生的,成虫期是陆生的,以致成虫期和幼虫期在形态和生活习性上具有明显的分化,这种变态类型即为半

变态。半变态昆虫的幼体通称稚虫。

③过渐变态(过渡变态):缨翅目、半翅目中的粉虱科和雄性介壳虫等的变态方式是不全变态中较为特殊的一类,它们的一生也经历卵、若虫和成虫 3 个虫态,翅也在若虫体外发育,但从若虫转变为成虫前有一个不食不动的类似完全变态的蛹期的虫龄。这种变态称为过渐变态或过渡变态(图 2-3-8),既有别于不全变态,也不属于完全变态。

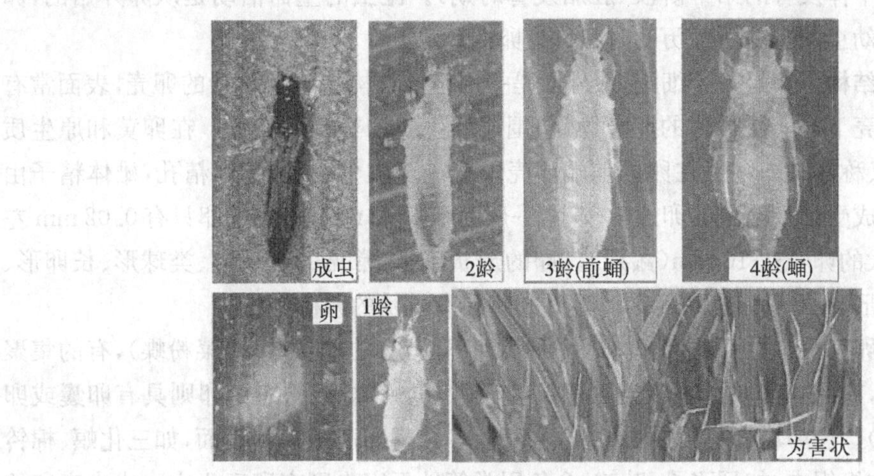

图 2-3-8　缨翅目的过渐变态

2)全变态　全变态昆虫具有卵期、幼虫期、蛹期、成虫期 4 个虫期(图 2-3-9)。幼虫在外部形态和生活习性上与成虫截然不同,幼虫常有临时性附肢或附属物,而成虫没有。如鳞翅目幼虫没有复眼,腹部有腹足,口器为咀嚼式,翅在体内发育。全变态昆虫的另一个显著特点是具有蛹期。幼虫不断生长,经若干次蜕皮变为形态上完全不同的蛹,蛹再经过一定时间羽化为成虫。因此,全变态昆虫(如三化螟、玉米螟、甲虫、蜂类等)必须经过蛹的过渡阶段来完成幼虫到成虫的转变过程。

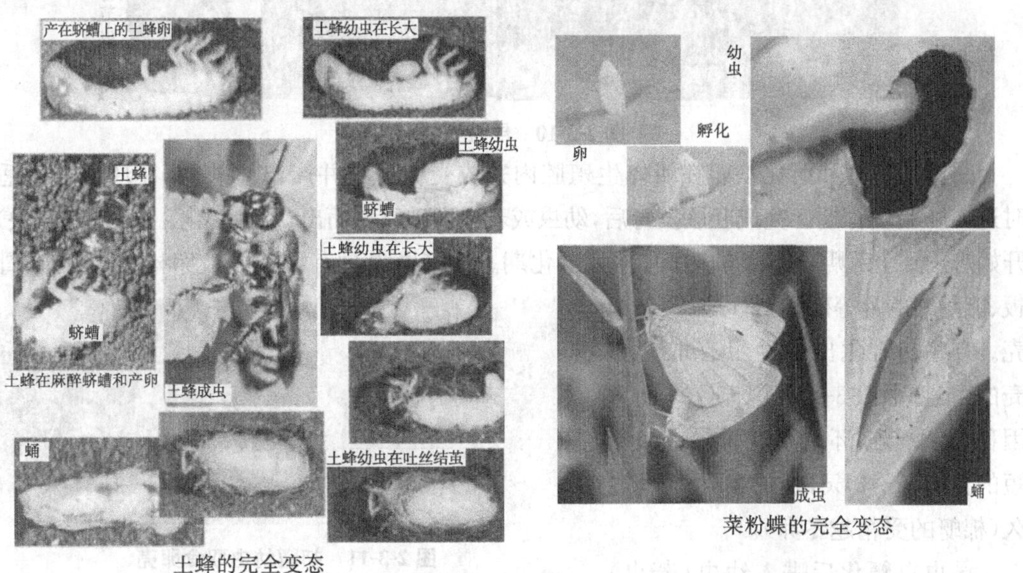

图 2-3-9　昆虫的全变态

全变态昆虫的幼虫可分为原足型(寄生蜂类)、多足型(蛾、蝶、蜂类)、寡足型(金龟子、叩头虫)和无足型(象甲、天牛、蝇类),据此可识别某些害虫。

2.3.2.2 昆虫个体发育各阶段的特性

(1)卵期

卵期是昆虫个体发育的第一阶段(胚胎发育时期)。昆虫的生命活动是从卵开始的,卵自产下到孵化出幼虫(若虫)所经历的时间称为卵期。

1)卵的形态结构 卵是一个细胞,最外面是一层坚硬且构造十分复杂的卵壳,表面常有各种刻纹。在卵壳下有一层很薄的卵黄膜,包围着原生质和丰富的卵黄。在卵黄和原生质中央有细胞核,又称卵核。一般在卵的前端卵壳上有一至数个小孔,称为精孔,雄体精子由此孔进入卵内完成受精。昆虫的卵通常较小,一般为0.5~2 mm,最小的卵只有0.02 mm左右(寄生蜂),最大的卵长达10 mm(螽斯)。卵的形状繁多,常见的有球形、类球形、长卵形、篓形、馒头形、肾形、桶形等(图2-3-10)。草蛉的卵还有丝状的卵柄。

2)昆虫的产卵习性 昆虫的产卵方式因种类而不同,有的单粒散产(菜粉蝶),有的集聚成块(如玉米螟),有的在卵块上还覆盖着一层绒毛(如毒蛾、灯蛾),有的卵则具有卵囊或卵鞘(如蝗虫、螳螂)。产卵场所亦因昆虫种类而不同:多数将卵产于植物表面,如三化螟、棉铃虫;有的产于植物组织内,如稻飞虱、叶蝉;金龟甲类等地下害虫则产卵于土中。成虫产卵的场所往往与其幼虫(若虫)的发育是高度适应的,基本直接产于幼体的食物或栖境内,如捕食蚜虫的瓢虫、草蛉等常将卵产于蚜虫群落之中。

了解昆虫卵的大小、形状、产卵习性,对识别昆虫种类及防治害虫具重要意义。

图2-3-10 昆虫卵的形态

3)卵的发育和孵化 卵在雌体生殖腔内完成受精过程并产出体外后,在环境条件适宜时进入胚胎发育期。完成胚胎发育后,幼虫或若虫即破卵壳而出,称为孵化。一批卵(卵块)从开始孵化到全部孵化结束的时间,称为孵化期。很多昆虫具有特殊的破卵构造——刺、骨化板、能翻缩的囊等破卵器,可以突破卵壳。有些初孵化出的幼虫有取食卵壳的习性(图2-3-11)。卵期的长短因种类、季节或环境温度而异。卵期短的只有1~2天,长的可达数月之久(棉蚜的受精越冬卵)。

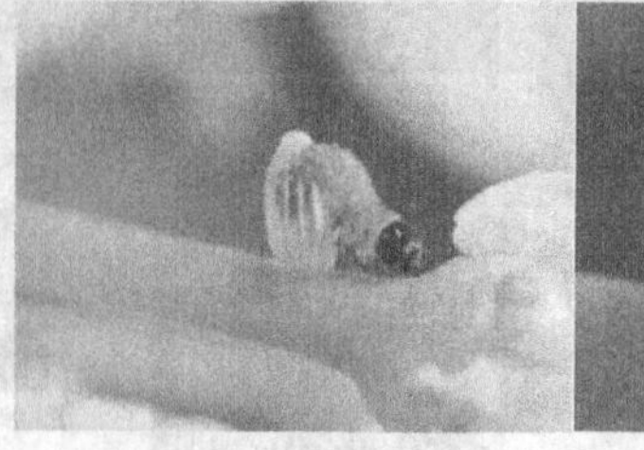

图2-3-11 初孵幼虫取食卵壳

昆虫自孵化后进入幼虫(若虫)

取食生长时期，此为大多数农林害虫为害的重要虫期。故灭卵是一项重要的预防措施，可把害虫消灭在为害之前。而对多数天敌昆虫来说，幼虫（若虫）期也是捕食或寄生于农林植物害虫的主要虫期。

(2)幼虫(若虫)期

不完全变态昆虫自卵孵化为若虫到变为成虫所经历的时间，称为若虫期；全变态昆虫自卵孵化为幼虫到变为蛹所经历的时间，称为幼虫期。从卵孵出的幼体通常很小，取食生长后不断增大，当增大到一定程度时，为突破坚韧的体壁对其生长的限制，必须蜕去旧表皮，化之以新表皮，这种现象称为蜕皮（图 2-3-12）。蜕下的旧表皮称为蜕。昆虫在蜕皮前常不食不动，每蜕一次皮，虫体都显著增大，食量相应增加，形态也发生一些变化。幼虫和若虫从孵化到第一次蜕皮及前后 2 次蜕皮之间所经历的时间，称为龄期。在每个龄期中的具体虫态称为龄或龄虫。从卵孵化后到第一次蜕皮前称为第 1 龄期，这时的虫态为 1 龄；第一次与第 2 次蜕皮之间的时期为第 2 龄期，这时的虫态为 2 龄。昆虫种类不同，龄数和龄期长短也不同。同种昆虫幼虫（若虫）期的分龄数及各龄历期，因食料等条件不同也常有差异，通常须经过饲养观察而明确。掌握幼虫（若虫）各龄区别和历期是进行害虫预测预报和防治必不可少的条件。

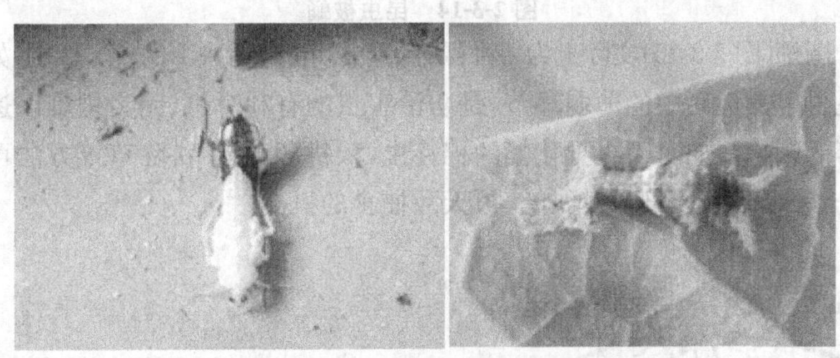

图 2-3-12　蟑螂幼虫和大琉璃纹凤蝶幼虫蜕皮

(3)蛹期

蛹期是全变态昆虫由幼虫转变为成虫过程中所必须经过的一个虫期，是成虫的准备阶段。幼虫老熟以后即停止取食，寻找适当场所（如瓢虫类附着在植物枝叶上，玉米螟在蛀道内等），同时体躯逐渐缩短，活动减弱，进入化蛹前的准备阶段，称为预蛹（前蛹），所经历的时间即为预蛹期。预蛹期是末龄幼虫化蛹前的静止期。预蛹蜕去皮变成蛹的过程，称为化蛹。从化蛹时起发育到成虫所经历的时间，称为蛹期。各种昆虫的预蛹期和蛹期的长短与食料及气候等环境条件有关。在蛹期发育过程中，体色有明显的变化。根据体色的变化，可将蛹期划分成若干蛹级，作为调查发育进度的依据，以准确地预测害虫的发生期。

根据形态特征可将蛹分为 3 种类型：

1)离蛹(裸蛹)　离蛹（图 2-3-13）的附肢（触角、足）和翅等不紧贴虫体，能够活动，同时腹节也略可活动，如金龟甲、蜂类的蛹。

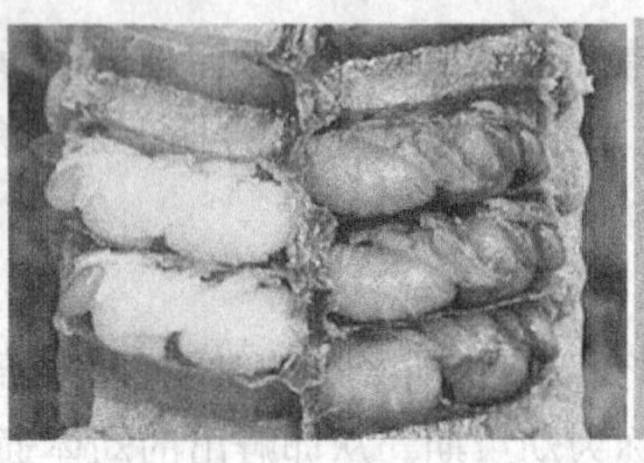
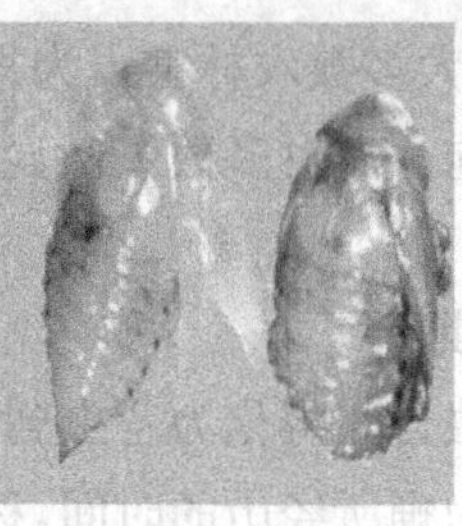

图 2-3-13 昆虫离蛹

2)被蛹 被蛹(图 2-3-14)的附肢和翅等紧贴于蛹体,不能活动,大多数或全部腹节也不能活动,如蛾、蝶类的蛹。

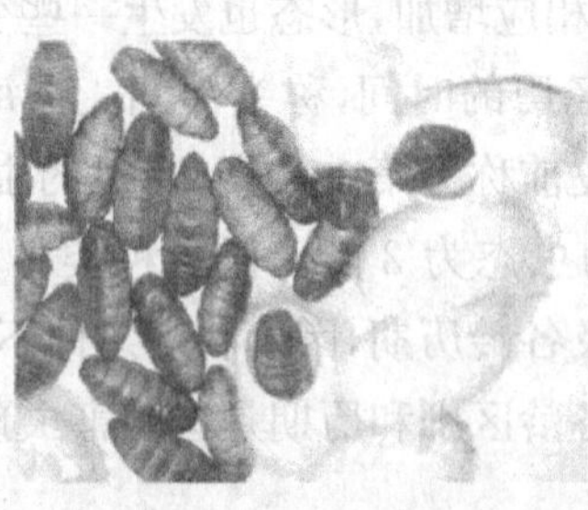

图 2-3-14 昆虫被蛹

3)围蛹 围蛹(图 2-3-15)实际上为一种裸蛹,但被幼虫最后蜕下的蛹壳包围,如蝇类的蛹。

蛹期是昆虫生命活动中的薄弱环节,是防治害虫的有利时机,因为蛹难以逃避敌害和不良环境因素等的影响。如对于入土化蛹的棉铃虫,秋耕翻土、中耕除草等方法可破坏土中蛹室,将蛹翻至土表曝晒致死,还可增加其被天敌捕食的机会。

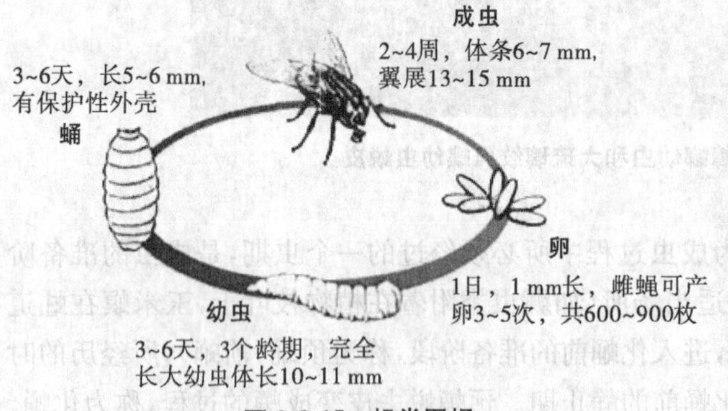

图 2-3-15 蝇类围蛹

图 2-3-16 蝉和蝶的羽化

(4)成虫期

成虫期是昆虫个体发育的最后阶段,其主要任务是交配、产卵、繁衍后代。因此,昆虫的成虫期实质上为生殖时期。

1)羽化 不全变态昆虫末龄若虫蜕皮变为成虫或全变态昆虫的蛹由蛹壳破裂为成虫,都称为羽化(图 2-3-16)。初羽化的成虫一般身体柔软而体色浅,翅未完全展开,随后身体逐渐硬化,体色加深。成虫吸入空气并借肌肉收缩使血液流向翅内,以血液的压力使翅完全展开,方能活动和飞翔。成虫从羽化开始直到死亡所经历的时间,称为成虫期。

2)性成熟和补充营养 某些昆虫羽化为成虫时,性器官已成熟,能交配和产卵。这类昆虫的成虫羽化后不需取食，一般口器退化或残留痕迹，寿命亦较短(仅数天甚至数小时)，雌体产卵后不久即死亡，如三化螟、家蚕蛾、蜉蝣等。但很多害虫如黏虫、小地老虎、稻纵卷叶螟等羽化为成虫时，性腺和卵还没有完全成熟，必须继续取食一段时间，获得完成性腺和卵发育的营养物质后，才能交配、产卵。这种对成虫性成熟不可缺少的营养，称为补充营养。补充营养的质量及充裕程度对害虫的繁殖率有很大的影响。在自然界中，蛾类获得补充营养的来源有开花的蜜源植物、腐熟的果汁、植物蜜腺及蚜虫、蚧虫的分泌物质(糖蜜)等。利用这些害虫具有补充营养的特性，可设置糖、醋、酒混合物(液)诱杀，或设置花卉观察圃进行诱集，作为防治害虫、预测害虫发生期的主要措施之一。

3)交配和产卵　成虫性成熟后，即行交配和产卵。交配的次数因昆虫的种类而异。一般成虫寿命短的交配次数少，寿命长的交配次数多，但也有例外。雌、雄成虫从羽化到性成熟开始交配所经历的时间，称为交配前期。雌体成虫从羽化到第一次产卵所经历的时间，称产卵前期。产卵前期的长短除因昆虫种类不同外，还受气候、食料等环境条件影响。在农作物害虫防治中，为把成虫消灭于产卵以前，可应用历期法进行发生期预测，因此了解害虫的产卵前期是必不可少的条件。雌体由开始产卵到产完卵所经历的时间，称为产卵期。产卵期的长短因昆虫的种类和成虫的寿命长短而异，也受气候和食料等环境条件的影响。蛾类的产卵期一般为3～5天；叶蝉、蝗虫的产卵期一般为20～30天；某些甲虫的产卵期可达数个月；白蚁类昆虫的产卵期则更长。

雌、雄成虫交配后，雌体产卵的数量因昆虫的种类而异，取决于种的遗传性，同时受到气候和食料等外界条件的影响。昆虫的繁殖能力是相当强的，一般害虫可产卵数十粒至数百粒，很多蛾类可产卵千粒以上，如黏虫可产卵1000～2000粒。这是很多农业害虫常在短期内猖獗成灾的根本原因。

4)性二型和多型现象　同一种昆虫的雌雄成虫除了第一性征(生殖器官)不同外，有些昆虫雌雄两性在触角、身体大小、颜色及其他形态方面有明显的区别，这种现象称为雌雄二型(图2-3-17)。如独角犀、锹形甲的雄体头部具有雌体没有的角状突起或特别发达的上颚；介壳虫和袋蛾雌体无翅，而雄体有翅；舞毒蛾雌蛾体大、色浅，触角栉齿状，雄蛾体小、色深，触角羽毛状；蝇类雄体的复眼接近，而雌体远离；蟋蟀、螽斯、蝉等雄体具有发音器，能够发音，而雌体则无，不能发音；马兜铃凤蝶雄体翅底为白色，雌体翅底为暗灰色，花纹也不同。

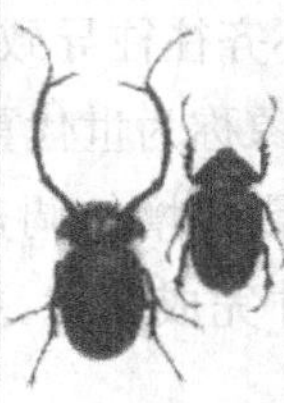

图 2-3-17　昆虫性二型

在同一种昆虫中，除雌雄异型外，有时在相同的性别中还具有2种或更多不同类型的个体，即为多型现象(图 2-3-18)。多型现象表现在体躯构造、形态和颜色等方面：蜜蜂除雌、雄体外，尚有正常情况下不能生殖的雌蜂(工蜂)。白蚁在同一巢中可分为有生殖能力的蚁后、蚁王和有翅生殖蚁，以及无生殖能力的工蚁和兵蚁，它们不仅形态不同，而且在巢内有明显的分工，过着“社会性”生活。另外，蚜虫在生长季节里都是雌体，但分为有翅型与无翅型。稻飞虱雌、雄体均具有长、短翅型。

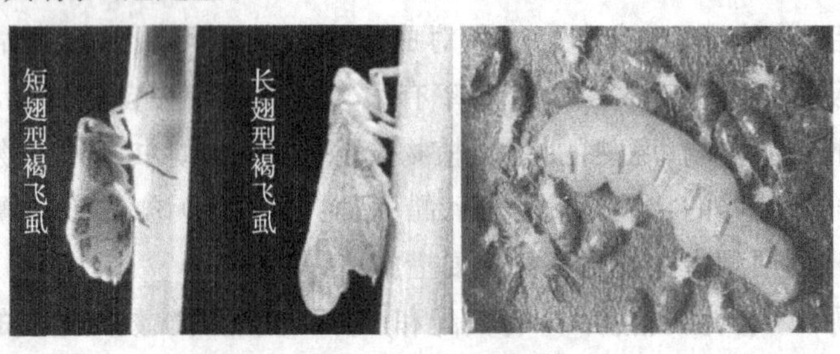

图 2-3-18 昆虫多型现象

2.3.3 昆虫的世代和年生活史

昆虫由卵到成虫性成熟并开始繁殖的个体发育过程称为生命周期。1个生命周期称为1个世代，即1代。生活史（或称年生活史）是指一种昆虫从越冬虫态开始活动起在1年内的发育过程，包括发生的世代数、各世代的发生时期及与寄主植物发育阶段的配合情况、各虫态的历期以及越冬的虫态和场所等。研究害虫生活史，是掌握其生物学特性、进行预测预报和制定防治策略必不可少的重要资料。

昆虫以卵作为一个世代发育的起点虫态，即从卵发育到成虫所经历的虫期对应同一世代的不同虫态，成虫所产的卵为下一代。农业害虫中，凡是以幼虫、蛹或成虫越冬于次年继续发育的世代，都不能称为当年的第1代，而应称为越冬代。越冬代成虫产下的卵发育到成虫为当年的第1代。但在以往的一些农业害虫的划分中，常将越冬代成虫称为第1代成虫，将第1代卵发育而成的成虫称为第2代成虫，这样就把上一代成虫与下一代卵划为同一世代，对此应加以纠正。另有一些在本地不能越冬的适飞性害虫，如黏虫、稻纵卷叶螟、稻飞虱等，其初次迁入的成虫称为迁入代成虫，或称1代虫源。

昆虫因种类和环境条件不同，每个世代历期的长短和1年发生的代数是不同的。有的昆虫一年只发生一次，如大豆食心虫、大地老虎、小麦吸浆虫、天幕毛虫等，这类害虫称为一化性害虫，这是由种的遗传特性所决定的。一年发生2代或更多代的，如三化螟（一年3～4代）、棉铃虫（一年4～5代）、棉蚜（一年20多代）等，称为多化性害虫。在多化性害虫中，各虫态发育进度的参差不齐往往导致田间发生的世代难以划分，即在同一时间内出现不同世代的相同虫态，这种现象称为世代重叠。世代重叠必然导致田间虫性复杂化，给害虫的测报和防治带来困难（往往需要增加调查工作量和防治次数）。另外，有些昆虫完成1代所需时间较长，往往2～3年才完成1代，如金针虫、金龟子、华北蝼蛄等，称为多年生昆虫（部分化性昆虫）。

研究昆虫生活史的基本方法是进行室内饲养，同时结合田间系统调查观察。

2.3.4 昆虫的休眠和滞育

在一年的发生过程中，当温度高于或低于一定的限度，昆虫常会出现一段或长或短的生长发育停滞的时期，通常称为越冬（或越夏）。这是昆虫对环境温度的一种适应性表现。若进一步分析产生这种现象的原因和昆虫对环境条件的反应，可以将这种生长停滞的现象分为休眠和滞育。

2.3.4.1　休眠

昆虫的休眠（dormancy）是由不良的环境条件（主要为温度）所引起的，可发生在一定的虫期（如东亚飞蝗在卵期），也可发生在不同的虫期（如小地老虎在江淮流域可以幼虫和蛹越冬休眠），但当不良环境消除，就会终止休眠而恢复生长发育。这类昆虫在冬季人工控温条件下或在南方温暖的冬季可周年繁殖世代。另外，高温有时也引起休眠，有一些昆虫的“夏眠”现象就是由高温所引起的休眠。

2.3.4.2　滞育

昆虫滞育虽然也是环境因素引起的，但看不出不利环境条件的直接作用。在自然情况下，在不利的环境条件到来以前，昆虫就进入滞育期了。一旦进入滞育期，昆虫必须经过较长时间的滞育，即使给予适宜的环境条件，个体也需要经历滞育解除期才能继续生长发育。因此，滞育是一种在遗传上较稳定的生物学特性。

滞育可分为兼性滞育（facultative diapause）和专性滞育（obligatory diapause）。

①兼性滞育：又称任意性滞育。多化性昆虫大多属于这种类型，即一年发生数代，滞育不出现在固定的世代，随地理环境、气候和食料等因素而变动。这些昆虫常在后期开始形成滞育的世代，其中部分早发生的个体可继续发育为下一代，形成局部世代。如以幼虫越冬的三化螟，在海南地区一年发生 3～4 代，大部分以第 3 代老熟幼虫滞育越冬，其中第 4 代即为局部世代；桃小食心虫在北方主要以第 1 代幼虫（少数以第 2 代幼虫）越冬。

②专性滞育：又称绝对滞育（确定性滞育）。一年 1 代的昆虫都属于这种类型，不论外界条件如何，只要到了各自的滞育虫态，都进入滞育。如大豆食心虫、小麦吸浆虫、大地老虎和舞毒蛾等，南北各地均发生 1 代，以老熟幼虫滞育。

研究表明，光周期（昼夜光照、黑暗时数的节律）的变化是引起滞育的主要因素，其次是温度和食料等。据此，可将滞育分为 4 种类型：

①短日照滞育型：又称长日照发育型，一般冬季滞育的昆虫（如亚洲玉米螟）均以短日照（日照时间不足 12 h）作为滞育信号。

②长日照滞育型：又称短日照发育型，一般在夏季进入滞育的昆虫（如大地老虎、麦蜘蛛、小麦吸浆虫等）以长日照（日照时间超过 12 h）作为滞育信号。

③中间发育型：少数昆虫在日照过短和过长的情况下都可引起滞育，只有在相当窄的光周期范围内才不滞育。如桃小食心虫在 25 ℃下，日照时间短于 13 h，老熟幼虫全部滞育；日照时间超过 17 h 时，大部分幼虫滞育；而日照时间为 15 h 时，大多数不发生滞育现象。

④无光周期反应型：光周期变化对滞育没有影响。此类昆虫有苹果舞毒蛾、丁香天蛾等。

2.3.5　昆虫的习性

昆虫的生活习性包括昆虫的活动和行为，是建立在神经反射活动基础上的一种对外来刺激作用所作的运动反应。这种对复杂的外界环境的主动调节能力是长期自然选择的结果。了解害虫的生活习性，是制定害虫防治策略和方法的重要依据。

2.3.5.1 食性

食性就是昆虫取食的习性。不同昆虫对食物有不同的要求，按食物种类可将昆虫分为如下几类：

1)植食性 以植物活体及其产品为食料。农作物害虫和吃植物性食物的仓库害虫都属于植食性昆虫。根据食物的种类范围，昆虫的食性又可分为单食性、寡食性和多食性 3 种类型。

①单食性：只取食 1 种植物，如三化螟、褐飞虱只为害水稻。

②寡食性：只取食 1 个科或其近缘科内的若干种植物。如菜青虫只为害十字花科的白菜、甘蓝、萝卜、油菜等，及十字花科亲缘关系相近的木樨科植物；小菜蛾只为害十字花科的 39 种植物。

③多食性：取食范围广，涉及许多不同科的植物。如玉米螟可为害 40 科 200 多种植物；棉蚜能为害 4 科 285 种植物。

2)肉食性 取食动物性食物，包括捕食性和寄生性 2 大类，如瓢虫捕食蚜虫，寄生蜂寄生于害虫的体内等。这些以害虫为食料的昆虫也被称为益虫或天敌，常用于消灭害虫。

3)腐食性 以腐烂的动植物、粪便为食料，如取食腐败物质的蝇蛆及专食粪便的食粪金龟甲等。

4)杂食性 兼食动物性和植物性食物，如蜚蠊、蚂蚁等。

2.3.5.2 假死性

有些害虫(如金龟甲、黏虫、小地老虎幼虫等)在受到突然的惊扰时身体蜷曲，或从植物上掉落至地面，佯装死亡。这种习性称为假死性。假死性是昆虫对外来袭击的适应性反应，可帮助它们逃避即将来临的危险，对其自身是有利的。在害虫防治上，可利用其假死性设计震落害虫的器具，加以集中捕杀。

2.3.5.3 趋性

昆虫的趋性是较高级的神经活动，也是一种无条件反射。趋性是昆虫对外部刺激来源(光、温度、化学物质等)产生的反应运动。这些运动带有强迫性，是昆虫不可能置之不理的，不趋即避。因此，趋性有正、负之分。按刺激物的性质，趋性可分为趋光性、趋湿性、趋温性、趋化性、趋地性等。其中以趋光性和趋化性最为重要和普遍。

1)趋光性 昆虫都有一定的趋光性，不同种类昆虫对光强度和光性质的反应不同。一般夜出昆虫对灯光表现出正的趋光性，而对日光则表现为避光性。相反，很多蝶类则在日光下活动。不同波长的光线对各种昆虫起的作用及效应亦不同。一般来说，短光波的光线对昆虫的诱集力特别大，如三化螟对 330～400 nm 的紫外光趋性最强，棉铃虫和烟青虫对 330 nm 的紫外光趋性最强。因此，可利用黑光灯、双色灯、频振式黑光灯等来诱杀害虫和进行预测预报。昆虫的趋光性在雌雄间表现也不同：铜绿金龟子雌体有较强的趋光性，而雄体趋光性较弱；华北大黑金龟子则相反，雄体有趋光性，而雌体则无。

2)趋化性 昆虫通过嗅觉器官对挥发性化学物质的刺激所引起的冲动反应行为称为趋

化性,有正、负之分。趋化性对昆虫取食、交配、产卵等活动均有重要意义。昆虫辨认寄主,主要是靠寄主所发出的具有信号作用的某种气味,如菜白蝶有趋向散发芥子油(糖苷化合物)气味的十字花科蔬菜产卵的习性。人们可根据害虫对化学物质的趋性反应,应用诱杀剂诱杀、驱除害虫。如用马粪诱杀蝼蛄;用糖醋酒混合物诱集梨小食心虫、黏虫、小地老虎等。

另外,许多昆虫在未交配前由腺体分泌性信息素,引诱异性前来交配(雌体引诱雄体或雄体引诱雌体)。目前,已有人工提纯或合成的性信息素在害虫测报和防治中得到应用。

2.3.5.4　昆虫的本能

昆虫的本能是一种复杂的神经生理活动,为种内个体所共有的行为,如昆虫的筑巢、结茧、对后代的照护等。本能常表现为各个动作之间相互联系及相继出现。例如:泥蜂可从田间捕捉螟蛉带回巢中,供其幼虫取食;楸梢螟幼虫在楸梢内蛀食为害,化蛹时幼虫先自蛹室向外咬(羽化孔),并吐薄丝封闭孔口,这既有利于保护蛹体免受天敌侵害,又不妨碍不具咀嚼式口器的成虫羽化、外出。幼虫的这种连续活动,为化蛹和羽化创造了有利条件。这一有利于生存的行为,是昆虫本能的一种典型的表现,亦是在长期进化过程中对环境的适应。

2.3.5.5　保护色、警戒色及拟态

昆虫的保护色、警戒色及拟态也是对环境适应的方式之一。保护色是指某些昆虫具有与生活环境中的背景相似的体色。例如:菜粉蝶蛹的体色随化蛹场所而变化,在甘蓝上化的蛹多为绿色或黄绿色,在土墙或篱笆上化的蛹多为褐色或淡褐色;生活在绿色植物中的螽斯、蝗虫等,常随着秋季植物的枯黄而使身体由绿色转为褐色;螳螂也有保护色(图 2-3-19)。这种体色的变化能获得有利于保护自己躲避敌害的效果。

图 2-3-19　兰花螳螂(左、中)和广斧螳螂(右)

有些昆虫具有与背景环境呈鲜明对照的警戒色(图 2-3-20),如一些瓢虫及蛾类等具有色泽鲜明的斑纹,能使其袭击者望而生畏,不敢接近。另有些昆虫既具有同背景相似的保护色,又具有警戒色。例如,蓝目天蛾在停息时以褐色的前翅覆盖腹部和后翅,与树皮的颜色酷似,受到袭击时会突然张开前翅,展出颜色鲜明而有蓝眼状的后翅,这种突然的变化往往能

图 2-3-20　昆虫的警戒色

把袭击者吓跑。

昆虫还可模拟另一种生物或环境中的其他物体,称为拟态(图 2-3-21)。例如:菜蛾停息时形似鸟粪;尺蠖幼虫在树枝上栖息时,以腹足固定在树枝上,身体斜立,很像枯枝;枯叶蝶停息时双翅竖立,翅背极似枯叶。叶蝻属于昆虫纲的竹节虫目(又称蝻目),是有名的拟态昆虫,其色彩和体形与所栖息的植物树叶极为相似(图 2-3-22),几乎可以以假乱真。

图 2-3-21 昆虫的拟态

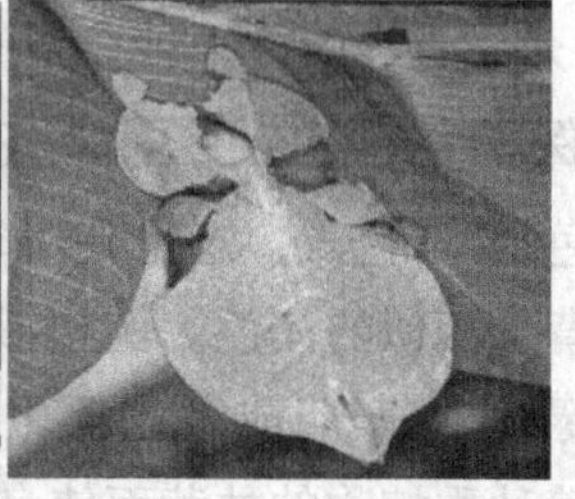

图 2-3-22 叶蝻的拟态

2.3.6 昆虫的群集、扩散和迁飞

2.3.6.1 群集

大多数昆虫都是分散生活的,但也有一些昆虫的个体大量聚集在一起生活。这种群集现象可分为 2 类:

1)暂时群集 一般发生在昆虫生活史中的某一阶段,往往是有限空间内昆虫个体大量繁殖或大量集中的结果。这种现象与昆虫对生活小区中一定地点的选择性有关,因为它们在群集的地方可获得生活上的最大满足。如十字花科蔬菜幼嫩部分常群集着蚜虫(图 2-3-23);茄科蔬菜的叶片背面常群集有粉虱;虫芜菁喜群集于豆类植物的花荚部分。这类群集的现象是暂时性的,生态条件不适合或进入其生活的一定时期就会分散。在群集期间,同种的个体经常从群集处向外分散或加入新的个体。某些鳞翅目幼虫也有群集性,如幼龄的天幕毛虫在树杈间吐丝结网,群集在网内,舟幕毛虫幼龄幼虫(图 2-3-23)常群集于植物的叶片为害,老龄时开始分散,均为比较明显的暂时性群集。

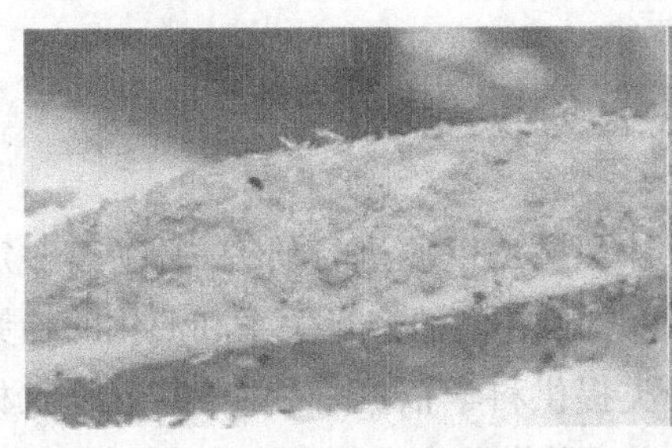

图 2-3-23 蚜虫和舟幕毛虫幼虫的群集

2)长期群集 群集时间较长,贯穿个体整个生活周期,群集形成后往往不再分散。如群居型飞蝗,孵化为蝗蝻(若虫)后虫口密度增大,受各个体视觉和嗅觉器官的相互刺激,形成蝗蝻的群居生活方式(图 2-3-24),在成群迁移为害活动中,几乎不能被人工方法分散,直至羽化成蝗,仍成群迁飞为害。

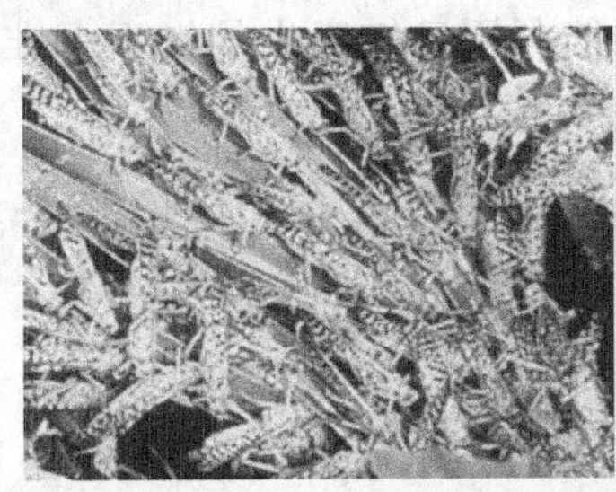
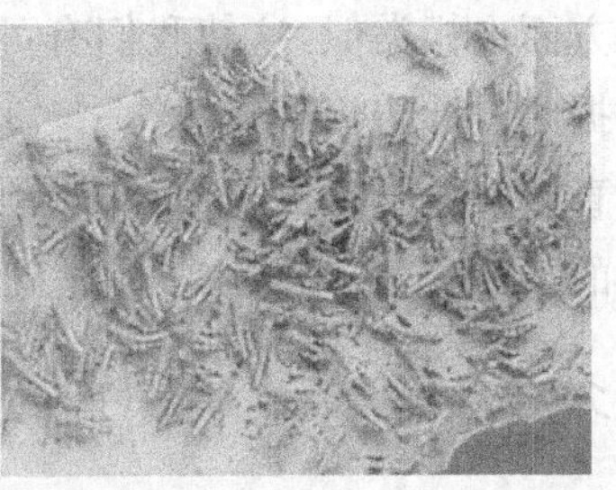

图 2-3-24 蝗蝻的永久群集

2.3.6.2 扩散

大多数昆虫常在环境条件不适或食料严重不足时发生扩散、转移,如菜蚜以有翅蚜在蔬菜田内扩散或向邻近菜地转移。扩散是昆虫扩大居住空间的生活方式之一。

2.3.6.3 迁飞

许多农业害虫如黏虫、小地老虎、稻纵卷叶螟、褐飞虱、白背飞虱等,在成虫羽化幼嫩期的后期,雌体发育处于 1 级或 2 级初期时,具有从一个发生区远距离定向成群迁移到另一个发生区的习性。迁飞时间具有特殊性,一般发生于成虫羽化幼嫩期的后期至生殖前期,可分为白天迁出、晨昏暮影迁出和夜间迁出 3 种类型。

迁飞昆虫与成虫期滞育的非迁飞昆虫有很多相似性。它们都具有未发育成熟的卵巢、发达的脂肪,被相似的激素控制。从进化的适应性来看,迁飞是从空间上逃避不良环境条件,滞育则是从时间上逃避不良环境条件。当然,昆虫迁飞亦有主动开拓新栖息场所的意义。可以说,昆虫的迁飞和滞育是适应环境变化的 2 种不同方式,是不同种类在长期进化过程中形成的 2 种生存对策。昆虫迁飞有助于其生活史的延续和物种的繁衍,是自然界中存在的一种普遍现象。

研究和了解昆虫的群集、扩散、迁飞等生物学特性,对农业害虫的测报和防治有重要意义。

2.4 昆虫分类学

昆虫种类复杂，形态变化甚多，人们为了认识昆虫以便进行研究，必须按一定的方法进行分类，建立一个符合客观规律的分类系统，以反映它们的亲缘关系和演化的趋势。

昆虫分类学的基本任务之一是为鉴定种类提供科学依据，而种类鉴定是农林害虫防治和益虫利用研究工作所要解决的首要问题。完成种类鉴定后，便可查阅文献，了解研究工作的进展，借鉴前人的工作经验来开展自己的工作。由于许多重要的害虫往往在同一地区存在着形态上极为相似的近缘种，经常发生相互混淆的情况，影响测报和防治，因此，也需通过种类鉴定加以区分。每一种昆虫在确定种名的同时，也确定了它们的所属，以及和其他昆虫的亲缘关系。同一属、科的昆虫，不仅在形态上有很多共同点，而且在生物学、发生规律以及对药剂的反应等方面也相类似，这使我们有可能利用已知害虫的知识去推断新发现害虫的一些发生特点并据此设计防治措施。

昆虫分类学直接服务于害虫防治、预测预报、天敌引进和动植物检疫，是生物学和生态学研究不可缺少的条件，是研究昆虫学的基础。

2.4.1 分类的阶元

阶元是生物分类学确定共性范围的等级。现代生物分类采用的有界(Kingdom)、门(Phylum)、纲(Class)、目(Order)、科(Family)、属(Genus)、种(Species)7 个必要的阶元。种是基本阶元。相似的、具有共同起源的种聚合成属；相似的、具有共同起源的属聚合成科。一个种或一个属也能建立一个属或一个科，但它与其他属或科之间为一定的间断所隔离。属和科都有形态学和生态学的独特性。目以上的阶元很稳定，它们所包含的共性范围也很少有疑问之处。

分类阶元可明确昆虫的分类位置。以飞蝗(*Locusta migratoria*)为例，其属于动物界(Animalia)节肢动物门(Arthropoda)昆虫纲(Insecta)直翅目(Orthoptera)蝗科(Acrididae)飞蝗属(*Locusta*)。从界到种，均可设“亚级(sub)”，如亚门(subphylum)。在目和科以上，有时可加上“总级(super)”，如总目(superorder)。

种以下只有亚种被命名法承认，并以三名命名。其他种群中的变异体，如两性异形体、多型体(短翅型、干母等)、交替性世代、季节型等都不予命名。

2.4.2 学名和命名法

2.4.2.1 学名

学名是全世界统一的名称，用以称呼生物的各个阶元。按照《国际动物命名法规》，亚属和亚属以上各阶元的科学名称为单名，种为双名，亚种为三名，均须用拉丁文书写。

①科名：在模式属名的词干上加 idae，亚科名加 inae，总科名加 oidea，族名加 ini。首字母均应大写，正体字排印，书写时不划横线。

②属名(亚属名):一个主格、单数且具有大写首字母的名词,用斜体字印刷,手写稿或电子稿中应在下面画一横线,提醒排版时注意。

③种名:由属名和种本名两个拉丁文词汇组合而成。属名首字母大写,种本名首字母小写,均以斜体排印。种名的上述命名方法称为双名法,由瑞典科学家林奈于 1758 年创设。种名有时需写明亚属名,亚属名写在属名和种本名之间,外加圆括号,用斜体字排印。

④亚种名:亚种名为三名,即属名、种本名和亚种本名,属名首字母大写,种本名和亚种本名小写,均用斜体字排印。

⑤定名人:亚种名后通常写明定名人姓氏,用正体字排印。后来的研究核定,常把已知种归入其他属,或者另建新属,种名中的属名要作相应变动,而种本名不变。这种变动为新组合,变动后原来定名人的姓氏外要加圆括号。

2.4.2.2　命名法

命名的根本目的是做到一物一名,保证名称的稳定,防止和纠正同物异名或异物同名。要达到上述目的并不容易。为此,国际动物命名法委员会制定了《国际动物命名法规》,并在必要时对争议作出裁决。

命名法规中最重要的是优先权法。先发表的学名为有效名称,后发表的名称是次定同物异名,简称同物异名或异名,应予以纠正,并分定学名。

模式法与优先权法同为现行生物命名法规的基础规范之一。现代的模式法规定:原始发表时指定一个标本为正模标本(holotype),雌雄均可。这一单一的标本是名称携带者。选一个与正模标本相对性别的标本为配模标本(allotype),其余所有同种标本称为副模标本(paratype)。若以后发现这一新种实际上包含多个种,那么正模保留原来的名称,配模或副模可另定新种,重新命名。新的模式法能保持物种名称的稳定。

2.4.3　农业昆虫及螨类重要目、种

昆虫纲各目的识别主要依据翅的有无及其特征、口器的构造、触角形态、跗节特征及变态类型等。昆虫纲分为 2 亚纲 30 目。其中,直翅目、半翅目、缨翅目、鞘翅目、鳞翅目、双翅目、膜翅目几乎囊括所有农业害虫和益虫。除此之外,与农业生产有关的还有蛛形纲蜱螨目。

2.4.3.1　直翅目

(1)概述

直翅目(Orthoptera)已知 2 万种以上,分 3 亚目约 30 科。

1)形态特征　触角为丝状、鞭状或剑状。口器咀嚼式,头下口式,单眼 2～3 个。前胸大而明显,中后胸愈合;前翅为覆翅,皮质;后翅作纸扇状折叠,膜质;臀区发达,静止时纵叠于覆翅之下。后足跳跃式(蝗虫)或前足开掘式(蝼蛄)。雌体产卵器发达,呈剑状、刀状或瓣状。前足胫节(蝼蛄、蟋蟀、螽斯)或第一腹节(蝗虫)常见听器。常有发音器,有的以左右翅相互摩擦而发音(蝼蛄、蟋蟀、螽斯),有的以后足的突起刮擦翅而发音(蝗虫)。

2)生物学特性　属渐变态昆虫。卵的形状呈圆柱形(蟋蟀)、圆柱形而略弯曲(蝗虫)、扁

平状(螽斯)、长圆形(蝼蛄)。一般产卵于土中,有的数个成小堆,有的集合成卵块,外覆有保护物,形成卵鞘。螽斯和树蟋将卵产于植物的组织内。若虫的形态、生活环境和食性均和成虫相似。若虫一般有5龄,在发育过程中有触角增节现象。2龄后出现翅芽,后翅在前翅的上面,根据这一特征可与短翅型种类的成虫相区别。触角的节数和翅的发育程度可作为鉴别若虫龄期的依据。

直翅目昆虫(图2-4-1)是植食性昆虫,其中很多种类是重要的农业害虫,如飞蝗、蝼蛄、蟋蟀等,但螽斯科中有些种是捕食性昆虫。

图2-4-1 直翅目的飞蝗、蝼蛄和螽斯

(2)重要科

1)蝗科(Acrididae) 头部略缩入前胸内;触角鞭状或剑状,通常在30节以下,短于体长,但长于前足腿节。前胸背板发达,盖于中胸;偶有短翅及无翅种类。后足跳跃足。听器在腹部节第1节的两侧,雄体以后足腿节摩擦前翅而发音。产卵器粗短,凿状。重要的农业害虫有东亚飞蝗、中华稻蝗、日本黄脊蝗等(图2-4-2)。

图2-4-2 蝗科昆虫　　图2-4-3 蝼蛄科昆虫

2)蝼蛄科(Gryllotalpidae) 背面平,略呈长方形。触角丝状,极长。后足跳跃足。听器在前足胫节两侧,雄体前翅近基部有发音器。尾须长,不分节。产卵器细长,枪矛状。常见种类有华北蝼蛄、东方蝼蛄、蟋蟀和油葫芦(图2-4-3)。

2.4.3.2 半翅目

(1)概述

20世纪60年代以来,比较形态学、化石材料、系统发育分析(phylogenetic analysis)等研究证明,同翅目与半翅目是一个单系群。只有单系的分类阶元才能反映生物演化历史,作为其他研究的参照系统。因此,同翅目与半翅目只能合并为半翅目(Hemiptera)。全世界已记载半翅目约151科92000多种，中国已经记载9000多种。半翅目是不完全变态昆虫中种类最多的目。其中有些昆虫的危害程度明显上升，已成为农林业的主要害虫。

1)形态特征 半翅目昆虫(图2-4-4)体形多样，微小至大型，体长1～110 mm，翅展2～150 mm。复眼发达，有时退化；有翅种类有单眼2～3个，无翅种类缺如；头为后口式，刺吸式口器，喙具1～4节；触角鬃状或线状。前胸背板及中胸小盾片发达，后者可能伸长遮盖腹部；通常具有翅2对(有的雄体有1对前翅，后翅为平衡棒)，前翅半鞘翅或质地均一，膜质或革质，休息时常呈屋脊状或平置于背面。足跗节多为2～3节。雌体一般有或长或短的发达的锥状、针状或片状产卵器。胸部或腹部常有臭腺(repugnatorial gland)、蜜管或蜡腺；部分种类腹部还有发音器、听器、腹管或管状孔(vasiform orifice)。

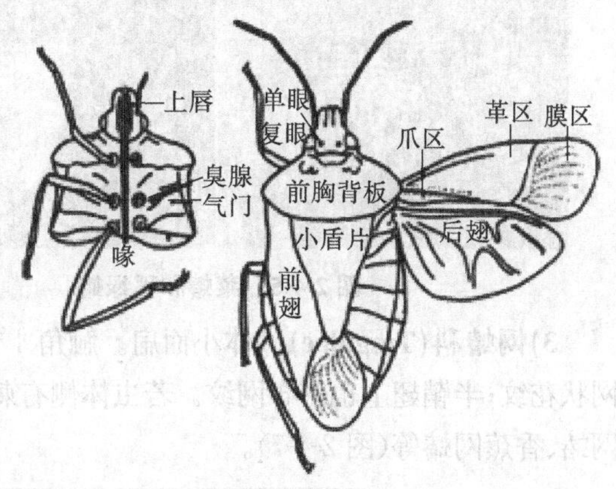

图2-4-4 半翅目的特征

2)生物学特性 半翅目昆虫可分为陆生、半水生和水生三大类。大多数为刺吸式植食性农业害虫，如叶蝉、飞虱、蚜虫、荔蝽、绿盲蝽等，刺吸寄主植物汁液时，被害处出现斑点，变黄、变红或组织增生，畸形发展，形成卷叶、肿疣或虫瘿，还有很多种类能传播植物病毒病害，少数种类生活于土壤中，为害植物根部。极少数为小型肉食性捕食昆虫，也有传播人畜疾病的吸血种类，如温带臭虫等。还有少数种类属于药用昆虫，如九香虫。

半翅目昆虫多为渐变态昆虫，但蚧雄虫和粉虱等少数种类为过渐变态昆虫。通常一年1代至数代，少数几年甚至十几年发生1代，大多数以卵或成虫越冬。卵一般为单产或聚产，陆栖有害种类多产于植物表面及茎部粗皮裂缝中，也有的产于植物组织中；水生类群产卵于水草茎秆上或水面漂浮物体上。有些种类有有翅型、短翅型和无翅型，有些种类有短翅型和长翅型。营两性卵生或孤雌生殖，繁殖力很强，繁殖速度惊人，但十七年蝉完成1代需17年。

(2)重要的科

1)蝽科(Pentatomidae) 体小至大型。头小，三角形；触角5节；通常有2个单眼，复眼着生于头的基部(头部的最宽处)。前胸背板发达；中胸小盾片很大，后缘超过半鞘翅的爪片(至少爪片不能合成缘缝)，甚至覆盖腹部的大部分。半鞘翅有爪片、革片和膜片，膜片上有纵脉，多从1基横脉上分出。蝽科在半翅目中最为常见，已知种约5000种，植食性或捕食性。重要的农业害虫有菜蝽、稻绿蝽、稻褐蝽、稻黑蝽等(图2-4-5)。

2)盲蝽科(Miridae) 体小至中等。触角4节；喙4节，第1节的长度等于或大于头长；无单眼。前胸背板前缘常有横沟划分出1个狭窄的区域(领片)，其后有2个低的突起(胝)；前翅有爪片、革片和楔片及界线不明的缘片，膜区有2个翅室。盲蝽科是半翅目中最大的科，全世界已知5000～8000种，中国约有500种。常见的农业害虫有棉盲蝽(图2-4-6)、绿盲蝽、苜蓿盲蝽、中黑盲蝽等。

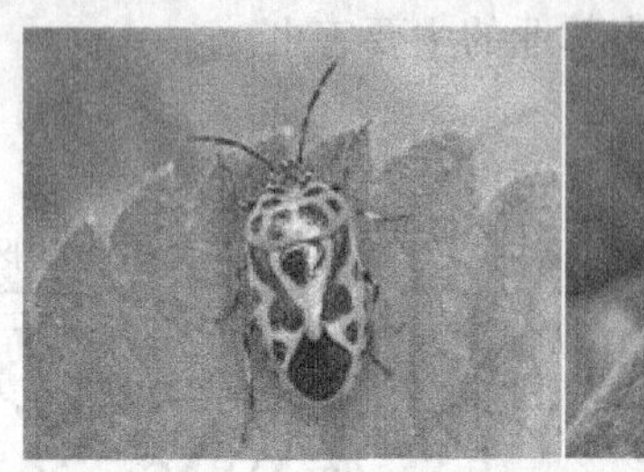

图 2-4-5　菜蝽和稻绿蝽　　　　图 2-4-6　棉盲蝽

3)网蝽科(Tingidae)　体小而扁。触角 4 节;无单眼。前胸背板向后延伸盖住小盾片,有网状花纹;半鞘翅上也密布网纹。若虫体侧有刺,常群集于叶片反面主脉两侧。主要害虫有梨网蝽、香蕉网蝽等(图 2-4-7)。

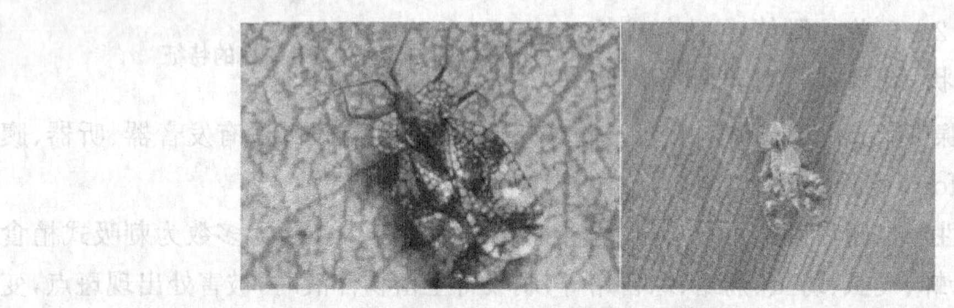

图 2-4-7　梨网蝽和香蕉网蝽

4)叶蝉科(Jassidae)　体小型。触角刚毛状,着生于头前方两复眼之间;单眼 2 个,位于头顶边缘或在头顶与额之间,但不在头顶上面,也有无单眼种类;喙出自头部。前翅坚韧,基部有翅脉。足能跳跃,但腿节不特别膨大;后足胫节下方有 2 列刺状毛;跗节 3 节。有横向爬行习性。产卵器锯状,在植物组织内产卵,繁殖力强。在吸收植物汁液的同时,有些种类还能传播植物病毒病。趋光性强。重要的农业害虫有大青叶蝉、黑尾叶蝉、电光叶蝉等(图 2-4-8)。

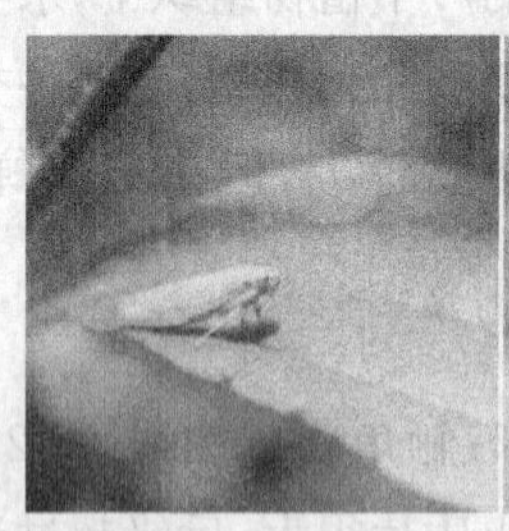

图 2-4-8　大青叶蝉、黑尾叶蝉和电光叶蝉

5)飞虱科(Delphacidae)　体小型。触角锥状,着生于头侧方复眼之下;单眼 2 个;喙出自头部。翅膜透明,不少种类有长翅、短翅二型,短翅型雌体大而肥,繁殖力强。足能跳跃,但为非典型的跳跃足;后足胫节端部有 1 个能活动的距;跗节 3 节。卵产于植物组织内,繁殖力强。重要的农业害虫有褐飞虱、白背飞虱、灰飞虱等(图 2-4-9)。

图 2-4-9　褐飞虱、白背飞虱和灰飞虱

6)蚜科(Aphididae)　体小型,柔软。触角长,6 节,偶有 5 节或 3 节;复眼 1 对;单眼 3 个,无翅型大多退化;口器刺吸式,口针长;喙出自前足基节之间。每种蚜虫都有有翅型、无翅型,有翅型翅 2 对,膜质,翅脉甚少。前翅只有 1 条粗的纵脉,其基部为 Sc、Rs、M 和 Cu 等脉合并而成,端部由 Sc 和 R_1 形成 1 粗大的翅痣,下前方有 Rs 脉,M 脉分为 3 支,Cu_1 和 1A 脉各 1 条;后翅明显小于前翅,有 1 条纵脉,其上分出 Cu、Rs 和 M 脉各 1 条。跗节一般 2 节(偶有 1 节),第 1 节小。爪 1 对,简单,无中垫。腹部 8~9 节,侧后方有腹管 1 对,末端的突起称为尾片。蚜虫每年能发生很多世代。夏、秋季营孤雌生殖,秋冬可出现雌、雄蚜,交配后产卵越冬。孤雌生殖和两性生殖的更换称为世代交替。蚜虫常有转换寄主的迁移习性;有多型现象,在环境条件或营养条件变劣时,产生有翅蚜迁移。蚜科的重要害虫有棉蚜、麦长管蚜、桃蚜等(图 2-4-10)。

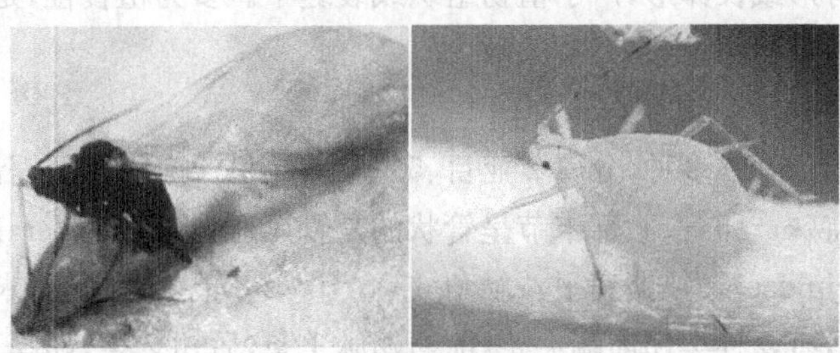

图 2-4-10　棉蚜和麦长管蚜

7)蚧科(Couidae)　雌体长卵圆形、扁平形、半圆形或球形(形态特化),有革质或坚硬的外骨骼,平滑,稍被蜡质;体躯分节不明显;触角退化或无;有 1 对小眼;喙短,口针极长;足或有,或无,或退缩;腹部末端有肛门,肛门上盖有 1 对三角形的肛板。雄体有翅或无翅;无复眼,小眼数目因种而异;口针短而钝。蚧科的重要种类有白蜡虫、红蜡蚧等(图 2-4-11)。

图 2-4-11　白蜡虫和红蜡蚧

2.4.3.3 缨翅目

(1)概述

缨翅目(Thysanoptera)昆虫通称蓟马(图 2-4-12)。

1)形态特征 体长 0.5～14 mm,多微小。头部下口式,口器锉吸式。复眼大,圆形;单眼 2～3 个,无翅种类无单眼。触角 6～9 节,最前端 1 节为端突。翅 2 对,缨翅,翅脉最多只有 2 条纵脉,不用时平放背上,长不及其腹端,能飞,但不常飞,有些种类无翅。前跗节中垫呈泡状,因此缨翅目又称为泡足目;爪退化。腹部末端呈圆锥状或细管状,有锯状产卵管或无产卵管。

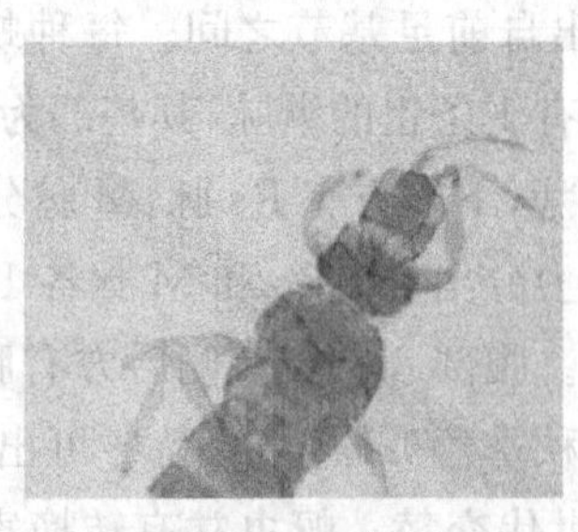

图 2-4-12 缨翅目蓟马

2)生物学特性 属过渐变态昆虫。有长翅型、短翅型和无翅型。卵生或卵胎生,偶有孤雌生殖。卵很小,肾形或长卵形,产于植物组织或裂缝中。多为植食性,是农业害虫,少数以捕食蚜虫、螨和其他蓟马为生,是有益天敌。

(2)重要的科

缨翅目已知种有 5000 多种,分属 2 亚目、5 总科、23 科。产卵管呈锯齿状的是锯尾亚目(Terebrantia),无特殊产卵管、腹部末节呈管状的是管尾亚目(Tubulifera)。

1)蓟马科(Thripidae) 体略扁平。触角 6～8 节,第 6 节一般最大,末端有 1～2 节形成端刺。有翅或无翅,有翅种类翅前端尖狭,前翅翅脉 1 条,后翅 2 条,翅膜上有绒毛。产卵管锯状,侧面观尖端向下弯曲。为害多种植物的叶、果实、芽和花。重要种类有稻蓟马、烟蓟马和温室蓟马等(图 2-4-13)。

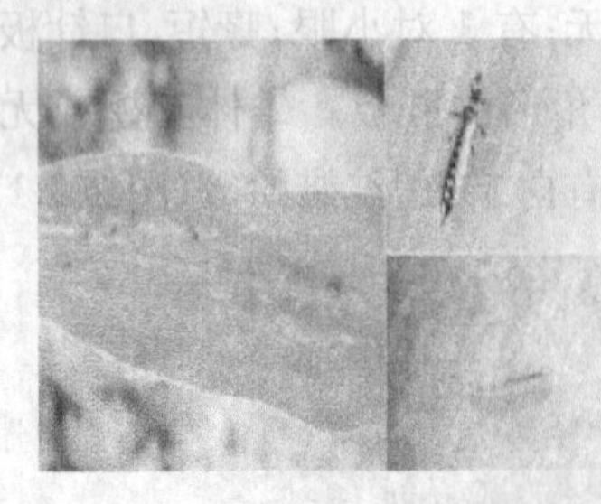

图 2-4-13 稻蓟马和烟蓟马

2)管蓟马科(Phloeothripidae) 又名皮蓟马科。体多为黑色或褐色,翅白色、烟黑色或有斑纹。触角 8 节,少数 7 节,有锥状感觉器;触角第 3 节最大。前后翅均无翅脉,翅脉光滑无毛。腹部第 9 节宽大于长,比末节短;末节管状,后端稍狭,但不太长,生有较长的刺毛;无产卵管。管蓟马科分布广,种类多,重要的农业害虫有稻管蓟马、小麦皮蓟马、中华蓟马等(图 2-4-14)。

3)纹蓟马科(Aeolothripidae)　体粗壮,不扁平,褐色或黑色;翅白色,常有暗色斑纹。前翅前端有环脉和横脉。产卵管锯状,侧面观尖端向上弯曲。生活于大豆、苜蓿等各种植物的花上,捕食蚜虫、其他蓟马、微小昆虫和螨类。重要的种类有纹蓟马等(图 2-4-15)。

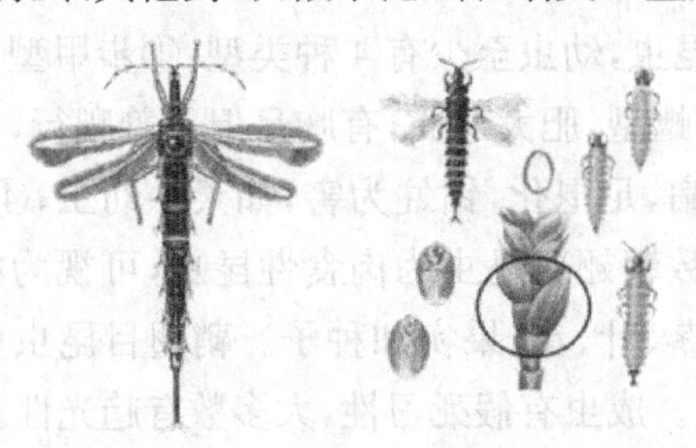

图 2-4-14　稻管蓟马和小麦皮蓟马

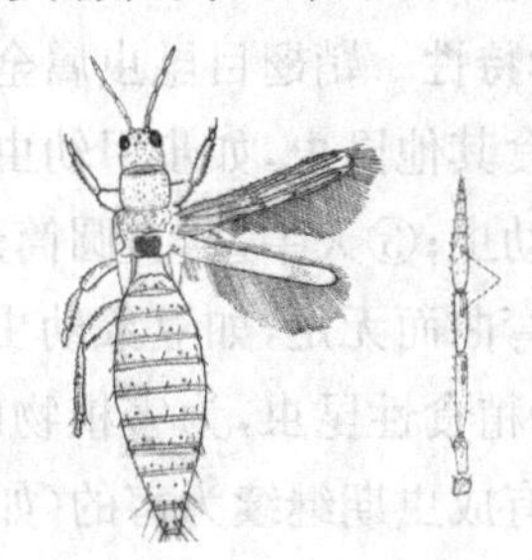

图 2-4-15　纹蓟马

蓟马科、管蓟马科与纹蓟马科的区别见表 2-4-1。

表 2-4-1　蓟马科、管蓟马科与纹蓟马科的区别

	蓟马科	管蓟马科	纹蓟马科
触角	6～9 节,第 3、4 节具叉状或简单感觉锥	7～8 节,具锥状感觉器	9 节,第 3、4 节具带状感觉器
翅	翅狭长,末端尖,脉少且无横脉	翅面无毛,无翅脉	翅阔,末端圆,有纵脉和横脉
腹末	圆锥状	管状,有长毛	圆锥状
产卵器	锯状,尖端下弯	无特化产卵器	锯状,尖端上翘

2.4.3.4　鞘翅目

(1)概述

鞘翅目(Coleoptera)昆虫(图 2-4-16)因有坚硬如甲的前翅,常被称为甲虫。

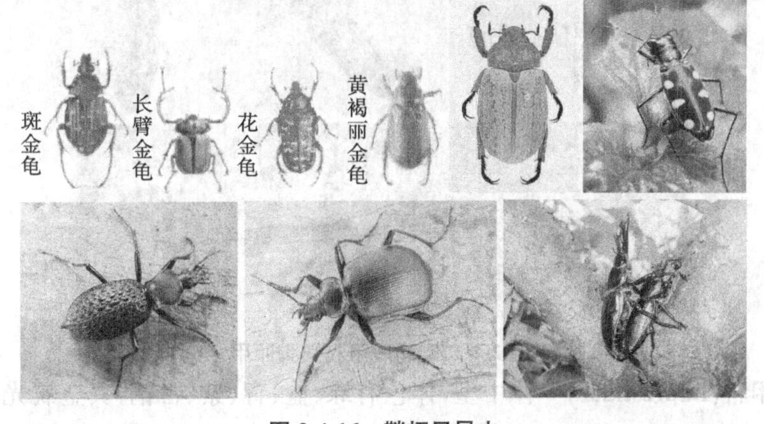

图 2-4-16　鞘翅目昆虫

1)形态特征　头部坚硬,前口式或下口式,正常或延长成喙。复眼发达,有时分割为背面和腹面部分;通常无单眼,偶有单眼 1～2 个。触角 10～11 节,形状多变,有线状、念珠状、锯齿状、双栉状、锤状、膝状和鳃叶状等。前胸发达,中胸小盾片外露。前翅为鞘翅,左右翅在中线相遇,覆盖后翅、中胸大部、后胸和腹部。腹部外露的腹节因种类而异,有的鞘翅很短,可见 7～8 节,但腹部末端无尾铗。后翅膜质,有少数翅脉,用于飞翔,静止时折叠于前翅下。足多数为步行足，亦有跳跃足、开掘足、抱握足、游泳足等类型。各足跗节的节数常以跗节式来表示，有 5-5-5、5-5-4、4-4-4 和 3-3-3 等类型。有时，跗节的第 1 节或第 4 节极小，不易辨别，常称为"似为 4 节"。

2)生物学特性 鞘翅目昆虫属全变态昆虫，幼虫至少有 4 种类型：①步甲型，胸足发达，行动活泼，捕食其他昆虫，如步甲幼虫；②蛴螬型，肥大弯曲，有胸足但不善爬行，为害植物根部，如金龟子幼虫；③天牛型，直圆筒形，略扁，足退化，钻蛀为害，如天牛幼虫；④象甲型，中部特别肥胖，弯曲而无足，如豆象幼虫。少数鞘翅目昆虫为肉食性昆虫，可视为益虫。多数鞘翅目昆虫为植食性昆虫，为害植物的根、茎、叶、花、果实和种子。鞘翅目昆虫多数于幼虫期为害，但也有成虫期继续为害的(如叶甲)。成虫有假死习性，大多数有趋光性。

(2)重要的科

鞘翅目是昆虫纲中的大目，已知种达 33 万种，约占全部昆虫种类的 40%。鞘翅目可分为肉食亚目(Adephaga)、多食亚目(Polyphaga)和象甲亚目(Rhynchophora)。

1)叩甲科(Elateridae) 体小至大型，呈灰褐或棕色。头小，紧接于前胸。触角 11 节，锯齿状、栉齿状或丝状，雌雄有差异。前胸背板发达，后侧有锐刺突出。前胸腹板有一楔形突起，向后延伸，嵌入中胸腹板的凹陷。前胸和中胸之间有关节，当虫体背部受压时，头和前胸同时向下作叩头状，力图脱逃。若使虫体仰卧，前胸能急剧地向后运动，弹跳起来。腹部可见 5 节。各足跗节 5 节。

叩甲科幼虫为金针虫，体细长，圆筒形或稍扁，头部腹部末节坚硬，在土中生活，为害禾本科植物的茎部和马铃薯块茎，是重要的地下害虫。主要种类有沟叩甲、细胸叩甲等(图 2-4-17)。

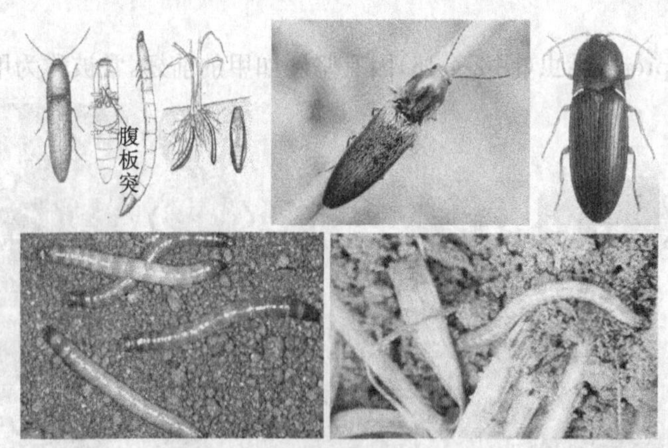

图 2-4-17 沟叩甲和细胸叩甲

2)吉丁甲科(Buprestidae) 体中型，体色有绿、蓝、青、紫、古铜，具金属光泽。头小，垂直，嵌入前胸。触角锯齿状，11 节。前胸背板后侧角不呈刺状，前胸腹板后端向后延伸，嵌入中胸腹板的凹槽，但无关节，不能活动。腹部 5 节，第 1、2 节愈合。足短跗节 5 节。幼虫乳白色，前胸宽大而扁平，常群集于树皮下，蛀食为害，形成弯曲而密集的坑道。主要害虫有苹果小吉丁虫、柑橘小吉丁虫等(图 2-4-18)。

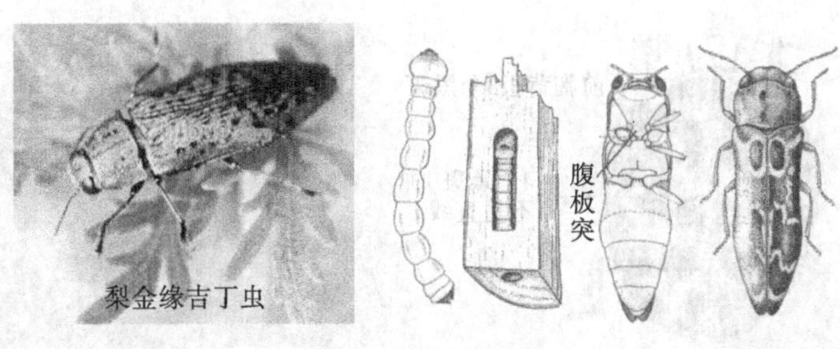

图 2-4-18 吉丁甲

叩甲科与吉丁甲科的区别见表 2-4-2。

表 2-4-2 叩甲科和吉丁甲科的区别

	叩甲科	吉丁甲科
体形	小至中型	中型
体色	色暗，多为灰、褐、棕	鲜艳，多具金属光泽
前胸背板	后侧角尖锐，与鞘翅相接不紧密	后侧角较钝，与鞘翅紧密相接
前胸腹板突	尖锐，嵌入中胸腹板的凹沟内，能动	扁平，嵌入中胸腹板的凹沟内，不能动

3)瓢虫科(Coccinellidae) 体小至中等，半球形，腹面扁平，背面拱起，常有明显的色斑。头小，嵌入前胸甚深。触角 11 节，偶有 8～10 节，前端 3 节膨大呈锤状，形状变化甚多。下颚须斧形。可见腹板 5～6 节。足短，跗节隐 4 节，第 3 节很小，隐藏在第 2 节之间，第 2 节分为 2 叶，因而外观似 3 节。幼虫活泼，体上多突起，生有刺毛和分枝的毛状棘。

①瓢虫亚科(Coccimellinae)：鞘翅光滑，有光泽。触角着生于复眼前方。幼虫体上的毛突多。瓢虫亚科为捕食性益虫，常见种有七星瓢虫、龟纹瓢虫、异色瓢虫、澳洲瓢虫、大红瓢虫等(图 2-4-19)。

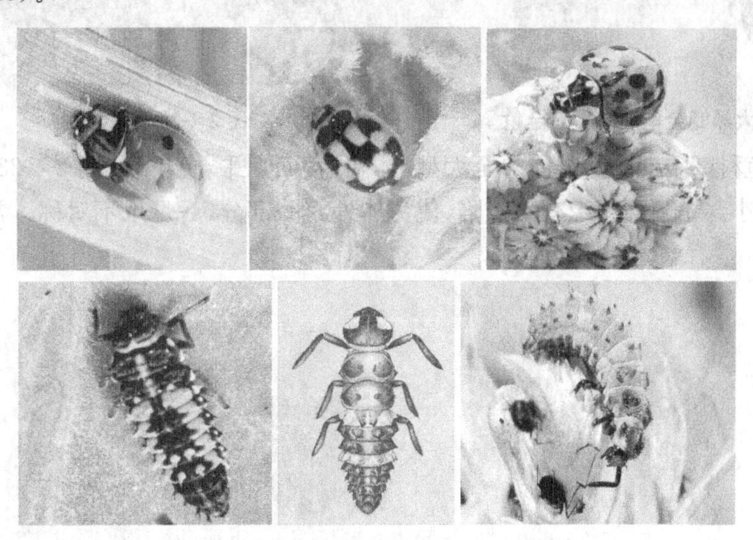

图 2-4-19 七星瓢虫、龟纹瓢虫和异色瓢虫

②毛瓢虫亚科(Epidaehinae)：鞘翅上有毛，少光泽。触角着生于 2 个复眼之间。幼虫身上的刺突坚硬。毛瓢虫亚科为植食性害虫。常见种有马铃薯瓢虫和茄二十八星瓢虫等(图 2-4-20)。

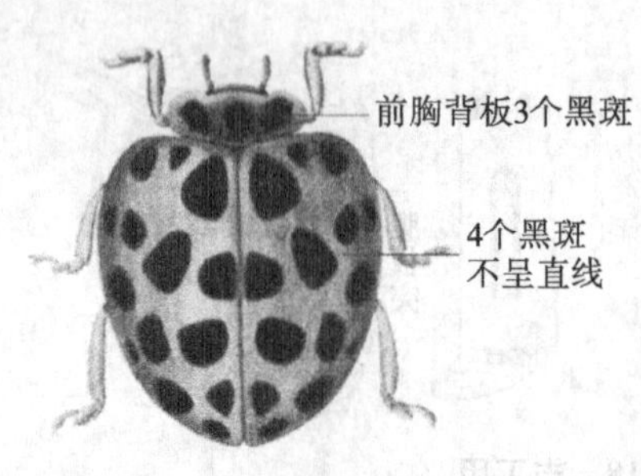

图 2-4-20 马铃薯瓢虫和茄二十八星瓢虫

4)金龟甲总科(Scarabaeoidae) 触角鳃叶状,跗节 5 节,前足开掘式。幼虫为蛴螬,为害植物根部,是重要的地下害虫。金龟甲总科共分为 19 科。

①鳃金龟科(Melolonthidae):金龟甲总科中最大的科。体小至大型,略呈圆筒形,平滑,有条纹或皱纹,部分有毛。体色有黑、褐、绿、蓝,具金属光泽。雄体头部有时有角状突起。触角鳃叶状。腹面可见 5 节腹板,腹末最后两节外露。后足爪等大,胫节有 1 齿,一般不能动。唇基横阔,有额唇基缝与额分界。常见害虫有大黑鳃金龟、暗黑鳃金龟等(图 2-4-21)。

②丽金龟科(Rutelidae):体中型,光亮,色彩艳丽,具金属光泽(图 2-4-22)。和鳃金龟科近缘,可凭后足胫节有 2 个距、后足爪不相等等特征与鳃金龟科相区别。鞘翅常有膜质边缘。气门 6 对,3 对位于背腹间的膜上,其余 3 对位于腹板上。成虫为害森林、果树,喜食阔叶树叶,幼虫为地下害虫。重要害虫有铜绿丽金龟等。

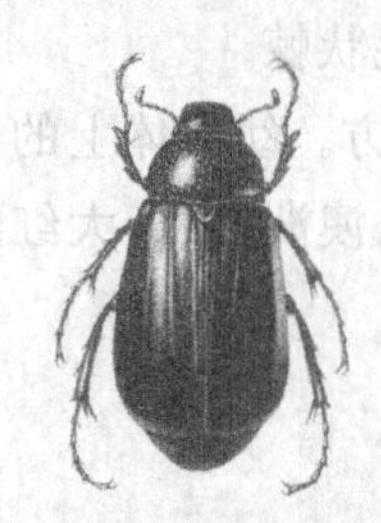

图 2-4-21 大黑鳃金龟和暗黑鳃金龟

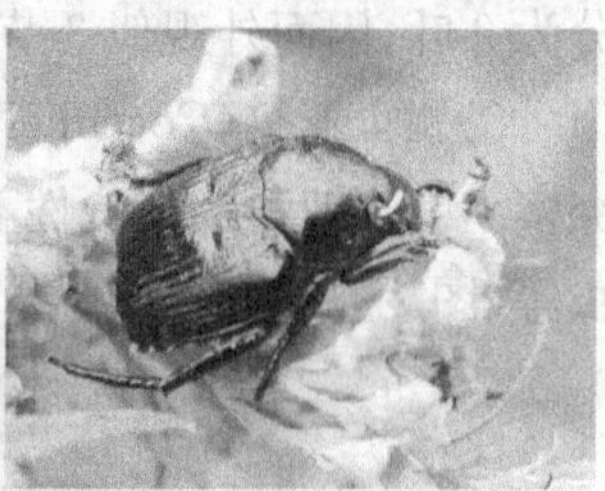

图 2-4-22 丽金龟

③花金龟科(Cetoniidae):体中至大型,体阔,背面扁平,色鲜明(图 2-4-23)。上唇退化或膜质,上颚小。鞘翅两侧缘有深凹陷,使身体外露一部分,后足爪不对称。常见种有白星花金龟等。

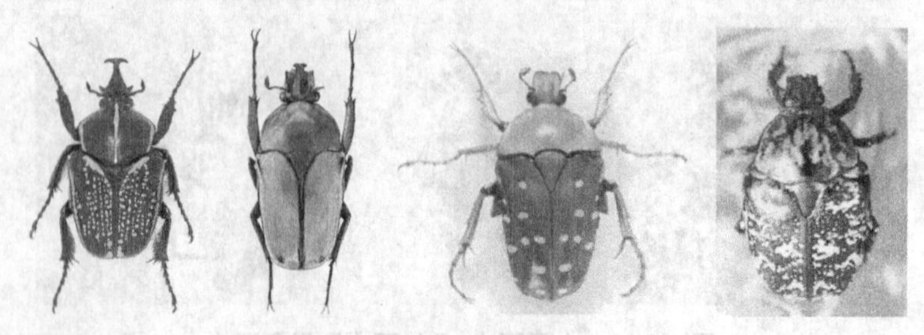

图 2-4-23 花金龟

鳃金龟科、丽金龟科与花金龟科的区别见表 2-4-3。

表 2-4-3　鳃金龟科、丽金龟科与花金龟科的区别

	鳃金龟科	丽金龟科	花金龟科
体色	多暗，黑色或棕色	鲜艳，具金属光泽	鲜艳，多具星状花斑
爪	成对相等，或 1 枚	不等，大爪端部常分裂	成对相等
鞘翅	外缘不凹入	外缘不凹入	外缘凹入
腹气门	6 对位于腹板侧上方	前 3 对位于侧膜上，后 3 对位于腹板上	前 3 对位于侧膜上，后 3 对位于腹板上

5）叶甲科（Chrysomelidae）　体小至中型，大多为长卵形（图 2-4-24），也有半球形。触角线状，一般不超过体长的一半，伸向前方。复眼卵圆形。跗节隐 5 节，和天牛一样。腹部可见 5 节。叶甲科又名金花虫科，幼虫和成虫均食叶。主要害虫有稻铁甲虫、稻负泥虫、大猿叶甲、小猿叶甲、黄守瓜、黄曲条跳甲等（图 2-4-25）。

图 2-4-24　叶甲

瓢虫科与叶甲科的区别见表 2-4-4。

表 2-4-4　瓢虫科与叶甲科的区别

	瓢虫科	叶甲科
体形	体小至中型，卵圆形或半球形	体小至中型，椭圆形或圆柱形
触角	锤状，较短	丝状
跗节	隐 4 节	隐 5 节

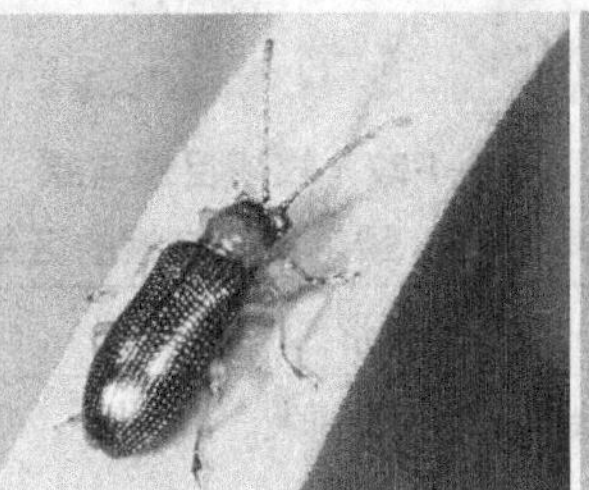

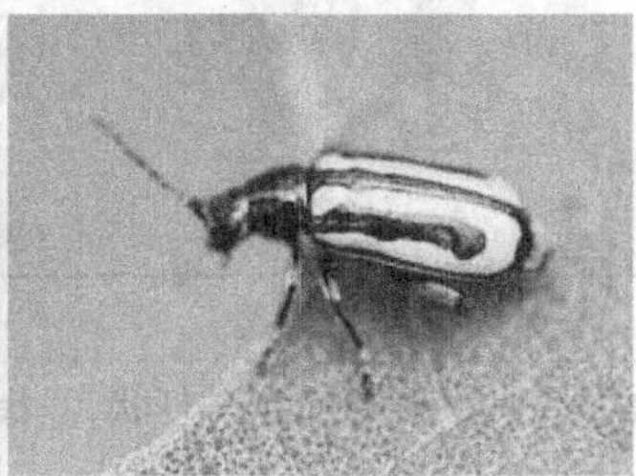

图 2-4-25　稻铁甲虫、稻负泥虫和黄曲条跳甲

6）天牛科（Cerambycidae）　体呈长筒形，略扁，头大，上颚发达。触角特别长，鞭状，有时超过体长，也有较短的种类。复眼肾形，围于触角基部，有时断为 2 部分。足细长，跗节 5 节，第 3 节分为 2 瓣，第 4 节很小，常和第 5 节愈合，看似 4 节，分类上称为隐 5 节（显 4-4-4 式）。后翅发达，适合飞行。腹部可见 5～6 节。幼虫为天牛型，钻蛀树木茎、根，为害严重。常见害虫有桑天牛、星牛天、桃红颈天牛、橘褐天牛等（图 2-4-26）。

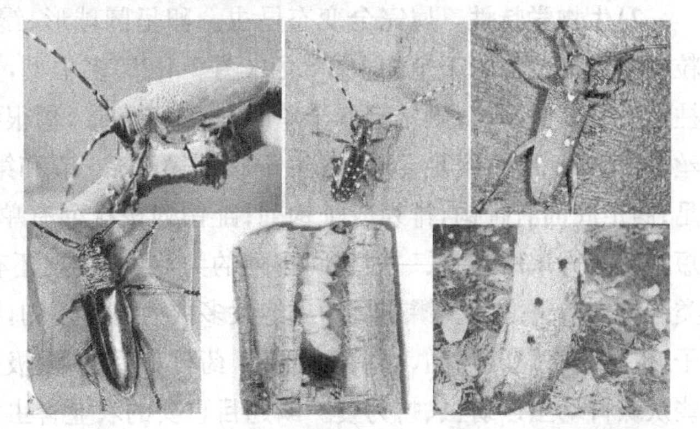

图 2-4-26　桑天牛、星牛天、桃红颈天牛和橘褐天牛

2.4.3.5 鳞翅目

(1)概述

鳞翅目(Lepidoptera)包括蛾、蝶,许多种类(幼虫期)是农业害虫,家蚕、柞蚕、蓖麻蚕是重要的益虫。

1)形态特征 体小至大型,翅展5～200 mm或以上。大型蛾类和蝶类是现存昆虫中个体最大的种类。触角有线状、梳状、羽状、棍棒状、球状和末端钩状等多种形状。复眼发达;单眼2个或无。原始种类(如小翅或蛾科)口器为咀嚼式,其余的口器均为虹吸式,喙管不用时呈发条状卷曲在头下。前胸小,背面有2块小型颈片,中胸最大,后胸与中胸相等或较小。翅2对,发达,偶有退化无功能者;翅脉发达,少数原始种类前后翅翅脉相似,不超过10条;翅中部最大的翅室为中室。翅膜质,覆盖有各种颜色的鳞片。鳞片组成不同的线和斑,是重要的分类特征。透翅蛾科的翅大部透明,没有鳞片。前后翅的连接方式有翅扣型、翅轭型、翅缰型等。足3对,简单,粉蝶科的爪2叉开裂。雌体第9、10腹节愈合;雄体腹部10节。雄体外生殖器是重要的分类特征。鳞翅目蝶与蛾(图2-4-27)的区别见表2-4-5。

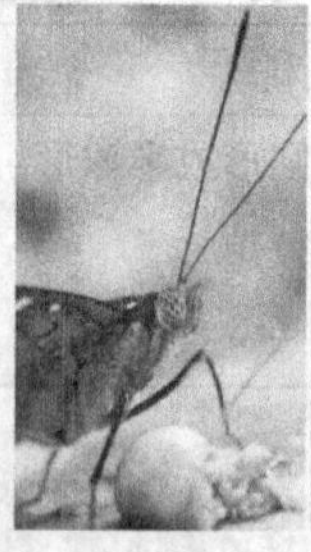

图2-4-27 鳞翅目蝶与蛾

表2-4-5 鳞翅目蝶与蛾的区别

	触角	翅形	腹部	停栖时翅位	成虫活动时间
蝶类	触角端部膨大呈球杆状、锤状	大多数阔大	瘦长	四翅竖立于背	白天
蛾类	丝状、羽毛状等	大多数狭小	粗壮	四翅平展呈屋脊状	夜晚

2)生物学特性 属完全变态昆虫。卵呈圆球形、馒头形、圆锥形、鼓形,表面有刻纹,单粒或多粒集聚黏附于植物上。幼虫(图2-4-28)多中型,又称蠋型。蠋型幼虫体表柔软,呈圆柱形。头部坚硬,每侧常有6个单眼,唇基三角形,额很狭,呈"人"字形,口器为咀嚼式,有吐丝器。胸足3对;腹足5对,着生于腹部第3～6节和第10节,第10节上的腹足又称为臀足;腹足底面有趾钩,排列成趾钩列;趾钩列按排列有单行、双行和多行之分;每行趾钩的长短相同的为单序,一长一短相间排列的为双序,甚至还有三序和多序的,此为鳞翅目幼虫分类的鉴别特征之一。鳞翅目幼虫绝大多数为植食性的,可食叶、潜叶、蛀茎、蛀果、蛀根、蛀种子,也可为害储藏物品,如粮食、干果、药材和毛皮等;极少数种类是捕食性或寄生性的,如某些灰蝶科幼虫以蚜虫、蚧为食。鳞翅目重要的农业害虫大多于幼虫期为害。

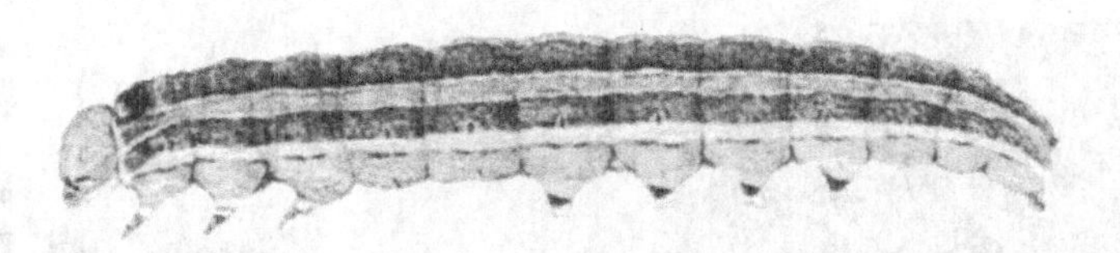

图 2-4-28　鳞翅目幼虫

蛹为被蛹。蝶类在敞开环境中化蛹，如凤蝶、粉蝶以腹部末端的臀棘和丝垫附着于植物上，腰部再缠一束丝，呈直立状态，称为缢蛹；蛱蝶、灰蝶则利用腹部末端的臀棘和丝垫，把身体倒挂起来，称为悬蛹。蛾类和弄蝶在树皮下、土块下、卷叶中等隐藏处化蛹，也有在土壤中筑土室化蛹。许多种类能吐丝结茧，其中家蚕的茧丝可为人类所利用。

成虫口器为虹吸式，吸食花蜜作为补充营养，一般不为害作物。有的种类根本不取食，完成交配、产卵之后即死亡。少数吸果蛾类的喙管末端坚实而尖锐，能刺破果皮吸取汁液，对桃、苹果、梨、葡萄、柑橘造成危害。蝶类在白天活动；蛾类大多在夜间活动，许多种类有趋光性，可利用这一习性对其进行测报和防治。成虫常有雌、雄二型，甚至有多型现象。有些种类有季节型，春季型个体不同于其后世代，或旱季型和雨季型形态不同。成虫常有拟态现象，多种蛱蝶翅反面的颜色酷似树皮，枯叶蛱蝶属的翅反面像一片枯叶。成虫产卵常选择幼虫取食的植物，如菜粉蝶选择十字花科植物产卵等。

(2)重要的科

鳞翅目是昆虫纲中第二大目。鳞翅目可分为 158 科，分属于 28 总科，分为轭翅亚目(Jugatae)、缰翅亚目(Frenatae)、锤角亚目(Rhopalocera)3 个亚目。

1)卷蛾科(Tortricidae)　体小型，翅展通常不超过 20 mm。行动活泼，大多有保护色。体色黄褐色、褐灰色，有条纹、斑点或大理石云纹。前翅近长方形，有时前缘有一部分向反面折叠。休息时前翅平叠于背上，略呈钟罩状。下唇须第 1 节被有厚鳞。前翅中室闭锁，不为其他翅脉分割，R_4 和 R_5 共柄，Cu_2 出自中室下缘 1/2 处，1A 基部游离，2A 基部分叉；后翅 $Sc+R_1$ 不与 Rs 接触，1A 缺如，2A 分叉，有 3A，M 脉 3 条。幼虫趾钩环式，2 序或 3 序。一般卷叶为害，有的钻蛀果实。重要害虫有苹果小卷叶蛾(图 2-4-29)、苹果褐卷叶蛾、拟小黄卷叶蛾等。

图 2-4-29　苹果小卷叶蛾

2)螟蛾科(Pyralidae)　体小至中型，身体细长，腹部末端尖削，基部常有听器。下唇须相当长，在头的前面或向上弯。前后翅第 1 条脉($Sc+R_1$)和第 2 条脉(Rs)在基部平行，在中室前接近或接触，后翅有发达的臀区。幼虫趾钩 2 序，排成缺环，偶有单序、3 序或全环式。螟蛾科重要害虫有二化螟、三化螟、玉米螟、稻纵卷叶螟、棉大卷叶螟、松梢螟等(图 2-4-30)。

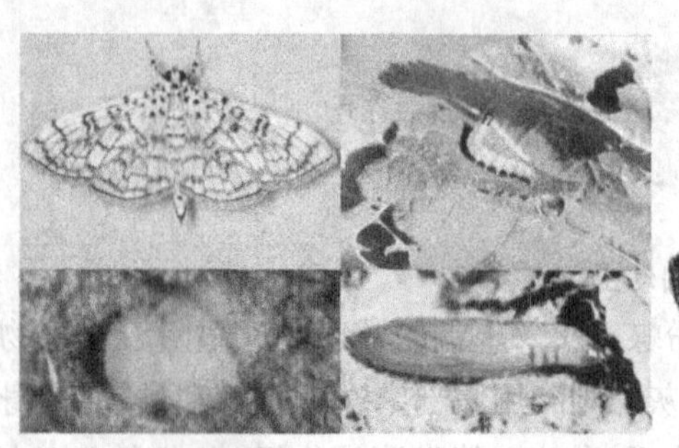
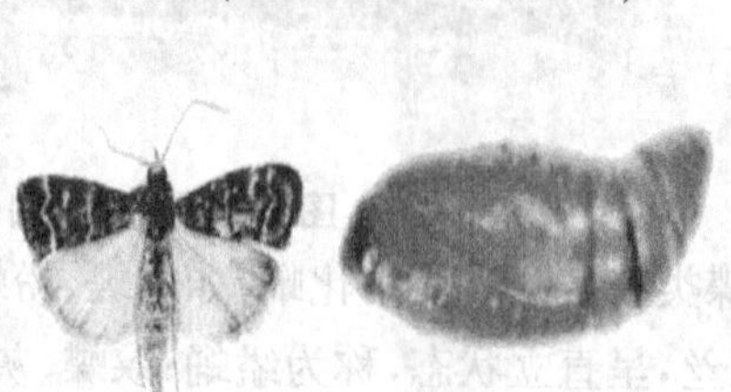

图 2-4-30 棉大卷叶螟和松梢螟

3)夜蛾科(Noctuidae) 体中至大型,色暗,少数有鲜艳色彩。体粗壮,多鳞片和毛。触角丝状,雄体常为栉齿状。复眼大,常具单眼。前翅颜色略深,颜色常与栖居环境相似,M_2基部远离M_1,接近M_3,A脉1条;后翅顶角圆钝,第1条脉($Sc+R_1$)在近基部处和中室有一点接触又分开,形成一小型基室,A脉2条。幼虫粗壮,光滑少毛,腹足5对,少数种类第3腹节或第3、4腹节上的腹足退化,行走时似尺蛾幼虫。

夜蛾科是鳞翅目中最大的一科,约有2万多种,包括许多重要害虫(图2-4-31)。根据其为害方式可分为4种类型:①食叶种类,如黏虫、斜纹夜蛾、稻螟蛉、烟夜蛾、棉小造桥虫等;②蛀食种类,如大螟、棉铃虫和鼎点金刚钻等;③切根种类,如小地老虎、大地老虎和黄地老虎等;④成虫吸果种类,如黄棉夜蛾、葡萄紫褐夜蛾等。

图 2-4-31 小地老虎和黏虫

夜蛾也可根据其习性分为夜盗性(如地老虎和黏虫)、暴露性(如棉铃虫和稻螟蛉)、钻蛀性(如大螟蛾金刚钻)和吸果性(吸果夜蛾)4类。除植食性种类外,夜蛾科还有少数肉食性和菌食性种类。

4)粉蝶科(Pieridae) 体中型。翅大多为白色或黄色,偶有红色和蓝色底色的,有黑色或绿色斑纹。前翅R脉4条,R_{2+3}、R_4、R_5共柄,A脉1条(2A);后翅A脉2条(2A、3A)。足3对,正常爪有齿,或再分裂。幼虫圆柱形,细长,表皮有小颗粒,无毛或多毛,绿色或黄色;趾钩中列式,2序或3序。主要害虫有菜粉蝶、大粉蝶等(图2-4-32)。

图 2-4-32　菜粉蝶和黄尖大粉蝶

5)弄蝶科(Herperiidae)　体小至中型，肥短，大多暗色，静止时部分开放。头大；触角前端膨大，呈钩状。前翅翅脉比较齐全，R 脉 5 条均出自中室，不共柄，A 脉 2 条(2A、3A)；后翅有 8 条翅脉，其中 A 脉 2 条(2A、3A)。幼虫无毛，体呈纺锤形，前胸细瘦呈颈状，腹部末端有臀栉，腹足趾钩环式，3 序或 2 序，常吐丝缀连数叶片作苞为害。重要的农业害虫有直纹稻弄蝶、隐纹谷弄蝶等(图 2-4-33)。

图 2-4-33　直纹稻弄蝶和隐纹谷弄蝶

2.4.3.6　膜翅目

(1)概述

膜翅目(Hymenoptera)包括蜂和蚁，是昆虫纲中进化程度较高的目。

1)形态特征　最微小的蜂(卵蜂属)体长约 0.2 mm，粗大的熊蜂和细长的姬蜂(包括其长产卵管)体长为 75～115 mm。触角丝状、锤状或膝状。口器咀嚼式或嚼吸式。复眼发达，某些蚁萎缩或退化为单一的小眼面；单眼 3 个，在头顶排列成三角形，某些泥蜂和蚁类退化。翅发达、退化或缺如；有翅种类翅膜质，前翅远较后翅为大，一般后翅有翅钩列。前翅常有显著的翅痣，脉序高度特化，常愈合和减少。前翅基部的骨片为肩板，肩板是否与前胸背板相接触是重要的分类特征之一。足有步行足、携粉足和捕捉足等多种类型。后胸有时和第 1 腹节愈合，合并成胸腹节，后者和第 2 腹节之间高度收缩，形成腹柄。常有发达的产卵器，能穿刺、钻孔和锯割，同时有产卵、刺螫、杀死、麻痹和保藏活的昆虫食物的功能。毒针是变形的产卵器，有毒囊，可分泌毒液。

2)生物学特性　属全变态昆虫。食性很复杂，少数种类为植食性，如广腰亚目和切叶蜂科，有的形成虫瘿，有的取食花粉和花蜜。有些蜂类是捕食性的，能为其子代捕捉其他昆虫，麻痹后储放于卵室中，留待幼虫孵化后食用。寄生性是膜翅目昆虫的重要特性，有外寄生和内寄生之分，内寄生约占 80%。寄生方式可分为 3 种：①单寄生，即一种寄主体内(外)只有一种寄生目昆虫；②共寄生，即一种寄主体内有 2 种或 2 种以上的寄生性昆虫；③重寄生，即寄生性昆虫又被其他寄生性昆虫所寄生。膜翅目昆虫的繁殖方式有有性生殖、孤雌生殖和多胚生殖。未受精卵通常发育成雄性。植食性和寄生性蜂类均营独栖生活，蚁和蜜蜂等有群栖习性，有多型现象，而且存在职能分工，因而被称为“社会性昆虫”。

(2)重要的科

膜翅目是昆虫纲的大目之一，已知种达12万种。根据第2腹节和胸腹节相连接处是否收缩呈细腰状，膜翅目可分为广腰亚目(Symphyta)和细腰亚目(Apocrita)。

1)叶蜂科(Tenthredinidae) 体小至中型，肥胖粗短，头阔，无腹柄。触角7～10节，丝状。前胸背板后缘深深凹入。前足胫节有2端距。产卵器扁，锯状。幼虫状如鳞翅目幼虫，大多以植物叶片为食，也有蛀果、蛀茎或潜叶的，有腹足6～8对，无趾钩。蛹有羊皮纸质的茧，在地面或地下化蛹。卵扁，产于植物组织中。常见种类有小麦叶蜂、黄翅菜叶蜂、梨实蜂等(图2-4-34)。

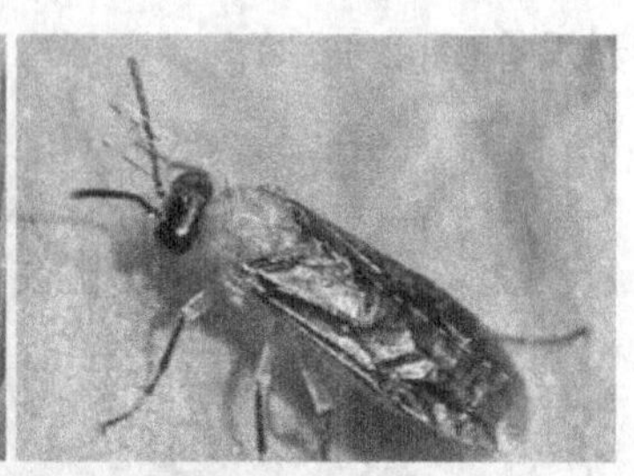

图2-4-34 麦叶蜂和黄翅菜叶蜂

2)姬蜂科(Ichneumonidae) 体微小至大型，细长。触角丝状，多节。前胸背板两侧延伸，和肩相接触。前翅翅痣明显，在第2列翅室中，中间1个翅室特别小，呈四边形或五角形，称为小室，其下方所连的横脉为第2回脉。有小室和第2回脉是姬蜂科的重要特征。胸腹节常有刻点，腹柄明显。腹部细长，长度为头部加胸部的2～3倍，雌体腹部末节腹面纵裂开，产卵管在末节之前伸出，其长度各种不同，最长者达体长的6倍。卵多产于寄主体内，寄主多为鳞翅目、鞘翅目、膜翅目昆虫的幼虫和蛹。重要种类有黏虫白星姬蜂、棉铃虫齿唇姬蜂、螟蛉瘤姬蜂、细腰姬蜂等(图2-4-35)。

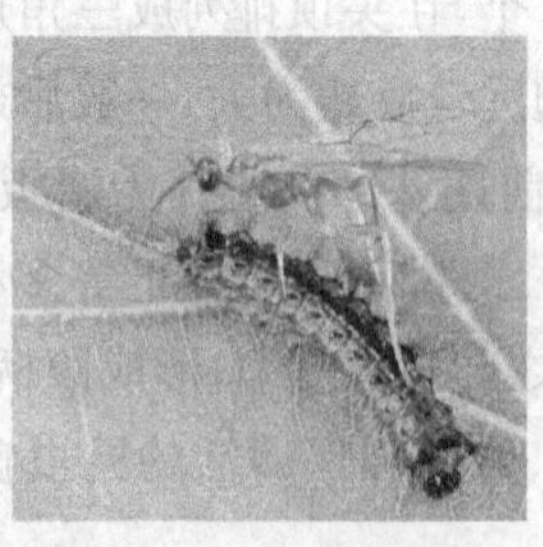

图2-4-35 黏虫白星姬蜂、棉铃虫齿唇姬蜂、螟蛉瘤姬蜂和细腰姬蜂

3)赤眼蜂科(Trichogrammatidae) 体长0.3～1.0 mm，为昆虫中较小者，呈黑色、淡褐色或黄色。触角膝状，3节、5节或8节。翅阔，有缘毛，翅面微毛排成纵行。后翅狭，刃状。产卵管短，在腹面末端。寄生于各目昆虫的卵内。赤眼蜂常用于防治多种鳞翅目害虫。重要种类有稻螟赤眼蜂、广赤眼蜂、拟澳洲赤眼蜂、松毛虫赤眼蜂等(图2-4-36)。

图 2-4-36　稻螟赤眼蜂、广赤眼蜂和松毛虫赤眼蜂

2.4.3.7　双翅目

(1)概述

双翅目(Diptera)包括蝇、蚊、蚋等种类，是重要的医学昆虫，其中也有一些种类是植食性、捕食性和寄生性的，和农业生产关系密切。

1)形态特征　体小至中型，偶有大型的，体长 0.5～50 mm，翅展 1～100 mm。头部较小，常为下口式。复眼发达，左右复眼在背面相接的称为接眼，不相接的称为离眼；单眼 3 个。触角多样，有线状、栉齿状、念珠状、环毛状和具茎状等。口器有刺吸式和舐吸式，有时口器退化，无取食机能，尤其雄体通常如此。前翅发达，膜质，脉序简单，在臀区内常有 1～3 个小型瓣，从外向内依次为轭瓣、翅瓣和腋瓣。后翅退化成平衡棒。足的长短差异很大，一般有毛，胫节有距 1～3 个，跗节 5 节。前跗节有爪 1 对，爪有爪垫；两爪之间有爪突，有时形成中垫。腹部第 7～10 节形成产卵管。雄体外生殖器的构造是重要的分类特征。蝇类体外刚毛的排列称为鬃序，也是分类的重要依据。

2)生物学特性　属全变态昆虫。幼虫为无足型。根据头部骨化程度不同，可再分为全头型、半头型和无头型。该目昆虫的繁殖类型有卵生、胎生、卵胎生、孤雌生殖和幼体生殖。幼虫的食性复杂，有植食性(瘿蚊科、实蝇科)、捕食性(食虻科、食蚜蝇科)、寄生性(狂蝇科、虱蝇科、寄蝇科)。双翅目许多种类的成虫取食植物汁液、花蜜作补充营养。

(2)重要的科

1)瘿蚊科(Cecidomyiidae)　体微小。触角 10～36 节，念珠状，轮生细毛，雄体常有环状毛。复眼发达，左右相接；有单眼。前翅阔，只有 3～5 条纵脉，有毛或鳞。足基节短，胫节无距，有中垫和爪垫。腹部 8 节，产卵管短或极长，能伸缩。幼虫体呈纺锤形，腹面第 2、3 节之间多有胸叉，胸叉有齿或分成 2 瓣，是单跳器官，也是识别瘿蚊科幼虫和鉴定种的特征。成虫一般不取食，早晚活动，趋光性不强。幼虫的食性复杂，若干种类是植食性害虫，为害花、叶、茎、根和果实，且能形成虫瘿，因而有“瘿蚊”之名，也有腐食性、粪食性和寄生性种类。瘿蚊科的重要害虫有麦红吸浆虫、麦黄吸浆虫、稻瘿蚊等(图 2-4-37)。

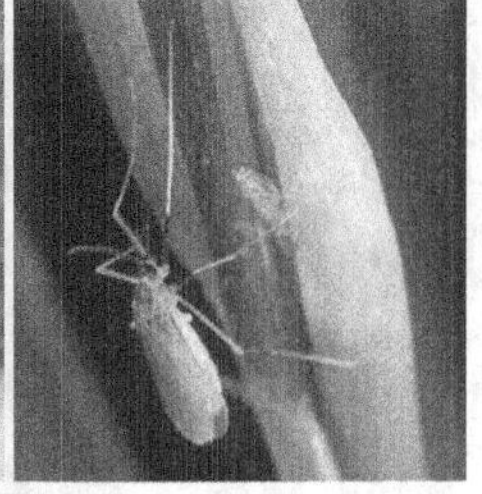

图 2-4-37　稻瘿蚊

2)潜蝇科(Agromyzidae)　体微小，体长 1.5～4 mm。触角短，第 3 节常呈球形，芒生于

背面基部。翅大，C 脉在 Sc 脉末端处中断；M 脉间有 2 闭室，一为基室，一为中室；基室的下方有一臀室。幼虫无头式，前气门 1 对，生于前胸近背中线处，左右接近，由此可与秆蝇科幼虫相区别。若幼虫潜入叶内，叶上可见潜痕。常见种类有豌豆潜蝇、美洲斑潜蝇、麦潜蝇等（图 2-4-38）。

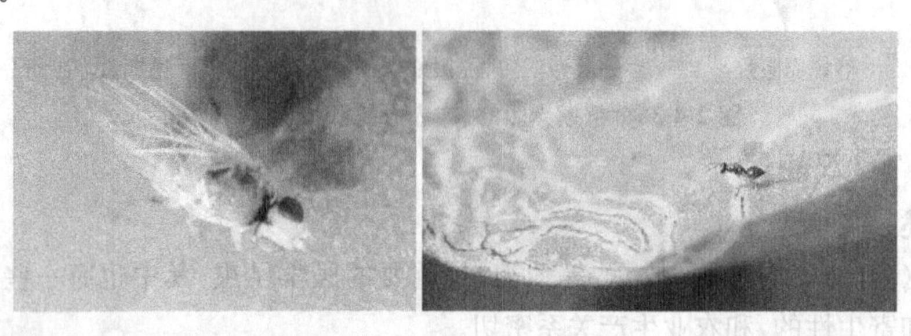

图 2-4-38 豌豆潜蝇和美洲斑潜蝇

3）秆蝇科（Chloropidae） 又名黄潜蝇科。体小，少毛，大多呈淡黄绿色。复眼发达，单眼三角区大。前翅发达，C 脉在 Sc 脉末端处中断，M 脉间只有一闭室，即基室和中室合并，下方无臀室。幼虫无头式，在植物茎内钻蛀为害。重要的农业害虫有麦秆蝇等（图 2-4-39）。

图 2-4-39 麦秆蝇

4）花蝇科（Anthomyiidae） 体小至中型，细长多毛，一般为黑色、灰色或暗黄色。头大，能转动。复眼大，离眼式；雄体左右处长眼几乎相接。触角芒无毛或羽状。中胸背板盾间沟明显，中胸侧板有成列的鬃，翅侧片及下侧片无鬃。翅脉 M_{1+2} 与 R_{4+5} 平行，1A 脉伸达翅缘，腋瓣大。幼虫无头式，植食性，其中危害最大的是种蝇属，通常称为地蛆或根蛆。重要种类有种蝇、葱蝇、萝卜蝇、小萝卜蝇等（图 2-4-40）。

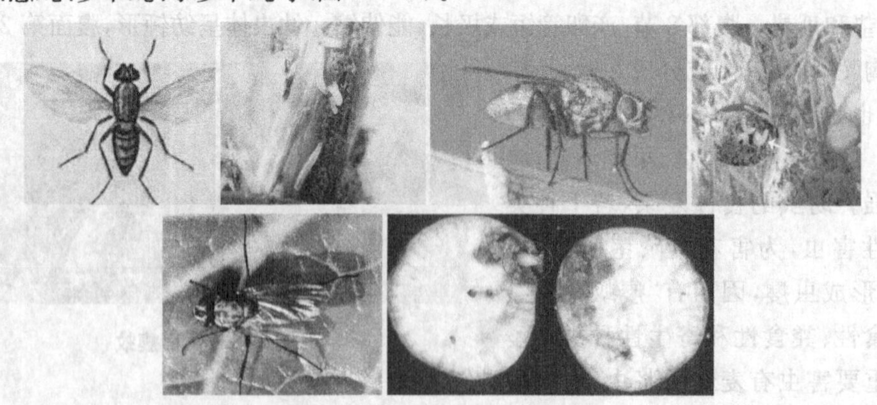

图 2-4-40 种蝇、葱蝇和萝卜蝇

5）食蚜蝇科（Syrphidae） 体中型。头大；触角 3 节，芒状；复眼大，雄体为接眼；有单眼。

翅大，外缘有和边缘平行的横脉，使 R 脉与 M 脉的缘室成为闭室；R 脉与 M 脉之间有 1 条两端游离的伪脉。幼虫无头式，有时后端有细长的呼吸管，如鼠尾状。幼虫能捕食蚜虫、蚧、粉虱和叶蝉等害虫，也有在朽木、粪便中生活的。常见种类有细腰食蚜蝇、黑带食蚜蝇、黄腹狭口食蚜蝇等益虫（图2-4-41），也有蒜蝇等害虫（图2-4-42）。

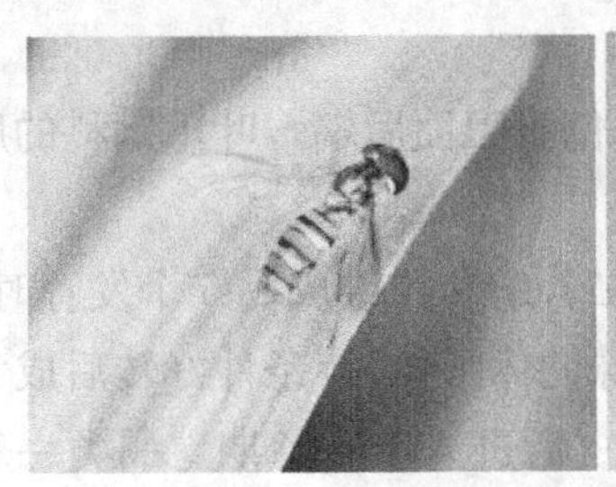

图 2-4-41　连带细腹食蚜蝇、黑带食蚜蝇和黄腹狭口食蚜蝇

图 2-4-42　蒜蝇

2.4.3.8　蜱螨目

(1)概述

农业螨类隶属于节肢动物门（Arthropoda）、蛛形纲（Arachnida）、蜱螨目（Acarina）。

1)形态特征　螨类体呈卵圆形或蠕虫形，常以体段区分各部。螨类无头部，最前面的体段称为颚体，颚体后面的整个身体称为躯体。躯体分足体和末体两部分，足体又分为前足体和后足体。大多数螨类前、后足体之间有横缝，横缝之前称为前半体（包括颚体和前足体），横缝之后称为后半体（包括后足体和末体）。许多种类的雄体后足体和末体之间有横缝。颚体基部生有螯肢 1 对，须肢 1 对，口下板和口上板各一块，口上板又称头盖。口位于螯肢下方、口下板的前端，有食道经过颚体进入胃部。

螯肢由 3 节构成，即基节、定趾（胫节）和动趾（跗节）；定趾和动趾上常有齿，构成原始的钳螯肢，见于粉螨、植绥螨。有时动趾退化，定趾延长呈针状，左右基节相互愈合，称为口针和口针鞘，见于叶螨。钳状螯肢有夹持和粉碎食物的功能，针状螯肢可刺穿植物的组织。由于螨体型微小，被害部位均呈斑状或粉末状，不可能出现咀嚼式口器昆虫咬成的缺刻或空洞。须肢 1 对，位于螯肢外方，有寻找和握持的功能；须肢的节数、形状以及各节的刚毛数因种而异。有些种类须肢胫节有强大的爪，和跗节形成拇爪复合体。

螨类躯体背腹两面有时有骨化的质板，有的表皮坚硬，有的相当柔软。除分离体段的横缝外，表皮上有各种花纹和刻点。背毛和腹毛的数量、形状和排列方式称为毛序，是重要的分类特征。刚毛的形状有长鞭毛状、披针状、锹铲状、阔叶状、长叶状、弧状、球杆状和头状等。背毛通常比腹毛粗，各发育时期毛序不变；腹毛较细，数目常随龄期而增加。刚毛基部的表皮常呈圆环状，或者着生在瘤突上，有时刚毛脱落，可据圆环和瘤突确定其存在。

成螨、若螨一般有足 4 对，幼螨只有 3 对足，有些成螨只有 1～3 对足；足由基节、转节、股节、膝节、胫节和跗节等 6 节组成，前跗节有爪 1 对和爪间突 1 个，形状各异。跗线螨雌体第 4 对足的跗节退化，只剩下鞭状毛 1 根。

末体腹面是螨类的生殖肛门区，生殖孔位于前方，肛门位于腹面后端。叶爪螨科的肛门位于背面。雄体阳具的形状是鉴定种的特征。

2)生物学特性 螨类的一生有卵、幼螨、第一若螨、第二若螨和雌雄成螨 5 个发育时期。在不良环境下，有些种类(粉螨)的第一若螨可成为形态特殊的休眠体，待条件好转后成为第二若螨。幼螨和各龄若螨都有活动期和静止期，静止期蜕皮后进入下一龄期。螨类一般为两性生殖，种群内雄体常见；也可孤雌生殖，所生后代全部是雄体。有些种类在种群内很少发现(或至今尚未发现)雄体或雌体，它们营孤雌生殖，后代全部是雌体。少数种类卵胎生，若螨期减少，甚至在母体内直接由幼螨发育成成螨。

许多植食性螨类是农业害虫，如为害叶和果实的叶螨科和瘿螨科，为害根部的粉螨科根螨属，为害粮食、食品和药材的储藏螨类。此外，食菌性螨类严重为害人工栽培的食用菌，日渐引起人们的重视。

螨类中有许多食性种类，有些螨类可捕食害螨、昆虫若虫和卵，是害螨的重要天敌。植绥螨的利用已是生物防治研究的热门课题。

(2)重要的科

1)叶螨科(Tetranychidae) 雌体呈椭圆形或长椭圆形，体长 0.5～1.0 mm；雄体较小，菱形，末体后端尖。表面柔软，呈红色、红褐色、淡黄色或黄绿色。针状螯肢基节愈合成大型的、心形口针鞘，有 1 对很长的口针。刺吸式口器。气门为颈气管。背毛有刚毛状、棒状、扇状等不同形式。成虫第 1 对足的跗节有 2 对双毛，第 2 对足跗节上有 1 对双毛。跗节端部有 1 对垫状的爪，其上着生 1 对黏毛。中垫有不同形式。可进行卵生、孤雌生殖。有的能吐丝、结网。重要害虫有山楂叶螨、柑橘全爪螨等(图 2-4-43)。

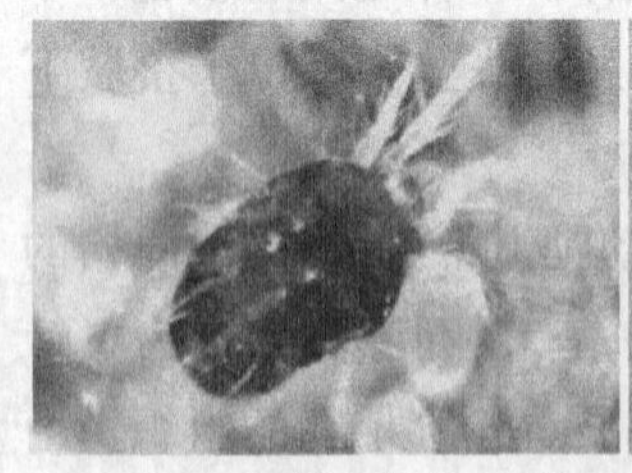
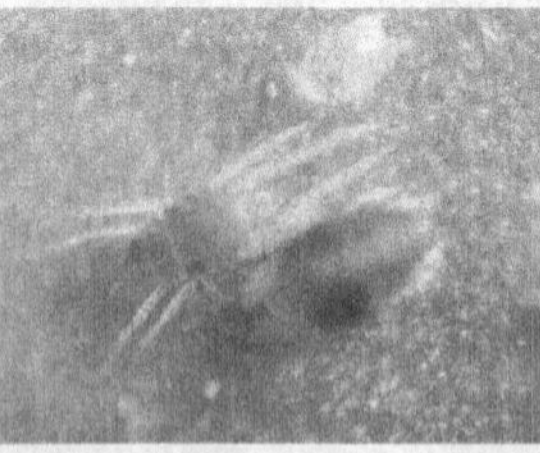

图 2-4-43 山楂叶螨和柑橘全爪螨

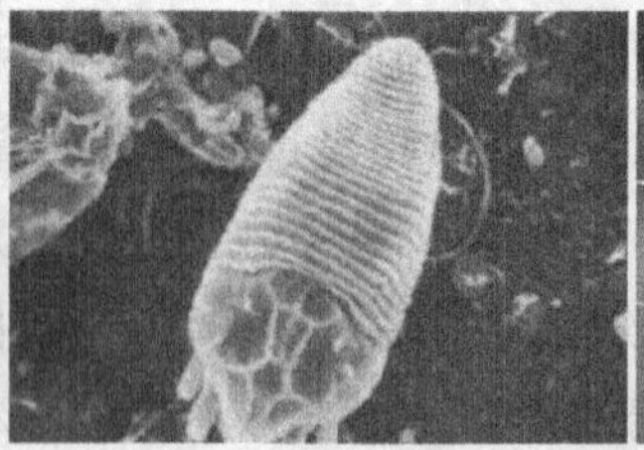
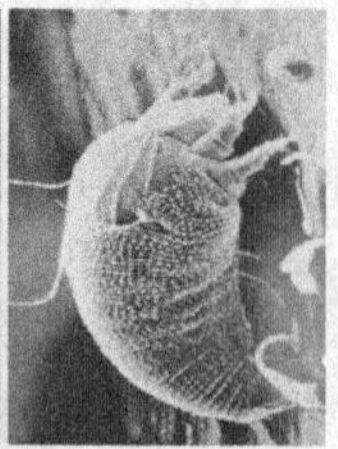

图 2-4-44 柑橘锈螨和柑橘瘿螨

2)瘿螨科(Eriophyidae) 体呈蠕虫形，十分微小，体长 0.3 mm 以下，足只有 2 对，前肢体段背板呈盾状，后肢体段延长，有很多环纹。瘿螨无若螨期。可为害多种果树和农作物的叶片或果实，植物受害部受刺激而变形，形成虫瘿。重要的农业害虫有柑橘锈螨、柑橘瘿螨等(图 2-4-44)。

3)粉螨科(Acaridae) 体白色或灰白色。咀嚼式口器。螯肢下面有 1 对触肢，触肢须 3

节，末节的尖端有一小型棒状刺。前体段与后体段之间有一缢缝。体毛光滑，不呈羽状。足的基节与身体腹面愈合，故仅 5 节。第 1、2 对足的跗节各具一棒状感觉毛。跗节末端有爪及爪垫。雄体的肛门两侧及第四跗节上有吸盘。粉螨科是仓库中最常见的害螨，如粉螨(图 2-4-45)、卡氏长螨等。

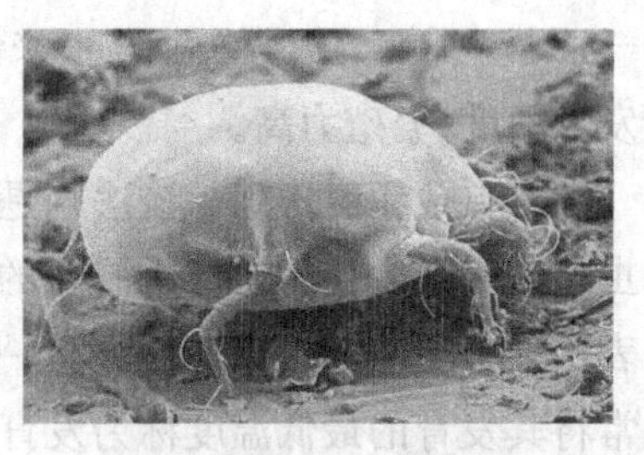

图 2-4-45　粉螨

4)植绥螨科(Phytoseiidae)　植绥螨是重要的捕食性螨类，能大量捕食叶螨和瘿螨，是农业害螨的天敌。体微小，体长 0.3～0.6 mm，乳白色或淡褐色。须肢跗节上有 1 根 2 叉的爪形刚毛。背板完整，不再分割，背毛不超过 20 对。雌、雄成虫腹面都有大型的腹肛板 1 块，雌成虫还有 1 块后端呈截头形的生殖板。雌、雄两性可根据螯肢区分：雌体螯肢为简单的剪刀状，雄体螯肢的活动趾(跗节)生有 1 个导精趾，状似鹿角。重要种类有智利植绥螨、尼氏钝绥螨、拟长毛钝绥螨、加州新小绥螨等。

2.5　昆虫生态学

农业昆虫的生长发育、繁殖和数量动态都受环境条件制约。研究昆虫与周围环境条件相互关系的科学称为昆虫生态学，是生态学中的一个重要组成部分。20 世纪 70 年代以来，环境保护引起了全社会的关注，害虫综合防治工作不断深入，农业昆虫生态学的研究与农田生态学系统融为一体。昆虫种群、群落与生态系统中有关因素的各种关系，是开展害虫预测预报和综合防治的理论基础。

2.5.1　与农业昆虫有关的物理因素

2.5.1.1　气候因素

气候因素主要包括温度、湿度、降水、光照等。这些因素既是昆虫生长发育、繁殖、活动必需的生态因素，也是昆虫种群发生发展的自然控制因素。

(1)温度

昆虫与高等动物不同，它自身无稳定的体温，保持与调节体温的能力不强，进行生命活动所必需的热能主要来自太阳辐射，故称变温动物或外源热动物。由于昆虫的体温取决于外界环境温度，因此，外界环境温度能直接影响昆虫的代谢速率，从而影响昆虫的生长发育、繁殖速率及其生命活动。故温度是气候条件中影响最大的因素。

不同种类的昆虫对温度的反应有差异，同种昆虫的不同虫态对温度的反应也有差异。农业昆虫的分布区、在各地的发生世代及发生期、季节性种群消长型、种群数量的变化以及越冬虫态等，都因虫而异，主要也是受温度影响。

1)昆虫的温区

根据昆虫对温度的反应，可将温度划分为 5 个温区：致死高温区(45～60 ℃)、亚致死高温区(40～45 ℃)、适温区(8～40 ℃)、亚致死低温区(－10～8 ℃)和致死低温区(－40～

—10 ℃)。就大部分农业昆虫来说,最适温度为 20~30 ℃,在此温区内,昆虫能量消耗最少,发育适度,繁殖力高。

2)有效积温法则 该法则是用来分析昆虫发育速度与温度关系的法则。昆虫完成某一虫态或一个世代的发育所需要的有效温度积累值是一个常数,即总积温 $K=NT$。其中,N 表示发育历期,T 表示发育期间平均温度。由于昆虫发育是在适宜的温度范围内进行的,故常将其发育的最低温度称为发育起点温度。发育起点以上的温度是对昆虫发育起作用的温度,称为有效温度。故 $K=NT$ 应修正为 $K=N(T-C)$。其中,C 表示发育起点温度,$(T-C)$ 表示有效平均温度,K 表示有效总积温。

(2)湿度

湿度对昆虫的影响是多方面的。湿度不但与昆虫体内水分平衡、体温及活动有关,而且可直接影响昆虫生长发育。例如,飞蝗由蝗蝻发育为成虫,空气相对湿度为 70%时发育最快,80%以上或 60%以下时发育均较慢。一般而言,湿度对日出性昆虫的生长发育影响较小,而对夜出性、土栖性昆虫影响较大。例如,3 月至 4 月降雨多,土壤湿度增大,小麦吸浆虫越冬幼虫即可化蛹和羽化;若土壤干燥,幼虫则停止化蛹并结茧,潜伏土中越夏和越冬,当年发生量较少。

必须指出的是,温度和湿度常常共同作用于昆虫。分析害虫消长规律时,必须注意温度和湿度的综合效应。

(3)光照

光对昆虫的作用包括太阳光的辐射热、光的波长、光照强度与周期。光是一种电磁波,不同波长的光有不同性质。昆虫对 330~400 nm 的紫外光有强烈的趋性。不同昆虫表现出对光的选择性。例如,棉铃虫、稻纵卷叶螟分别对 330 nm、380 nm 的光趋性最强。光照强度的变化可影响昆虫昼夜的节律、交尾、产卵、取食、栖息、迁飞等行为。按昆虫活动习性与光照强度的关系,可将昆虫分成 3 类:①日出性昆虫,如蝇类、蝶等;②夜出性昆虫,如蛾、金龟甲等;③暮出性昆虫,如小麦吸浆虫等。

(4)小气候

小气候一般是指近地面 1.5 m 大气层中的小尺度气候。作物及昆虫生存场所的气候均属小气候范围,小气候是农作物及昆虫生长发育最重要的直接环境因素。小气候是在一定的气候背景下形成的,它既有当地大气候的基本特点,又有其自身的特殊性。它的主要特点是:温度、湿度、风、二氧化碳具有显著的日变化和波动,且有较大的垂直梯度。农作物的温度、湿度一般在植物上层与大气相似,但中、下层温度渐次下降,而湿度渐次增加。施肥、灌溉等农事后,光照、温度、湿度、风等气候要素均有变化,从而影响昆虫的生长发育和繁殖。如黏虫是好湿性昆虫,高肥优培的麦田植株稠密,郁闭度高,田间湿度增大时为害严重。

2.5.1.2 土壤因素

土壤是很多昆虫尤其是地下害虫必需的生态环境。有些昆虫终身蛰居在土中,有些则以某个或几个虫态生活在其中。故土壤的物理结构、化学特性对昆虫的生命活动有较大影响。

(1)土壤温湿度

1)土壤温度 土壤温度主要取决于太阳辐射,其变化因土壤层次和土壤植被覆盖物而异。表层的温度变化比气温变化大,土层越深土壤温度变化越小。土壤温度有日变化和季节变化,还有不同深度层次间变化。土壤温度也受土壤类型和物理性质的影响。

土壤直接影响土栖昆虫的生长发育、繁殖与活动。土栖昆虫随土温变化作垂直迁移。例如,10 cm 处土壤温度为 1.5 ℃时,沟金针虫在 27～33 cm 处越冬,6～7 ℃时开始上升活动,9～10 ℃在土表活动,开始为害小麦,15～16 ℃是沟金针虫为害盛期,20 ℃以上时又下移至 13～17 cm深处,28 ℃时在 24 cm 深处越夏。

2)土壤湿度 土壤湿度主要取决于土壤含水量(通常大于空气温度)。许多昆虫的静止期常以土壤为栖息场所,可避免空气干燥的不良影响,其他虫态也可移栖于湿度适宜的土层。土壤湿度大小对土栖昆虫的分布、生长发育影响很大。例如,棕色鳃金龟的卵在土壤含水量为 5%时全部干缩、死亡,10%时部分干缩,15%～35%时孵化率最高,超过 40%时则大部分死亡。

(2)土壤理化性状

土壤理化性状主要表现在颗粒结构上。砂土、壤土、黏土等不同类型结构对土栖昆虫的发生有较大影响,例如蝼蛄、金龟甲幼虫的体形较大,虫体柔软,常在松软的砂土和壤土中活动。土壤化学特性如土壤酸碱和含盐量,对昆虫分布和生存也有影响。例如:土壤含盐量为 0.3%～0.5%的地区为东亚飞蝗的常发区;土壤含盐量为 0.7%～1.2%的地区为东亚飞蝗的扩散和波及区;土壤含盐量为 1.2%以上的地区则少有东亚飞蝗分布;小麦吸浆虫主要发生于碱性土壤中,土壤 pH 为 3～6 时基本不能生存。

有些土栖昆虫常以土中有机物为食料,土壤中施有机肥料对土壤生物群落的组成影响很大。施用未腐熟的有机肥能使地下害虫(蛴螬、蝼蛄、种蝇等)危害加重。

2.5.2 与农业昆虫有关的生物因素

2.5.2.1 昆虫与植物

(1)食物因素

植物是农业害虫的食料,食料的质和量可直接或间接地影响昆虫繁殖、发育速度及存活率。例如:棉铃虫幼虫取食棉蕾铃、叶片,成蛾及产卵量分别相差 13.9%、47.3%;蝗虫取食莎草科和禾本科植物发育快,死亡率低,生殖率高,取食棉和油菜则相反。

昆虫对不同种植物及同种植物的不同部位有一定的选择性,这种选择性主要通过感觉器官实现。植物体表次生化学物质对昆虫有诱集、驱斥作用。例如:十字花科植物体内的芥子油对菜粉蝶、黄曲条跳甲、小菜蛾有引诱力;玉米螟初龄幼虫喜侵蛀含糖 0.001～0.03 mol/L的玉米组织,在玉米苗期常集中于心叶为害,抽穗后侵蛀雄穗,雄穗枯后为害茎秆或雌穗,因为不同生育期植株各部位含糖量不同。

(2)作物对害虫为害的反应

1)敏感型 作物产量损失随害虫为害程度的增大而增大。在一定区间内,作物的损失与为害程度呈线性相关。此类型对应害虫直接为害收获部分(如果实、穗部等)的情况。

2)耐害型 作物产量损失与为害程度呈"S"形曲线关系。作物耐害反应往往与受害生育期相关。例如,水稻苗期、分蘖期叶片受害,作物损失与为害程度不呈线性相关;蜡熟期以后产量也基本定局,影响较小。故作物在这些生育阶段有较强的耐害能力。

3)补偿型 与耐害型大体一致,但在为害程度较低时呈现一定的补偿能力。也就是说,有时害虫为害非但没有造成减产,反而提高经济产量,但危害严重到一定程度,产量就急速下降。

(3)作物的抗虫性

作物和害虫之间表现为对立统一的关系。在长期自然选择及协同进化过程中,作物对害虫也表现出一系列抗性反应,其抗性可归纳为生态抗性和遗传抗性。

1)生态抗性 生态抗性是由环境因素引起的某种暂时性的抗虫特性,不受遗传因素所控制。农业害虫对寄主植物的选择往往有它最适合的生育阶段,若为害期不与适合的植物生育期配合,害虫就不能造成严重危害。在生产实践上常常用调节作物生育期的办法来达到避过害虫为害的目的。

2)遗传抗性 遗传抗性是由作物种质决定的一类抗性。一般认为,抗虫性是昆虫对作物取食过程的一系列反应和植物对昆虫适应性反应的综合结果。

3)生物型与抗性的稳定性 农业害虫种群内存在着较大的遗传变异性。当种植抗虫作物品种时,侵害抗虫品种的害虫类型被自然筛选,常产生生物型,从而使品种抗性丧失。例如,抗褐飞虱的 IR26 于 1973 年开始在东南亚推广,大约只经过 3 年时间,因褐飞虱产生新的生物型而沦为感虫品种。

2.5.2.2 害虫与天敌

昆虫在生长发育过程中常遭受其他生物的捕食或寄生,这些害虫的自然敌害称为天敌。天敌种类很多,主要有昆虫病原微生物、有益昆虫、食虫动物等。天敌对抑制害虫种群数量有重要作用。

自然界中能取食作物的昆虫种类繁多,但真正造成危害的种类为数不多,大部分昆虫种群由于受天敌的控制常维持在相当低的数量水平,即使是农作物的主要害虫,每种昆虫也有为数众多的天敌种群。天敌与害虫之间的关系是相互依存、相互制约的辩证关系。天敌是农业昆虫种群数量的调节者,对害虫种群有明显的跟随现象,天敌作用的大小往往取决于其食性专化程度、搜索能力、生殖力和繁殖速度,以及对环境的适应能力等。研究证明,天敌与寄主之间也有复杂的信息联系。天敌搜索害虫的过程包括发现害虫的栖境、搜索害虫、选择害虫和害虫的适应性反应,这些过程与化学信息物质的联系十分紧密。这类化学信息物质也称利他素。一般认为利他素不是直接的引诱剂,而是使天敌在适应的环境中延长滞留时间,从而增加选择寄主的机会。利他素(表 2-5-1)大多来自害虫的体壁、血淋巴或排泄物。

表 2-5-1　部分利他素的来源与化学名称

寄主虫态	寄生蜂名称	害虫	利他素	来源
幼虫	小茧蜂	美洲棉铃虫	13-甲基三十一烷	血液、粪便、体壁
幼虫	红尾茧蜂	烟青虫	11-甲基三十一烷 13-甲基三十烷	上颚腺
卵	广赤眼蜂	美洲棉铃虫	二十三烷	成虫腹部末端体壁、血液

一般情况下，害虫也不会束手就擒，它们会做出下述防卫性反应。

①忌避保护：以警戒色、拟态或分泌报警信息素提醒同种昆虫逃避。例如，蚜虫在遭天敌袭击时，常在腹管中分泌(反)β-法尼烯类化合物，具有报警功能。

②化学与物理性防御：凤蝶幼虫的翻缩腺不但具有恫吓作用，还可散发臭气；有些昆虫还有假死式突发性昏迷习性。

③选择性保护：如蚜虫多型现象及物候隔离等。

④血细胞的防御与免疫反应：大多数昆虫遭到寄生蜂寄生时，血细胞形成包囊，包围在寄生物的四周，干扰寄生物的取食和气体交换。

第3章　农田杂草基础知识

扫码查看本章彩图

农田杂草是伴随着人类的生产活动而产生的，它们的存在是长期适应气候、土壤、作物、耕作栽培制度，与栽培作物竞争的结果。没有人类或者没有人类的生产，就不存在农田杂草。杂草是农林生产三害之一，对农林生产、生态环境、生物多样性等造成严重危害。《中国大百科全书》对杂草的定义为，生长在有害于人类生存和活动场地的植物，一般是非栽培的野生植物或对人类无用的植物。广义层面上的杂草则是指生长在对人类活动不利或有害于生产场地的一切植物，即指生长在不该生长的地方的一切草本植物。而通常农业生产中所讲的杂草是指生长在农田等人工种植土地上，除栽培作物以外的所有植物，即长错了地方的植物，不仅包括通常人们所说的草，也包括生长在栽培作物田中（人们无意识栽培）的其他作物，如大豆田中生长的小麦或玉米。

农田杂草是一类特殊的植物，它既不同于自然植被的植物，也不同于栽培作物；它既有野生植物的特性，又有栽培作物的某些习性。例如，稻田中的稗草能够大量结实，自动脱粒性、再生性及抗逆性均很强，这是它所保持的野生植物特性；但另一方面，由于它长期与水稻共生，因而发芽、出苗时期及特性又与水稻相似，而且由于水稻栽培类型不同，稗草在生态类型中也形成了早、中、晚稗类型。但并不是所有杂草都难治理，世界公认的恶性杂草有10种，分别为香附子、假高粱、节节麦、早熟禾、空心莲子草、水葫芦、豚草、大米草、毒麦、加拿大一枝黄花。它们的传播方式多，繁殖与再生能力极强，生活周期一般都比作物短，成熟的种子随熟随落，抗逆性强，光合作用效率高，适应能力极强，在世界范围内广泛分布，且难以防除，已经引起世界大多数国家的关注。

3.1　杂草的分布与危害

3.1.1　杂草的分布

在全世界范围内，广泛分布的杂草有50000多种，每年约8000种对作物造成不同程度的损失，而生长在主要作物田的农田杂草约250种，其中危害最严重的有76种。因所处地区、气候与土壤条件、作物栽培方式不同，这些杂草的分布存在明显的差异，但都难以防治。

中国地域辽阔，地区间气候、土壤、作物种类、复种指数及轮作、耕作情况差异较大，因而杂草种类繁多。据调查，我国农田杂草共有580种，其中主要杂草31种，区域性杂草23种。其中分布面广、危害严重的主要有稗草、马唐、野燕麦、看麦娘、扁秆藨草、牛繁缕、眼子菜、藜、苋、鸭跖草、本氏蓼、酸模叶蓼、节蓼、萹蓄、龙葵、水棘针、风花菜、铁苋菜、苍耳、刺菜、大蓟、问荆、苣荬菜、芦苇等。

不同的纬度或同一纬度的不同地区，农田杂草的分布是不同的。在北纬26°，沿海平原或丘陵地一般海拔500～1000 m，由于海拔低，又靠近大海，受太平洋季风影响，气候温和，降雨多，杂草种类多，生长迅速，杂草种类和分布规律变化显著。福州由于受台湾海峡暖流的影响，属南部亚热带气候，有龙爪茅分布。贵州属北部亚热带气候，稻麦两熟，眼子菜、看麦娘等杂草发生严重。在云南高寒地带，只有马铃薯、燕麦作物，主要杂草有野燕麦、香薷、苦荞麦、欧洲千里光等寒带杂草。在北纬30°，即中部亚热带和北部亚热带交界地，杂草大部分属于南亚热带-北亚热带杂草，如看麦娘、牛繁缕、苍耳、千金子、矮慈姑、雀舌草等，也有部分是暖温带杂草，如马唐、牛筋草、鸭舌草、异型莎草、香附子，其次是温带杂草，如眼子菜、鳢肠、猪殃殃、稗草、马唐、水莎草、四叶萍等。在北纬40°，从山海关至北京，大同至酒泉和库尔勒的自然条件下，由于气候条件存在差异，杂草分布不同。由于受北方冷空气的影响，山海关气温略低，凹头苋、牛筋草、马齿苋等喜温湿杂草的危害比北京轻。大同海拔高，气温低，主要以耐寒、耐干旱的温带杂草（如野燕麦、藜、苣荬菜、西伯利亚蓼、驴耳草等）为主。酒泉和库尔勒都是典型的大陆气候，年降雨量少，旱田杂草基本相同，但库尔勒气温比酒泉高，有马唐、马齿苋分布，稻田有稗草、扁秆藨草、轮藻等水生杂草危害。

海拔不同，农田杂草的分布与危害也有很大差别。例如，在云南省禄劝县，海拔1800～2000 m的地区主要有千金子、看麦娘等杂草，海拔2400～2700 m的地区主要有野燕麦、猪殃殃、欧洲千里光、尼泊尔蓼等杂草，海拔2700～3000 m的地区主要有香薷、尼泊尔蓼、苦荞麦、棒毛马唐等杂草。

3.1.2　杂草的危害

在上万年的世界农业发展史中，人类虽然采用了各种措施防除杂草，但目前杂草危害仍然给农业生产造成巨大的损失。杂草对作物的危害主要有以下几方面。

3.1.2.1　与作物争水、争肥、争光、争空间

在长期自然选择中，杂草形成了对环境条件的广泛适应性，它们生长迅速、繁茂，竞争能力要比作物强得多。杂草可与农作物争夺养料、水分、光照和空间等，妨碍田间通风透光，提升局部气候温度，影响作物根系发育，干扰作物正常生长。不除草情况下，小麦减产30%以上，玉米减产可高达80%。

杂草的根系发达，对水、肥的吸收能力强。例如，生产1 kg小麦干物质耗水513 kg，而藜和猪殃殃形成1 kg干物质分别需耗水658 kg和912 kg，野燕麦耗水比小麦多1.5倍。据测定，一年生杂草密度为100～200株/m^2时，对氮、磷、钾元素的吸收量（每公顷）分别为60～140 kg、20～30 kg、100～140 kg，这些养分足以生产3000 kg小麦。杂草丛生，侵占作物生长所需的空间，使作物受挤压或覆盖作物，严重影响作物枝叶的茂盛生长和光合作用，妨碍作物通风、透气，同时使土壤表层温度降低，严重影响作物生长。例如，稻田中的稗草、麦田中的藜、大蓟等常高于作物，影响作物的光合作用。杂草的地下根系对作物生长危害很大，特别是作物出苗后1个月以内出土的杂草，其根系对作物根系的生长威胁最大，若不防除，将严重影响作物的产量。此外，寄生性杂草直接从作物体内吸收养分，降低作物的产量和品质。

3.1.2.2 分泌物阻碍作物生长

有些杂草的分泌物对作物有毒害作用。例如：匍匐冰草根系分泌物抑制小麦的生长；母菊根系分泌物抑制大麦生长；野燕麦根系分泌物抑制玉米生长。

3.1.2.3 促进病虫害传播

许多杂草可作为病虫害的中间寄主或者为其提供避难场所，促进病虫害发生。杂草抗逆性强，不少是越年生或多年生植物，生育期较长。田间许多杂草都是病虫害的中间寄主，当作物出苗后，病原菌及害虫便由杂草迁移到作物上。

例如：棉蚜先在多年生的刺儿菜、苦苣菜、紫花地丁及越年生的荠菜、夏至草等杂草上越冬，当棉花出苗后移到棉苗上。藜是甜菜象鼻虫的栖息处，也是桃蚜的中间寄主；马唐、小旋花等杂草是温室白粉虱的中间寄主。野生大豆是大豆霜霉病和大豆紫斑病的中间寄主；野燕麦是小麦赤霉病的野生寄主；牛筋草、马唐可传播稻瘟病。小麦密植时，小麦丛矮病仅田边发生；小麦行间套种棉花、玉米后，土地不再耕翻，杂草丛生，有利于传毒昆虫灰飞虱的滋长和活动，于是丛矮病逐年加重；恢复密植后，丛矮病显著下降。

3.1.2.4 增加管理和生产成本

田间杂草过多，防除杂草必然要增加人力、物力、财力。全球农药市场中，除草剂占据44%左右的市场份额，销售额高达288亿美元左右。

3.1.2.5 毒害人畜

有些杂草体内含有对人畜有毒的物质，人畜误食后会引起中毒。例如：麦仙翁、毒麦和某些千里光属杂草的种子可能混入小麦中，人吃了含有毒麦的面粉就有中毒致死的危险；误食混有大量苍耳籽的大豆加工品，同样会引起中毒；豚草的花粉可能引起花粉过敏症，使患者出现哮喘、鼻炎、类似荨麻疹等症状；莨菪混入菠菜、小白菜等蔬菜时也易引起中毒事故。有些杂草还可以使牲畜中毒。例如，毛茛中的毛茛油可使牛、羊出现口腔及胃黏膜发炎、肿胀、瞳孔放大、耳舌痉挛等症状。据估计，美国加利福尼亚州每年有8%的牧牛因有毒植物而死。

3.1.2.6 降低农畜产品的产量和质量

由于杂草在土壤养分、水分、作物生长空间和病虫害传播等方面直接、间接危害作物，因此最终将影响作物的产量和质量。例如，夹心稗对水稻的产量影响极明显。试验表明，一丛水稻夹有1、2及3株稗草时，水稻相应减产35.3%、62%和88%。当田间无野燕麦时，小麦的产量为1.62万kg/hm^2；当野燕麦的密度为123万株/hm^2、567万株/hm^2、1053万株/hm^2时，小麦的产量分别降为1494 kg/hm^2、576 kg/hm^2和417 kg/hm^2。受野燕麦危害的小麦植株瘦弱，穗小粒少，籽粒干瘪，蛋白质含量降低，出粉率低；受野燕麦危害的大豆百粒重下降。龙葵的浆果在收获时混入大豆，可将大豆染成紫色，造成大豆降级，影响出口。有些杂草如遏兰菜等被奶牛误食后会使牛奶有异味，严重影响食用价值。

3.1.2.7 妨碍农事操作，加大收割损失

杂草过多易使作物生长不良、倒伏，在机械收割过程中易造成裹粮损失，加大收割损失

和作业难度。如芦苇等常常造成耕作困难,影响机械操作。

3.1.2.8　影响水利设施

水渠两旁长满杂草可使水流减缓,泥沙淤积,为鼠类栖息提供条件,使渠坝受损。

事物往往具有两面性,杂草有其危害的一面,但有时也有有益于人的一面,可以利用开发。例如:如香附子能治胃腹胀病,益母草能利尿、外用能消肿,猪毛草能治高血压病等,多种杂草都是很好的药材资源;荠菜、苋菜、独行菜的幼苗嫩叶是营养极好而味美的蔬菜;马唐、苋是上好的饲草;白草籽可以酿酒;芦苇是造纸的原料;杂草具有较强的抗逆性,对环境有很强的适应能力,是育种工作极有利用潜力的基因库;浮萍有富集镉的能力,凤眼莲是富集锌的水生植物,有减轻污染、美化环境的功能;田野中不同季节都有不同种类的开花杂草,如紫花地丁、冬葵、虞美人、凤眼莲等,可以将大自然点缀得更有生气;有些多年生杂草的根系发达,可以固土、固沙、防止雨水冲刷。因此,应全面评价当地的杂草,分析其利弊,因地制宜地控制杂草危害。

3.2　杂草的分类

对杂草进行分类是识别杂草的基础,而杂草的识别又是杂草的生物学、生态学研究以及防除和控制杂草的重要基础。杂草以草本植物为主,半灌木或藤本植物比例很小。

3.2.1　按亲缘关系分类

按界、门、纲、目、科、属、种进行分类,杂草可分为禾本科、菊科、茄科、十字花科、莎草科等。我国农田杂草共87科,常见的为禾本科、茄科、马齿苋科、堇菜科、浮萍科、菊科、玄参科、桑科、泽泻科、十字花科、鸭跖草科、毛茛科、商陆科、苋科、锦葵科、酢浆草科、木贼科、藜科、茜草科、牻牛儿苗科、葫芦科、旋花科、大戟科、葡萄科、千屈菜科、石竹科、蔷薇科、伞形科、雨久花科、唇形科、萝藦科、紫草科、蒺藜科、蓼科、豆科、车前科、莎草科等。

3.2.2　按形态分类

杂草可根据形态特征、生物学特性、植物系统学、生境的生态学进行分类。结合化学防除的实际需要,杂草可根据形态特征分为禾草类、莎草类、阔叶草类三大类。其中禾草、莎草类为单子叶杂草,阔叶类为双子叶杂草。

3.2.2.1　单子叶杂草

单子叶杂草的胚有1个子叶(种子叶),叶片通常窄而长,平行叶脉,无叶柄。

①禾本科杂草:叶鞘开张,有叶舌,无叶柄。茎圆或扁平。有节,节间中空。常见的有稗草、千金子、看麦娘、马唐、狗尾草等。

②莎草科杂草:叶鞘包卷,无叶舌。其与禾本科杂草的区别是茎三棱,通常实心,无节。常见的有三棱草、香附子、水莎草、异型莎草等。

3.2.2.2 双子叶杂草

双子叶杂草的胚有 2 片子叶，草本或木本，叶脉网状，叶片宽，有叶柄。常见的有刺儿菜、苍耳、鳢肠、荠菜等。另外，阔叶杂草也包括一些叶片较宽、叶子着生较大的单子叶杂草，如鸭跖草等。鸭跖草虽也是阔叶，但在分类学上属单子叶的鸭跖草科植物。

①苋科：营养体含红色素。叶对生或互生，无托叶。花小，不显著。

②藜科：茎节膨胀。单叶互生，叶柄基部的托叶常膨大成膜质托叶鞘。花小，花簇由鞘发出，瘦果。

③蓼科：叶互生，无托叶。花不显著，密集，小坚果。

④菊科：头状花序，花两类，内部为管状花，外部为舌状。

⑤十字花科：常有根生叶。花两性，总状花序，萼片 4 枚，花瓣 4 枚；雄蕊 6 枚，4 长 2 短，称为四强雄蕊；雌蕊由 2 心皮结合而成。子房上位，角果。

⑥旋花科：缠绕草本植物，有的有乳液。腋生聚伞花序，花大型，花冠漏斗状。子房上位，蒴果。

⑦唇形科：茎四棱。单叶对生。轮状聚伞花序，不整齐两性花，小坚果。

3.2.3 按生物学特性分类

杂草生活型以一年生为主，在雨热条件好的地方出现多年生杂草。

①一年生杂草：如马唐、狗尾草等。

②越年生杂草：如看麦娘、荠菜、繁缕、小飞蓬等。

③多年生杂草：如芦苇、刺耳菜、田旋花等。

3.2.4 按生态类型分类

①水生杂草：如鸭舌草、野慈姑、泽泻等。

②湿生杂草：如千金子、异型莎草、碎米莎草等。

③沼生杂草：如狗牙根、马齿苋、牛筋草等。

④旱生杂草：如蒺藜、猪毛蒿、苍耳、香附子等。

3.2.5 按生存环境分类

①耕地杂草：如农田杂草。

②非耕地杂草：如路埂杂草。

③水生杂草：如沟渠杂草。

④草地杂草：如草场杂草。

⑤林地杂草：如树林杂草。

⑥环境杂草：如景观杂草。

3.3 农田主要杂草

中国列入名录的农田杂草有704种,分属87科366属。对农业生产造成危害的恶性杂草有16种,优势杂草有31种,地域性杂草有28种。农田主要杂草有野燕麦、播娘蒿、荠菜、藜、小藜、小车前、车前、刺儿菜、大刺儿菜、蒲公英、田旋花、打碗花、小根蒜、野西瓜苗、马藺、龙葵、小果荠、雀麦、离子芥、猪毛菜、鹤虱、马齿苋、独荇菜、酸模叶蓼、节节草、反枝苋、麦瓶草、朝天委陵菜、小花糖芥、蒺藜、地锦草、鬼针草、小画眉草、虎尾草、野生枸杞、地肤、蚤缀、冬葵、附地菜、夏至草、益母草、黄花蒿、猪毛蒿、黄鹌菜、苣荬菜、山苦荬、牻牛儿苗、皱叶酸模、委陵菜、野豌豆、曼陀罗、茜草、苍耳、小飞蓬、魁蓟、艾蒿、牛筋草、芦苇、早熟禾、冰草、野苜蓿、草木樨、繁缕、马唐、狗尾草、酢浆草、早开堇菜、细叶藜、野大豆、紫花地丁、蛇莓、猪殃殃、泽芹、问荆、铁苋菜、无芒稗、硬草、野胡萝卜、尖头叶藜、苦苣菜、茵草、飞廉、续断菊、地梢瓜、牛繁缕、亚麻荠、甘草等。

3.3.1 稻田主要杂草

3.3.1.1 稗草

稗草(图3-3-1)为禾本科一年生草本植物,别名芒早稗、水田草、水稗草等,以种子繁殖。稗草和水稻外形极为相似,是稻田里的恶性杂草,败家子中的“败”就是稗草演变过来的。稗子长在稻田里、沼泽、沟渠旁、低洼荒地,广布全国各地,主要为害水稻、小麦、玉米、谷子、大豆、蔬菜、果树等农作物。在长江流域,5月中上旬出现一个发生高峰,9月出现一个发生高峰。秆丛生,基部膝曲或直立,株高50～130 cm。叶片条形,无毛;叶鞘光滑无叶舌。圆锥花序稍开展,直立或弯曲;总状花序常有分枝,斜上或贴生;小穗有2个卵圆形的花,长约3 mm,具硬疣毛,密集在穗轴的一侧;颖有3～5脉;第一外稃有5～7脉,先端具5～30 mm的芒;第二外稃先端具小尖头,粗糙,边缘卷孢内桴。颖果米黄色卵形。种子卵状、椭圆形,黄褐色。

3.3.1.2 双穗雀稗

双穗雀稗(图3-3-2)为禾本科多年生杂草,别名红拌根草、过江龙、游草、游水筋。匍匐茎实心,长5～6 m,直径2～4 mm,常具30～40节,水肥充足的土壤中可达70节,每节有1～3个芽,节节都能生根,每个芽都可以长成新枝,繁殖竞争力极强,蔓延甚速。匍匐芽于4月初萌发,6月至8月生长最快,产生大量分枝,花枝高20～60 cm,较粗壮,斜生,节上被毛。叶片条状披针形,长3～15 cm,宽2～6 mm,叶面略粗糙,背面光滑具脊,叶片基部和叶鞘上部边缘具纤毛;叶舌膜质,长约1.5 mm。总状花序2枚,个别3枚,指状排列于秆顶。小穗椭圆形,呈2行,排列于穗轴的一侧,含2花,其中一花不孕。

图 3-3-1 稗草

图 3-3-2 双穗雀稗

3.3.1.3 异型莎草

异型莎草(图 3-3-3)为莎草目莎草科一年生草本植物。秆丛生,高 2～65 cm,扁三棱形。叶线形,短于秆,宽 2～6 mm;叶鞘褐色;苞片 2～3 枚,叶状,长于花序。长侧枝聚伞花序简单,少数复出;辐射枝 3～9 枝,长短不等;头状花序球形,具极多数小穗,直径 5～15 mm;小穗披针形或线形,长 2～8 mm,具花 2～28 朵;鳞片排列稍松,膜质,近扁圆形,长不及 1 mm,顶端圆,中间淡黄色,两侧深红紫色或栗色,边缘白色;雄蕊 2 枚,有时 1 枚;花柱极短,柱头 3 裂。小坚果倒卵状椭圆形、三棱形,淡黄色。花期和果期为 7 月至 10 月。

3.3.1.4 碎米莎草

碎米莎草(图 3-3-4)为莎草科莎草属一年生草本植物。幼苗第 1 片真叶带状披针形,横剖面呈“U”字形,纵脉间具横脉,构成方格状网脉,叶片与叶鞘间界限不明显。成株秆丛生,高8～85 cm,扁三棱形。叶片长线形,短于秆,宽3～5 mm,叶鞘红棕色。叶状苞片 3～5 枚。长侧枝聚伞花序复出;辐射枝 4～9 枚,长达12 cm,每辐射枝具 5～10 个穗状花序;穗状花序长 1～4 cm,具小穗 5～22 个;小穗排列疏松,长圆形至线状披针形,压扁,长 4～10 mm,具花 6～22 朵,鳞片排列疏松,膜质,宽倒卵形,先端微缺,具短尖,有脉 3～6 条;雄蕊 3 枚;花柱短,柱头 3 裂。小坚果倒卵形或椭圆形、三棱形,褐色。花期和果期为 6 月至 10 月。

图 3-3-3 异型莎草

图 3-3-4 碎米莎草

图 3-3-5 水莎草

3.3.1.5 水莎草

水莎草(图 3-3-5)为莎草科水莎草属,多年生草本植物,以种子及块茎繁殖,是稻田的恶性杂草。常生长于湿地、河岸、沼泽等处,全国大部分地区均有分布。高 35～100 cm。根状茎长,横走。秆粗壮,扁三棱形,光滑。叶片少,线形,多短于秆,宽 3～10 mm,先端狭尖,基部折合,全缘,上面平展,下面中肋呈龙骨状突起。苞片 3 枚,少有 4 枚,叶状,较花序长约 1 倍以上,最宽处可达 8 mm;复出长侧枝聚伞花序有 4～7 个第一次辐射枝,辐射枝向外展开,长短不等,最长达 16 cm,每一辐射枝上有 1～3 个穗状花序,每一穗状花序又有 5～17 个小穗，花序轴疏被短硬毛；小穗排列疏松，近平展，披针形或线状披针形，长 8～20 mm，宽约 3 mm，有花 10～30 多朵，小穗轴有白色透明翅；鳞片初期排列紧密，后期疏松，纸质，宽卵形，长约 2.5 mm，先端钝圆或微缺，背面中肋绿色，两侧红褐色或暗红褐色，边缘透明，黄白色，有 5～7 条脉；雄蕊 3 枚，花药线形，药隔暗红色；花柱短，柱头 2 裂，细长，有暗红色斑纹。小坚果椭圆形或倒卵形，平凸状，长约 2 mm，棕色，稍有光泽，有小点状突起。花期为 7 月至 8 月，果期为 10 月至 11 月。

3.3.1.6　千金子

千金子(图 3-3-6)为一年生草本植物，高 30～90 cm。秆丛生，上部直立，基部膝曲，具 3～6 节，光滑无毛。叶鞘大多短于节间，无毛；叶舌膜质，多撕裂，具小纤毛；叶片条状披针形，无毛，常卷折。花序圆锥状，分枝长，由多数穗形总状花序组成；小穗含 3～7 朵花，呈 2 行着生于穗轴的一侧，常带紫色；颖具 1 脉，第二颖稍短于第一外稃；外稃具 3 脉，无毛或下部被微毛。颖果长圆形。幼苗淡绿色；第 1 叶长 2～2.5 mm，椭圆形，有明显的叶脉，第 2 叶长 5～6 mm；第 7～8 叶出现分蘖和匍匐茎及不定根。

3.3.1.7　牛毛毡

牛毛毡(图 3-3-7)又名牛马草，为单子叶多年生小草本植物，细长如牛毛，生于稻田或湿地，是稻田的重要杂草之一，以根茎和种子繁殖。幼苗细针状，具白色纤细匍匐茎，长约 10 cm，节上生须根和枝。地上茎直立，秆密丛生，细如牛毛。株高 2～12 cm，绿色，叶退化，在茎基部 2～3 cm处具叶鞘。茎顶生一穗状花序，狭卵形至线状或椭圆形略扁，浅褐色，花数朵。鳞片卵形，浅绿色，生 3 根刚毛，长短不一，鳞片内全有花，膜质；花柱头 3 裂，雄蕊 3 枚，雌蕊 1 枚。小坚果狭矩圆形，无棱，表生隆起网纹。在长江流域于 4 月中下旬始发，靠根茎蔓延(极快)，8 月至 10 月开花结果，11 月下旬地上部枯死。

3.3.1.8　扁秆藨草

扁秆藨草(图 3-3-8)为多年生草本植物，高 60～100 cm。具匍匐根茎和块茎。秆较细，三棱柱形，平滑，基部膨大。叶基生或秆生；叶片线形，扁平，宽 2～5 mm，基部具长叶鞘。叶状苞片 1～3 枚，长于花序，边缘粗糙。聚伞花序头状，有小穗 1～6 枚；小穗卵形或长圆卵形，长10～16 mm，褐锈色，具多数花；鳞片长圆形，长 6～8 mm，膜质，褐色或深褐色，疏被柔毛，有 1 条脉，先端有撕裂状缺刻，具芒；下位刚毛 4～6 条，有倒刺，长为小坚果的 1/2～2/3；雄蕊 3 枚；花柱长，柱头 2 裂。小坚果倒卵形或宽倒卵形，扁，两面稍凹或稍凸，长 3～3.5 mm。花期为 5 月至 6 月，果期为 6 月至 7 月。

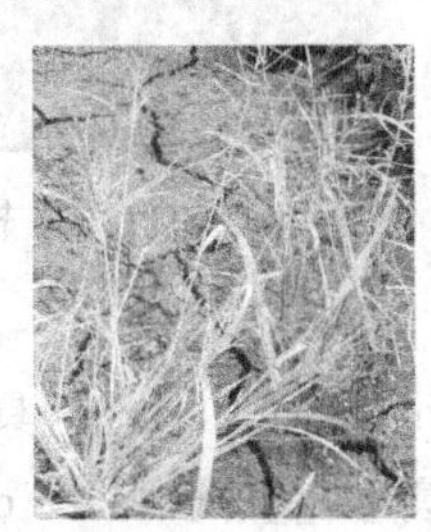

图 3-3-6　千金子

图 3-3-7　牛毛毡

图 3-3-8　扁秆藨草

3.3.1.9 眼子菜

眼子菜(图 3-3-9)又名水上漂,多年生水生草本植物,生于静水池沼中,为常见稻田杂草,有时是恶性杂草。幼苗子叶针状,下胚轴不甚发达,初生叶带状披针形,先端急尖或锐尖,全缘。后生叶叶片有 3 条明显叶脉。成株有匍匐的根状茎,茎细长。浮水叶互生,长圆形或宽椭圆形,略带革质,先端急尖或锐而具突尖,全缘,有平行的侧脉 7～9 对;叶柄细长,托叶膜质透明,披针形,抱茎;沉水叶互生,叶片线状长圆形或线状椭圆形,有长柄。花序生于枝梢叶腋,基部有长圆状披针形的佛焰苞;穗状花序圆柱形,花密集。小坚果倒卵形,略偏斜,背部具 3 条脊棱,中间的 1 条具翅状突起,果顶有短喙。

3.3.1.10 鸭舌草

鸭舌草(图 3-3-10)为雨久花科植物,又名水锦葵,别名水玉簪、肥菜、合菜、雨久花、兰花菜、马耳菜等,为一年生水生草本植物。根状茎粗壮极短,具柔软须根。茎直立或斜上,高 12～35 cm。全株光滑无毛,叶基生或茎生,叶片形状和大小变化较大,由心状宽卵形、长卵形至披针形,长 2～7 cm,宽 0.8～5 cm,顶端短突尖或渐尖,基部圆形或浅心形,全缘,具弧状脉。叶柄长 10～20 cm,基部扩大成开裂的鞘。鞘长 2～4 cm,顶端有舌状体,长 0.7～1 cm。总状花序从叶柄中部抽出。花序梗短,长1～1.5 cm,基部有一披针形苞片。花序在花期直立,果期下弯,花通常 3～5 朵(少有 10 余朵)或 1～3 朵,蓝色。花被片卵状披针形或长圆形,长 1～1.5 cm,花梗长达 1 cm,雄蕊 6 枚,其中 1 枚较大,花药长圆形,其余 5 枚较小;花丝丝状。蒴果卵形至长圆形,长约 1 cm。种子多数,椭圆形,长约1 mm,灰褐色,具 8～12 纵条纹。花期为 8 月至 9 月,果期为 9 月至 10 月。

3.3.1.11 节节菜

节节菜(图 3-3-11)为千屈菜科一年生草本植物,以匍匐茎和种子繁殖。高 6～5 cm,茎披散或近直立,具不明显的 4 棱,光滑,有时下部伏地生根。叶对生,无柄或近无柄;叶片倒卵形或椭圆形,长 6～12 mm,全缘,背脉凸起。花序生于叶腋内,有数朵花;苞片叶状,长4～5 mm,小苞片 2 枚,狭披针形;花萼钟状;花瓣 4 枚,极小,淡红色。蒴果椭圆形,具横条纹。种子狭长卵形或呈棒状。

图 3-3-9 眼子菜

图 3-3-10 鸭舌草

图 3-3-11 节节菜

3.3.1.12 水苋菜

水苋菜(图 3-3-12)为一年生草本植物,无毛,高 10～45 cm;茎直立,分枝,具 4 棱,多少带淡紫色。叶交互对生或对生,披针形、倒披针形或倒卵状长圆形,茎叶长 2～8 cm,宽0.5～1.7 cm,侧枝上叶更小,顶端渐尖,基部渐狭,呈短柄或近无柄,不呈耳状,中脉腹面平坦,背面略突出，侧脉不明显。花极小，绿色或淡红色，无花瓣，于叶腋内排成密集小聚伞花序或花束，具短梗；萼在花蕾期呈钟形，长约 1 mm，顶端平面为四方形，裂齿 4 个，正三角形，长约为萼管的 1/3；雄蕊 4 枚，比花萼稍短；子房球形，花柱短，长约 0.4 mm。蒴果球形，紫红色，直径 1～1.5 mm，中部以上不规律盖裂；种子极小，近三角形。花期为 12 月至翌年 2 月。

图 3-3-12　水苋菜

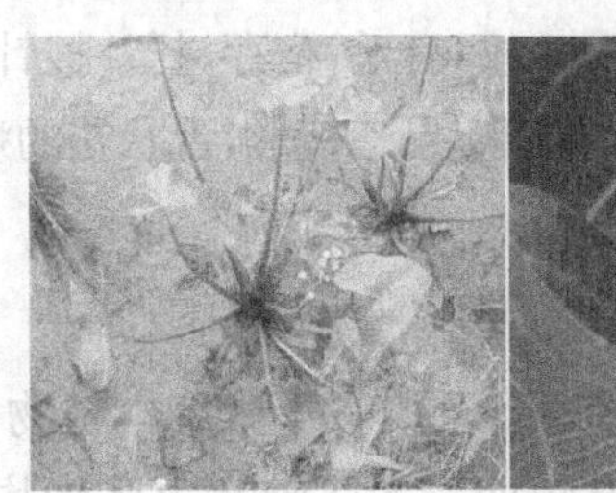

图 3-3-13　野慈姑

3.3.1.13　野慈姑

野慈姑(图 3-3-13)为慈姑的变种，别名驴耳菜、大毛驴子、毛驴耳朵、飞机草、三角草、老母猪拱豆、地豆、扎枪头子、鸭嘴子、洋服领、鹞鹰、小燕儿，多年生水生或沼生草本植物，中国各地均有分布。与慈姑相比，野慈姑植株较矮，叶片较小且薄。株高 50～100 cm。根状茎横生，较粗壮，顶端膨大呈球茎，长 2～4 cm，径约 1 cm，土黄色。基生叶簇生，叶形变化极大，多数为狭箭形，通常顶裂片短于侧裂片，顶裂片与侧裂片之间缢缩；叶柄粗壮，长 20～40 cm，基部扩大成鞘状，边缘膜质。7 月至 10 月开花，花梗直立，高 20～70 cm，粗壮，总状花序或圆锥形花序；花白色。10 月至 11 月结果，同时形成地下球茎。

3.3.1.14　空心莲子草

空心莲子草(图 3-3-14)又名革命草、水花生、喜旱莲子草，多年生苋科宿根性杂草，原产于巴西，生命力强，适应性好，生长繁殖迅速，水陆均可生长，主要在农田(包括水田和旱田)、空地、鱼塘、沟渠、河道等环境中生长为害。空心莲子草根系发达，地上部分繁茂，在农田中生长会与作物争夺阳光、水分、肥料以及生长空间，造成严重减产。节间长，有时可长达 19 cm，直径为 0.5～1.4 cm。由茎节上形成须根，无根毛，外皮层无明显分化，中皮层具 6～9 层薄壁细胞，气腔分布其中。茎基部匍匐蔓生于水中，端部直立于水面，不明显 4 棱，长 55～120 cm，节腋处疏生细柔毛；茎圆桶形，多分枝，光滑中空。叶对生，有短柄，叶片长椭圆形至倒卵状披针形，长 2.5～5 cm，宽 0.7～2 cm，先端圆钝，有尖头，基部渐狭，叶面光滑，无绒毛，叶片边缘无缺刻。叶柄长 0.3～1 cm，无毛或微有柔毛。

3.3.1.15　鳢肠

鳢肠(图 3-3-15)为菊科一年生草本植物，别名旱莲草、墨草、莲子草，以种子繁殖。瘦果楔形，扁状，长 2.2～3 mm，宽 1～1.7 mm。顶端截平，其边缘疏生短毛，中央具不明显的残存花柱，圆形，微突起，无冠毛。果体具 3～4 棱，边缘延伸成窄翅，各棱间均有明显的疣状突起或颗粒状粗糙面，果皮浅褐色、灰褐色或黑褐色，表面乌暗，无光泽。果脐圆形，微凹，位于果实基端。果内含种子 1 粒。种子 5 月出苗，6 月至 7 月为出苗高峰期。幼苗除子叶外，全体有毛；上、下胚轴较发达，淡褐色或带紫色；子叶 2 片，椭圆形，长 4～6 mm，宽约 4 mm，先端钝圆，基部渐狭至柄，柄短；初生叶2片，椭圆形，叶背被白色粗毛。茎直立或平卧，高20～60 cm，基部分枝绿色或红褐色，被伏毛，着土后节易生根。根深茎脆不易拔除，茎叶折断有墨水样汁液外流，故又名墨草。叶对生，无柄或基部叶有柄，被粗壮毛，长披针形，椭圆状披针形或条状披针形，长2～7 cm，宽5～15 mm，全缘或有细锯齿。花期为6月至10月。头状花序腋生或顶生；总苞片2轮，有5～6枚，有毛，宿存，托片披针或刚毛状；边花舌状，全缘或2裂；心花筒状，裂片4枚，白色。筒状花的瘦果三棱形，舌状花的瘦果四棱形；种子于8月渐次成熟，经越冬休眠后萌发。

3.3.1.16 陌上菜

陌上菜(图3-3-16)为玄参科母草属一年生草本植物。幼苗子叶卵状披针形，先端渐尖，叶基楔形，有1条明显中脉，有短柄。下胚轴及上胚轴均不发达。初生叶对生，单叶，卵形，先端锐尖，全缘，中脉1条，有叶柄。后生叶椭圆形，先端尖，叶缘微波状。成株直立无毛，根细密成丛，茎方，基部分支，高5～20 cm，无毛。叶无柄，叶片椭圆形至长圆形，顶端钝至圆头，全缘或有不明显的钝齿，两面无毛，自叶基发出3～5条并行脉。花单生叶腋，花梗纤细，比叶长，无毛。萼仅基部合着。花冠粉红色或紫色，向上渐扩大，上唇短，直立，下唇大于上唇，较开展。蒴果卵圆形，初时绿色，先端尖，种子极多，有格纹。

图3-3-14 空心莲子草

图3-3-15 鳢肠

图3-3-16 陌上菜

3.3.1.17 刚毛荸荠

刚毛荸荠(图3-3-17)为莎草科多年生草本植物，有匍匐根状茎。秆多数或少数，单生或丛生，圆柱状，干后略扁，高6～50 cm，直径1～3 mm，有少数锐肋条。叶缺如，在秆的基部有1～2个长叶鞘，鞘膜质，鞘的下部紫红色，鞘口平，高3～10 cm。小穗长圆状卵形或线状披针形，少有椭圆形和长圆形，长7～20 mm，宽2.5～3.5 mm，后期为麦秆黄色，有多数或极多数密生的两性花；在小穗基部有2片鳞片，中空，无花，抱小穗基部的1/2～2/3周；其余鳞片全有花，卵形或长圆状卵形，顶端钝，长约3 mm，宽约1.7 mm，背部淡绿色或苍白色，有1条脉，两侧狭，淡血红色，边缘很宽，白色，干膜质；下位刚毛4条，其长明显超过小坚果，很淡锈色，略弯曲，不向外展开，密生倒刺；柱头2裂。小坚果圆倒卵形，双凸状，长约1 mm，宽大致相同，淡黄色；花柱基为宽卵形，长约为小坚果的1/3，宽约为小坚果的1/2，海绵质。花期和果期为6月至8月。

图 3-3-17　刚毛荸荠

图 3-3-18　萤蔺

3.3.1.18　萤蔺

萤蔺(图 3-3-18)为莎草科多年生草本植物。幼苗初生叶肥厚,线状锥形,绿色,叶背稍隆起,腹面稍凹,向基部变宽为鞘状。成株秆丛生,高 20～30 cm,圆柱形。秆基部有 2～3 个叶鞘,开口处为斜截形,无叶片。苞片 1 枚,为秆的延长,直立,长 5～15 cm。小穗 2～7 个聚成头状,卵形或长圆状卵形,棕色或淡棕色,多花;鳞片宽卵形或卵形,顶端具短尖,背面中央绿色,两侧浅棕色或有深棕色条纹。小坚果宽倒卵形或倒卵形,平凸状,黑色或黑褐色,有光泽。种子成熟后,漂浮于水面,借水流传播,深层种子能保持几年不丧失发芽力。

3.3.1.19　泽泻

泽泻(图 3-3-19)别名水白菜、水菠菜,多年生水生或沼生草本植物。块茎直径 1～3.5 cm,或更大。沉水叶条形或披针形;挺水叶宽披针形、椭圆形至卵形,长 2～11 cm,宽 1.3～7cm,先端渐尖,稀急尖,基部宽楔形、浅心形,叶脉通常 5 条,叶柄长 1.5～30 cm,基部渐宽,边缘膜质。花葶高 78～100 cm,或更高;花序长 15～50 cm,或更长,具 3～8 轮分枝,每轮 3～9 个分枝。花两性,花梗长 1～3.5 cm;外轮花被片广卵形,长 2.5～3.5 mm,宽 2～3 mm,通常具 7 脉,边缘膜质,内轮花被片近圆形,远大于外轮,边缘具不规则粗齿,白色、粉红色或浅紫色;心皮 17～23 枚,排列整齐,花柱直立,长 7～15 mm,长于心皮,柱头短,约为花柱的 1/9～1/5;花丝长 1.5～1.7 mm,基部宽约 0.5 mm,花药长约1 mm,椭圆形,黄色或淡绿色;花托平凸,高约 0.3 mm,近圆形。瘦果椭圆形,或近矩圆形,长约 2.5 mm,宽约 1.5 mm,背部具1～2 条不明显浅沟,下部平,果喙自腹侧伸出,喙基部凸起,膜质。种子紫褐色,具凸起。花期和果期为 5 月至 10 月。

3.3.1.20　浮萍

浮萍(图 3-3-20)为浮水小草本植物,漂浮于水面。根 1 条,长 3～4 cm,纤细,根鞘无翅,根冠钝圆或截切状。叶状体对称,倒卵形、椭圆形或近圆形,长 1.5～6 mm,宽 2～3 mm,上面平滑,绿色,不透明,下面浅黄色或紫色,全线,具不明显的 3 脉纹。叶状体背面一侧具囊,新叶状体于囊内形成并浮出,以极短的细柄与母体相连,随后脱落。花单性,雌雄同株,生于叶状体边缘开裂处;佛焰苞翼状,内有雌花 1 朵,雄花 2 朵;雄花花药 2 室,花丝纤细;雌花具雌蕊 1 枚,子房巨室,具弯生胚珠 1 枚。果实近陀螺状,无翅。种子 1 颗,具凸起的胚乳和不规则的凸脉 12～15 条。花期为 4 月至 6 月,果期为 5 月至 7 月。

图 3-3-19 泽泻

图 3-3-20 浮萍

3.3.1.21 水绵

水绵(图 3-3-21)又名青苔、蛤蟆癞,可作某些鱼类的饵料,多生长于淡水中。水绵为多细胞丝状结构个体,叶绿体呈带状,有真正的细胞核,含有叶绿素,可进行光合作用。藻体是由一列圆柱状细胞连成的不分枝的丝状体。由于藻体表面有较多果胶质,所以用手触摸时颇觉黏滑。在显微镜下,可见每个细胞中有一至多条带状叶绿体,呈双螺旋筒状绕生于紧贴细胞壁内方的细胞质中,叶绿体上有一列蛋白核,细胞中央有一个大液泡,细胞核位于液泡中央的一团细胞质中,核周围的细胞质和四周紧贴细胞壁的细胞质之间有多条呈放射状的胞质丝相连。水绵在相对清洁的富营养化水体中非常普遍,在水中呈片状或团状。春季,水绵在水下生活,阳光充足、天气温暖时可以进行光合作用,缠结的细丝间出现大量氧气泡。转板藻、双星藻和丝藻常与水绵纠缠在一起生活,其中双星藻是水绵的近缘种。

3.3.1.22 小茨藻

小茨藻(图 3-3-22)为茨藻科茨藻属一年生沉水草木植物,多丛生于池塘、湖泊、水沟和稻田中。植株纤细,易折断,下部匍匐,上部直立,呈黄绿色或深绿色,基部节上生有不定根;株高 4～25 cm。茎圆柱形,光滑无齿,茎粗 0.5～1 mm 或更粗,节间长 1～10 cm 或更长;分枝多,呈二叉状;上部叶呈 3 叶假轮生,下部叶近对生,于枝端较密集,无柄;叶片线形,渐尖柔软或质硬,长 1～3 cm,宽 0.5～1 mm,上部狭而向背面稍弯至强烈弯曲,边缘每侧有 6～12 枚锯齿,齿长为叶片宽的1/5～1/2,先端有一褐色刺细胞;叶鞘上部呈倒心形,长约2 mm,叶耳截圆形至圆形,内侧无齿,上部及外侧具十几枚细齿,齿端均有一褐色刺细胞。花小,单性,单生于叶腋,罕有 2 花同生。雄花浅黄绿色,椭圆形,长 0.5～1.5 mm,具瓶状佛焰苞;花被 1 枚,囊状;雄蕊 1 枚,花药 1 室;花粉粒椭圆形。雌花无佛焰苞和花被,雌蕊 1 枚;花柱细长,柱头 2 枚。瘦果黄褐色,狭长椭圆形,上部渐狭而稍弯曲,长 2～3 mm,直径约 0.5 mm。种皮坚硬,易碎;表皮细胞多少呈纺锤形,细胞横向远长于轴向,排列整齐呈梯状,于两尖端的连接处形成脊状突起。花期和果期为 6 月至 10 月。

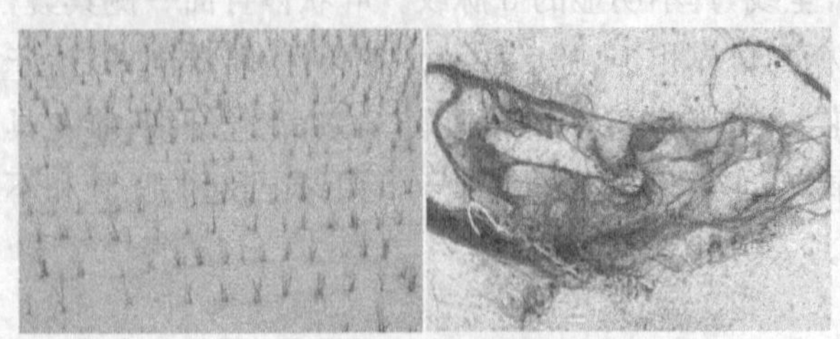

图 3-3-21 水绵

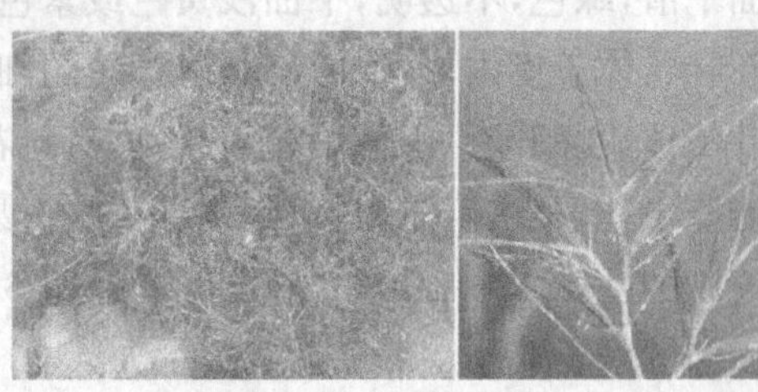

图 3-3-22 小茨藻

3.3.2　麦田主要杂草

3.3.2.1　猪殃殃

猪殃殃(图 3-3-23)为茜草科拉拉藤属多年生草本植物，约有 300 种，广布于潮湿林地、沼泽、河岸和海滨，为夏熟作物旱田恶性杂草。多枝、蔓生或攀缘状草本，茎具 4 棱，棱上、叶缘及叶背面中脉上均有倒生小刺毛。叶 4～8 片轮生，近无柄；叶片纸质或近膜质，条状倒披针形，长 1～3 cm，先端有凸尖头，干时常卷缩。聚伞花序腋生或顶生，有花数朵；花小，白色或淡黄色；花冠 4 裂；雄蕊 4 枚，子房下位。果小，稍肉质，2 心皮稍分离，各呈一半球形，被密集钩刺。种子小，平凸。

图 3-3-23　猪殃殃

3.3.2.2　播娘蒿

播娘蒿(图 3-3-24)又名米蒿，十字花科越年生或一年生草本植物，以种子繁殖。全株有分叉毛。茎直立，高 30～120 cm，圆柱形，上部多分枝，下部呈淡紫色，下部茎生叶多，向上渐少。叶互生，下部叶有柄，上部叶无柄；叶片二至三回羽状深裂，长 2～15 cm，最终裂片窄条形或条状长圆形，裂片长 3～5 mm，宽 0.8～1.5 mm。总状花序顶生，花多数，萼片 4 枚，直立；花瓣 4 枚，淡黄色。长角果窄条形，斜展，成熟后开裂。种子长圆形近卵形，黄褐色至红褐色。幼苗子叶 2 片，长椭圆形；初生叶 2 片，3～5 裂；后生叶为二回羽状分裂。

3.3.2.3　看麦娘

看麦娘(图 3-3-25)别名山高粱，为一年生草本植物。秆少数丛生，细瘦，光滑，节处常膝曲，高 15～40 cm。叶鞘光滑，短于节间；叶舌膜质，长 2～5 mm；叶片扁平，长 3～10 cm，宽 2～6 mm。圆锥花序圆柱状，灰绿色，长 2～7 cm，宽 3～6 mm；小穗椭圆形或卵状椭圆形，长 2～3 mm；颖膜质，基部互相联合，具 3 脉，脊上有细纤毛，侧脉下部有短毛；外稃膜质，先端钝，等大或稍长于颖，下部边缘相连合，芒长 1.5～3.5 mm，约于稃体下部 1/4 处伸出，隐藏或外露；花药橙黄色，长 0.5～0.8 mm。颖果长约 1 mm。花期和果期为 4 月至 8 月。

图 3-3-24　播娘蒿

图 3-3-25　看麦娘

图 3-3-26　日本看麦娘

3.3.2.4　日本看麦娘

日本看麦娘(图 3-3-26)为一年生草本植物。秆多数丛生,直立或基部膝曲,高 20～50 cm,具 3～4 节。叶鞘疏松抱茎,其内常有分枝;叶舌薄膜质,长 2～5 mm;叶片质柔软,长 3～12 cm,宽 3～7 mm,下面光滑,上面粗糙。圆锥花序圆柱形,长 3～10 cm,宽 5～10 mm;小穗长 5～7 mm;颖脊上具纤毛;外稃略长于颖,厚膜质,下部边缘合生,芒自近稃体基部伸出,长 8～12 mm,远伸出颖外,中部稍膝曲;花药淡白色或白色,长约 1 mm。花期和果期为 2 月至 5 月。

除以上 2 种看麦娘,田间常见的还有大穗看麦娘,三者的识别特征见表 3-3-1。

表 3-3-1　看麦娘、日本看麦娘、大穗看麦娘的识别特征

识别特征	看麦娘	日本看麦娘	大穗看麦娘
花序	3～7 cm	3～10 cm	>8 cm
小穗	紧凑,2～3 cm	紧凑,5～6 cm	松散,4～5 cm
芒	2～3 mm	8～12 mm	6 mm 左右
花药	橙黄色	白色	黄白色(花药丝长)
防除难度	容易	较难	中等

3.3.2.5　野燕麦

野燕麦(图 3-3-27)别名乌麦、铃铛麦,为一年生草本植物,以种子繁殖。秆直立单生或丛生且秆无毛,有 2～4 节,株高 60～120 cm。叶鞘光滑或基部被微柔毛;叶舌膜质透明;叶片宽条状,略粗糙,或上面和边缘疏生柔毛。圆锥花序呈塔形开展,分枝具棱角且轮生,小穗疏生;小穗生 2～3 朵小花,梗长,向下弯,先端膨胀;小穗轴密生淡棕色或白色硬毛,节脆硬易断落,第一节间长约 3 mm;两颖近等长,一般 9 脉;外稃质地坚硬,第一外稃长 1.5～2 cm,背面中下部散生淡棕色或白色粗硬毛,芒从稃体中部或稍下处伸出,长 2～4 cm,膝曲,扭转,芒柱棕色,内稃短,第二外稃有芒。颖果长圆形,被浅棕色柔毛,腹面有纵沟,长 6～8 mm。花期和果期为 4 月至 9 月。

图 3-3-27　野燕麦

稻茬小麦田野燕麦多于播种后 5～8 天出苗,呈秋季单峰型,野燕麦在拔节期以前生长速度比小麦慢,拔节后生长速度加快,与小麦共生至拔节期,严重的共生至返青期。在冬麦区,野燕麦于 9 月至 11 月出苗,4 月至 5 月开花结实,6 月枯死。

3.3.2.6　节节麦

节节麦(图 3-3-28)又名粗山羊草,为禾本科山羊草属植物,多生于荒芜草地或麦田中。节节麦是小麦的伴生杂草,随小麦种子传播。由于发生的环境条件一致,苗期形态相似,难以防除,危害极大。秆高 20～40 cm。叶鞘紧密包茎,平滑无毛,边缘具纤毛;叶舌薄膜质,长 0.5～1 mm;叶片宽约 3 mm,微粗糙,上面疏生柔毛。穗状花序圆柱形,含 7～10 枚小穗;小穗圆柱形,长约 9 mm,含 3～4 朵小花;颖革质,长 4～6 mm,通常具 7～9 脉,或可达 10 脉,

顶端截平或有微齿；外稃披针形，顶具长约 1 cm 的芒，穗顶部者长达 4 cm，具 5 脉，脉仅于顶端显著，第一外稃长约 7 mm；内稃与外稃等长，脊上具纤毛。花期和果期为 5 月至 6 月。

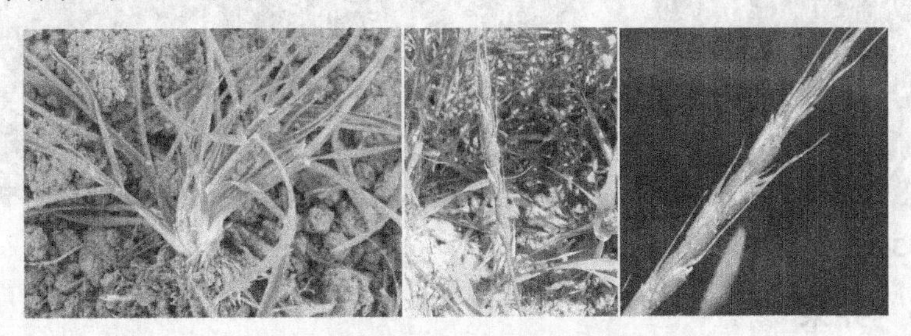

图 3-3-28　节节麦

小麦田常见禾本科杂草的识别特征见表 3-3-2。

表 3-3-2　小麦田常见禾本科杂草的识别特征

类别	小麦苗	雀麦	野燕麦	节节麦	看麦娘
根茎	白色	红褐色	白色	紫红色	紫红色
叶面	无毛，叶片顺时针生长	有白色绒毛，叶细长	有柔毛，叶略宽，叶片逆时针生长	疏生绒毛	叶片窄，无毛
叶缘	—	有绒毛	有倒生锐毛	—	—
叶舌	—	—	不规则齿裂	—	—
叶鞘	—	有绒毛	有毛	边缘有长纤毛	—
叶耳	有叶耳	—	无叶耳	—	有叶耳
种子	—	籽粒秕瘦	籽粒秕瘦	桶状	种子小

3.3.2.7　毒麦

毒麦(图 3-3-29)是禾本科黑麦属的越年生或一年生草本植物，属于田间常见的杂草，原产于欧洲，近半个世纪传入中国。毒麦的外形与小麦相似，常与小麦混生，与小麦一同被收获和加工，然而毒麦的籽粒中含有能麻痹中枢神经、致人昏迷的毒麦碱。毒麦形似小麦，须根较稀，茎直立丛生，光滑坚硬，不易倒伏；成株秆无毛，3～4 节，高 20～120 cm，一般比小麦矮 10～15 cm。叶鞘疏松，大部分长于节间；叶舌长约2.7 mm，膜质截平，叶耳狭窄；叶片长 6～40 cm，宽 3～13 mm，质地较薄，无毛或微粗糙；穗状花序长 5～40 cm，宽 1～1.5 cm，有 12～14 枚小穗；穗轴节间长 5～7 mm；小穗有小花 2～6 朵，小穗轴节间长 1～1.5 mm，光滑无毛；颖质地较硬，有 5～9 脉，具狭膜质边缘，颖长 8～10 mm，宽1.5～2 mm；外稃质地薄，基盘较小，具 5 脉，顶端膜质透明，第 1 外稃长约 6 mm，有长为0.7～1.5 cm 的芒，自近外稃顶稍下方伸出；内稃与外稃近等长，脊上具有微小纤毛。小穗的第一颖均退化(除顶生小穗外)。

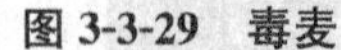

图 3-3-29 毒麦

图 3-3-30 荠菜

3.3.2.8 荠菜

荠菜(图 3-3-30)为十字花科荠菜属一年生或二年生草本植物。高 20～50 cm。茎直立,有分枝,稍有分枝毛或单毛。基生叶丛生,呈莲座状,具长叶柄,长 5～40 mm;叶片大头羽状分裂,长可达12 cm,宽可达 2.5 cm,顶生裂片较大,卵形至长卵形,长 5～30 mm,侧生者宽 2～20 mm,裂片 3～8 对,较小,狭长,开展,卵形,基部平截,具白色边缘,十字花冠。茎生叶狭,披针形,长1～2 cm,宽 2～15 mm,基部箭形抱茎,边缘有缺刻或锯齿,两面有细毛或无毛。总状花序顶生或腋生,果期延长达 20 cm;萼片长圆形;花瓣白色,匙形或卵形,长 2～3 mm,有短爪。短角果,倒卵状三角形或倒心状三角形,长 5～8 mm,宽 4～7 mm,扁平,无毛,先端稍凹,裂瓣具网脉,花柱长约 0.5 mm。种子 2 行,呈椭圆形,浅褐色。花期和果期为4 月至6 月。

3.3.2.9 大巢菜

大巢菜(图 3-3-31)为一年生或二年生草本植物。高 25～50 cm,被疏黄色短柔毛。偶数羽状复叶,叶轴顶端具卷须;托叶戟形,一边有 1～3 个披针形齿牙,一边全缘;小叶 4～8 对,叶片长圆形或倒披针形,长 8～18 mm,宽 4～8 mm,先端截形,凹入,有细尖,基部楔形,两面疏生黄色柔毛。总状花序腋生;花 1～2 朵,花梗短,有黄色疏短毛;花冠深紫色或玫红色;萼钟状,萼齿 5 枚,披针形,渐尖,有白色疏短毛;旗瓣倒卵形,翼瓣及龙骨瓣均有爪;雄蕊 10 枚,二体;子房无柄,花柱短,柱头头状,花柱先端背部有淡黄色髯毛。荚果线形,扁平,长 2.5～4.5 cm,近无毛,成熟时棕色。种子圆球形,棕色。花期为 3 月至 4 月,果期为 5 月至6 月。

图 3-3-31 大巢菜

3.3.2.10 牛繁缕

牛繁缕(图 3-3-32)全株光滑,仅花序上有白色短软毛。茎多分枝,柔弱,常伏生地面。叶卵形或宽卵形,长 2～5.5 cm,宽 1～3 cm,顶端渐尖,基部心形,全缘或波状,上部叶无柄,基部略包茎，下部叶有柄。花梗细长，花后下垂；萼片5枚，宿存，果期增大，外面有短柔毛；花瓣5枚，白色，2深裂几达基部。蒴果卵形，5瓣裂，每瓣端再2裂。花期为4月至5月，果期为5月至6月。

图3-3-32 牛繁缕

3.3.2.11 婆婆纳

婆婆纳（图3-3-33）为越年生或一年生草本植物，以种子繁殖。全株有毛。茎自基部分枝，下部伏生地面，高15～45 cm。茎基部叶对生，有柄或近无柄，卵状长圆形，边缘有粗钝齿。花序顶生，苞叶与茎生叶同型，互生。花单生于苞腋，花梗明显长于苞叶；花萼4裂，花冠淡蓝色，有深蓝色脉纹。蒴果肾形，宽过于长，顶端凹口开角大于90°，宿存花柱明显超过凹口。种子表面有颗粒状的突起。花期为3月至5月。

图3-3-33 婆婆纳

3.3.2.12 田紫草

田紫草（图3-3-34）别名麦家公，株高20～40 cm，茎直立或斜升，茎的基部或根的上部略带淡紫色，被糙伏毛。叶倒披针形或线形，顶端圆钝，基部狭楔形，两面被短糙毛，叶无柄或近无柄。聚伞花序，花萼5裂至近基部，花冠白色或淡蓝色，筒部5裂。小坚果。

图3-3-34 田紫草

3.3.2.13 泽漆

泽漆（图3-3-35）为大戟科一年生或二年生草本植物，高10～30 cm，全株含乳汁。茎基部分枝，茎丛生，基部斜升，无毛或仅分枝略具疏毛，基部紫红色，上部淡绿色。叶互生，无柄或因突然狭窄而具短柄；叶片倒卵形或匙形，长 1～3 cm，宽 0.7～1 cm，先端微凹，边缘中部以上有细锯齿；基部楔形，两面深绿色或灰绿色，被疏长毛，下部叶小，开花后渐脱落。杯状聚伞花序顶生，伞梗 5 个，每伞梗再分生 2～3 个小梗，每小伞梗又分裂为 2 叉，伞梗基部具 5 片轮生叶状苞片，与下部叶同形而较大；总苞杯状，先端 4 浅裂，裂片钝，腺体 4 枚，盾形，黄绿色；雄花 10 余朵，每花具雄蕊 1 枚，下有短柄，花药歧出，球形；雌花 1 朵，位于花序中央；子房有长柄，伸出花序之外；子房 3 室；花柱 3 枚，柱头 2 裂。蒴果球形，直径约3 mm，3 裂，光滑。种子褐色，卵形，长约 2 mm，有明显凸起网纹，具白色半圆形种阜。花期为 4 月至 5 月，果期为 6 月至 7 月。

3.3.2.14 硬草

硬草(图 3-3-36)为一年生草本植物。秆簇生，高 5～15 cm，自基部分枝，膝曲上升。叶鞘平滑无毛，中部以下闭合；叶舌短，膜质，顶端尖；叶片线状披针形，无毛，上面粗糙。圆锥花序长约 5 cm，紧密；分枝粗短；小穗含 3～5 朵小花，线状披针形，长达 10 mm；第一颖长约为第二颖长的 1/2，具 3～5 脉；外稃革质，具脊，顶端钝，具 7 脉。

图 3-3-35 泽漆

图 3-3-36 硬草

3.3.3 棉田主要杂草

3.3.3.1 早熟禾

早熟禾(图 3-3-37)为纤细的一年生或多年生禾草，别名稍草、小青草、小鸡草、冷草、绒球草。株高 8～30 cm，在精细管理下也可越年生长。秆丛生，直立或基部倾斜，高 5～30 cm，具 2～3 节。叶鞘质软，中部以上闭合，短于节间，平滑无毛；叶舌膜质，长 1～2 mm，顶端钝圆；叶片扁平，长2～12 cm，宽 2～3 mm。圆锥花序开展，呈金字塔形，长 3～7 cm，宽 3～5 cm，每节具 1～2 个分枝，分枝平滑；小穗绿色，长 4～5 mm，具 3～5 朵小花；颖质薄，顶端钝，具宽膜质边缘；第一颖具 1 脉，长 1.5～2 mm，第二颖具 3 脉，长 2～3 mm；外稃椭圆形，长 2.5～3.5 mm，顶端钝，边缘及顶端宽膜质，具明显的 5 脉，脊与边脉下部具柔毛，间脉近基部有毛，基盘无绵毛；内稃与外稃近等长或稍短，脊上具长丝状毛；花药淡黄色，长 0.7～0.9 mm。颖果黄褐色，长约 1.5 mm。花期和果期为 7 月至 9 月。

3.3.3.2　通泉草

通泉草(图 3-3-38)为通泉草属一年生草本植物,茎高 3～30 cm,直立或倾斜,无毛或疏生短柔毛。总状花序生于茎、枝顶端,常在近基部生花,伸长或上部呈束状,通常 3～20 朵,花稀疏;花萼钟状;花冠白色、紫色或蓝色。蒴果球形;种子小而多数,黄色。花期和果期为 4 月至 10 月。

图 3-3-37　早熟禾

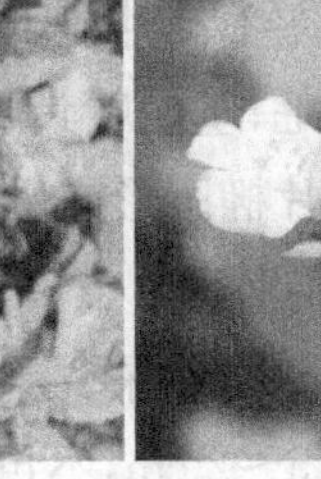

图 3-3-38　通泉草

3.3.3.3　马齿苋

马齿苋(图 3-3-39)为马齿苋科一年生草本植物。肥厚多汁,全株无毛,高 10～30 cm。茎平卧或斜倚,伏地铺散,多分枝,圆柱形,长 10～15 cm,淡绿色或带暗红色。叶互生,有时近对生,叶片扁平,肥厚,倒卵形,似马齿状,长 1～3 cm,宽 0.6～1.5 cm,顶端圆钝或平截,有时微凹,基部楔形,全缘,上面暗绿色,下面淡绿色或带暗红色,中脉微隆起;叶柄粗短。花无梗,直径 4～5 mm,常 3～5 朵簇生枝端,午时盛开;苞片 2～6 枚,叶状,膜质,近轮生;萼片 2 枚,对生,绿色,盔形,左右压扁,长约 4 mm,顶端急尖,背部具龙骨状凸起,基部合生;花瓣 5 枚,稀 4 枚,黄色,倒卵形,长 3～5 mm,顶端微凹,基部合生;雄蕊通常 8 枚或更多,长约 12 mm,花药黄色;子房无毛,花柱比雄蕊稍长,柱头 4～6 裂,线形。蒴果卵球形,长约5 mm,盖裂;种子细小,多数,偏斜球形,黑褐色,有光泽,直径不及 1 mm,具小疣状凸起。花期为 5 月至 8 月,果期为 6 月至 9 月。

3.3.3.4　藜

藜(图 3-3-40)为一年生草本植物,高 30～150 cm。茎直立,粗壮,具条棱,绿色或紫红色条纹,多分枝。叶互生;叶柄与叶片近等长,或为叶片的 1/2;下部叶片菱状卵形或卵状三角形,长 3～6 cm,宽 2.5～5 cm,先端急尖或微钝,基部楔形,上面通常无粉,有时嫩叶的上面有紫红色粉,边缘有齿或不规则浅裂;上部叶片披针形,下面常被粉质。花小,两性,黄绿色,每 8～15 朵聚生成一花簇,许多花簇集成大的或小的圆锥状花序,生于叶腋和枝顶;花被片 5 枚,背面具纵隆脊,有粉,先端微凹,边缘膜质;雄蕊 5 枚,伸出花被外;子房扁球形,花柱短,柱头 2 裂。胞果稍扁,近圆形,果皮与种子贴生,包于花被内。种子横生,双凸镜状,黑色,有光泽,表面有浅沟纹。花期为 8 月至 9 月,果期为 9 月至 10 月。

图 3-3-39　马齿苋

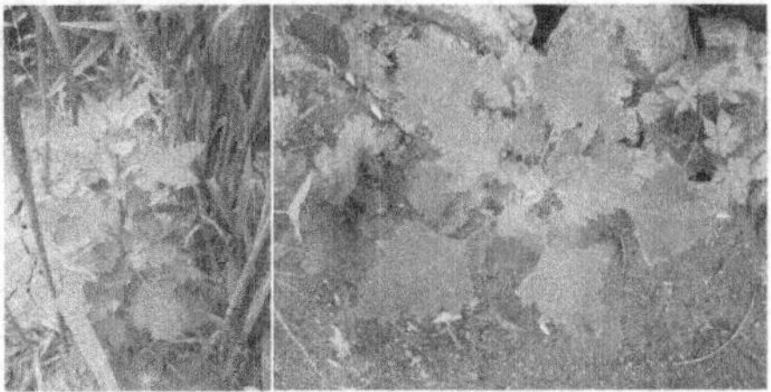

图 3-3-40　藜

3.3.3.5 艾蒿

艾蒿(图3-3-41)为多年生草本或略呈半灌木状，植株有浓烈香气。主根明显，略粗长，直径达1.5 cm，侧根多，常有横卧地下根状茎及营养枝。茎单生或少数，高80～250 cm，有明显纵棱，褐色或灰黄褐色，基部稍木质化，上部草质，有少数短的分枝，枝长3～5 cm；茎、枝均被灰色蛛丝状柔毛。叶厚纸质，上面被灰白色短柔毛，有白色腺点与小凹点，背面密被灰白色蛛丝状密绒毛；基生叶具长柄，花期萎谢；茎下部叶近圆形或宽卵形，羽状深裂，每侧具裂片2～3枚，裂片椭圆形或倒卵状长椭圆形，每裂片有2～3枚小裂齿，干后背面主、侧脉多为深褐色或锈色，叶柄长0.5～0.8 cm；中部叶卵形、三角状卵形或近菱形，长5～8 cm，宽4～7 cm，一至二回羽状深裂至半裂，每侧裂片2～3枚，裂片卵形、卵状披针形或披针形，长2.5～5 cm，宽1.5～2 cm，不再分裂或每侧有1～2枚缺齿，叶基部宽楔形渐狭成短柄，叶脉明显，在背面凸起，干时锈色，叶柄长0.2～0.5 cm，基部通常无假托叶或有极小的假托叶；上部叶与苞片叶羽状半裂、浅裂或3深裂，或不分裂，呈椭圆形、长椭圆状披针形、披针形或线状披针形。头状花序椭圆形，直径2.5～3.5 mm，无梗或近无梗，在分枝上排成小型穗状花序或复穗状花序，在茎上组成狭窄、尖塔形的圆锥花序，花后头状花序下倾；总苞片3～4层，覆瓦状排列，外层总苞片小，草质，卵形或狭卵形，背面密被灰白色蛛丝状绵毛，边缘膜质，中层总苞片较外层长，长卵形，背面被蛛丝状绵毛，内层总苞片质薄，背面近无毛；花序托小；雌花6～10朵，花冠狭管状，檐部具2裂齿，紫色，花柱细长，伸出花冠外甚长，先端2叉；两性花8～12朵，花冠管状或高脚杯状，外面有腺点，檐部紫色，花药线形，先端附属物尖，长三角形，基部有不明显的小尖头，花柱与花冠近等长或略长于花冠，先端2叉，花后向外弯曲，叉端截形，有睫毛。瘦果长卵形或长圆形。花期和果期为9月至10月。

图3-3-41 艾蒿

3.3.3.6 牛筋草

牛筋草(图3-3-42)别名蟋蟀草，为一年生草本植物，以种子繁殖。高15～90 cm。须根细而密。秆丛生，基部膝曲或直立。叶片条形，扁平或卷折，长达15 cm，宽3～5 mm，无毛或表面具疣状柔毛；叶鞘压扁，具脊，无毛或疏生疣毛，口部有时具柔毛；叶舌长约1 mm。穗状花序，长3～10 cm，宽3～5 mm，常为2～7枚呈指状排列于茎顶端，罕为1～2枚生于其花序的下方；穗轴顶端生有小穗，小穗于穗轴的一侧呈2行排列，小穗有花3～6朵，长4～7 mm，宽2～3 mm；颖披针形，第一颖具1脉，长1.5～2 mm，第二颖具3脉，长2～3 mm；第一外稃具3脉，长3～3.5 mm，脊上具狭翼。囊果；种子卵形或矩圆形，近三角形，长约1.5 mm，有明显的波状皱纹。花期和果期为6月至10月。

图 3-3-42　牛筋草

3.3.3.7　莎草

莎草(图 3-3-43)为多年生草本植物,高 15～95 cm。茎直立,三棱形;根状茎匍匐延长,部分膨大呈纺锤形,有时数个相连。叶丛生于茎基部,叶鞘闭合包于茎上;叶片线形,长 20～60 cm,宽 2～5 mm,先端尖,全缘,具平行脉,主脉于背面隆起。花序复穗状,3～6 个在茎顶排成伞状,每个花序具 3～10 个小穗,线形,长 1～3 cm,宽约 1.5 mm;颖 2 列,紧密排列,卵形至长圆形,长约3 mm,膜质,两侧紫红色,有数脉。基部有叶片状的总苞 2～4 片,与花序等长或过之;每颖着生 1 花,雄蕊 3 枚;柱头 3 裂,丝状。小坚果长圆状倒卵形,三棱状。花期为 5 月至 8 月,果期为 7 月至 11 月。

图 3-3-43　莎草

3.3.3.8　异型莎草

参见本书 3.3.1.3 节内容。

3.3.3.9　马唐

马唐(图 3-3-44)为禾本科马唐属一年生草本植物。株高 40～100 cm,直径2～3 mm。秆基部常倾斜或直立,下部茎节着土后易生根,蔓延成片,难以拔出。叶鞘短于节间,常疏生有疣基的软毛,稀无毛;叶舌长 1～3 mm;叶片线状披针形,长 8～17 cm,宽 5～15 mm,基部圆形,两面疏被软毛或无毛,边缘变厚而粗糙。总状花序细弱,3～10 枚,长 5～15 cm,通常呈指状排列于秆顶,穗轴宽约 1 mm,中肋白色,约占宽度的 1/3;小穗长 3～3.5 mm,披针形,双生穗轴各节,一有长柄,一有极短的柄或几无柄;第一颖钝三角形,长约 0.2 mm,无脉,第二颖长为小穗的 1/2～3/4,狭窄,有很不明显的 3 脉,脉间及边缘大多具短纤毛;第一外稃与小穗等长,有 5～7 脉,中央 3 脉明显,脉间距离较宽,无毛,侧脉甚接近,有时不明显,无毛或于脉间贴生柔毛;第二外稃近革质,灰绿色,与第一外稃等长;花药长约1 mm。花期和果期为 6 月至 9 月。

图 3-3-44 马唐

3.3.3.10 反枝苋

反枝苋(图 3-3-45)别名西风谷,为苋科苋属一年生草本植物,高 20～80 cm,有时高达 1 m;茎直立,粗壮,单一或分枝,淡绿色,有时带紫色条纹,稍具钝棱,密生短柔毛。叶片菱状卵形或椭圆状卵形,长 5～12 cm,宽 2～5 cm,顶端锐尖或尖凹,有小凸尖,基部楔形,全缘或波状缘,两面及边缘有柔毛,下面毛较密;叶柄长 1.5～5.5 cm,淡绿色,有时淡紫色,有柔毛。圆锥花序顶生及腋生,直立,直径 2～4 cm,由多数穗状花序形成,顶生花穗较侧生者长;苞片及小苞片钻形,长 4～6 mm,白色,背面有一龙骨状突起,伸出顶端成白色尖芒;花被片矩圆形或矩圆状倒卵形,长 2～2.5 mm,薄膜质,白色,有一淡绿色细中脉,顶端急尖或尖凹,具凸尖;雄蕊比花被片稍长;柱头 3 裂,有时 2 裂。胞果扁卵形,长约 1.5 mm,环状横裂,薄膜质,淡绿色,包裹于宿存花被片内。种子近球形,直径约 1 mm,棕色或黑色,边缘钝。花期为 7 月至 8 月,果期为 8 月至 9 月。

图 3-3-45 反枝苋

3.3.3.11 苍耳

苍耳(图 3-3-46)为一年生草本菊科植物。株高 20～90 cm。根纺锤状,分枝或不分枝。茎直立不分枝或少有分枝,下部圆柱形,直径 4～10 mm,上部有纵沟,被灰白色糙伏毛。叶三角状卵形或心形,长 4～9 cm,宽 5～10 cm,近全缘,或有3～5 片不明显浅裂,顶端尖或钝,基部稍心形或截形,与叶柄连接处呈相等的楔形,边缘有不规则的粗锯齿,有 3 基出脉,侧脉弧形,直达叶缘,脉上密被糙伏毛,上面绿色,下面苍白色;叶柄长 3～11 cm。雄性的头状花序球形,直径 4～6 mm,有或无花序梗,总苞片长圆状披针形,长 1～1.5 mm,被短柔毛,花托柱状,托片倒披针形,长约 2 mm,顶端尖,有微毛,有多数雄花,花冠钟形,管部上端有 5 枚宽裂片;花药长圆状线形;雌性的头状花序椭圆形,外层总苞片小,披针形,长约3 mm,被短柔毛,内层总苞片结合成囊状,宽卵形或椭圆形,绿色、淡黄绿色,有时带红褐色,在瘦果成熟时变坚硬,连同喙部长 12～15 mm,宽 4～7 mm,外面有疏生的具钩刺,刺极细而直,基部微增粗或几不增粗，长 1～1.5 mm，基部被柔毛，常有腺点，或全部无毛；喙坚硬，锥形，上端略呈镰刀状，长约 2.5 mm，常不等长，少有结合而成 1 个喙。瘦果倒卵形。花期为 7 月至 8 月，果期为 9 月至 10 月。

图 3-3-46　苍耳

3.3.3.12　龙葵

龙葵(图 3-3-47)为一年生直立草本植物，高 0.25～1 m，茎无棱或棱不明显，绿色或紫色，近无毛或被微柔毛。叶卵形，长 2.5～10 cm，宽 1.5～5.5 cm，先端短尖，基部楔形至阔楔形，下延至叶柄，全缘或每边具不规则的波状粗齿，光滑或两面均被稀疏短柔毛，叶脉每边 5～6 条，叶柄长 1～2 cm。夏季开白色小花，蝎尾状花序腋外生，由 3～10 朵花组成，总花梗长 1～2.5 cm，花梗长约 5 mm，近无毛或具短柔毛；萼小，浅杯状，直径1.5～2 mm，齿卵圆形，先端圆，基部两齿间连接处呈一定角度；花冠白色，筒部隐于萼内，长不及 1 mm，冠檐长约2.5 mm，5 深裂，裂片卵圆形，长约 2 mm；花丝短，花药黄色，长约 1.2 mm，约为花丝的 4 倍，顶孔向内；子房卵形，直径约 0.5 mm，花柱长约 1.5 mm，中部以下被白色绒毛，柱头小，头状。浆果球形，直径约 8 mm，熟时黑色。种子多数，近卵形，直径1.5～2 mm，两侧压扁。

图 3-3-47　龙葵

3.3.3.13　假高粱

假高粱(图 3-3-48)又名石茅、宿根高粱，为禾本科假高粱属多年生草本植物，原产于地中海地区。假高粱在我国属局部分布，近年有从进口的转基因作物中入侵的现象。假高粱不仅可使作物产量降低，还是高粱属作物的许多害虫和病原菌的寄主，且可与留种的高粱属作物杂交，给农业生产带来很大的危害。秆直立或基部外倾，节上生根，高可达 2 m，常具多数分枝，无毛，有时节上被毛。叶鞘松散，中上部常有瘤基长硬毛；叶舌草质或上部膜质，长 2～4 mm，边缘无毛或有纤毛；叶片线形，除内面基部有瘤基长毛外两面无毛，稍粗糙，长 10～40 cm，宽 4～10 mm。圆锥花序由多数总状花序组成，长 4～13 cm，下部每节上分枝最多可达 10 枚，主轴节上及分枝腋间有长毛；总状花序直立或开展，长 1.5～5 cm，具 6～14

节；穗轴节间线形，先端略膨大，长约 3 mm，两侧被长纤毛；无柄小穗披针形，长约 4.5 mm，淡黄绿色或淡紫色，基盘有毛；第一颖背部扁平，光亮，光滑，有 7～9 脉，先端钝，两侧稍有脊，脊粗糙，脊间有微毛；第二颖稍长于第一颖，舟形，光滑无毛；第一外稃较颖稍短，长圆形，边缘内弯，边缘有纤毛；第二外稃短，长约 2 mm，有芒，膜质，2 裂至中部稍下，裂齿有纤毛；芒长 15～18 mm，膝曲，芒柱褐色，扭转；第二内稃小；鳞被无毛，楔形；雄蕊 3 枚，花药长 1.4 mm；有柄小穗披针形，长约4.5 mm，通常为中性，具颖片及外稃；小穗柄长约 3 mm，两侧边缘有纤毛。

图 3-3-48 假高粱

3.3.4 玉米田主要杂草

3.3.4.1 狗尾草

狗尾草(图 3-3-49)又名绿狗尾草、谷莠子、狗尾巴草，为禾本科一年生草本植物。秆直立或基部膝曲，株高 10～100 cm，基部径 3～7 mm。叶鞘较松弛，无毛或具柔毛；叶舌具长 1～2 mm 的纤毛；叶片条状披针形，长 5～30 cm，宽 2～15 mm，顶端渐尖，基部略呈圆形或渐窄，通常无毛。圆锥花序紧密，呈圆柱形，长 2～15 cm，微弯垂或直立，绿色、黄色或紫色；小穗椭圆形，先端钝，长 2～2.5 mm；小穗数枚成簇生于缩短的分枝上，基部有刚毛状小枝 1～6 条，成熟后与刚毛分离而脱落；第一颖长为小穗的 1/3，卵形，具 3 脉；第二颖与小穗等长或稍短，具 5 脉；第一外稃与小穗等长，具 5～7 脉，有一狭窄的内稃；第二外稃有细点状皱纹，成熟时背部稍隆起，边缘卷抱内稃。谷粒长圆形，顶端钝，具细点状皱纹。花期和果期为夏秋间。

图 3-3-49 狗尾草

3.3.4.2 狼把草

狼把草(图 3-3-50)又名鬼叉、鬼针、鬼刺，为菊科一年生草本植物。茎直立，株高 30～80 cm，有时可达 90 cm，由基部分枝，无毛。叶对生，无毛，叶柄有狭翅，中部叶通常羽状，3～5

裂,顶端裂片较大,椭圆形或长椭圆状披针形,边缘有锯齿;上部叶 3 深裂或不裂。头状花序顶生或腋生,直径 1～3 cm;总苞片多数,外层倒披针形,叶状,长 1～4 cm,有睫毛;花黄色,全为两性管状花。瘦果扁平,倒卵状楔形,边缘有倒刺毛,顶端有芒刺 2 枚,少有 3～4 枚,两侧有倒刺毛。

图 3-3-50　狼把草

3.3.4.3　刺儿菜

刺儿菜(图 3-3-51)又名小蓟草,为多年生草本植物,株高 20～50 cm。地下部分常大于地上部分。具匍匐根茎。茎有纵沟棱,幼茎无毛或被白色蛛丝状毛。基生叶和中部茎叶椭圆形、长椭圆形、倒披针形,顶端钝,基部楔形,通常无叶柄,有时有极短的叶柄,长 7～15 cm,宽 1.5～3 cm,上部茎叶渐小,椭圆形、披针形或线状披针形,或全部茎叶不分裂。叶缘有细密的针刺,针刺紧贴叶缘;或叶缘有刺齿,齿顶针刺大小不等,针刺长达 3.5 mm;或大部茎叶羽状浅裂、半裂或边缘具粗大圆锯齿,裂片或锯齿斜三角形,顶端钝,齿顶及裂片顶端有较长的针刺,齿缘及裂片边缘的针刺较短且贴伏。头状花序单生茎端,或在茎枝顶端排成伞房花序。总苞卵形、长卵形或卵圆形,直径 1.5～2 cm。总苞片约 6 层,覆瓦状排列,向内层渐长,外层与中层宽 1.5～2 mm,包括顶端针刺长 5～8 mm;内层及最内层长椭圆形至线形,长 1.1～2 cm,宽 1～1.8 mm;中外层苞片顶端有长不足 0.5 mm 的短针刺,内层及最内层渐尖,膜质,短针刺。小花紫红色或白色,雌花花冠长约2.4 cm,檐部长约 6 mm,细管部细丝状,长约 18 mm,两性花花冠长约 1.8 cm,檐部长约 6 mm,细管部细丝状,长约 1.2 mm。瘦果淡黄色,椭圆形或偏斜椭圆形,长约 3 mm,宽约 1.5 mm,顶端斜截形。冠毛污白色,多层,整体脱落;冠毛刚毛长羽毛状,长约 3.5 cm,顶端渐细。花期和果期为 5 月至 9 月。

图 3-3-51　刺儿菜

3.3.4.4　香附子

香附子(图 3-3-52)又称雷公草、莎草、梭梭草、胡子草、香胡子、三棱草、野韭菜,为多年生莎草科杂草,原产于印度,广泛分布于热带及亚热带地区,中国大部地区都有发生。匍匐根状茎细长,部分肥厚呈纺锤形,有时数个相连。茎直立,三棱形。叶丛生于茎基部,叶鞘闭合包于茎上,叶片窄线形,长 20～60 cm,宽 2～5 mm,先端尖,全缘,具平行脉,主脉于背面隆起，质硬；花序复穗状，3～6 个在茎顶排成伞状，基部有叶片状的总苞 2～4 片，与花序近等长或长于花序；小穗宽线形，略扁平，长 1～3 cm，宽约1.5 mm；颖 2 列，排列紧密，卵形至长圆卵形，长约 3 mm，膜质，两侧紫红色，有数脉；每颖着生 1 花，雄蕊 3 枚，花药线形；柱头 3 裂，呈丝状。小坚果长圆状倒卵形，三棱状。花期为 6 月至 8 月，果期为 7 月至 11 月。

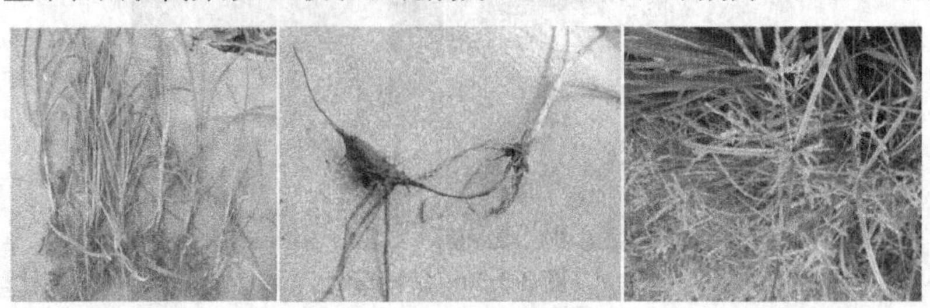

图 3-3-52 香附子

3.3.4.5 铁苋菜

铁苋菜(图 3-3-53)为大戟科铁苋菜属一年生草本大戟科植物。株高 20～60 cm，小枝细长，被贴柔毛，毛逐渐稀疏。茎直立，多分枝。叶膜质，互生，长卵形、近菱状卵形或阔披针形，长 3～9 cm，宽 1～5 cm，顶端短渐尖，基部楔形，稀圆钝，边缘具圆锯，上面有疏毛或无毛，下面沿中脉具柔毛；基出脉 3 条，侧脉 3 对；叶柄长 2～6 cm，具短柔毛；托叶披针形，长 1.5～2 mm，具短柔毛。雌雄花同序，花序腋生，稀顶生，长 1.5～5 cm，花序梗长 0.5～3 cm，花序轴具短毛，雌花苞片 1～3 枚，卵状心形，花后增大，长 1.4～2.5 cm，宽 1～2 cm，边缘具三角形齿，外面沿掌状脉具疏柔毛，不分裂，合时如蚌。苞腋具雌花 1～3 朵，花梗无；苞腋具雄花 5～7 朵，簇生，花梗长约 0.5 mm；雄花生于花序上部，排列呈穗状或头状，雄花苞片卵形，长约 0.5 mm。雄花：花蕾时近球形，无毛，花萼裂片 4 枚，卵形，长约 0.5 mm，雄蕊 7～8 枚。雌花：萼片 3 枚，长卵形，长 0.5～1 mm，具疏毛；子房具疏毛，花柱 3 枚，长约 2 mm，撕裂 5～7 条。雌花序藏于对合的叶状苞片内，称为“海蚌含珠”。蒴果直径约4 mm，具 3 个分果爿，淡褐色，果皮具疏生毛和毛基变厚的小瘤体；种子黑色，近卵状，长 1.5～2 mm，种皮平滑，假种阜细长。花期和果期为 4 月至 12 月。

3.3.4.6 田旋花

田旋花(图 3-3-54)为多年生草本。近无毛，根状茎横走，茎平卧或缠绕，有棱。叶柄长 1～2 cm；叶片戟形或箭形，长 2.5～6 cm，宽 1～3.5 cm，全缘或 3 裂，先端近圆或微尖，有小突尖头；中裂片卵状椭圆形、狭三角形、披针状椭圆形或线形；侧裂片开展或呈耳形。花1～3 朵腋生；花梗细弱；苞片线形，与萼远离；萼片倒卵状圆形，无毛或被疏毛，边缘膜质；花冠漏斗形，粉红色、白色，长约 2 cm，外面有柔毛，褶上无毛，有不明显的 5 浅裂；雄蕊的花丝基部肿大，有小鳞毛；子房 2 室，有毛，柱头 2 裂，狭长。蒴果球形或圆锥状，无毛；种子椭圆形，无毛。花期为 5月至 8 月，果期为 7 月至 9 月。

图 3-3-53　铁苋菜

图 3-3-54　田旋花

3.3.4.7　画眉草

画眉草(图 3-3-55)为一年生禾本科草本植物。秆丛生，直立或基部膝曲，高 15～60 cm，直径 1.5～2.5 mm，通常具 4 节，光滑。叶鞘松裹茎，长于或短于节间，鞘缘近膜质，鞘口有长柔毛；叶舌为一圈纤毛，长约 0.5 mm；叶片线形，扁平或卷缩，长 6～20 cm，宽 2～3 mm，无毛。圆锥花序开展或紧缩，长 10～25 cm，宽 2～10 cm，分枝单生、簇生或轮生，多直立向上，腋间有长柔毛；小穗具柄，长 3～10 mm，宽 1～1.5 mm，含4～14 朵小花；颖为膜质，披针形，先端渐尖。第一颖长约 1 mm，无脉，第二颖长约 1.5 mm，具 1 脉；第一外稃长约 1.8 mm，广卵形，先端尖，具 3 脉；内稃长约 1.5 mm，稍作弓形弯曲，脊上有纤毛，迟落或宿存；雄蕊 3 枚，花药长约0.3 mm。颖果长圆形，长约0.8 mm。花期和果期为 8 月至 11 月。

图 3-3-55　画眉草

3.3.5　油菜田主要杂草

3.3.5.1　棒头草

棒头草(图 3-3-56)为禾本科棒头草属一年生草本植物，以种子繁殖，以幼苗或种子越冬。成株秆丛生，光滑无毛，株高15～75 cm。叶鞘光滑无毛，大都短于或下部长于节间；叶舌膜质，长圆形，常 2 裂或顶端呈不整齐的齿裂；叶片扁平，微粗糙或背部光滑。圆锥花序穗状，长圆形或卵形，较疏松，具缺刻或有间断；小穗灰绿色或部分带紫色；颖长圆形，先端 2 浅裂；芒从裂口伸出，细直，微粗糙。颖果椭圆形。在长江中下游地区，10 月中旬至 12 月中上旬出苗，翌年 2 月下旬至 3 月下旬返青(越冬种子亦萌发出苗)，4 月上旬出穗、开花，5 月下旬至 6 月上旬颖果成熟，盛夏全株枯死。

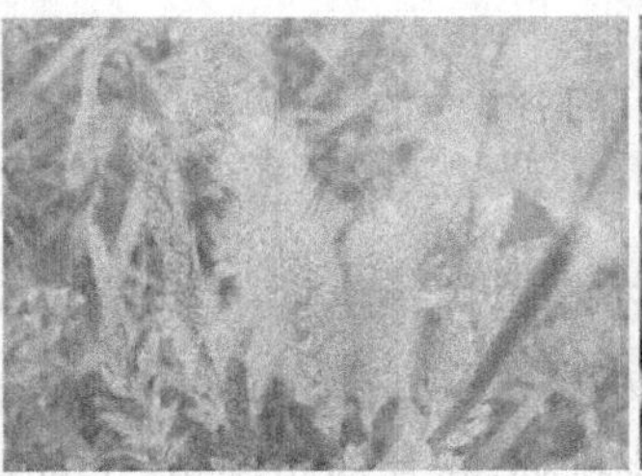
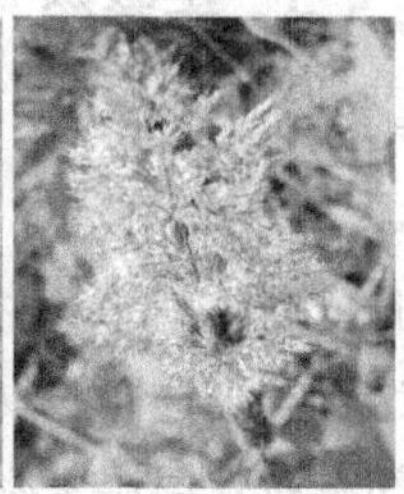

图 3-3-56　棒头草

3.3.5.2 碎米荠

碎米荠(图 3-3-57)为十字花科二年生草本植物,别名雀儿菜、白带草、毛碎米荠。成株高 6～30 cm,茎被柔毛,上部渐少。基生叶有柄,单数羽状复叶,小叶 1～3 对;顶生小叶肾形或肾圆形,长 4～14 mm,有3～5 枚圆齿,侧生小叶较小,歪斜;茎生小叶 2～3 对,狭倒卵形至线形,所有小叶上面及边缘有疏柔毛。总状花序在花初期呈伞房状,果时渐伸长;萼片长圆形,长约 1.5 mm,外被疏毛;花瓣白色,倒卵状楔形,长 2.5～5 mm;雄蕊 4～6 枚,柱头不分裂。长角果线形,稍扁平,无毛,长 1.8～3 mm,直径约 1 mm,近直展,裂瓣无脉,宿存花柱长约0.5 mm,果梗长 5～8 mm;种子每室 1 行,种子长圆形,褐色,表面光滑。幼苗:子叶出土,近圆形或阔卵形,先端钝圆,微凹,基部圆形,具长柄;下胚轴不发达,上胚轴不发育;初生叶 1 片,互生,单叶,三角状卵形,全缘,基部截形,具长柄;第一后生叶与初生叶相似,第二后叶为羽状分裂。

图 3-3-57 碎米荠

3.3.5.3 雀舌草

雀舌草(图 3-3-58)为石竹科二年生草本植物,别名雀舌草、雪里花。茎纤细,下部平卧,上部有稀疏分枝,高 15～30 cm,绿色或带紫色。叶对生,无柄,长卵形或卵状披针形,长 5～20 mm,宽 2～8 mm,两端尖锐,全缘或边缘浅波状。聚伞花序顶生或腋生;花白色,花柄细长如丝;萼片 5 枚,披针形,先端尖,边缘膜质,光滑;花瓣 5 枚,与萼片等长或稍短,2 深裂几达基部;雄蕊 5 枚;子房卵形,花柱 2～3 枚。蒴果较宿存的萼稍长,成熟时 6 瓣裂。

图 3-3-58 雀舌草

3.3.5.4 牛繁缕

参见本书 3.3.2.10 节内容。

3.3.5.5 谷精草

谷精草(图 3-3-59)为谷精草科一年生草本植物,又名狗须子。须根细软稠密,叶基生,长披针状条形,半透明,具横格,长 4～10 cm,中部宽 2～5 mm,脉 7～12 条。头状花序呈半球形,底部有苞片层层紧密排列,苞片淡黄绿色,上部边缘密生白色短毛,花序顶部灰白色。

花茎纤细，长短不一，长达30 cm，粗约0.5 mm，淡黄绿色，有光泽，稍扭转，具4～5棱；鞘状苞片长3～5 cm，口部斜裂；花序熟时近球形，禾秆色，长3～5 mm，宽4～5 mm；总苞片倒卵形至近圆形，禾秆色，下半部较硬，上半部纸质，不反折，长2～2.5 mm，宽1.5～1.8 mm，无毛或边缘有少数毛，下部的毛较长；总(花)托常有密柔毛；苞片倒卵形至长倒卵形，长1.7～2.5 mm，宽0.9～1.6 mm，背面上部及顶端有白色短毛。雄花：花萼佛焰苞状，外侧裂开，3浅裂，长1.8～2.5 mm，背面及顶端多少有毛；花冠裂片3枚，近锥形，近等大，近顶处各有一黑色腺体，端部常有白色短毛；雄蕊6枚，花药黑色。雌花：萼合生，外侧开裂，顶端3浅裂，长1.8～2.5 mm，背面及顶端有短毛，外侧裂口边缘有毛，下长上短；花瓣3枚，离生，扁棒形，肉质，顶端各具一黑色腺体及若干白短毛，果成熟时毛易落，内面常有长柔毛；子房3室，花柱分枝3条，短于花柱。种子矩圆状，长0.75～1 mm，表面具横格及"T"字形突起。花期和果期为7月至12月。

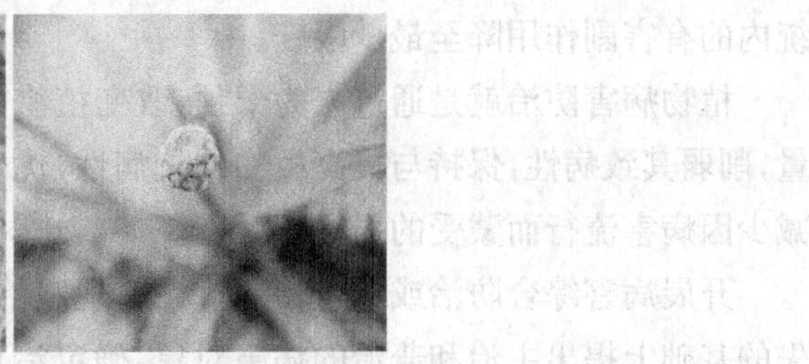

图3-3-59　谷精草

第4章 植物病虫草害防治方法

扫码查看本章彩图

4.1 植物病害防治方法

我国的植物保护指导方针是"预防为主，综合防治"，即从农业生产的全局和农业生态系统的总体观点出发，以预防为主，根据有害生物与作物、耕作制度、有益生物和环境等诸因素间的辩证关系，因地制宜，合理应用植物检疫、农业防治、生物防治、化学防治等措施，进行综合防治，经济、安全、有效地将有害生物控制在不能造成危害的程度，同时将整个农业生态系统内的有害副作用降至最低限度。

植物病害防治就是通过人为干预，改变植物、病原物与环境的相互关系，减少病原物数量，削弱其致病性，保持与提高植物的抗病性，优化生态环境，以达到控制病害的目的，从而减少因病害流行而蒙受的损害。

开展病害综合防治或综合治理首先应规定治理的范围，在研究病害流行规律和危害损失的基础上提出主治和兼治的病害对象，确定治理策略和经济阈值，发展病害监测技术、预测办法和防治决策模型，研究并应用关键防治技术。为了不断改进和完善综合防治方案，不断提高治理水平，还要有适用的经济效益、生态效益和社会效益评估体系和评价办法。

注意：必须认识到综合防治绝不是措施越多越好。各种措施间应有主从之分，相辅相成，互相促进，决不能互相矛盾，彼此抵消。病害种类很多，防治方法不一，归纳起来不外乎预防和治疗两方面。对任何病害都是防胜于治，因为预防是比较经济而有效的。

人类在对植物病害的防治过程中所采用的各种措施都是根据病害的发生发展规律拟定的，分析这些措施对植物病害系统各基本因素所起的作用并从理论上加以概括，从而提出一般性的防治方法，就可以得到病害防治的基本原理。

从病害流行学效应来看，各种病害防治策略（表 4-1-1）不外乎减少初始菌量（x_0策略）、降低流行速度（r策略）和缩短流行时间（t策略）。

从病害发生和流行的因素来看，防治病害的基本原理（表 4-1-1）主要有 6 种。

①回避（avoidance）：不与病原物接触，即在病原物无效、稀少或没有的时间、地区种植作物。具体措施包括选择适宜的栽培地点和种植时间，采用无病种苗，改善栽培方法和环境条件等。

②杜绝（exclusion）：拒绝病原物，主要通过阻断病原物的传播途径，防止病原物传入作物栽培区。具体措施包括处理植物繁殖体、植物检疫、消灭媒介昆虫等。

③铲除（eradication）：消灭或减少病原物的来源。具体措施包括生物防治、轮作、病株处理、土壤处理等。

④保护（protection）：保护寄主植物免受病原物侵染，在感病寄主和病原物之间引入毒

物或其他有效障碍以阻止病原物侵入。具体措施包括药剂保护、生物保护、生态保护、营养保护等。

⑤抵抗(resistance):增强寄主抗病性,降低致病因素在寄主体内的效力。具体措施包括培育和利用抗病品种、利用化学抗性、利用栽培和营养抗性等。

⑥治疗(therapy):主要通过治疗受侵植物减轻病害严重程度。具体措施包括化学治疗、物理治疗等。

表 4-1-1　植物病害防治策略及其流行学效应

植物病害防治策略和原理	主要流行学效应
A. 回避(植物不与病原物接触)	
1. 选择不接触或少接触病原物的栽培地点和时间	减少初始菌量(x_0),降低流行速度(r)
2. 选择无病植物繁殖材料	减少初始菌量(x_0)
3. 采用防病栽培技术	降低流行速度(r)
B. 杜绝(防止病原物传入未发生地区)	
1. 种子和无性繁殖材料的除害处理	减少初始菌量(x_0)
2. 培育无病种苗,实行种子健康检验和种子证书制度	减少初始菌量(x_0)
3. 植物检疫	减少初始菌量(x_0)
4. 消除传病昆虫	减少初始菌量(x_0),降低流行速度(r)
C. 铲除(除掉已有病原物)	
1. 生物防治	减少初始菌量(x_0),降低流行速度(r)
2. 轮作	减少初始菌量(x_0)
3. 拔除病株	减少初始菌量(x_0),降低流行速度(r)
4. 铲除转主寄主和野生寄主	减少初始菌量(x_0)
5. 土壤消毒	减少初始菌量(x_0)
D. 保护(保护植物免受病原物侵染)	
1. 保护性药剂防治	降低流行速度(r)
2. 防治传毒介体	降低流行速度(r)
3. 采用农业防治措施,改良环境条件和植物营养条件	降低流行速度(r)
4. 利用交互保护作用	减少初始菌量(x_0)
E. 抵抗(利用植物抗病性)	
1. 选育和利用具有小种专化抗病性的品种	减少初始菌量(x_0)
2. 选育和利用具有非小种专化抗病性的品种	降低流行速度(r)
3. 选育和利用兼具有两类抗病性的品种	减少初始菌量(x_0),降低流行速度(r)
4. 利用化学免疫和栽培(生理)免疫	降低流行速度(r)
F. 治疗(治疗罹病植物)	
1. 化学治疗	减少初始菌量(x_0)
2. 热力治疗	减少初始菌量(x_0)
3. 切除罹病部分	减少初始菌量(x_0)

从病害三角关系来看,防治病害可以从寄主植物、病原物和环境条件三方面入手:①提高寄主植物的抗病性,选育和利用抗病品种或诱导植物产生抗病性;②杜绝或消灭病原物,防止新病原物传入,设法消灭已有病原物或防止其传播侵染;③改善环境条件,加强耕作、栽培管理措施,改进栽培技术。

4.1.1 植物检疫

植物检疫是由国家颁布法令，对植物及其产品的运输、贸易进行管理和控制，目的是防止危险性病、虫、草在地区间或国家间传播蔓延，以保障农业生产。

危险性病原物传入无病区会造成很大损失。例如：20 世纪 60 年代烟草霜霉病在法国被发现，2 年后传到欧洲，3 年后传到亚洲和非洲，造成巨大损失。山芋黑斑病、棉花枯萎病分别从日本和美国传入中国，因植物检疫不严而扩大。

植物检疫的主要任务：①禁止危险性病、虫、草随农作物及产品输入或输出；②把国内局部地区已发生的危险性病、虫、草害封锁在一定范围内，防止传入无病区；③当危险性病、虫、草传入新区时，采取紧急措施，就地彻底肃清。

构成植物检疫对象的条件：①危险性很大；②局部地区发生；③人为传播。上述条件同时具备才能确定为植物检疫对象。

植物检疫的类型：①对外检疫，如小麦矮腥黑穗病、水稻茎线虫病等；②对内检疫，如棉枯黄萎病、水稻细菌性条斑病等。

4.1.2 抗病品种的选育和利用

国内外经验充分证明，通过选育和利用抗病品种来防病是最经济有效的措施。但当前无论是在生产上还是在理论上，均存在不少问题，有待解决。

一旦选育出一个农艺性状良好而抗病的品种，若该品种在病区种植后防病效果显著，将促使人们扩大种植，造成品种单一化，对病原物选择压力增大，可能出现新的致病小种，使品种抗病性丧失。

(1)抗病品种的选育

选育抗病品种是利用品种间对病害抵抗力的差异加以定向培育和推广，从而达到防病高产目的的一种方法。历史经验告诉我们，防治病害不仅要利用抗病品种，还要使品种的抗性保持稳定和持久。

抗病育种主要针对气传病害、土传病害和病毒病。其中，气传病害由气流传播，病原物寄生性强，再侵染次数多，潜育期短且发病迅速，如小麦锈病、稻瘟病、马铃薯晚疫病等，虽然可测报，但往往来不及进行化学保护。在有利于发病的连阴多雨条件下施药困难或不经济，采取选育抗病品种的方法比较优越。

自 Van der Plank 提出垂直抗性(vertical resistance)和水平抗性(horizontal resistance)后，有人提倡选育水平抗性品种，也有人主张选育垂直抗性品种。两类抗性品种各有优缺点，究竟选育哪类抗性品种，应视具体情况而定。

垂直抗性品种的保护作用好，经济效益佳，但不稳定。一旦品种抗性丧失，就会出现一时没有适宜品种代替的被动局面。因此，在后备抗性品种数量不足的情况下，应种植水平抗性品种。防治由活体营养生物诱发的病害，应选育高抗或免疫品种。防治由死体营养生物诱发的病害，可选育水平抗性品种或一般抗性品种。

培育抗病品种的方法因培育的目标而异：若要选育抗性较强的品种，一般用免疫或高抗品种作父本，后代获得抗病性的材料较多。若要选育水平抗性品种或一般抗性品种，则杂交后代中有意不选高抗而选中抗材料，就有可能避免选择由专化抗性基因或主效基因控制的抗性材料，而选中微效基因控制的抗性材料。

抗病育种工作有时难以找到抗源材料，需要从野生植物中寻找抗病基因并将其转移到栽培种中。但由于授粉后不亲和，远缘杂交常不易成功。为此，通常采取一些高新技术：

①组织培养技术，即利用植物的器官、细胞或原生质在人工培养基上长出完整植株。使用此技术可在灭菌情况下将授粉后的幼胚培养成植株，解决授粉后的不亲和问题。

②体细胞融合法，即从其他植物中引入抗病基因。

③辐射育种。

(2)抗性的鉴定

测定育种材料的亲本和后代是否具有抗性以及抗性的性质和强弱，对抗病育种工作是至关重要的，是遗传种质评价和利用研究的重要内容之一。若鉴定的方法可靠易行，则可加速选育的过程。

①直接鉴定：将病原物接种在待鉴定的植物上测定它们的反应，可分为人工接种鉴定和自然接种鉴定。人工接种鉴定是指用病原菌有代表性的优势小种，分小种接种或混合小种接种鉴定。自然接种鉴定是指设立鉴定圃，分苗期和成株期进行鉴定。在温室中测定苗期抗病性，在田间测定成株期抗病性。苗期不表达、成株期才表达的抗病性称为成株抗性(adult plant resistance)。苗期抗病、成株期感病的情况很少。

②间接鉴定：该方法多用于测定植株对病原物所产生的毒素的反应，可大大减少鉴定所需的时间和工作量。

注意：鉴定抗性时，除了在试验场所进行人工接种外，还应该把实验所获得的材料分发到有代表性的地点进行异地鉴定，通过多地检验筛选出抗性较持久的品种。

(3)抗病品种的利用

过去国内外许多生产实践的经验说明，一个抗病品种大面积推广几年后，就会因为病原物出现致病的生理小种而严重感病。早在 1894 年就有人提出作物在遗传上一致性的危险性，而种植混合作物对植物病害的威胁能起缓冲作用，但当时并没能得到重视。自 1949 年以来，在推广抗小麦条锈病的品种方面，我国曾经因出现新的致病生理小种而进行过数次品种大更换。

在利用抗病品种方面，过去的教训既然是品种单一化即遗传的同质性造成灾难，那么使品种的抗病性多样化即在遗传上保持异质性，就有可能保持生产稳定。

①抗病品种的合理布局(亦称基因布置，gene deployment)：合理搭配具有不同抗病性的品种，使抗病的基因型多样化，为病原物在面上流行设置重重障碍。其缺点是需要掌握品种抗病性遗传基础和病原物群体组成的动态变化，需要储备较多品种。

②抗病品种轮换(亦称基因轮换，gene rotation)：轮换种植含不同抗性基因的品种，可避免病原物对某些品种有长期的适应条件，避免品种抗病性的丧失。即使产生部分可致病的

生理小种，也不致形成优势小种。

③利用多抗性品种（亦称基因聚合，gene pyramiding）：将多种抗性基因集中到一个品种中，不仅可抵抗多种小种，也可兼抗几种病害或兼抗病虫害，甚至抗不良环境。如IR28水稻品种能抗稻瘟病、水稻白叶枯、稻飞虱和稻叶蝉。

④利用病害发展速度较慢的品种：这种抗性称为一般抗性（Caldwell称其为田间抗性，Van der Plank称其为水平抗性，Nelson称其为减速抗性），一般由多基因控制，抗性较稳定和持久。由于个体发病较慢，群体发病相应也较慢，可产生群体抗病的作用。

⑤利用耐病品种：病毒引起的病害有许多较耐病的品种。

目前，我国在选育和利用抗病品种方面存在以下问题：①结合育种工作进行遗传研究不够，不清楚作物品种和病原物的遗传基础，抗病品种选育有较大的盲目性；②对作物所要培育的性状考虑得不够全面，往往只考虑丰产性而对抗病性考虑不够，或对品质考虑不够；③在抗病性方面往往只抗一种病害，不能兼抗几种病害，并且抗性常不稳定。针对以上情况，要进一步加强学科协作研究；培育出好品种后要搞好良种繁殖，避免品种多、乱、杂；推广抗病品种时要合理布局，避免品种单一化。

4.1.3 农业防治

农业防治又称环境管理或栽培防治，是指在全面分析寄主植物、病原物和环境因素三者相互关系的基础上，运用各种农业调控措施，控制病原物，提高寄主抗性，恶化发病环境。农业防治措施主要包括加强生产管理、改变耕作制度和改进栽培技术等，多为预防性措施，往往受地域或条件的限制，有时单独使用收效较慢，效果不佳。

作物栽培管理与病害消长密切相关，只有利用良种和良法才能实现高产和稳产。健身栽培管理就是协调农业生态系统中的各种因素，从而有利于作物的生长发育，不利于植物病害的发生发展，是一项经济有效的防治措施。健身栽培管理对非侵染性病害的作用更为直接，其主要技术包括改变耕作制度、品种布局、茬口搭配，改变播种期，加强肥水管理以及注意田园卫生等。

(1)建立无病留种田，培育无病种苗

带菌种苗和其他繁殖材料是植物病害远距离传播的主要途径之一。因此，建立无病留种田、选用无病种苗是杜绝病害传播扩散的重要手段。留种田要与一般生产田隔开，隔离距离取决于病原物的移动性和传播距离。只有采取一切措施，减少发病机会，才能提供无病种苗。许多营养繁殖的作物可采取茎尖培养以获得无病种苗。目前，茎尖培养脱毒是应用最广泛的植物脱毒技术之一。

(2)耕作栽培

1)轮作 轮作是防治土传病害的重要措施之一，是从时间上隔离病原物。轮作不仅可使有寄主变化性的病原物不能得到适宜生长和繁殖的寄主植物，从而减少病原物数量，而且还能改变土壤中微生物区系，促进根际微生物群体组成的变化，有利于土壤中拮抗微生物活动，抑制病原物滋长。

连作土壤中病原物逐年积累，可使病害加重。以棉花枯萎病为例，棉花连作 1～4 年的发病率分别为 1%～1.5%、4%～31.5%、36%～42%、58%～71%。防病轮作应根据病原物的寄主范围选定轮作作物，根据病原物的存活期限决定轮作年限。如棉花不能与茄科作物轮作，但可与禾本科作物轮作，轮作年限常为 2～3 年。

2）调整播种期　在不影响作物产量和质量的前提下，合理调整播种期，使植物的感病期与病原物的侵染期错开，以达到避病的目的。如适当推迟油菜的播种期（寒露与霜降间），避过传毒蚜虫的发生盛期，可有效减轻油菜花叶病的危害。改变播种期，使种子萌发时期的温度不利于病菌侵入，可防治许多苗期侵入的病害。如小麦腥黑穗病侵染最适温度为 10 ℃左右，若冬麦区提早播种，则可减轻小麦腥黑穗病的感染，或完全不发病。

3）加强肥水管理　合理的肥水管理可调整作物的生长状况和小气候，使之有利于作物生长发育，提高抗病力，而抑制病原物的生长繁殖，减轻发病。

合理施肥需要全面考虑肥料的种类、数量、比例、施肥方法和时期等，还需要因地制宜。在肥料种类上，氮肥、磷肥、钾肥应配合使用。一般磷肥、钾肥有减轻病害的作用，如增施磷肥可减轻小麦锈病，增施钾肥可提高水稻对胡麻斑病的抗性。氮肥增加往往加重稻瘟病、水稻白叶枯病、小麦锈病等病害；氮肥减少则水稻胡麻斑病、小麦叶斑病加重。在施肥方法和时期上，基肥过多且不腐熟，或基肥不足而追肥过晚，均可造成后期氮元素过量，加重稻瘟病。

田间缺水或积水过多都会诱发病害。稻田缺水，胡麻斑病加重；麦田缺水，叶斑病加重；地下水位高或排水不良的田块，小气候湿度大，小麦赤霉病、烟草黑胫病等发病重。

4）田园卫生　许多病原物在田间病残体上越冬（夏）。消除病残体和拔除病株等措施对消灭菌源、减少发病有利。对不同的病害，田园卫生的重点也不同。如对水稻白叶枯、稻瘟病等，要注意清除、处理病稻草；对水稻纹枯病，春耕注水时要注意打捞浪渣，消灭菌核；对小麦赤霉病和油菜菌核病，冬耕深翻可消灭稻桩上的赤霉病菌子囊壳和油菜菌核病菌核。

5）改变耕作制度　耕作制度的改变常促使生态环境改变，使病原物难以适应或难以完成侵染循环，从而减轻病害，其本质是从空间上隔离病原物。如旱改水、单季改双季，不仅可使种植作物种类发生很大改变，而且可使田间生态条件也随之发生很大改变，从而减轻或控制某些病害，如旱改水后不发生炭疽病、立枯病或危害减轻。

4.1.4　物理防治

物理防治是利用热力、辐射、光照、气体、表面活性剂、膜性物质等抑制、钝化或杀死病原物、防治病害的措施，即利用物理方法（机械、比重、温度或射线等）来防治病害。

物理防治一般不污染环境，多数操作简便、成本低、效果好，但有时受条件限制。此法一般用于处理种子、苗木及其他植物繁殖材料和土壤，辐射则用于处理储藏期农产品。具体方法有：

1）汰除　利用种子与病粒、草籽等的形态、大小差异进行筛选的方法。此法可除去腥黑穗病的菌瘿和菟丝子的种子等。汰除的方法有风选、筛选和水洗等。

2)热处理 主要针对如小麦散黑穗病菌、棉花枯萎病菌、棉花黄萎病菌、水稻白叶枯病菌等侵入种子(或无性繁殖材料)内部的病菌。

①温汤浸种:利用一定温度的热水杀死在种子、苗木、节穗表面和内部潜伏的病原物而不影响其活力,多用于植物休眠的处理。

冷水温汤浸种:先将种子在冷水中浸若干小时,再在温水中浸一定时间,取出后立即放在冷水中,捞出晾干即可。如防小麦散黑穗病,将种子在冷水中浸 4 h,然后在 49 ℃温水中浸1 min,在52~54 ℃温水中浸 0.5 min。

冷浸日晒:冷水浸几小时后,在太阳下曝晒若干小时。如防小麦散黑穗病,在大暑前后选择高温晴天,将种子浸在冷水中 5 h,滤去水分,在太阳下暴晒至下午 5 点。

注意:大豆和其他大粒豆类种子水浸后迅速吸水膨胀,可用植物油代替水作为导热介质进行处理。

②干热处理:利用温箱的热气进行处理。不同植物材料处理方法各异。处于生长活动期的植物材料一般置于 35~40 ℃温箱中保持 20~50 天。例如:带有卷叶病毒的马铃薯在 37 ℃的温箱中培养 25 天,就能种植出无病毒的健株;黄瓜种子经 70 ℃干热处理 2~3 天,可使绿斑花叶病毒失活;番茄种子经 75 ℃处理 6 天或 80 ℃处理 5 天可杀死种传黄萎病菌。

注意:豆科作物种子耐热性弱,不宜干热处理。含水量高的种子应先预热干燥。

3)辐射处理 用一定剂量的射线抑制或杀死病原物,主要用于储藏期水果、蔬菜等农产品。

4)膜物质覆盖 用膜物质覆盖地面,可截断土壤中病原物的传播途径。用银灰反光膜或白色尼龙纱覆盖苗床,对蚜虫有忌避作用,可减少传毒介体蚜虫数量,减轻病毒病害。夏季高温期铺设黑色地膜,可吸收日光能,使土壤升温,杀死土壤中多种病原菌。

4.1.5 生物防治

生物防治主要是利用有益微生物对病原物的各种拮抗作用,减少病原物的数量,削弱其致病性。即通过调节寄主植物的微生物环境来减少病原物接种体数量,降低病原物致病性,抑制病害的发生。有些有益微生物还能诱导或增强植物抗病性。有益微生物对病原物的拮抗作用包括抗菌作用(antibiosis)、溶菌作用(bacteriolysis)、竞争作用(competition)、重寄生作用(hyperparasitism)、捕食作用(predation)、交互保护作用(cross protection)等。

植物病害生物防治的基本措施有两类:①直接使用,就是通过对植物表面喷雾(粉)、浸种或拌种、蘸根、土壤处理等方法直接施用人工培养的有益微生物;②促进增殖,通过改变环境条件,使已有的有益微生物群体增长并表现拮抗活性。

1)抗生作用 目前较普遍的是利用微生物的代谢产物(抗生素)抑制病原物的生长或将其杀死。能产生抗生素的微生物称为抗生菌,具抗生作用的微生物通称抗生菌。一种微生物对另一种微生物的抑制生长发育甚至消解菌体的作用称为拮抗作用(antagonism)。

土壤是微生物大量繁殖和滋生的场所,所以生物防治主要用于防治土壤传染的病害。利用抗生素防治植物病害无残留,可减少环境污染,选择性强。目前,生产上广泛应用的有井冈霉素、春雷霉素、多抗霉素等。

2)重寄生　有些微生物可寄生于病原物,使病原物生长发育受抑制或死亡。如木霉可寄生于丝核菌(图 4-1-1),盾壳霉可寄生于油菜菌核菌。

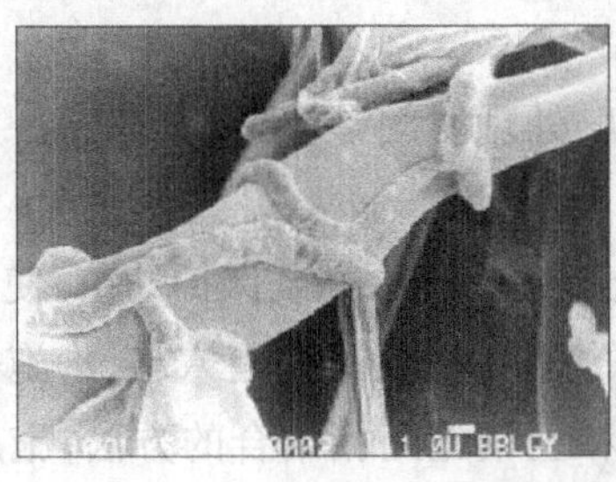

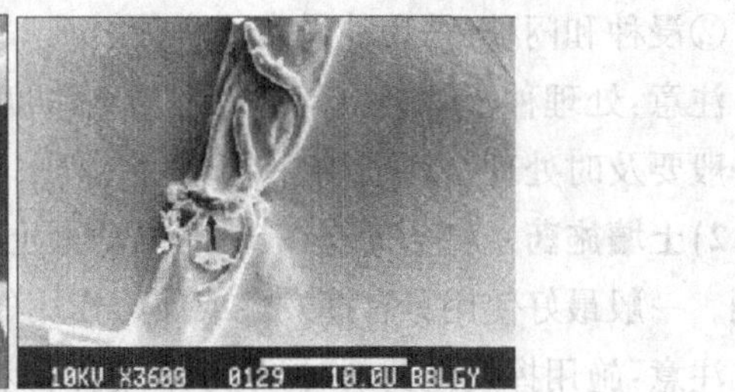

图 4-1-1　哈氏木霉寄生立枯丝核菌

3)竞争作用　有些微生物生长繁殖很快,可与病原菌争夺空间、营养、水和氧气,从而抑制病原菌的繁殖。如将荧光假单胞菌和芽孢杆菌施入土壤可防治植物土传病害。

4)交互保护作用　交互保护作用是指植株中病毒的弱株系可使寄主植株免受同一病毒强株系的严重危害。真菌、细菌和线虫中也有类似情况。美国施用栗干枯病的弱毒菌株来防治栗干枯病已取得很好的效果。美国和澳大利亚用无致病力的放射土壤杆菌 K84 或工程菌 K1026 防治桃树根癌病已获成功。中国筛选出的放射土壤杆菌 E26 防治葡萄根癌病也有明显效果。

注意:在大田作物中利用交互保护作用来防治植物病害是不方便的。一种株系对一种作物或一个品种为弱株系,若传到另一作物或品种上可能表现为强株系。

4.1.6　化学防治

化学防治是利用化学药剂直接杀死病原物或抑制其生长繁殖的一种方法,是综合防治的一种重要措施,是防治突发性病害的应急措施。其特点是见效快,防效显著,使用方法简便,受环境影响小,施用灵活。但施药不当会造成环境污染,影响人畜安全,引起植物药害,长期使用易产生抗药性。因此,对化学防治必须具备正确的基本认识,才能正确地使用和发挥它的作用。

(1)杀菌剂的分类

①保护剂:病菌尚未到达寄主植物或虽已到达但未侵入寄主时,施用于植物表面,以杀死病菌或阻止其侵入,保护植物免受侵染的药剂,如波尔多液。

②治疗剂:能渗入或能被植物吸收到体内,作用于已经侵入植物体的病菌的药剂。这类杀菌剂中许多品种都属于内吸性杀菌剂。一般情况下,内吸性杀菌剂只能在病原物刚侵入寄主或病原物和寄主初建立寄生关系时见效。若已形成病害,则不能用于治疗。

③免疫剂:能提高寄主对病原物的抵抗能力的药剂。目前尚未发现能使植物获得后天免疫力的化学物质。

(2)化学防治方法

1)种子处理　用药剂处理种子以消灭种子内外的病原物,或使种子着药以保护幼苗免受病原物的侵染。具体方法有拌种、浸种和闷种等。

①拌种:种子表面附着一层药剂,其作用主要是消灭种子表面病原物,可在播后一定时期内防止种子周围土壤中病原物对幼苗的侵染。

②浸种和闷种:杀死种子内部病菌。

注意:处理种子时必须严格掌握药剂浓度、处理时间,以防发生药害。用药剂处理的种子一般要及时处理,以防影响种子发芽。

2)土壤施药 将药剂施在土里,以消灭土壤中的病原物或保护幼苗,使其免受病原物的侵染。一般最好使用具有挥发性或熏蒸作用的药剂,施药方法有穴施、沟施等。

注意:施用挥发性药剂时,最好采用拌种和土壤施药相结合的方法;施用土壤熏蒸剂时要特别注意人畜安全,一般施药后待药剂散发完(通常需要15～30天)再播种,否则易产生药害。

3)植株喷药 在植物表面喷洒农药,施药方法有喷雾和喷粉。要获得良好的防效,应注意药剂的使用浓度、喷药时间和次数、喷药的方法以及药剂的混合使用问题。

(3)抗性问题

长期使用单一药剂可能使病原物产生抗药性,使药剂失效。为延缓抗药性的产生,可从以下几方面考虑:

①降低用药量和使用次数,减少农药对病原物的定向选择区。

②避免长期单一使用某一种农药,交替使用不同类型农药。

③若病原物已对某种农药产生抗性,可改用与其有负交互抗性的农药。

4.2 农业害虫防治方法

农作物生长发育过程中以及农产品储藏期间常遭到多种有害生物的侵害,使产量减少,品质降低。这些有害生物中,害虫所占比重很大。

农业害虫防治方法按其作用原理和应用技术可分为5类:植物检疫、农业防治、化学防治、生物防治和物理防治。这些防治方法各有特点,有的可以限制危险性害虫的传播蔓延和为害;有的可以恶化害虫的环境条件,增强农作物的抗虫性能;有的可以利用天敌与害虫之间的矛盾而予以控制;有的可以直接杀灭害虫。实践证明,单独使用任何一种防治方法都不能全面有效地解决虫害问题。

4.2.1 植物检疫

害虫的分布具有明显的区域性,各地发生的害虫不尽相同。害虫在其原产地往往受天敌、植物的抗虫性及农业防治措施影响,发生和为害程度不足以引起人们的重视,一旦传入新的区域,因缺乏上述控制因素有可能在新的区域蔓延为害。如蚕豆象,就是日军侵华期间传入我国的;又如美国白蛾,于1979年在辽宁被首次发现,后传入山东、陕西等地,成为威胁我国林业和果树生产的危险性害虫。这类事例在历史上还有很多。植物检疫工作具有相对的独立性，但又是整个植物保护体系中不可分割的一个重要组成部分。它能从根本上杜绝危险性病、虫、草的来源和传播，也最能体现“预防为主，综合防治”的植保工作方针，尤其是交通发达、国际贸易往来频繁以及旅游业兴起的现在，植物检疫工作更应得到重视。

4.2.2　农业防治

农业防治是从农业生态系统的总体观念出发，以作物增产为中心，通过有意识地调整耕作栽培制度、选用抗(耐)虫品种、加强保健栽培管理以及改造自然环境等措施，创造出有利于农作物和天敌生长而不利于害虫发生的条件，将害虫控制在经济损失允许密度以下。

农业防治采用的各种措施除直接杀灭害虫外，主要是恶化害虫的营养条件和生态环境，调节益虫、害虫的比例，达到压低虫源基数、降低繁殖率的目的。其防治作用大体可分为以下几种类型：

1)直接杀灭害虫　如利用三化螟以老熟幼虫在稻桩中越冬的薄弱环节，在春季化蛹羽化前，提早春耕灌水，可淹死螟虫；利用棉铃虫的产卵习性，结合棉花整枝打顶心和边心，可消灭虫卵和初孵幼虫；对于在土中化蛹或越冬的害虫，可采取冬耕或中耕压低虫源基数。

2)切断食物链　如多化性害虫各代发生期都有适宜的寄主食物，或具备虫源田和桥梁田寄主，则有利于生活史的连续，虫量积累到一定程度后，就会造成严重危害。如其中某一世代缺少寄主或营养条件不适，发生量就会受到抑制，因此，可通过改革耕作制度或调整作物布局达到控制害虫的作用。如棉花红蜘蛛在早春杂草寄主上繁殖后侵入棉田为害，因此清除早春杂草寄主成为防棉花红蜘蛛的重要措施之一。

3)耐害和抗害　作物为适应害虫而产生耐害性和抗虫性等防御特性，其机制是多方面的，除了形态结构、物候等因素外，主要由自身的生理生化特性所决定。培育和推广抗虫品种，发挥自身对害虫的调控作用，是最经济有效的防治措施。此外，合理密植、加强科学的肥水管理等作物丰产保健措施，也可增强作物的防御能力。

4)避害　害虫为害与作物生育期也密切相关。如三化螟在分蘖期和孕穗至始穗期最易侵入，圆秆拔节期和齐穗后是相对安全期，因此可通过调节移栽期，使作物的危险生育期与三化螟的孵化盛期错开，从而达到减轻危害的作用。

5)诱集　利用害虫对寄主的嗜好程度或作物对不同生育期和长势的选择性，在作物行间种植诱集作物或设置诱集田，吸引害虫并加以集中消灭。

6)恶化害虫生境　最成功的例子是在东亚飞蝗发生地，通过兴修水利、稳定水位、开垦荒地、扩种水稻等措施改变蝗区发生的环境条件，使蝗患得到有效控制。其他栽培管理措施也可起到恶化害虫生境的作用。如稻飞虱发生期，结合水稻栽培技术的要求进行排水搁田，降低田间湿度，可在一定程度上减少发生量。

7)创造利于天敌繁衍的生态条件　如作物的合理布局、按比例或条带种植、棉麦套种、棉田种植油菜等，可增加作物和害虫的多样性，可起到以害(虫)繁益(虫)、以益控害的作用，是行之有效的保护和利用天敌的措施。

农业防治是综合防治的基础，符合植保工作方针，其优点为：①贯彻预防为主的主动措施,可将害虫消灭在农田以外或为害之前;②由于结合作物丰产栽培技术,不需增加防治害虫的劳力和成本;③可充分利用害虫生活史中的薄弱环节(如越冬期、不活动期)采取措施,收益显著;④选用抗虫品种、改变耕作制度和改造生态环境等可对某些害虫起到彻底的控制作用,这是其他防治办法难以做到的;⑤有利于天敌生存,对环境无污染,符合生态防治的要求。

农业防治也有一定局限性:①因害虫的种类不同,贯彻某项措施对某种害虫有效,但可能引起另一些害虫的回升;②所用措施有明显的地域性;③不能作为应急措施,如遇害虫暴发往往无能为力。

4.2.3 生物防治

狭义的生物防治是指利用害虫的天敌防控害虫。随着科学技术的发展,其内涵逐渐丰富。广义的生物防治是指利用某些生物或生物代谢产物来控制害虫种群数量,以达到压低虫源基数或消灭害虫的目的。

4.2.3.1 利用天敌昆虫

以其他昆虫作为食料的昆虫为食虫昆虫,也称为天敌昆虫。

(1)天敌昆虫种类

1)捕食性天敌 分属于18个目近200个科,其中用于生物防治效果较好且常见的种类有瓢虫、草蛉、捕食螨、隐翅虫、食虫虻、食虫蝽、蚂蚁、食蚜蝇、胡蜂、步甲等(图4-2-1)。捕食性天敌一生一般要捕食很多昆虫,捕获后即咬食虫体或吸取其体液。捕食性天敌成虫和幼虫的猎物通常相同,均营自由生活。

图4-2-1 瓢虫、草蛉、捕食螨、隐翅虫、食虫虻、食虫蝽和蚂蚁

2)寄生性天敌 分属于5个目近90个科,其中大多数种类属于膜翅目和双翅目,即寄生蜂(图4-2-2)和寄生蝇。寄生性天敌一般一生仅寄生一个对象,其体形较寄主小,以幼虫期寄生于寄主体内或体外,最后寄主随天敌幼虫的发育而死亡。寄生性天敌成虫营自由生活。我国目前利用寄生性天敌最成功的案例是赤眼蜂(图4-2-3),可防治多种鳞翅目害虫。

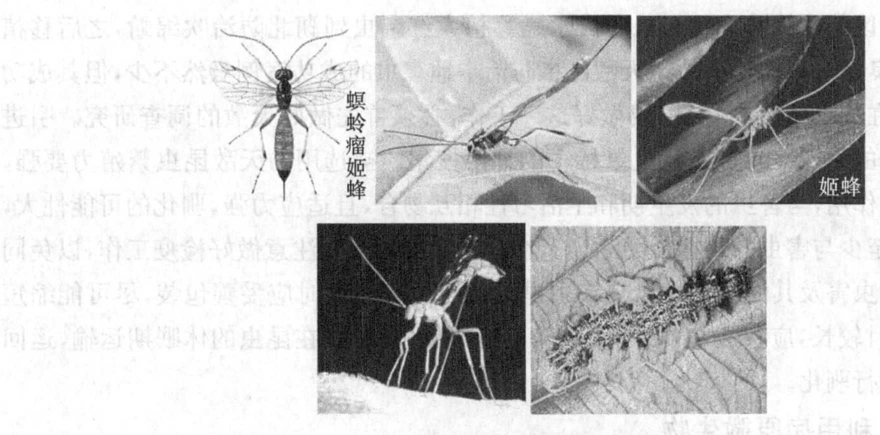

图 4-2-2　各种寄生蜂

图 4-2-3　赤眼蜂

(2)利用天敌昆虫防治害虫的主要途径

自然界天敌昆虫的种类和数量很多,但它们常受到不良环境条件如气候、生物及人为因素的影响,无法充分发挥对害虫的控制作用。因此,必须通过改善环境条件,创造有利于自然天敌昆虫发生的条件,以促进其繁殖。

1)保护和利用天敌的基本措施

①保证天敌安全越冬。很多天敌昆虫在寒冬来临时会大量死亡,可施以安全措施,如束草诱集、引进室内蛰伏等,以增加早春天敌数量。

②必要时补充寄主,使其及时寄生、繁殖,具有保护和增殖两方面的意义。

③注意处理害虫的方法,因为在获得的害虫体内通常有天敌寄生,因此应该妥善处理,如采用卵寄生保护器、蛹寄生昆虫保护笼或其他形式的保护器来保护天敌昆虫。

④合理用药,避免因使用广谱性农药而杀伤天敌昆虫。

2)大量繁殖、释放天敌昆虫　用人工方法在室内大量繁殖、饲养天敌昆虫,然后在需要时释放到田间或仓库中,以补充自然界天敌数量,使害虫于大量发生为害之前受到天敌昆虫的抑制。尤其是从外地引进的天敌,更需要先进行人工繁殖,以扩大数量,再行释放。使天敌昆虫在当地定殖并建立种群,这样才能达到持续控制害虫的效果。

天敌昆虫饲养繁殖、释放的方法因种类而异,其基本环节包括:①寄主或饲料的选择、大量准备;②天敌昆虫的大量繁殖;③必要时冷藏,以积累数量;④适时释放。目前,国内在这方面已有很多成功案例。例如,饲养、释放赤眼蜂防治玉米螟、松毛虫和甘蔗螟虫,利用红铃虫金小蜂防治越冬红铃虫幼虫,利用平腹小蜂防治荔枝椿象。

3)移植和引起外地天敌昆虫　早在 19 世纪 80 年代,美国即从澳大利亚引进澳洲瓢虫控制美国柑橘产区的吹绵蚧。我国从浙江永嘉移植大红瓢虫到湖北防治吹绵蚧，之后移植到四川，均取得良好效果。移引外地天敌昆虫防治本地害虫的成功案例虽然不少，但其成功率并不高，一般在20%左右。因此，要做好这一工作，必须首先做好天敌的调查研究。引进天敌最好到害虫的原产地或害虫发生量稀少的地区搜集。被选用的天敌昆虫繁殖力要强，能起控制害虫的作用，与害虫的发生期和生活习性相互吻合，且适应力强，驯化的可能性大，同时传播要快，至少与害虫的传播能力相当。在引进天敌时还要注意做好检疫工作，以免同时带入危险性病虫害及其他寄生性昆虫。引进天敌昆虫在运输时应妥善包装，尽可能缩短运输时间，如耗时较长，应存放在4.5～7.0 ℃的冷藏器中，最好在昆虫的休眠期运输，运回后必要时还应进行驯化。

4.2.3.2 利用病原微生物

利用昆虫病原微生物或其代谢产物来防治害虫称为微生物防治，或称以菌治虫。昆虫病原微生物的种类很多，主要包括细菌、真菌、病毒三大类。

1)细菌 已知的昆虫病原细菌有90多个种和变种。其中最常见的是芽孢杆菌，它能产生毒素，被昆虫吞食后通过消化道侵入其体腔而致病。被细菌感染的昆虫死后体躯软化、变色，失去原形，内腔液化，带黏滞性，散发臭味。常用的微生物农药有苏云金杆菌(图4-2-4)，可防治棉花、蔬菜上多种鳞翅目害虫。

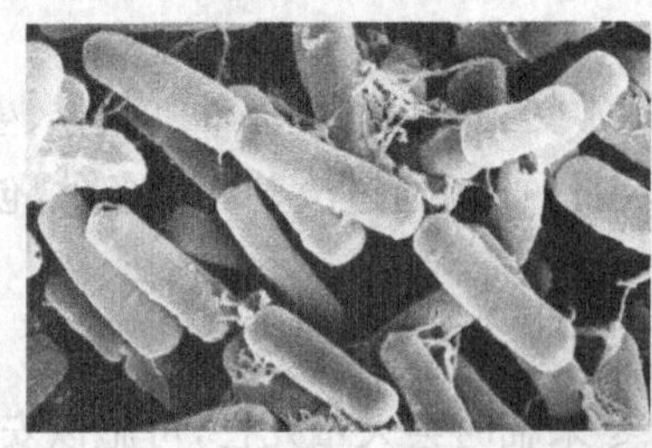
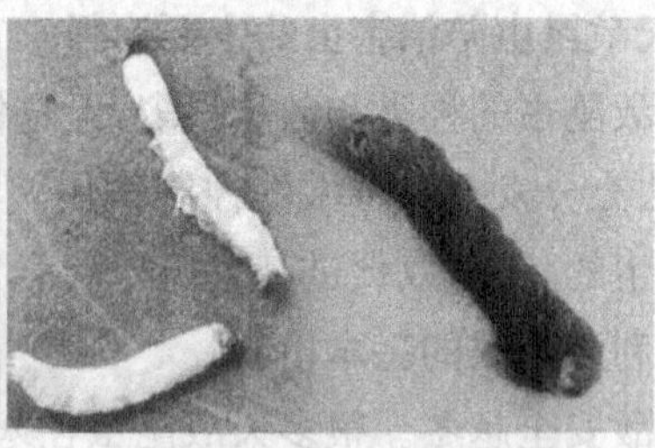

图4-2-4 苏云金杆菌及其感染的鳞翅目幼虫

2)真菌 据研究，虫生真菌约有500余种。真菌通过昆虫体壁侵入虫体，大量增殖，并以菌丝穿出体壁，产生孢子，温暖高湿条件下易流行。死虫虫体僵硬，呈白色、绿色或黄色。我国东北地区大面积利用白僵菌防治玉米螟幼虫已获得成功(图4-2-5)。

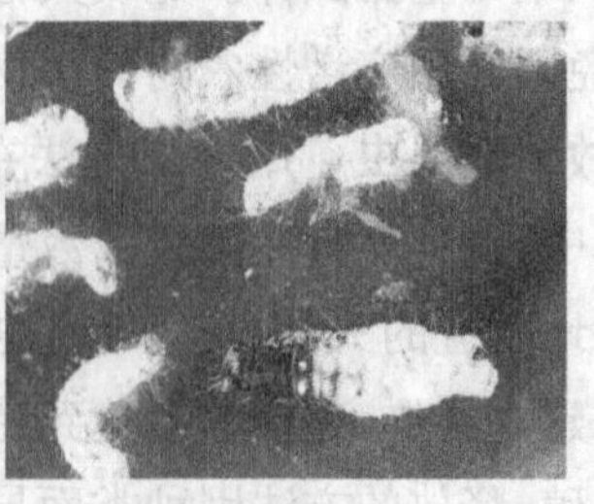

图4-2-5 被白僵菌感染的蝗虫、被绿僵菌感染的玉米螟幼虫

3)病毒 昆虫病毒有核型多角体病毒、质型多角体病毒和颗粒体病毒等。昆虫通过取食带有病毒的食物，接触病虫体或其排泄物而感染。感染病毒的昆虫体色变浅或呈蓝色，皮肤脆弱、易破裂，但无臭味，食欲减退，行动迟缓，腹足紧抓植株枝梢、身体下垂而死。常用的微生物农药有棉铃虫核型多角体病毒，可用于防治棉铃虫、烟青虫。

应用病原微生物防治害虫，首先要寻找罹病昆虫，将其分离，获取菌种，然后利用致病性试验进行筛选，并将其人工扩大培养，制成菌剂并不断设法提高其毒性，同时也必须仔细研究病原微生物、害虫及环境条件之间的相互关系，分析害虫流行病发生的条件，与农业防治及其他各种措施的相互配合，以便充分发挥微生物防治在害虫综合防治中的作用。

4.2.3.3　利用其他有益生物

其他有益生物包括鸟类、爬行类、两栖类及蜘蛛和捕食螨类(图 4-2-6)。鸟类是多种农林害虫和害鼠的捕食者，啄木鸟和灰喜鹊等能捕食果树和林木的多种害虫，家养雏鸭可捕食稻田飞虱和叶蝉，鸡可捕食棉花晒花时掉落在地面的红铃虫幼虫。两栖类中的青蛙和蟾蜍是田间鳞翅目害虫及象虫、蝼蛄、蛴螬等害虫的捕食者。农田蜘蛛有百余种，田间密度可高达 150 万头/hm^2，分布广泛，对稻田飞虱、叶蝉、棉蚜、棉铃虫的捕食作用很明显。近年来，各地都开始注意捕食螨的保护和利用。以螨治螨是目前果树和棉田害螨防治的重要措施。对于其他有益生物，目前还是以保护和利用为主，以使其在农业生态系统中发挥治虫作用。

图 4-2-6　有益生物

生物防治的优点包括对人畜安全，对环境污染极小，天敌资源丰富，使用成本较低，便于利用。但生物防治也有缺点：①杀虫作用缓慢，不如化学杀虫剂速效；②多数天敌对害虫的寄生或捕食有选择性，范围较窄；③天敌在多种害虫同时暴发时难以奏效；④天敌的人工繁殖技术难度较高，能用于大量释放的天敌昆虫种类不多，而且其防效常受气候条件的影响。总体来看，生物防治是一项很有发展前途的防治措施，是害虫综合防治的重要组成部分。

4.2.4　物理防治

应用各种物理因素如光、电、温度、湿度等及机械设备来防治害虫的方法，称为物理防治。其中一些方法(如利用红外线、高频电流)具有特殊的作用，能杀死隐藏为害的害虫。太阳能辐射在一定范围内能消灭害虫的种群，且没有副作用。但是，物理防治成本一般较高，有些方法对天敌也有影响。

4.2.4.1 人工器械捕杀

根据害虫的生活习性，使用一些比较简单的器械进行捕杀。如用拍板捕杀稻弄蝶，用黏虫兜捕杀黏虫，用铁丝钩捕杀树干中的天牛幼虫等。

4.2.4.2 诱集和诱杀

可利用害虫的趋性或其他习性进行诱集，然后加以集中处理。也可在诱捕器内加入洗衣粉、杀虫剂或设置其他装置（如频振式诱虫灯）直接诱杀害虫。

1)灯光诱杀 利用害虫的趋光性进行诱杀（图 4-2-7）。目前广泛应用的黑光灯波长为 365 nm。黑光灯可与性诱剂结合或与高压灯一起使用，以增强诱杀效果。灯光诱集已普遍应用于害虫预测预报。

图 4-2-7 灯光诱杀害虫

2)潜所诱集 利用害虫的潜伏习性，布置各种适合场所，引诱害虫潜伏，然后及时消灭。如树干束草（图 4-2-8）或包扎麻布诱集梨星毛虫、梨小食心虫等越冬幼虫。

3)黄板诱杀 利用害虫的趋黄习性，可设置黄板诱杀害虫（图 4-2-9）。

图 4-2-8 树干束草诱集害虫

图 4-2-9 黄板诱杀害虫

4.2.4.3 阻隔法

根据害虫的生活习性设计各种障碍物（图 4-2-10），防止害虫为害或阻止其蔓延。如对果树的果实套袋可防止蛀果害虫产卵为害，在树干上涂胶或刷白可防止树木害虫为害，在粮仓内粮囤表面覆盖草木灰、糠壳或惰性粉等可阻止仓虫侵入为害。

图 4-2-10 果实套袋、树干刷白

4.2.4.4 利用温度、湿度杀虫

利用高温低湿或低温冷冻杀死害虫的方法多用于防治储粮害虫。如粮食烘干、夏季曝晒，几乎对所有的储粮害虫都有杀死作用。用开水浸泡蚕豆种 30 s、浸泡豌豆 25 s 可直接杀死其中的蚕豆象、豌豆象。用双层草席包围密闭储藏的豆粒，可在囤内营造缺氧条件，从而

杀死豌豆象。在北方，冬季可打开粮仓窗户或将粮食搬至仓外，利用外界低温杀死仓虫。

4.2.4.5　利用其他物理因素防治害虫

1)高频电流　利用高频电流在物质内部产生的高温，可以消灭隐蔽为害的害虫，用于防治储粮害虫、木材害虫等。

2)放射能　应用放射能防治害虫有 2 种途径，一种是直接杀死害虫，另一种是应用放射能造成雄体不育。将不育雄虫释放到田间，使其与自然界雌虫交配，可得到大量不能孵化的卵，压低虫口密度。通过若干代连续处理，害虫的虫口密度可被压到相当低的程度。

3)激光　据报道，用 450～500 nm 的激光可杀死螨类和蚊虫。根据害虫表皮色素选择适当的激光波长，可以有选择性地杀死害虫，同时避免对天敌的杀伤。如配合使用鼓风机，使害虫暴露出来，还可进一步提高杀虫效果。

5)红外线　远红外线是一种电磁波，应用波长为 3 μm～1 mm，其中数十微米波长范围内的又称热红外线。当远红外线作用于处理材料和害虫时，物质内部分子发生强烈共振，释放出热能。当温度达到害虫的致死高温时，虫体可因大量失水而死亡。

4.2.5　化学防治

化学防治是指利用化学农药来杀灭害虫（图 4-2-11），其优点是杀虫快，效果好，使用方便，不受地区和季节限制，适于大面积机械化防治。在目前及今后相当长的一段时间内，化学防治仍然是综合防治的一个重要手段。但化学防治也存在缺点：①若使用不慎，会引起家畜中毒；②污染环境造成公害；③长期大量使用农药还会引起害虫的再猖獗。因此，要注意合理用药、节制用药，选择负交互抗性农药，积极研制高效、低毒、低残留且选择性强的农药，同时考虑改进农药剂型和使用技术，尽可能减少其不良影响。

图 4-2-11　化学防治

4.2.6　综合防治

很早以前，人们就致力于寻找一种防治害虫的理想方法。19 世纪末，美国从澳大利亚引进澳洲瓢虫防治吹绵蚧获得成功，引起了人们对生物防治的极大兴趣。此后，许多国家都积极开展生物防治研究，想以此作为最理想的防治方法。但像澳洲瓢虫那样效果突出的案例并不多。到 20 世纪 40 年代，随着化学工业的发展，化学农药成为防治害虫的主要手段，但经长期大量使用后，其产生的副作用越来越明显，如引起人畜中毒，污染环境，使害虫产生抗药性，以及大量杀伤有益生物，导致害虫的再猖獗和次要害虫上升为主要害虫等。人们终于从历史的经验中得出结论：想要依赖单一方法解决害虫的防治问题是不可能的。于是，从

20 世纪 60 年代中期开始兴起一种新的防治害虫的对策，即综合防治。

(1)综合防治的概念

综合防治是以生态学为基础，针对单一化学防治出现的问题而采取的防治对策，是在 20 世纪 50 年代初提出的协调防治的基础上逐渐发展起来的。

1974 年，我国召开全国农作物病虫害综合防治学术讨论会，总结国内外的经验与成就，并于 1975 年春召开的全国植保工作会议上确定了“预防为主，综合防治”的植保工作方针，同时指出：以预防作为贯彻植保方针的指导思想，在综合防治中，要以农业防治为基础，因地、因时制宜，合理运用化学防治、生物防治、物理防治等措施，达到经济安全、有效地控制病虫为害的目的。1986 年 11 月，我国召开第二次全国农作物病虫害综合防治学术讨论会，对“综合防治”作出了新的阐述：综合防治是对有害生物进行科学管理的体系，它从农业生态系统总体出发，根据有害生物与环境之间的相互关系，充分发挥自然控制因素的作用，因地制宜，协调应用必要的措施，将有害生物控制在以经济受害允许水平之下，以获得最佳的经济、生态和社会效益。

(2)综合防治的基本要点

①在对待害虫的态度上，认为没有必要彻底消灭害虫，只要把害虫控制在经济受害允许水平以下就行，保留的一点害虫可以成为害虫天敌的寄主或猎物，有利于维持生态多样性和遗传多样性，以达到利用自然因素调节害虫数量的目的。

②在对待化学防治的态度上，主张节制用药，只有在不得已的情况下才采取化学防治措施，因为化学防治同自然防治不协调，有杀死天敌的副作用。

③强调充分发挥自然因素对害虫的调控作用，十分重视作物自身的耐害补偿能力和生物防治措施。

④着重以生态学原则指导害虫防治的策略，强调保护生态环境和维持优良的农田生态系统。

由此可见，综合防治包含了 3 个基本观点：①生态学观点，即害虫防治既要保证农业高产增收，又要建立最优的农业生态系统；②经济学观点，即选择运用防治措施要因地制宜，讲求实效，节省工本，以达到最高防治效果，取得最大的经济效益；③环境保护观点，即综合防治所采取的措施必须对人畜安全，不污染环境。从以上 3 个观点出发，可见综合防治并不过分强调预期的防治效果或短期效应，而比较注重长期的累积效应，在防治技术上也重视各种防治措施的协调运用。

(3)我国害虫综合防治的研究进展

我国也曾在 20 世纪 50 年代提过害虫综合防治，但当时只是将多种防治措施结合起来应用，没有从生态学观点和农业生产的整体观点出发来理解综合防治的意义。真正的综合防治研究是从 20 世纪 60 年代末开始的。最初是以一种作物的一种害虫作为对象加以研究，之后发展到以一种作物整个生育期的多种害虫为对象。20 世纪 80 年代，随着农业生产的发展，我国又进一步研究了病、虫、草相结合的综合防治措施。目前，随着研究的深入，以整个农田生态系统为目标的综合防治研究已提上日程。

近年来,我国农作物害虫的综合防治在理论和实践上都取得了很大的进展,已基本形成以高产优质及三大效益为目标的具有中国特色的综合防治体系和配套技术。

4.3　农田杂草防除方法

在农田生态系统中,杂草防治几乎是农民最头疼的问题。杂草顽强的生命力,让农民无法预防,年年除草,年年长草。人类与杂草斗争了几千年,至今没有太好的办法,直到发明了除草剂。然而,人类发明了除草剂,甚至抗除草剂转基因作物,却造成了除草剂的残留问题和环境问题。

4.3.1　物理除草

1)人工除草　包括手工拔草和使用简单农具除草。人工除草耗力多,工效低,不能大面积及时防除。目前,人工除草多在采用其他措施除草后作为去除局部残存杂草的辅助手段。

2)机械除草　使用畜力或机械动力牵引的机具除草。一般于作物播种前、播后苗前或苗期进行机械中耕耖耙与覆土,以控制农田杂草。机械除草工效高,劳动强度低,但难以清除苗间杂草,不适于间作套种或密植条件,频繁使用还可引起耕层土壤板结。

3)其他物理方法除草　利用水、光、热等物理因素除草。如用火燎法进行垦荒除草,用水淹法防除旱生杂草,用深色塑料薄膜覆盖土表(遮光、提高温度)除草等。

4.3.2　化学除草

化学除草具有高效、及时、省工、经济等特点,适应现代农业生产作业,还有利于促进免耕法和少耕法的应用、水稻直播栽培的实现以及密植程度与复种指数的合理提高。因此,自20世纪80年代起,除草剂销量一直雄踞三大类农药之首。

4.3.2.1　除草剂的杀草原理

1)阻碍光合作用　光合作用是高等绿色植物取得能量和制造养料的重要过程,是植物生命存在的基础。光合作用受到干扰或破坏,植物将死亡。光合作用是叶绿素吸收光能,将二氧化碳和水转化为碳水化合物同时放出氧气的复杂过程,其实质是将光能转换为化学能。除草剂可阻碍光合作用的光反应和暗反应。不少除草剂进入植物体内后,到达叶片,对光合作用的光作用有强烈的抑制作用,使植物将贮存的养分消耗枯竭,饥饿致死。还有一些除草剂可影响光合作用的暗反应。

2)破坏呼吸作用和能量代谢　植物生长发育所需要的能量是通过呼吸作用取得的。光合作用是储能过程,呼吸作用是放能过程。植物在呼吸过程中形成三磷酸腺苷,为生长发育提供所需要的能量。当植物呼吸作用的某些重要环节受到破坏,就会影响整个植株的生存,并导致死亡。例如,百草枯被吸收进入杂草体内后,取代呼吸过程中起重要作用的丙酮酸,破坏植物的呼吸作用,抑制酶的合成,使脂肪和糖的代谢受到抑制,导致杂草死亡。有的除草剂则是通过破坏能量代谢,导致杂草死亡。

3)抑制蛋白质、核酸等物质合成 许多除草剂进入杂草体内后,破坏正常生理功能,抑制蛋白质和核酸的合成,从而造成杂草死亡。

4)干扰植物激素的作用 植物体内含有多种激素,具有协调植物生长、发育、开花、结实的重要意义。由于受害杂草的不同器官反应不同,刺激作用和抑制现象可能并存,使植物各部分互相协调又互相制约的关系发生不正常变化。因此,杂草吸收除草剂后体内应激异常,生理功能紊乱,茎秆扭曲、畸形,叶面皱缩、变色、失绿,严重时死亡。

5)阻碍营养物质的输送 某些除草剂进入杂草体内后,可通过韧皮部的筛管传导,使形成层的细胞分裂,过度伸长、畸形甚至坏死,堵塞或破坏韧皮部,阻碍营养物质的输送,从而使杂草因得不到养分、水分而死亡。

4.3.2.2 除草剂的选择性

除草剂喷洒到农田里能杀死农田里的杂草,而不杀死或伤害农作物的特性,称为选择性。除草剂的选择性是相对的,除草剂对所有的农作物都是有毒的。无论对于哪种农作物,除草剂的用量过大都将导致农作物生理变化,甚至导致死亡。植物选择性和除草剂用量有关,一定剂量的除草剂能使有的植物不受其害,有的则中毒死亡。除草剂本身具有一定的选择性,虽然有的除草剂选择性不强,但可利用除草剂的某些特点以及农作物和杂草之间在形态、生理生化、生长时期、遗传特性上的差异获得除草剂的选择性,还可利用施药时间和农作物栽培的时间差获得除草剂的选择性。对除草剂反应快、易被杀死的农作物称为敏感植物;对除草剂反应速度慢、忍耐力强、不易被杀死的农作物称为抗性植物。除草剂的选择性可分为以下几种。

1)形态选择性 植物外部形态差异和内部结构特点是形成除草剂的形态选择性的依据。

茎叶处理除草剂的选择性与植物叶片特征、生长点位置有关。禾本科植物,如小麦、水稻、玉米、马唐、狗尾草等,叶片直立、狭窄,叶表面有较厚的蜡质层,喷洒在叶面的药剂易滚落,不易被植物吸收。而阔叶植物,如棉花、花生、大豆、藜、苋、荠菜、野油菜、播娘蒿等,叶片着生角度大,叶片横展,叶面蜡质层较薄,喷药时叶片能吸收较多药剂。阔叶植物的生长点在嫩枝的顶端,且裸露在外面,易受到药剂的直接毒害。禾本科植物的生长点位于植株的基部,且被几层叶片包围,不易遭受药剂的毒害。

植物输导组织结构的差异可引起不同植物对激素型除草剂的不同反应。双子叶植物的形成层位于根茎内木质部和韧皮部之间的分生组织细胞带,对激素型除草剂敏感。当2,4-滴等激素型除草剂经维管束系统到达形成层时,能刺激形成层细胞加速分裂,形成瘤状突起,破坏和堵塞韧皮部,阻止养分的运输而使植物死亡。禾本科植物的维管束呈星散状排列,没有明显的形成层,因而对2,4-滴等除草剂不敏感。

2)生理生化选择性

①不同植物对药剂的吸收和传导有很大差异。吸收和传导除草剂量越多的植物越易被杀死。如2,4-滴、2甲4氯等除草剂,能被双子叶植物很快吸收,并向植株各部位转送,使其中毒死亡,而禾本科植物就很少吸收和传导。就同一种植物而言,幼小、生长快的比年老、生

长慢的对除草剂敏感。以禾草丹为例，稗草在幼龄期吸收药剂比水稻快，且迅速传向全株，而水稻不仅吸收少，还能很快将禾草丹分解成无毒物质，但随着稗草苗龄增大，二者的抗药力就相差无几了。

②除草剂进入不同植物体内后可能发生不同的生化反应。

a. 解毒作用：某些农作物能将除草剂分解成无毒物质而不受害。如水稻体内含有一种芳基酰胺水解酶，可将敌稗水解为无毒物质，而稗草没有这种芳基酰胺水解酶，便中毒死亡；西玛津、莠去津能安全地用于玉米田，是因为西玛津在玉米根系中能发生脱氯反应而解毒；棉花有脱甲基的氧化酶，可分解敌草隆，因而棉田使用敌草隆是安全的。

除此之外，有些植物体内的成分能与除草剂发生轭合反应，形成无活性的轭合物而解毒。如氯磺隆可与小麦体内的葡萄糖迅速轭合形成 5-糖苷轭合物。

b. 活化作用：某些除草剂本身对植物无害，但在有的植物体内会发生活化反应，转化为有毒物质而使植物中毒。如2,4-滴丁酯本身对一般植物无毒，而有的杂草体内有 β 氧化酶，能将2,4-滴丁酯转化为2,4-滴而中毒。

3)时差选择性　利用杂草出苗和农作物播种、出苗时间的差异防除杂草。有的广谱性除草剂药效迅速，残效期短，在生产中常用于播前除草。也可在农作物播种后出苗前使用灭生性除草剂，杀死已萌芽出土的杂草，这时农作物尚未出苗，比较安全。如玉米免耕除草，即在收麦后直接播种玉米，在玉米出苗前对杂草进行处理。在马铃薯播后施用百草枯可杀死已出土的杂草，此时马铃薯未出苗，所以很安全。

4)位差选择性　土壤处理用的除草剂主要是由杂草的根系或萌发的幼芽吸收而杀死杂草的，但是根系在土壤中分布的深浅有差异，播种的深度和种子发芽的位置也不一样，这种针对位置差异的选择性称为位差选择性。例如，溶解度小而吸附性强的除草醚、甲草胺、敌草隆、利谷隆等除草剂易吸附于地表而形成药膜层，杀死表土层 0～2 cm 处的小粒种子的杂草，而对玉米、棉花、大豆等农作物安全，因为这些农作物播种深度为 5 cm 左右，根系分布也深。具有挥发性的氟乐灵、野麦畏等除草剂，喷洒于土壤后，须形成较深的药土层，才能发挥除草效果，因而用药后必须混土，混土的深度要比播种深度浅，确保杂草被杀死，但对深根农作物安全。

除利用上述除草选择性，还可利用植物生育期差异除草。农作物在不同生育期对农药的抗性不一，对除草剂的敏感程度也有差别。在一般情况下，植物在发芽或幼苗期对除草剂最敏感，开花后不敏感。例如，在玉米生长后期，用百草枯防除玉米田杂草，定向喷雾，虽难免喷在玉米下部的茎叶上，但对玉米不会造成多大药害，而对杂草防治效果较好。

4.3.3　生态除草

研究表明，保持农田的杂草生物多样性，在控制害虫、保护天敌、防止土壤侵蚀、维持生态系统功能等方面有重要的作用。因此，有必要对杂草的生物多样性给予适当保护。人工除草虽然是一种较环保的除草方式，但人力成本高。化学除草虽然成本较低，但容易造成严重的环境污染。为解决此矛盾，必须采取合理的除草措施，使农田杂草既能得到控制，又能维持较高的生物多样性，维持较高的经济效益。

生态除草是指利用生物之间的种间竞争关系来减少杂草，从而控制杂草危害。其具体措施如下：

①控制杂草种源：不使其结果实，在成熟前后治理。

②以草治草：如人工播种一年生豆科草本绿肥植物，占据杂草的生态位。

③秸秆覆盖：利用秸秆中的生化物质抑制杂草生长。

④生物除草：利用昆虫、禽畜、病原微生物和竞争力强的置换植物及其代谢产物防除杂草。例如，稻田中养鱼、鸭防除杂草，利用真菌作为生物除草剂防除大豆菟丝子，利用昆虫斑螟控制仙人掌的蔓延等。生物除草不产生环境污染，成效稳定持久，但对环境条件要求严格，见效慢。

⑤恶化杂草生境：采用一定的技术措施，在较大面积范围内创造一个有利于作物生长而不利于杂草生长的生态环境。如实行水旱轮作制度，对许多不耐水淹或不耐干旱的杂草都有良好的控制作用。在经常耕作的农田中，多年生杂草不易繁衍；在免耕农田或耕作较少的茶、桑、果、橡胶园中，多年生杂草蔓延较快，一年生杂草则减少。合理密植与间作、套种，可充分利用光能和空间结构，促进作物群体生长优势，从而控制杂草发生数量与为害程度。

第5章　农作物病虫草害田间调查

5.1　农作物病虫害田间调查

5.1.1　调查内容

农作物病虫害调查的内容包括病虫发生及为害情况、病虫和天敌发生规律、病虫越冬情况、病虫防治效果等。

5.1.2　调查方法

农作物病虫害取样调查是田间调查最基本的方法。常用的调查取样方法有分级取样、分段取样、典型取样和随机取样等。

5.1.2.1　分级取样

分级取样又称巢式取样，是指一级一级地重复多次随机取样。首先从总体中取得样本，然后再从样本里取得亚样本，以此类推，持续取样。例如，每日检查诱虫灯诱集到的害虫时，若虫量太多，全部清点费时费工，可以选取其中的一半，或在选取的一半中再取一半进行清点，然后推算总量。

5.1.2.2　分段取样

分段取样又称阶层取样、分层取样，是指从每一段里分别随机取样或顺次取样，最后加权平均。当总体中有明显的层次区分时，即某一部分与另一部分有明显差异时，宜使用此种方法。如在烟田中调查蚜虫数量时，选择不同代表性的田块，每块田五点取样，每点固定调查10株，每株取上中下各一片叶，记录各叶片上蚜虫数量，蚜虫数量以百株三叶计，最后折算成百株蚜虫数量。

5.1.2.3　典型取样

典型取样又称主观取样，即主观选定一些能够代表全群体的样本。足够熟悉和了解全群体的分布规律的情况下，可采用这种方法，节省人力和时间，但调查过程中应尽量避免因为因素带来的误差。

5.1.2.4　随机取样

随机取样是指在总体中取样时，每个样本被抽中的概率相同，对总体中 N 个样本标记号码1，2，…，N，然后利用随机数表抽出 n 个不同的号码为样本。随机取样不带有任何主观性，只是根据田块的大小，按照一定的取样方法和间隔距离选取一定数量的样本单位。一经确定就必须严格执行，不能任意地加大或减小，也不能随意变更取样单位。

以上方法落实到具体的基本单元时(某田块、田块中某地段)，都要采用随机取样法进行取样。常用于田间调查的取样方法有五点取样、对角线取样、棋盘取样、平行线取样和“Z”字形取样等。

1)五点取样 从田块2条对角线的交点(即田块正中央)及交点与4个顶点连线的中点取样。或者在离田块四边4～10 m远的各处随机选择5个点取样。五点取样是应用最普遍的取样方法,一般适用于密集或成行的植物。

2)对角线取样 调查取样点全部落在田块的对角线上,可分为单对角线取样和双对角线取样。单对角线取样方法是在田块的某条对角线上,按一定的距离选定所需的全部样点。双对角线取样法是在田块的2条对角线上均匀分配调查样点取样。两种方法可在一定程度上代替棋盘取样,但误差较大些。

3)棋盘取样 将所调查的田块均匀地划成许多小区,形如棋盘方格,然后将调查取样点均匀分配在田块的一定区块上。这种取样方法多用于分布均匀的病虫害调查,能获得较为可靠的调查结果。

4)平行线取样 在农田中每隔数行取一行进行调查,适用于分布不均匀的病虫害调查,调查结果的准确性较高。

5)“Z”字形取样(蛇形取样) 取样的样点分布为田边多、中间少。当田边发生多的迁移性害虫(如麦岩螨)在田边呈点片不均匀分布时,宜用此法取样。

5.1.3 调查数据处理

5.1.3.1 调查结果记录

记录要求准确、简明,有统一标准。常用的调查表见表5-1-1和表5-1-2,具体项目可根据调查内容确定。

表5-1-1 虫害调查记录表

地点	土壤植被情况	样田号	样田深度	害虫名称	虫期	害虫数量	备注

表5-1-2 玉米螟产卵及孵化情况调查记录表

调查日期	田块类型	作物生育期	调查株数	卵块数	百株平均卵块数	已孵和将孵卵块数			已孵和将孵卵块占比	备注
						已孵卵块	有黑点卵块	合计		

5.1.3.2　调查数据处理

1)被害率　反映病虫为害的普遍程度。

$$被害率=\frac{有虫(发病)单位数}{调查单位总数}\times 100\%$$

2)虫口密度　表示在单位面积内的虫口数量。

$$虫口密度=\frac{调查总虫数}{调查面积}$$

虫口密度也可用百株虫数表示：

$$百株虫数=\frac{调查总虫数}{调查总株数}\times 100$$

3)病情指数　在植株局部被害的情况下，各受害单位的受害程度是不同的，可按照被害的严重程度分级，再求病情指数。

$$病情指数=\frac{\sum(各级病情级数\times 各级样本数)}{最高病情级数\times 调查总样本数}\times 100\%$$

4)损失情况估计　病虫害所造成的损失应该以生产水平相同的受害田与未受害田的产量或产值对比来计算，也可用防治区与对照区(不防治)的产量或产值对比来计算。

$$损失率=\frac{防治区产量-对照区产量}{防治区产量}\times 100\%$$

$$损失率=\frac{未受害田平均产量(或产值)-受害田平均产量(或产值)}{未受害田平均产量(或产值)}\times 100\%$$

病虫害的“两查两定”

虫害：查虫口密度，定防治田块；查发育进度，定防治适期。

病害：查普遍率，定防治田块；查发病程度，定防治适期。

5.2　农田杂草危害调查

5.2.1　调查目的

掌握水稻、小麦、玉米、大豆、油菜等作物田杂草的种类和危害情况，为科学制定防控策略提供数据支撑。

5.2.2　调查范围

①调查作物：水稻、小麦、玉米、大豆、油菜等作物。

②调查地点：在××地区(市、区)开展水稻、小麦、玉米、大豆、油菜等作物田间杂草调查。

③调查要求：在××县(市、区)，针对水稻、小麦、玉米、大豆、油菜选择 3 个有代表性的乡镇(街道)，每个乡镇(街道)选择 3 个自然村，每个自然村用计数法调查 3 块田，记录杂草种类与发生密度。同时用“三层三级”目测法调查以上 27 块田，确定杂草危害情况。

5.2.3 调查时间

农田杂草调查分为2次进行：第一次在禾本科杂草3叶之前、阔叶类杂草4叶之前，主要调查杂草种类与分布；第二次在农田杂草花期和果期，主要调查杂草实际危害情况。

5.2.4 调查方法

5.2.4.1 杂草种类与分布调查

(1)调查方法

采取五点取样法，记录样框内全部杂草的种类及数量（禾本科以杂草株数或茎秆数为单位，其他科以杂草株数为单位），并将其填入调查记录表（表5-2-1），计算平均密度、频度和多度，再汇总填写调查统计表（表5-2-2）。调查的样方框统一为0.25 m²，即边长为0.5 m²的正方形框。

对不确定或不认识的杂草，要用相机拍摄其主要特征（叶片、叶舌、叶耳等）和整株照片，并采集整株标本，带回辨识。

表5-2-1 农田杂草种类调查记录表

调查地点：　县　乡(镇)　村　调查人：　调查日期：　年　月　日

作物名称：　作物栽培方式：　作物生育期：

田块序号	定位	样点号	杂草数量/(株/0.25 m²)						备注
			杂草1	杂草2	杂草3	杂草4	杂草5	…	
Ⅰ		1 2 3 4 5 …							
Ⅱ		1 2 3 4 5 …							

表5-2-2 农田杂草种类调查统计表

调查地点：　县　乡(镇)　村　调查人：　调查日期：　年　月　日

作物名称：　作物栽培方式：　作物生育期：

杂草名称	平均密度/(株/m²)	频度/%	多度/%	备注

(2)调查数据处理

1)平均密度　单位面积内某一种杂草的株数。

$$D=\frac{N}{S}$$

式中:D 为密度,株/m^2;N 为杂草数量,株;S 为调查面积,m^2。

2)频度　某一种杂草出现的田块数占总调查田块数的百分比。

$$F=\frac{\sum Y_i}{n}\times 100\%$$

式中:F 为频度;n 为调查田块数;Y_i 为某一种杂草在调查田块 i 中出现与否,出现记为1,未出现则记为 0。

3)多度　某一种杂草总株数占调查各种杂草总株数的比例。

$$多度=\frac{某种杂草总株数}{各种杂草总株数}\times 100\%$$

5.2.4.2　杂草危害情况调查

对已经防治过的农田进行杂草实际危害情况调查,可采用“三层三级”目测调查法,调查主要杂草种类的危害等级(表 5-2-3),并填写杂草危害严重度调查表(表 5-2-4)。

表 5-2-3　主要杂草种类危害等级

项目	杂草覆盖度/%		
	Ⅰ级(轻)	Ⅱ级(中)	Ⅲ级(重)
杂草与作物高度相当或高于作物	<10	10~20	>20
杂草高度为作物高度的 1/2 以上,但不高于作物	<15	15~30	>30
杂草高度不及作物高度的 1/2	<20	20~40	>40

注:杂草覆盖度是杂草地上部分在地上的垂直投影面积占样方面积的比例。

表 5-2-4　农田杂草危害严重度调查汇总表

调查地点:　县　乡(镇)　村　调查人:　调查日期:　年　月　日

作物名称:　作物栽培方式:　作物生育期:

杂草名称(主要种类)	调查田块数	不同危害等级田块比例/%			备注
		轻(Ⅰ级)	中(Ⅱ级)	重(Ⅲ级)	

农田杂草取样要求

①随机性:尽可能排除主观因素干扰,随机取样。

②代表性:调查的田块须能代表当地生产水平和耕作、栽培方式。

③准确性:能准确反映当地杂草种类、分布和危害情况。

第6章　植物化学保护基础知识

6.1　概述

农药是农、林、牧、渔业及公共卫生等部门用于防治病虫草鼠害以及调节农作物生长的重要生产资料和救灾物资。有研究指出，农作物病虫草害引起的损失最多可达70%，通过正确使用农药可以挽回40%左右的损失。随着我国人口的增长以及城市建设和工业用地面积的增加，耕地面积在不断减少。随着人口的增加和粮食消费水平的提高，人们对粮食的需求持续增长。提高单位面积粮食产量是解决我国粮食问题的重要出路之一，而使用农药防治病虫草鼠害是保证农业丰产的必不可少的重要手段。

6.1.1　农药的概念

狭义的农药是指用于预防、消灭或者控制危害农林生产的病、虫、草、鼠和其他有害生物，以及有目的地调节、控制、影响植物和有害生物的代谢、生长、发育、繁殖过程的，化学合成或者来源于生物、其他天然产物、应用生物技术生产的一种物质或者几种物质的混合物及其制剂，以及为改善其理化性质而用的辅助剂。广义的农药亦包含具有拒避有害生物及调节或抑制动植物生长、发育的化学物质。

需要指出的是，对农药的含义和范围，不同的时代、不同的国家和地区有所差异。如美国早期将农药称为"经济毒剂"（economic poison），欧洲则称之为"农业化学品"（agrochemical），还有的书刊将农药定义为"除化肥以外的一切农用化学品"。20世纪80年代以前，农药的定义和范围强调对有害生物的"杀死"。20世纪80年代以来，农药的概念发生了很大变化。今天，人们不再注重"杀死"，更注重"调节"。因此，农药现在有很多新的名称，如"生物合理农药"（biorational pesticide）、"理想的环境化合物"（ideal environmental chemical）、"生物调节剂"（bioregulator）、"抑虫剂"（insectistatic）、"抗虫剂"（anti-insect agent）、"环境和谐农药"（environment acceptable pesticide 或 environment friendly pesticide）等。尽管有不同的表达，但今后农药的内涵必然是对有害生物高效，对非靶标生物及环境安全。因此，我们不仅要从防治对象来认识农药，还要从对生物产生的作用来理解农药。

6.1.2　农药的发展简史及现状

农药的使用可追溯到3000年以前。古希腊已有用硫黄熏蒸害虫的记录。我国于公元前3—5世纪用牡鞠、芥草、蜃炭灰灭杀害虫，用含砷矿物杀鼠。此后相当长的一段时间，农药发展都处于天然植物农药和无机农药阶段。《新修本草》《本草纲目》《天工开物》等古籍中也有用硫黄、砒石、除虫菊、鱼藤等防治害虫和田鼠的相关记录。1939 年，瑞士化学家保罗·穆勒发现滴滴涕的杀虫作用，标志着有机农药时代的来临。1962 年，美国海洋生物学家蕾切尔·卡森创作《寂静的春天》，论述化学合成杀虫剂对大自然的危害，唤起了人们对农药残留的重视。2004 年 2 月 24 日，《关于在国际贸易中对某些危险化学品和农药采用事先知情同意程序的鹿特丹公约》(简称《鹿特丹公约》)正式生效。《鹿特丹公约》的实施，促使各国提高了对农药残留限量的要求并相继禁用高毒高残留农药，昆虫生长调节剂等非直接杀伤型农药因此得到迅速发展。

中国现代合成农药的研究始于 1930 年。当时，浙江植物病虫防治所建立了药剂研究室，这是我国最早的农药研究机构。1935 年，中国开始使用农药防治棉花、蔬菜的蚜虫和红蜘蛛，主要使用植物性农药，如烟碱、鱼藤酮。1943 年，重庆市江北区建立了我国首家农药厂，主要生产硫化砷及植物性农药，1946 年开始小规模生产滴滴涕。

新中国成立后，我国农药工业迅速发展。1950 年，我国开始生产六六六。1956 年，我国建成第一家生产有机磷杀虫剂的农药厂——天津农药厂，此后开始了有机磷农药对硫磷、内吸磷、甲拌磷、敌百虫等品种的生产。20 世纪 70 年代，我国农药产量已能初步满足国内市场需求，年年成灾的蝗虫、黏虫、螟虫、蚜虫、地下害虫等基本得到了有效控制，杀菌剂、除草剂、杀鼠剂和植物生长调节剂也有所发展。1973 年，我国停止使用汞制剂，并开发稻瘟净、多菌灵等杀菌剂以替代汞制剂。自 20 世纪 70 年代后期到 80 年代，高效、安全的农药新品种不断得到开发。1983 年，我国停止高残留有机氯杀虫剂六六六、滴滴涕的生产，扩大有机磷和氨基甲酸酯类的产量，并积极开发新品种。同时，甲霜灵、三唑酮、三环唑、代森锰锌、百菌清等高效杀菌剂也相继投产，有效地控制了水稻、小麦、棉花、蔬菜、果树等各种作物的病虫害。除草剂、植物生长调节剂的用量亦迅速增加，丁草胺、禾草丹、绿麦隆、草甘膦、灭草松及矮壮素、乙烯利等也投入了市场。随着改革开放的不断深入和农药登记制度的实施，我国引进了一批当时比较先进的农药新产品和新技术，促使我国农药工业在 20 世纪 80 年代上了一个新台阶，初步形成了包括农药原药生产、制剂加工以及农药研发、推广使用在内的较为完整的一体化农药工业体系。20 世纪 90 年代后，我国农药登记制度进一步完善提高，吸引了一批更新的农药产品和技术，并实现国产化，进一步改善了农药品种结构，使我国农药工业又上了一个新的台阶。1994 年，我国农药出口额首次超过进口额，越来越多生产企业开始关注国际市场，农药出口量迅速增长，农药产量、品种迅速增多。2007 年 1 月 1 日起，我国全面禁止甲胺磷等 5 种高毒农药在农业上的使用。随着全球生物技术的发展，无公害、无污染、无残留、成本低且不易产生抗性的优点使生物农药获得青睐，并以年销售额增长 10%～20%的速度迅速发展。

经过数十年的努力，目前中国农药工业已形成一个协同发展的体系，从活性结构的合成筛选、田间药效试验、环境评价、制剂加工、安全性评价到生产工艺设计等，已建成一支研究、生产、应用、监测和销售协同发展的队伍。

6.1.3 农药的分类

6.1.3.1 按农药使用的目的和场所分类

①预防、消灭或控制危害农业、林业的病、虫(包括昆虫、蜱、螨等)、草、鼠和软体动物等有害生物。

②预防、消灭或控制仓储病、虫、鼠和其他有害生物。

③调节植物、昆虫生长。

④用于农业、林业产品防腐或保鲜。

⑤预防、消灭或控制蚊、蝇、蜚蠊、鼠等卫生有害生物。

⑥预防、消灭或控制危害河流、堤坝、铁路、机场、建筑物和其他场所的有害生物。

6.1.3.2 按农药原料的来源及成分分类

1)无机农药 药效较低,易产生药害,使用上有一定局限性,但配制简单。常见的有石硫合剂、波尔多液、硫黄。

2)有机农药 可以大规模工业化生产,品种、剂型、使用方式多样,药效高,一般不易产生药害,使用最广泛,但有些品种毒性高,存在残留问题。常见的有敌百虫、百菌清、灭多威。

3)微生物农药 微生物农药主要指能使有害生物致病的真菌、细菌、病毒等微生物及其代谢产物,药效高,选择性强,是今后农药的发展方向之一。常见的有苏云金杆菌、枯草芽孢杆菌、春雷霉素、阿维菌素。

4)植物性农药 用植物产品制成的农药,所含有效成分为天然有机化合物,对人畜较为安全。常见的有烟碱、鱼藤酮。

6.1.3.3 按用途分类

按农药主要的防治对象分类是农药最基本的分类方法。常用的农药可分为几大类:

1)杀虫剂 对昆虫机体有直接毒杀作用,或可通过其他途径控制其种群形成或减轻、消除害虫危害。常见的有高效氯氟氰菊酯。

2)杀螨剂 主要用来防除为害植物的植食性有害螨类,常被列入杀虫剂管理(不少杀虫剂对螨类有一定防效)。常见的有哒螨灵。

3)杀菌剂 对病原菌能起到杀死、抑制或中和其有毒代谢物的作用,可使植物及其产品免受病菌为害或可减轻症状。常见的有多菌灵。

4)杀线虫剂 用于防治农作物线虫病害,常被列入杀菌剂管理。常见的有克百威。

5)除草剂 用于防除杂草。常见的有草铵膦。

6)杀鼠剂 用于毒杀多种场所的各种有害鼠类。常见的有溴鼠灵。

7)植物生长调节剂 对植物生长发育有控制、促进或调节作用。常见的有矮壮素。

6.1.3.4 按作用方式分类

1)杀虫剂

①触杀剂:接触虫体,由害虫体表渗入虫体内部组织,使害虫中毒死亡,其对各类口器害虫均有防治效果。常见的有辛硫磷、杀灭菊酯。

②内吸剂：被植物吸收后，在植物体内传导、散布、存留或产生代谢物，于害虫取食时进入虫体使其中毒死亡。此类药剂对刺吸式口器害虫有良好的防治效果。常见的有乐果、涕灭威、氧乐果。

③胃毒剂：黏附在植物上，被害虫取食后进入消化道，从而引起害虫中毒死亡。这类药剂对咀嚼式口器、刺吸式口器害虫防治有良好效果。常见的有溴氰菊酯、敌百虫。

④引诱剂：可引诱害虫接近，以便集中杀灭或进行虫情调查测报。引诱剂可分为性诱剂、食物诱剂、产卵诱剂。常见的有梨小性迷向素、诱虫烯。

⑤驱避剂：通过驱散害虫或使害虫忌避，保护农作物和人畜。常见的有对二氯苯、避蚊胺。

⑥拒食剂：可破坏害虫的正常生理机能，使其厌食、拒食，因饥饿而死。这类药剂对咀嚼式口器害虫有较好的防治效果。常见的有印楝素、抑食肼。

⑦昆虫生长调节剂：通过破坏害虫体内激素平衡，改变其正常生长发育过程，使其不能完成整个生活史，从而达到防治害虫的目的。常见的有灭蝇胺、灭幼脲。

⑧熏蒸剂：以气体状态通过害虫气门进入虫体，使害虫中毒死亡。常见的有敌敌畏、氯化苦、磷化铝。

⑨不育剂：使害虫失去生殖能力，无法繁殖后代。常见的有绝育磷、不孕啶。

2）杀菌剂

①保护性杀菌剂：在病害流行之前施用，可以抑制病原孢子萌发或杀死病原孢子，从而使植物免受病原菌侵害。常见的有代森锌、波尔多液。

②治疗性杀菌剂：在植物感染病菌、出现症状后使用，能抑制病原菌生长，杀死病原菌菌丝体或中和病菌产生的毒素，从而达到防治植物病害的目的。常见的有春雷霉素、多菌灵。

③铲除性杀菌剂：对病原菌可通过触杀、熏蒸或渗透植物体表皮而发挥作用，有直接强烈杀伤作用。铲除性杀菌剂常为植物生长期所不能忍受，能引起严重的药害，故一般只用于播前土壤处理、植物休眠期或种苗处理。常见的有石硫合剂、戊唑醇。

3）除草剂

①根据除草剂对杂草的选择性作用方式，可将其分为选择性除草剂和灭生性除草剂。

选择性除草剂：在合理使用的情况下，对某些种类植物的杀伤作用较强，而对另一些种类植物的杀伤作用较弱。但这类药剂在超过其使用浓度或剂量时，也会成为灭生性除草剂。例如：2 甲 4 氯只能杀死双子叶杂草，而不能杀灭单子叶杂草；敌稗对稻田中的稗草有杀灭作用，而对水稻无杀伤性。

灭生性除草剂：在常用剂量下可以杀死或抑制所有接触到药剂的植物（杂草和作物）。常见的有百草枯、草甘膦。

②根据除草剂在植物体内输导性的差异，可将其分为输导型除草剂和触杀型除草剂。

输导型除草剂：使用后通过内吸作用传至杂草的敏感部位或整个植株，使之中毒死亡。常见的有乙草胺、扑草净。

触杀型除草剂：不能在植物体内传导移动，只能通过直接接触杀死植物。此类除草剂可杀死绝大部分杂草的地上部分，对杂草的地下部分杀灭作用较小，主要用于防除由种子发芽的一年生杂草，对由地下根、茎发芽的多年生杂草效果很差。常见的有敌稗、除草醚。

6.2 农药的毒力与药效

除部分特异性杀虫剂外，农药之所以对有害生物具有防治效果，基本都是因为药剂对生物体具有直接的毒杀作用或致毒效应。表示农药毒性程度常以其毒力或药效作为评价的指标。

6.2.1 农药的毒力

农药的毒力是指农药本身对不同生物(防治对象)发生直接作用的性质和程度。一般多数是在室内相对严格控制条件下采用农药纯品或原药，以及采取标准化饲养的试虫、菌种及杂草，用精密测定方法给予各种农药的一个量度，作为评价或比较标准。

杀虫剂的毒力常用半数致死剂量、致死中浓度表示，杀菌剂和除草剂的毒力常以有效中浓度表示，数值越小，毒力越大。除此之外，杀虫剂毒力还可用拒食中浓度和击倒中量表示。

①半数致死剂量(LD_{50})：杀死供试昆虫种群50%的个体所需药剂的剂量，单位为μg/虫或μg/g虫重。

②致死中浓度(LC_{50})：杀死供试昆虫种群50%的个体所需药剂的浓度，单位为mg/L(以有效成分计)。

③有效中浓度(EC_{50})：使供试生物种群50%的个体产生某种反应所需药剂的浓度，单位为mg/L(以有效成分计)。

④拒食中浓度(AFC_{50})：评价昆虫拒食剂拒食活性的中浓度。

⑤击倒中量(KD_{50})：击倒供试昆虫种群50%的个体所需药剂的剂量。与半数致死量不同，昆虫的反应是被击倒(麻痹)而不是死亡，是群体接受的药量。

6.2.2 农药的药效

农药的药效是指在田间条件或接近田间条件下，药剂本身与多种因素综合作用的结果。在药效测试中，常根据病、虫、草等不同的测试对象而采用不同的指标和药效计算公式，但基本原则是一致的。

1)杀虫剂的药效 死亡率为反应杀虫剂药效的基本指标，是指药剂处理后，在一个种群中被杀死个体的数量占群体(供试虫总数)的比例。但不用药剂处理的对照组中往往存在自然死亡的个体，因此需要校正。一般采用Abbott校正公式：

$$校正死亡率=\frac{对照组生存率-处理组生存率}{对照组生存率}\times 100\%$$

注意：该公式的前提是假定自然死亡率与被药剂处理而产生的死亡率完全独立且不相关。自然死亡率在20%以下才适合此公式，此公式可对自然死亡率造成的影响予以校正。如果自然死亡率过低(5%以下)，一般情况下可不校正。

田间防治试验多在处理后调查虫口密度(或被害状),以存活的个体数或种群增加及减少百分率或数量等指标来计算防效,最常用的是 Henderson-Tilton 公式:

$$防效=\left(1-\frac{T_a}{T_b}\cdot\frac{C_b}{C_a}\right)\times 100\%$$

式中:T_a为处理区防治后存活的个体数量;T_b为处理区防治前存活的个体数量;C_a为对照区防治后存活的个体数量;C_b为对照区防治前存活的个体数量。

2)杀菌剂的药效　杀菌剂药效的表示方法常取决于病害种类及危害性质(如发病率、病情严重度、作物产品的产量、质量等),最常用的是发病率、病情指数和相对防治效果。

$$发病率=\frac{病苗(株、叶、秆)数}{检查总苗(株、叶、秆)数}\times 100\%$$

$$病情指数=\frac{\sum(病级叶数\times该病级数)}{检查总叶数\times最高级数}\times 100\%$$

$$相对防治效果=\frac{对照区病情指数-处理区病情指数}{对照区病情指数}\times 100\%$$

3)除草剂的药效　除草剂的药效常用防除效果表示。

$$防除效果=\frac{对照区草重(鲜重或干重)-施药区草重(鲜重或干重)}{对照区草重(鲜重或干重)}\times 100\%$$

农药的毒性程度常以毒力或药效作为评价的指标,但是两者概念不同,测定条件也不同。毒力是指药剂本身对不同生物发生直接作用的性质和程度,多在室内进行测定,所测结果一般不能直接应用于大田生产,只能供防治参考。药效是药剂本身和多种因素综合作用的结果,多在田间条件下或接近田间的条件下紧密结合生产实际进行测试。剂型、寄主植物种类、有害生物种类、使用方法以及各种田间环境因素,都与药剂作用效果密切相关。

6.3　农药对作物的影响

农药使用不当会对作物产生不良影响,甚至造成药害。但也有一些药剂,在正确使用的情况下,除起到防治病虫害的效果外,还有刺激作物生长的作用。

6.3.1　农药对作物的药害

农药对作物的药害是指农药对作物生长发育产生不利影响或使作物死亡,致使产量下降,品质降低。

6.3.1.1　影响药害的因素

1)农药的理化性状　各种农药的化学组成不同,对植物的安全性有时差别很大。一般来说,无机药剂较容易产生药害,有机合成药剂比无机药剂要安全得多,除非使用浓度和次数超过正常范围,一般不会产生药害,但少数作物可能对某种或某类药剂特别敏感。

加工制剂或原药中的杂质有时是产生药害的主要原因,制剂质量不高或施药不均匀也可能造成植物的局部药害。农药是否容易产生药害可用化学防治指数(K)来表示。K 值越大越不安全,越易产生药害;K 值越小越安全。

$$K=\frac{\text{防治病虫害所需药剂最低浓度}}{\text{植物对药剂能忍受的最高浓度}}$$

2)植物种类和生育阶段、生理状态 不同种类的植物对药剂的敏感性不同,主要与组织形态和生理状态有关。例如,叶面蜡质层厚度、茸毛数、气孔数及气孔开闭程度等,都与是否容易产生药害有关。

3)环境条件 药害的产生不仅与药剂和作物有关,也与施药时的环境条件密切相关,主要包括施药当时和以后一段时间的温度、湿度、露水等因素。一般情况下,高温较易产生药害,高湿有时(如喷粉法施药时)也易使作物产生药害。

6.3.1.2 药害的症状

药害表现的症状可因植物、药剂不同,有种种复杂变化,在田间常常不易与其他症状(如植物生理性病害)区别。药害一般可分为急性药害和慢性药害。

1)急性药害 急性药害在喷药后短期内产生,甚至在喷药数小时后即可显现。症状一般是叶面产生各种斑点、穿孔,甚至灼焦、枯萎、黄化、落叶,果实表面产生种种斑点。

2)慢性药害 慢性药害出现较慢,需要经过较长时间或多次施药后才出现。症状一般为叶片增厚、硬化、发脆、穿孔、破裂,果实畸形,植株矮化,根部肥大粗短。

6.3.2 农药对作物生长发育的刺激作用

农药施用的主要目的是防治农作物的病、虫、草害,但有的药剂(非植物生长调节剂)适当使用后对植物有刺激生长发育的作用。例如:克百威对棉花有刺激生长作用;鱼藤酮可促进菜苗发根;波尔多液可使多种作物叶色浓绿、生长旺盛。

6.4 农药的毒性

农药的毒性习惯上是指农药使人或高等动物等中毒的性能。研究农药对人畜的毒性时,通常以小鼠、大鼠、豚鼠、家兔、狗、猴等作为实验动物。

根据农药进入高等动物体的途径,可将农药的毒性分为经口毒性(消化道)、经皮毒性(皮肤)、吸入毒性(呼吸道)。根据农药对人畜毒害的表现形式,可将农药毒性分为急性毒性、亚慢性毒性、慢性毒性。

1)急性毒性 一些毒性较大的农药一旦进入人体,可在短时间内(24~48 h)使人出现不同程度的中毒症状,如头昏、恶心、呕吐、呼吸困难、大小便失禁等。若不及时抢救,可能有生命危险。

农药急性毒性也常用半数致死剂量(LD_{50})表示。LD_{50}值可用于区分各种农药毒性的高低。根据我国农药急性毒性分级标准(表6-4-1),农药毒性可分为剧毒、高毒、中等毒、低毒和微毒。

表 6-4-1　农药急性毒性分级标准

给药途径	剧毒	高毒	中等毒	低毒	微毒
急性经口/(mg/kg)	≤5	>5～50	>50～500	>500～5000	>5000
急性经皮/(mg/kg)	≤20	>20～200	>200～2000	>2000～5000	>5000
急性吸入/(g/m³)	≤20	>20～200	>200～2000	>2000～5000	>5000

2)亚慢性毒性　亚慢性毒性者多有长期连续接触一定剂量农药的过程。中毒症状的显现需要一定时间,但最后表现往往与急性中毒类似,有时也可引起局部病理变化。亚慢性毒性的测定方法:以微量农药长期饲喂动物或经皮、经呼吸道给予实验动物,染毒 90 天或 180 天,观察动物的中毒表现,定期称量体重,计算摄食量,并对血液生化指标等进行测定。

3)慢性毒性　有些农药虽然急性毒性不高,但性质较稳定,使用后不易分解,易污染环境及食物。少量长期被人畜摄食后,在体内积累,可引起内脏机能受损,阻碍正常生理代谢过程。慢性毒性的测定方法:以微量农药长期饲喂动物,主要对三致作用(致突变、致畸、致癌)等项目作出判断。

除对人畜的毒性,农药的毒性还包括对环境生物的毒性。农药对环境生物的毒性是评估农药对生态环境安全性的主要内容,一般以农药对水生生物(如鱼、溞、藻)和陆生生物(如蜜蜂、鸟、蚕)的毒性表示。

6.5　农药剂型

未经加工的农药即原药一般不能直接使用,必须配制成各种类型的制剂才能使用。制剂的形态称为剂型。农药剂型加工的最主要目的是赋形,使农药原药经加工后便于流通和使用,同时又能满足不同应用技术对农药分散体系的要求。

根据用途,一种农药可以加工成多种剂型,各种剂型都有特定的使用技术要求,不同剂型对环境条件的要求也各不相同。

自 20 世纪 40 年代有机农药发展以来,随着施药技术和农业机具的改进,以及农药加工技术和助剂的发展,农药剂型逐渐多样化,性能也得到了提升。较早发展的是粉剂,后来重点转向乳油和可湿性粉剂。到 20 世纪 60 年代后期,颗粒剂开始迅速发展。20 世纪 70 年代以来,在高效新农药大量出现和施药技术进步及环境保护要求越来越严的情况下,剂型的发展趋向精细化,出现了许多各具特色的衍生剂型。与此同时,又发展了许多新的剂型,如悬浮剂、微胶囊剂、超低容量剂等,复方制剂也越来越多。

近年来,我国对环境友善型农药新剂型开发非常重视,新剂型品种、数量有所增加,产品质量得到提高,开始走向发展阶段。《农药剂型名称及代码》(GB/T 19378—2017)共收录 61 个剂型,目前使用较多的是乳油、可湿性粉剂、悬浮剂、颗粒剂等 10 余种剂型。

6.5.1　乳油

乳油(emulsifiable concentrate,EC)是农药原药按比例溶解在有机溶剂中,加入一定量农药专用乳化剂(如十二烷基苯磺酸钙)配制成的透明均相液体,有效成分含量高,一般为40%～50%。近年来,乳油向高浓度制剂方向发展。

乳油使用方便,加水稀释成乳状液即可使用。乳油中的乳化剂有利于雾滴在农作物、病菌和虫体上黏附与延展。因此,施药后沉积效果比较好,残效期较长,药效胜过同种药剂的可湿性粉剂。但制造乳油要耗费大量有机溶剂和乳化剂,成本较高,使用不当还易造成药害或中毒事故,易对环境造成污染,而且乳油中的溶剂具有可燃性,在运输、储藏及容器的选择上也有一定限制。

6.5.2 粉剂

粉剂(dustable powder,DP)在20世纪70年代前是农药加工剂型中重要的品种,通常由原药、载体、助剂经混合、粉碎(有些助剂在粉碎后加入)加工而成。粉剂除用于喷粉外,还有其他多种用途,如拌种防治早期病虫害,处理土壤防治地下害虫等。粉剂的优点是容易制造和使用,成本低,使用方便,无需用水,在作物上黏附力小,因此,在作物上残留较少,也不容易产生药害。缺点是加工时粉尘多,使用时直径小于10 μm的微粒容易飘失,不仅浪费药剂,还会造成环境污染,影响人类健康。但在温室或大棚等密闭环境中喷粉防治病虫害,既不会对棚室外面的环境造成污染,又可充分利用细微粉粒在空间的运动能力和飘移作用。

由于世界各地对环境保护越来越重视,粉剂的生产和使用目前呈逐年下降趋势。

6.5.3 可湿性粉剂

可湿性粉剂(wettable powder,WP)是易被水湿润并能在水中分散悬浮的粉状剂型,由难溶于水的农药原药与润湿剂、分散剂、填料等加工而成。可湿性粉剂是在粉剂的基础上发展起来的剂型,性能优于粉剂。它是一种细粉制剂,使用时加水配成稳定的悬浮液,用喷雾器进行喷雾,在作物上黏附性好,药效比同种原药的粉剂好,但不及乳油。

6.5.4 悬浮剂

悬浮剂(suspension concentrate,SC)是不溶或微溶于水的固体原药借助某些助剂,通过超微粉碎比较均匀地分散于水中,形成的一种颗粒细小的高悬浮、能流动的稳定液固态体系。悬浮剂通常由有效成分、分散剂、增稠剂、抗沉淀剂、消泡剂、防冻剂和水等加工而成。悬浮剂的分散性和展着性都比较好,悬浮率高,黏附在植物体表面的能力比较强,耐雨水冲刷,因而药效较可湿性粉剂显著,且比较持久。

6.5.5 水乳剂和微乳剂

水基化剂型是以水作为分散介质,农药原药(固体或油状液)借助分散剂或乳化剂及其他助剂的作用悬浮或乳化、分散在水中。与乳油相比,水基化剂型减少了有机溶剂的用量;与可湿性粉剂相比,水基化剂型无粉尘飞散。水基化剂型对人畜的毒性和刺激性都比较低,可减轻对作物的药害。

水乳剂(emulsion,oil in water,EW)和微乳剂(micro-emulsion,ME)都是为替代老剂型乳油(EC)而开发的水基化剂型。水乳剂是将原药溶于有机溶剂,以微小液滴分散在水中形成的乳白色牛奶状液体。微乳剂是农药原药分散在含有大量表面活性剂的水中所形成的透明或半透明的液体。

水乳剂又称乳剂型悬浮剂,不含有机溶剂,不易燃,安全性好,没有有机溶剂引起的药害、刺激性和毒性,制造比乳油、可湿性粉剂困难,成本高,因为配制微乳剂时乳化剂的用量通常比配制乳油或水乳剂时的用量要大,有时用量高达30%。因此,微乳剂目前只适用于果树、蔬菜等高附加值作物。

6.5.6　微囊悬浮剂

微囊悬浮剂(microcapsule suspension concentrate,CS)是利用微囊化技术将固体、液体农药等活性物质包覆在囊壁材料中形成的微囊分散在液体中形成的稳定悬浮液体制剂。所谓"微囊化技术",是一种用天然或合成高分子成膜材料将分散的固体、液体或气体包覆起来形成微小粒子(微囊,图6-5-1)的技术。

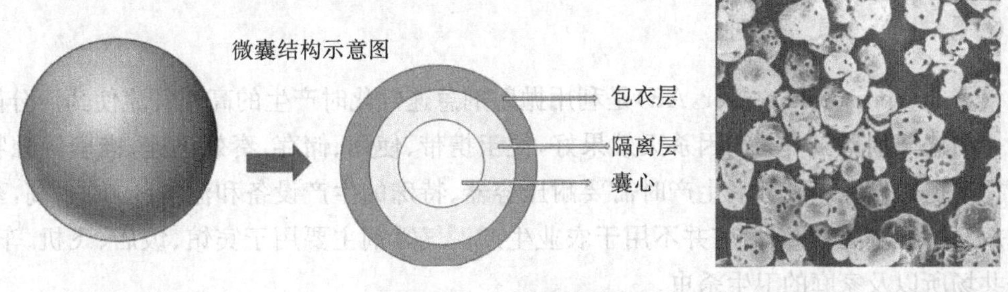

图6-5-1　微囊结构

微囊悬浮剂的释放原理:①扩散释放,在大量表面活性剂体系中,囊内压力与囊外压力相同,囊芯不向外释放,兑水稀释施于田间时内外压力失去平衡,所以囊芯内的有效成分开始释放;②破囊释放,微囊悬浮剂施于土壤或其他环境后,因机械外力作用、温度升高或土壤微生物影响而破囊,向外释放有效成分。

微囊悬浮剂是农药剂型中较为先进的一种,其优势是能够包裹有效成分,使之与不良环境隔离,消除农药异味,降低药害风险,延长持效期。

6.5.7　水分散粒剂

水分散粒剂(water dispersible granule,WG)是20世纪80年代初在欧美发展起来的一种农药剂型,是在水中崩解、分散后使用的颗粒状制剂。水分散粒剂主要由农药有效成分、分散剂、润湿剂、黏结剂、崩解剂和填料加工而成,入水后能迅速崩解、分散,形成高悬浮率的固液分散体系。

水分散粒剂主要有以下优点:①有效成分含量高,大多数品种含量为50%～90%;②易计量、包装、储运;③无粉尘污染;④入水易崩解,分散性好,悬浮率高;⑤再悬浮性好,配好的药液当天没用完,第二天经搅拌能重新悬浮,不影响使用;⑥一些在水中不稳定的原药制成水分散粒剂效果较悬浮剂好。

6.5.8 颗粒剂

颗粒剂(granule,GR)是由原药、载体和助剂加工而成的颗粒状农药剂型,按粒径可分为微粒剂、颗粒剂、大粒剂。

颗粒剂主要有以下优点:①使高毒品种低毒化使用,如克百威等高毒农药不能用于喷雾使用,加工成颗粒剂后可直接使用;②可控制有效成分释放速度,延长持效期;③使液态药剂固态化,便于包装、储运和使用;④减少环境污染,减轻药害,避免伤害有益昆虫和天敌昆虫;⑤使用方便,可提高劳动工效。

6.5.9 烟剂

烟剂(smoke generator,FU)是通过点燃发烟(或经化学反应产生热能)释放有效成分的固体剂型,一般用于林间、果园、仓库、室内、温室、大棚等环境。烟剂易点燃,不易自燃,成烟率高,毒性低,无残留,对人无刺激。施用烟剂工效高,不需任何器械,不需用水,简便省力。

6.5.10 气雾剂

气雾剂(aerosol dispenser,AE)是利用抛射剂急速气化时产生的高速气流使药液分散雾化的一种罐装剂型。气雾剂因杀灭效果好,便于携带、使用、储存,奏效迅速、准确等独特优点而得到迅速发展。气雾剂生产时需要耐压容器、特殊的生产设备和流水线,成本高,药剂的空瓶又不便重灌,所以目前并不用于农业生产。气雾剂主要用于宾馆、饭店、飞机、车、船等公共场所以及家庭的卫生杀虫。

6.5.11 超低容量液剂

超低容量液剂(ultra low volume liquid,UL)是将原药溶解在尽可能少的溶剂油中,有时也加入一定量助剂而制成的均相液体制剂,专供超低容量喷雾用。需要注意的是,超低容量液剂的有效成分浓度高,油溶剂的渗透力强,使用不慎易引起药害。

除上述剂型外,我国常用农药剂型还有种子处理干粉剂(powder for dry seed treatment,DS)、种子处理可分散粉剂(water dispersible powder for slurry seed treatment,WS)、片剂(tablet,TB)、种子处理悬浮剂(suspension concentrate for seed treatment,FS)、可分散油悬浮剂(oil-based suspension concentrate,OD)、可溶液剂(soluble concentrate,SL)、可溶粒剂(water soluble granule,SG)、可溶片剂(water soluble tablet,ST)等剂型。在实践当中,应该依据病、虫、草、鼠的生物学特性及为害情况,因时、因地制宜,选择合适的剂型和施药方法。

模块 2

农作物病虫草害防治技术

第7章　农作物病害防治技术

扫码查看本章彩图

7.1　水稻病害防治技术

水稻是我国主要粮食作物之一，种植面积在全国居于第一位，占全国耕地面积的1/4，年产量占全国粮食总产量的1/2。水稻病害严重影响我国的水稻生产。据报道，水稻病害有100多种，我国正式记载的有70多种，其中危害较大的有20多种。目前，从全国来看，稻瘟病、水稻白叶枯病和水稻纹枯病仍然是水稻的三大病害，发生面积大，流行性强，危害严重。稻曲病近年来日趋严重，在某些地区已成为第一大病害，不仅影响水稻产量，还影响水稻品质，威胁人类健康。水稻胡麻斑病是一种常发性病害，在各稻区普遍发生。水稻条纹叶枯病近几年在我国各稻区暴发，造成较大损失。

7.1.1　稻瘟病

目前，稻瘟病呈世界性分布，是危害最重的病害之一，尤其在东南亚各国、日本、韩国、印度和我国发生特别严重。流行年份，一般发病田块减产10%～30%，如不及时防治，局部田块可能颗粒无收。

7.1.1.1　症状识别

稻瘟病在整个水稻生育期都有发生，根据受害时期和部位可分为苗瘟、叶瘟、叶枕瘟、节瘟、穗瘟、穗颈瘟、枝梗瘟和谷粒瘟等。

1)苗瘟　发生在3叶期以前。初期在芽和芽鞘上出现水渍状斑点，随后病苗基部变黑褐色，上部呈黄褐色或淡红色，严重时病苗枯死。湿度大时，病部可长出灰绿色霉层(图7-1-1)。

图7-1-1　苗瘟

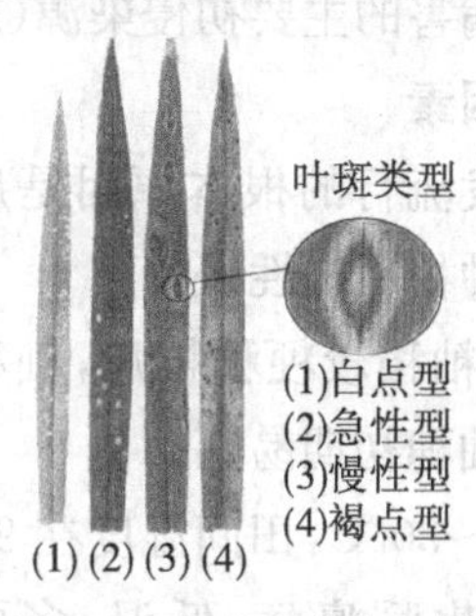

图7-1-2　4种叶瘟症状

2)叶瘟　发生在3叶期以后(最普遍)。因水稻品种抗病性和天气条件不同，病斑表现为白点型、急性型、慢性型和褐点型4种类型(图7-1-2)。

①白点型：病斑呈白色，多为圆形，不产生分生孢子，常见于感病品种的幼嫩叶片。

②急性型：病斑呈暗绿色，多数近圆形，针头至绿豆大小，后逐渐发展为纺锤形。叶片

正、反两面密生灰绿色霉层。

③慢性型(典型的稻瘟病病斑):病斑呈纺锤形,最外层为黄色中毒部,内圈为褐色坏死部,中央为灰白色崩溃部,病斑两端有向外延伸的褐色坏死线。湿度大时,病斑背面也产生灰绿色霉层。

④褐点型:病斑为褐色小点,多局限于叶脉间,中央为褐色坏死部,外围为黄色中毒部,无分生孢子,常见于抗病品种或稻株下部老叶。

3)节瘟 主要发生在穗颈下第1、2节上。病斑初为褐色或黑褐色小点,以后呈环状扩展至整个节部(图7-1-3)。湿度大时,节上生出灰绿色霉层,易折断,常导致水分和养料的输送受阻,影响谷粒饱满;发生早而重时,亦可造成白穗,对产量影响较大。发病时期为7月下旬至8月上旬。

4)穗颈瘟和枝梗瘟 发生于穗颈、穗轴和枝梗(图7-1-4)。病斑初呈水渍状浅褐色小点,后逐渐围绕穗颈、穗轴和枝梗并向上、下扩展,病部因品种不同呈黄白色、褐色或黑色。穗颈瘟发病早的多形成白穗;发病晚的籽粒不饱满(秕谷),对产量影响较大。发病时期为7月下旬至8月末。

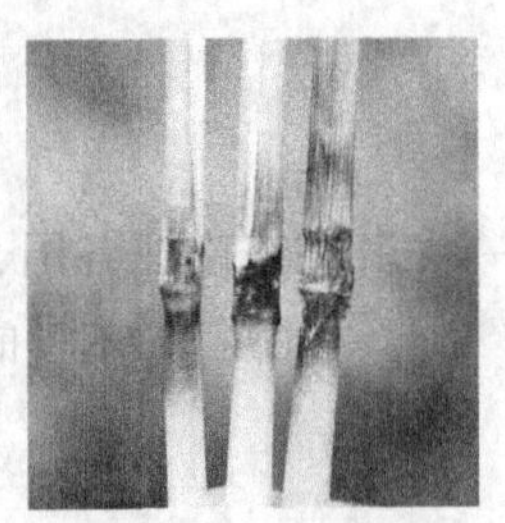

图7-1-3 节瘟

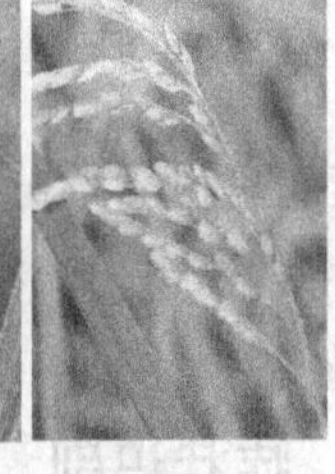

图7-1-4 穗颈瘟和枝梗瘟

7.1.1.2 发病特点

1)病害侵染循环 病菌以菌丝体和分生孢子在病稻草、病谷上越冬。翌年,越冬菌源产生分生孢子,主要通过风雨传播引起初侵染。发病植株再产生分生孢子,引起再侵染。病稻草和病谷是翌年病害的主要初侵染源(图7-1-5)。

2)暴发流行因素

①稻瘟病暴发流行的根本原因是病菌生理小种组成变化以及品种单一化种植后抗性丧失。

②品种抗性:籼稻较粳稻抗病,籼稻抗扩展,粳稻抗侵入;苗期、分蘖盛期、抽穗初期易感病。

③气温在20～30℃,田间湿度在90%以上,稻株表面覆有水膜达6 h,易发生稻瘟病;低温、多雨和日照不足时,发病严重。

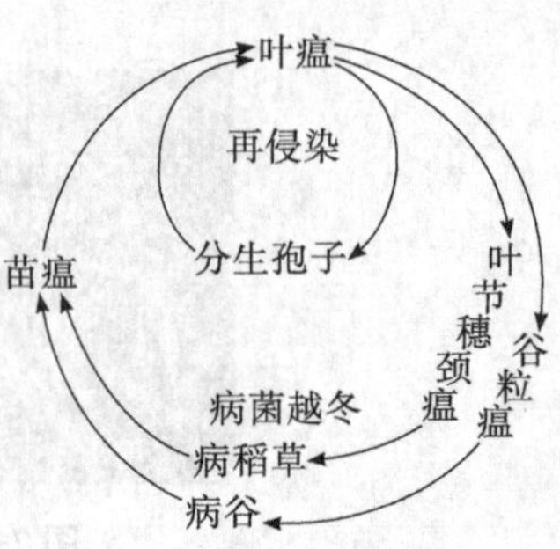

图7-1-5 稻瘟病侵染循环

④氮肥施用过量或偏迟、长期深灌、种植布局不合理、感病品种连片种植、品种生育期参差不齐、晒田不足或过度等易造成病害流行。

7.1.1.3　防治技术

(1)防治策略

以种植高产抗病品种为基础,减少菌源为前提,加强保健栽培为关键,化学防治为辅助。

(2)具体措施

1)选育和利用抗病品种　在同一生态区内同时种植吉粳 57、吉粳 60、京引 127 和龙粳 8 号等抗病品种。

2)减少初侵染源

①不用带病种子。

②处理病稻草。收获时,对病田的稻草和谷物应尽量分别堆放。室外堆放的病稻草应在春播前处理完毕,不用病稻草催芽和扎秧苗。如病稻草还田,应犁翻于水和泥土中沤烂。用作堆肥和垫栏的病稻草,应在腐熟后施用。

③种子消毒。用 1%石灰水浸种,时间长短因气温高低而异,15～20 ℃浸 3 天,25 ℃浸 2 天,保持水层深 20 cm 左右,不搅动水层。可用三环唑药液浸种 24 h,或用多菌灵药液浸种 48～72 h。

3)改进栽培方式,加强肥水管理

①抗感间作。将高度感病的品种与抗病品种间隔一定距离种植,感病品种病害可减轻 80%～90%。

②合理施肥。不偏施和过多施用氮肥,注意氮、磷、钾肥配合,适当施用含硅酸的肥料,如草木灰、矿渣、窑灰钾肥等。做到施足基肥,早施追肥,中后期“看苗、看天、看田”酌情施肥。绿肥用量每公顷不宜超过 45000 kg,适量施用石灰可加速绿肥腐烂。

③灌水与施肥密切配合。开设明沟暗渠,降低地下水位,合理排灌,以水调肥,促控结合,掌握水稻黄黑变化规律,满足水稻各生育期的需要。

4)化学防治　早抓叶瘟,狠治穗瘟。防治苗瘟一般在秧苗 3～4 叶期或移栽前 5 天施药;叶瘟要连防 2～3 次;穗瘟要着重在抽穗期进行保护,孕穗期(破肚期)和齐穗期是最佳防治时期,可于破口至始穗期(抽穗至抽穗后 7 或 8 天以内)喷施杀菌剂,然后根据天气情况在齐穗期再次施药。

三环唑(黑色素合成抑制剂)是防治稻瘟病的专用杀菌剂,内吸性强,具预防保护作用,能迅速被稻叶及稻根吸收,喷施 1 h 后遇雨也不需补喷。一般在叶瘟初期或始穗期进行叶面喷雾。防治苗瘟可用药液处理秧苗根部,即将洗净的秧苗根部浸泡在药液中(10 min),取出沥干后栽插。其他常用药剂有稻瘟灵、敌瘟磷、三环唑、春雷霉素和甲基硫菌灵等。

7.1.2　水稻纹枯病

水稻纹枯病属高温高湿型病害,是水稻重要病害之一,广泛分布于世界各稻区,以东南亚稻区受害最重。发病后叶片枯死,结实率下降,千粒重减轻,秕谷增多,一般减产 10%～30%,严重时达 50%。随着矮秆多蘖品种和水肥的大力投入,纹枯病发生日趋严重,目前已成为我国发生面积最大的水稻病害。

7.1.2.1 症状识别

水稻从苗期到穗期都会发生纹枯病，以分蘖盛期到穗期受害较重，抽穗期前后受害最重。纹枯病主要为害基部叶鞘，也可为害叶片。

1)叶鞘发病 先在近水面处出现水渍状、暗绿色、边缘不清楚的小病斑，以后逐渐扩大成椭圆形或云纹状的病斑，最后病斑中部呈草黄色至灰白色，边缘呈褐色至暗褐色，常连成云纹状大斑块(图 7-1-6)。

图 7-1-6 水稻纹枯病叶鞘症状

2)叶片发病 叶片上的病斑与叶鞘相似，但形状不规则。水稻受害较重时，常不能抽穗，造成“胎里死”或全穗枯死。在阴雨多湿的情况下，病部长出白色或灰白色的蛛丝状菌丝体。菌丝体匍匐于组织表面或攀缘于邻近植株之间，形成白色绒球状菌丝团，最后变成褐色坚硬菌核。菌核以少数菌丝缠结在病组织上，很易脱落。

诊断要点(图 7-1-7)：病斑为云纹状，后期病部生鼠粪状菌核。

图 7-1-7 水稻纹枯病叶片上菌核和病斑

7.1.2.2 发病特点

1)病害侵染循环 病菌主要以菌核在土壤中越冬，也能以菌丝和菌核在病稻草、其他寄主和田边杂草上越冬。水稻收割时大量菌核落入田间，成为次年或下季的主要初侵染源。病菌侵入后，以气生菌丝蔓延至附近叶鞘、叶片或邻近的稻株和灌溉水，在田间传播进行再侵染(图 7-1-8)。

分蘖盛期至孕穗期，病害以横向(水平)扩展为主，病丛率增大，病株数增加。抽穗期后，病害以纵向(垂直)扩展为主，严重度

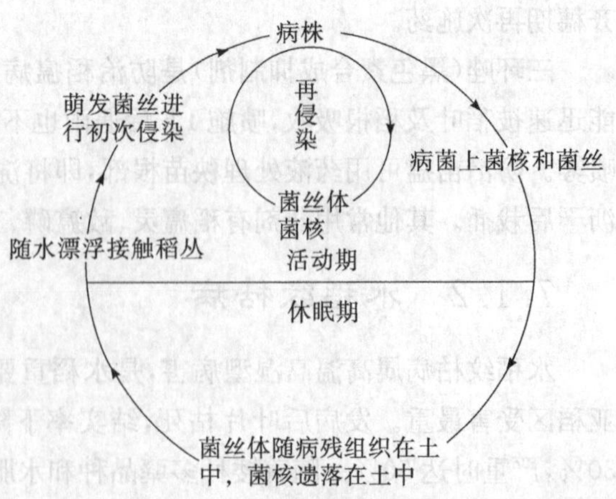

图 7-1-8 水稻纹枯病侵染循环

提高。至稻株抽穗后前10天，病害严重度达最高峰。

2)暴发流行因素

①水稻纹枯病属于高温高湿型病害。当日平均气温稳定在22 ℃又有雨潮湿时，病害开始发生；气温为23～25 ℃且达到一定空气相对湿度时，病情缓慢扩展；气温为28～32 ℃且空气相对湿度>97%时，病情扩展最快。

②凡偏施或过量集中追施氮肥，稻株叶片柔嫩，浓绿披垂，株间密不透风，湿度过大，稻株内碳氮比降低，抗病力下降，甚至稻株倒伏，都有利于菌丝延伸扩展，侵染发病。施足基肥，配施磷肥、钾肥，适时适量追肥，既保持一定的氮素营养，又可促进碳水化合物的合成，提高稻株抗病性。

③深灌、漫灌和串灌，田间湿度大，有利于菌丝生长侵染和菌核飘移，促进病害传播。浅水勤灌，湿润灌溉，够苗期及时排水露田或轻度晒田，可有效抑制病害蔓延。

7.1.2.3 防治技术

(1)防治策略

以农业防治为基础，加强栽培管理，结合发病期适时施用化学农药和生物农药。

(2)具体措施

1)清除菌源

①打捞“浪渣”。在秧田或本田翻耕灌水耙平时，大多数菌核浮在水面，混杂在“浪渣”内，被风吹到田边，要及时打捞并带出田外烧毁或深埋。

②不直接用未腐熟的病稻草还田。

③铲除田边杂草可减少菌源。

2)加强栽培管理

①合理密植，避免过密，改善通风透光条件。

②合理施肥，氮、磷、钾肥要配合施用，做到农家肥与化肥、长效肥与速效肥相结合，切忌偏施氮肥和中、后期大量施用氮肥(控氮保磷增钾)。要做到前期发得起、中期站得稳、后期不脱肥，做到水稻前期不披叶，中期不徒长，后期不贪青，收割时青秆黄熟。

③合理排灌，以水控病，彻底改变长期深灌高湿的环境，做到浅水发根、薄水养胎、湿润长穗。分蘖末期至拔节前适时搁(晒)田，后期采取干干湿湿的排灌管理措施，可降低株间湿度，促进稻株生长健壮，对控制纹枯病效果显著。用水原则为“前浅、中晒、后湿润”。

3)选育和利用抗病品种　羽禾、冬秋布、咸运、S-1092、华南15、IR64等品种抗病性较好。

4)化学防治　防治指标为水稻分蘖末期丛发病率达5%，或拔节至孕穗期丛发病率为10%～15%。在水稻封行后至抽穗期间或病情盛发初期喷施井冈霉素(67.5～75.0 g/hm^2)，间隔10～15天，针对稻株中、下部兑水喷雾或泼浇施药1～3次。其他常用药剂有丙环唑、菌核净、嘧菌酯、噻呋酰胺和已唑醇等。

7.1.3 稻曲病

稻曲病别名青粉病、伪黑穗病、丰收病，俗称开花病。此病在我国各大稻区均有发生，通常在晚稻上发生，尤以糯稻为多。随着一些矮秆紧凑型水稻品种的推广以及施肥水平的提高，此病发生越来越频繁，病穗空瘪粒显著增加，发病后一般可减产5%～10%，严重者达到50%，粒发病率为0.2%～0.4%，高的可达5%。与其毒性相比，稻曲病造成的产量损失是次要的。用混有0.5%病粒的稻谷饲养家禽，可引起家禽慢性中毒甚至死亡。

7.1.3.1 症状识别

稻曲病主要在水稻抽穗扬花期发生，为害穗上部分谷粒，且主要分布在稻穗的中下部。病菌侵入谷粒后，在颖壳内形成菌丝块，并逐渐膨大，破坏病粒的内部组织，先从内、外颖壳缝隙处露出淡黄色(泛青色)的小型块状突起物，即孢子座(后期剖开孢子座，可见其中心为白色，外围分3层，外层为墨绿色，第二层为橙黄色，第三层为淡黄色)，其后包裹整个颖壳，形成比正常谷粒大3～4倍的病粒，初呈黄色，后变为墨绿色或橄榄色，表面光滑、近球形，外包一层薄膜，最后表面龟裂，散出墨绿色粉状物(病菌的厚垣孢子，有毒)。孢子座表面可产生黑色、扁平、硬质的菌核(图7-1-9)。

诊断要点：一穗中仅几粒(多者十几粒)变成稻曲病粒，比健粒大3～4倍，呈黄绿色或墨绿色，状似黑粉病粒。

图7-1-9 稻曲病菌核

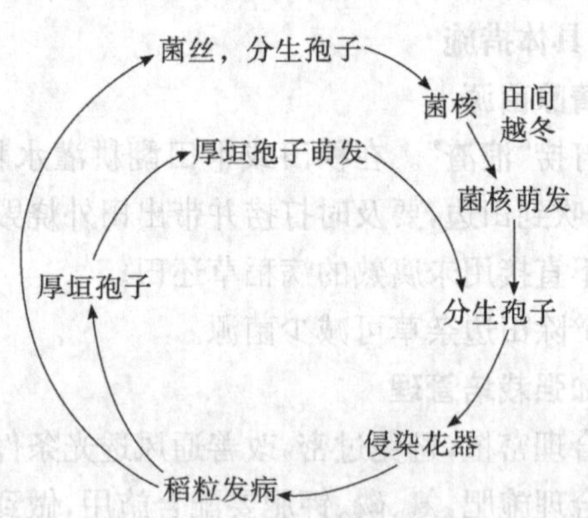

图7-1-10 稻曲病侵染循环

7.1.3.2 发病特点

1)病害侵染循环 此病以菌核在地面越冬(图7-1-10)，第二年7月至8月开始抽生子座，上生子囊壳，其中产生大量子囊孢子；厚垣孢子也可在病粒内及健谷颖壳上越冬，随时可萌发产生分生孢子(在厚垣孢子中，黄色的能萌发，黑色的不能萌发)。子囊孢子和分生孢子都可借气流传播，侵害花器和幼颖。在北方稻区一年只发生一次，在南方稻区则以早稻上的厚垣孢子为再次侵染源侵染晚稻。病菌在孕穗期侵害子房、花柱及柱头，后期则侵入幼嫩颖壳的外表，蔓延到胚乳中，然后大量增殖，形成孢子座。病粒于水稻扬花末期至灌浆初期出现。

2)暴发流行因素

①水稻抽穗扬花期遇低温、多雨、寡日照天气有利于稻曲病发生。

②不同水稻品种间的抗性存在较明显差异。矮秆、叶片宽、角度小、枝梗数多的密穗型品种较感病。抗病性表现：早熟>中熟>晚熟，糯稻>籼稻>粳稻。

③施肥过多，特别是花期、穗期追肥过多的田块发病较重。

④高密度和多栽苗的田块发病重于低密度和少栽苗的田块。

7.1.3.3　防治技术

1)防治策略　以抗病育种为主,化学防治为辅,注意适期用药,合理调节农业管理措施。

2)具体措施

①选育和利用抗病品种:要优先选用抗病品种,购种时要关注品种对稻曲病的抗性,最好选用经过审定推广且对稻曲病抗性强的品种。

②加强健身栽培管理:注意晒田,上年稻曲病发生严重的田块收割后要进行深翻;选用不带病种子,建立无病留种田,播种前及时清除干净田间病残体等;合理使用氮、磷、钾肥,施足基肥,巧施穗肥,施适量硅肥;合理密植,避免田间密度过大;适时移栽,田间浅水勤灌,避免田间长期保持深水。

③种子处理:用多菌灵药液浸种 48 h 以上,可以减少部分侵染源。也可用苯菌灵药液浸种,浸种后不需水洗,可直接播种。以上种子处理方法可兼防稻苗瘟和稻恶苗病。

④可使用井冈霉素、井冈霉素・烯唑醇、戊唑醇、络氨铜等进行防治。破口抽穗前10～15 天(此时水稻最上面叶片叶枕与紧挨下面叶片的叶枕一致)喷雾预防效果最好,过早或过迟施药均影响防效。注意穗期用药对稻穗的安全性。

7.1.4　水稻细菌性条斑病

水稻细菌性条斑病主要分布于东南亚地区,在中国主要分布于海南、广东、广西、四川、浙江,江西、江苏、安徽、湖南、湖北、云南、贵州等省局部地区也有发生。

7.1.4.1　症状识别

水稻细菌性条斑病主要为害水稻叶片,严重时条斑融合成不规则黄褐色至枯白色大斑,与白叶枯病病斑类似,但对光可见许多半透明条斑。病斑初为暗绿色水浸状小斑,很快在叶脉间扩展为暗绿色至黄褐色的细条斑,大小约 1 mm×10 mm,病斑两端呈浸润型绿色。病斑上常溢出大量串珠状黄色菌脓(图 7-1-11),干后呈胶状小粒。病情严重时叶片卷曲,田间呈现一片黄白色。

图 7-1-11　水稻细菌性条斑病的病叶片、菌脓

7.1.4.2　发病特点

1)病害侵染循环　细菌在种子内越冬,播种后,细菌可通过幼苗的根和芽鞘侵入。发病时,一般先出现中心病株,病株上分泌含细菌的流胶(也称菌脓),借风、雨、露水、灌溉水、昆虫及人为因素传播。带菌种子、带病稻草和残留田间的病株稻桩是主要初侵染源,也是该病远距离传播的重要媒介。李氏禾等田边杂草也能传病。

2)暴发流行因素 水稻细菌性条斑病发生流行主要取决于寄主、病原和环境条件三者相互作用的结果，即在菌源存在的前提下，水稻细菌性条斑病发生与流行主要受气候、品种抗性及栽培管理技术等因素的影响，缺少任何一个因素都不可能构成水稻细菌性条斑病的发生和流行。

①种植感病品种。当一个地区大面积种植感病品种，在菌源大量存在和传播有效及发病条件适宜时，若寄主正处于易感病的生育期，就会造成水稻细菌性条斑病流行。可以说，种植感病品种是水稻细菌性条斑病扩展蔓延的内部条件。

②环境条件。水稻细菌性条斑病病菌喜高温高湿。一般情况下，水稻分蘖盛期至始穗期是植株抗病能力较弱的阶段。双季晚稻在该生育期恰逢高温天气，如遇到相对湿度在80%以上、连续降雨和日照不足等气候条件，就有利于水稻细菌性条斑病的发生和流行，其中台风、暴雨是造成水稻细菌性条斑病大面积流行的主要因素。

③肥水管理不当。在发病田块，进水口附近往往发病重，非进水口处发病轻，究其原因是流水传播。病菌溢出的菌脓落入田间的水中，随着灌溉水传播到其他田块。因此，低洼积水、大雨淹没以及串灌、漫灌等往往容易导致水稻细菌性条斑病连片发生。在水稻细菌性条斑病发病前期，如不注意氮肥、磷肥、钾肥配合施用，偏施、迟施氮肥，易造成水稻植株徒长，叶片嫩绿，抗病力下降，从而使病情加重。

7.1.4.3 防治技术

(1)防治策略

水稻细菌性条斑病是一种检疫性细菌病害，发病后较难治好。因此，要加强植物检疫，实行预防为主、防治结合的方针，在做好种子消毒处理的同时，加强栽培管理，培育无病壮秧，并辅以药剂保护，防止病害扩展蔓延。

(2)具体措施

1)加强植物检疫 水稻细菌性条斑病菌已被我国列为植物检疫对象，在无病区要严格执行检疫制度，以控制病害的传播和蔓延。要防止调运带菌种子远距离传播，保护无病区。实施产地检疫，对制种田在孕穗期做一次认真的田间检查，确定种子是否带菌。严格禁止从疫情发生区调种、换种的现象。

2)培育抗病良种，淘汰感病品种 可以选择抗(耐)病杂交稻，如桂31901、青华矮6号、双桂36、宁粳15号、珍桂矮1号、秋桂11、双朝25、广优、梅优、三培占1号、冀粳15号、博优等。

3)农业防治

①时间和空间上避病：全面推行早夏季制种。水稻细菌性条斑病一般在7月中下旬发生，而夏季制种期间经常会受到台风影响，很难保证制种基地的安全。因此，可以推广早夏制种，在时间和空间上避开水稻细菌性条斑病的感染时机。

推迟单季晚稻成熟期，错开感病期。单季晚稻发病率重于连作晚稻，一个主要原因是水稻细菌性条斑病发生时单季晚稻正好处于分蘖至孕穗的感病期。故适当推迟单季晚稻的成熟期，使之与连作晚稻成熟期相接近，可减轻水稻细菌性条斑病的发病程度。

②加强健身栽培管理：施肥时要注意氮、磷、钾肥配合，提倡配方施肥，基肥应以有机肥为主，后期慎用氮肥，避免偏施、迟施氮肥；绿肥或其他有机肥过多的田，可施用适量石灰和草木灰。灌溉用水要做到浅水勤灌，避免串灌、漫灌，适时适度搁田，严防秧苗淹水，铲除田边杂草。

4)化学防治

①种子消毒处理：用种时要选择来源明确的无病种子，播种前用三氯异氰尿酸等农药进行种子消毒处理，在水稻生长期间及种子收获前严格按《水稻种子产地检疫规程》(GB 8371—2009)进行产地检疫。一旦发现病情，立即采取相应措施，控制病源，防止扩散，禁止病田种子留作种用。

②秧田 3 叶期及移栽前用叶枯唑等农药进行预防，做到带药下田。

③大田发病后，立即用氧化亚铜、叶枯唑或氯溴异氰尿酸等农药连续防治 2～3 次，在台风、暴雨过后应及时进行补治。若水稻病情加重，可以选用 25%叶枯唑 WP 或 72%农用链霉素 WP，配成药液后喷雾防治。

7.1.5　水稻白叶枯病

水稻白叶枯病是世界上分布最广、危害最重的一种细菌病害，最早于 1884 年在日本福冈被发现，在欧洲、非洲、美洲、亚洲都有发生，以日本、印度和中国发生较重。目前，水稻白叶枯病已经成为亚洲和太平洋地区水稻种植业的重大威胁。

在我国，水稻白叶枯病于 1950 年首先在南京郊区被发现，随后随种子调运，其病区不断扩大。目前，除新疆、甘肃外，各省市自治区都有发生，以华南、华中和华东稻区发生普遍而严重。水稻受害后，叶片干枯，秕谷增加，米质下降，一般减产 10%～30%，严重者可达 50%，个别田块甚至可以绝产。

7.1.5.1　症状识别

水稻白叶枯病全生育期都可发生，在大田中一般于孕穗至抽穗期发病。由于水稻品种、种植环境和病菌侵染方式不同，病害症状表现为以下几种类型。

1)普通型(叶枯型)　典型的叶枯型症状(图 7-1-12)。发病多从叶尖或叶缘开始，初为暗绿色水渍状短侵染线，后沿叶脉从叶缘或中脉迅速向下加长、加宽，呈黄褐色，最后条斑转变为灰白色(籼稻)或黄白色(多见于粳稻)，可达叶片基部和整个叶片。病健组织交界明显，呈波纹状(粳稻)或直线状(籼稻)。湿度大时，病部易见蜜黄色珠状菌脓。

图 7-1-12　水稻白叶枯病普通型症状

图 7-1-13　水稻白叶枯病中脉型症状

诊断要点：病斑沿叶缘坏死，呈倒"V"形斑，边缘呈波纹状，病部有黄色菌脓溢出，干燥时形成菌胶。

2)急性型 多见于环境条件适宜（多肥、深灌、高温闷热、连阴雨多）的情况或感病品种。叶片病部呈暗绿色，迅速扩展，几天内全叶呈青灰色或灰绿色，随即迅速失水、纵卷、青枯，病部也有蜜黄色珠状菌脓。此种症状的出现标志着病害正在急剧发展。

3)中脉型 多见于分蘖至孕穗阶段，在剑叶下1～3叶中脉表现为淡黄色症状（图7-1-13），沿中脉逐渐向上下延伸，并向全株扩展，成为发病中心。这类症状是系统侵染的结果，病株可于抽穗前枯死。

4)凋萎型(枯心型) 多见于杂交稻及一些高感品种，且多在秧田后期至拔节期发生。病株心叶或心叶下1～2叶先失水、青枯（极似螟害枯心），随后其他叶片相继青枯。病轻时仅1～2个分蘖青枯死亡，病重时整株整丛枯死。如折断病株茎基部并用手挤压，有大量黄色菌脓溢出；剥开刚刚青卷的枯心叶，也常见珠状黄色菌脓。

7.1.5.2 发病特点

1)病害侵染循环 病菌主要潜伏于稻种表面、胚和胚乳表面，随病稻种越冬或随病稻草、稻桩越冬，作为翌年发病的初侵染源（图7-1-14）。老病区以病稻草传病为主，新病区以带菌谷种传病为主。带菌稻种调运是远距离传播的主要途径，是病区逐步扩大的原因，也是新病区的主要初侵染源。

越冬病菌随流水传播到秧苗。病菌从叶片的水孔和伤口、茎基和根部的伤口以及芽鞘或叶鞘基部的变态气孔侵入。病菌通过灌溉水和雨水传播。

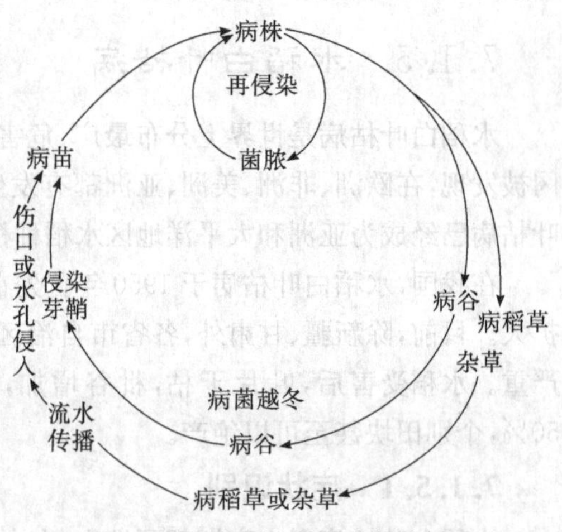

图 7-1-14 水稻白叶枯病侵染循环

2)暴发流行因素

①一般糯稻抗病性最强，粳稻次之，籼稻最弱。籼稻品种间抗病性有明显差异，其中不乏抗病性强的品种。同一品种的植株在不同生育期抗病性也有差异，通常分蘖期前较抗病，孕穗期和抽穗期最感病。

②一般气温为25～30 ℃时发病最盛，20 ℃以下和33 ℃以上时病菌受抑制。适温、多雨、日照不足有利于发病。台风、暴雨或洪涝非常有利于病菌的传播和侵入，极易引起病害暴发流行。地势低洼、排水不良或江河沿岸地区发病也重。

③一般以中稻为主地区和早、中、晚稻混栽地区病害易于流行，而纯双季稻区病害发生较轻。

7.1.5.3 防治技术

1)防治策略 在控制菌源的前提下，以种植抗病品种为基础，秧苗防治为关键，狠抓肥水管理，辅以化学防治。

2)具体措施

①加强植物检疫,杜绝种子传病:无病区要防止带菌种子传入,严禁从病区引种。确需从病区调种时,要严格做好种子消毒工作。

种子消毒方法:中生菌素浸种 48 h,农用链霉素浸种 24 h。

②选育和选用抗病品种。

③加强肥水管理:提倡施用充分腐熟的堆肥,浅水勤灌,雨后及时排水,分蘖期排水晒田,秧田严防水淹。健全排灌系统,实行排灌分家,严禁串灌、漫灌,严防涝害。

④妥善处理病稻草:不让病稻草与种、芽、苗接触,清除田边再生稻株或杂草。

⑤种子处理:用1%石灰水或80%乙蒜素 EC 的2000倍液浸种2天,或用福尔马林的50倍液先浸种3 h再闷种12 h,洗净后催芽。还可用3%中生菌素 AS 的100倍液,55 ℃浸种36~48 h后催芽播种。

⑥可选用20%叶枯唑 WP、72%硫酸链霉素 SP 或77%氢氧化铜 SC 等药剂,配成药液后均匀喷雾,视病情间隔7~10天施药一次,连续施药3~4次。

7.1.6 水稻细菌性基腐病

水稻细菌性基腐病可于分蘖期至拔节期造成稻株枯死,于孕穗后引起枯孕穗、半枯穗和枯穗,严重影响产量。

7.1.6.1 症状识别

根节及基部节间变黑腐烂(图7-1-15);拔起病株,根茎基部散发恶臭味;心叶枯死(枯心死)或叶鞘枯死(剥皮烂)。

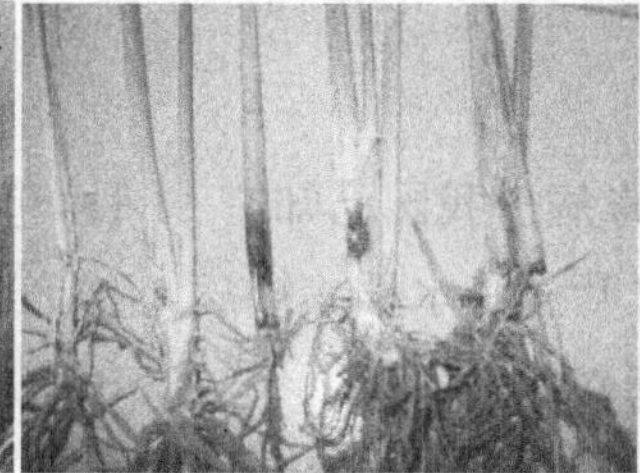

图7-1-15 水稻细菌性基腐病症状

7.1.6.2 发病特点

1)病害侵染循环 病菌可在病稻草、病稻桩和杂草上越冬。病菌可从叶片上水孔、伤口及叶鞘和根系伤口侵入,以根部或茎基部伤口侵入为主,造成系统感染(整个生育期可重复侵染)。

2)暴发流行因素

①氮肥施用:随着总氮量的增加,水稻分蘖期和孕穗率的发病率都呈上升趋势。分蘖期施肥量对株病率影响较大:随着施肥量的增加,株病率降低。

②栽插方式:与育秧栽培相比,直播可降低水稻细菌性基腐病的为害程度。机栽小苗的发病程度最轻,而机栽大苗发病率较高。故小苗适宜机栽,大苗适宜手栽。

③作物生育期:大田发病一般有3个明显高峰。分蘖期为第一次发病高峰,以枯心型病株为主。分蘖末期不脱水或烤田过度易发病。孕穗期为第二次发病高峰,以剥死型病株为主。抽穗灌浆期为第三次发病高峰,以青枯型病株为主,其后出现枯孕穗、白穗等症状。抽穗前期也可发病,可直接影响产量。

④地势低、黏重土壤(通气性差)发病重。

7.1.6.3 防治技术

1)防治策略 以选育(用)抗病品种为基础,加强保健栽培,并采取化学防治措施。

2)具体措施

①选用抗病品种:IR26、汕优36号、汕优63号、广陆矮4号、二九青、瑞五、滇瑞、盐粳2号、朝桂3号、武育粳2号等较抗病。

②种子处理:播种前进行种子消毒,可用50%氯溴异氰尿酸SP配成药液后浸种24~48 h,或用80%乙蒜素EC兑水浸种48 h,有显著效果。

③培育壮苗:推广工厂化育苗,采用湿润育秧;适当增施磷、钾肥,确保壮苗;小苗直栽浅栽,避免伤口。

④加强肥水管理:提倡水旱轮作,增施有机肥,采用配方施肥技术。本田期要合理施用氮肥,不要过施。增加钾肥用量可提高水稻对基腐病的抵抗力。

⑤起秧稍干后置于80%乙蒜素EC的1000倍液中浸泡约25 min。或在插秧前进行苗期杀菌,喷施氯溴异氰尿酸(加专用助剂)药液。

⑥本田喷雾:对于发病的田块,应先排干田间水,然后喷施噻菌铜或氯溴异氰尿酸药液,施药后5天内不得上水。

7.1.7 水稻病毒病

全世界已知有近20种水稻病毒病。我国已知有11种,包括水稻普通矮缩病、条纹叶枯病、黑条矮缩病、黄矮病、黄萎病、橙叶病和水稻簇矮病,主要分布于长江以南各省市。

7.1.7.1 南方水稻黑条矮缩病

南方水稻黑条矮缩病毒(*Southern rice black-streaked dwarf virus*,SRBSDV)是由我国首先发现、鉴定和命名的病毒新种,属于呼肠孤病毒科斐济病毒属,其传毒介体主要是白背飞虱。该病毒于2001年由华南农业大学周国辉教授在广东省首次发现,2008年被正式鉴定为南方水稻黑条矮缩病毒新种。2020年9月15日,南方水稻黑条矮缩病(图7-1-16)被农业农村部列入一类农作物病虫害名录。

(1)症状识别

1)典型症状

①发病稻株叶色深绿,上部叶的叶面可见凹凸不平的皱折(多见于叶片基部)。

②病株地上数节节部有倒生须根及高节位分枝;病株茎秆表面有乳白色、大小为1~2 mm的瘤状突起(手摸有明显粗糙感),瘤突呈蜡点状,纵向排列成条形(图7-1-17),早期乳白色,后期褐黑色;产生病瘤的节位因感病时期不同而异,早期感病稻株在下位节产生病瘤,

感病时期越晚，产生病瘤的节位越高。

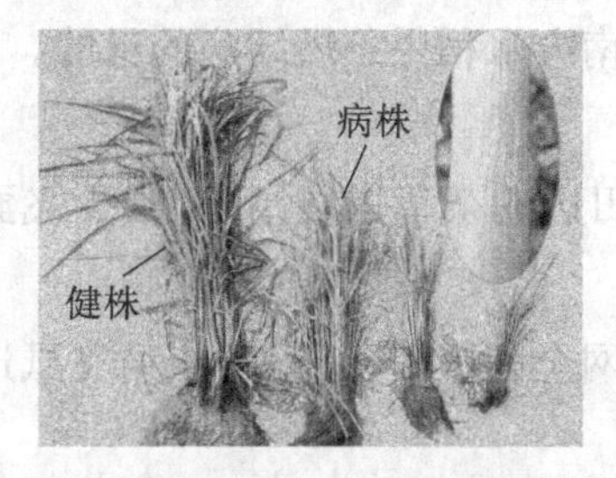

图 7-1-16　南方水稻黑条矮缩病

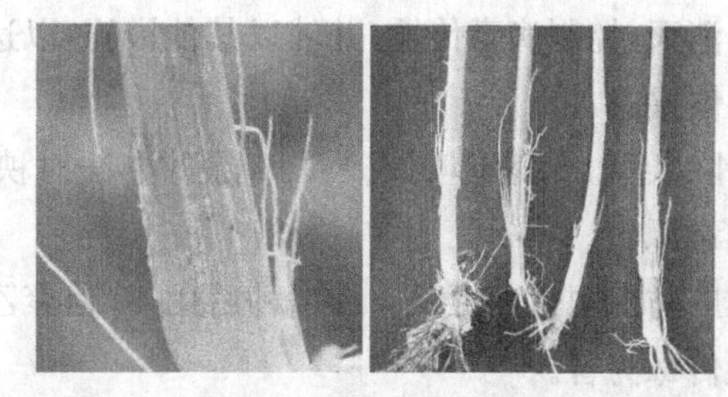

图 7-1-17　南方水稻黑条矮缩病症状(蜡泪痕和倒生的气生根)

2)秧苗期症状　病株颜色深绿，心叶生长缓慢，叶片短小而僵直、浓绿，叶脉有不规则蜡白色瘤状突起，后变黑褐色。叶枕间距缩短，其叶鞘被包裹在下叶鞘里，植株矮小，后期不能抽穗，常提早枯死。

3)分蘖期症状　病株分蘖增多丛生，上部数片叶的叶枕重叠，心叶破下叶叶鞘而出或从下叶枕口呈螺旋状伸出，叶片短而僵直，叶尖略有扭曲畸形。植株矮小，主茎及早生分蘖尚能抽穗，但穗头难以结实，或包穗，或穗小，似侏儒病。

4)抽穗期症状　全株矮缩丛生，有的能抽穗，但抽穗相对迟而小，实粒少，粒重轻，半包在叶鞘里，剑叶短小僵直。中上部叶片基部可见纵向皱褶。茎秆下部节间和节上可见隆起的蜡白色或黑褐色短条脉肿。

(2)发病特点

1)病害侵染循环　南方水稻黑条矮缩病毒主要由白背飞虱(图 7-1-18)传毒，不经卵传毒；不能经种传播，植株间也不能互相传毒；白背飞虱获毒时间为 30 min，传毒为 15 min。介体一经染毒，终身带毒，稻株接毒后潜伏期为 14～24 天。带(获)毒白背飞虱取食寄主植物即可传毒。

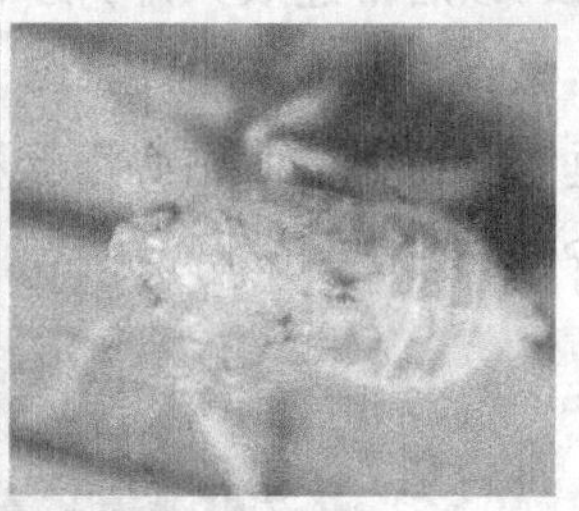

图 7-1-18　传毒介体白背飞虱成虫和若虫

2)暴发流行因素　水稻主要在分蘖前的苗期(秧苗期和本田初期)感病，拔节以后不易感病。最易感病期为秧(苗)的 2～6 叶期。水稻苗期、分蘖前期感染发病的基本绝收，拔节期和孕穗期发病，产量因侵染时期而不同，造成损失在 30%以上。

随着病毒分布范围的扩大，南方水稻黑条矮缩病发生会逐年加重。中晚稻发病重于早稻，育秧移栽田发病重于直播田，杂交稻发病重于常规稻。田块间发病程度差异显著，发病轻重取决于带毒白背飞虱迁入量。

(3)防治技术

1)防治策略　抓好秧田期和本田初期防治关键时期，实施科学防控。关键是采取切断毒链、治虱防矮、治秧田保大田、治前期保后期的综合防控策略。在传毒媒介白背飞虱传毒之前将其消灭，控制病毒传播，并辅以其他措施，以达到防控南方水稻黑条矮缩病的目的。

2)具体措施

①清除杂草。用除草剂或人工清除的办法对秧田及大田边的杂草进行清除，减少飞虱的寄主和毒源。

②推广防虫网覆盖育秧。即播种后用40目聚乙烯防虫网全程覆盖秧田，防止稻飞虱迁到秧苗上传毒为害。

③药液浸种或拌种。用吡虫啉药液浸种12 h，或在种子催芽露白后用吡虫啉药液拌种，待药液充分吸收后播种，减轻稻飞虱在秧田前期的传毒危害。

④治虱防矮。主要抓好以下2个时期的防治工作：一是秧田期，即秧苗稻叶开始展开至拔秧前3天，宜酌情喷施"送嫁药"。二是本田期，即水稻移栽后15～20天，宜使用25%吡蚜酮WP、10%吡虫啉WP或25%噻嗪酮WP，配成药液后均匀喷雾。

⑤及时拔除病株。对发病秧田，应及时拔除病株，并集中埋入泥中，移栽时适当增加基本苗。对发病率为2%～20%的本田，及时拔除病株(丛)，并就地踩入泥中深埋，然后从健丛中掰蘖补苗。对重病田，应及时翻耕改种，以减少损失。

7.1.7.2 水稻条纹叶枯病

水稻条纹叶枯病是由水稻条纹叶枯病毒(*rice stripe virus*，RSV)引起、灰飞虱传毒的世界性病害，亚洲特别是东南亚国家及我国各稻区都有不同程度发生，我国近年来发生严重。

(1)症状识别

1)苗期发病 病株心叶基部出现褪绿黄白斑，后沿叶脉扩展成与叶脉平行的断续的黄绿色或黄白色短条纹，以后常连成大片，使叶片一半或大半变成黄白色，但其边缘部分仍呈现上述褪绿短条斑，条纹间仍保持绿色(图7-1-19)。糯稻、粳稻和高秆籼稻发病后心叶黄白、柔软、卷曲、下垂，呈纸捻状"假枯心"；矮秆籼稻发病后不呈枯心状，仍较正常，出现黄绿相间条纹，分蘖减少，病株提早枯死。

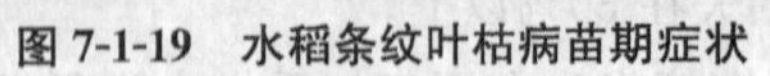

图7-1-19 水稻条纹叶枯病苗期症状

图7-1-20 水稻条纹叶枯病分蘖期症状

2)分蘖期发病 先在心叶下一叶基部出现褪绿黄斑，后扩展形成不规则黄白色条斑(图7-1-20)，老叶不显病。籼稻品种不枯心，糯稻品种半数表现枯心。病株常枯孕穗或穗小畸形不实。

3)拔节后发病 剑叶下部出现黄绿色条纹，各类型稻均不枯心，但抽穗畸形，结实很少。

(2)发病特点

1)病害侵染循环 此病的主要初侵染源是带毒越冬的灰飞虱，其次为越冬小麦、大麦等。病害的发生程度与灰飞虱发生量及迁移情况密切相关。

2)暴发流行因素

①水稻在苗期至分蘖期易感病。

②叶龄长潜育期也较长,抗性随植株生长逐渐增强。

③条纹叶枯病的发生与灰飞虱发生量、带毒虫率有直接关系。

④春季气温偏高,降雨少,虫口多,发病重。

⑤稻、麦两熟区发病重,大麦、双季稻区发病轻。

(3)防治技术

1)防治策略　在防治上采取以防虫治病为核心的综合措施,即采取“切断毒源,治虫防病”的防治策略,狠治灰飞虱,控制条纹叶枯病。

2)具体措施

①防治传播介体(治虫防病)。注意 2 个关键时期:第 1 代成虫从麦田向早稻秧田及本田迁飞初期,第 3、4 代成虫从早稻本田向晚稻田迁飞初期。于灰飞虱传毒之前以 10%吡虫啉 WP 防治飞虱有较好效果。

②种植抗病品种:可因地制宜种植盐梗 20、铁桂丰及云南合系 11、12 号、中国 91、徐稻 2 号、宿辐 2 号等抗病品种。

③农业防治:清除田边、路边、沟边杂草。由于灰飞虱有在稗草、看麦娘等杂草上取食、产卵的习性,因此可在若虫孵化前铲除田间杂草,以减少虫源、毒源。种植品种要合理安排,提倡连片种植和连片收割。

7.1.7.3　水稻普通矮缩病

水稻矮缩病主要分布于南方稻区,又称水稻普通矮缩病、普矮、青矮。

(1)症状识别

苗期至分蘖期感病后,水稻植株矮缩,分蘖增多,叶片浓绿,僵直,生长后期病稻不能抽穗结实(图 7-1-21)。病叶症状表现为 2 种类型:一是白点型,在叶片上或叶鞘上出现与叶脉平行的虚线状黄白色点条斑,以基部最明显。始病叶以上新叶都出现点条,始病叶以下老叶一般不出现。二是扭曲型,在光照不足情况下,心叶抽出呈扭曲状,随心叶伸展,叶片边缘出现波状缺刻,色泽淡黄。

孕穗期发病,多在剑叶叶片和叶鞘上出现白色点条,穗颈缩短,形成包颈或半包颈穗。

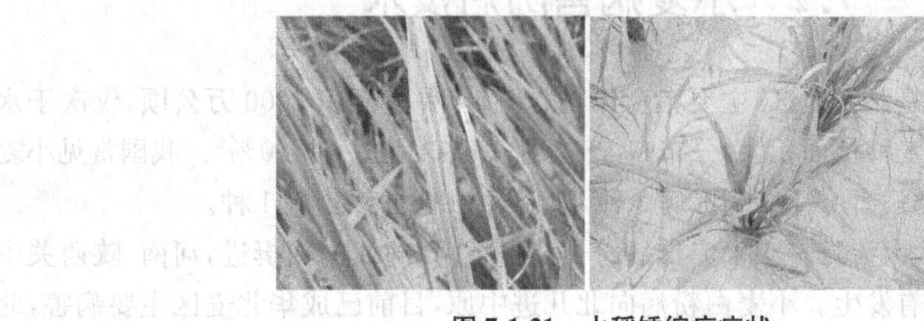

图 7-1-21　水稻矮缩病症状

(2)发病特点

1)病害侵染循环 水稻矮缩病毒可由黑尾叶蝉、二条黑尾叶蝉、电光叶蝉、大青叶蝉和白翅叶蝉等(图7-1-22)传播,其中以黑尾叶蝉传播为主。带菌叶蝉能终身传毒,可经卵传染。黑尾叶蝉在病稻上吸汁最短获毒时间 5 min。获毒后需经一段循回期(20 ℃时为 17 天,29.2 ℃为 12.4 天)才能传毒。水稻感病后经一段潜育期显症。苗期气温为 22.6 ℃时,潜育期为 11~24 天;苗期气温为 28 ℃时,潜育期为 6~13 天。苗期至分蘖期感病的潜育期短,以后潜育期随龄期增长而延长。病毒在黑尾叶蝉体内越冬。黑尾叶蝉在看麦娘上以若虫形态越冬,翌春羽化迁回稻田为害。早稻收割后,迁至晚稻上为害;晚稻收获后,迁至看麦娘、冬稻等禾本科植物上越冬。

2)暴发流行因素 带毒虫量是病害发生的主要影响因子。水稻在分蘖期前较易感病。冬春暖、伏秋旱利于发病。稻苗嫩,虫源多,发病重。

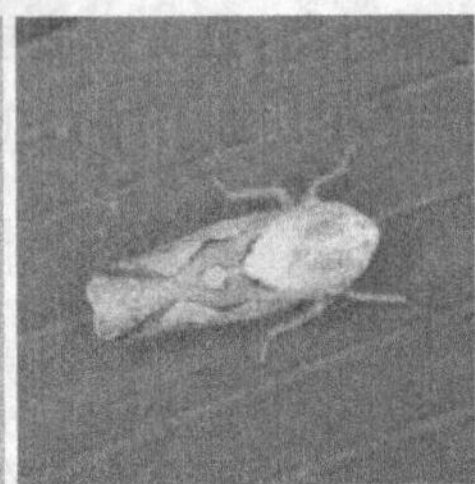

图 7-1-22 黑尾叶蝉、二条黑尾叶蝉、电光叶蝉、大青叶蝉和白翅叶蝉

(3)防治技术

①选用抗(耐)病品种,如国际 26 等。

②成片种植,防止叶蝉在早、晚稻和不同熟性品种上传毒。早稻早收,避免虫源迁入晚稻。收割时要背向晚稻。

③加强管理,促进稻苗早发,提高抗病能力。

④推广化学除草,消灭看麦娘等杂草,压低越冬虫源基数。

⑤治虫防病。及时防治在稻田繁殖的第 1 代若虫,抓住黑尾叶蝉迁入双季晚稻秧田和本田的高峰期,将带毒虫消灭在传毒之前。可选用 25%噻嗪酮 WP、25%速灭威 WP,配成药液,每隔 3~5 天喷施一次,连喷 1~3 次。

7.2 小麦病害防治技术

小麦是我国(尤其是北方地区)主要粮食作物之一,年种植面积 3000 万公顷,仅次于水稻,位居第二。我国小麦种植面积大,分布广,产量高,以冬麦为主(占 80%)。我国常见小麦病害有 39 种,其中真菌病害 27 种,病毒病 8 种,细菌病害 3 种,线虫病 1 种。

小麦条锈病曾多次大流行。小麦赤霉病跨长江过黄河,向北向西挺进,河南、陕西关中地区、宁夏引黄灌区均有发生。小麦白粉病向北几进中原,目前已成华北麦区主要病害,北京、山东、河南等地常发生。小麦全蚀病、病毒病有起有落。小麦纹枯病、雪腐叶枯病近年上升。小麦黑穗病在东北、河北、山东等局部地区起死回生。小麦线虫病在极个别地区也有回升。总之,我国小麦病害呈现北病南移、南病北进,次要病害上升,主要病害加重的大趋势。

7.2.1 小麦锈病

三种锈病在中国各地的分布:条锈病主要分布于西北、华北、淮北等北方冬麦区、西南冬麦区和西北春麦区。20世纪50－60年代,小麦条锈病发生频率高,造成损失大,甚至导致饥荒。秆锈病主要分布于东北、内蒙古春麦区和华东沿海冬麦区。叶锈病主要分布于长江中下游麦区和四川、贵州等地,近年华北、东北麦区也有上升趋势。

小麦锈病是典型的气传病害,可以远距离传播,具有大区流行的特点,病害发展速度快,流行性强,再侵染次数多,属于典型的单年流行病害,危害大,造成损失重,我国每年都有不同程度流行。流行年份可使小麦减产20%～30%,大流行年可造成绝收。

7.2.1.1 症状识别

三种锈病均在发病部位长出夏孢子堆,夏孢子堆呈铁锈状,冬孢子堆呈黑色。根据农谚"条锈成行、叶锈散,秆锈是个大红斑",可以将三种锈病区分开来。

①条锈病:主要为害叶片,其次是叶鞘和茎秆,穗部、颖壳及芒也可受害。夏孢子堆为小长条状,鲜黄色(图7-2-1),椭圆形,与叶脉平行。后期病部产生黑色冬孢子堆(图7-2-1)。冬孢子堆短线状,常数个融合,成熟时不开裂。

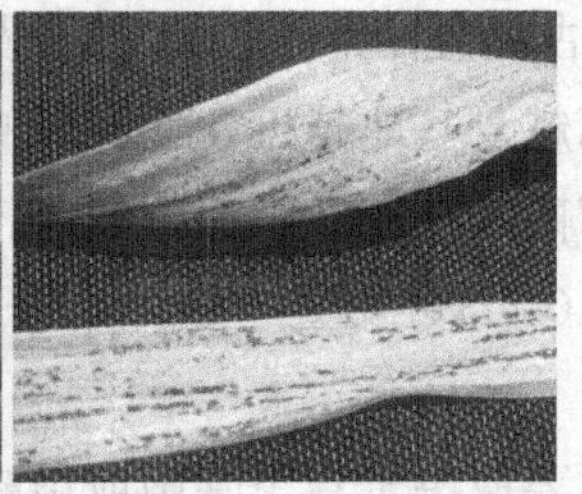

图7-2-1 小麦条锈病症状

②叶锈病:主要为害小麦叶片,产生疱疹状病斑,很少为害叶鞘及茎秆。夏孢子堆呈圆形至长椭圆形,橘红色,比秆锈病小,较条锈病大,呈不规则散生,初生夏孢子堆周围有时产生数个次生的夏孢子堆,一般多见于叶片正面,少数可穿透叶片。成熟后表皮开裂一圈,散出橘黄色的夏孢子。冬孢子堆主要见于叶片背面和叶鞘,呈圆形或长椭圆形,黑色,扁平,排列散乱(图7-2-2),但成熟时不破裂,有别于秆锈病和条锈病。

图7-2-2 小麦叶锈病症状

图7-2-3 小麦秆锈病症状

③秆锈病:主要为害叶鞘和茎秆,也可为害叶片和穗部。夏孢子堆大,呈长椭圆形,深褐色或褐黄色,排列不规则,散生,常连成大斑,成熟后表皮易破裂且向外翻成唇状,散出大量

锈褐色粉末，即夏孢子(图 7-2-3)。小麦成熟时，在夏孢子堆及其附近出现黑色椭圆形至长条形冬孢子堆，成熟后表皮破裂，散出黑色粉末状物，即冬孢子。

下面以小麦条锈病为例，介绍小麦锈病的发病特点和防治技术。

7.2.1.2 发病特点

1)病害侵染循环 小麦条锈病是一种典型的气流传播病害，可以在高空随气流远距离传播而不失去活性(可进行再侵染)，主要以夏孢子在小麦上完成周年的侵染循环。其侵染循环可分为越夏、侵染秋苗、越冬及春季流行 4 个环节(图 7-2-4)。越夏区产生的夏孢子被风吹到麦区，可成为秋苗的初侵染源。病菌可以随发病麦苗越冬。春季在越冬病麦苗上产生夏孢子，可扩散造成再侵染。

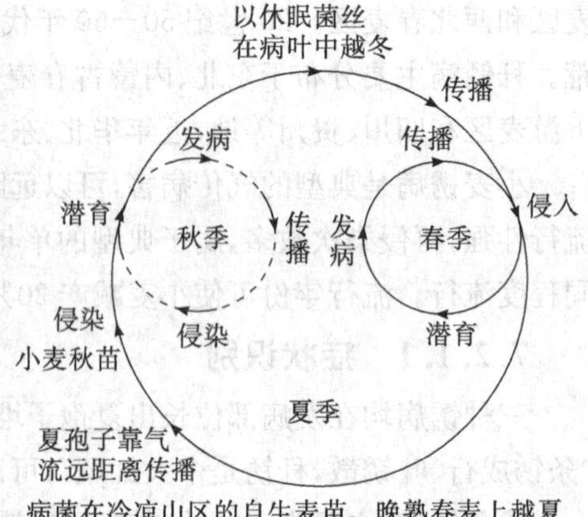

图 7-2-4 小麦条锈病病害侵染循环

①越夏：当夏季最热月份(7 月至 8 月)旬均温低于 20 ℃时能安全越夏，20～22 ℃时越夏困难，23 ℃以上时不能越夏。越夏基地主要为陇南、陇东、青海东部、川西北部、宁夏南部晚熟冬春麦区和晋北高原、内蒙古乌盟、河北坝上晚熟春麦区。

②秋苗发病：离越夏基地越近，小麦播种越早，发病越重、越早；相反则发病轻、晚。

③越冬：以潜育菌丝在麦叶组织中越冬。冬季最冷月份(1 月)月均温－6～－7 ℃(若有积雪覆盖则低于－10 ℃)可安全越冬；华北石德线到山西介休、陕西黄陵一线以南为主要越冬基地。

④春季流行：主要取决于春季降雨或结露。

以当地菌源为主的流行特点：先出现单片病叶，后形成发病中心，最后全田普发，发病早，发病重。

以外地菌源为主的流行特点：中后期暴发式流行，大面积同时发生，发展速度快，田间病叶分布均匀，多位于上部。

2)暴发流行因素 感病品种大面积种植是条锈病流行的基本条件，但病害是否流行还取决于菌源量和气象因素，特别是雨量和湿度。条锈病菌在 14～15 ℃和有水滴、水膜的条件下侵染小麦。病菌在麦叶组织内生长，当有效积温在一定范围内，便在叶面上产生夏孢子堆。不同温度下潜育期不同。

在大面积种植感病品种的前提下，越冬菌源量大和春季降雨成为流行的两大重要条件。早春低温持续时间较长，又满足春雨的条件，因此发病重，秋苗发病重，冬季温暖时越冬菌源量大，第二年春雨早而多利于条锈病流行。

气温上升至 5 ℃时开始产生条锈病孢子，如遇春雨或结露，病害扩展蔓延迅速，极易引起春季流行。4 月至 5 月如果雨水较勤、温度适宜，将有利于条锈病的发生与蔓延。若早春有雨而后期干旱或早春干旱而后期有雨，则条锈病发生轻，或局部不流行。

小麦条锈病的孢子堆可持续产孢8～10天，每个孢子堆每天可产孢1800个，世代重叠，相互交叉流行，中后期田间气温升高，世代加快，在风的作用下形成孢子流，易暴发成灾。

7.2.1.3　防治技术

1）防治策略　小麦条锈病是气流传播的病害，若发现及时，采取科学防控措施即可控制。采取以菌源基地治理和种植抗病品种为主，化学防治和栽培管理为辅的综合防治策略。即菌源基地治理和种植抗病品种为基础，防控要做到"发现一点防治一块，发现一块防治一片"，封锁发病中心，防止扩散蔓延。必要时可选用嘧菌酯、醚菌酯、三唑酮、戊唑醇、己唑醇、丙环唑等进行化学防治。除此之外，尚未发现小麦条锈病时，要做好小麦"一喷三防"，在防治麦蚜和小麦白粉病的同时预防小麦条锈病。

2）具体措施

①选育和推广抗病品种，合理布局。

②加强栽培管理：调节播期，合理密植；消灭自生麦苗；施足基肥，氮肥、磷肥、钾肥配合施用；合理灌排水，以改善农田小气候，增强植株抗病能力。

③化学防治：重点是封锁和消灭发病中心；主要用三唑酮等农药拌种或喷雾。其他常用农药有萎锈灵、多菌灵和甲基硫菌灵等。

7.2.2　小麦白粉病

小麦白粉病分布于世界各产麦区，为害小麦、大麦和燕麦，尤以小麦受害最重。小麦白粉病过去仅在我国西南各省和山东沿海地区发生较重，目前已扩展到全国主要产麦区。被害麦田一般减产5%～10%，严重者减产30%～50%。

7.2.2.1　症状识别

小麦白粉病各生育期均可发生，主要为害叶片（中下部），严重时也可为害叶鞘、茎秆和穗部的颖壳。叶面病斑多见于叶背。下部叶片较上部叶片受害重。典型症状（图7-2-5）为病部表面长出一层白色粉状霉层，后期霉层变为灰色至灰褐色，上面散生黑色小颗粒（闭囊壳），霉层下面及周围寄主组织褪绿，病叶黄化、卷曲、枯死。

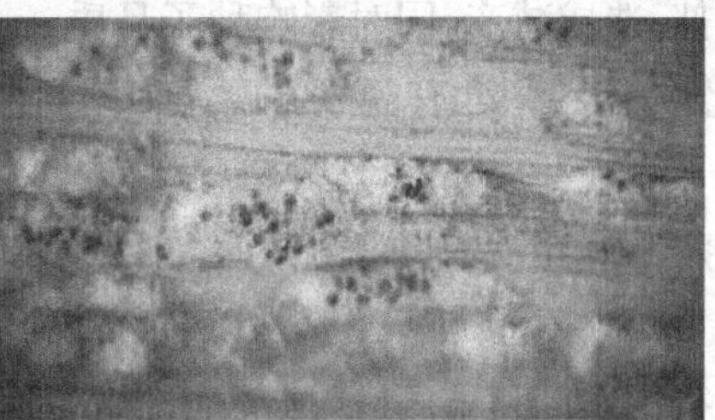

图7-2-5　小麦白粉病症状

7.2.2.2　发病特点

1）病害侵染循环

①越夏：小麦白粉病菌不耐高温。在夏季最热一旬平均气温低于24 ℃的地区，小麦白粉病菌以分生孢子和菌丝体在自生麦苗上安全越夏，并在秋季为害秋苗；而在低温干燥地

区，小麦白粉病菌以闭囊壳混于种子间或在病残体上越夏，成为秋苗发病的初侵染源。

②越冬：秋苗发病后一般都能越冬。越冬的病菌侵染春季的小麦。

③病菌传播：分生孢子可借助高空气流远距离传播。

④再侵染和春季流行：早春气温回升，病菌不断产生分生孢子，持续侵染寄主。

2)发病因素 小麦白粉病生长的有利气象条件是中温、弱光、高湿度。早春气温回升早且快，温度偏高，病害发生早。高湿度有利于病菌侵染和发病。病菌分生孢子对直射阳光非常敏感。越夏区病菌初侵染菌量大，秋苗发病早且重；越冬菌量大，翌春病害较重；植株密度大、多施氮肥的田块有利于病菌的侵染，发病重。

7.2.2.3 防治技术

1)防治策略 采取以选育和推广抗病品种为主，化学防治为辅，加强栽培管理的综合防治措施。

2)具体措施

①抗病品种的选用和利用：如南农 9918 等。

②加强健身栽培防治：越夏区麦收后及时耕翻灭茬，铲除自生麦苗，以减少秋苗期的菌源。合理施肥，注意氮肥、磷肥、钾肥配合，适当增施磷肥、钾肥。控制种植密度，以使田间通风透光，减少感病条件。南方麦区注意开沟排水，北方麦区适时浇水，可使植株生长健壮，增强抗病能力。

③化学防治：使用方法有拌种和生育期喷施。常用 15%三唑酮 WP 拌种，可兼治条锈病、纹枯病等。生育期喷施三唑酮和烯唑醇效果最好。但由于三唑酮在生产中应用较多，目前小麦白粉病菌已对其产生抗药性。对此，可采用甲氧基丙烯酸酯类菌剂（如吡唑醚菌酯）取代三唑酮，用于防治小麦白粉病。

7.2.3 小麦赤霉病

小麦赤霉病别名麦穗枯、烂麦头、红麦头，是小麦的主要病害之一。小麦从幼苗到抽穗均可受害。小麦赤霉病主要引起苗枯、茎基腐、秆腐和穗腐，其中危害最严重的是穗腐。此病直接为害穗部，造成减产，同时影响种子品质；一般年份可减产 10%～20%，大流行年份可减产 40%。此外，病粒中含有脱氧雪腐镰刀菌烯醇、玉米赤霉烯酮等多种毒素，可引起人畜急性中毒。

小麦赤霉病在世界范围内普遍发生，主要分布于潮湿和半潮湿区域，湿润多雨的温带地区受害尤其严重。小麦赤霉病在我国以长江中下游地区（上海、江苏、浙江、安徽等）和东北三江平原为病害常发区和重病区，这些地区病害流行频率高，危害大，损失重，但近年有向北向西扩展蔓延之势。

7.2.3.1 症状识别

小麦赤霉病主要发生在穗期，可造成穗腐，也可在苗期引起苗枯、茎基腐和种子霉烂等症状。

1)穗腐 扬花期发生，致小穗枯死（图 7-2-6），形成干瘪粒。后期在小穗基部出现粉红色胶状霉层。高湿条件下，粉红色霉层处产生蓝黑色小颗粒，即子囊壳。在新疆地区，自然条件下，重病田越冬后地面的残体可形成大量子囊壳。

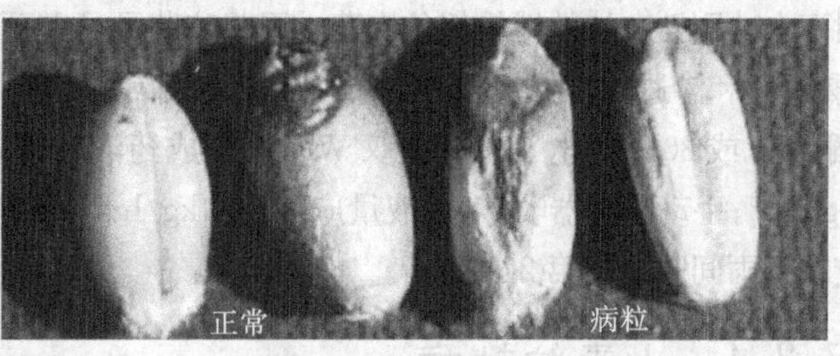

图 7-2-6　小麦赤霉病症状

2）苗枯　由种子和土壤带菌引起。病苗腐烂枯死，枯死苗基部可见粉红色霉层。

3）茎基腐和秆腐　成熟期有时会发生茎基腐和秆腐，病部可见粉红色霉层。

7.2.3.2　发病特点

1）病害侵染循环　病菌在土壤、病残体上越夏，也可为害棉花、玉米等（越夏）。越夏后转移至玉米、水稻残体上，以菌丝体状态越冬。分生孢子也可以作为初侵染源。

2）暴发流行因素

①越冬菌源量和孢子释放时间与田间病害发生程度的关系十分密切。有充足菌源的重茬地块和距离菌源近的麦田发病严重。影响苗期发病的主要因素是种子带菌量，种子带菌量大或种子不进行消毒处理，病苗和烂种率高。土壤带菌量则与茎基腐发生轻重有一定关系。

②不同小麦品种对赤霉病的抗病性有一定差异，但尚未发现免疫和高抗品种。

③从生育期来看，小麦整个穗期均可受害，但以开花期感病率最高，开花以前和落花以后则不易感染，说明病菌的侵入时期受到寄主生育期的严格限制。子囊孢子或分生孢子于扬花期传播至穗部，在适宜条件下萌发，菌丝与花药壁及颖片内侧壁接触后直接侵入，不从气孔侵入。

④小麦抽穗扬花期的降雨量、降雨天数和相对湿度是病害流行的主导因素。小麦抽穗期以后降雨次数多、降雨量大、相对湿度大、日照时数少是穗腐大发生的主要原因，尤其开花到乳熟期多雨、高温，穗腐严重。小麦抽穗扬花期间 3 日以上连阴雨，病害即可流行。

⑤地势低洼，排水不良，或开花期灌水过多造成田间湿度较大，均有利于发病。

⑥麦田施氮肥较多，植株群体过大，或通风透光不良造成贪青晚熟，也可加重病情。

⑦作物收获后不能及时翻地，或翻地质量差，田间遗留大量病残体和菌源，来年发病重。

7.2.3.3　防治技术

1）防治策略　采取以种植抗病品种为基础，以化学防治为重点，结合农业防治的综合防治措施。

2）具体措施

①选育和利用抗病品种，如南农 9918 等。

②农业防治：适时早播，使花期提前，避开发病有利时期；合理灌溉，麦田开沟排水，降低

地下水位和田间湿度，做到雨过田干无积水；合理施肥。

③化学防治：在病害流行年份，化学防治仍是重要的防治手段。可于小麦齐穗期选择渗透性、耐雨水冲刷性和持效性较好的农药。甲基硫菌灵具有预防保护和治疗双重作用，且具有较强的黏附性和渗透性，对小麦赤霉病有特效。其他常用药剂有 80%多菌灵 WP、40%多菌灵·三唑酮 WP 或 30%戊唑醇·福美双 WP，可配成药液后喷雾。机动弥雾机施药，药液量应为 210 kg/hm^2；手动喷雾器喷雾，药液量应为 450 kg/hm^2，须对准穗部喷雾。小麦穗期多雨的年份，应在下雨间隙进行第 2 次防治。

7.2.4 小麦纹枯病

小麦纹枯病是一种以土壤传播为主的真菌病害。随着种植制度的改革、高产品种的推广、水肥投入和种植密度的增大，小麦纹枯病的危害日趋严重。发病早的减产 20%～40%，严重的枯株、白穗甚至颗粒无收。

7.2.4.1 症状识别

小麦纹枯病主要为害小麦叶鞘和茎秆。小麦拔节后，症状逐渐明显。发病初期，地表或近地表的叶鞘上产生黄褐色椭圆形或梭形病斑，以后病部逐渐扩大，颜色变深，并向内侧发展为害茎部，重病株基部第 1、2 节变黑甚至腐烂，常早期死亡。小麦生长中期至后期，叶鞘上的病斑呈云纹状花纹(图 7-2-7)，无规则分布，严重时包围全叶鞘，使叶鞘及叶片早枯。田间湿度大、透气性不好时，病鞘与茎秆之间或病斑表面常产生白色霉状物，其上初期散生土黄色或黄褐色的霉状小团(担孢子单细胞)，呈椭圆形或长椭圆形，基部稍尖。

苗期症状(未侵茎)　拔节后症状(侵茎)

图 7-2-7 小麦纹枯病症状

7.2.4.2 发病特点

1)病害侵染循环 病菌以菌丝或菌核在土壤和病残体上越冬或越夏，播种后开始侵染为害。发病过程可分 5 个阶段，即冬前发病期、越冬期、横向扩展期、严重度增长期及枯白穗发生期。发病适温为 20 ℃左右。

①冬前发病期：小麦发芽后，接触土壤的叶鞘被纹枯菌侵染，症状见于土表处或略高于土面处，严重时病株率可达 50%。

②越冬期：外层病叶枯死后，病株率和病情指数降低，部分季前病株带菌越冬，成为翌春早期发病的重要侵染源。

③横向扩展期：2 月中下旬至 4 月上旬，气温升高，病菌在麦株间传播扩展，病株率迅速增加，此时病情指数多为 1 或 2。

④严重度增长期:4 月上旬至 5 月中上旬,随植株基部节间伸长,病原菌扩展,侵染茎秆,病情指数猛增。这时茎秆和节腔的病斑迅速扩大,分蘖枯死。

⑤枯白穗发生期:5 月中上旬以后,发病高度、病叶鞘位及受害茎数都趋于稳定,但发病重的因输导组织受害而迅速失水枯死,田间出现枯孕穗和白穗。

2)暴发流行因素

①影响春季病害发生程度的重要气象因素是温度,其次是雨量,再次是雨日。小麦拔节后,气温达到 10～15 ℃是病害盛发的重要标志。冬季偏暖、早春气温回升快、阴雨多、光照不足的年份发病重,反之则轻。

②冬小麦播种过早,秋苗期病菌侵染机会多,病害越冬基数高,返青后病势扩展快,发病重。适当晚播则发病轻。

③田间郁闭、湿度大、排水不畅等有利于病害发生。

④重化肥轻有机肥、重氮肥轻磷肥和钾肥的田块发病重。高沙田发病重于黏土田,黏土田发病重于盐碱田。

⑤水旱轮作、播种量过大、杂草猖獗的田块有利于纹枯病的发生和扩展。

7.2.4.3　防治技术

1)防治策略　目前尚无高抗纹枯病品种,但是选用当地丰产性能好、抗(耐)性强或轻感病的良种,在同样的条件下可降低病情指数。在种子处理的基础上,可加强重病田春季化学防治。

2)具体措施

①种子处理:推广种子包衣或药剂拌种。种子包衣可选用 60 g/L 戊唑醇悬浮种衣剂,每 100 kg 麦种需有效成分 3 g;拌种可选用 2%戊唑醇湿拌种剂或 5%戊唑醇悬浮拌种剂,每 100 kg麦种需有效成分 3 g。

②田间喷雾:对小麦拔节初期病株率达 20%的田块,应及时喷药,可选用 20%井冈霉素 SP、25%丙环唑 EC 或 10%井冈霉素・蜡质芽孢杆菌 SC,在上午有露水时喷雾(药液可流至麦株基部)。重病区首次喷雾后隔 1 周再补喷一次。

7.2.5　小麦散黑穗病

小麦散黑穗病是小麦最常见的病害,俗称黑疸、灰包等,分布于全国各小麦产地,一般发病率较轻(1%～5%),个别地区发生较重。

7.2.5.1　症状识别

小麦散黑穗病主要为害穗部,病株抽穗早,全穗变成松散的黑粉(图 7-2-8)。初期病穗外面包有一层灰白色薄膜,薄膜破裂后黑粉随风飞散,后期只留下一个空穗轴,有的病穗保留少数结实小穗(抗病品种)。个别情况下,叶片、叶鞘部也可产生小疱状、疣状或条纹状的孢子堆。

图 7-2-8　小麦散黑穗病症状

7.2.5.2 发病特点

1)病害侵染循环 小麦散黑穗病为典型的种传性花器侵染病害，一年只侵染一次。带菌种子是病害传播的唯一途径。

病菌以菌丝潜伏在种子胚内，不显症。当带菌种子萌发时，潜伏的菌丝也开始萌发，随小麦生长发育经生长点向上发展，侵入穗原基。孕穗时，菌丝体迅速发展，使麦穗变为黑粉。厚垣孢子随风落在扬花期的健穗上，落在湿润的柱头上，萌发产生先菌丝。先菌丝产生 4 个细胞，分别生出丝状结合管，异性结合后形成双核侵染丝，侵入子房，在珠被未硬化前进入胚珠，潜伏其中。种子成熟时，菌丝胞膜略加厚，在其中休眠，当年不表现症状，次年发病并侵入第二年的种子潜伏，完成侵染循环。即小麦扬花时，病菌的冬孢子随风传到健康穗上，侵入并潜伏在种子胚内，当年不表现症状。当带菌的种子萌发时，菌丝体随上胚轴向上生长直至侵染到穗部，产生大量冬孢子，形成黑穗。

产生厚垣孢子 24 h 后即能萌发，适宜温度范围为 5～35 ℃，最适温度范围为 20～25 ℃。厚垣孢子在田间仅能存活几周，没有越冬(或越夏)的可能性。

2)暴发流行因素

①当年病穗发生轻重与上年小麦扬花期雨水量密切相关，小麦花期多雾、细雨多和温度高均利于发病。小麦扬花期空气湿度大，常阴雨天利于孢子萌发侵入，翌年发病重。

②颖片开张大的品种较感病。

7.2.5.3 防治技术

①农业措施：选用抗病品种；建立无病留种田，抽穗前注意检查并及时拔除病株进行销毁，种子田远离大田小麦(300 m 以外)。

②种子处理：播种前用石灰水浸种。生石灰 1 kg 加清水 100 kg，浸麦种 60～70 kg(水要高出种子 10～15 cm)。浸种 2～4 天，摊开晾干后备播。

③药剂拌种：常用药剂有三唑酮、萎锈灵等。

7.2.6 小麦孢囊线虫病

小麦孢囊线虫病是由禾谷孢囊线虫引起的。小麦孢囊线虫主要为害小麦、大麦、高粱、玉米等作物及牧草，小麦受害严重田块减产 30%～70%。

7.2.6.1 症状识别

1)根部 小麦根尖生长受抑制，次生根多而短，严重时纠结成团，根生长得浅且显著减少；后期被寄生处根侧可见先白色发亮后变褐、发暗的孢囊(图7-2-9)，此为识别小麦孢囊线虫病的主要特征。仅雌虫成虫期可见孢囊。孢囊老熟后易脱落，往往被误诊为其他病害。

图 7-2-9 小麦孢囊线虫病的孢囊

2)地上部分 小麦幼苗矮化，分蘖减少，萎蔫，发黄，类似营养不良症状或缺肥症。发病初期，麦苗中下部叶片发黄，而后由下向上发展，叶片逐渐发黄，最后枯死。受害轻的植株在拔节期症状明显；受害重的植株在小麦 4 叶期即出现黄叶。灌浆期小麦群体常呈高矮相间的山丘状，成穗少且穗小、粒少，产量低。

7.2.6.2　发生特点

1)病害侵染循环　孢囊(越夏、越冬)遇适宜条件(10 ℃以上、土壤湿润)可孵化，卵孵的幼虫侵入冬小麦根部，以各发育虫态在根内越冬，显露孢囊(孕卵的雌成虫)，发育成熟(5 月底、6 月初)后脱落至土中，也可孵化并再次侵入寄主，造成苗期严重感染。

通常每一整季作物只完成 1 代。在华北麦区，完成 1 代需 3～4 个月。带有孢囊的土壤、农事活动是主要传播途径。

2)暴发流行因素

①孢囊内卵孵化的最适条件为土壤湿润、地温 10 ℃左右。如果中间不被干旱打断，孵化可继续到秋天。

②冬小麦晚播发病轻。

③连作麦田发病重。

④缺肥、干旱地较重。轻沙质土比黏土发病重。

7.2.6.3　防治技术

①加强植物检疫，防止此病扩散蔓延。

②与其他麦类及禾谷类作物隔年或 3 年轮作；冬麦区适当晚播。

③平衡施肥，提高植株抵抗力；施用土壤添加剂，控制根际微生态环境，使其不利于线虫生长和寄生。

④麦种倒入清水中迅速搅动，虫瘿上浮即捞出，可汰除 95％虫瘿。注意：整个操作争取在10 min内完成。

⑤使用 15％涕灭威 GR 于播前进行土壤处理，防效可达 88.24％。63 天后等量再施一次效果更好，实测产量损失率为 3.80％。也可在整地时撒施 0.5％阿维菌素 GR。生长期可用辛硫磷药液灌根。

7.2.7　小麦黄矮病

安徽省长江以北麦田发生较普遍。发病严重时小麦不能抽穗或不结实，对产量有一定影响。

7.2.7.1　症状识别

病株叶片由叶尖向叶身逐渐褪绿、变黄，形成黄绿相间条纹(图 7-2-10)，最后呈鲜黄色。少数品种叶片发病呈现紫红色。拔节孕穗期感病多先自剑叶发病，然后向下蔓延。早期感病植株矮化明显，后期感病植株仅剑叶发黄，不矮化。

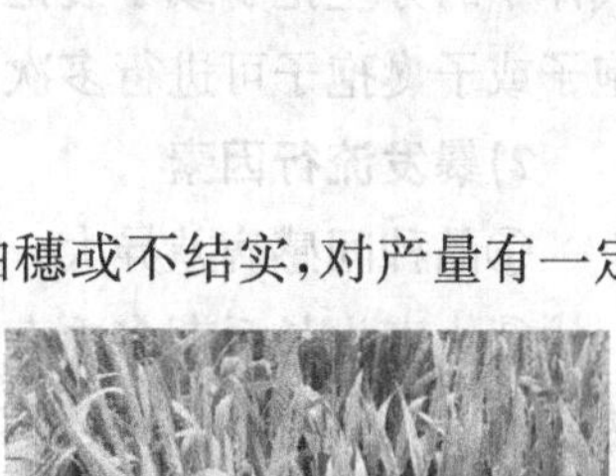

图 7-2-10　小麦黄矮病症状

7.2.7.2　发病特点

1)病害侵染循环　病毒靠蚜虫传播，传毒蚜虫主要有麦二叉蚜、麦长管蚜等。麦收前后，带毒蚜虫陆续迁移到自生麦苗、谷子、玉米等禾本科作物和杂草上传毒越夏，秋季麦苗出土后再迁回麦田繁殖为害。

2)暴发流行因素 毒源丰富、冬前蚜虫基数大、早春虫口密度高的田块发病重。

7.2.7.3 防治技术

①选用抗耐病品种,适时迟播,加强管理,增强植株抗病力。

②清除杂草,减少毒源。

③注意保护和利用自然天敌,防治麦蚜时应选用有选择性的农药。

7.2.8 小麦雪霉叶枯病

小麦雪霉叶枯病于安徽省麦区被发现以来呈逐渐加重的趋势。

7.2.8.1 症状识别

在安徽病区,病害主要在成株叶片和叶鞘上发生。叶片上典型病斑为椭圆形或半圆形大斑(图 7-2-11),呈浸润状,外部灰绿色,中部污褐色,其表面生有稀薄的红霉物(分生孢子),后期病斑上散生有小黑点(子囊壳)。发病叶鞘呈无明显边缘的灰白色或草黄色枯死,其上散生有小黑点。

图 7-2-11 小麦雪霉叶枯病症状

7.2.8.2 发病特点

1)病害侵染循环 小麦种子和田间病残体上的病菌为苗期的主要初侵染源。病组织及残体中的分生孢子或子囊孢子借风雨传播,直接侵入寄主或由伤口和气孔侵入寄主。分生孢子或子囊孢子可进行多次再侵染。

2)暴发流行因素

①品种间感病差异大。

②小麦生长后期多雨有利于病害流行。尽管多数小麦雪霉叶枯病菌在整个生育期均可为害小麦,但以抽穗后灌浆期(主要为害时期)发生较重。

③通风、透光性差的田块发病往往较重。

7.2.8.3 防治技术

(1)防治策略

小麦雪霉叶枯病的防治以农业防治和化学防治为主。

(2)具体措施

1)农业防治

①种植抗病品种。

②开沟排水,降低田间湿度。

③合理密植，确保通风、透光。

2)化学防治

①种子处理：使用三唑酮，按种量 3‰～5‰的比例拌种；对带菌种子可用 2.5%咯菌腈种衣剂按 1 ∶ 500(药 ∶ 种)包衣，或使用福美双拌种。

②大田防治：功能叶发病率为 1%时，可选用三唑酮或多菌灵，兑水后喷雾，可与赤霉病防治一并进行。第一次喷药后，根据病情发展，一般间隔 10～15 天再喷药一次。

7.3　棉花病害防治技术

棉花是我国重要的经济作物，种植面积约 300 万公顷，其中安徽省约为 70 万公顷。世界上有 120 多种棉花病害，中国有 40 多种，造成严重危害的有 10 多种。棉花病害每年造成的损失为 10%～20%，严重年份高达 50%，局部地区甚至绝收。

棉花病害可分为苗期病害、成株期病害、铃期病害和其他病害。除此之外，若按有无侵染性划分，棉花病害可分为棉花侵染性病害和棉花非侵染性病害。其中棉花非侵染性病害主要有棉花蕾铃脱落、生理性早衰、贪青晚熟、鸡爪病等。

7.3.1　棉花苗期病害

棉花苗期病害(棉苗病害)种类很多，大约 40 余种，广泛分布于世界各棉区，常造成严重损失。我国棉区分布很广，已发现的棉苗病害有 20 余种，但由于各地自然条件不同，病害种类和为害程度也存在差别。

苗期低温、多雨易发生棉苗病害。棉苗病害种类多，危害大。北方棉区过去以立枯病和炭疽病为主，红腐病发生也比较普遍。近年来，红腐病发生更加严重，已占第一位。

7.3.1.1　症状识别

棉苗病害的种类很多，主要分为两类：一类以引起烂种、烂芽、烂根和茎基腐为主，多数棉苗病害属于这类；另一类以为害幼苗叶片和茎为主，如炭疽病等。

1)棉苗立枯病　棉花播种后至出苗前被病菌感染，内部变褐、腐烂，即烂种。受害轻的种子虽能萌发，但幼苗为弱苗。幼芽被害呈黄褐色，不久便腐烂，即烂芽。幼苗出土后被病菌感染的幼苗在根部和近地面茎基部出现黄褐色长条形病斑，以后逐渐扩大并包围整个根茎部位，形成黑褐色环状缢缩(图 7-3-1)，病苗很快萎蔫、枯死，一般不倒伏，即烂根。有时病斑凹陷不明显，但上下扩展较快，产生长短不等的纵裂。拔出病苗，病部可见菌丝体和小土粒纠缠在一起。轻病株仅皮层受害，气温恢复后可恢复生长。子叶受害多产生不规则形黄褐色病斑，后期病斑干枯、脱落形成穿孔。

2)棉苗炭疽病　棉苗出土前感染可造成烂芽，出土后感染则在幼苗根茎部或茎基部产生褐色条纹，以后扩展成褐色、稍凹陷的梭形大斑，严重时纵裂、下陷，四周缢缩，幼苗最终枯死。子叶受害多在叶缘产生褐色半圆形或近圆形病斑，湿度大时可扩展到整个子叶。真叶被害初期出现小型黑色斑点，后扩展为圆形或不规则形暗褐色大斑(图 7-3-2)。叶柄受害可造成叶片早枯。幼茎基部发病多产生红褐色或褐色稍凹陷的病斑(图 7-3-2)。茎部被害多先从叶痕处发病,初为暗红色纵向条斑,后变为暗黑色圆形或长条形凹陷病斑。

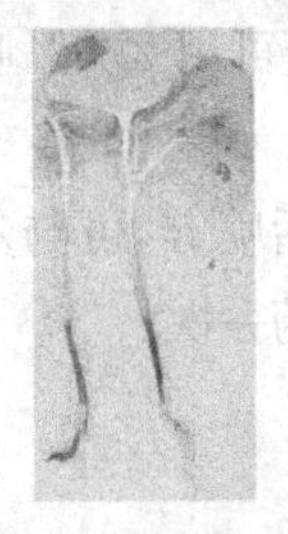

图 7-3-1 棉苗立枯病症状

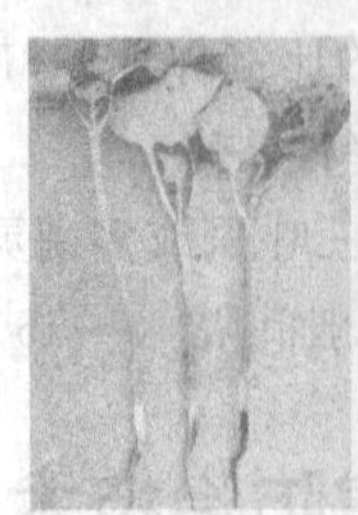

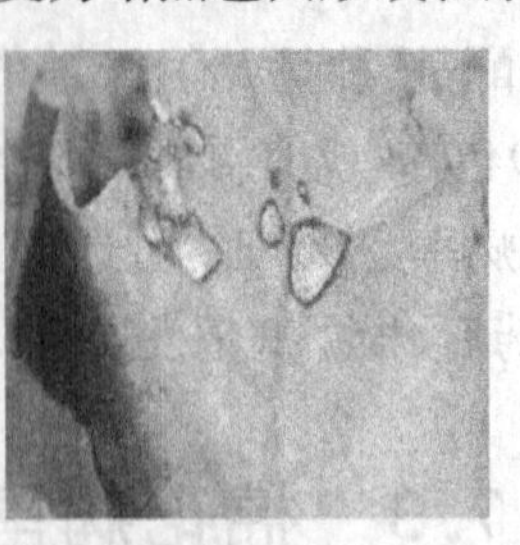

图 7-3-2 棉苗炭疽病症状

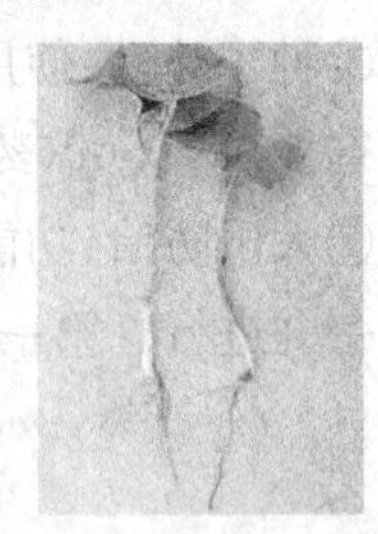

图 7-3-3 棉苗红腐病症状

3)棉苗红腐病 棉苗出土前感染也可造成烂籽和烂芽。出土后感病,病菌一般先侵入根尖,使根尖呈黄褐色,以后扩展到全根和茎基部,病部变褐、腐烂,病斑一般不凹陷。土面以下受害的嫩茎常略肥肿(图 7-3-3),俗称为“大脚苗”,后呈黑褐色干腐状,有时产生褐色纵向的条纹状病斑,有时侧根坏死形成肿胀的“光根”。子叶感病多在叶缘产生半圆形或不规则形褐斑。高湿条件下,病部可见粉红色霉状物。

7.3.1.2 发病特点

1)病害侵染循环

土传为主(立枯病、猝倒病):以菌丝、菌核、厚垣孢子在土壤、粪肥、病残体上越冬为主,可由耕作、流水等传播,直接侵入或由伤口侵入。

种传为主(炭疽病、黑斑病、红腐病):以菌丝、分生孢子等在种子、病残体上越冬为主,可由雨水、昆虫等传播,直接侵入或由伤口侵入。

①初侵染源:棉花苗期病害的初侵染源主要是土壤、病残体和种子。

棉苗立枯病:立枯丝核菌属土壤习居菌,能在土壤及病残体上存活 2~3 年。土壤及病残体是其主要侵染源。

棉苗炭疽病:炭疽病菌主要以分生孢子和菌丝体潜伏在种子内外越冬,病铃种子带菌率为30%~80%,棉种内部带菌率可达 2.1%,其分生孢子在棉子上可存活 1~3 年,故带菌种子是主要侵染源。病菌也可在病残体上存活。

棉苗红腐病:红腐病菌既能在土壤及其病残体上越冬,也可以分生孢子及菌丝体潜伏在种子内外越冬。棉子上红腐病菌的带菌率可高达 30%,种子内部带菌率可达 1.6%。

②传播:发病后,病部产生的分生孢子可随气流、雨水和昆虫传播,进行再侵染。立枯丝核菌可通过流水、耕作活动等传播。

③侵入:直接侵入或由伤口侵入。

④再侵染:多次。

2)暴发流行因素

①气候条件:棉花苗期病害的各类病原在高湿条件下迅速繁殖。低温条件不利于棉花幼根的生长发育。在春寒阴雨条件下,幼根生长缓慢,而病原菌侵染频繁,容易造成烂种、烂芽。

②种子品质:种子成熟度低或受潮霉变容易烂种、烂芽,不仅不利于出苗,而且出苗后也多为弱苗,容易感染。

③耕作栽培措施:连作棉田中病菌积累多,连作年数越长,发病越重。地势低洼、排水不良的棉田,土壤湿度高,地温低,透气性差,棉苗根系发育不好,易发病。整地或耕作粗放,硬块多或播种覆土过厚均影响棉苗出土,致使发病严重。过早播种,棉苗出土缓慢,易发病。

7.3.1.3　防治技术

(1)防治策略

应采取以栽培管理为基础,辅以种子处理和化学防治的策略。

(2)具体措施

1)棉花种子准备(选种晒种)

①留种时一定要选用饱满、发芽率高和发芽势强的良种。选用生活力强的种子会明显降低棉苗病害的发生率。

②播种前应晒种。

2)种子处理

①药剂拌种(浸种):由于引起棉苗病害的病原种类比较复杂,且不同地区病原种类有所不同,各地可根据情况选用五氯硝基苯、多菌灵、甲基立枯磷、甲基硫菌灵、拌种灵等药剂拌种,也可采用微生物菌剂拌种。拌种时的加水量一般不要太多,100 kg 种子用 2～3 kg 水将药剂稀释,喷拌即可。

②种子包衣:可采用种衣剂包衣。

③温汤浸种。

④硫酸脱绒。

3)加强栽培管理

①秋耕冬灌。秋耕时应并尽量深翻 25～30 cm,将表层病菌和病残体翻入土壤深层,使其腐烂分解,减少表层病原,利于出苗。冬灌还可避免春灌造成的土壤过湿、地温较低。播前耙地整地,使其达到"齐、平、松、碎、净、墒",可促使出苗整齐迅速,减少病菌侵染。做好田间卫生,及时剔除病死苗,可减少传染。

②适期播种。过早播种容易引起烂种、死苗,过晚播种不能发挥增产作用,所以适期早播非常重要。最佳播期取决于地温和终霜期。一般当平均气温稳定在 12 ℃时,可露地播种;当平均气温稳定在 10 ℃时,膜下 5 cm 地温达12 ℃,可铺膜播种。

③加强田间管理。出苗后应及早中耕松土,雨后注意中耕,破除板结,使土壤通气良好,提高地温,减轻发病。棉苗病害发生较重的条田应增加中耕次数;间苗时应剔除病苗和弱苗;重病田定苗时应增大留苗密度。低洼棉田应注意开沟排水,重病田应进行水旱轮作,或与禾本科作物轮作等。

4)化学防治　若苗期发病,可喷施福美双、多菌灵、代森锰锌或甲基硫菌灵等药剂,以控制病害扩展和蔓延。

7.3.2 棉花成株期病害

棉花枯萎病和棉花黄萎病是棉花成株期重要病害，分别于1934年和1935年传入中国。20世纪70～80年代初期，棉花枯萎病遍布全国各主要棉区，形成严重危害。20世纪80年代中期以后，随着大量抗病品种的推广，棉花枯萎病在我国南北棉区基本得到控制，但局部棉区发生仍然较重，特别是新疆棉区，常造成大片死亡。目前，棉花枯萎病仍是棉花生产中的一个重要问题。

20世纪80年代末，棉花黄萎病已遍及全国。进入90年代，棉花黄萎病扩展速度更快，1993年、1995年和1996年连续3年在全国范围内连续大发生。落叶型和急性萎蔫型黄萎病株易死亡，损失更重。目前，棉花黄萎病已成为我国棉花持续高产稳产的主要障碍。

7.3.2.1 症状识别

棉花枯萎病和棉花黄萎病均为系统侵染、全株发病，但二者症状不同，可以从发病时期、株型、叶片症状、维管束变色情况、病征等方面进行鉴别。

1)棉花枯萎病 整个生长期均可受害。出苗后即可被侵染发病，严重时造成大片死苗，现蕾期达到发病高峰。因生育阶段和气候条件不同，田间常表现如下几种不同症状。

①黄色网纹型(图7-3-4)：病苗子叶或真叶叶脉局部或全部褪绿、变黄，叶肉仍保持一定的绿色，使叶片呈黄色网纹状，最后干枯脱落。成株期也偶尔出现。

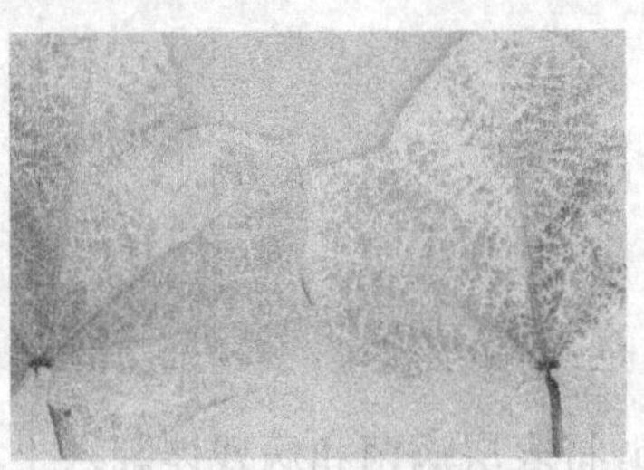

图7-3-4 棉花枯萎病黄色网纹型症状

图7-3-5 棉花枯萎病黄化型症状

②黄化型(图7-3-5)：病株多从叶尖或叶缘开始，局部或全部褪绿、变黄，随后逐渐变褐、枯死或脱落，苗期和成株期均可出现。

③紫红型：叶片变紫红色或出现紫红色斑块，以后逐渐萎蔫、枯死、脱落，苗期和成株期均可出现。

④凋萎型(图7-3-6)：叶片突然失水、褪色，植株叶片全部或先从一边自下而上萎蔫下垂，不久全株凋萎死亡。一般多在气候急剧变化、阴雨或灌水之后出现，是棉花生长期最常见的症状之一。有些高感品种感病后在生长中后期会自植株顶端出现枯死，出现所谓的“顶枯型”症状。

图7-3-6 棉花枯萎病凋萎型症状

⑤矮缩型(图7-3-7)：若早期发生的病株病程进展比较缓慢，则表现为节间缩短、植株矮化，顶叶常皱缩、畸形，一般并不枯死。矮缩型症状也是成株期常见的症状之一。

同一病株可表现一种症状类型，也可出现几种症状类型，苗期症状为黄色网纹型、黄化型、紫红型的病株若不死亡都有可能成为皱缩型病株。无论表现为哪种症状，病株根、茎维管束均变为黑褐色。

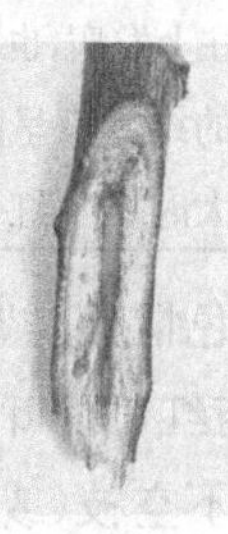

图 7-3-7　棉花枯萎病矮缩型症状

2）棉花黄萎病　棉花黄萎病一般在现蕾后发生，开花结铃期达高峰，其症状主要分为如下几种类型。

①普通型（图 7-3-8）：病株症状自下而上扩展。发病初期在叶缘和叶脉间出现不规则形淡黄色斑块，病斑逐渐扩大，从边缘至中心的颜色逐渐加深，而靠近主脉处仍保持绿色，呈褐色掌状斑驳，随后变色部位的叶缘和斑驳组织逐渐枯焦，呈花西瓜皮样。重病株叶片由下向上逐渐脱落，蕾铃稀少，后期常在茎基部或落叶的叶腋处长出细小新枝。开花结铃期，灌水或中量以上降雨之后，病株叶片主脉间有时产生水浸状褪绿斑块，较快变成黄褐色枯斑或青枯，出现急性失水萎蔫症状，但植株上枯死叶、蕾多悬挂，并不很快脱落。

②落叶型（图 7-3-9）：这种症状在长江流域和黄河流域棉区都有发现，危害十分严重，主要特点是顶叶向下卷曲、褪绿，叶片突然萎垂，呈水渍状，随即脱落成光秆，表现出急性萎蔫、落叶症状。叶、蕾甚至小铃在几天内可全部落光，最后植株枯死，对产量影响很大。

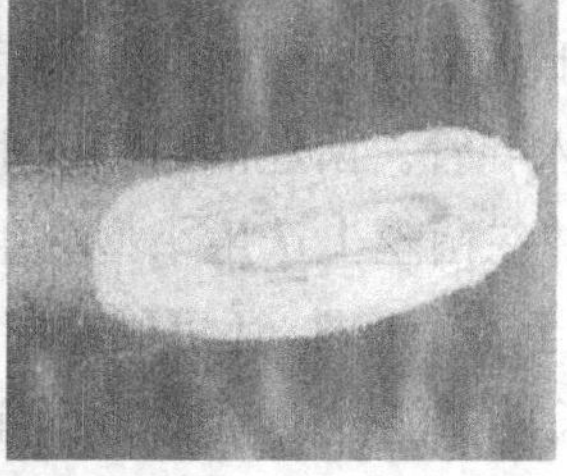

图 7-3-8　棉花黄萎病普通型症状及维管束变褐色

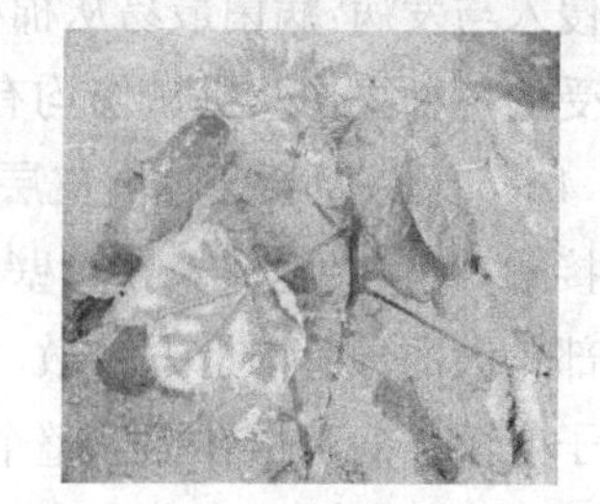

图 7-3-9　棉花黄萎病落叶型症状

上述不同症状的棉花黄萎病株，其根、茎维管束均变为褐色（图 7-3-8），但较棉花枯萎病变色浅。棉花枯萎病和棉花黄萎病的症状对比见表 7-3-1。棉田中有时会出现棉花枯萎病和棉花黄萎病混生的病株。

表 7-3-1　棉花枯萎病和棉花黄萎病的症状对比

项目	棉花枯萎病	棉花黄萎病
危害时期	苗期至成株期	主要发生在成株期
发病盛期	出苗期始发，现蕾期前后达高峰	现蕾期始发，开花结铃期达高峰
症状类型	叶脉可变黄，呈黄色网纹型、黄化型、紫红型、凋萎型、矮缩型	叶脉不变黄，呈普通型、落叶型

续表

项目	棉花枯萎病	棉花黄萎病
株型	株型改变,表现明显矮缩、枯死,丛生叶、小叶	株型一般正常,不产生严重矮化和早期死亡
发病特点	从下往上发病,也可沿顶端向下发展形成“顶枯症”	由下向上发病,不形成“顶枯症”
内部症状	病株的维管束呈黑褐色	病株的维管束呈褐色
病征	湿度大时产生红色霉状物	湿度大时产生白色霉状物

维管束变色情况是鉴定田间棉株是否发生枯萎病和黄萎病的最可靠方法,也是区分枯萎病、黄萎病与红(黄)叶枯病等生理性病害的重要标志。因此,怀疑为枯萎病、黄萎病时,可剖开茎秆或掰下空枝(或叶柄)检查维管束是否变色。

7.3.2.2 发病特点

1)病害侵染循环

①初侵染:病菌主要以菌丝体潜伏在棉籽的短绒、种壳和种子内部,或以菌丝体、分生孢子及厚垣孢子在病残体及土壤中越冬,成为来年的初侵染源。另外,带菌的棉籽饼、棉籽壳及未腐熟的土杂肥和无症状寄主也可成为初侵染源。采用热榨处理(72～80 ℃处理4～5 h)的棉籽饼不带菌,采用冷榨处理的带菌。棉花枯萎病菌通过猪、牛的消化道后并未丧失致病力,故用带菌的棉花病叶、病秆作饲料或用其制成未经高温发酵的土杂肥,仍可成为初侵染源。

②传播:种子带菌是病害远距离传播的主要途径。近距离传播则主要与农事操作有关,如耕地、灌水、大风及施用未经腐熟的土杂肥或未经热榨处理的带菌棉籽饼等均可造成病害近距离传播。

③侵入与发病:病菌最易从棉株根部伤口侵入,也可由根梢直接侵入。在自然情况下,根部所受的各种虫伤及机械伤均有利于病菌侵入。病菌侵入后,菌丝先在表皮细胞和皮层中扩展,4～5 天后便会穿过内皮层,进入导管。菌丝沿导管壁生长发育,菌丝细胞壁与导管壁紧密接触,产生吸胞伸入导管壁内,并在菌丝上产生小型分生孢子。病菌不仅能通过根、茎木质部较大的导管向上方扩散,分布至整个棉株,还可通过棉铃铃瓣及种皮内较小的维管束使种子带菌。病菌虽在棉株整个生长期都能侵染,但以现蕾前侵入为主。自然情况下,从侵入到显症一般需要 1 个月左右;在人工接种情况下,一般 15～20 天即可发病。

④再侵染:枯萎病虽有再侵染,但以初侵染为主。北方及长江流域棉区,逢秋季多雨,重病株枯死后,病秆及节部都可产生大量分生孢子进行再侵染。当年受再侵染的病株外部没有症状,仅导管变色。

2)暴发流行因素

①不同品种棉花对棉花枯萎病的抗病性有明显差异,以亚洲棉抗病性最强,陆地棉次之,海岛棉较弱。陆地棉各品种的抗病性也有明显差异。不同品种棉花对棉花黄萎病的抗病性也有明显差异,以海岛棉抗病性最强,陆地棉次之,亚洲棉较弱。

②土壤中菌源量大是棉花黄萎病流行的先决条件。连年种植棉花或与其寄主作物轮种,可使土壤含菌量逐年增加,发病日趋严重。

③适宜的气候条件是棉花黄萎病流行的重要因素。温度在 25 ℃左右、相对湿度为 80%以上时发病严重。温度低于 22 ℃、高于30 ℃时发病缓慢，超过 35 ℃即可发生隐症。我国南、北棉区夏季高温对病害有明显的抑制作用，所以多出现 2 次发病高峰：北方棉区一般在现蕾初期开始发病，即播种后 40 天出现症状，6 月下旬至 7 月中旬出现第一次发病高峰，随后因夏季高温使病害发展受抑制，甚至出现隐症，8 月后随气温降低出现第二次发病高峰。南方棉区发病时期比北方棉区早，高温对病害所造成的抑制时间和隐症时间也偏长，第二次发病高峰表现得更明显。

7.3.2.3　防治技术

1)防治策略　棉花枯萎病和棉花黄萎病属系统侵染的维管束病害，至今尚缺乏有效药剂，一旦发生，难以根除，必须采取以种植抗病品种和加强栽培管理为主的综合防治措施。注意保护无病区，消灭零星病区，控制轻病区，改造重病区。

2)具体措施

①保护无病区：目前我国无病区面积仍然较大，因此应控制病区棉种向无病区大引大调。必须引种时，应消毒处理(用多菌灵药液在常温下浸泡棉籽 14 h)，经过 2～3 年试种、鉴定和繁殖，再大面积推广。同时要严防随调种将致病力更强的菌株引到新区。要建立无病留种田，选留无病棉种。

②种植抗病品种：种植抗病品种是防治棉花枯萎病最经济、有效的措施。如中棉所 24 号、27 号、35 号、36 号、豫棉 19 号以及新疆地区培育的新陆早 9 号、10 号等，对控制棉花枯萎病的发生有重要作用。

③轮作倒茬：在重病田采取玉米、小麦、大麦、高粱、油菜等与棉花轮作 3～4 年，对减轻病害有明显作用，稻棉水旱轮作或苜蓿与棉花轮作以及种植绿肥等效果更佳。

④加强栽培管理：棉田增施底肥和磷肥、钾肥，适期播种，合理密植，及时定苗，拔除病苗，在棉苗具 2～3 片真叶时喷施 1%尿素溶液有利于棉苗生长发育，可提高抗病力。在病田定苗、整枝时及时清除病株(田外深埋)，使用热榨处理的棉籽饼和无菌土杂肥，均具有减轻发病的作用。在棉花育苗移栽地区用无病土育苗可明显减轻棉花枯萎病的危害。

⑤化学防治：常用药剂有乙蒜素、多菌灵、甲哌鎓、黄腐酸盐等。

7.3.3　棉花铃期病害

我国棉花铃期病害(棉铃病害)发生也比较普遍，流行年份产量损失可达 20%。在我国，棉铃病害有 40 余种，常见的有 10 余种，主要有棉铃疫病、炭疽病、红腐病和红粉病等，黄河流域棉区以棉铃疫病、红腐病、炭疽病为主。棉铃病害常年发病率为 10%～30%，严重田块达 40%，不仅造成严重减产，还使纤维品质变坏，衣分下降，种子品质变劣，给棉花生产带来较大损失。

7.3.3.1　症状识别

1)棉铃疫病　主要为害棉株下部的大铃。病菌多从棉铃基部、铃缝和铃尖侵入，产生暗绿色水渍状小斑，不断扩散，使全铃变青褐色至黄褐色，3～5 天整个铃面呈青绿色或黑褐色

(图 7-3-10),一般不发生软腐。湿度大时,铃面生出一层稀薄的白色至黄白色霉层,即病菌的孢子囊和孢囊梗。

2)棉铃炭疽病 棉铃被害后,铃面初生暗红色小点,以后逐渐扩大并凹陷成边缘为暗红色的黑褐色斑(图 7-3-11)。湿度大时,病斑上生橘红色或红褐色黏质物,即病菌的分生孢子盘,严重时可扩展到铃面一半,甚至全铃腐烂,形成黑色僵瓣。

3)棉铃红腐病 病菌多从铃尖、铃面裂缝或青铃基部易积水处侵入,发病后初呈墨绿色水渍状小斑,迅速扩大后可波及全铃,使全铃变黑、腐烂(图 7-3-12)。湿度大时,铃面和纤维上产生白色至粉红色的霉层(大量分生孢子聚积而成)。重病铃不能开裂,形成僵瓣。

图 7-3-10 棉铃疫病症状

图 7-3-11 棉铃炭疽病症状

图 7-3-12 棉铃红腐病症状

4)棉铃红粉病 在不同大小的棉铃上都可发生,病菌多从铃面裂缝处侵入,发病后先在病部产生深绿色斑点,7~8 天后产生粉红色霉层,后随病部不断扩展,可使铃面局部或全部布满粉红色厚而紧密的霉层(图 7-3-13),湿度大时腐烂,棉铃内纤维上也产生许多淡红色粉状物。病铃不能开裂,常干枯后脱落。

5)棉铃黑果病 棉铃被害后僵硬、变黑,铃壳表面密生突起的黑色小点,后期表面布满煤粉状物(图 7-3-14),病铃内的纤维也变黑、僵硬。

图 7-3-13 棉铃红粉病症状

图 7-3-14 棉铃黑果病症状

7.3.3.2 发病特点

1)病害侵染循环 病菌随烂铃组织等病残体越冬或在土壤中腐生越冬,病菌产生的卵孢子、厚垣孢子、分生孢子、孢子囊和菌丝体等成为翌年的初侵染源。苗期初侵染源还可以是附着在种子短绒上的分生孢子和潜伏于种子内部的菌丝体。病菌在棉花生长季节营腐生生活。病菌在铃壳中可存活 3 年以上,且有较强的耐水能力,可随流水传播,多雨天会加重病情。铃期分生孢子或菌丝体等借风、雨水、灌溉水以及昆虫等媒介传播到棉铃上,从伤口侵入造成烂铃,使种子内外均带菌,形成新的侵染循环。

2)暴发流行因素

①气候条件:影响最大。8 月至 9 月温度偏低、日照少、雨量大、雨日多,有利于棉铃病害发生。通常情况下,平均气温为 25～30 ℃、相对湿度为 85%以上时,铃病易流行。特别是铃期骤然降温、阴雨连绵的天气造成积水以及台风侵袭的情况,对棉铃病害的发生更为有利。

②铃期与结铃部位:铃期与棉铃病害的发生也有一定关系。炭疽病菌较易侵染 25～30 天以上的棉铃,25 天以内的幼铃受害较少,吐絮前 10～15 天的棉铃最易受害。疫霉菌多侵染棉株下部的大铃。

③栽培措施:迟栽晚发,后期过量施用氮肥或氮肥施用过迟,导致中后期棉花徒长,棉田荫蔽,通风透光不良,田间湿度增大,有利于多种棉铃病害的发生。氮肥、磷肥、钾肥配合适当的棉田,棉株生长健壮,发病率较低。生长旺盛、果枝密集的棉田易发病。采取浅水沟灌的棉田发病较轻,大水漫灌的棉田和地下水位较高、排水不良的棉田发病较重。多年连作也有利于棉铃病害的发生。

④果枝节位低、短果枝、早熟品种受害重。

⑤虫害:虫害严重(可造成大量伤口)的棉田棉铃病害较重。棉铃虫、红铃虫、金刚钻等钻蛀性害虫为害棉铃造成的蛀孔能诱发多种棉铃病害,棉蚜等刺吸式口器害虫造成的伤口也能导致病菌入侵,加重棉铃病害。

7.3.3.3　防治技术

(1)防治策略

采取以农业防治为基础的综合防治措施。

(2)具体措施

1)加强栽培管理

①合理施肥和灌水:应掌握施足基肥,早施、轻施苗肥,重施花铃肥的原则,同时配合施用氮肥、磷肥、钾肥,使棉株生长稳健,不徒长,不早衰,确保通风透光良好,采取浅水沟灌(忌大水漫灌),地下水位高的棉田要注意排水。

②及时打顶、整枝、摘叶:生长过旺的棉田打顶时要剪除空枝、老叶,同时结合打边心、推株并拢等措施,使棉田通风透光。巧用生长调节剂可以调节棉株生长,减轻烂铃危害。

③及时采摘烂铃:棉铃病害发生后,应及时采摘烂铃,并将其带出田外集中处理,以减少再侵染源。

④合理密植:各地都要根据本地实际情况确定合适的种植密度,以防棉株徒长、棉田荫蔽,诱发棉铃病害。

⑤轮作:也有减轻铃病发生的作用。

⑥种植抗病品种:一般具有窄卷包叶、小苞叶或无苞叶、无蜜腺(没有花外蜜腺)以及早熟性好的品种,棉铃病害发生较轻。

2)化学防治　棉铃病害发生初期应及时防治。根据具体病害种类,可选用波尔多液、代森锰锌、多菌灵、福美双、三乙膦酸铝、甲霜灵等药剂。另外,要加强对棉铃虫、红铃虫、棉花红蜘蛛和金刚钻等害虫的防治。减轻这些害虫的危害可以达到治虫防病的目的。

7.4 玉米病害防治技术

已知全世界玉米病害约有100多种，中国已报道30多种，其中发生普遍、为害严重的病害有大斑病、小斑病、丝黑穗病、茎腐病、黑粉病、灰斑病、弯孢菌叶斑病、粗缩病和矮花叶病等。发生不很普遍，但在个别地区、有的年份或某些品种上发生较重的病害有纹枯病、圆斑病、全蚀病、穗腐病。玉米褐斑病、南方锈病、炭疽病、细菌性枯萎病国内尚未发现，是我国重要的检疫对象；干枯病和霜霉病在局部地区发生并有扩展趋势，也属于检疫对象。此外，缺锌等生理性病害也是生产中普遍存在的问题。

随着栽培品种布局的改变以及耕作制度和措施的变革，玉米病害种类及在生产上的重要性也在不断发生变化。随着杂交玉米的推广，连作重茬地不断增多，大斑病和丝黑穗病在春玉米区较严重，小斑病在夏玉米区较严重。然而，随着抗大斑病、小斑病和丝黑穗病品种的选育推广，原来生产中的一些次要病害(如玉米茎腐病)在全国各玉米区迅速蔓延，很快跃升为玉米主要病害。除此之外，大斑病菌2号和3号小种以及小斑病菌C小种的出现和流行，给玉米生产带来新的威胁

7.4.1 玉米大斑病和小斑病

玉米大斑病主要分布于相对较凉爽的地区，近年来由于病菌新小种的出现及某些感病品种的大量种植，大斑病又在全国玉米生产区重新抬头。玉米小斑病又称玉米斑点病、玉米南方叶枯病。随着感病自交系的引进及感病杂交种的大面积种植，小斑病已成为玉米生产中的重要叶部病害。

7.4.1.1 症状识别

1)玉米大斑病 主要为害叶片，也可为害叶鞘、苞叶、果穗和籽粒。发病时，玉米叶片上可出现萎蔫斑和褪绿斑，如图7-4-1所示。

①萎蔫斑：发病初期为椭圆形、黄色或青灰色水浸状小斑点，后沿叶脉扩展，形成长梭形、大小不等的萎蔫斑。当田间湿度大时，病斑表面密生一层灰黑色霉状物。

②褪绿斑：发病初期为小斑点，后沿叶脉延长并扩大呈长梭形，后期病斑中央出现褐色坏死部，周围有较宽的褪绿晕圈，坏死部位很少产生霉状物。

图7-4-1 玉米大斑病症状

2)玉米小斑病 主要为害叶片，严重时也可为害叶鞘、苞叶、果穗甚至籽粒。

玉米小斑病的病斑有以下3种常见类型(图7-4-2):第一种病斑呈椭圆形或长椭圆形,黄褐色,有较明显的紫褐色或深褐色边缘,病斑扩展受叶脉限制。第二种病斑呈椭圆形或纺锤形,灰色或黄色,无明显的深色边缘,病斑扩展不受叶脉限制。第三种病斑为坏死小斑点,呈黄褐色,周围具黄褐色晕圈,病斑一般不扩展。其中,前两种为感病型病斑,后一种为抗病型病斑。

7.4.1.2 发病特点

1)病害侵染循环 以玉米小斑病(图7-4-3)为例,其主要以菌丝体在病残体上(病叶为主)越冬,分生孢子也可越冬,但存活率低。玉米小斑病的初侵染菌源主要是上年收获后遗落在田间或玉米秸秆堆中的病残体,其次是带病种子(从外地引种时,有可能引入致病力强的小种)。玉米生长季节内,遇到适宜温度、湿度,越冬菌源可产生分生孢子,传播到玉米植株上,在叶面有水膜的条件下萌发,侵入寄主;遇到适宜发病的温度、湿度条件,经5～7天即可重新产生新的分生孢子进行再侵染。这样多次反复再侵染即可造成病害流行。在田间,植株由下部叶片发病,向周围植株传播扩散(水平扩展),病株达一定数量后,向植株上部叶片扩展(垂直扩展)。

图7-4-2 玉米小斑病症状

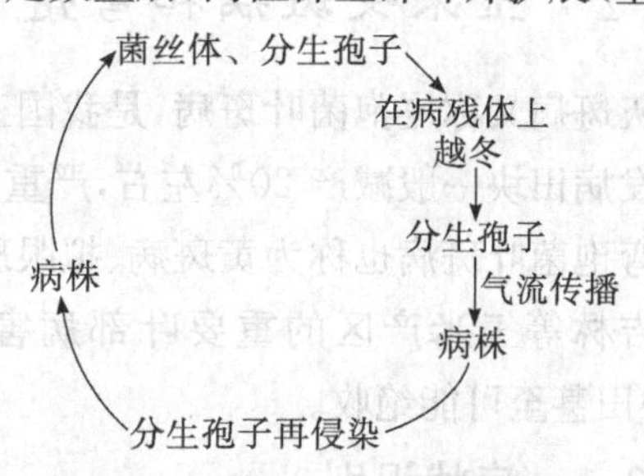

图7-4-3 玉米小斑病侵染循环

2)暴发流行因素

①玉米大斑病、小斑病菌丝生长最适温度为28 ℃,分生孢子形成的适宜温度为23～25 ℃,分生孢子萌发的适宜温度为26～32 ℃。分生孢子形成和萌发都需要较高的湿度。因此,高温、高湿、时晴时雨是大斑病、小斑病最适合的发病条件。

②玉米连作地发病重,轮作地发病轻;肥沃地发病轻,瘠薄地发病重;追肥发病轻,不追肥发病重;间作套种的玉米比单作的发病轻;远离村边和秸秆垛发病轻;晚播比早播发病重;育苗移栽玉米比同期直播玉米发病轻;密植玉米比稀植玉米发病重。

7.4.1.3 防治技术

(1)防治策略

以推广和利用抗病品种为主,加强栽培管理,及时辅以必要的化学防治措施。

(2)具体措施

1)选种抗、耐病品种 目前尚未发现对大斑病、小斑病具有免疫的玉米品种,但不同玉米品种对大斑病菌的抗性有明显差异,种植感病品种是病害大流行的主要原因。因此,抗病品种应合理布局,定期轮换,防止强毒力小种出现。

目前,我国各地推广的抗大斑病的自交系、杂交种或品种差别较大,主要有自交系Mo17330、E28、黄早四等,掖单系列品种(如掖单13等),登海系列品种,吉单101、111,中单2,郑单2,吉713,四单12、16,掖107,沈试29等。我国推广的抗小斑病品种主要有丹玉13、中单 2、豫玉 11 号、烟单 14 和掖单 4 等。

2)改进栽培技术,减少菌源

①适期早播,育苗移栽。

②玉米大斑病菌、小斑病菌属于弱寄生菌,植株从营养生长过渡到生殖生长时最易受到病菌的侵染,因此增施基肥可提高寄主的抗病能力。具体措施包括施足基肥,适时追肥,氮肥、磷肥、钾肥合理配合。

③在病残体中越冬的病菌是第二年的初侵染源,因此,合理间作,搞好田间卫生,及时清除病株(叶)效果较好。

3)化学防治 尽管使用化学药剂防治玉米大斑病、小斑病在生产上较难推广,但在发病初期及极端情况下仍不失为一种补救措施。目前,防治大斑病、小斑病的药剂有苯醚甲环唑、代森锰锌、氢氧化铜、异菌脲、菌核净、多菌灵、百菌清、三唑酮、氟硅唑、烯唑醇等。

7.4.2 玉米灰斑病和弯孢菌叶斑病

玉米灰斑病又称尾孢菌叶斑病,是我国玉米产区继玉米大斑病、小斑病之后新的重要叶部病害。发病田块一般减产 20%左右,严重的减产 30%~50%。

玉米弯孢菌叶斑病也称为黄斑病、拟眼斑病、黑霉病,是河南、河北、山东、山西、北京、天津、辽宁、吉林等玉米产区的重要叶部病害。发病后一般减产 20%~30%,严重的减产 50%,制种田甚至可能绝收。

7.4.2.1 症状识别

1)玉米灰斑病 主要为害叶片。初期在叶面上形成无明显边缘的椭圆形、矩圆形灰色至淡褐色斑点,病斑多限于平行叶脉之间,以后逐渐扩展为浅褐色条纹或不规则的灰色至褐色长条斑,大小为(4~20) mm×(2~5) mm,条斑与叶脉平行延伸(图 7-4-4),有时病斑愈合连片使叶片枯死。湿度大时,叶片两面均可产生灰色霉层,即病菌分生孢子梗和分生孢子。

2)玉米弯孢菌叶斑病 主要为害玉米叶片。初期形成水浸状或淡黄色半透明小斑点,之后逐渐扩展为圆形、椭圆形、梭形或长条形褪绿透明斑,中间枯白色至黄褐色,边缘暗褐色,四周有浅黄色半透明晕圈(图7-4-5),有时多个斑点可沿叶脉纵向汇合形成大斑,甚至整叶枯死。潮湿条件下,病斑正反两面均可产生灰黑色霉状物。

图 7-4-4 玉米灰斑病症状

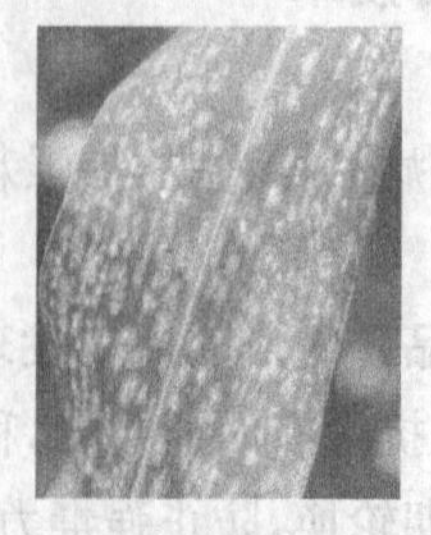

图 7-4-5 玉米弯孢菌叶斑病症状

7.4.2.2　发病特点

1)病害侵染循环

①玉米灰斑病:玉米灰斑病属于气传病害。病菌主要以子座或菌丝随病残体越冬,成为翌年初侵染源。以后病斑上产生分生孢子进行重复侵染,不断扩展蔓延。

②玉米弯孢菌叶斑病:病菌以菌丝潜伏于病残体组织中越冬,也能以分生孢子越冬,遗落于田间的病叶和秸秆是主要的初侵染源。

2)暴发流行因素

①玉米弯孢菌生长最适温度为 28～32 ℃,对 pH 适应范围广,其分生孢子最适萌发温度为30～32 ℃,最适湿度为饱和湿度,相对湿度低于 90%时很少萌发或不萌发。因此,高温、高湿条件利于病害流行。

②玉米弯孢菌叶斑病属于成株期病害,植株抗病性随着生长而递减,苗期抗性较强,1～3 叶期很易感病。在华北地区,该病的发病高峰期是 8 月中下旬至 9 月上旬(玉米抽雄后)。

③玉米弯孢菌叶斑病早播发病轻,晚播发病重,而灰斑病早播发病重,晚播发病轻;岗地发病轻,平地和洼地发病重,壤土发病轻,沙土和黏土发病重。

④连续多年大面积种植感病品种是这两种病害严重流行的重要因素。

7.4.2.3　防治技术

1)防治策略　以选用抗病品种和健身栽培为主,辅以化学防治。

2)具体措施

①选用抗病品种:抗玉米弯孢菌叶斑病的品种有 7922、吉 853、获唐白 42、沈 135、沈 138 等。抗玉米灰斑病的自交系有 330、掖 107、78599、78641 等。

②加强栽培管理:及时清除病残体;适期播种,施足基肥,增施有机肥,氮肥、磷肥、钾肥配合施用,及时追施氮肥;合理密植,间作套种。

③化学防治:可喷施烯唑醇或三唑醇药液。配药时可适当加入叶面肥,促使玉米健壮生长,增强抵抗能力。其他常用药剂有多菌灵、甲基硫菌灵、氟硅唑、代森锰锌、福美双·福美锌、百菌清、苯醚甲环唑等。

7.4.3　玉米黑粉病和丝黑穗病

玉米黑粉病又称玉米瘤黑粉病,是玉米上的重要病害之一,一般北方比南方、山区比平原发生普遍而严重。减产程度因发病时期、病瘤大小及发病部位而异,发生早、病瘤大、病瘤在植株中部及果穗发病时减产程度较大。近年来,该病在北方的某些杂交种上发生严重,减产高达 15%。

玉米丝黑穗病是玉米产区的重要穗部病害,国内外的玉米产区几乎均有发生,我国以东北、西北、华北和南方冷凉山区的连作玉米田块发病较重。

7.4.3.1　症状识别

1)玉米黑粉病　局部侵染性病害,玉米全生育期地上部分的幼嫩组织均可受害。一般苗期发病较少,抽雄后迅速增加。不同部位病瘤有一定差异。叶片受害常出现成串排列的病瘤，外膜破裂后散出黑褐色粉(冬孢子)，严重时全穗形成大的病瘤(图7-4-6)。

2)玉米丝黑穗病 系统性侵染病害，只侵害雌穗和雄穗。病苗矮化，节间缩短，叶片密集，叶色浓绿，株形弯曲，第5叶以上开始出现与叶脉平行的黄条斑。但大多数品种或自交系苗期症状并不明显，到穗期才出现典型症状，颖片增长呈叶片状，不能形成雄蕊。病穗小花基部膨大形成菌瘿，不能吐花丝，外包白膜，除苞叶外整个果穗变成一个大黑粉苞(图7-4-7)。苞叶通常不易破裂，黑粉不外漏，后期有些苞叶破裂后散出黑粉(冬孢子)。黑粉一般黏结成块，不易飞散，内部夹杂丝状寄主维管束组织。丝状物在黑粉飞散后才显露。

图7-4-6 玉米黑粉病症状

图7-4-7 玉米丝黑穗病症状

7.4.3.2 发病特点

1)病害侵染循环

①玉米黑粉病：黑粉病的病原菌主要以冬孢子在土壤中或病株残体上越冬，成为翌年的侵染菌源。混杂在未腐熟堆肥中的冬孢子和种子表面的冬孢子也可以越冬传病。越冬后的冬孢子在适宜的温度、湿度条件下可萌发产生担孢子，不同性别的担孢子结合可产生双核侵染菌丝，从幼嫩组织直接侵入玉米，或从伤口侵入玉米。生长早期形成的肿瘤可产生冬孢子和担孢子进行再侵染，从而成为后期发病的菌源。黑粉病菌的冬孢子、担孢子可随气流和雨水分散传播，也可以被昆虫携带而传播。

玉米黑粉病是一种局部侵染的病害，在苗期能引起相邻几节的节间和叶片发病。病原菌在玉米体内虽能扩展，但通常扩展距离不远。

②玉米丝黑穗病：玉米丝黑穗病病菌以散落在土中、混入粪肥或黏附在种子表面的冬孢子越冬，成为翌年的初侵染源，其中土壤带菌在侵染循环中最为重要。冬孢子在土壤中能存活2～3年，结块的冬孢子比分散的存活时间长。种子带菌是远距离传播的重要途径，但田间传病作用明显弱于土壤和粪肥。玉米3叶期以前是病菌的主要侵染时期，7叶期后病菌不再侵染玉米。

2)暴发流行因素

①目前尚未发现免疫品种。不同品种的抗病性存在差异，自交系间的差异更为显著。一般杂交种较抗病，硬粒玉米抗病性较强，马齿型玉米次之，甜玉米较感病。果穗的苞叶厚长而紧密的较抗病。早熟品种比晚熟品种发病轻。耐旱品种比不耐旱品种抗病力强。

②多年连作或秸秆还田，田间会积累大量冬孢子，发病严重。在干旱少雨地区、缺乏有机质的沙性土壤中，残留在田间的冬孢子易保存其生活力，来年的初侵染源量大，所以发病常较重。

③在高温、潮湿、多雨地区,土壤中的冬孢子易萌发后死亡,所以发病较轻。在低温、干旱、少雨地区,土壤中的冬孢子存活率高,发病严重。玉米抽雄前后对水分特别敏感,此期间最易感病。如此时遇干旱,则抗病力下降,极易感染黑粉病。前期干旱,后期多雨,或旱湿交替出现,都会延长玉米的感病期,有利于病害发生。此外,暴风雨、冰雹、人工作业及螟害均可造成大量伤口,均有利于病害发生。

7.4.3.3　防治技术

(1)防治策略

采取以种子处理为主,种植抗病品种,及时消灭菌源的综合防治措施。

(2)具体措施

1)种植抗病品种　利用抗病品种是防治玉米黑粉病和玉米丝黑穗病的根本措施。目前,农大60、科单102、嫩单3号、辽原1号和海玉8号等均为抗黑粉病品种,其中海玉8号为高抗品种。农家品种中野鸡红、小青棵、金顶子等也较抗病。目前鉴定出的高抗丝黑穗病自交系有辽1311、Mo17、吉63等,杂交种有丹玉13、中单2号、中单4号、吉单101、辽单16、辽单18等。

2)杜绝和减少初侵染源

①禁止从病区调运种子。

②秸秆用作肥料时要进行高温堆肥以充分腐熟,杜绝生肥下地;厩肥要认真调配,合理堆放,高温发酵,杀死病菌后再用,以切断病菌传播途径。

③选不带菌的田块或经土壤消毒后育苗,玉米苗育至3～4叶后再移栽至大田,可有效避免丝黑穗病菌的侵染,防治效果明显。

④玉米生长期做好田间管理,彻底清除田间病残体,及时拔除发病幼苗,及早拔除病株、割除病瘤(变色前),并带到田外处理,都能减少土壤中越冬病菌的数量。忌散放病株或喂养牲畜、垫圈。

⑤合理轮作是减少田间菌源、减轻发病的有效措施。重病田实行2～3年的轮作配合种植高抗品种,可有效控制丝黑穗病的发生和危害。

3)加强栽培管理

①调整播期:要求播种时气温稳定在12 ℃以上。地膜覆盖虽可提早播种,但也不可盲目早播。

②提高播种质量:整地保墒,根据土壤墒情适当浅播,点水播种或趁墒抢种。灌溉要及时,特别是抽雄前后要保证水分供应充足。

③合理密植,避免偏施、过施氮肥,适时增施磷肥、钾肥。

④及时防治玉米螟,尽量减少耕作时的机械损伤。

4)种子处理　玉米黑粉病和玉米丝黑穗病主要的传染途径有种子、土壤和肥料。从种子萌芽到5叶期,主要是土壤中的病菌侵染幼芽和幼根,5叶后期则是肥料等外界因素导致发病。因此,在选择抗病良种的前提下,播前要晒种,精选籽粒饱满、品种纯正、发芽率高、发芽势强的种子,再用药剂进行种子处理。播种时必须提前对种子进行包衣处理,选用的种衣剂必须是具有强内吸性、较长残效期的。

包衣剂及用法：用有效成分占种子量0.07%的三唑酮拌种；50%矮壮素AS稀释至200倍，浸种12 h，或再加多菌灵、甲基硫菌灵拌种（50%多菌灵WP按种子量的0.3%～0.7%拌种，50%甲基硫菌灵WP按种子量的0.5%～0.7%拌种）；也可用五氯硝基苯处理土壤，用吡虫啉、戊唑醇拌种。

7.4.4 玉米茎腐病

玉米茎腐病又称茎基腐病或青枯病，属于世界性病害。由于20世纪60年代后我国主推的自交系和杂交种对茎腐病多数抗性不强，因此玉米茎腐病很快成为玉米上亟待解决的重要病害问题。目前，我国各玉米产区均有发生，一般年份发病率为10%～20%，严重年份达30%，严重者甚至绝收。

7.4.4.1 症状识别

根据玉米茎腐病的病原，可将该病分为多类，其中最重要的一类是真菌型茎腐病。

1)玉米真菌型茎腐病 真菌型茎腐病是由多种病原菌单独或共同侵染造成根系和茎基腐烂的一类病害的总称，主要由腐霉菌、镰刀菌、炭疽菌、炭腐菌等病原菌引起。其中腐霉菌生长的适宜温度为23～25 ℃，镰刀菌生长的适宜温度为25～26 ℃，在土壤中腐霉菌生长要求的湿度条件较镰刀菌高。炭腐菌在干旱季节和地区发生严重。玉米茎腐病的发生与其他叶部病害的发生关系很大，如锈病重，茎腐也严重。产量高、管理好的玉米地，镰刀菌引起的茎腐在玉米生长后期会比较普遍。

因病原菌不同，玉米植株上表现的症状也有所不同。我国玉米茎腐病的症状主要表现为由腐霉菌和镰刀菌引起的青枯(图7-4-8)和黄枯2种类型。

玉米青枯型茎腐病在玉米灌浆期开始发病，乳熟后期至蜡熟期为发病高峰期。从始见青枯病叶到全株枯萎，一般需要5～7天，发病快的仅需1～3天，长的可持续15天以上。乳熟后期常突然成片萎蔫、死亡，因枯死植株呈青绿色，故称青枯病。玉米青枯型茎腐病先从根部发病，最初病菌在毛根上产生水渍状淡褐色病变，后逐渐扩大至次生根，直到整个根系呈褐色腐烂，最后变空心，根皮层易剥离、松脱，须根和根毛减少，整个根部易拔出。随后逐渐向茎基部扩展蔓延，茎基部1～2节处开始出现水渍状梭形或长椭圆形病斑，很快变软下陷，内部空松，一掐即瘪，手感明显。节间变淡褐色，果穗苞叶青干，穗柄柔韧，果穗下垂，不易掰离，穗轴柔软，籽粒干瘪，脱粒困难。病部有粉白色或粉红色霉层。

图7-4-8 玉米青枯型茎腐病症状

图7-4-9 玉米细菌型茎腐病症状

2)玉米细菌型茎腐病 主要为害中部叶茎和叶鞘。玉米10片叶时,叶梢上出现水渍状腐烂,病组织开始软化,散发臭味。叶鞘上病斑呈不规则形,边缘浅红褐色,病健组织交界处水渍状尤为明显(图7-4-9)。湿度大时,病斑向上、下迅速扩展。严重者发病3～4天后病部以上倒折,溢出黄褐色腐臭菌液。

以上2种茎腐病常混合发生,区分二者的关键是看病组织有无腐臭菌液。若有腐臭菌液,则为细菌型茎腐病;否则为真菌型茎腐病。

7.4.4.2 发病特点

1)病害侵染循环 玉米茎腐病属于土传病害,病菌可在土壤中、病残体上越冬,翌年从植株的气孔或伤口侵入。玉米60 cm高时,组织柔嫩易发病,害虫为害造成的伤口利于病菌侵入。禾谷镰刀菌以菌丝和分生孢子,腐霉菌以卵孢子在病株残体组织内外、土壤中存活越冬,成为第二年的主要侵染源。种子可携带串珠镰刀菌分生孢子。害虫携带病菌的同时可起到传播和接种的作用,如玉米螟、棉铃虫等虫口数量大时发病重。

2)暴发流行因素

①春玉米茎腐病发生于8月中旬,夏玉米茎腐病则发生于9月中上旬,麦田套种玉米的发病时间介于两者之间。这一发病规律与降雨关系密切。一般认为,玉米散粉期至乳熟初期遇大雨、雨后暴晴发病重,久雨乍晴、气温回升快,青枯型症状出现较多。夏玉米生长季前期干旱、中期多雨、后期温度偏高的年份发病较重。

②不同品种对玉米茎腐病的抗性差异显著。

③连作年限越长,土壤中累积的病菌越多,发病越重。生茬地菌量少,发病轻。一般早播和早熟品种发病重,适期晚播或种植中晚熟品种可延缓和减轻发病。一般平地发病轻,岗地和洼地发病重;沙土地、土质瘠薄、排灌条件差、玉米长势弱的发病重。

7.4.4.3 防治技术

1)防治策略 采取以选育和应用抗病品种为主,实施系列保健栽培措施为辅的综合防治措施。

2)具体措施

①选育和种植抗病品种:如丹玉16、沈单7、冀丰58、农大60、铁单8、豫玉22等。

②田间卫生:玉米收获后彻底清除田间病残体,集中烧毁或高温沤肥,减少侵染源。

③轮作换茬:发病重的地块可与水稻、甘薯、马铃薯、大豆等作物实行2～3年轮作。

④适期晚播春玉米。

⑤种子处理:播种前可用三唑酮拌种,同时兼治玉米丝黑穗病和玉米全蚀病。

⑥加强田间管理、增施肥料:在施足基肥的基础上,于玉米拔节期或孕穗期增施钾肥或氮肥、磷肥、钾肥配合施用,防病效果好。

⑦生物防治:利用增产菌(芽孢杆菌)按种子质量的0.2%拌种,对玉米茎腐病有一定的控制作用。

7.4.5 玉米纹枯病

玉米纹枯病在我国的报道最早见于1966年。20世纪70年代以后,由于玉米种植面积的迅速扩大和高产密植栽培技术的推广，玉米纹枯病发展蔓延较快，已在全国范围内普遍发生，且危害日趋严重。一般发病率为70%～100%，造成的减产损失为10%～20%，严重的高达35%。由于该病为害玉米近地面的叶鞘和茎秆，引起茎基腐败，破坏输导组织，影响水分和营养的输送，因此造成的损失较大。

7.4.5.1 症状识别

图7-4-10 玉米纹枯病症状

玉米纹枯病主要发生在玉米生长后期，即籽粒形成期至灌浆期，苗期很少发生。主要为害叶鞘和果穗，也可为害茎秆。发病初期多在基部1～2茎节叶鞘上产生暗绿色水渍状病斑，后扩展融合成不规则形或云纹状大病斑(图7-4-10)，逐渐向上扩展。病斑中部灰褐色，边缘深褐色，由下向上蔓延扩展。穗苞叶染病也产生同样的云纹状斑。果穗染病后秃顶，籽粒细扁或变褐、腐烂。严重时根茎基部组织变为灰白色，次生根黄褐色或腐烂。多雨、高湿条件持续时间长时，病部长出稠密的白色菌丝体，菌丝进一步聚集成多个菌丝团，形成小菌核。

7.4.5.2 发病特点

1)病害侵染循环 病菌以菌丝和菌核在病残体或在土壤中越冬。翌春条件适宜时，菌核萌发产生菌丝侵入寄主，后病部产生气生菌丝，在病组织附近不断扩展。菌丝体侵入玉米表皮组织时产生侵入结构。接种6天后，菌丝体沿表皮细胞连接处纵向扩展，随即纵、横、斜向分枝，菌丝顶端变粗，生出侧枝缠绕成团，紧贴寄主组织表面形成侵染垫和附着胞。电镜观察发现，附着胞以菌丝直接穿透寄主的表皮或从气孔侵入，后在玉米组织中扩展。玉米纹枯病是短距离传染病害，可通过与邻株接触进行再侵染。

2)暴发流行因素 播种过密、过施氮肥、湿度大、连阴雨多易发病。主要发病期为玉米性器官形成至灌浆充实期。苗期和生长后期发病较轻。

7.4.5.3 防治技术

(1)防治策略

采取以选育和应用抗病品种为主，加强保健栽培措施，辅以化学防治的综合防治措施。

(2)具体措施

1)农业防治

①注意清洁田园，及时清除病原，及时深翻消除病残体及菌核，可大幅度减少病原菌的积累，减少侵染源。发病初期摘除病叶并用药剂涂抹叶鞘等发病部位，秋耕时深翻土壤，也可减少侵染源。

②选用抗(耐)病的品种、杂交种或选择生育期短、抗病能力强的优质高产品种，如郑单958、农大108、鲁单50、鲁单981、渝糯2号(合糯×衡白522)、本玉12号等。

③实行轮作，合理密植，扩行缩株种植，改善田间通风透光条件。若与大豆、花生等非寄主作物实行轮作，可显著减轻病害的发生。

④科学施用肥料。施足基肥，适施氮肥，增施有机肥，补施钾肥，配施磷肥、锌肥。

⑤加强田间管理。及时做好中耕、培土、除草工作，增强根系吸收能力；低洼地应注意开沟排水，配套田间沟系，以降低田间湿度，提高土壤通透性，结合中耕消灭田间杂草，控制发病条件；培土壅根防倒伏，抑制菌丝生长；摘除基部老叶病叶，带出田外销毁。

2)化学防治

①拌种：用拌种灵·福美双拌种后堆闷 24～48 h。

②种子包衣：优质的种子包衣剂中既含有杀菌剂，也含有微量元素，既能抵抗病原菌侵染，也能促进幼苗生长，增强抗病能力。

③适时施药防治：田间病株率为 3%～5%时(发病初期)喷施井冈霉素、甲基硫菌灵、多菌灵、苯菌灵、菌核净或腐霉利，隔 7～10 天再防治一次。喷药重点为玉米基部，注意保护叶鞘。施药前要剥除病叶叶鞘。

7.4.6　玉米病毒病

在我国，为害玉米的病毒病主要有玉米粗缩病和玉米矮花叶病。

玉米粗缩病是由玉米粗缩病毒引起的一种玉米病毒病，又称“坐坡”，山东各地俗称“万年青”，由灰飞虱传播。玉米粗缩病是我国北方玉米产区流行的重要病害。发病后植株矮化，叶色浓绿，节间缩短，基本不能抽穗，因此发病率几乎等于损失率，许多地块绝产失收，春玉米和制种田发病最重。

玉米矮花叶病又名花叶条纹病、黄绿条纹病等，由蚜虫传播，是国内玉米产区发生范围广、危害性大的重要病害，目前在我国北方发生严重。发病后，轻病田减产 10%～20%，重病田减产 30%～50%，部分地块甚至绝产。

7.4.6.1　症状识别

1)玉米粗缩病　玉米整个生育期都可感染发病，以苗期受害最重。初期心叶中脉两侧的叶片上出现透明的断断续续的褪绿小斑点，以后逐渐扩展至全叶，呈细线条状(图7-4-11)；整株叶色浓绿，基部粗短，节间粗短，有的叶片宽短僵直且肥厚。叶背面主脉及侧脉上产生长短、粗细不一的蜡白色蜡状条形突起，又称脉突。重病株严重矮化(图 7-4-11)，雄穗退化，雌穗畸形，多不能抽穗，严重时不能结实。

图 7-4-11　玉米粗缩病症状

图 7-4-12　玉米矮花叶病症状

2)玉米矮花叶病　整个生育期都可发病，以苗期受害最重，抽穗后发病的受害较轻。初期病苗心叶基部叶脉间出现许多椭圆形褪绿小点或斑驳，沿叶脉排列成断续的长短不一的条点。随着病情发展，症状逐渐扩展至全叶，在粗脉之间形成几条长短不一、黄绿相间的条纹，叶脉间叶肉失绿变黄，叶脉仍保持绿色，因而形成黄绿相间的条纹症状(图7-4-12)，后出现淡红色条纹，最后干枯。发病早的病株黄弱、瘦小，生长缓慢，株高常不足健株的1/2，严重矮化。病株多不能抽穗而提早枯死；少数病株虽能抽穗结籽，但穗长变短，千粒重下降。

7.4.6.2 发病特点

(1)病害侵染循环

1)玉米粗缩病 在北方，玉米粗缩病毒在冬小麦及其他杂草寄主体内越冬，也可在传毒昆虫灰飞虱体内越冬。第二年玉米出土后，借传毒昆虫将病毒传染到玉米苗或高粱、谷子、杂草上，辗转传播为害。玉米5叶期以前易感病，10叶期以后抗性增强，即便受侵染发病也轻。玉米播期和发病轻重关系密切。如果玉米出苗至5叶期与传毒昆虫迁飞高峰相遇，则发病严重。如河北省5月中旬播种的玉米，苗期正遇上第1代灰飞虱成虫盛期，因此发病严重。田间管理粗放，杂草多，灰飞虱多，发病重。

玉米粗缩病毒的钝化温度为800 ℃，20 ℃可存活37天，可借昆虫传播(主要传毒昆虫为灰飞虱，属持久性传毒)，潜育期为15～20天，还可侵染小麦(引起兰矮病)、燕麦、谷子、高粱、稗草等。

2)玉米矮花叶病 在南方，病毒的越冬寄主为禾本科杂草和作物；在北方，病毒的越冬寄主有牛鞭草和芒草等。初春，越冬蚜虫复苏或越冬卵孵化为若虫后，在新长出的带毒杂草嫩叶上取食而使蚜虫获毒。毒源主要借助蚜虫吸食叶片汁液而传播，枝叶摩擦和带毒种子也有传毒作用。有翅蚜迁飞将病毒传播到春玉米及杂草上，之后在春、夏玉米上辗转为害，造成病害流行。夏玉米收获后，蚜虫又回到杂草上产卵或以若虫越冬。蚜虫介体主要有麦二叉蚜、高粱缢管蚜、玉米蚜、桃蚜和菜蚜等，其中以麦二叉蚜最为重要。

(2)暴发流行因素

①玉米粗缩病：玉米播种越早，粗缩病发病越重。一般春玉米发病重于夏玉米。夏玉米套种发病重于纯作玉米，因为套种玉米与小麦有一段共生期，玉米出苗后有利于灰飞虱从小麦向玉米转移。另外，玉米田靠近树林、蔬菜或耕作粗放、杂草丛生，一般发病都重。

②玉米矮花叶病：一般越冬杂草寄主数量多，玉米矮花叶病毒源基数高，蚜虫密度大，春季传毒率高。春玉米发病重，夏玉米发病更重。此外，春、夏玉米早播发病轻，晚播发病重；土质肥沃、保水力强的地块发病轻，沙质土、保水力差的瘠薄地发病重；田间管理好、杂草少的发病轻，管理粗放的发病重；套种田比直播田发病轻。

③病害的流行程度取决于品种抗性、毒源及介体发生量以及气候和栽培条件等。品种抗病力差、毒源和传毒蚜虫量大、苗期“冷干少露”、幼苗生长较差等都会加重发病程度。

7.4.6.3 防治技术

(1)防治策略

以选种抗耐病品种和加强健身栽培管理为基础，采取防虫治病的思路，辅以化学防治措施。

(2)具体措施

1)种植抗病品种 农大108对粗缩病抗性较强，掖单12、烟单14、中单2号、沈单7号、鲁单50、山农3号等也有一定抗性。农大108、鲁单46、鲁单052、东岳11等可抗矮花叶病。

2)加强和改进栽培管理

①调整播期,适期播种。春、夏玉米早播可增产防病,尤其夏玉米要提倡早播,以减少蚜虫传毒的有效时间。

②中耕除草,清除毒源寄主。播种前一般应结合深耕灭茬、人工除草或喷药处理等措施,彻底清除田间及地头的杂草及病苗病株,减少侵染源,减轻病害。

③施足底肥、合理及时追肥、适时浇水等保健栽培措施可促进玉米健壮生长,增强植株的抗病力,减轻病害。

3)化学防治

①用内吸性杀虫剂对玉米种子进行包衣和拌种,可以有效防治苗期灰飞虱、蚜虫,减轻玉米粗缩病、玉米矮花叶病的传播,同时有利于培养壮苗,提高玉米抗病力。

②玉米 5 叶期可喷施噻嗪酮,每隔 5 天施药一次,连喷 2～3 次,可同时使用盐酸吗啉胍・乙酸铜防治病毒病(每隔 7 天施药一次)。喷药时最好在药液中加入叶面肥,以促进叶片的光合作用,增加植株叶绿素含量,使病株迅速复绿。

7.5　油菜病害防治技术

全世界已知的油菜病害有 108 种,中国发现 34 种(真菌病害 22 种,病毒病害 4 种,细菌病害 4 种,线虫病害 2 种,生理性病害 2 种),其中主要油菜病害有菌核病、霜霉病、病毒病、白锈病和猝倒病等。严重年份可致产量损失 30%以上,发病严重地区可达 80%。

油菜病害主要有苗病类、茎病类、叶病类和花果病类等。苗病类已知有 21 种,中国已发现 3 种。主要有根腐病,由多种真菌引起,广泛分布于北美、欧洲、南亚和东北亚油菜生产国,中国各油菜产区均有发生,可引起油菜苗根茎腐烂。茎病类主要有菌核病、霜霉病、白锈病,罹病植株茎部出现白漆色隆起疮斑,多呈长圆形或短条状。菌核病、霜霉病和白锈病广布于世界各油菜产区。黑胫病(无性态病菌)可致根颈坏死,分布于大洋洲、欧洲、北美洲,可使油菜减产 20%～60%,中国目前发生较少。叶病类分布广、为害重的有菌核病、霜霉病和白锈病。另外,黑斑病广布于欧洲、北美、印度和中国。罹病植株叶部可布满黑色斑,除影响光合作用外,还直接影响结实。花果病类分布广、为害重的有霜霉病、白锈病、黑斑病等,可致花序或果荚畸形,影响结实。细菌性黑斑病可致根、茎维管束变黑,后期全株或部分枯萎。除此之外,油菜病毒病可致花叶、枯斑、条斑、角果畸形、植株矮化,对产量和品质影响很大。引起油菜病毒病的病原已知有 20 种,中国已发现 4 种。

7.5.1　油菜菌核病

油菜菌核病在世界各油菜生产区均有分布,我国以长江流域和东南沿海最为普遍和严重,一般发病率为 10%～30%,严重时可达 80%。病害不仅造成减产(10%～70%),还会使病株种子含油量锐减,严重影响油菜的品质。

油菜各生育阶段均可感病,以开花结果期发病最多。病菌能侵染油菜地上各部分,尤以茎秆受害造成的损失最重。

7.5.1.1 症状识别

油菜苗感病后，茎基部和叶柄出现红褐色斑点，然后扩大，转为白色，组织腐烂且长出白色絮状菌丝，最后枯死，病组织外形成许多黑色菌核(图 7-5-1)。现蕾到成熟期的主要症状是花瓣极易感染，感病后颜色苍白，没有光泽，容易脱落到其他部位，引起新的病斑。成株期叶片发病多自衰老叶片开始，初期产生圆形或不规则形病斑，病斑呈暗青色水渍状，中心为灰褐色，中层呈暗青色，外围有黄色晕圈；发病后期茎秆变空，皮层破裂，维管束外露如麻，病株茎秆干燥时易破裂、折断，内有鼠粪状黑色菌核。茎秆发病，产生中心为灰白色、边缘为褐色的病斑；后期髓部中空，极易折断，内有黑色菌核，病茎部以上枯死。角果受害后，产生不规则白斑，内部有菌核，种子干瘪。

图 7-5-1 油菜菌核病症状

7.5.1.2 发病特点

1)病害侵染循环 病菌以菌核在土壤、病残体和种子中越夏(冬油菜区)、越冬(冬、春油菜区)。病残体、种子中的菌核随着施肥、播种等农事操作进入土壤。春季，在旬平均气温超过 5 ℃、土壤湿润的条件下，土壤中的菌核陆续萌发。油菜抽薹开花期间，旬平均气温为 8～14 ℃时，大量形成子囊盘。子囊盘初现至终止历时 20～50 天，每个子囊盘喷射子囊孢子的持续时间为 8～15 天，子囊孢子随气流传播最远可至数公里。通常情况下，子囊孢子萌发侵染花瓣，带菌花瓣脱落至叶片上引起叶片发病，叶片病斑扩大蔓延至茎部，或病花瓣黏附茎秆，而诱发茎部发病。

孢子在寄主上萌发产生侵入丝，借机械压力从寄主表皮细胞间隙或伤口、自然孔口侵入，在寄主体内发育成菌丝。菌丝也可直接侵染寄主。子囊孢子和菌丝主要侵染处于衰老阶段的器官或组织。在寄主体内，菌丝外泌多种果胶酶、纤维素分解酶、蛋白质分解酶及草酸等，杀死寄主细胞，导致发病。

菌核除萌发形成子囊盘外，有时也可萌发产生菌丝，由地表侵染油菜植株。油菜成熟期，当田间相对湿度大时，病株各部均可形成菌核，尤以茎秆内的菌核数量最多。收获前和收获时，菌核大多遗落于土壤和根茬内，部分随病株被携带至田外，落在堆垛和脱粒场所，混杂在植株残屑及种子中，以后又随病残体沤制的肥料进入大田。混在种子中的菌核随种子的调运而传播。

油菜菌核病一般没有再侵染，但下述情况下病菌可对寄主进行再侵染：一是在中国四川盆地等秋、冬季温暖潮湿地区，菌核在油菜苗期萌发产生子囊盘或菌丝，侵染油菜形成菌核，翌春这些菌核又萌发侵染。二是油菜植株生长茂密，枝、叶毗连时，特别是在油菜倒伏时，菌丝可通过毗连枝、叶进行再侵染。

2)暴发流行因素　菌核病的发生与流行主要取决于越冬菌核数量、油菜花期气候条件、栽培管理和品种抗性等因素。

①越冬菌核数量：越冬菌核是病害的初侵染源。越冬菌核数量越多，引起初侵染的子囊孢子数量越多，发病越重。

菌核在土壤中的存活量随着时间的延长而锐减，在湿度大的土壤中死亡更快。一般连作油菜较水旱轮作油菜的发病率高1倍以上。轮作油菜的发病率还与轮作年限和换茬作物种类等有关。与禾本科作物轮作年限越长，病害越轻。此外，施用未腐熟的油菜病残体制成的肥料和播种带菌种子，都会增加田间菌源数量而加重发病。

菌核在土壤中可因多种微生物寄生而腐烂死亡，已知寄生菌核的真菌、细菌和放线菌有30余种。土壤寄生菌在有机质含量高、潮湿的土壤中最为活跃，寄生率亦高。

②油菜花期(2月至4月)气候条件：降雨量、雨日数、相对湿度、温度、日照和风速等气候条件与病害的发生均有关系，其中影响最大的是降雨量和相对湿度。在发病较重的年份，油菜开花期和角果发育期的降雨量均大于常年降雨量。油菜成熟前20天内大量降雨是病害大流行的主要原因。在中国长江流域冬油菜区，油菜开花期旬降雨量在50 mm以上时发病重，30 mm以下时发病较轻，10 mm以下时病害极少发生。在病害发生期内，大气相对湿度超过80%时病害发展较快，超过85%时发病重，在75%以下时发病较轻，低于60%时则很少发病。在雨日数、降雨量、相对湿度等条件适宜的情况下，病害发生的迟早和轻重主要取决于温度。中国长江上游地区发病早，中下游地区发病迟；江南地区发病早，江北地区发病迟。

气候条件同时作用于病菌和寄主而影响病害的发生流行。当气候条件对病菌的发育、侵染有利而对寄主的生长发育不利时，病害将会流行；否则病害将受到抑制。在中国长江流域地区，春季常有寒潮、低温，伴随降雨和大风，有利于病菌子囊盘的形成与孢子的发射、传播及侵染，对油菜的生长发育不利，大风还会引起油菜倒伏，增加机械伤口，因而病害容易发生和流行。

③栽培管理：播种期和施肥水平等也影响病害的发生。冬油菜区早播油菜发病重于晚播油菜，其主要原因是早播油菜长势旺、开花早，氮肥用量大，油菜植株高大，枝、叶毗连，田间郁闭，湿度大。尤其当薹肥施用迟、施用量大时，油菜常贪青倒伏，病害更重。春、夏季多雨，油菜地未及时清沟，开花结果期田间积水，亦加重发病。

④品种抗性：不同油菜品种的感病性差异很大。分枝部位高、结构紧凑、茎秆紫色、坚硬、蜡粉多的品种较抗病。在冬油菜区，开花迟、花期集中或无花瓣的油菜因错开了子囊孢子发生期或减少了子囊孢子侵染机会，发病较轻。能耐受草酸毒害的品种耐病性也较强。在不同基因型的芸薹属植物中，含有B组或C组或BC组染色体的种和品种病害较轻。

7.5.1.3　防治技术

(1)防治策略

以预测预报为前提，种植抗(耐)病品种为基础，结合清除菌源、改进栽培管理措施等农业防治措施，在油菜花期适时施药，全面推广综合防治技术。

(2)具体措施

1)农业防治

①轮作换茬：与禾本科植物轮作，以水旱轮作最佳，因为菌核在水中浸泡1～2个月后就会腐烂，旱地轮作应在3年以上。

②选用早熟、高产、抗耐病品种：甘蓝型、芥菜型比白菜型抗病；中油821较抗病。

③适时播种：错开谢花盛期与病菌孢子主要传播期，是防治油菜菌核病的根本措施之一。

④开深沟排水：做到雨停不积水，以降低地下水位和田间湿度。

⑤深耕深翻，深埋菌核：及时中耕松土（可在2月至3月进行），以破坏子囊盘并抑制菌核的萌发，减少菌源，促进油菜生长健壮，提高抗病力。

⑥合理施肥：达到"冬壮春发"，稳长不旺长，提高抗病力。

⑦种子处理：可用10%盐水溶液进行漂洗，除去上浮的秕粒和菌核，用清水洗净下沉的种子，晾干后播种。

⑧摘除老黄叶和病叶：一般在3月底至4月中旬摘除下部的黄叶和病叶，减少病源，提高通风透光率，提高油菜产量。

2)生物防治 利用盾壳霉、木霉和粘帚霉等生物防治菌。

3)化学防治 主要在初花后进行，宜于盛花期叶病株率10%以上、茎病株率1%时开始防治。喷药次数应根据病情酌情调整，尽量喷于植株中下部。可用50%多菌灵WP、65%代森锌WP或40%菌核净WP，配成药液后喷雾，也可用其他药剂，如甲基硫菌灵。一般每隔7～10天施药一次，连续施药2～3次。对感病品种和长势过旺的田块应在第一次施药后的一周左右施第二次药。

7.5.2 油菜霜霉病

油菜霜霉病又名露菌病，是中国各油菜区的重要病害，长江流域、东南沿海受害重，春油菜区发病少且轻。油菜霜霉病自苗期到开花结荚期都有发生，可为害叶、茎、花和果，影响菜籽的产量和质量。

7.5.2.1 症状识别

叶片发病后，出现淡黄色斑点，后扩大成黄褐色大斑，受叶脉限制呈多角形或不规则形，叶背面病斑上出现霜状霉层（图7-5-2）；茎、薹、分枝和花梗感病后，初生褪绿斑点，后扩大成黄褐色不规则形斑块。花梗发病后，有时肥肿、畸形，花器变绿、肿大，呈龙头拐状（图7-5-2），表面光滑，上有霜状霉层，感病严重时叶片枯落，直至全株死亡。

图7-5-2 油菜霜霉病症状

7.5.2.2 发病特点

1)病害侵染循环 在冬油菜区，油菜霜霉病的初侵染源主要是在病残体、土壤和种子上越冬、越夏的卵孢子。秋季，卵孢子萌发后侵染幼苗，病斑上产生孢子囊，随风雨及气流传播并进行再侵染。冬季病害扩展不快，以菌丝或卵孢子在病叶中越冬，翌春气温升高，又产生孢子囊，借风雨传播再次侵染叶、茎及角果。油菜进入成熟期，病部又产生卵孢子，可多次再侵染。春季油菜开花结荚期间，如遇寒潮频繁、时冷时暖的天气则发病严重。

油菜霜霉病的远距离传播主要靠混在种子中的卵孢子。至于近距离传播，除混在种子、粪肥中的卵孢子直接传到病田外，主要靠气流、灌溉水或雨水传播，孢子囊因孢囊梗干缩、扭曲从小梗顶端放射至空中，随气流传到健株上，传播距离为8～9 m，土中残体上卵孢子通过水流传播，萌发后产生的孢子囊随雨水溅射到健康幼苗上。

2)暴发流行因素 该病发生与气候条件和栽培管理等关系密切。

①气候条件：孢子囊形成适温为8～21 ℃，侵染适温为8～14 ℃，适宜相对湿度为90%～95%，经4～6 h时萌发，12 h形成附着孢。光照时间少于16 h时，幼苗子叶阶段即可侵染，侵染程度与孢子囊数量呈正相关。孢子囊落到感病寄主上，若温度适宜，先产生芽管，形成附着胞后长出侵入丝，直接穿过角质层而侵入，有时也可通过气孔侵入。菌丝侵入后扩展7～8 μm，并在表皮细胞垂周壁之间中胶层生长，后在细胞间向各方向分枝，并在寄主细胞里长出吸器。因此，气温为8～16℃、相对湿度高于90%、弱光的条件利于该菌侵染，即低温、多雨、高湿、日照少利于病害发生。长江流域油菜区冬季气温低，雨水少，发病轻；春季气温上升，雨水多，田间湿度大，易发病或引致薹花期该病流行。

②栽培管理：连作地、播种早、偏施(过施)氮肥或缺钾地块及密度大、田间湿气滞留地块易发病。低洼地、排水不良、种植白菜型或芥菜型油菜的地块发病重。

7.5.2.3 防治技术

1)防治策略 以种植抗(耐)病品种为基础，结合清除菌源、加强健身栽培管理等农业防治措施，必要时辅以化学防治措施。

2)具体措施

①因地制宜种植抗病品种。可选用中双4号、两优586、秦油2号、白油1号、青油2号、沪油3号、新油8号、新油9号、蓉油3号、江盐1号、涂油4号等品种。提倡种植甘蓝型油菜或浠水白等抗病的白菜型油菜。

②轮作。与大麦、小麦等禾本科作物进行2年轮作，可大大降低土壤中卵孢子数量，减少菌源。有条件的地区可实行水旱轮作，避免连作。

③种子处理。可用甲霜灵拌种。

④加强田间管理。做到适期播种，不宜过早；根据土壤肥沃程度和品种特性，确定合理密度，及时剪除肿胀花枝、老叶、黄叶和病叶等，并带出田外销毁或深埋；采用配方施肥技术，合理施用氮肥，适当增施磷肥、钾肥，以提高抗病力；清沟排渍，雨后及时排水，防止湿气滞留和淹苗；开深沟排水除湿，深翻耕，及时中耕松土，破坏子囊盘，减少菌源。

⑤化学防治。苗期喷施波尔多液于叶片背面，一般防治1～2次。初花期病叶率达10%时进行第一次防治，隔5～7天进行第二次防治；如阴雨天气多，最好防治3次。植株上下部均应喷药，常用药剂有甲霜灵、百菌清、三乙膦酸铝等。

7.5.3 油菜病毒病

油菜病毒病又称花叶病、缩叶病、毒素病或萎缩病，是油菜常见病害，在全国各产区均有发生，华北、西南、华中冬油菜区发病尤其严重。重病区流行年份产量损失为20%～30%。油菜病毒病主要通过蚜虫的活动传播。蚜虫在病株上取食后，病毒留存在蚜虫体内；带毒蚜虫在健康植株上取食可使健康植株感病。

7.5.3.1 症状识别

油菜病毒病在不同类型油菜上的症状差异很大(图7-5-3)。

图7-5-3 油菜病毒病症状(甘蓝型、白菜型和芥菜型油菜)

(1)甘蓝型油菜

1)苗期症状

①黄斑和枯斑：两者常伴有叶脉坏死和叶片皱缩，老叶先显症。黄斑较大，呈淡黄色或橙黄色，病健分界明显。枯斑较小，呈淡褐色，略凹陷，中心有一黑点，叶背面病斑周围有一圈油渍状灰黑色小斑点。

②花叶：与白菜型油菜花叶相似，支脉和小脉半透明，叶片表现为黄绿相间的花叶，有时出现疱斑，叶片皱缩。

2)成株期症状(茎秆)

①条斑：病斑初为褐色至黑褐色梭形斑，后呈长条形，病斑连片后常致植株半边或全株枯死。后期病斑纵裂，裂口处有白色分泌物。

②轮纹斑：病斑呈菱形或椭圆形，初期中心为针尖大的枯点，周围有一圈褐色油渍状环带，整个病斑稍凸出，后期病斑扩大，中心呈淡褐色，其上有分泌物，外围有2～5层褐色油渍状环带，形成同心圈。病斑连片后呈花斑状。

③点状枯斑：茎秆上散生黑色针尖大的小斑点，斑点周围呈油渍状，病斑连片后斑点不扩大。病株一般矮化，畸形，薹茎短缩，花果丛集，角果短小、扭曲，其上有小黑斑，有时似鸡爪状。

(2)白菜型油菜和芥菜型油菜

白菜型油菜和芥菜型油菜苗期的主要症状为花叶和皱缩，沿叶脉两侧褪绿，叶片呈黄绿相间的花叶，明脉或叶脉呈半透明状，严重时叶片皱缩、卷曲或畸形，后期病株明显矮缩，茎和果轴短缩，多在抽薹前或抽薹时枯死。

7.5.3.2 发病特点

1)病害侵染循环 病原主要为芜菁花叶病毒，其次为黄瓜花叶病毒、烟草花叶病毒和油菜花叶病毒等，寄主范围广，主要由蚜虫传播。油菜子叶期至抽薹期均可感病。

在我国冬油菜区，病毒在寄主体内越冬，翌年春天由桃蚜、菜缢管蚜、棉蚜、甘蓝蚜等蚜虫传毒，其中桃蚜和菜缢管蚜在油菜田十分常见。冬油菜区终年有油菜、春季甘蓝、青菜、小白菜、荠菜、蕻菜等十字花科蔬菜和杂草，感染病毒后可成为秋季油菜的重要毒源。此外，车前草、辣根等杂草及茄科、豆科作物也是病毒(越夏)寄主。

春油菜区病毒还可在温室、塑料棚、阳畦栽培的油菜等十字花科蔬菜留种株上越冬。有翅蚜在越夏寄主上吸毒后迁往油菜田传毒，引起初次侵染。油菜田发病后再由蚜虫迁飞扩传，造成再侵染。冬季不种十字花科蔬菜的地区，病毒在窖藏的白菜、甘蓝、萝卜上越冬，翌春发病后由蚜虫传到油菜上，秋季又将病毒传到秋菜上，如此循环，周而复始。此外，与感病枝叶摩擦也能传毒。

2)暴发流行因素

①油菜栽培区秋季和春季干燥少雨、气温高，利于蚜虫大发生和有翅蚜迁飞，利于发病。

②秋季早播或移栽的油菜、春季迟播的油菜易发病。

③白菜型油菜、芥菜型油菜较甘蓝型油菜发病重。

7.5.3.3　防治技术

(1)防治策略

以预防为主，关键是预防苗期感病、防止蚜虫传毒。

(2)具体措施

1)农业防治

①选用抗病品种。大力推广种植甘蓝型油菜是减轻病害损失的最有效、最经济的途径。可选用杂 97060、杂 98033、杂双 1 号、杂双 2 号、杂双 4 号、丰油 9 号、丰油 10 号等品种。

②适期播种。在秋季干旱的年份，适当延迟播期，错开有翅蚜迁飞高峰期，可减轻病毒病的危害。

③选地种植。选择远离蔬菜区、前茬作物不是十字花科植物的田块，集中种植油菜，集中管理。此外，还须注意增施磷肥，适当减少氮肥用量，及时抗旱。

④经常检查田块，及时发现病株并销毁，减少病源。

2)物理防治　在油菜地设置黄板，诱杀蚜虫。苗床四周提倡种植高秆作物，可预防蚜虫迁飞传毒；将银灰色塑料薄膜(或普通农膜及窗纱上涂上银灰色油漆)平铺于畦面四周可避蚜；用黄板诱蚜，每亩(1 亩≈667 m^2)用 6～8 块，利用蚜虫对黄色的趋性诱杀之。重点应放在越夏杂草和早播十字花科蔬菜的防蚜治蚜上，防止蚜虫将病毒传到油菜上。

3)化学防治

①用萎锈宁·福美双拌种(1∶100)，30 天内可防控蚜虫、地下害虫，对防治病毒病有一定效果。

②田间防蚜。彻底治蚜，在油菜出苗前和苗期，加强对油菜地附近十字花科蔬菜如白菜、萝卜等寄主上蚜虫的防治，或在油菜苗长出真叶后选用 40%乐果 EC 或 50%抗蚜威 WP，配成药液后喷杀蚜虫，每隔 7 天左右喷一次，连喷 2～3 次。

③移栽前喷施乐果药液，或用乐果药液蘸苗(地上部分)后再移栽，可杀灭蚜虫，减轻病害。

④发病初期喷洒杀菌剂和植物生长调节剂，如氨基寡糖素、芸苔素内脂、赤霉酸等，隔10天施药一次，连续喷施2～3次。

7.5.4 油菜白锈病

油菜白锈病由白锈菌侵染所引起，在全国各油菜产区都有发生，常与油菜霜霉病并发，以云南、贵州等高原地区和长江下游地区发病较重。油菜从苗期到开花结荚期均可受害，尤以抽薹开花期受害最重。流行年份发病率为10%～50%，减产5%～20%，菜籽含油量降低1.05%～3.29%。除油菜外，白锈菌还可为害其他十字花科蔬菜。

7.5.4.1 症状识别

油菜白锈病从苗期到成株期都可发生，为害叶、茎、花、角果荚。叶片发病后叶面出现淡绿色小斑点，后变黄绿色，叶背面病部长出隆起的有光泽的白色小疱斑，一般直径为1～2 mm，有时叶面也长疱斑，严重时密布全叶(图7-5-4)，后期疱斑破裂，散出白粉。茎和花梗(轴)受害长出白色疱斑，多呈长圆形或短条状。由于受病菌刺激，幼茎和花轴肿胀、弯曲，呈龙头状(图7-5-4)，故该病有"龙头病"之称。种荚受害后肿大、畸形，不能结实。花器受害后，花瓣畸形、肿大、变绿，呈叶状，久不凋落，不结实，且长出白色疱斑。角果受害后，亦长出白色疱斑。

图7-5-4 油菜白锈病症状

7.5.4.2 发病特点

1)病害侵染循环 病原菌以卵孢子在病残体上、土壤中或混在种子中越夏。使用混入卵孢子的油菜种子播种，发病率大幅度提高，且多引起系统侵染，出现龙头拐症状。越夏的卵孢子萌发产出孢子囊，释放出游动孢子，借雨水溅至叶上，从气孔侵入秋播油菜，引致初侵染，随后在被侵染的幼苗上形成孢子囊，又随雨水传播进行再侵染。冬季则以菌丝和卵孢子囊堆在病叶上越冬，翌年春季气温升高，孢子囊借气流传播，遇有湿度适宜的条件产生游动孢子，或直接萌发侵染油菜叶、花梗、花及角果，随后进行再侵染，油菜成熟时又产生卵孢子，留在病部或混入种子中越夏。

2)暴发流行因素

①低温高湿时发病重。孢子囊萌发的温度范围为0～25 ℃，适宜温度为10 ℃左右，侵入寄主的适宜温度为10～18 ℃。在油菜抽薹开花期，若雨量大、雨日多、相对湿度大，则病害发生严重。

②栽培管理与病害的发生、流行关系密切。连作地和前作为十字花科蔬菜的地块白锈病菌源多，发病重；前作为水稻的地块发病轻。早播油菜发病重，适当晚播油菜发病轻。种植过密，施用氮肥过多、过晚，尤其是抽薹开花期施氮肥过多，后期贪青倒伏的发病重。地势低洼、排水不良、土质黏重、浇水过多的地块田间湿度大，发病较重。

③不同品种的抗病性有显著差异。三种类型油菜中，芥菜型抗病性最强，甘蓝型次之，

白菜型感病最重。就甘蓝型而言，品种间抗病性差异也十分明显。

④同一品种不同生育阶段的感病能力亦有一定的差异。油菜 5～6 片真叶期和抽薹开花期容易感病，通常在苗期和开花期出现发病高峰。但苗期病害严重程度与成株期“龙头”数量并不完全一致。油菜抽薹开花期由营养生长转向生殖生长，是同化作用最盛时期，茎薹组织柔嫩，外界条件也利于病菌侵入，因此油菜抽薹开花期是油菜生长期中抗病力最弱的时期，如遇到阴雨、高湿条件，病害将大流行。

7.5.4.3　防治技术

(1)防治策略

根据油菜白锈病的发生发展特点，应采取以农业防治为基础，辅以化学防治的综合防治措施。

(2)具体措施

1)选用抗病品种　芥菜型和甘蓝型油菜表现抗病，各地应选种适于当地的高产抗病品种。抗白锈病的油菜品种有国庆 25、东辐 1 号、小塔、加拿大 1 号、蓉油 3 号、江盐 1 号、加拿大 3 号、花叶油菜、云油 31 号、宁油 1 号、新油 9 号、亚油 1 号、茨油 1 号等。

2)加强栽培管理

①实行轮作：与水稻或非十字花科作物轮作，有利于减少土壤中的菌源。

②合理施肥：施足基肥，早施薹肥，巧施花肥，增施磷肥、钾肥，可防止贪青倒伏，减轻发病。

③合理灌水：及时排除积水，降低田间湿度，形成不利于病菌侵入和蔓延的环境条件。

④摘除病叶：抽薹后，多次摘除老叶、病叶并将其带出田外深埋或烧毁，以减少田间菌源，可减少后期“龙头”数量。当出现“龙头”时，应及时剪除，集中烧毁。

⑤无病株留种，或播前用 10%盐水选种，用清水洗净下沉的种子，晾干后播种。

⑥加强通风透光，严格剔除病苗。

3)化学防治

①种子处理。可用甲霜灵拌种。

②重点防治旱地栽培的白菜型油菜。一般在油菜薹高 17～33 cm 时(或初花期)喷第一次药，以后间隔 5 天再喷一次，如阴雨天多最好喷 3 次。一般在 3 月上旬抽薹期调查病情扩展情况，当病株率达 20%时开始施药，可选用 40%三乙膦酸铝 WP、75%百菌清 WP、722 g/L 霜霉威盐酸盐 AS、64%噁霜灵·代森锰锌 WP、36%霜脲氰·代森锰锌 SC、58%甲霜灵·代森锰锌 WP、70%三乙膦酸铝·代森锰锌 WP、40%百菌清 SC，每公顷兑水900～1050 L，隔 7～10 天喷一次，连续防治 2～3 次。

7.5.5　油菜猝倒病

油菜猝倒病是油菜苗期常见病害，是由瓜果腐霉引起的真菌病害，主要为害茎基部位，常造成死苗，严重影响油菜产量。

7.5.5.1　症状识别

病菌侵染幼苗，在茎基部近地面处产生水渍状斑，后变黄、腐烂并逐渐干缩，易被折断而死亡(图 7-5-5)。根部发病后出现褐色斑点,严重时地上部分萎蔫,易从地表折断。湿度大时,病部或土表密生白色絮状物,即病菌菌丝、孢囊梗和孢子囊。发病轻的幼苗可长出新的支根和须根,但植株生长育不良。

图 7-5-5 油菜猝倒病症状

7.5.5.2 发病特点

1)病害侵染循环 病菌以卵孢子在 12～18 cm 表土层越冬,并在土中长期存活。翌春,遇适宜条件萌发产生孢子囊,以游动孢子侵入寄主,或直接长出芽管侵入寄主。在土中营腐生生活的菌丝也可产生孢子囊,以游动孢子侵染幼苗引起猝倒。病苗上产出孢子囊及游动孢子,借灌溉水或雨水溅附到贴近地面的根茎上,可引起再侵染,造成更严重的损失。病菌侵入后,在皮层薄壁细胞中扩展,菌丝蔓延至细胞间或细胞内,后在病组织内形成卵孢子越冬。

2)暴发流行因素

①病菌生长适宜温度为 15～16 ℃,适宜发病地温为 10 ℃,温度高于30 ℃时受到抑制。低温对寄主生长不利,但病菌尚能活动,因此育苗期遇低温、高湿天气有利于发病。幼苗子叶养分基本用完、新根尚未扎实之前是感病期,这时真叶未抽出,碳水化合物不能迅速增加,植株抗病力弱。如遇雨、雪、连阴天或寒流侵袭,地温低,光合作用弱,幼苗呼吸作用增强,消耗加大,可致幼茎细胞伸长,细胞壁变薄,使病菌有机可乘。因此,该病主要在幼苗长出 1～2 片叶之前发生。

②耐低温、抗寒性强的品种发病较轻。

7.5.5.3 防治技术

1)防治策略 根据油菜猝倒病的发生发展特点,应采取以农业技术防病为基础,辅以化学防治的综合防治措施。

2)具体措施

①选用耐低温、抗寒性强的品种:如陇油 2 号、蓉油 3 号、江盐 1 号、豫油 2 号等。

②加强田间管理:合理密植,适时中耕,及时开沟排水、排渍,降低田间湿度,防止湿气滞留。

③化学防治:种子处理可用40%拌种灵·福美双 WP 拌种。苗床处理可用福美双、多菌灵或敌磺钠拌土,混匀后撒施。必要时可用甲霜、百菌清、噁霉灵·甲霜灵或霜霉威盐酸盐,每平方米喷药液2～3 L。

第8章　农作物虫害防治技术

扫码查看本章彩图

8.1　水稻虫害防治技术

水稻虫害严重影响水稻产量和稻谷品质。据联合国粮食及农业组织统计，全世界水稻害虫有1300多种。我国水稻害虫种类有385种，重要的有30多种，如稻纵卷叶螟、三化螟、二化螟、稻飞虱、稻苞虫、稻蓟马、稻水象甲等。近年来，稻瘿蚊也逐渐上升为主要害虫。一般年份，水稻虫害可致稻谷损失10%左右，大发生年份损失大约20%。若不防治，平均每年减产稻谷可达300万吨。因此，水稻虫害防治具有十分重要的意义。

防治水稻害虫要根据害虫栖息、为害的部位（图8-1-1）施药，对准靶标，稳准狠地消灭害虫。稻纵卷叶螟、稻苞虫一般在植株上部；白背飞虱、三化螟一般在植株中部；二化螟和褐飞虱一般在茎秆下部。

稻纵卷叶螟
稻苞虫
灰飞虱
大螟
白背飞虱
三化螟
二化螟
褐飞虱

图8-1-1　水稻重要害虫生态位

8.1.1　水稻螟虫

8.1.1.1　分布与为害

二化螟：温带性昆虫，国内分布北达黑龙江克山县，南至海南岛，东起台湾，西至云南南部和新疆北部的主要稻区。主要寄主有水稻、小麦、玉米、高粱、茭白、甘蔗、粟、慈姑、蚕豆、油茶及芦苇等。

三化螟：热带性昆虫，国内分布于长江流域及其以南稻区，以沿海、沿江平原地区为害最重，分布北限在山东烟台附近。食性专一，仅为害水稻和野生稻。

大螟：国内分布于长江流域及其附近稻区，杂交稻推广后为害明显加重。食性杂，与二化螟相似。

水稻螟虫共同为害状：苗期、分蘖期为害水稻，造成枯心苗；孕穗期为害水稻，造成枯孕穗；破口抽穗期为害水稻，造成白穗。

8.1.1.2 形态识别

1)二化螟

①成虫(图 8-1-2):前翅长方形。雄蛾翅黄褐色,在静止时翅面密布不规则褐色小点,中室顶角有一灰黑色斑点,其下有 3 个灰黑色斑点。雌蛾前翅淡黄褐色,外缘有 7 个小黑点。

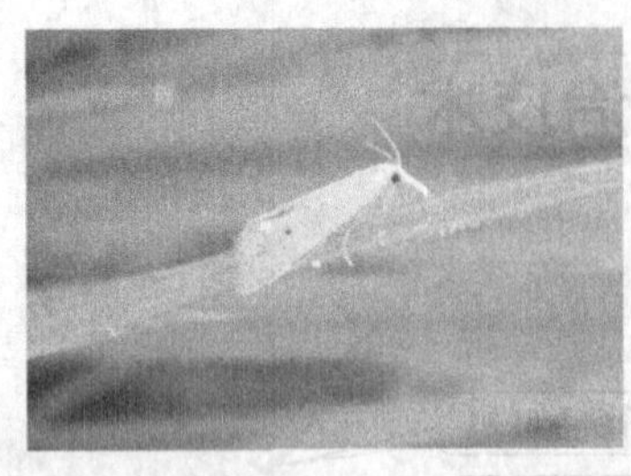

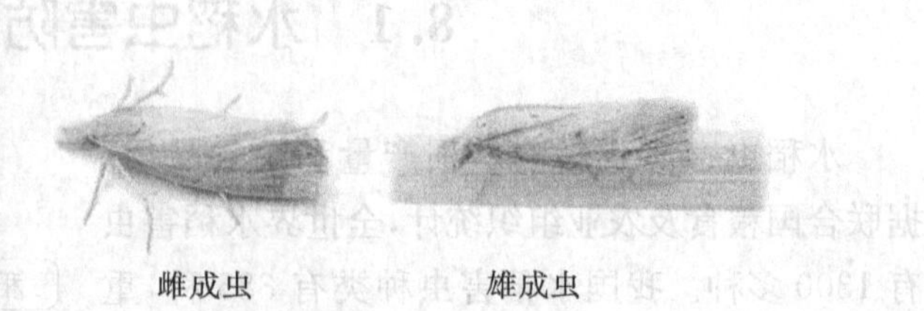

图 8-1-2 二化螟成虫及雌雄成虫对比

②幼虫(图 8-1-3):幼虫淡红褐色或淡褐色,体背有 5 条暗褐色纵线(背线、亚背线、气门线)。

③卵(图 8-1-4):卵粒排列成鱼鳞状。

④蛹(图 8-1-5):长 12~17 mm,初化蛹时乳白色,背面有 5 条棕褐色纵线,以后蛹体渐变为淡棕色、酱红色,纵线渐渐消失。额中央钝圆形突出。后足与翅芽平,第 10 腹节后缘两侧有 3 对角状突起,着生 1~2 对小刚毛,沿后缘背面尚有 1 对三角形突起。

图 8-1-3 二化螟幼虫

图 8-1-4 二化螟卵

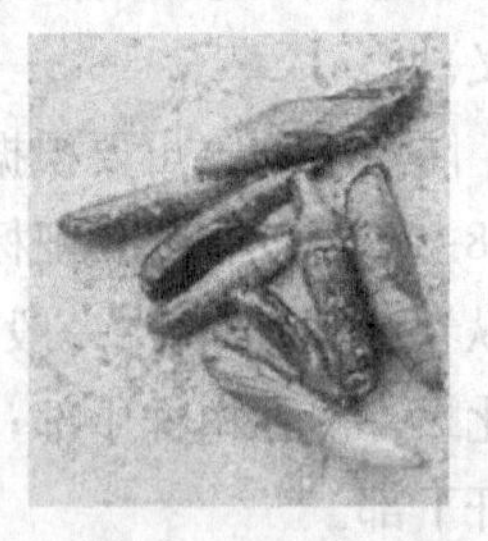

图 8-1-5 二化螟蛹

2)三化螟

①成虫(图 8-1-6):雌蛾中室顶角有 1 个小黑点,腹部末端有黄褐色毛丛。雄蛾中室顶角有 1 个小黑点,顶角至后缘中部有 1 条斜纹。

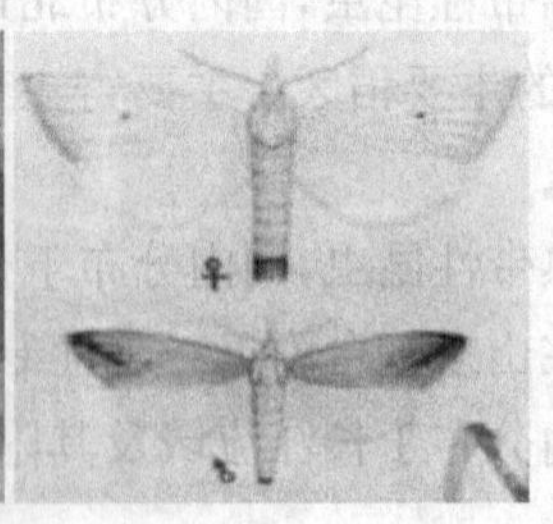

图 8-1-6 三化螟成虫及雌雄成虫对比

②幼虫(图 8-1-7):体长 20~30 mm,胸腹部黄绿色或淡黄色,体背有 1 条半透明的纵线,腹足趾钩单序全环。

③卵(图 8-1-8):长椭圆形,块产,上盖棕色绒毛。

④蛹:长 10~15 mm,圆筒形,黄绿色,快羽化时微现褐色,后足伸出翅芽顶端,不达腹

端。雌蛹后足伸至第 6 腹节后缘，雄蛹伸至第 7 或第 8 腹节。

一般可根据复眼色泽粗分为 7 个蛹级(图 8-1-9)：一级，复眼同体色；二级，复眼淡褐色(半边更浅)；三级，复眼深褐色；四级，复眼乌黑色；五级，复眼深灰色(外覆一层白膜)；六级，复眼灰黄色(翅点黑色明显)；七级，复眼黄金色(翅点黑色明显，鳞粉隐约可见)。

图 8-1-7　三化螟幼虫

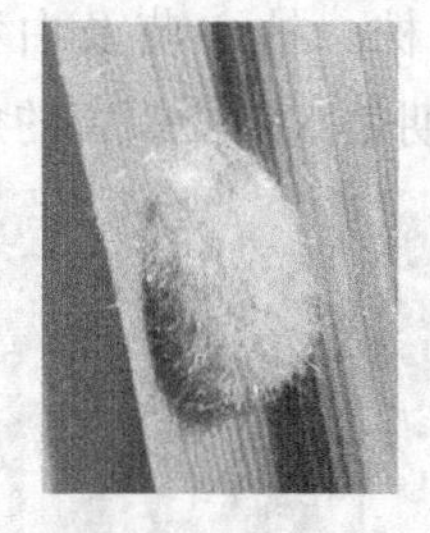

图 8-1-8　三化螟卵

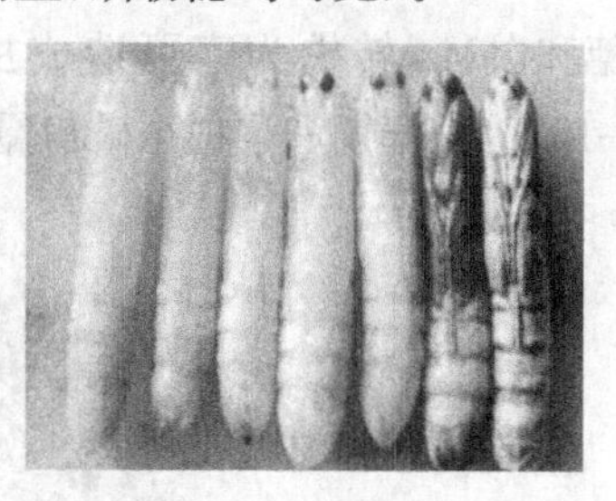

图 8-1-9　三化螟的蛹级

3)大螟

①成虫(图 8-1-10)：雌蛾体长约 15 mm，翅展约 30 mm，头部、胸部浅黄褐色，腹部浅黄色至灰白色；触角丝状；前翅近长方形，浅灰褐色，中间具小黑点 4 个，排成四角形。雄蛾体长约 12 mm，翅展约 27 mm，触角栉齿状。

②幼虫(图 8-1-11)：共 5～7 龄。末龄幼虫体长约 30 mm，头部红褐色至暗褐色。

图 8-1-10　大螟成虫

图 8-1-11　大螟幼虫

图 8-1-12　大螟卵

③卵(图 8-1-12)：扁圆形，初为白色，后变灰黄色，表面具细纵纹和横线，聚生或散生，常排成 2～3 行。

④蛹(图 8-1-13)：长 13～18 mm，粗壮，红褐色，腹部具灰白色粉状物，臀棘有 3 根钩棘。

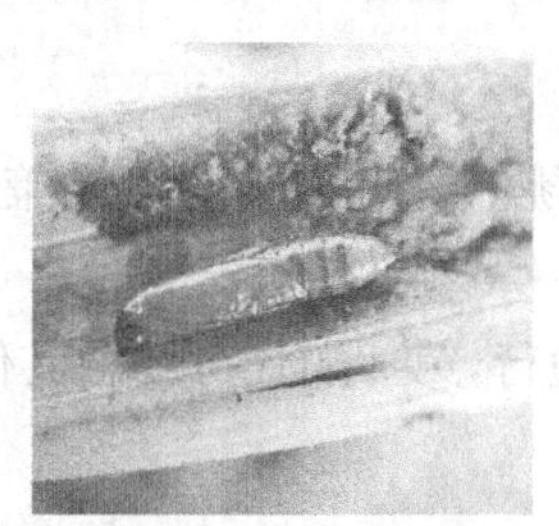

图 8-1-13　大螟蛹

图 8-1-14　二化螟为害水稻造成的虫伤株、枯心苗和枯鞘

8.1.1.3　发生规律与为害特点

水稻螟虫的发生为害主要受气候、栽培制度、品种及天敌等因素的综合影响。

1)二化螟　二化螟的寄主除水稻外，还有玉米、谷子、甘蔗、茭白、芦苇及禾本科杂草。

为害水稻时，可造成枯心苗、枯鞘、半枯穗、枯孕穗、白穗和虫伤株等症状(图 8-1-14)。2 龄后开始分散蛀茎，造成枯心苗或白穗。老熟后，在稻茎基部或茎与叶鞘之间化蛹。成虫夜晚活动，有趋光性。天敌对二化螟的自然控制能力较强。

2)三化螟 专食水稻，以幼虫蛀茎为害，分蘖期可造成枯心苗，孕穗至抽穗期可造成枯孕穗和白穗，转株为害可造成虫伤株。枯心苗及白穗是其为害稻株后的主要症状(图 8-1-15)。分蘖期和孕穗至破口露穗期是水稻受螟害的危险生育期。

图 8-1-15　三化螟蛀茎造成的枯心苗和白穗

3)大螟 幼虫为害水稻、麦、玉米、甘蔗、高粱、茭白、向日葵等，为害状(图 8-1-16)与二化螟相似，蛀入稻茎内为害，可造成枯鞘、枯心苗、枯孕穗、白穗和虫伤株，但一般蛀孔较大，且有大量虫粪排出蛀孔。幼虫孵化后，群集于叶鞘内侧为害，造成枯鞘，2～3 龄后分散蛀入邻近稻株的茎秆，多从稻株基部第 3、4 节处蛀入，造成枯心苗或白穗。幼虫为害多不过节，一节食尽即转株为害，一头可为害 3～4 株。幼虫老熟后，多在稻茎或枯鞘内化蛹。成虫白天潜伏于杂草丛中或稻丛基部，夜晚飞出活动，趋光性弱。

图 8-1-16　大螟为害水稻造成的枯鞘和虫伤株

8.1.1.4　防治技术

(1)防治策略

①二化螟：以保健栽培措施治螟为基础，采取“狠治 1 代，挑治 2 代”的化学防治策略。

②三化螟：宜采用防、避、治相结合的防治策略。

③大螟：以农业防治为基础，狠治第 1 代，重点防治稻田边行，第 3、4 代可结合其他害虫兼治，发生重的可重点挑治。

(2)具体措施

1)农业防治 根据螟虫幼虫集中在稻茬及稻草内越冬的习性，在收获后到春耕前铲除或烧毁稻茬、稻草，以消灭越冬幼虫，压低虫源基数。具体措施包括：

①处理残株、稻桩，水稻栽插前铲除田边杂草或齐泥割稻、锄劈或拾毁冬作田的外露稻桩。

②春耕灌水，淹没稻桩10天或早稻收割后，将稻草及时挑离稻田，曝晒数天，杀死稻草内大部分二化螟幼虫，同时将稻桩及时翻入泥下，灌满田水，杀死稻桩内螟虫。

③选用良种，调整播期，使水稻的危险生育期避开蚁螟孵化盛期。

④合理的肥水管理。

⑤在成虫羽化之前处理完稻草，或于螟蛾羽化始盛期往稻草堆上喷药。

2)生物防治　水稻螟虫的天敌种类很多，寄生性天敌有卵期天敌稻螟赤眼蜂、大螟黑卵蜂、啮小蜂，幼虫和蛹期天敌中华茧蜂、螟黑纹茧蜂、稻螟小腹茧蜂、螟黄瘦姬蜂、螟黑瘦姬蜂、螟蛉瘤姬蜂等(图8-1-17)，捕食性天敌有蜘蛛、青蛙、隐翅虫等。对这些天敌，应注意保护和利用。利用螟卵啮小蜂防三化螟效果良好，可使枯心苗率显著降低。应用苏云金杆菌可使被害率压低到1%以下。

图8-1-17　稻螟赤眼蜂、螟卵啮小蜂和稻螟小腹茧蜂

3)物理防治

①设置诱杀田：利用螟虫的趋绿性，适当安排几块稻田(一般为1～1.3 hm^2范围内安排0.07～0.14 hm^2诱杀田)，采取早播或迟播，结合施肥措施，以嫩绿的禾苗引诱螟蛾集中产卵，然后集中消灭。

②点灯诱蛾：利用黑光灯等诱杀螟虫。应与诱杀田结合起来，在诱杀田内集中点灯，增强诱杀效果，减少防治对象田的卵量，减轻虫害。

4)化学防治

①二化螟：第1代在水稻初见枯鞘时施药防治，或在螟卵孵化高峰后3天施药。防治指标：枯鞘丛率为5%～8%，早稻每亩有中心为害株100株，丛害率为1%～1.5%，或晚稻为害团多于100个。

②三化螟：在分蘖期始见枯鞘时用药防治，7～10天后再施药一次。

防治枯心苗：防治一次，应在蚁螟孵化盛期用药；防治2次，孵化始盛期开始施药，5～7天后再施药一次。

防治白穗：在蚁螟盛孵期内施药，破口期是防治白穗的最好时期。在破口5%～10%时，施药一次，若虫量大，5～7天后再增施1～2次。常用药剂有阿维菌素·毒死蜱、三唑磷、杀虫单等。

③大螟：当枯鞘率达5%或始见枯心苗为害状时，大部分幼虫处在1、2龄，可及时喷洒杀虫双药液。

8.1.2 稻纵卷叶螟

稻纵卷叶螟别名刮青虫，属鳞翅目螟蛾科，分布于东南亚和东北亚稻区，是一种迁飞性害虫。在我国北起黑龙江、内蒙古，南至台湾、海南的各稻区均有分布，原为局部发生、间歇为害，但自20世纪60年代以后，其发生与为害逐年加重。特别是20世纪70年代以来，在全国主要稻区大发生的频率明显增加，目前已成为影响水稻生产的重要害虫之一。水稻受害后空瘪率增加，千粒重降低，一般可减产20%～30%，严重的减产50%以上，大发生时稻田一片枯白，甚至颗粒无收。

8.1.2.1 分布与为害

周年繁殖区：1月平均气温16 ℃等温线以南地区，主要包括广西桂南地区、钦州、雷州半岛、海南岛、台湾地区南端以及滇南冬季温暖区。

越冬区：1月平均气温4～16 ℃等温线之间。以南岭山脉为界，岭南为常年越冬区，岭北为零星越冬区。

冬季死亡区：1月平均气温4 ℃等温线以北地区。

稻纵卷叶螟主要为害水稻，有时为害小麦、甘蔗、粟及禾本科杂草等。

8.1.2.2 形态识别

①成虫（图8-1-18）：体长7～9 mm，翅展约18 mm，灰黄色，前翅的前缘和外缘有灰黑色宽带，翅中部有3条黑色横纹，中间1条较粗短。

图 8-1-18 稻纵卷叶螟成虫

②幼虫（图8-1-19）：一般5龄，老熟时体长15～18 mm。头部褐色，胸腹部初为绿色，后变黄绿色，老熟时带浅红褐色。前胸背板后缘有2个螺形黑纹，中、后胸背面各有8个明显小黑圈，前排6个，后排2个。

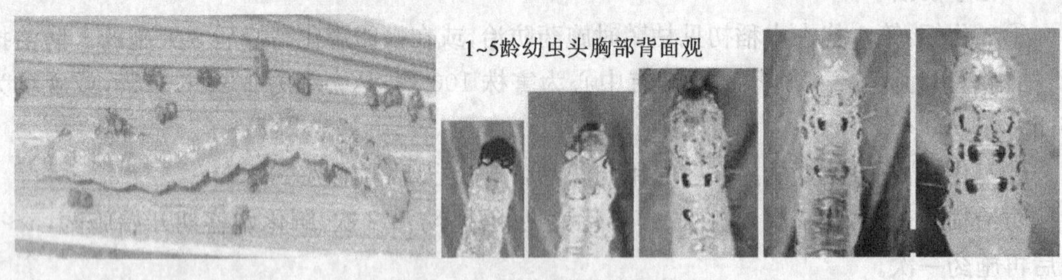

图 8-1-19 稻纵卷叶螟幼虫

③卵（图8-1-20）：约1 mm，椭圆形，初为白色、透明，近孵化时淡黄色。

④蛹（图8-1-21）：长7～10 mm，初为黄色，后转褐色，长圆筒形。

图 8-1-20　稻纵卷叶螟卵

图 8-1-21　稻纵卷叶螟蛹

8.1.2.3　发生规律与为害特点

①稻纵卷叶螟是一种远距离迁飞性害虫，有随季风迁飞的特点，夏季向北迁飞，秋季向南迁飞。

②成虫有很强的趋绿性、趋湿性和群集性，白天喜栖于生长繁茂、嫩绿荫蔽、高湿的稻田，分蘖期和孕穗期为害重。

③成虫羽化后 2 天常选择生长茂密的稻田产卵（历时 3～4 天），卵散产，少数 2～5 粒相连。每头雌虫一般产卵 40～50 粒，最多可产卵 150 粒。产卵位置因水稻生育期而异，多产于叶片中脉附近。

④刚孵出的幼虫先在嫩叶上取食叶肉，很快即到叶尖处吐丝、卷叶。幼虫白天躲在苞内取食，晚上出来或转移到新叶上卷苞取食。1 龄幼虫在分蘖期爬入心叶或嫩叶鞘内侧啃食，孕穗抽穗期则爬至老虫苞或嫩叶鞘内侧啃食，使叶片失绿、白化（图 8-1-22）。2 龄幼虫可将叶尖卷成小虫苞，然后吐丝纵卷稻叶形成新的虫苞（图 8-1-23），潜藏于虫苞内啃食。幼虫蜕皮前常转移至新叶重新作苞。4、5 龄幼虫取食量占总取食量的 95%左右，为害最重。每头幼虫一生可卷叶 5～6 片，多的达 10 片。老熟幼虫多在稻丛基部的黄叶、无效分蘖的嫩叶苞、枯死的叶鞘或叶片上结茧化蛹。

⑤世代数因纬度和海拔不同导致的温差而异。一年多发生 5～6 代（南岭以北到北纬 30°），有世代重叠现象。稻纵卷叶螟以幼虫和部分蛹在田边、沟边杂草（禾本科）上越冬，抗寒能力弱，越冬北界为北纬 30°左右。

图 8-1-22　稻纵卷叶螟为害状

图 8-1-23　稻纵卷叶螟卷叶过程

8.1.2.4　防治技术

(1)防治策略

以农业防治为基础，做好预测预报，充分发挥天敌的控制作用，将害虫密度控制在经济危害水平之下。

(2)具体措施

1)农业防治 对三类禾(生长最差的禾苗)追肥会使禾苗变得特别浓绿,可引诱稻纵卷叶螟集中产卵,因此此类稻田稻纵卷叶螟为害特别严重。为避免这类情况发生,水稻生长前期要施足基肥,插植后也要施肥,要加强田间管理,使水稻生长健壮,防止前期猛发旺长,后期恋青迟熟。

2)生物防治 在水稻生长中期,为保护利用稻卷螟啮小蜂(图 8-1-24)等寄生蜂类天敌,达到防治指标的田块最好施用苏云金杆菌(有利于天敌群落重建,以控制中后期发生的稻飞虱)。在稻纵卷叶螟产卵始盛期至高峰期分期分批释放赤眼蜂,每公顷每次释放 45 万～60 万头,隔 3 天释放一次,连续放蜂 3 次,效果与化学防治效果相当。在中等发生年,依靠自然天敌控制,辅以人工释放赤眼蜂,可减少化学防治面积或不采取化学防治措施。使用苏云金杆菌时搭配少量化学农药(约为农药常用剂量的 1/5),可提高防效。应用生物农药应选择初孵幼虫期。注意:蚕桑区不宜使用,以免家蚕感染。

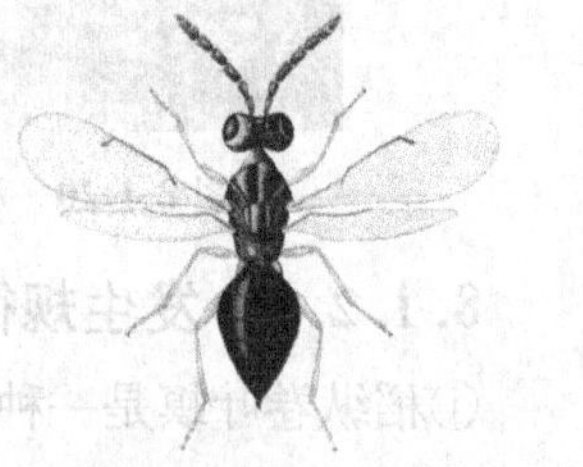

图 8-1-24 稻卷螟啮小蜂

3)物理防治 采用频振式杀虫灯诱杀成虫。

4)化学防治 使用化学农药时,最好在稻纵卷叶螟幼虫 3 龄高峰期(卷叶尖峰期),有利于保护稻纵卷叶螟低龄幼虫的寄生蜂(纵卷叶螟绒茧蜂)。水稻中后期应重点保护剑叶和剑叶下的两片功能叶,达到防治指标的田块仍需用药防治。用药时如遇阴雨天,虫情将加重,必须抓紧在雨后用药或补治。对一些内吸传导性能较好的高效农药,采用撒毒土法防治,要注意保持 3～5 cm水层 3～4 天,否则药效将受到严重影响。

目前,农田防治稻纵卷叶螟主要使用氯虫苯甲酰胺、虫酰肼、呋喃虫酰肼、氟铃脲、氟啶脲、茚虫威、阿维菌素、甲氨基阿维菌素苯甲酸盐、高效氯氰菊酯、乙酰甲胺磷等农药的单剂及混剂。其中,氯虫苯甲酰胺药效最好。

8.1.3 稻飞虱

稻飞虱主要有褐飞虱、白背飞虱和灰飞虱 3 种,其中褐飞虱近年在中、晚稻上严重发生,且有暴发危害。飞虱有长翅和短翅两种翅形,前者主要是迁飞类型,后者繁殖能力强,多的产卵量过千,是造成暴发危害的主要因素。褐飞虱是中国水稻上的主要害虫之一,每年均与白背飞虱混合为害。2 种飞虱不同年份在不同省份和地区发生程度不同。

8.1.3.1 分布与为害

1)褐飞虱 褐飞虱在我国各地均有发生,在长江以南各地为主要害虫,在华北和东北稻区每年 1～2 代。褐飞虱有远距离迁飞习性,是当前我国和其他许多亚洲国家水稻上的主要害虫。褐飞虱为单食性害虫,只能在水稻和普通野生稻上取食和繁殖后代。

2)白背飞虱 白背飞虱亦属长距离迁飞性害虫,中国广大稻区初次虫源由南方热带稻区随气流逐代逐区迁入,其迁入时间一般早于褐飞虱。白背飞虱以长江流域以南各省区发生为害较重。白背飞虱的寄主主要有水稻、玉米、大麦、小麦、甘蔗、高粱、稗草、早熟禾等。

3)灰飞虱　灰飞虱分布广泛，南自海南岛，北至黑龙江，东自台湾地区和东部沿海各地，西至新疆均有发生，以长江中下游和华北地区发生较多。灰飞虱的寄主是各种草坪禾草及水稻、麦类、玉米、稗草等禾本科植物，对农业危害很大。

8.1.3.2　形态识别

(1)褐飞虱

1)成虫(图 8-1-25)　长翅型体长 3.6～4.8 mm，短翅型体长 2.5～4.0 mm。体黄褐色或黑褐色，有油状光泽。头顶近方形，额近长方形，中部略宽，触角稍伸出额唇基缝，后足基跗节外侧具 2～4 根小刺。长翅型前翅黄褐色，透明，翅斑黑褐色；短翅型前翅伸达腹部第 5～6 节，后翅均退化。雄虫阳基侧突似蟹钳状，顶部呈尖角状向内前方突出；雌虫产卵器基部两侧第一载瓣片的内缘基部突起呈半圆形。

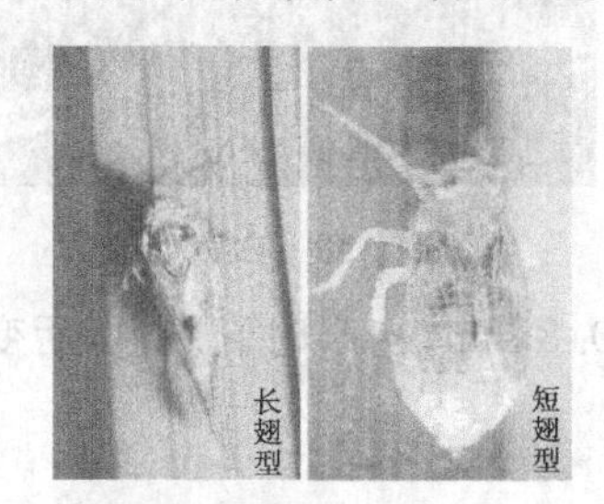

图 8-1-25　褐飞虱成虫

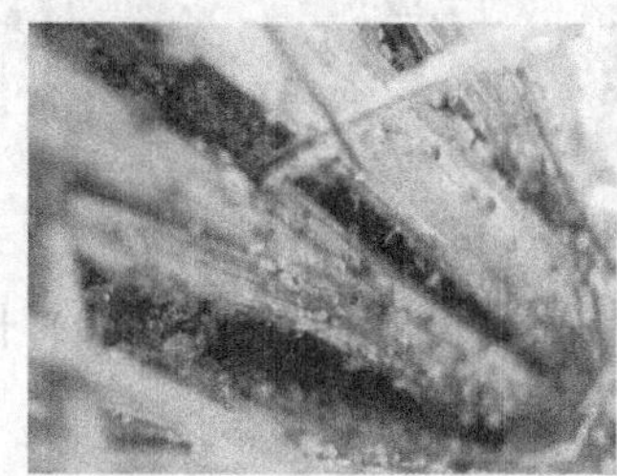

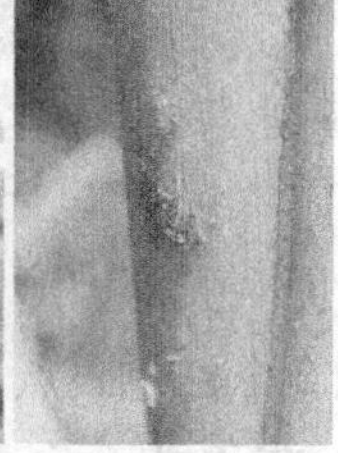

图 8-1-26　褐飞虱若虫

2)若虫(图 8-1-26)　共 5 龄。

1 龄：体长约 1.1 mm。体黄白色，腹部背面有一倒凸形浅色斑纹，后胸较前、中胸长，中、后胸后缘平直，无翅芽。

2 龄：体长约 1.5 mm。初期体色同 1 龄，倒凸形斑内渐现褐色；后期体黄褐色至暗褐色，倒凸形斑渐模糊。翅芽不明显。后胸稍长，中胸后缘略向前凹。

3 龄：体长约 2.0 mm。体黄褐色至暗褐色，腹部第 3、4 节有一对较大的浅色斑纹，第7～9 节的浅色斑呈“山”字形。翅芽已明显，中、后胸后缘向前凹成角状，前翅芽尖端不到后胸后缘。

4 龄：体长约 2.4 mm。体色、斑纹同 3 龄。斑纹清晰，前翅芽尖端伸达后胸后缘。

5 龄：体长约 3.2 mm。体色、斑纹同 3、4 龄。前翅芽尖端伸达腹部第 3、4 节，前、后翅芽尖端接近，或前翅芽稍超过后翅芽。

3)卵　卵粒香蕉形，长约 1 mm，宽约 0.22 mm。卵帽高大于宽底，顶端圆弧状，稍露出产卵痕，露出部分近短椭圆形，粗看似小方格，清晰可数。初产时乳白色，渐变淡黄色至锈褐色，且出现红色眼点。卵产于叶鞘和叶片组织内，排成一条(图 8-1-27)，称为卵条。

图 8-1-27　褐飞虱卵

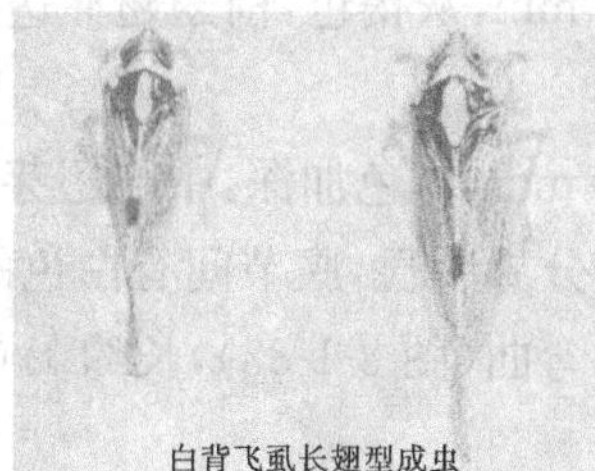

图 8-1-28　白背飞虱成虫

(2)白背飞虱

1)成虫(图 8-1-28) 长翅型成虫体长 4～5 mm,灰黄色,头顶较狭,突出于复眼前方,颜面部有 3 条凸起纵脊,脊色淡,沟色深,黑白分明,胸背小盾板中央长有 1 个五角形的白色或蓝白色斑,雌虫的两侧为暗褐色或灰褐色,而雄虫则为黑色,且在前端相连,翅半透明,两翅会合线中央有 1 个黑斑。短翅型雌虫体长约 4 mm,灰黄色至淡黄色,翅短,仅及腹部的 1/2处。

2)若虫 共 5 龄。末龄若虫灰白色(图 8-1-29),长约 2.9 mm。

图 8-1-29 白背飞虱若虫

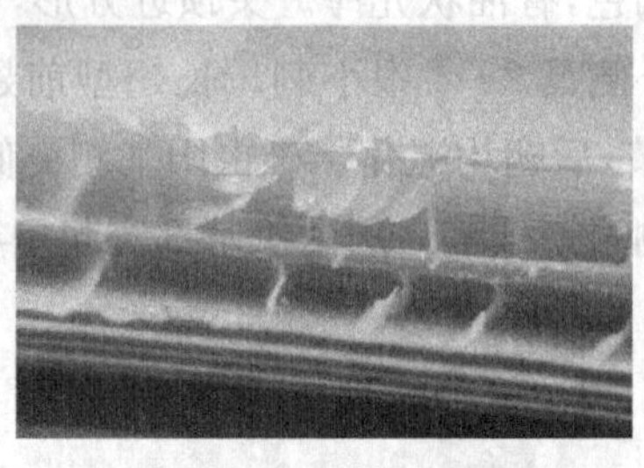

图 8-1-30 白背飞虱卵

3)卵 尖辣椒形,细瘦,微弯曲(图 8-1-30),长约 0.8 mm,初产时乳白色,后变淡黄色,且出现 2 个红色眼点。

(3)灰飞虱

1)成虫(图 8-1-31) 长翅型体长 3.5～4.2 mm,黄褐色至黑褐色,前翅淡灰色、半透明,有翅斑。短翅型体长 2.1～2.8 mm,翅仅达腹部的 2/3 处,其余形态特征均同长翅型。

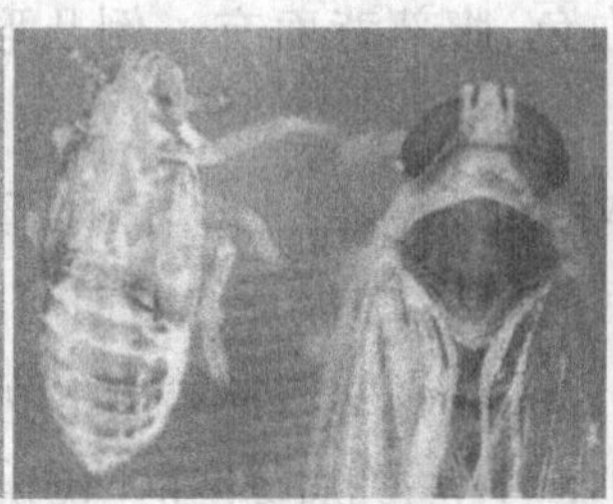
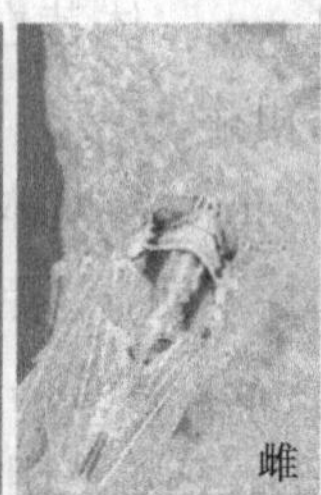

图 8-1-31 灰飞虱成虫以及雌雄成虫对比

2)若虫(图 8-1-32) 共 5 龄。

1 龄:体长 1.0～1.1 mm,体乳白色至淡黄色,胸部各节背面沿正中有纵行白色部分。

2 龄:体长 1.1～1.3 mm,黄白色,胸部各节背面为灰色,正中纵行的白色部分较 1 龄明显。

3 龄:体长约 1.5 mm,灰褐色,胸部各节背面灰色加深,正中线中央白色部分不明显,前、后翅芽开始出现。

4 龄:体长 1.9～2.1 mm,灰褐色,前翅翅芽达腹部第 1 节,后胸翅芽达腹部第 3 节,胸部正中的白色部分消失。

5 龄:体长 2.7～3.0 mm,体色加深,中胸翅芽达腹部第 3 节后缘并覆盖后翅,后胸翅芽达腹部第 2 节,腹部各节分界明显,腹节间有白色的细环圈。越冬若虫体色较深。

3)卵 长椭圆形,稍弯曲(图 8-1-33),长约 1.0 mm,前端较后端细,初产时乳白色,后期变淡黄色。

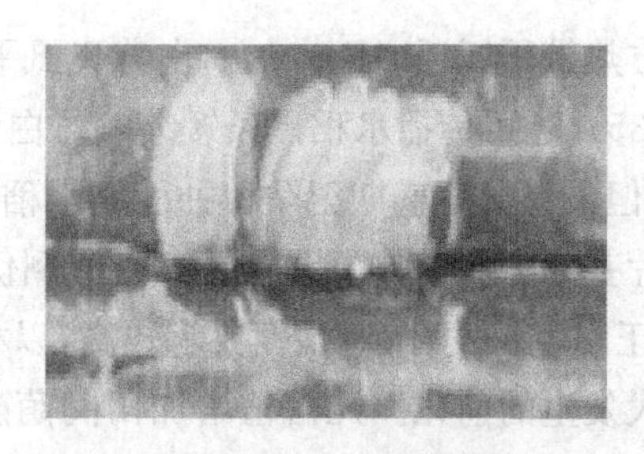

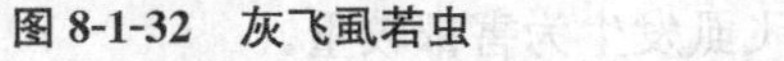

图 8-1-32　灰飞虱若虫　　图 8-1-33　灰飞虱卵

8.1.3.3　发生规律与为害特点

稻飞虱种类很多，常在稻田混合发生，其发生规律与为害特点有共性也有特殊性。

1)褐飞虱　主要为害水稻，也可为害小麦、玉米、甘蔗等。以成虫、若虫群集在稻茎秆基部刺吸汁液，成虫产卵时可划破茎叶组织，严重时导致死秆、倒伏。褐飞虱是一种迁飞性害虫，每年发生代数自北而南递增。越冬北界随各年冬季气温高低而摆动于北纬 21°～25°间，常年在北纬 25°以北的稻区不能越冬，因此我国广大稻区的初次虫源均随春夏暖湿气流由南向北逐代逐区迁入。长翅型成虫具趋光性，闷热夜晚扑灯更多。成虫、若虫一般栖息于阴湿的稻丛下部；成虫喜产卵于抽穗扬花期的水稻上，产卵期长，有明显的世代重叠现象。卵多产于叶鞘中央肥厚部分，少数产于稻茎、穗颈和叶片基部中脉内。每头雌虫一般产卵 300～700 粒，短翅型成虫的产卵量比长翅型多。褐飞虱喜温暖高湿的气候条件，相对湿度 80%以上、气温为 20～30 ℃时生长发育良好，尤其以 26～28 ℃最为适宜。温度过高、过低及湿度过低，不利于褐飞虱生长发育，尤以高温干旱影响更大。故夏秋多雨、盛夏不热、晚秋暖和均有利于褐飞虱的发生为害。

褐飞虱对水稻的危害主要表现在以下 3 个方面。

①直接吸食为害：以成虫、若虫群集于稻丛基部，刺吸茎叶组织汁液。虫量大、受害重时引起稻株倒伏，俗称“冒穿”(图 8-1-34)，导致严重减产或失收。

图 8-1-34　褐飞虱为害状

②产卵为害：产卵时刺伤稻株茎叶组织，形成大量伤口，促使水分由伤口向外散失，同时破坏疏导组织，加重水稻的受害程度。

③传播或诱发水稻病害：褐飞虱可传播水稻病毒病(草丛矮缩病和齿矮病)，其造成的伤口有利于水稻纹枯病、小球菌核病的侵染为害，其取食时排泄的蜜露富含各种糖类和氨基酸，覆盖于稻株上极易滋生煤烟病菌。

2)白背飞虱　主要为害水稻，也可为害小麦、玉米、甘蔗等。我国大多数稻区的初次虫源都是从南方热带稻区迁飞而来的。白背飞虱平时以成虫、若虫群集于稻茎秆和叶背，刺吸汁液(图 8-1-35)，还可传播水稻黑条矮缩病。白背飞虱有趋光性和趋嫩绿习性，可取食各生育期的水稻，但最喜分蘖盛期至孕穗抽穗期水稻。成虫产卵时可划破稻茎叶鞘肥厚组织，也有的产于叶片基部中脉内，严重时导致死秆、倒伏。白背飞虱对温度的适应性较强，30 ℃或 15 ℃时都可正常生长发育；对湿度要求较高，以相对湿度 80%～90%为宜。一般初夏多雨、盛夏干旱是大发生的前兆。凡密植增加田间荫蔽度，田间湿度高，过施或偏施氮肥，不适时搁田、烤田，尤其是长期淹水的稻田，白背飞虱发生为害都较重。

图 8-1-35 白背飞虱为害状

图 8-1-36 灰飞虱为害状

3)灰飞虱 寄主广泛，除水稻外，还有麦类以及看麦娘、游草、稗草等禾本科杂草。以成虫、若虫刺吸汁液为害(图 8-1-36)，可传播多种病毒病。若虫在田边、沟边、塘边的看麦娘及游草上越冬。成虫具趋光性和趋嫩绿习性。成虫和若虫常栖息于稻株下部。灰飞虱耐寒畏热，最适温度为 23～25 ℃，夏季高温对其极为不利。大量偏施氮肥或施肥过迟，使稻苗生长过分嫩绿，会引诱成虫产卵。

8.1.3.4 防治技术

(1)防治策略

在选用抗(耐)虫品种、加强肥水管理、准确掌握虫情的基础上，采用压前控后或狠治主害代的策略，适时合理地选用高效、低毒、残效期长的药剂，充分考虑对天敌和有益生物的保护。

(2)具体措施

1)农业防治

①种植抗虫品种：选用适用的抗虫高产品种，如汕优 6 号、秀水 620、包胎矮等。

②加强田间管理：连片种植，合理布局，避免插花式种植；适时烤田、搁田，沟渠配套，浅水勤灌，防止长期漫灌；合理施肥，促控结合，防止水稻前期猛发、封行过早或后期贪青晚熟。

2)生物防治 飞虱各虫期的寄生性和捕食性天敌(图 8-1-37)有数十种。除寄生蜂、黑肩绿盲蝽、瓢虫等，蜘蛛、线虫、菌类对褐飞虱的发生也有很大的抑制作用，应加强保护和利用，提高生物防治能力。采取化学防治措施时，应注意采用选择性药剂，调整用药时间，改进施药方法，减少用药次数，以避免杀伤大量天敌，使天敌无法充分发挥对飞虱的抑制作用。此外，稻田可放鸭食虫，可收到显著效果。

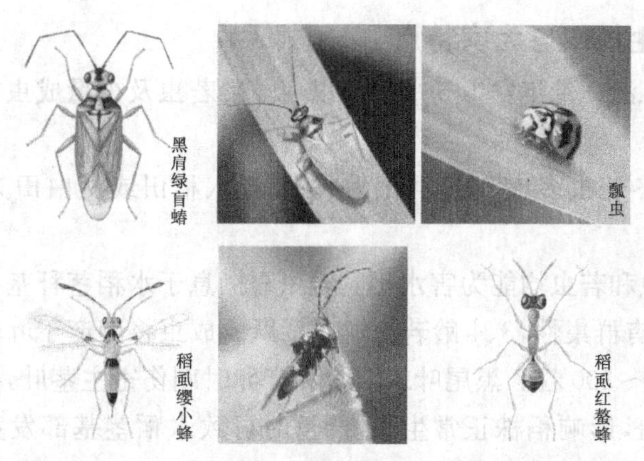

图 8-1-37　黑肩绿盲蝽、瓢虫、稻虱缨小蜂和稻虱红螯蜂

3)化学防治　以治虫保穗为目标,采取压前控后和狠治主害代的策略,于 2、3 龄若虫盛期用药。可选用 25%噻嗪酮 WP,干扰虫体内激素分泌,阻碍其表皮形成,使褐飞虱若虫在蜕皮过程中死亡。噻嗪酮具有高选择性,对天敌没有伤害。也可选用 10%吡虫啉 WP、25%速灭威 WP、10%异丙威 WP 和 80%敌敌畏 EC,兑水后喷雾,均有较好效果。

8.1.4　稻叶蝉

8.1.4.1　分布与为害

稻叶蝉又名稻浮尘子,属半翅目叶蝉科,主要有黑尾叶蝉、电光叶蝉、白翅叶蝉、大青叶蝉等种类,其中黑尾叶蝉为优势种。稻叶蝉分布于长江中上游和西南各省区,以成虫和若虫刺吸稻株汁液为害,还可传播水稻普通矮缩病、黄矮病和黄萎病等。稻叶蝉的寄主有水稻、茭白、慈姑、小麦、大麦、看麦娘、李氏禾、结缕草、稗草等。

下面以黑尾叶蝉为例,介绍稻叶蝉的形态识别、发生规律与为害特点及防治技术。

8.1.4.2　形态识别

图 8-1-38　黑尾叶蝉成虫

①成虫(图 8-1-38):体长 4.5～6 mm,头至翅端长 13～15 mm。最大特征是后脚胫节有 2 排硬刺;体色黄绿色;头、胸部有小黑点;上翅末端有黑斑。无近似种。头与前胸背板等宽,向前呈钝圆角突出,头顶复眼间接近前缘处有 1 条黑色横凹沟,内有 1 条黑色亚缘横带。复眼黑褐色,单眼黄绿色。雄虫额唇基区黑色,前唇基及颊区淡黄绿色;雌虫颜面淡黄褐色,额唇基的基部两侧区各有数条淡褐色横纹,颊区淡黄绿色。前胸背板黄绿色。小盾片黄绿色。前翅淡蓝绿色,前缘区淡黄绿色,雄虫翅端 1/3 处黑色,雌虫淡褐色。雄虫胸、腹部腹面及背面黑色,雌虫腹面淡黄色,腹背黑色,各足黄色。

②若虫:若虫共 4 龄,形似成虫,头胸大,尾较尖,善横爬斜行;1～2 龄无翅芽;3 龄以后出现翅芽,末龄若虫体长 3.5～4 mm。大若虫有明显的雌雄之分,雌者腹背黄褐色,雄者黑褐色。

③卵:长 1～1.2 mm,长茄形,一端略尖,中部稍弯曲,初产时乳白色,后由淡黄色转为灰黄色,近孵化时出现 2 个红褐色眼点。

8.1.4.3 发生规律与为害特点

①黑尾叶蝉在江浙一带年发生 5～6 代，以 3、4 龄若虫及少量成虫在绿肥田边、塘边及河边的杂草上越冬。

②黑尾叶蝉越冬若虫多在 4 月羽化为成虫，迁入稻田或茭白田为害，少雨年份易大发生。

③黑尾叶蝉成虫和若虫均能为害水稻。若虫喜栖息于水稻茎秆基部或稻叶片背面，用针状口器刺吸取食，有群集性，3、4 龄若虫尤其活跃。成虫将卵产于叶鞘边缘内侧组织中，每头雌虫可产卵 100～300 粒。黑尾叶蝉取食和产卵时刺伤寄主茎叶，破坏输导组织，使受害处呈现棕褐色条斑，影响稻株正常生长，严重时可致水稻茎基部发黄、变黑，后期烂秆、倒伏。

④在水稻抽穗灌浆期，成虫、若虫会在穗部和叶片上取食。黑尾叶蝉除直接为害水稻造成茎秆伤口外，还会助长菌核病的发生，传播水稻普通矮缩病、黄矮病和黄萎病等。

⑤黑尾叶蝉的主要天敌有褐腰赤眼蜂、黑尾叶蝉柄翅小蜂和捕食性蜘蛛等(图 8-1-39)。

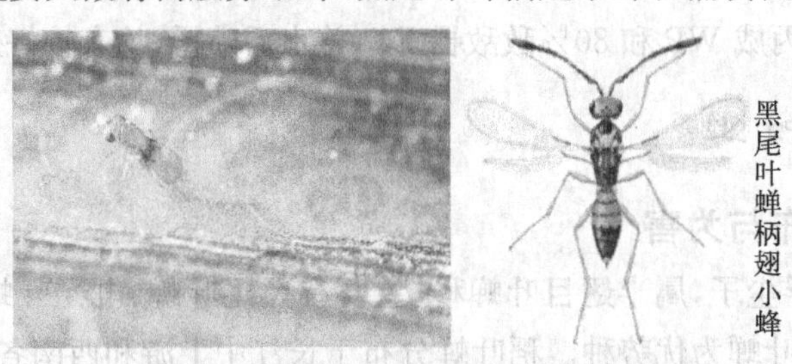

图 8-1-39 褐腰赤眼蜂和黑尾叶蝉柄翅小蜂

8.1.4.4 防治技术

(1)防治策略

防治稻叶蝉应采取以农业防治为基础，保护和利用天敌，在观测预报的指导下，进行化学防治的综合治理策略。

(2)具体措施

①选用高产抗虫水稻品种是防治虫害最有效的措施。冬、春季和夏收前后，结合积肥铲除田边杂草。因地制宜，改革耕作制度，避免混栽，减少桥梁田。加强肥水管理，避免稻株贪青徒长。有水源的地区，可于水稻分蘖期将柴油或废机油(15 kg/hm^2)滴于田中，待油扩散后，随即用竹竿将虫扫落水中，使之触油而死。滴油前田水保持 3 cm 以上，滴油扫落后，排出油水，灌进清水，避免油害。早稻收割后可立即耕翻灌水，田面滴油耕耙。

②黑尾叶蝉有很强的趋光性，且扑灯的多是怀卵的雌虫，因此可在 6 月至 8 月成虫盛发期进行灯光诱杀。

③注意保护和利用天敌昆虫、捕食性蜘蛛。

④在大田进行虫口密度调查，成虫出现 20%～40%时即为盛发高峰期，加产卵前期和卵期即为若虫盛孵高峰期。再加若虫期 1/3 天数，就是 2、3 龄若虫盛发期，即化学防治适期。若此时田间虫口已达防治指标，可参照天敌发生情况进行重点挑治。防治指标：早稻孕穗抽

穗期，每百丛虫口达300～500头，早插连作晚稻田边数行每百丛虫口达300～500头，而田中央每百丛虫口达100～200头时，须开展防治工作。病毒病流行地区，早插双季晚稻本田初期，即使未达上述防治指标，也要考虑及时防治。施药时田间要有3 cm水层（保持3～4天）。农药要混用或更换使用，以免产生抗药性。药剂可选用10％吡虫啉WP、50％异丙威WP、50％杀螟硫磷EC、50％倍硫磷EC等。

8.1.5　稻蓟马

为害水稻的蓟马种类有很多，主要有稻蓟马和稻管蓟马。稻蓟马的成虫、若虫锉吸叶片，吸取汁液，轻者使叶片出现花白斑，重者使叶尖卷褶、枯黄，受害严重者秧苗返青慢，萎缩不发。稻蓟马主要为害穗粒和花器，引起籽粒不实。若为害心叶，常导致叶片扭曲，叶鞘不能伸展，还可破坏颖壳，形成空粒。4月下旬水稻秧苗露青后，成虫大量迁至水稻秧田及分蘖期稻田为害、繁殖。天气晴朗时，成虫白天多栖息于心叶及卷叶内，早晨和傍晚常在叶面爬动。雄虫罕见，主要营孤雌生殖。卵散产于叶面正面脉间的表皮下组织内，对着光可见产卵处为针尖大小的透明小点。初孵若虫多潜入未展开的心叶、叶鞘或卷叶内取食。

8.1.5.1　分布与为害

稻蓟马在我国分布广泛，北起黑龙江、内蒙古，南至广东、广西和云南，东自台湾地区，西达四川、贵州，其寄主有水稻、小麦、玉米、粟、高粱、蚕豆、葱、烟草、甘蔗等。

8.1.5.2　形态识别

①成虫（图8-1-40）：体长1～1.3 mm，黑褐色，头近方形，触角7节；翅淡褐色、羽毛状，雌虫腹部末端锥形，雄虫腹部末端较圆钝。

②若虫（图8-1-41）：若虫共4龄。4龄若虫又称蛹，长0.8～1.3 mm，淡黄色，触角折向头与胸部背面。

③卵：肾形，长约0.26 mm，黄白色。

图8-1-40　稻蓟马成虫

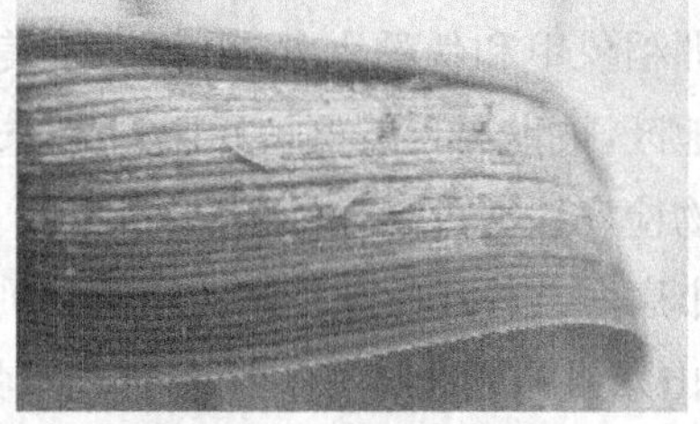

图8-1-41　稻蓟马若虫

图8-1-42　稻蓟马为害状

8.1.5.3　发生规律与为害特点

①稻蓟马生活周期短，发生代数多，世代重叠，多以成虫在麦、茭白及禾本科杂草上越冬。稻管蓟马以成虫在稻桩、落叶及杂草上越冬，开春为害麦子以后转至水稻，成虫产卵于颖壳或穗轴凹陷处，孵化后在穗上取食，为害花蕊及谷粒，扬花盛期出现虫量高峰。成虫、若虫以口器锉破叶面，呈微细黄白色斑，叶尖两边向内卷折（图8-1-42），渐及全叶卷缩、枯黄。分蘖初期受害重的稻田苗不长，根不发，无分蘖，甚至成团枯死。晚稻秧田受害更为严重，常

成片枯死,状如火烧。穗期成虫、若虫趋向穗苞,扬花时转入颖壳内,为害子房,造成空瘪粒。

③成虫常藏身于卷叶尖或心叶内,早晚及阴天外出活动,有明显趋嫩绿稻苗产卵习性,卵散产于叶脉间,幼穗形成后则以心叶上产卵为多。

④初孵幼虫集中在叶耳、叶舌处,更喜欢为害幼嫩心叶。7月至8月低温多雨,有利于发生为害。

⑤秧苗期、分蘖期和幼穗分化期是蓟马的严重为害期,尤其是晚稻秧田和本田初期。

8.1.5.4 防治技术

(1)防治策略

以种植抗虫品种和保健栽培为基础,充分发挥天敌的控制作用,必要时辅以化学防治,将害虫密度控制在经济危害水平之下。

(2)具体措施

1)农业防治 冬春季铲除田边、沟边杂草,降低虫源基数。栽插后加强管理,促苗早发,适时晒田、搁田,提高植株耐虫能力。对已受害的田块增施一次速效肥,以恢复秧苗生长。

2)化学防治

防治策略:狠治秧田,巧治大田;主攻若虫,兼治成虫。

防治指标:在若虫发生盛期,当秧田百株虫量为200～300头或卷叶株率为10%～20%,水稻本田百株虫量为300～500头或卷叶株率为20%～30%时,应进行化学防治。

具体措施:用35%丁硫克百威DS拌种,用药量为干种子质量的0.6%～1.1%,使用常规方法浸种后拌匀药剂,然后踏谷播种。也可用4.5%高效氯氰菊酯EC或40%乐果EC兑水喷雾。

8.1.6 稻水象甲

8.1.6.1 分布与为害

稻水象甲别名稻水象、美洲稻象甲和伪稻水象,甲原产于美国,现已先后扩散蔓延到包括中国在内的10多个国家和地区,被世界自然保护联盟列为全球100种最具威胁性的外来入侵生物之一,为我国进境植物检疫性害虫。

自1988年在河北省唐山市唐海县首次发现稻水象甲后,1990年在天津市、北京市,1991年在辽宁省丹东市,1992年在山东省东营市,1993年在吉林省集安市、浙江省台州市,2003年在陕西省留坝县等地稻田先后发现稻水象甲为害。近年来,稻水象甲又先后在湖南、陕西、福建、安徽、台湾、云南、四川等地被发现,且有进一步向邻近地区扩散的趋势,是值得注意的重要水稻害虫。

8.1.6.2 形态识别

①成虫(图8-1-43):体长2.6～3.8 mm,体壁褐色,密布相互连接的灰色鳞片。喙与前胸背板近等长,稍弯,扁圆筒形。前胸背板宽。鞘翅侧缘平行,比前胸背板宽。雌虫后足胫节有前锐突,长而尖;雄虫仅具短粗的两叉形锐突。

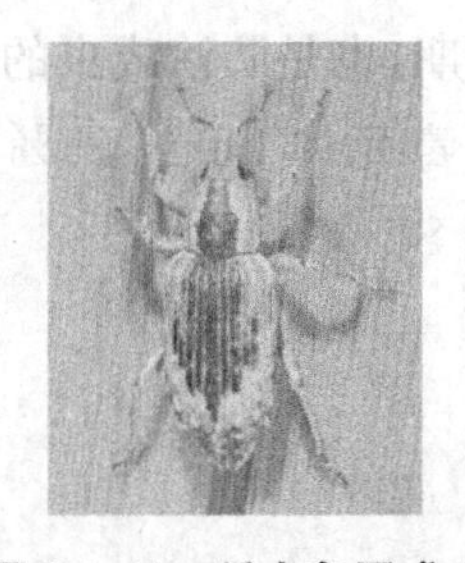

图 8-1-43 稻水象甲成虫

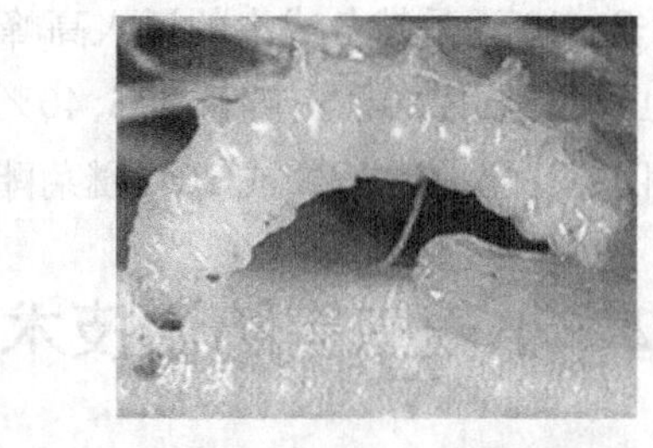

图 8-1-44 稻水象甲幼虫

图 8-1-45 稻水象甲蛹

②幼虫(图 8-1-44):无足型,白色。老熟幼虫体长约 10 mm,白色,无足。头部褐色,体呈新月形,腹部 2～7 节背面有成对向前的钩状气门。

③卵:长约 0.8 mm,圆柱形,两端圆,略弯,珍珠白色。

④蛹:白色,大小近似成虫,在绿豆形的土茧内(图 8-1-45)。

8.1.6.3 发生规律与为害特点

①稻水象甲为半水生昆虫,在国内稻区均以孤雌生殖繁殖,以成虫在地面枯草上越冬。越冬代成虫在 4 月至 5 月水稻移栽前后迁入秧田或本田交配、产卵,卵多产于浸水的叶鞘内。幼虫有转株为害习性。

②北方单季稻区一年发生 1 代,南方双季稻区以一年发生 1 代为主。早稻发病明显重于晚稻;同季稻中,早栽田发病重于迟栽田。

③稻水象甲成虫有强趋光性,且对水稻、稗草和马唐等禾本科植物有趋化性。

④稻水象甲主要为害水稻,田边重于田中央。成虫食叶,幼虫食根(图 8-1-46),一般造成水稻根系被毁(40%～80%),减产 20%～50%,严重时甚至绝收,对水稻生产安全极具威胁。

图 8-1-46 稻水象甲为害状

8.1.6.4 防治技术

(1)防治策略

加强植物检疫,以种植抗虫品种和保健栽培为基础,必要时辅以化学防治。

(2)具体措施

1)检疫措施 尽最大可能降低疫区虫口密度,开展普查、监测,做到早发现、早防治。

2)农业防治 适期晚插,避免秧苗移栽期与越冬成虫迁入高峰期相遇。水稻移栽后,前期浅水灌溉。

3)物理防治 安装频振式太阳能杀虫灯,每 5.5～6.7 hm^2 安装 1 盏,诱杀成虫。

4)化学防治

①苗床带药移栽:水稻移栽前 1 周左右,在苗床施用噻虫嗪等药剂,带药移栽,能有效杀死移栽初期迁入稻田的越冬成虫。

②边际施用防治:针对水稻移栽初期稻田周边、湿地周边聚集的大量成虫,实施边际化学防治,可大幅度减少化学防治面积。

③关键期施药防治:栽秧后7～10天是越冬成虫的迁入高峰期,也是防治成虫的最佳时期。对秧田和早稻田的越冬成虫,可选用20%三唑磷EC、40%毒死蜱EC或25%噻虫嗪WG等药剂。水稻本田期可选用25%噻虫嗪WG或10%醚菊酯SC等药剂。

8.2 小麦虫害防治技术

小麦是我国主要粮食作物,种植面积仅次于水稻。为害小麦的害虫(包括螨类)达237种,分属11目57科,其中取食茎叶种子的有87种,刺吸、锉吸的有82种,地下害虫有55种。

(1)麦田害虫种群

①地下害虫:蝼蛄、蛴螬、金针虫。

②蛀茎:麦秆蝇、麦茎蜂。

③刺吸茎叶汁液:麦蚜、害螨。

④食叶潜叶:黏虫、麦叶蜂、潜叶蝇。

⑤吸食麦粒汁液:棉铃虫、吸浆虫。

⑥传播病害:灰飞虱、麦蚜。

麦田害虫的优势种:3种地下害虫、麦蚜、麦蜘蛛、小麦吸浆虫(局部)、黏虫(轻度回升)。

(2)不同生育期的为害特点

害虫取食可对小麦造成直接损失,有些害虫如麦蚜、叶蝉、飞虱等还能传播病害,造成更大损失。在一般情况下,小麦因虫害造成的损失约为10%。当一些害虫大发生时,减产可达40%,甚至颗粒无收。因此,有效控制各种小麦虫害对保证小麦高产稳产有极为重要的作用。

1)苗期(出苗至冬前分蘖) 麦蚜在早播、干旱的向阳田块发生重,甚至能造成死苗。近年来,细胸金针虫发生重。土蝗在山坡丘陵地发生较严重。另外,灰飞虱可传播小麦丛矮病,蚜虫可传播小麦黄矮病。

2)返青拔节期 除麦蚜继续为害外,先后有麦长腿蜘蛛、麦圆蜘蛛、麦叶蜂、黏虫、灰飞虱等造成不同程度的危害。

3)穗期 除蚜虫(以长管蚜为主)继续为害外,还有吸浆虫(已成为主要回升害虫,须密切关注)、黏虫、麦穗夜蛾、麦蛾、棉铃虫等造成不同程度的危害。其中黏虫、蚜虫、吸浆虫对小麦产量影响很大。

近年来,栽培制度的改革、生产水平的提高以及品种的不断更替,对麦类害虫产生了不同的影响。从总的趋势上看,上述几种重要害虫有逐年加重为害的趋势,有些已经在生产上造成了很大的损失。

8.2.1 麦蚜

8.2.1.1 分布与为害

麦蚜俗称油汗、腻虫、麦蚰,属半翅目蚜科。安徽省麦田发生的蚜虫主要为麦长管蚜、麦二叉蚜、禾谷缢管蚜。

麦蚜的分布范围很广，遍布世界各产麦国。在我国，除麦无网长管蚜主要分布于华北外，麦长管蚜、麦二叉蚜、禾谷缢管蚜在各麦区普遍发生，但不同地区发生数量不一样。东北、华北地区，主要以麦二叉蚜为害成灾；黄河流域，以 3 种麦蚜混合为害；淮河流域及其以南地区，麦长管蚜和禾谷缢管蚜发生数量最多。因气候变暖，近年安徽省以禾谷缢管蚜为主，麦二叉蚜逐渐减少。

麦长管蚜、麦二叉蚜、禾谷缢管蚜均以刺吸式口器吸食汁液，致使小麦叶片变黄，生长缓慢，穗期影响千粒重，使产量降低。麦二叉蚜对小麦的危害最大，麦长管蚜次之，禾谷缢管蚜最小。

小麦蚜虫除可造成直接危害外，还能传播小麦黄矮病。其中以麦二叉蚜传毒能力最强，一般在病株吸食 30 min 即可带毒(24 h 后可传毒)，在健株上吸食约 10 min 可传毒。

8.2.1.2　形态识别

1)麦长管蚜　腹部黄绿色至浓绿色(图 8-2-1)，腹背两侧有褐斑 4～5 个，复眼红色，个体较大。

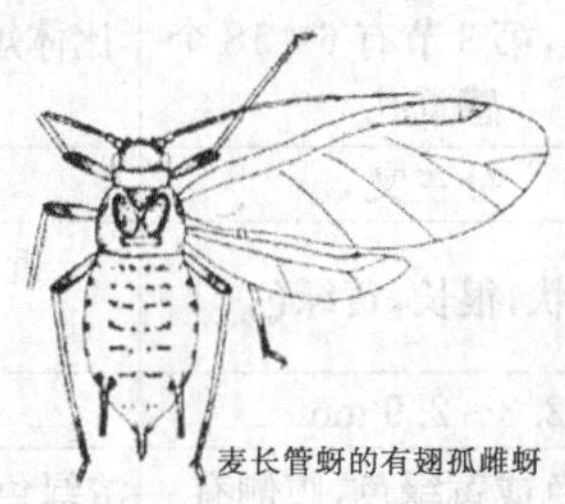

图 8-2-1　麦长管蚜(有翅蚜和无翅蚜)

2)麦二叉蚜(图 8-2-2)

①有翅雌蚜：体长约 1.8 mm，长卵形，绿色，背中央具一条深绿色纵线，复眼黑褐色。头、胸部黑色，腹部色浅。触角黑色，共 6 节，全长超过体长的 1/2。触角第 3 节具 4～10 个小圆形次生感觉圈，排成一列。前翅中脉二叉状。

②无翅雌蚜：体长约 2.0 mm，卵圆形，淡绿色，背中线深绿色，腹管浅绿色，顶端黑色。中胸腹岔具短柄。额瘤较中额瘤高。触角共 6 节，全长超过体长的 1/2，喙超过中足基节，端节粗短，长为基宽的 1.6 倍。腹管长圆筒形，尾片长圆锥形，长为基宽的 1.5 倍，有长毛 5～6根。

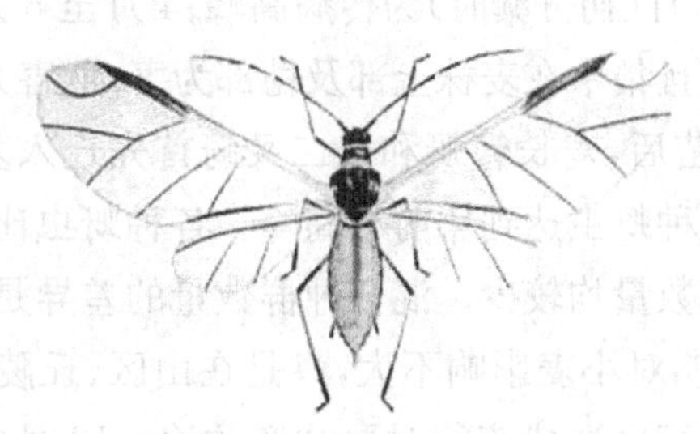

图 8-2-2　麦二叉蚜(有翅蚜和无翅蚜)

3)禾谷缢管蚜　头胸黑色，腹部暗绿色带紫褐色(图 8-2-3)，腹部后部中央具黑斑，腹管基部周围有铁锈色斑。

图 8-2-3 禾谷缢管蚜(有翅蚜和无翅蚜)

麦长管蚜、麦二叉蚜、禾谷缢管蚜形态的主要区别见表 8-2-1。

表 8-2-1 三种麦蚜形态的主要区别

项目		麦长管蚜	麦二叉蚜	禾谷缢管蚜
有翅胎生雌蚜	体长	1.8～2.3 mm	2.4～2.8 mm	约 1.6 mm
	体色	绿色,腹背中央有深色纵纹	黄绿色,背腹两侧有褐斑 4～5 个	暗绿色带紫褐色,腹背后方具红色晕斑 2 个
	触角	比体短,第 3 节有 5～8 个感觉孔	比体长,第 3 节有 6～18 个感觉孔	比体短,第 3 节有 20～30 个感觉孔
	前翅中脉	分二叉	分三叉	分三叉
	腹管	圆锥状,中等长,黑色	管状,很长,黄绿色	近圆管形,黑色,端部缢缩如瓶颈状
无翅胎生雌蚜	体长	1.4～2 mm	2.3～2.9 mm	1.7～1.8 mm
	体色	淡黄绿色至绿色,腹背中央有深绿色纵纹	淡绿色或黄绿色,腹侧有深色斑点	浓绿色或紫褐色,腹部后方有红色晕斑
	触角	为体长的 1/2 或稍长	与体等长或超过体长,黑色	仅为体长的 1/2

8.2.1.3 发生规律与为害特点

①麦长管蚜和麦二叉蚜终年在禾本科植物上繁殖、生活,以成蚜、若蚜或卵在麦苗或禾本科杂草上(主要在其基部土缝内)越冬,遇天暖仍能取食为害。小麦成熟后,飞离麦田,迁至其他禾本科植物上继续为害,并在其上越夏。

②安徽省内麦长管蚜、麦二叉蚜、禾谷缢管蚜一年发生 10～30 代,以无翅的成蚜、若蚜在麦田越冬。一年有 2 个高峰:11 月至 12 月(初分蘖时)为传病高峰;4 月至 5 月中上旬(抽穗至灌浆期)达全年最高峰。麦蚜数量多,且集中在麦株上部及穗部为害,危害大,损失重。

③麦蚜迁移规律:一般的小麦播种出苗后,麦长管蚜和麦二叉蚜首先迁入麦田,禾谷缢管蚜也相继迁入。11 月中旬至 12 月初,3 种蚜虫达到年前小高峰。各种蚜虫比例在不同年份不同有差异,但无论哪一年,麦长管蚜的数量均较少。混合种群数量的差异是由各生态因素导致的,与各蚜虫生态习性有关。但此期对小麦影响不大,只是在山区、丘陵灌溉条件差的地区有时可造成死苗。在小麦黄矮病流行区造成流行时要注意防治。12 月中旬,随着湿度的降低,田间麦蚜数量下降,大部分麦蚜转到麦茎基部、根际,晴日中午仍可活动、为害。次年 3 月,小麦返青,麦蚜量回升。但是由于气温低,麦蚜量上升缓慢。3 月中旬以后,气温

升高,小麦拔节,麦蚜量增长快。4 月中下旬小麦近孕穗时,麦蚜量达全年最高峰,且一直维持到 5 月中上旬。此时正是小麦产量形成的关键时期,麦蚜为害可造成严重损失。此时种群数量以麦长管蚜、禾谷缢管蚜数量最多,麦二叉蚜数量最少。

④3 种蚜虫在混合种群中的比例不同,且为害部位有一定差异(图 8-2-4)。麦二叉蚜喜干旱,畏光照,不耐氮肥,多分布于瘠薄麦田,为害麦株下部及叶片背面,喜集中在苗期阶段为害。麦长管蚜喜光照,喜湿,较耐氮肥,多分布于肥沃麦田,为害植株的上部及叶片正面,喜好集中为害穗部。禾谷缢管蚜畏光,喜湿,嗜食茎秆和叶鞘,多分布于下部叶鞘和茎秆上,麦丛中部的小穗上也有分布。

图 8-2-4　麦蚜为害状

8.2.1.4　防治技术

(1)防治策略

在非小麦黄矮病流行区,重点防治穗期麦蚜。

(2)具体措施

1)农业防治

①采取合理的作物布局。

②控制和改变麦田生态。

③推广抗虫品种。

2)生物防治　麦蚜的天敌(图 8-2-5)有很多:瓢虫类,如七星瓢虫、龟纹瓢虫、异色瓢虫等;食蚜蝇类,如黑带食蚜蝇、大灰食蚜蝇等;蜘蛛类,如草间小黑蛛、黑腹狼蛛、T 纹豹蛛等;草蛉类,如大草蛉、丽草蛉、中华草蛉等;蚜茧蜂类,如菜蚜茧蜂、燕麦蚜茧蜂等;寄生性螨类和蚜霉菌等。

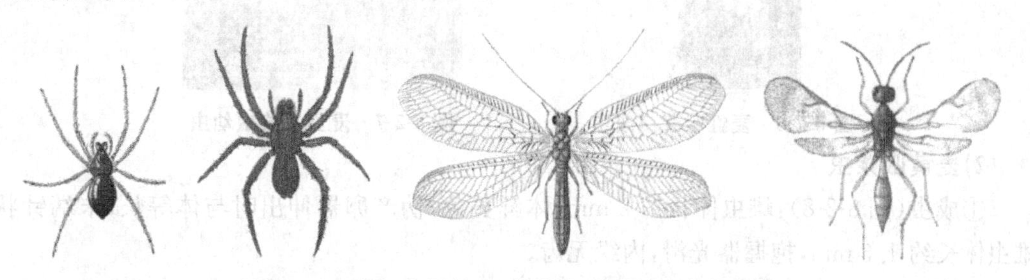

图 8-2-5　草间小黑蛛、黑腹狼蛛、丽草蛉和菜蚜茧蜂

3)化学防治

①拌种:使用吡虫啉(种子量的 0.2%～0.4%)拌种,或使用噻虫嗪(种子量的 1%)加活性炭拌种。

②撒毒土(沙):用80%敌敌畏EC 75 mL拌土25 kg,于小麦穗期在清晨或傍晚撒施,但要结合灌溉。为了保护天敌,宜选用对天敌杀伤力小的抗蚜威等农药。

③喷雾:重点防治穗期麦蚜,当田间麦蚜发生量超过防治指标(苗期500头/百株,穗期800头/百穗)时,可喷洒化学农药进行防治。常用药剂有吡虫啉、啶虫脒、抗蚜威、辛硫磷、溴氰菊酯、阿维菌素、灭多威等。

8.2.2 小麦吸浆虫

8.2.2.1 分布与为害

小麦吸浆虫属双翅目瘿蚊科,主要有麦红吸浆虫和麦黄吸浆虫2种,分布于亚洲、欧洲、美洲(只有红吸浆虫),发生严重的国家有日本、法国、俄罗斯、捷克、瑞典、丹麦、荷兰、英国、德国、意大利、加拿大、美国等。国内除华南地区无分布外,北纬31°~25°之间的黄河、淮河小麦区都有发生。麦红吸浆虫多见于平原河流两岸、潮湿地区、水浇地。麦黄吸浆虫多见于高原高山的干旱地带。小麦吸浆虫主要为害花器和籽粒。麦黄吸浆虫发生早,以花期为害为主,可造成瘪粒而使小麦减产,严重时几乎毁产。麦红吸浆虫发生晚,以为害籽粒为主,一般可使小麦减产10%~20%,大发生年份减产40%~50%。

8.2.2.2 形态识别

1)麦红吸浆虫

①成虫(图8-2-6):雌虫体长2~2.5 mm,翅展约5 mm,体橘红色。复眼大,黑色。前翅透明,有4条发达翅脉,后翅退化为平衡棒。触角细长,呈长圆形膨大,环生2圈刚毛。

②幼虫(图8-2-7):体长2~3 mm,椭圆形,橙黄色,头小,无足,蛆形,前胸腹面有1个"Y"形剑骨片,前端分叉,凹陷深。

③卵:长约0.09 mm,长圆形,浅红色。

④蛹:长约2 mm,裸蛹,橙褐色,头前方具白色短毛2根和长呼吸管1对。

图8-2-6 麦红吸浆虫成虫

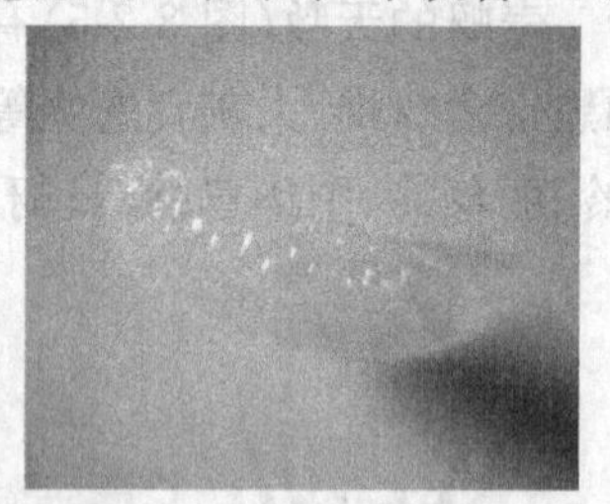

图8-2-7 麦红吸浆虫幼虫

2)麦黄吸浆虫

①成虫(图8-2-8):雌虫体长约2 mm,体鲜黄色,伪产卵器伸出时与体等长,末端针状。雄虫体长约1.5 mm,抱握器光滑,内缘无齿。

②幼虫(图8-2-9):体长2~2.5 mm,黄绿色,体表光滑,前胸腹面有剑骨片,剑骨片前端呈弧形浅裂,腹末端生突起2个。

图 8-2-8　麦黄吸浆虫成虫

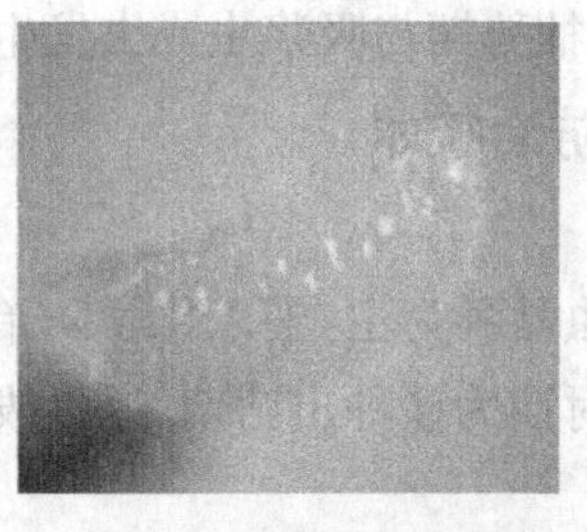

图 8-2-9　麦黄吸浆虫幼虫

③卵(图 8-2-10)：长约 0.29 mm，香蕉形。

④蛹(图 8-2-11)：鲜黄色，头端有 1 对较长毛。

图 8-2-10　麦黄吸浆虫卵

图 8-2-11　麦黄吸浆虫蛹

8.2.2.3　发生规律与为害特点

①小麦吸浆虫一年发生 1 代。老熟幼虫在土中结圆茧越夏、越冬。

②小麦吸浆虫发生与雨水、湿度关系密切，3 月至 4 月雨水充足，利于越冬幼虫破茧上升土表、化蛹、羽化、产卵及孵化。

③种群动态。

上升表土阶段：翌年 3 月，当 10 cm 处土温上升至 10 ℃时(即 3 月中旬至 4 月中旬，小麦拔节前后)，若遇足够的水分，则破茧成为活动幼虫，上升至表土 4～7 cm 处。

化蛹：当 10 cm 处土温上升至 15 ℃时(即 4 月中旬，小麦孕穗期)幼虫化蛹，蛹期为 7～10 天。

羽化：4 月下旬，10 cm 处土温高于 20 ℃，小麦抽穗时开始羽化，然后在未扬花的麦穗上产卵。

幼虫为害：5 月初至 5 月下旬出现幼虫为害，一般持续 15～20 天，此时小麦正处于扬花期至灌浆初期(为害盛期)。

入土：小麦处于蜡熟阶段时入土。

④麦红吸浆虫畏光，怕高温，中午多潜伏在麦株下部丛间，多在早晚活动，活动高峰为 8:00—10:00 和 15:00—18:00。雄虫多在麦株下活动，雌虫多在麦株上 10 cm 处活动。卵多聚产于护颖与外颖、穗轴与小穗柄等处，每头雌虫可产卵 60～70 粒。麦红吸浆虫有多年休眠习性，遇春旱年份有的不能破茧化蛹，有的已破茧又重新结茧再次休眠，休眠期有的可长达 12 年。幼虫孵化后为害花器，以后吸食灌浆的麦粒，成虫老熟后离开麦穗。

⑤麦穗颖壳坚硬、扣合紧、种皮厚、籽粒灌浆迅速的品种受害轻。

⑥抽穗整齐、抽穗期与吸浆虫成虫发生盛期错开(成虫产卵少或不产卵)的品种受害轻。

8.2.2.4 防治技术

(1)防治策略

应以选育抗虫品种为主,辅以化学防治,但目前没有较好的抗虫品种,只能以化学防治为主。防治关键时期为播种出苗期、返青拔节期、孕穗抽穗期和灌浆期。

(2)具体措施

1)农业防治

①选用抗虫小麦品种,如南大 2419、西农 6028 等。

②轮作、换茬、水旱轮作等农艺措施。

2)化学防治

①在化蛹期撒毒土(3 月至 4 月中旬):播种前撒毒土防治土中幼虫和蛹。可选用 50% 辛硫磷 EC,兑水后喷于干土上,拌匀制成毒土,撒施于地表,耙入或翻入土表层更有效。

②防治成虫(4 月 20 日至 5 月 10 日):小麦抽穗盛期可兼治麦蚜和黏虫。可选用抗蚜威等选择性农药,以保护天敌。

8.2.3 麦蜘蛛

8.2.3.1 分布为害

麦蜘蛛属蛛形纲蜱螨目。我国小麦产区常见的麦蜘蛛主要有麦长腿蜘蛛和麦圆蜘蛛。两种麦蜘蛛于春、秋两季吸取麦株汁液(被害麦叶先出现白斑,后变黄),轻则影响小麦生长,造成植株矮小、穗少粒轻,重则致使整株干枯死亡。株苗严重被害后,抗害力显著降低。

麦圆蜘蛛在北纬 29°~37°以水浇地及低洼地的麦田发生严重,旱地发生轻。在安徽省多数地区发生危害的是麦圆蜘蛛,皖北部地区如砀山,两种麦蜘蛛混合发生。麦长腿蜘蛛为偏北发生种,主要分布于北纬 34°~37°之间的地区,尤以黄河以北的浅山旱地和丘陵区发生较普遍。麦圆蜘蛛和麦长腿蜘蛛在国外主要分布于美洲等地区。

8.2.3.2 形态识别

1)成虫(图 8-2-12)

①麦圆蜘蛛(成螨):体长约 0.65 mm,宽约 0.43 mm,体黑色带紫色或深红褐色,近圆形。足 4 对,第 1 对最长,第 4 对次之,第 2、3 对约等长。

②麦长腿蜘蛛(成螨):体长约 0.61 mm,宽约 0.23 mm,呈卵圆形,体色红褐色,长圆形,两端尖。足 4 对,橘红色,第 1、4 对足特别长。

2)若虫

①麦圆蜘蛛(若螨):共 4 龄。1 龄体圆形,足 3 对,称幼螨。2 龄以后足 4 对,似成螨。4 龄深红色,和成螨极似。

②麦长腿蜘蛛(若螨):共 3 龄。1 龄体圆形,足 3 对,称幼螨。2、3 龄足 4 对,似成螨。

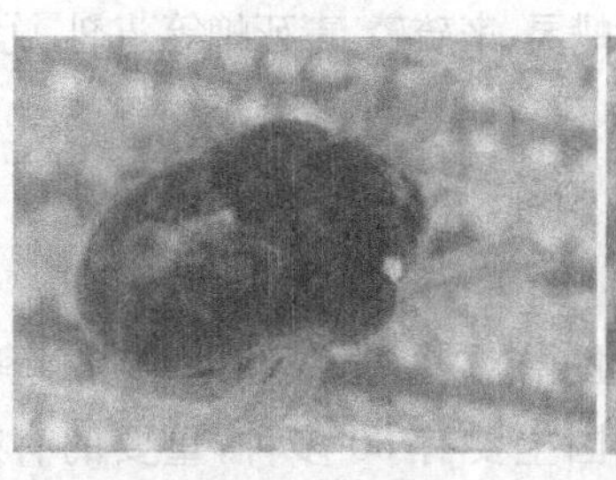
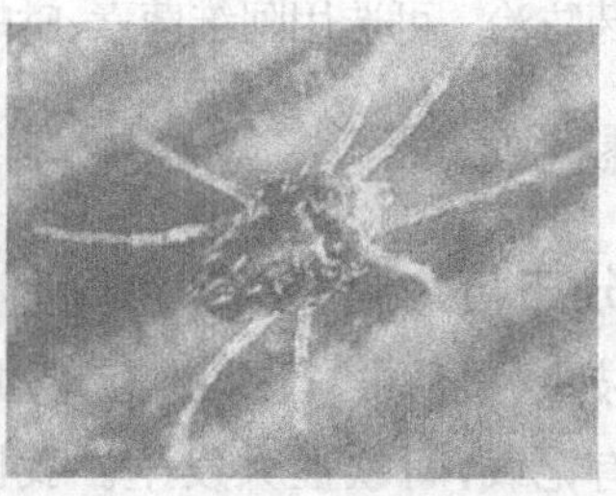

图 8-2-12　麦圆蜘蛛(成螨)和麦长腿蜘蛛(成螨)

8.2.3.3　发生规律与为害特点

1)麦圆蜘蛛　安徽省一年 2～3 代,以成螨和卵越冬。成螨没有真正越冬,晴日的中午仍可活动为害,次年 2 月下旬,日平均温度为 4～8 ℃时开始活动,越冬卵开始孵化,3 月下旬至 4 月中下旬为发生危害的盛期(图 8-2-13)。卵多产于麦根的基部或分蘖的基部。当日平均温度达17 ℃时开始死亡,20 ℃时大量死亡。小麦收获后,以卵越冬,10 月中旬孵化,若虫期为 28 天。11 月初完成第 2 代,个别次年 2 月完成第 3 代。

图 8-2-13　麦圆蜘蛛为害状

主要习性:喜阴湿,怕高温干旱,适宜温度为 8～15 ℃;早晨和傍晚最活跃,中午潜伏;以孤雌生殖为主。

2)麦长腿蜘蛛　安徽省一年 3～4 代,以卵和成虫越冬。次年 3 月中下旬,当温度达8 ℃时,成虫开始活动,卵开始孵化。4 月中下旬为第 1 代成虫盛期,5 月上旬为第 2 代成虫盛期,5 月下旬至 6 月上旬为第 3 代成虫盛期。严重为害时期为 4 月至 5 月,与小麦的孕穗抽穗期基本一致。卵多产于麦株基部土块下、粪块上及秸秆上;卵散产,有滞育卵和非滞育卵,前者草帽形,有白色蜡层覆盖,后者鲜红色圆形。

主要习性:喜欢温暖干燥;9:00—16:00 为活动期,高峰在 11:00—15:00;有群集性和假死性;成螨耐饥饿能力强,以孤雌生殖为主。

8.2.3.3　防治技术

(1)防治策略

以种植抗虫品种为基础,加强保健栽培,并辅以化学防治措施。

(2)具体措施

1)农业防治

①集中深翻除草,轮作换茬,增施肥料,早春耙耱。

②及时灭茬。

③机械振落加以杀死。

④有条件的地区提倡旱改水,结合灌溉。

2)化学防治

①拌种:使用吡虫啉(种子量的 0.1%)拌种。

②喷雾:防治指标为 3 月底至 4 月初达到 1000 头/百株。小麦返青后,一旦虫口密度达到防

治指标，应及时施药防治。可选用阿维菌素、哒螨灵、辛硫磷、毒死蜱等药剂，兑水后均匀喷雾。

8.2.4 黏虫

8.2.4.1 分布与为害

黏虫又名剃枝虫、栗黏虫、行军虫、五色虫、夜盗虫等，属鳞翅目夜蛾科，为世界性害虫，公元前1世纪已有记载，间歇性大发生。我国主要有60多种，重要的有东方黏虫、劳氏黏虫、白脉黏虫和谷黏虫等。黏虫在国内分布极广，除新疆、西藏尚无记录外，其余各地均有分布，是粮食作物的重要害虫。

黏虫食性极杂，可取食100余种植物，尤喜食禾本科植物，主要为害麦类、稻、玉米、高粱、谷子等作物及芦苇、稗草、狗尾草等杂草，大发生时亦可为害豆类、白菜、苘麻、棉花等。黏虫以幼虫食叶为害，大发生时常将叶片全部吃光，使植株光秆。

8.2.4.2 形态识别

1)成虫(图8-2-14) 体长17～20 mm，翅展35～45 mm。翅淡灰褐色，前翅中央近前缘处有2个淡黄色圆斑，外方圆斑下有1个小白点，其两侧各有1个小黑点，顶角具一条向后缘的黑色斜纹。雄蛾腹部较细，用手指轻捏，腹端可伸出1对长鳞片状抱握器；雌蛾腹部较粗，手捏时伸出管状产卵器。

2)幼虫(图8-2-15) 共6龄。老熟时体长约38 mm。头部褐色、黄褐色至红褐色，沿蜕裂线有棕黑色“八”字纹。2～3龄幼虫黄褐色至灰褐色，或带暗红色。4龄以上的幼虫多为黑色或灰黑色。身上5条纵纹，背中线白色较细，边缘有细黑线，亚背线红褐色，上下镶有灰白色细条，气门黑色，气门线黄色，上下有白色带纹，因此俗称“五色虫”。腹足外侧各有一黑褐色宽纹。趾钩单序中带，排成半环状。

图8-2-14 黏虫成虫

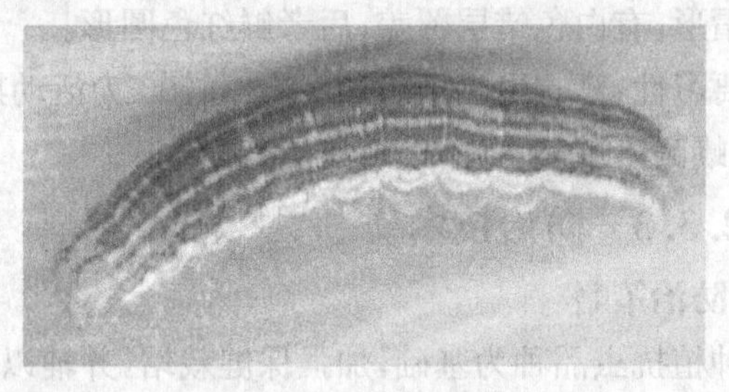

图8-2-15 黏虫幼虫

3)卵 馒头形，表面有网状背纹，直径约0.5 mm，初产时乳白色，后变为黄白色，孵化前呈灰黑色。卵单层排列成行，形成卵块。

4)蛹 体长约20 mm，红褐色，有光泽。腹部背面第5～7节近前缘有马蹄形刻纹。尾刺3对，中间的一对较大而直，两侧的细小而弯曲。雄蛹生殖孔位于腹部第9节，雌蛹位于第8节。

8.2.4.3 发生规律与为害特点

1)成虫

①黏虫生理上无滞育特性，世代发育起点温度为9.6 ℃。安徽为4～5代区。成虫羽化后必须取食，补充营养，才能正常发育和繁殖。

②黏虫有昼伏夜出习性，白天躲在阴暗环境，傍晚才开始出来取食，3 个高峰期分别为傍晚日落后（成虫取食）、半夜前后（交尾产卵）、黎明前（寻找隐蔽场所）。黏虫趋光性弱，但对黑光灯有一定的趋性。

③黏虫喜产卵于麦田中下部枯黄叶，一般产于枯心苗或叶片枯干的皱缝间。每头雌虫可产卵 1000～2000 粒。

④黏虫是迁飞性害虫，成虫的飞行能力很强，可以飞至 2000 km 以上。在我国，黏虫每年有几次大的迁飞活动，春季由南向北迁飞，秋季由北向南迁飞。

⑤黏虫对糖、醋、酒混合液以及杨、柳树枝有强烈的趋性，也喜食山芋、酒糟、粉浆等含糖类物质的发酵液。

2）幼虫

①黏虫属中温好湿昆虫。适宜温度为 19～22 ℃，适宜空气相对湿度＞90％，温度＜15 ℃或＞25 ℃、空气相对湿度＜65％对成虫产卵、幼虫孵化和成活有明显影响。江淮流域早春温度影响成虫的始见期和蛾峰期出现的时间。一般日平均气温为 5 ℃时成虫出现，日平均气温大于 10 ℃时成虫盛发。3 月至 4 月是幼虫孵化期，温度和湿度可影响幼虫发生量。若温度较常年偏高，天气多阴雨，则有利于黏虫的发生。

②夜晚活动，在阴天和较凉爽的气候条件下也能在白天活动为害。

③食性杂，取食的植物种类很多，但最喜禾本科植物。

④幼虫孵化后先吃掉卵壳，后爬至叶面分散为害。初龄幼虫多潜伏在寄主的心叶、叶鞘、叶腋、茎叶丛间或干枯叶缝内，一经触动，即吐丝、下垂。3 龄后有假死性。

若温度较高、气候干燥，则潜伏于作物根旁土块下，老熟幼虫也可在阴天爬至麦穗上栖息。幼虫为害状（图 8-2-16）和食叶量随龄期增大而改变。1～2 龄幼虫啃食叶肉形成透明条纹状斑；3 龄后沿叶缘食成缺刻；5～6 龄进入暴食期，食叶量占整个幼虫期的 90％以上，大发生时可将植株吃光，咬断穗子，食料缺乏时大龄幼虫成群向田外迁移。幼虫老熟后，在植株附近钻入表土下 3 cm 左右处，筑土室化蛹。

图 8-2-16　黏虫为害状

⑤黏虫 4 龄以上幼虫常常潜伏在寄主植物根际附近的松土或土块下，潜土深度一般为 1～5 mm，多在干湿土交界处潜伏。

⑥1、2 龄幼虫被惊动时，立即吐丝、下垂，悬于半空不动，片刻后沿丝爬回原处或借风飘走。3 龄以上幼虫被惊动时，立即落地，身体蜷曲不动，片刻后再爬上作物或就近钻入松土潜伏。

⑦4 龄以上幼虫有迁移习性。将大部分作物或杂草吃光以后，黏虫成群结队地四处迁移。在迁移途中，受饥饿所迫，所遇绿色植物几乎无不被它们吃光。

⑧黏虫在北方不能越冬，在南方却有两种情况，一是潜伏越冬，二是根本不休眠，无滞育现象，条件合适时可在冬季继续繁殖。

8.2.4.4 防治技术

(1)防治策略

黏虫具有远距离迁飞习性，各发生区又互为虫源基地，因此，从总体上来看，防治黏虫应采取控制危害与压低虫源基地数相结合的策略，狠治4～5代区的第1代黏虫。对4～5代区要因地制宜地设计有效的综合措施。依据现有的防治技术，江淮地区可采用稻草把诱卵，结合化学防治措施。

(2)具体措施

1)农业防治

①秋季在玉米、高粱等高秆作物农田中耕培土，锄草灭荒，对防治第3代黏虫行之有效。

②根据黏虫的越冬规律进行以下操作：冬季结合各项农事活动清理稻草堆垛，铲草堆肥，修理田埂，清除水稻根茬。黏虫为害小麦地区，秋末至冬季成虫多残留于田间的水稻根茬上产卵，因此在小麦播种或出苗前拾净稻根茬和稻草，减少其产卵机会，能起一定预防作用。在南方地区，合理种植小麦早熟品种，适期早种早收，提早春管，亦能消灭越冬虫态，降低虫源基数。

2)生物防治　使用灭幼脲、除虫脲等选择性农药，尽量少杀伤天敌；尽力创造有利于天敌繁衍的生态条件。

3)物理防治

①诱杀成虫：使用黑光灯、糖醋液(糖∶醋∶水∶酒＝4∶3∶2∶1)、杨树枝把或谷草把诱杀成虫。

②田间诱卵、杀卵：结合诱杀成虫进行诱卵，可使用杨树枝把(105～150把/hm^2)或谷草把诱蛾产卵，然后集中处理；也可依据黏虫卵多产于谷子上部叶尖或黄枯叶尖的特点，人工采卵杀卵。

4)化学防治　常用药剂有灭幼脲、除虫脲、敌百虫、氯菊酯等。其中，灭幼脲和除虫脲一般在黏虫低龄期内施药一次即可有效地控制虫害，且对天敌无毒无害。灭幼脲和除虫脲的杀虫机理特殊，药效较慢，一般施药2～3天以后黏虫死亡率才见明显增高。

注意：防治平垄麦田第1代黏虫可在幼虫3龄盛期施药。防治小麦玉米套种田第2代黏虫时应在2龄幼虫初盛期施药。

8.2.5 地下害虫

地下害虫是指活动为害期或为害虫态生活在土中的一类害虫。我国已有资料记载的地下害虫有320余种，分属于8目38科，包括地老虎、蛴螬、蝼蛄、金针虫、根蛆、拟地甲、根蝽、根蚜、根象甲、根叶甲、根天牛、根粉蚧、白蚁、蟋蟀和弹尾虫等。其中前四类发生面积大，为害程度大，其他类群在局部地区有时也能造成较大的危害。

地下害虫发生的特点：多发生于北方旱作区，多数种类的生活周期和为害期很长，寄主种类复杂，且多在春、秋两季为害，主要为害植物的种子、地下部及近地面的根茎部。害虫发生与土壤环境和耕作栽培制度的关系极为密切。

8.2.5.1　蛴螬

(2)分布与为害

蛴螬是鞘翅目金龟甲总科幼虫的统称,是地下害虫中分布最广、种类最多、为害最重的一大类群。中国重要的蛴螬有 30 余种,常多种混合发生,以黄淮海地区发生面积最大,其中对农业危害大的种类属于鳃金龟科、丽金龟科和花金龟科。安徽省内蛴螬主要分布于淮河以北的旱作区,为害最重的有暗黑鳃金龟、铜绿丽金龟和华北大黑鳃金龟。蛴螬食性很杂,能为害多种植物的地下部分,取食萌发的种子或嫩根,或咬断小麦的根茎,咬断处切口整齐。

(2)形态识别

1)成虫

①华北大黑鳃金龟(图 8-2-17):体长 17～22 mm,长椭圆形,黑褐色至黑色,有光泽,前胸背板侧缘处突出,前缘中部呈弧形凹陷。两鞘翅会合处呈纵线隆直,隆起向后渐扩大,每鞘翅上有 3～4 条隆起线。前足胫节外侧具 3 齿,内侧有 1 距,后足胫有 2 端距。臀节侧面观,臀板隆凸顶点近后缘,顶端圆尖,前臀节腹板的三角形凹坑较狭。雄虫外生殖器阳基侧突下突分叉,一粗一细。

②暗黑鳃金龟(图 8-2-18):体长 17～22 mm,长椭圆形,黑色或红黑色,体表无光泽,鞘翅上隆起线不明显。

图 8-2-17　华北大黑鳃金龟成虫

图 8-2-18　暗黑鳃金龟成虫

③铜绿丽金龟(图 8-2-19):体长 18～21 mm。头部、前胸背板、小盾片和鞘翅等有铜绿色金属光泽,头和前胸背板色较深。前胸背板密生刻点,前胸背板及鞘翅侧缘黄褐色或褐色,前缘角尖锐,后缘角圆钝,最宽处位于两后角之间。胸足基节和腿节黄褐色,胫节和跗节深褐色。前足胫节外侧具 2 齿,对面生 1 棘;前、中足大爪分叉,后足大爪不分叉。鞘翅每侧具 4 条纵肋,腹部腹板灰白色或黄白色。

2)幼虫　蛴螬体肥大,体型弯曲呈"C"形(图 8-2-20),多数为白色,少数为黄白色。头部褐色,上颚显著,腹部肿胀。体壁较柔软多皱,体表疏生细毛。头大而圆,多为黄褐色,生有左右对称的刚毛。具胸足 3 对,一般后足较长。腹部 10 节,第 10 节称为臀节,臀节上生有刺毛。

图 8-2-19　铜绿丽金龟成虫

图 8-2-20　蛴螬幼虫

(3)为害规律

1)华北大黑鳃金龟 2年发生1代,以成虫和2～3龄幼虫隔年交替越冬。以幼虫越冬的,翌年春造成危害,成虫羽化后不再发生为害,为小发生年;以成虫越冬的,越冬成虫于翌年4月上旬开始出土,5月中下旬为卵孵化盛期,7月至9月为为害盛期,10月中下旬下移越冬,为大发生年。

2)暗黑鳃金龟 1年发生1代,以3龄幼虫或成虫越冬,幼虫翌年5月中上旬化蛹,6月上旬为成虫大量羽化期,6月下旬至7月上旬为产卵盛期,7月下旬至9月为幼虫为害期,10月中下旬幼虫下移至深土层越冬。

3)铜绿丽金龟 1年发生1代,以2～3龄幼虫越冬,翌年4月上旬上升至5～10 cm土层为害春苗,5月中旬下移化蛹,6月中上旬为出土盛期,6月中下旬为产卵盛期,6月下旬至7月上旬为孵化盛期,7月中旬至9月为幼虫为害期,10月中下旬下移至深土层越冬。

(4)防治技术

1)防治策略 要做好地下害虫的防治工作,须先进行虫情的调查研究,及时作出预报,从而采取必要的措施。

2)具体措施

①农业防治:有条件的地区可实行水旱轮作;及时铲除田边地头的杂草,以减少蛴螬的繁殖场所。

②土壤处理:结合播前整地,均匀撒施5%辛硫磷GR(22.5～37.5 kg/hm^2)。

③药剂灌根:使用辛硫磷药液灌根。

④毒杀成虫:将50～100 cm长的榆树枝条、杨树枝条等插入辛硫磷药液中浸泡10 h,并于傍晚前插于田间(750枝/hm^2)。

8.2.5.2 蝼蛄

(1)分布与为害

蝼蛄属直翅目蝼蛄科,国内已知有6种,发生普遍、为害重的有东方蝼蛄和华北蝼蛄,其中东方蝼蛄发生遍及全国,华北蝼蛄多见于北纬32°以北。

蝼蛄的主要为害区为黄淮平原旱作区,可为害小麦、玉米、棉花、蔬菜、豆类、薯类以及果树、林木的种子和幼苗等。成虫、若虫在地下咬食刚播下的种子和发芽的种子,常造成缺苗现象;也可将幼苗的嫩茎、根茎咬成乱麻状,导致幼苗发育不良或逐渐凋枯而死,此为判断蝼蛄为害的重要症状。俗话说,不怕蝼蛄咬,就怕蝼蛄跑。蝼蛄活动时在地面形成隧道,可使苗根和土壤分离,植株失水而死。

(1)形态识别

①华北蝼蛄成虫(图8-2-21):黄褐色至黑褐色,体粗大,长39～45 mm,前足腿节外下方弯曲,后足胫节近端部有刺0～2个。

②东方蝼蛄成虫(图8-2-22):淡黄色,体较小,长29～35 mm,前足腿节外下方平直,后足胫节近端部有刺3～4个。

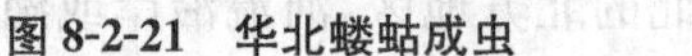
图 8-2-21　华北蝼蛄成虫

图 8-2-22　东方蝼蛄成虫

(3)为害规律

①华北蝼蛄 3 年左右完成 1 代，以成虫和若虫在土中 60～120 cm 深处越冬。东方蝼蛄 1 年发生 1 代，以成虫和若虫越冬。

②华北蝼蛄和东方蝼蛄的全年活动大致可分为 6 个阶段。

冬季休眠阶段：10 月下旬至次年 3 月中旬。

春季苏醒阶段：3 月下旬至 4 月上旬，越冬蝼蛄开始活动。

出窝转移阶段：4 月中旬至 4 月下旬，蝼蛄出窝为害，此时地表出现大量弯曲虚土隧道(其上留有一个小孔)。

猖獗为害阶段：5 月上旬至 6 月中旬正值春播作物和北方冬小麦返青，此时为一年中第一个为害高峰。

产卵和越夏阶段：6 月下旬至 8 月下旬，气温升高，蝼蛄潜入土中(30～40 mm 处)越夏。

秋季为害阶段：9 月上旬至 9 月下旬，越夏虫又上升到土面活动、补充营养，为越冬做准备。这是一年中第二个为害高峰。

③蝼蛄一般昼伏夜出，午夜前后取食，具趋光性，对香甜气味具趋性，尤喜炒香的麦麸、豆饼、谷子等。对未腐熟的马粪及有机质含量高的地块也具有趋性，故堆积马粪、粪坑等有机质多的地块发生多。

④雌虫产卵对地点有明显的选择性。蝼蛄较喜潮湿，成虫多于沿河地块、低洼地、田埂边产卵，因此这类地块发生较多。东方蝼蛄更喜潮湿，多集中产于沿河两岸、池塘和沟渠附近腐殖质较多的地方。卵室扁圆形，平均深度为 11.6 cm，雌虫多在卵室周围 33 cm 左右土中做窝隐蔽。

(4)防治技术

1)防治策略　要做好地下害虫的防治工作，须先进行虫情的调查研究，及时作出预报，从而采取必要的措施。

2)具体措施

①毒饵诱杀：将多汁的鲜草、鲜菜及蝼蛄喜食的块根和块茎、炒香的麦麸、豆饼和煮过的谷子等饵料与药剂混合撒施。注意用药量不要太大，以免产生异味，使蝼蛄拒食。

②化学药剂拌种：用辛硫磷拌小麦，堆闷 4 h 后摊开晾干，对蝼蛄的防治效果达 95%，药效可维持 30～40 天。

8.2.5.3 金针虫类

(1)分布与为害

金针虫属鞘翅目叩甲科,成虫称为叩头虫,幼虫称为金针虫。我国记载有700余种,主要种类有沟金针虫、细胸金针虫、褐纹金针虫和宽背金针虫,其中前2种分布很广,为害也较重。沟金针虫是亚洲大陆特有的种类,主要分布于长江以北的平原旱地、有机质缺乏的粉砂壤土地区。细胸金针虫主要分布于淮河以北的北方地区,河流沿岸或湖滨地区有机质较多的黏土地带受害较重。褐纹金针虫在水浇地发生较多,常与细胸金针虫混合发生。宽纹金针虫主要分布于新疆、甘肃、宁夏、内蒙古、黑龙江及陕西局部海拔较高的地区。

金针虫主要为害麦类、玉米、高粱、谷子、麻类、薯类、豆类、棉花等作物的幼芽和种子,也能咬断出土的幼苗。当幼苗长大后,金针虫便钻到根茎里取食,被害部不完全被咬断,断口不整齐,使作物枯黄而死。

(2)形态识别

1)成虫(图8-2-23) 体长因种类而异,黑色或黑褐色。头部生有1对触角,胸部着生3对细长的足,前胸腹板具1个突起,可纳入中胸腹板的沟穴中。头部能上下活动,似叩头状,故俗称"叩头虫"。

2)幼虫(图8-2-24) 初孵时乳白色,头部及尾节淡黄色,体长1.8~2.2 mm。老熟幼虫体长25~30 mm,体形扁平,全体金黄色,被黄色细毛。头部扁平,口部及前头部暗褐色,上唇前线呈三齿状突起。由胸背至第8腹节背面正中有一明显的细纵沟。尾节黄褐色,其背面稍呈凹陷,且密布粗刻点,尾端分叉,各叉内侧有一小齿。

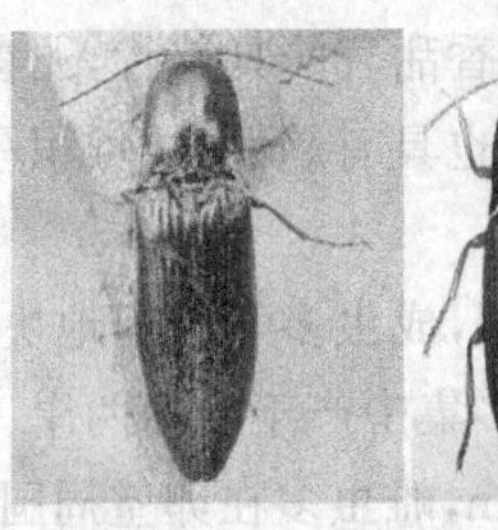

图8-2-23 沟金针虫和细胸金针虫

图8-2-24 金针虫幼虫

(3)为害规律

金针虫的生活史很长,因种类而异,常需3~5年才能完成1代,各代以幼虫或成虫在地下越冬,越冬深度为20~85 mm。

1)沟金针虫 约需3年完成1代。在华北地区,越冬成虫于3月上旬开始活动,4月上旬为活动盛期。2月中下旬,10 cm土壤温度为5.7 ℃时,已有63.7%上升到10 cm土层内;3月至4月,土壤温度为7.5~16.5 ℃时,大部分幼虫在表土层活动,为害返青麦苗或春播作物幼苗;5月中旬后气温升高,土壤温度>30 ℃时,金针虫向深层移动;9月以后又向上迁移;11月中旬后再度下移到10~30 cm深处越冬。由此可见,沟金针虫在土中随土壤温度季节性变化而上下移动:春、秋两季2次上移形成全年的为害盛期;夏季高温及秋季末和冬季低温来临后,则下移进行越夏和越冬。成虫白天躲在麦田或田边杂草中和土块下,夜晚活动。

雌虫不能飞行，行动迟缓，有假死性，没有趋光性；雄虫飞行能力较强。卵产于土中 3～7 mm 处，卵孵化后，幼虫直接为害作物。

2)细胸金针虫　多 2 年完成 1 代，也有 1 年或 3～4 年完成 1 代的；以成虫和幼虫在土中 20～40 mm 处越冬，翌年 3 月中上旬开始出土，为害返青麦苗和早播作物，4 月至 5 月为为害盛期。细胸金针虫与沟金针虫相似，但成虫、幼虫较活泼，适生于偏碱和潮湿黏重的土壤中。成虫昼伏夜出，有假死性，对腐烂植物的气味有趋性，常群集于腐烂发酵、气味较浓的烂草堆和土块下。幼虫耐低温，早春上升为害早，秋季下降迟，喜钻蛀和转株为害。

(4)防治技术

1)防治策略　要做好地下害虫的防治工作，须先进行虫情的调查研究，及时作出预报，从而采取必要的措施。

2)具体措施

①与水稻轮作，或者在金针虫活动盛期常灌水，可控制危害。

②定植前进行土壤处理，如用 48%毒死蜱·辛硫磷 EC 兑水、拌细土撒在种植沟内，也可拌农家肥。

③若小麦生长期遭遇沟金针虫，可在苗间挖穴，将颗粒剂或毒土点入穴中并立即覆盖，土壤干时也可将 48%毒死蜱·辛硫磷 EC 兑水配成药液，开沟或挖穴点浇。

④拌种。用辛硫磷、毒死蜱、毒死蜱·辛硫磷等药剂拌种，比例为药剂：水：种子＝1：(30～40)：(400～500)。

⑤施用毒土。用 48%毒死蜱·辛硫磷 EC、50%辛硫磷 EC，兑水后喷于细土上，拌匀制成毒土，顺垄条施，随即浅锄；或用 5%甲基毒死蜱 GR、5%辛硫磷 GR 处理土壤。

⑥种植前深耕多耙，收获后及时深翻，夏季翻耕暴晒。

8.3　棉花虫害防治技术

我国植棉历史悠久，棉区辽阔，自然条件差别大，耕作制度复杂，棉花害虫种类多，棉花受害严重。据统计，我国棉花害虫有 300 多种，其中重要害虫有 20 多种，但不同棉区的主要害虫种类不同。

(1)长江流域棉区害虫发生情况

长江流域棉区为我国三大优势棉区之一，约占全国植棉面积的 30%，一年两熟，主要害虫有棉蚜、棉铃虫、红铃虫、棉叶螨等，以及鼎点金刚钻、棉叶蝉、玉米螟、造桥虫、小地老虎、棉大卷叶螟、花蓟马等。

(2)棉花不同生育期害虫发生情况

①苗期(出苗后至现蕾前)：地老虎幼虫截断幼茎；三点盲蝽和烟蓟马为害棉花的生长点，造成“公棉花”或“多头棉”；棉蚜造成卷叶，使棉苗生长停滞；蝼蛄、金针虫、蛴螬等为害棉花的地下部分；棉叶螨有时造成红叶。在长江流域，蜗牛、野蛞蝓等也可为害棉苗。

②蕾花期(开花现蕾至盛花期，6 月中旬至 7 月中旬)：主要害虫有棉盲蝽、棉铃虫、棉叶

螨，其次还有棉蚜、玉米螟等。棉盲蝽刺吸为害嫩头、嫩叶及幼蕾，造成破头、烂叶和落蕾。第2代棉铃虫幼虫蛀食蕾花造成大量脱落。棉叶螨造成红叶，使叶片干枯、脱落。此阶段是棉株营养生长和生殖生长并进阶段，害虫为害对棉花产量和品质的影响很大，因此也是防治的关键阶段。

③花铃期（盛花期至吐絮收获）：主要害虫是第3代棉铃虫（部分地区个别年份第4代棉铃虫）和红铃虫（造成蕾铃脱落或僵瓣）。有些年份伏蚜或棉叶螨大发生，可造成卷叶、油腻或干枯、脱落。

8.3.1 棉蚜

8.3.1.1 分布与为害

在我国，为害棉花的蚜虫主要有棉蚜、棉黑蚜、苜蓿蚜和棉长管蚜等。棉蚜为世界性害虫，在我国各棉区均有分布。北方棉区常发且严重，南方棉区除干旱年份外，一般为害较轻。棉黑蚜主要发生于西北内陆棉区。苜蓿蚜主要分布于长江、黄河流域，在苗期群集于根部刺吸汁液，影响棉苗生长，严重时造成叶片卷缩、落叶。棉长管蚜仅分布于新疆，无群集现象，多分散在叶背、嫩枝和花蕾上，受害部位出现淡黄色细小点，叶片不卷缩。棉蚜的分布最广，危害最严重。

8.3.1.2 形态识别

①干母（越冬卵孵化而成）：体长约1.6 mm，茶褐色，触角5节，无翅。

②无翅胎生雌蚜：体长1.5～1.9 mm，体色有黄色、青色、深绿色、暗绿等；触角长约为体长的1/2，触角第3节无感觉圈，第5节有1个，第6节膨大部有3～4个；复眼暗红色；腹管较短，黑青色；尾片青色，两侧各具刚毛3根；体表被白蜡粉。

③有翅胎生雌蚜：大小与无翅胎生雌蚜相近，体黄色、浅绿色至深绿色；触角较体短；头胸部黑色；2对翅透明，中脉三岔。

④无翅若蚜：共4龄；夏季黄色至黄绿色，春、秋季蓝灰色；复眼红色。

⑤有翅若蚜：共4龄；夏季黄色，秋季灰黄色；腹部第1、6节的中侧和第2～4节两侧各具1个白圆斑；2龄后现翅芽。

⑥无翅有性雌蚜：体长1.0～1.5 mm，草绿色至赤褐色；触角5节，尾片有毛6根。

⑦有翅雄蚜：体长1.3～1.9 mm，狭长卵形，草绿色至赤褐色；触角6节，尾片有毛5根。

8.3.1.3 发生规律与为害特点

①寄主范围：干母和干雌只能在第一寄主（如木槿、花椒、石榴等木本植物和苦荬菜等草本植物）上生活。侨蚜的寄主有棉花及瓜类、麻类、菊科、茄科、苋科植物。

②食物营养：氮肥增加，棉叶内可溶性氮和蛋白质含量提高，利于棉蚜的生长发育和繁殖。棉叶绒毛短（<100 μm）而密（100 根/mm²），不利于棉蚜活动和取食，棉蚜取食时间短，繁殖力低，棉花受害轻。矮壮素抑制棉蚜种群数量增长，赤霉素促进棉蚜种群数量增长。

③棉蚜的繁殖：繁殖力强是造成棉蚜猖獗的内在原因。条件适宜时，1头蚜虫1个月可繁殖为百万头。

④有翅蚜的产生与迁飞扩散：群体拥挤、营养恶化是有翅蚜产生的主要原因。迁移蚜迁飞2次，侨蚜迁飞多次。在有翅蚜迁飞时期，近地面的微风有助于有翅蚜迁飞扩散到附近或较远的棉田。空气对流运动可将起飞的蚜群送至空中，带向远处。

⑤6月末至7月上旬，气温较低且延续时间长，对伏蚜(伏蚜的适宜温度为24～28℃)形成有利。空气相对湿度为47%～81%时(58%左右最为适宜)，棉蚜虫口密度急剧增长。伏蚜的适宜空气相对湿度为69%～89%。

⑥趋性：趋黄色、绿色；银灰色有驱避作用。

⑦棉蚜以刺吸式口器刺入棉叶背面或嫩头，吸食汁液(图8-3-1)。苗期受害，棉叶卷缩，开花结铃期推迟；成株期受害，上部叶片卷缩，中部叶片现出油光，下位叶片枯黄、脱落，叶表有蚜虫排泄的蜜露，易诱发霉菌滋生；蕾铃期受害，易落蕾，影响棉株发育。

图8-3-1　棉蚜(有翅蚜、无翅蚜、若蚜)及其为害状

8.3.1.4　防治技术

(1)防治策略

防治棉蚜宜采用以农业防治为基础，充分保护和利用自然天敌，优先应用与生物防治相协调的化学防治方法的综合防治措施。

(2)具体措施

1)农业防治　推广小麦-棉花、油菜-棉花间作套种；合理施肥，控制氮肥使用量。

2)生物防治　保护和利用瓢虫类、草蛉类、食蚜蝇类、蜘蛛类、食虫螨类、蚜茧蜂类、蚜小蜂类和蚜霉菌类等天敌。6月中上旬，七星瓢虫与多异瓢虫迁入棉田，当瓢蚜比达1∶150时，即可有效控制蚜害。注意：使用选择性杀虫剂，避免杀伤天敌。

3)化学防治

①拌种：可选用70%吡虫啉WS，用量为0.8～1.22 kg/100 kg种子。

②喷雾：可选用50%抗蚜威WP(此药剂对蚜虫有特效，且对蚜茧蜂和食蚜蝇安全)，也可选用10%吡虫啉WP、1.8%阿维菌素EC或3%啶虫脒EC等。

防治指标：苗蚜，3叶期后卷叶株率为50%或6000头/百株；伏蚜，7月上旬3叶蚜量为680头/百株，7月下旬3叶蚜量为258头/百株。

③涂茎：氧乐果加聚乙烯醇，兑水后涂于主茎红绿交界处。

8.3.2　棉铃虫

8.3.2.1　分布与为害

棉铃虫属鳞翅目夜蛾科，主要分布于亚洲、大洋洲、非洲及欧洲各地。除棉花外，棉铃虫还可为害玉米、番茄、胡麻、向日葵、豌豆、辣椒等作物以及多种杂草。玉米田棉铃虫称为玉米穗虫。

棉铃虫以幼虫为害，钻入幼蕾取食造成“张口蕾”，取食花粉头造成“虫花”，取食青铃造成“烂铃”，被害蕾、花、幼铃不久脱落，严重时全部脱落（俗称为“公棉花”）。20 世纪 90 年代以来，我国黄河、长江、辽河流域及新疆棉区大发生年频率明显增加，棉花减产高达 35%。

8.3.2.2 形态识别

1）成虫（图 8-3-2） 中等大小的蛾子体长 15～20 mm，翅展 27～38 mm，雌蛾前翅褐色或灰褐色，雄蛾多为灰褐色或青灰色。复眼球形，绿色。前翅内横线不明显，中横线很斜，末端达翅后缘，位于环状纹的正下方；亚外缘线波形幅度较小，与外横线之间呈褐色宽带，带内有 8 个清晰的白点；外缘有 7 个红褐色小点排列于翅脉间；环状纹圆形，边缘褐色，中央有 1 个褐色斑点，肾状纹边缘褐色，中央为深褐色肾形斑，雄蛾的较明显。后翅灰白色或褐色，翅展褐色，中室末端有 1 条褐色斜纹，外缘有 1 条茶褐色宽带纹，带纹中有 2 个牙形白斑。雄蛾腹末抱握器毛丛呈“一”字形。

2）卵（图 8-3-3） 馒头形，直径约 0.5 mm，高约 0.6 mm，卵顶端稍隆起，有菊花瓣花纹，四周有纵脊和横脊。初产卵时黄白色，逐渐变为红褐色。

图 8-3-2 棉铃虫成虫

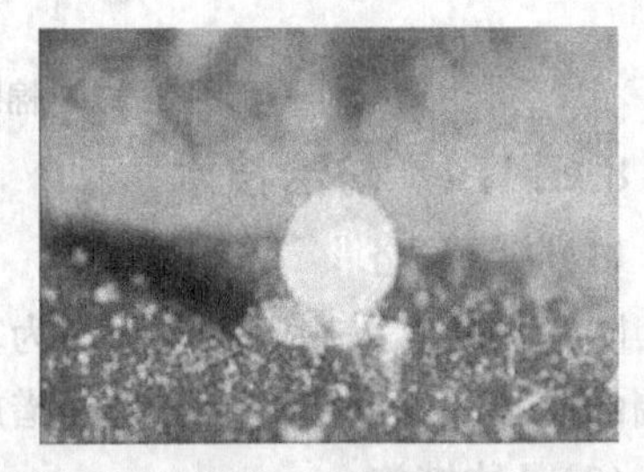

图 8-3-3 棉铃虫卵

3）幼虫（图 8-3-4） 老熟幼虫体长 30～40 mm，头部为黄色，有褐色网状斑纹，各体节有 12 个毛片。初龄幼虫为青灰色，前胸背板为红褐色。老龄幼虫有绿色、淡绿色、黄绿色、黄褐色、红褐色等，前胸气门前 2 根刚毛的连线通过气门或与气门下缘相切，气门线为白色。

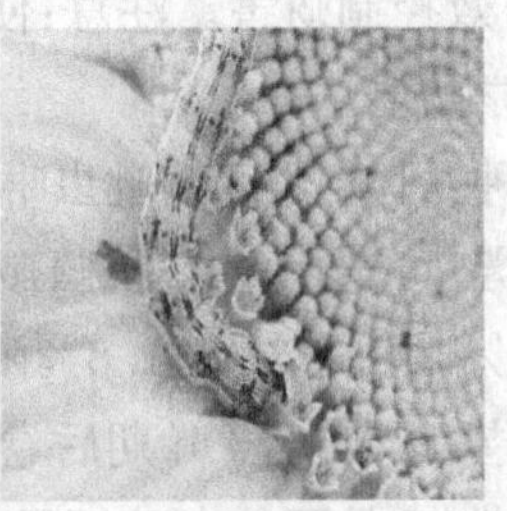

图 8-3-4 棉铃虫幼虫

4）蛹（图 8-3-5） 纺锤形，长 14～25 mm，初蛹为绿色，渐变为赤褐色，复眼淡红色；近羽化时，呈深褐色，有光泽，复眼褐红色。第 5～7 腹节前缘密布比体色略深的刻点；腹部末端有 1 对臀刺，刺基部分开。

图 8-3-5 棉铃虫蛹

玉米上发生的棉铃虫有时被误认作玉米螟，但前者身体较大，多少具绿色成分，后者身体较小，体色含褐色、淡褐色或黄白色，绝无绿色成分。

8.3.2.3　发生规律与为害特点

①棉铃虫一年发生的代数各地不同。黄河流域棉区一年发生 3～4 代，长江流域棉区一年发生4～5 代。皖北、皖南分别为 4 代区和 5 代区，分别以第 3、4 代和第 4、5 代为害最重。棉铃虫以滞育蛹在土中越冬。

②棉铃虫第 1 代幼虫以为害顶尖和嫩叶为主，第 2、3 代幼虫主要为害蕾、花和幼铃（图 8-3-6）。花受害后不能结铃；幼铃受害后遇雨容易霉烂、脱落，不脱落者形成僵瓣。幼虫有转铃为害的习性。

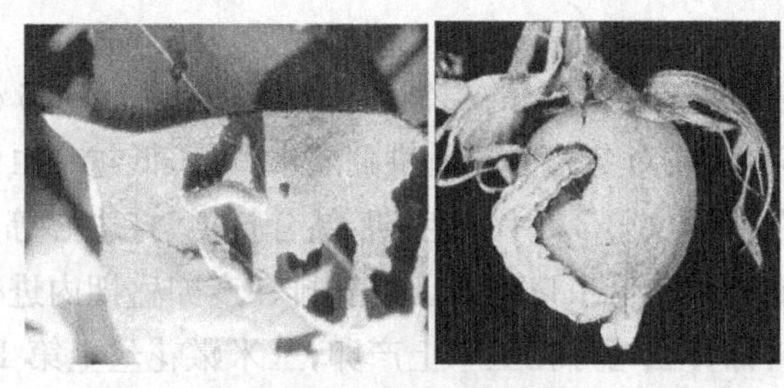

图 8-3-6　棉铃虫为害状

③成虫飞行能力较强，主要在夜间活动，对普通灯光的趋性较弱，对黑光灯有较强趋性，对波长为 330 nm 的短光波趋性最强，其次为 383 nm，再次为 405 nm。黎明前，棉铃虫对半枯萎的杨、柳、洋槐、紫穗槐树枝把散发的气味表现有趋性，田间树枝把诱蛾可作为一种测报和防治方法。

④成虫在夜间羽化，19:00－2:00 羽化最多，占总羽化数的 67.2%。羽化后需吸食花蜜、蚜虫分泌物等补充营养。日出后（大约 6:00）停止飞行活动，栖息于棉株或者其他植物丛间。

⑤雌雄成虫交尾多在 3:00－5:00，羽化后 2～5 天开始产卵，多于黄昏时开始产卵，卵散产。产卵期为 5～10 天，每头雌虫可产卵 500～1000 粒，多的可达 3000 粒。棉铃虫有趋向作物花蕾期更换寄主植物产卵的习性，产卵有明显的趋嫩性和趋表性，即喜产于棉株的幼嫩部位和嫩叶的表面或苞叶的外表面上。趋嫩性与这些部位分泌大量草酸和蚁酸等化学物质有关。因此，趋嫩性实质上是趋化性的一种表现。棉株上的产卵位置以靠近主干第 1、2 果节最多。其中，第 1 果节占 45.86%，第 2 果节占 29.92%，其他果节占 24.22%。

⑥幼虫卵孵化率为 80%以上。幼虫先吃掉卵壳，再食嫩叶、嫩梢或幼蕾及苞叶，然后转移到叶背栖息，翌日转移到中心生长点，3 龄以后多钻入蕾铃为害。在蕾期，幼虫通过苞叶或花瓣侵入蕾中取食，被害蕾苞叶张开变为黄绿色而脱落。在花期，幼虫钻入花中为害雄蕊和花柱，被害花往往不能结铃。在铃期，幼虫从铃基部蛀入。幼虫常随虫龄增长由上而下从嫩叶到蕾、铃依次转移为害。

⑦棉铃虫幼虫在化蛹前会吐丝黏结周围土粒，做成蛹室并在其中化蛹，蛹期为 9～10 天。雌虫蛹期短于雄蛹。棉铃虫的蛹一般水平分布于距植株 2～30 cm 的范围内，入土深度为2.5～9.0 cm，以 2.5～6.0 cm 土层为主。越冬场所主要为玉米田、棉田、麦田等。

8.3.2.4 防治技术

(1)防治策略

棉铃虫发生的特点是:大发生时不仅发生量大,而且持续时间长,峰次多,主害代卵的历期短(约3天),2龄幼虫卵开始钻蛀蕾铃,防治适期时间短。因此,其防治策略为:准确预报,科学用药,兼治第1代,控制第2代,严治第3代,北方重视第4代的防治,南方重视第4、5代的防治。

(2)具体措施

1)农业防治

①种植抗虫品种:转基因棉品种有苏棉6号、中棉29、中棉38、中棉39、新棉33B、惠抗2号、黄杂2号等。

②翻耕灌水灭蛹:以老熟幼虫入土的棉铃虫多在距地表2.5～6 cm处化蛹越冬。冬季及早春及时耕翻,破土灭蛹,或对冬季白茬地耕翻灌水,可压低越冬虫源基数。

③人工灭虫灭卵:在棉铃虫第3、4代发生期,结合打顶、打边心等棉花管理措施,将打下的枝梢带出田外处理,能有效压低虫口密度。可安排在产卵盛期内进行。

④种植玉米诱集带:棉铃虫嗜好在玉米上产卵,玉米嫩花丝上第1、2代棉铃虫成虫产卵最多,高于棉花上着卵量(5～8倍)。用春玉米与棉花间作(4500～6000株/hm^2),选用高产早熟的品种,适当提前播种,尽量使春玉米抽雄期和第2代棉铃虫产卵盛期相遇,可诱集大量棉铃虫。此时可在玉米上采取措施加以集中消灭。在棉田种植一些夏玉米,对第3、4代棉铃虫卵的诱集作用也很明显。

⑤喷磷驱蛾:在棉铃虫产卵始盛期,结合根外追肥喷洒1%～2%磷酸二氢钙溶液,中和草酸和蚁酸,可减少产卵量。

2)理化诱控

①使用频振式杀虫灯诱杀。

②杨树枝把诱蛾:大面积诱蛾要抓住发蛾高峰期,用杨、柳、紫穗槐树枝扎成把,每把10～15枝,150把/hm^2,4～5天换一次,每天用塑料袋套蛾捕杀,可消灭大量成虫,对减少当地虫源作用较大。

3)生物防治

①用苏云金杆菌制剂兑水喷雾,连喷2～3次,每次间隔3～4天,防治棉铃虫效果可达80%。

②用多角体病毒制剂防治第3代棉铃虫也能获得良好的效果。

③利用天敌昆虫:棉铃虫天敌(图8-3-7)的种类有很多,已知卵期天敌有14种,其中主要有松毛虫赤眼蜂、拟澳洲赤眼蜂,幼虫期天敌有50种以上,其中主要有螟蛉绒茧蜂、螟黄足绒茧蜂、棉铃虫齿唇姬蜂等。捕食性天敌种群数量最大的是蜘蛛,其次为草蛉(4种)、瓢虫(4种)、胡蜂(6种)、螳螂(3种)以及小花蝽等。据统计,中华草蛉整个幼虫期平均可捕食棉铃虫卵319.9粒、1龄幼虫522.7头、2龄幼虫51.9头。

图 8-3-7　松毛虫赤眼蜂、拟澳洲赤眼蜂和小花蝽

释放赤眼蜂：棉铃虫产卵盛期放蜂 2 次，30 万头/hm^2，分设 60 个放蜂点（每亩放蜂 2 万头，4 个放蜂点）。具体方法是将次日即可羽化的赤眼蜂卡装入开口纸袋内，挂在植株中下部。

4)化学防治　防治适期为卵期和初孵幼虫期，重点喷药部位为棉株的嫩头、顶尖、上层叶片和幼蕾。常用药剂有 5%氟铃脲 EC、1.8%阿维菌素 EC、40%辛硫磷 EC、26%高效氯氟氰菊酯・辛硫磷 EC、2.5%高效氯氟氰菊酯 EC、20%灭多威 EC、5%氟啶脲 EC。

8.3.3　棉红铃虫

8.3.3.1　分布与为害

棉红铃虫属鳞翅目麦蛾科，为世界性棉花害虫。国内除新疆、青海、宁夏及甘肃西部尚未发现外，其他各棉区均有发生，以长江流域棉区发生较重。它的寄主植物有 8 科 78 种，以锦葵科为主，主要为害棉花，还可为害洋绿豆、黄葵等。棉红铃虫主要以幼虫为害花、蕾、棉子，以青铃为主，引起蕾铃脱落或烂铃、僵瓣、黄花。

8.3.3.2　形态识别

1)成虫(图 8-3-8)　体长约 6.5 mm，体棕黑色，头顶、额面浅褐色。下唇须浅褐色，长且向上弯曲，顶节有 2 个黑色环纹。触角丝状，浅灰褐色，除基节外各节端部均为黑褐色，基节有 5～6 根栉毛。胸背淡灰褐色，侧缘、肩板褐色。前翅尖叶形，深灰褐色，翅面在亚缘线、外横线、中横线处有 4 条不规则的黑褐色横带纹，近翅基部具散生黑斑 3 个。后翅菜刀形，外缘略凹入，银白色，缘毛较长。雄蛾翅缰 1 根，雌蛾翅缰 3 根。

图 8-3-8　棉红铃虫成虫

2)幼虫(图 8-3-9)　幼虫共 4 龄。老熟幼虫头部浅红褐色，上颚黑色。前胸硬皮板小，从中间分成 2 块。体肉白色，各节体背有 4 个淡黑色毛片。前胸和腹部末节的背板黑褐色，其余各节毛片周围红色，全体好似淡红色。腹足趾钩单序，外侧缺环。

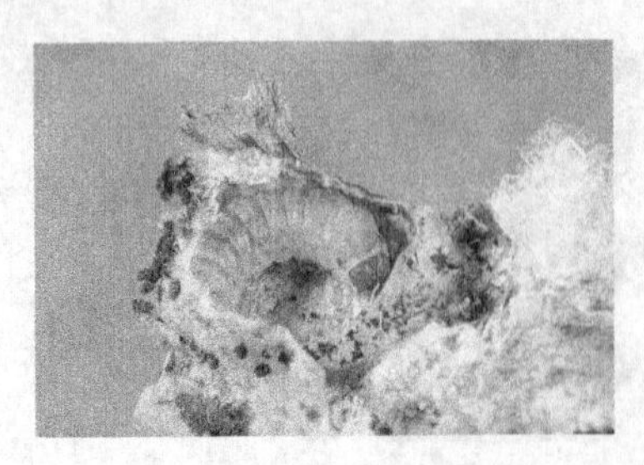

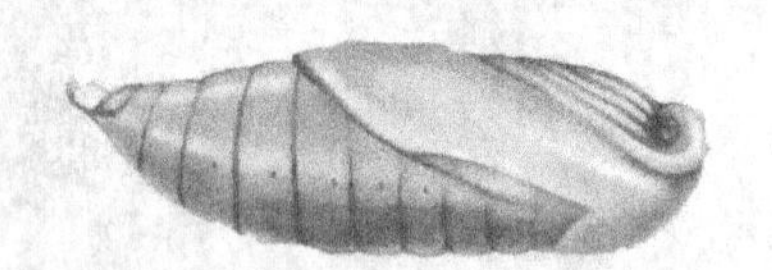

图 8-3-9　棉红铃虫幼虫　　　　图 8-3-10　棉红铃虫蛹

3)蛹(图 8-3-10)　蛹外有灰白色丝茧。蛹浅红褐色,尾端尖,末端臀棘短,向上弯曲呈钩状。翅芽伸达第 5 腹节,腹部第 5、6 节背面有腹足痕迹。

4)卵　椭圆形,表面具网状纹,似花生壳,一端有小黑点。

8.3.3.3　发生规律与为害特点

①棉红铃虫一年发生 2～7 代,黄河流域棉区一年发生 2～3 代。以老熟幼虫在棉仓库屋顶、墙缝处结茧越冬,也有少数幼虫在棉籽、棉柴上的枯铃内越冬。

②为害状。

为害蕾:蕾的上部有蛀孔,蛀孔很小,似针尖状,黑褐色,蕾外无虫粪,蕾内有绿色细屑状粪便。小蕾花蕊被吃光后不能开放而脱落,大蕾一般不脱落,花开放不正常,发育不良,花冠短小。

为害铃:铃的下部、铃缝处或铃的顶部有蛀孔,蛀孔似受害蕾蛀孔,黑褐色,羽化孔孔径约 2.5 mm,铃内、外无虫粪,铃壳内壁上有黄褐色至水青色虫道和芝麻大小的虫瘤。

为害棉籽:棉籽内有虫粪,小铃脱落,雨水多时大铃常腐烂,雨水少时形成僵瓣,有时将 2 粒被害棉籽缀连在一起,称为双连籽。

③棉红铃虫第 1 代卵多产于棉花嫩头及上部果枝嫩叶、嫩芽和幼蕾苞叶上;第 2 代卵多产于棉株下部青铃上,尤以铃基萼片上卵量最多;第 3 代卵多产于棉株中部及上部青铃的萼片内。

④棉红铃虫适合在高温、高湿的环境条件下繁殖,适宜温度为 20～35 ℃,相对湿度在 60%以上。干旱年份发生轻;一般靠近村庄、棉仓库、轧花厂、收花站、棉籽榨油厂等越冬场所的棉田棉红铃虫危害重;早播棉、地膜棉受害重;早发棉田第 1 代危害重,生长好、结铃多的棉田第 2 代危害重;晚发棉田第 3 代危害重。

⑤成虫飞行能力强,对黑光灯有较强的趋性。幼虫有避光性,怕热,从棉铃或棉籽内出来后向背光处爬行。

8.3.3.4　防治技术

(1)防治策略

我国棉红铃虫发生为害自北向南加重,防治上应因地制宜采取不同对策,如黄河流域以越冬防治为重点,长江流域应采取越冬期防治和田间防治相结合的综合防治措施。

(2)具体措施

1)越冬期防治

①利用自然低温消灭越冬红铃虫。

②棉仓灭虫:棉花入仓前,用石灰或泥浆将仓库墙壁、屋顶等处的裂缝抹平,再喷 2.5%溴氰菊酯 EC 的 2000 倍液或 50%辛硫磷 EC 的 1000 倍液。

③棉仓内释放红铃虫金小蜂(图 8-3-11)。可于 3 月下旬至 4 月下旬日平均温度达 14 ℃时放蜂,1000 头/5000 kg 籽棉。

④使用黑光灯诱杀成虫。

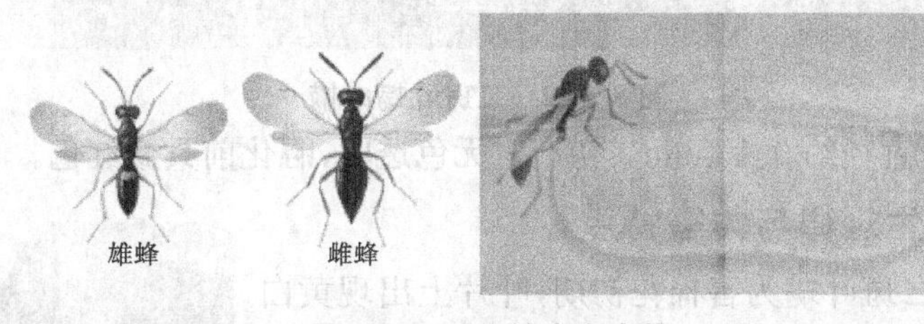

图 8-3-11 红铃虫金小蜂

2)农业防治

①帘架晒花除虫:利用棉红铃虫幼虫避光、怕热习性,通过帘架晒花,使越冬幼虫落地,放鸡啄食或人工扫除、消灭。

②棉秸、枯铃的处理:应在 5 月中下旬前将棉秸、枯铃集中处理完,烧不完的要集中堆起,在堆上和四周喷药控制羽化成虫。

③留种用棉籽要用温汤浸种。

3)田间防治

①诱蛾降低基数:利用黑光灯(从 8 月开灯诱杀)、红铃虫性诱剂或杨树枝把诱杀成虫。

②化学防治:在长江流域主要防治第 2 代红铃虫,在成虫产卵盛期施用 25 g/L 溴氰菊酯 EC、25 g/L 联苯菊酯 EC、25 g/L 高效氟氯氰菊酯 EC。棉花封垄后可用敌敌畏毒土杀蛾:80%敌敌畏 EC(150 mL/hm²)兑水 20 kg,拌细土 20~25 kg,于傍晚撒在行间,第 2、3 代蛾盛期每隔 3~4 天撒一次。

8.3.4 棉叶螨

8.3.4.1 分布与为害

我国棉田发生的叶螨主要有朱砂叶螨、二斑叶螨、截形叶螨、土耳其斯坦叶螨和敦煌叶螨等,除土耳其斯坦叶螨主要分布于新疆外,其他叶螨在全国各地均有分布。朱砂叶螨和二斑叶螨为安徽省的优势种。通常所说的棉花红蜘蛛或棉叶螨,是几种叶螨的混合种群,除为害棉花外,还可为害玉米、高粱、豆类、瓜类、蔬菜等 100 多种寄主。

成螨、若螨聚集在棉叶背面刺吸棉叶汁液,使棉叶正面出现黄白色斑点,后出现小红点,为害严重的,红色区域扩大,致使棉叶和棉铃焦枯、脱落,状似火烧。一般情况下,多种叶螨混合发生为害。

8.3.4.2 形态识别

1)成螨 体色差异较大,多为红色(二斑叶螨为白色,图 8-3-12),躯背两侧各有 1 条长形深色斑块,有时分隔成前后各 2 块,中间色淡。体背具毛 4 列,纵生。

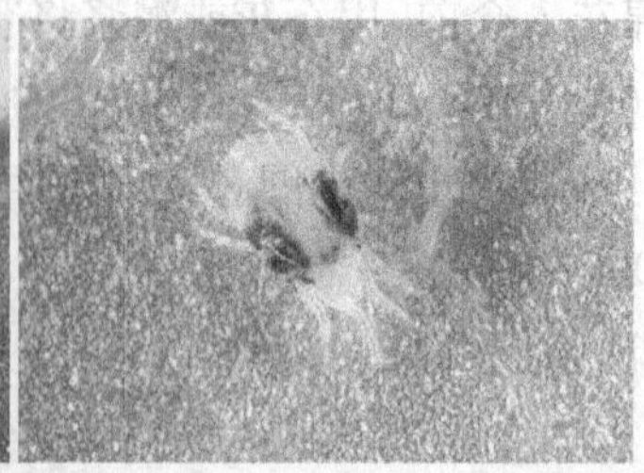

图 8-3-12 二斑叶螨成螨

2)卵 圆球形,直径约 0.13 mm。初产时无色透明,孵化前具微红色。

8.3.4.3 发生规律与为害特点

图 8-3-13 棉叶螨为害状

①朱砂叶螨和二斑叶螨为害棉花初期,叶片上出现黄白色斑点,严重时叶片出现红色斑块,直至叶片变红呈火烧状(图 8-3-13)。截形叶螨为害后只产生黄白色斑点,叶片不发红、不卷叶。苗期被害严重会使整株枯死,结铃初期被害则使棉铃脱落。

②朱砂叶螨在长江流域棉区一年发生 15~18 代。

③长江流域棉区多以雌成螨在野苕子、小旋花、野苜蓿、蒲公英等杂草和豌豆、胡豆等作物上越冬(10 月下旬开始)。次年春季气温上升到 5 ℃时开始活动产卵,3 月至 4 月大量繁殖。第 1、2 代主要在小麦、豌豆等非越冬寄主上生活,棉苗出土后进入棉田繁殖危害。

棉叶螨在田间呈聚集分布,发生初期以地边受害最重。田间有为害中心以后向四周扩散。4 月中旬、7 月中旬和 8 月下旬为 3 个高峰期。数量最大的高峰期为 7 月中旬,这段时间气温高、叶茂密,利于产卵、转移、传播和蔓延,因此,7 月下旬为重点防治时间。

④棉叶螨主要营两性生殖,不经交配的雌成螨后代全为雄性。雌雄比一般为 4.5∶1。卵多产于叶背。每头雌虫可产卵 188~206 粒。

⑤棉叶螨有吐丝拉网习性,可借风力传播扩散,也可随水流扩散。在密度大、营养恶化时,有成群迁移的习性。

⑥适宜温度为 20~30 ℃,适宜相对湿度为 45%~75%。少雨干旱对朱砂叶螨发生特别有利。5 月至 8 月降雨量和降雨强度与朱砂叶螨的发生密切相关。5 月至 8 月,月平均降雨量小于 100 mm 时发生严重,月平均降雨量为 100~150 mm 时发生中等,月平均降雨量大于 150 mm 时发生轻。大雨对棉叶螨有冲刷作用,但雨后 3 天内虫口又能回升,雨水、流水也有利于扩散。

⑦豆类与棉花间作田发病特别严重。朱砂叶螨嗜棉花,不喜小麦,宜棉麦间作。可以种一些早播棉花作诱虫剂,然后集中消灭棉叶螨。

⑧棉叶螨的捕食性天敌主要有中华草蛉等多种草蛉、黑襟毛瓢虫、深点食螨瓢虫、塔六点蓟马和草间小黑蛛等(图 8-3-14),对叶螨的种群数量有一定的控制作用。

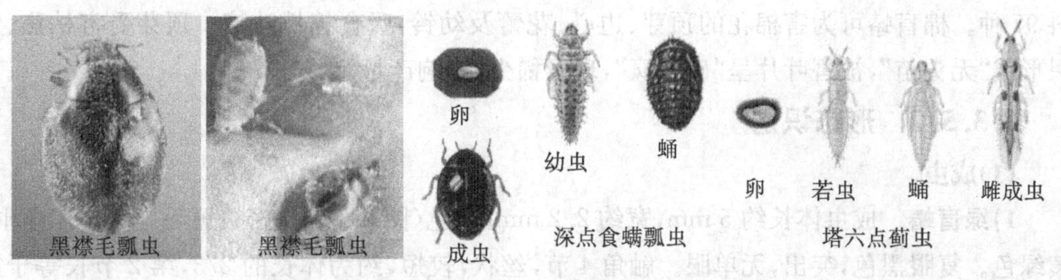

图 8-3-14　黑襟毛瓢虫、深点食螨瓢虫和塔六点蓟马

8.3.4.4　防治技术

(1)防治策略

针对棉叶螨分布广、虫源寄主多、易暴发成灾的特点，在防治策略上应采取压前(期)控后(期)的策略，即压早春寄主上的虫量，控制棉苗期为害，压棉期虫量，控制后期为害。针对棉花与玉米间作田，压玉米上虫量，防止其转移到棉花上为害。棉田防治应加强虫情侦察，以挑治为主，辅以普治，将棉叶螨控制在点片发生阶段，控制在局部田块，以杜绝 7 月至 8 月大面积蔓延成灾的可能性。

(2)具体措施

1)农业防治

①清除棉田及附近杂草。

②冬季及早春进行棉田深耕冬灌，做好积肥工作。

③棉苗期采取查、摸、摘、打的办法。

查：从棉苗出土开始，每 3～5 天查一次，顺行检查。

摸：当发现棉叶上出现黄白斑或紫红斑的受害株时，用手“摸”叶背，捏死叶背的虫卵。

摘：下部叶片螨多时可以将其摘除，并立即对这些受害株施药。

打：打药时要采取发现一株打一圈，发现一点打一片的办法，从外围打到受害中心。

2)化学防治

①沟施：针对往年棉叶螨发生严重的田块，播种时即施药(穴施)。常用药剂有涕灭威、克百威等。

②喷雾：当黄白斑病株率达到 20%时，应使用杀螨剂或杀虫剂进行叶面喷雾。常用药剂有吡虫啉、哒螨灵、双甲脒、螺螨酯、阿维菌素、联苯菊酯、甲氰菊酯、溴螨酯、炔螨特、氟虫脲等。

8.3.5　棉盲蝽

8.3.5.1　分布与为害

棉盲蝽属半翅目盲蝽科，是一类多食性刺吸类害虫。为害棉花的盲蝽有 50 多种，中国有 28 种，棉田常见的约 10 种，主要有绿盲蝽、三点盲蝽、苜蓿盲蝽和中黑盲蝽等。其中绿盲蝽是黄河流域、长江流域的优势种。

除棉花外，棉盲蝽的寄主还包括苜蓿、马铃薯、豆类、胡萝卜、桑、麻类、蒿类、向日葵、芝麻、小麦、玉米、高粱、瓜类、番茄、十字花科蔬菜、枣、木槿、石榴、苹果、海棠、桃等，可归为 28

科 97 种。棉盲蝽可为害棉花的顶芽、边心、花蕾及幼铃，吸食棉株汁液。顶芽受害枯焦、发黑形成“无头苗”，被害叶片呈“破叶疯”，现蕾稀少，影响产量。

8.3.5.2 形态识别

(1)成虫

1)绿盲蝽 成虫体长约 5 mm，宽约 2.2 mm，绿色(图 8-3-15)，密被短毛。头部三角形，黄绿色。复眼黑色，突出，无单眼。触角 4 节，丝状，较短，约为体长的 2/3，第 2 节长等于第 3、4 节之和，向端部颜色渐深，第 1 节黄绿色，第 4 节黑褐色。前胸背板深绿色，有许多小黑点，前缘宽。小盾片三角形，微突，黄绿色，中央具一浅纵纹。前翅膜片半透明暗灰色，余绿色。足黄绿色，后足腿节末端具褐色环斑，雌虫后足腿节较雄虫短，不超腹部末端，跗节 3 节，末端黑色。

2)三点盲蝽 成虫体长约 7 mm，黄褐色带黑色斑纹，触角与身体等长，前胸背板紫色，后缘具一黑横纹，前缘具黑斑 2 个，小盾片与 2 个楔片具 3 个明显的三角形黄绿色斑(图 8-3-16)。

3)中黑盲蝽 成虫体长 6～7 mm，褐色，触角比身体长，前胸背板中央具 2 个小圆黑点，小盾片、爪片大部为黑褐色(图 8-3-17)。

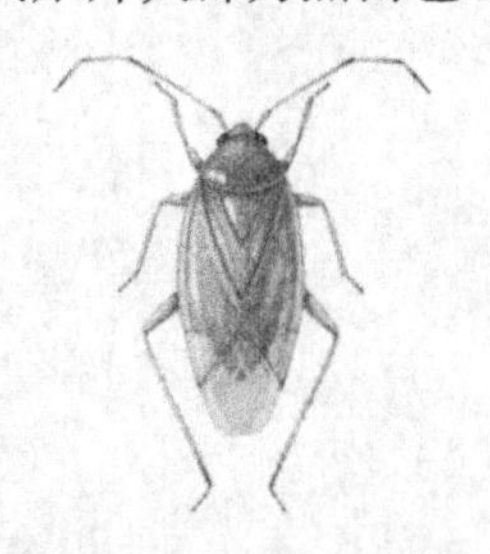

图 8-3-15 绿盲蝽成虫

图 8-3-16 三点盲蝽成虫

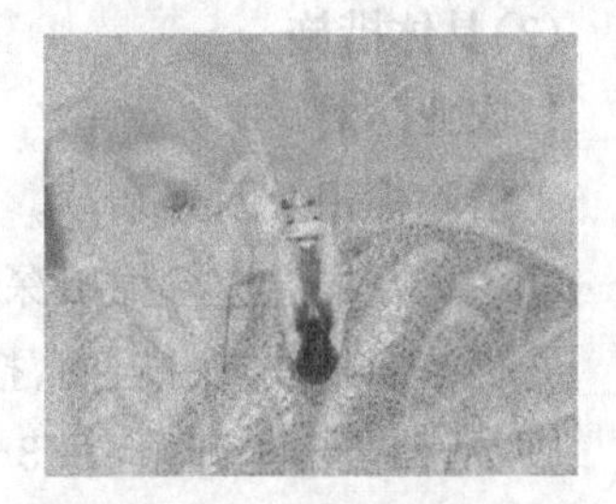

图 8-3-17 中黑盲蝽成虫

4)苜蓿盲蝽 成虫体长 7.5～9 mm，宽 2.3～2.6 mm，黄褐色(图 8-3-18)，被细毛。头顶三角形，褐色，光滑，复眼扁圆，黑色，喙 4 节，端部黑色，后伸达中足基节。触角细长，端半部色深，第 1 节较头宽短，顶端具褐色斜纹，中叶具褐色横纹，被黑色细毛。

(2)若虫

以绿盲蝽为例，5 龄若虫体鲜绿色(图 8-3-19)，复眼灰色，身上有许多黑色绒毛。翅芽尖端黑褐色，达腹部第 5 节。腺囊口为 1 条黑色横纹。

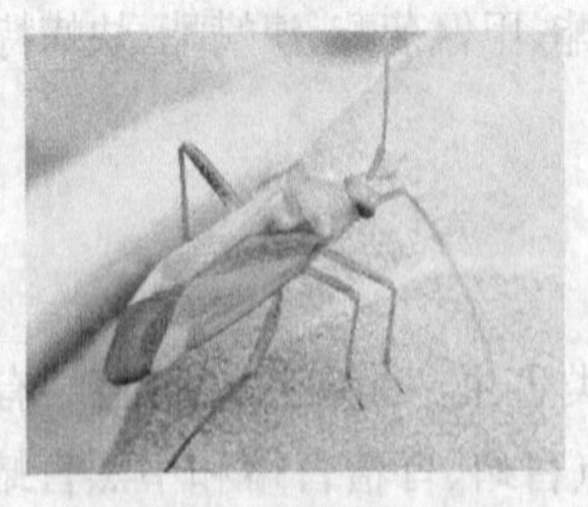

图 8-3-18 苜蓿盲蝽成虫

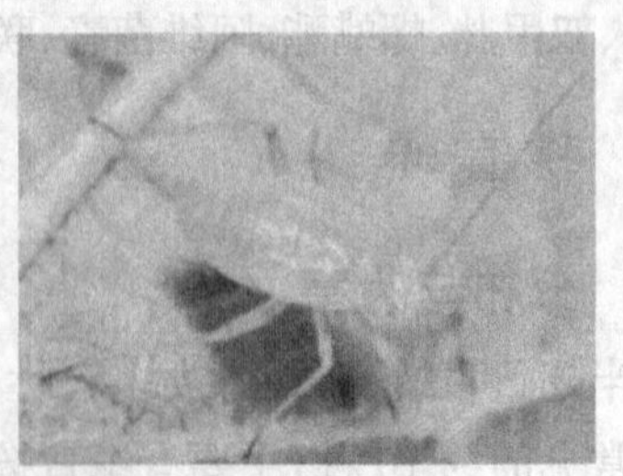

图 8-3-19 绿盲蝽若虫

(3)卵

以绿盲蝽为例，卵长约 1 mm，卵盖奶黄色，中央凹陷，两端突起，无附属物。

8.3.5.3　发生规律与为害特点

①春季棉盲蝽主要集中在越冬寄主和早春作物上为害，棉花幼苗期转移到棉苗上，为害盛期为棉花现蕾期至开花盛期。

②成虫、若虫为害棉株顶芽、边心、嫩叶、花蕾及幼铃，刺吸汁液。子叶期幼芽受害时生长点变黑、干枯，形成顶枯，仅剩两片肥厚子叶且不再生长，俗称“公棉花”或“无头棉”。真叶出现后，顶芽受害枯死，不定芽丛生，形成多头棉，俗称“破头疯”。幼叶被害处初为小黑点，展开后形成具大量破孔、皱缩不平的“破叶疯”。顶心、腋芽、生长点和旁心受害时，腋芽丛生、疯长，破叶累累似扫帚苗。幼蕾受害时由黄变黑，枯落；稍大的蕾受害，苞叶张开，不久干枯或脱落。棉铃受害时出现黑褐色水渍斑，满布黑点(图 8-3-20)，严重时僵化、落铃。

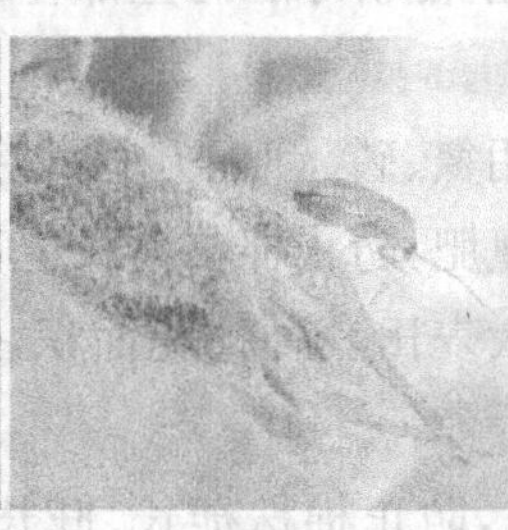
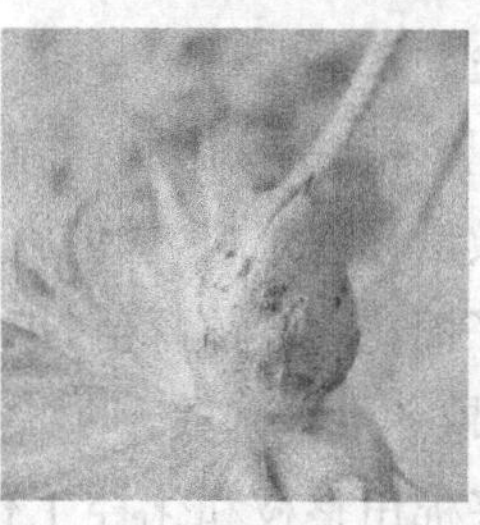

图 8-3-20　棉盲蝽为害状

③棉盲蝽日夜均可活动，夜晚更活跃，白天多在叶背、叶柄等隐蔽处潜藏或爬行。成虫飞行能力强，喜黄色，喜阴湿，怕干燥、强光。黑光灯下常可诱集大量成虫。

④绿盲蝽一般在棉花叶柄、嫩组织上产卵，有时也在嫩茎秆上产卵。第 2 代卵在叶边缘的占 80%以上；第 3 代以主茎叶片上卵量较多。1 天内产卵的时刻以夜间为多(20:00—1:00最多)，而在白天中午前后一般不产卵。第 1～4 代卵产于嫩芽内和嫩叶正面，下端垂直嵌入幼嫩组织，嵌入深度为卵的 1/4，卵散产，多为单粒。

⑤棉盲蝽喜中温高湿条件，适宜温度为 20～29 ℃，适宜相对湿度为 70%以上。春季低温可推迟发生期，夏季高温达 45 ℃以上可在短时间内造成大量死亡。一般 6 月至 8 月降雨偏多有利于棉盲蝽的发生为害。

⑥凡密植而植株高大茂密，植株嫩绿、含氮量高的棉田受害严重。棉花生长茂盛、蕾铃较多的棉田发生较重。

⑦棉盲蝽的天敌有蜘蛛、寄生螨、草蛉以及卵寄生蜂等，以点脉缨小蜂、盲蝽黑卵蜂、柄翅缨小蜂 3 种寄生蜂(图 8-3-21)的寄生作用最强，自然寄生率为 20%～30%。

图 8-3-21　点脉缨小蜂和柄翅缨小蜂

8.3.5.4 防治技术

(1)防治策略

棉盲蝽的防治应采取农业防治和化学防治相结合的综合防治措施。积极开展统防统治,狠抓第1代,控制侵入棉田的虫量;挑治第2、3代,减轻棉田危害;兼治第4、5代,降低越冬虫源数量。

(2)具体措施

1)农业防治

①早春越冬卵孵化前(3月),结合积肥,清除棉花枯枝及杂草等越冬寄主,将棉盲蝽消灭在棉田外,或收割绿肥不留残茬,翻耕绿肥时全部埋入地下,减少向棉田转移的虫量,使棉花免受损失。

②合理密植,平衡施肥。施用氮、磷、钾配方肥,做到有机肥与化学肥料相配合,增施生物肥料及微量元素肥料,忌偏施氮肥,防止棉花生长过旺。

③做好棉花营养钵育苗,扩大麦田套种棉花面积,使棉花生育期提前,减少棉盲蝽食料来源,降低越冬虫源基数。

④做好棉田整枝和化控工作,防止棉株徒长、旺长。避免为棉盲蝽提供适宜的田间环境。对已经出现的多头棉,应及早除去丛生枝,留1～2个壮枝以加快棉株生长,减少损失。

2)生物防治 棉盲蝽的天敌主要有草蛉、小花蝽、蜘蛛、姬蜂、拟猎蝽、黑卵蜂等,对棉盲蝽有较好的控制作用。棉田用药要选择高效低毒且对天敌杀伤力小的农药。

3)化学防治 抓住5月下旬至6月上旬除治棉盲蝽的关键时期,此时将刚入侵棉田的第1代绿盲蝽成虫全歼是主动治虫的主要举措。喷药时间应选在10:00以前或16:00以后。喷药务必要细致,药液浓度不一定大,但药液量必须大些,要求全株着药。对生长快、密度大、郁蔽棉田和中后期贪青棉田,应加强防治。对相邻成片棉田,应尽量做到统一防治,防止棉盲蝽在田与田之间迁移为害。

①棉花苗期至蕾铃期:当百株有成虫、若虫1～3头或被害株达3%时,用有机磷类药剂滴心或喷药,连喷3次,间隔5～7天,可防治多种盲蝽、蚜虫以及叶螨,同时不伤害天敌昆虫。因棉盲蝽若虫个体小,不易调查,可以及时查看嫩尖、顶心、幼蕾等幼嫩组织,发现有黑点时即可开始用药。

②成株期(棉盲蝽发生高峰期):果枝或顶尖叶片被害株率达5%或点片棉株受害时,及时施药。5月中下旬应结合防治蚜虫兼治棉盲蝽。6月中下旬为棉花现蕾期,棉花植株比较幼嫩,如遇雨多或湿度大的气候条件,有利于棉盲蝽的发生与为害,因此此时为防治关键期。常用药剂有高效氯氰菊酯·啶虫脒、吡虫啉、高效氟氯氰菊酯、溴氰菊酯等。

8.4 玉米虫害防治技术

玉米害虫种类很多,全世界已知的玉米害虫约有350种,国内有200多种。玉米苗期常遭受地老虎、蛴螬、蝼蛄、金针虫等地下害虫为害。玉米生长期食叶性害虫有东亚飞蝗、土蝗类、黏虫、甜菜夜蛾、斜纹夜蛾等，刺吸类害虫有蚜虫、高粱长蝽等，蛀食性害虫有玉米螟、条螟、桃蛀螟、大螟等。金龟子可为害玉米穗丝和玉米粒。

玉米害虫以玉米螟和东亚飞蝗最为重要。玉米螟为玉米的蛀茎害虫，发生普遍，为害严重，在玉米与棉花夹种地区亦能转害棉花，甚至成为影响棉花生产的重要害虫之一。

8.4.1　玉米螟

8.4.1.1　分布与为害

玉米螟属于鳞翅目螟蛾科，俗称玉米钻心虫。玉米螟是世界性害虫，是我国北方玉米主产区的重要害虫，玉米整个植株都可受害。据统计，2020 年全国玉米螟发生面积为 2.9 亿亩次，其中东北、西南地区为重发生区。一般年份春玉米受害减产 8%～10%，夏玉米受害较重，大发生年减产 20%～30%。除造成减产外，玉米螟还可降低玉米品质。总之，玉米螟已成为制约玉米优质高产的主要障碍之一。

8.4.1.2　形态识别

1)成虫　体长 12～15 mm，翅展 20～34 mm。触角丝状，前翅三角形。雄蛾前翅黄褐色，有 2 条褐色波状横线，两线间有 2 个暗褐斑，近外缘有一褐色横带；雌蛾前翅淡黄褐色，暗斑较横线色深，后翅线纹模糊或消失(图 8-4-1)。

2)幼虫　共 5 龄。老熟幼虫体长约 25 mm，背面淡褐色、灰黄色或淡红色，腹面乳白色，背线明显，两侧有较模糊的暗褐色亚背线(图 8-4-2)。“玉米高粱谷，背线三四五”说的就是玉米螟、高粱螟和谷螟三大钻心虫的背线数目。中胸和后胸背面各有 4 个毛疣，每个毛疣生刚毛 2 根，第 1～8 腹节背面各有 2 排近圆形毛片，前排 4 个较大，后排 2 个较小，腹足趾钩 3 序缺环。

图 8-4-1　玉米螟成虫

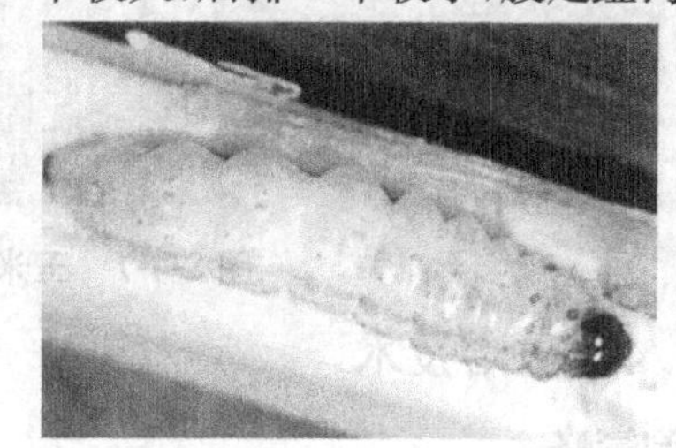

图 8-4-2　玉米螟幼虫

3)卵　扁椭圆形，乳白色，排列成卵块，呈鱼鳞状(图 8-4-3)。

4)蛹　黄褐色(图 8-4-4)，体长 15～18 mm，第 5～7 节各节前缘有突边板，臀棘黑褐色，其上有钩刺5～8 根。

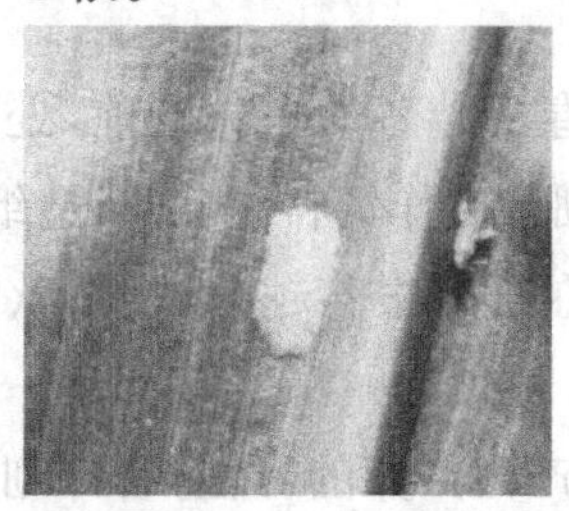

图 8-4-3　玉米螟卵

图 8-4-4　玉米螟蛹

8.4.1.3 发生规律与为害特点

①全国各地一年发生 1～6 代，以老熟幼虫在玉米、高粱、谷子等的秸秆(75%以上)、穗轴和根茬内越冬。

②成虫昼伏夜出，有趋光性，喜食甜物，有趋向高大、嫩绿植物产卵的习性。卵多产于叶背靠主脉外，每头雌虫可产卵 300～600 粒。

③玉米心叶期，初孵幼虫群集于心叶内，取食叶肉和上表皮，被害心叶展开后形成透明斑痕。幼虫稍大后，可将卷着的心叶蛀穿，故被害心叶展开后呈排孔状(图8-4-5)。玉米抽雄后，幼虫蛀入雄穗轴(图 8-4-6)并向下转移到茎内蛀害。玉米穗期，除少数幼虫仍在茎内蛀食外，大部分幼虫转移到雌穗(图 8-4-7)，取食花丝和幼嫩籽粒。因此，玉米心叶末期、幼虫群集尚未转移前为化学防治玉米螟的关键时期。

图 8-4-5 玉米螟蛀穿心叶

图 8-4-6 玉米螟蛀入雄穗轴

图 8-4-7 玉米螟蛀入主茎、果穗

8.4.1.4 防治技术

(1)防治策略

必须采用田内防治与田外防治相结合、越冬期与生长季节相结合、化学防治与其他方法相结合的综合防治策略，才能收到显著的防效。

(2)具体措施

1)农业防治

①处理越冬寄主，压低越冬基数：秋收后至次年春季越冬幼虫化蛹前，处理玉米、高粱、谷子等的秸秆(穗节)、穗轴、根茬等越冬场所，用以沤肥、制作饲料、烧柴或造纸等。

②齐泥收割或掐长穗，压低越冬虫量：利用螟虫在玉米根茬越冬习性，秋收时齐地面收割或掐长穗。

③种植诱杀田：利用雌蛾趋向生长高大、茂密、丰产田产卵的习性，有计划地早播部分玉米、谷子等，吸引雌蛾大量集中产卵，并集中采取防治措施，可以减轻受害程度。

④改革耕作制度：压缩春播寄主面积，扩大夏播面积，以切断第 1 代虫源，减轻夏播田虫害；匍匐型绿豆与夏玉米间作可明显提高田间螟卵的赤眼蜂寄生率。

⑤选育和利用抗虫品种：转 Bt（*Bacillus thuringiensis*，苏云金芽胞杆菌）基因抗虫玉米等。

2）生物防治

①赤眼蜂治螟：主要用于防治第 2、3 代玉米螟。自产卵始盛期至盛末期，即田间百株卵量达 1～1.5 块时，人工释放赤眼蜂 1～2 次，每次放蜂 12～15 万头/hm^2。若田间虫量大，隔 3～5 天可再放一次，两次总量为 2 万头左右。每次设 60～75 个放蜂点/hm^2，将蜂卡卷入玉米叶筒内，用秫秸或大头针固定（图 8-4-8）。蜂种可用松毛虫赤眼蜂、拟澳洲赤眼蜂和玉米螟赤眼蜂。该措施的防治效果为 70%～80%。

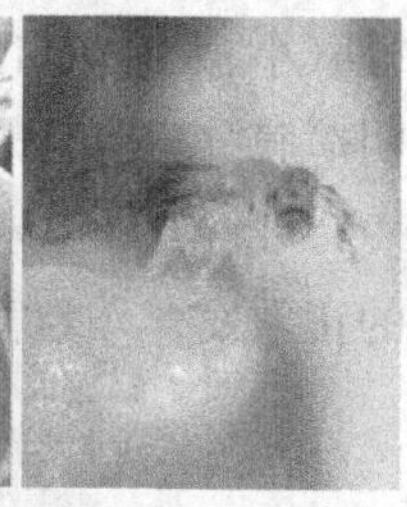

图 8-4-8　玉米田释放赤眼蜂防治螟

③细菌、白僵菌治螟：可撒施苏云金杆菌等药剂（拌炉灰渣、砖渣等），也可将其配成药液进行超低容量喷雾。冬季可用白僵菌进行秸秆封垛，将越冬玉米螟消灭在秸秆中，降低虫源基数。

3）理化诱控　春季利用高压汞灯或性诱剂诱杀玉米螟成虫，可以减少田间虫量，降低为害率。

4）化学防治

①心叶期防治：当心叶末期花叶株率达 10%或百穗花丝有 50 头虫时，应在抽丝盛期防治一次。春玉米心叶期防治第 1 代，夏玉米心叶期防治第 2 代。一般都以在心叶末期（差 2～3 片叶抽雄，手可捏察雄穗苞而看不到）施药，喇叭口内投放药剂效果最好，顺垅撒在谷苗根际形成药带效果亦佳。颗粒剂撒施用量为每株 2 g，约 75 kg/hm^2。常用药剂有 1%甲氨基阿维菌素 EC、0.25%辛硫磷 GR 等。

②穗期防治。

撒施药剂：在玉米抽丝盛期（玉米螟卵孵化盛期），在“一顶四叶”（即雌穗顶部和穗上 2 个叶腋、穗下 1 个叶腋和雌穗着生节的叶腋）部位撒施药剂。方法和药剂同心叶期防治方法。

药液滴穗（点花丝）：可选用 50%敌敌畏 EC 或 5%虱螨脲 EC，兑水后灌注雄穗和雌穗花丝基部。

8.4.2 草地贪夜蛾

8.4.2.1 分布与为害

草地贪夜蛾又称秋黏虫，是鳞翅目夜蛾科灰翅夜蛾属的一种蛾。草地贪夜蛾广泛分布于美洲大陆，具有很强的迁徙能力，虽不能在零度以下的环境越冬，但仍可于每年气温转暖时迁徙至美国东部与加拿大南部各地。2016 年起，草地贪夜蛾散播至非洲、亚洲各国。2019 年，草地贪夜蛾从缅甸入侵中国。目前，草地贪夜蛾已经成为我国一类害虫。

草地贪夜蛾属多食性害虫，可为害 80 多科、350 多种植物，但明显嗜好禾本科，最常为害杂草、玉米、水稻、高粱、甘蔗。草地贪夜蛾在玉米全生育期均可为害，以幼虫咀嚼玉米植株的心叶、叶片、雄穗、雌穗、幼粒。出苗期可蛀食生长点，严重时生长点被破坏，形成枯心苗。生长前、中期(小、大喇叭口期)，1、2 龄幼虫啃食叶片，2 龄末至 3 龄幼虫钻蛀玉米心叶，咬食形成半透明薄膜"窗孔"；4～6 龄幼虫对玉米的危害更为严重，取食叶片后形成不规则的孔洞(图 8-4-9)，可将整株玉米的叶片吃光，也可钻蛀心叶、未抽出的雄穗及幼嫩雌穗，影响叶片和果穗的正常发育。为害部位常见其排泄的粪便。

图 8-4-9 草地贪夜蛾玉米为害状

8.4.2.2 形态识别

1)成虫 翅展 32～40 mm(图 8-4-10)。雌虫前翅灰色至灰棕色；雄虫前翅深棕色，具黑斑和浅色暗纹，翅痣呈明显的灰色尾状突起(图 8-4-11)。后翅灰白色，翅脉棕色、透明。雄虫外生殖器抱握瓣正方形，末端抱器缘刻缺。雌虫交配囊无交配片。

图 8-4-10 草地贪夜蛾成虫翅展

图 8-4-11 草地贪夜蛾成虫

2)卵 圆顶形，直径约 0.4 mm，高约 0.3 mm，通常 100～200 粒卵堆积成块状，卵上有鳞毛覆盖(图 8-4-12)，初产时为浅绿或白色，孵化前渐变为棕色。

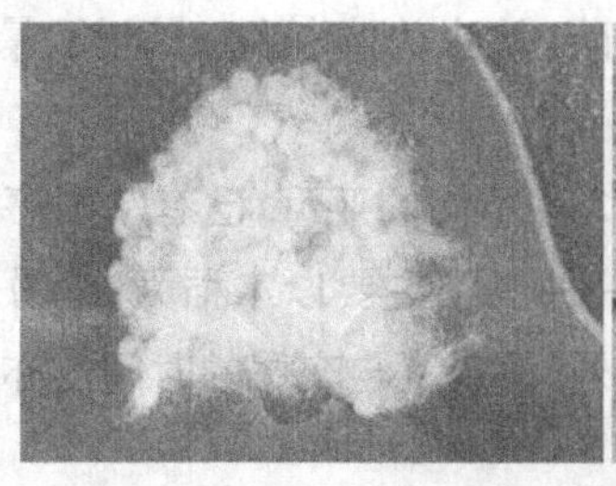 

图 8-4-12　草地贪夜蛾卵块和初孵幼虫

3)幼虫　共 6 龄(偶为 5 龄),体色和体长随龄期而变化。低龄幼虫体色呈绿色或黄色,体长 6～9 mm,头部黑色或橙色。高龄幼虫多呈棕色(图 8-4-13),也有呈黑色或绿色的个体存在,体长 30～50 mm,头部黑色、棕色或橙色,具白色或黄色倒“Y”形斑。迁移期(种群密度大,食物短缺时)末龄幼虫几乎为黑色。幼虫体表有许多纵行条纹,背中线黄色,背中线两侧各有 1 条黄色纵条纹,条纹外侧依次是黑色、黄色纵条纹。草地贪夜蛾幼虫最明显的特征是腹部末节呈正方形排列的 4 个黑斑,头部明显的倒“Y”形纹。

4)蛹　椭圆形,红棕色,长 14～18 mm,宽约 4.5 mm。老熟幼虫落到地上借用浅层(通常深度为 2～8 cm)的土壤做蛹室(图 8-4-14),在其中化蛹。草地贪夜蛾亦可在为害部位如玉米穗上化蛹。

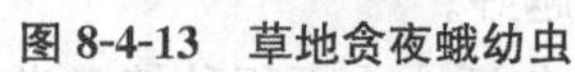

图 8-4-13　草地贪夜蛾幼虫

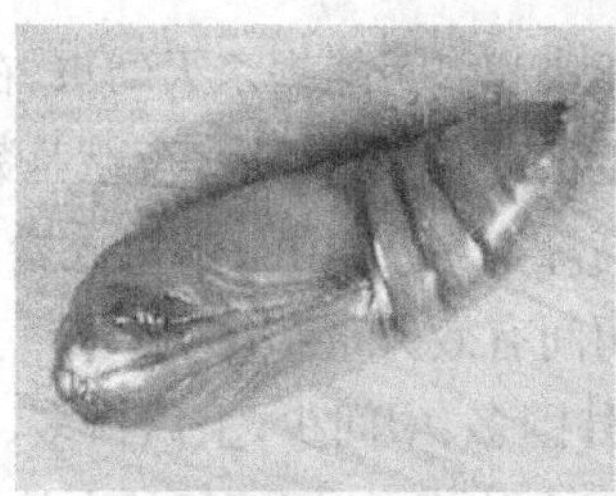 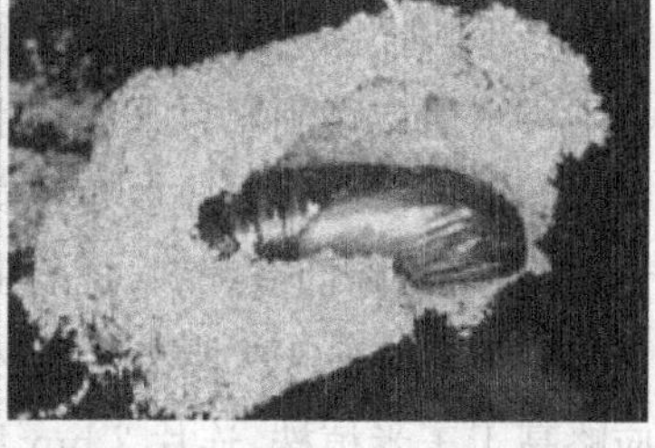

图 8-4-14　草地贪夜蛾蛹、蛹室

8.4.2.3　发生规律与为害特点

①草地贪夜蛾繁殖能力强,世代交替重叠。在 28 ℃条件下,30 天左右即可完成 1 代,没有滞育现象。雌蛾每次产卵 100～2500 粒,一生可产卵 1000～1500 粒。草地贪夜蛾成虫寿命长达 14～21 天。高发期可见不同龄期的幼虫同时为害。

②草地贪夜蛾迁飞距离远,扩散速度快。羽化成虫的草地贪夜蛾具有超强的飞行能力,有随夏季季风定向迁飞的习性。成虫可在几百米高空借助风力进行远距离定向迁飞,一夜可迁飞 100～150 km,产卵前可迁飞 500 km,最远迁飞距离可达 1600 km。

③草地贪夜蛾的寄主范围广,适应性极强。草地贪夜蛾虽原产于热带、亚热带地区,但也能适应凉爽干燥的气候条件,且能越冬存活,可在 11～30 ℃范围内生存繁殖,对环境的适应能力极强。

④草地贪夜蛾取食量极大。草地贪夜蛾食性复杂,刚孵化的幼虫群聚为害,1、2 龄开始分散为害,进入 4 龄期便开始暴食,多以切茎、钻蛀、啮噬嫩叶等方式取食,为害作物的生长点、心叶、根茎、花器、幼穗等部位,使叶片残缺不全,花器不能正常发育,影响植株正常生长,

使玉米减产 20%～72%。草地贪夜蛾为害隐蔽，幼虫为害持续时间长，暴发速度快，因而增加了防控难度。

⑤草地贪夜蛾正发生同域种化，渐分化为 2 种不同的亚型，已有基因序列的分歧产生。这 2 种亚型生存的地区与外形均没有差异，其中一种亚型主要以水稻为食，另一种亚型则主要以玉米为食。2 种亚型除栖地(偏好的食物)不同外，信息素与交尾的时间点亦有一定差异。

8.4.2.4 防治技术

(1)防治策略

根据草地贪夜蛾的生物学特性及发生为害规律，结合预测预报，因地制宜，采取农业防治、理化诱控、生物防治、化学防治等相结合的综合防治措施，强化统防统治，及时控制害虫扩散为害。

(2)具体措施

1)农业防治

①间作套种。玉米同豆科作物间作套种可以明显降低草地贪夜蛾的危害。

②调整玉米播期。避免玉米幼苗期与草地贪夜蛾的幼虫期相遇，即同一地区要避免晚种和交错种植，播种期尽量一致，缩短草地贪夜蛾最喜欢食用的玉米幼株的持续时间。

③平衡施肥技术。化肥的不平衡供应，尤其是过施氮肥可增加雌性草地贪夜蛾产卵量。

2)理化诱控

①物理防控。通过人工摘除卵块和人工捕捉杀灭幼虫，在玉米植株心叶里撒草木灰、细土、沙子、木屑或喷洒肥皂水保护生长点，降低草地贪夜蛾基数。

②性诱剂诱杀。在成虫发生高峰期，每公顷玉米田放置 15 套夜蛾诱捕器，诱捕田间草地贪夜蛾雄蛾，降低交配率，减少田间有效卵量和幼虫数量。诱捕器放置在玉米地边缘或中间，间隔 30～50 m，按“外密内疏，外围多、中间少，上风口多、下风口少”的原则排布，放置高度应略高于玉米植株，连片 2 hm^2 以上使用，使用面积越大效果越好。

③灯光诱杀。可选择高空灯和普通杀虫灯进行诱杀。高空灯适合大面积种植玉米的地区，控制面积在 100 hm^2 左右，可参考等腰三角形排布。高空灯安装须选择视野广、地形周边没有遮挡物的位置，灯光向上方和四周发射，高于植物冠层。普通杀虫灯按每盏控制面积为 2 hm^2 左右进行排布。

3)生物防治

①保护和利用天敌。玉米田间有许多寄生草地贪夜蛾卵、幼虫和蛹的天敌以及一些捕食性天敌，要充分保护和利用这些天敌，以减少化学农药的使用，促进可持续治理。

②人工释放天敌。在玉米田间人工释放夜蛾黑卵蜂、螟黄赤眼蜂等寄生性天敌和蠋蝽、瓢虫等捕食性天敌，可减轻草地贪夜蛾发生程度。

③使用生物药剂。可选用苏云金杆菌、球孢白僵菌、金龟子绿僵菌 CQMa421、短稳杆菌、核型多角体病毒等生物农药，优先选用高含量单剂。

4)化学防治 对虫口密度高、集中连片发生区域，应抓住幼虫低龄期实施统防统治；对分散发生区，应实施重点挑治和点杀点治。常用药剂有甲氨基阿维菌素苯甲酸盐、茚虫威、四氯虫酰胺、氯虫苯甲酰胺、虱螨脲、虫螨腈、乙基多杀菌素、氟苯虫酰胺等。

注意:采取灯光诱杀措施时应注意开关灯时间,以保护其他昆虫。生物农药应在产卵盛期至孵化初期施用。幼虫防治要抓住防治最佳时期(1～3 龄),宜于清晨及傍晚施药。农药宜交替使用、轮换使用,以延缓抗药性产生,提高防控效果。用药期间注意保护天敌。

8.4.3 地老虎

地老虎属于鳞翅目夜蛾科,又名切根虫、夜盗虫,俗称地蚕,为杂食性害虫。地老虎的种类有很多,均以幼虫为害,对农业生产造成危害的有小地老虎、黄地老虎、大地老虎、白边地老虎和警纹地老虎等,其中小地老虎尤为重要。现以小地老虎为例,介绍地老虎的分布与为害、形态识别、发生规律与为害特点及防治技术。

8.4.3.1 分布与为害

小地老虎呈世界性分布,在中国遍及各地,但以南方旱地及丘陵旱地发生较重,北方则以沿海、沿湖、沿河、低洼内涝地及水浇地发生较重。小地老虎可为害棉花、玉米、烟草、芝麻、豆类及多种蔬菜,也可在藜和刺儿菜等杂草上取食。

8.4.3.2 形态识别

1)成虫 体长 16～23 mm,翅展 42～54 mm。头、胸部背面暗褐色,足褐色,前足胫、跗节外缘灰褐色,中后足各节末端有灰褐色环纹。前翅黑褐色,前缘区黑褐色,有肾状纹、环状纹和棒状纹各 1 个,肾状纹外有尖端向外的黑色楔状纹,与亚缘线内侧 2 个尖端向内的黑色楔状纹相对(图 8-4-15)。后翅灰白色,纵脉及缘线褐色。腹部背面灰色。

2)幼虫 共 6 龄。老熟幼虫体长 33～45 mm,头部黑褐色,体黄褐色至黑褐色,体表多皱纹(图 8-4-16),且密布黑色颗粒状小突起,背面有淡色纵带;臀板有两大块黄褐色纵带状斑纹,中央断开,有较多分散的小黑点。

3)卵 半球形,直径约 0.6 mm,初产时乳白色,孵化前呈棕褐色(图 8-4-17)。

4)蛹 体长 18～24 mm,红褐色至黑褐色(图 8-4-18),腹部末端具 1 对臀棘。

图 8-4-15 小地老虎成虫

图 8-4-16 小地老虎幼虫

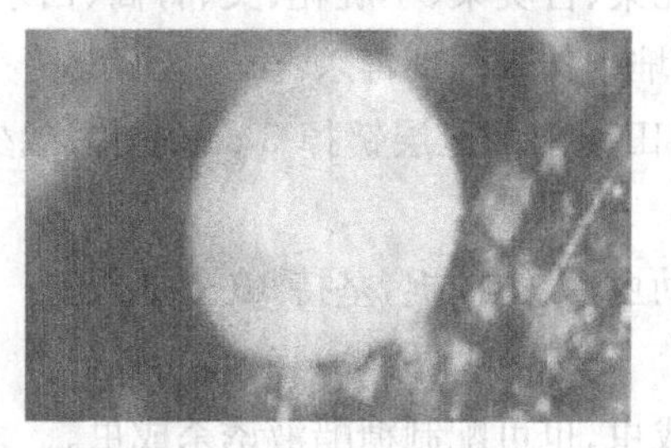

图 8-4-17 小地老虎卵

图 8-4-18 小地老虎蛹

8.4.3.3 发生规律与为害特点

①小地老虎一年发生3～4代，以老熟幼虫或蛹在土内越冬。3月上旬，成虫开始出现。一般在3月中下旬和4月中上旬会出现2个发蛾盛期。

②初孵幼虫在幼苗心叶上取食，形成许多半透明的小斑点。1、2龄幼虫昼夜均在地面活动寻找食物，主要为害嫩叶。3龄后从地上转移到地下为害，白天一般潜藏在浅土里，夜晚或阴雨天出土为害，在离地面1～2 cm处将茎基部咬断。4龄以上幼虫多将植株近地面茎基部咬断，将苗拖入土中继续取食。5、6龄进入暴食期，其食量占整个幼虫期的91.2%，每头幼虫一夜可咬断3～5株幼苗，造成田间大量缺苗、断垄，甚至毁种(毁苗)。大龄地老虎为害可造成空心苗。

③3龄后幼虫有假死性和自相残杀性，受惊后缩成环形(图8-4-19)。幼虫经30～45天老熟后在土中筑土室化蛹。蛹室距地面3～4 cm。蛹期为9～17天。

图8-4-19 小地老虎受惊后缩成环形

④成虫的飞行能力很强，可远距离迁飞，春季由低纬度向高纬度、由低海拔向高海拔迁飞，秋季则沿着相反方向飞回南方，可累计飞行34～65 h，飞行总距离可达2500 km。

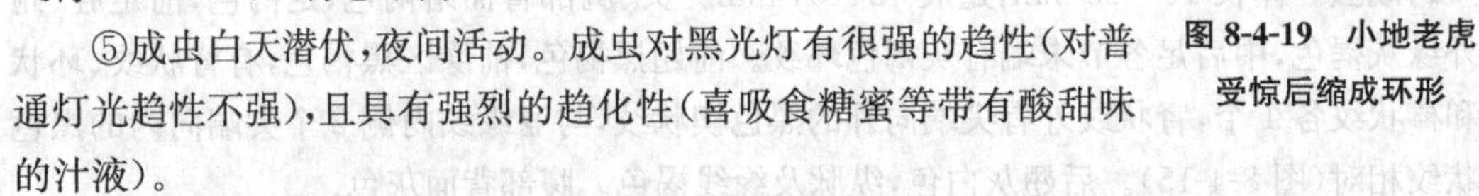

⑤成虫白天潜伏，夜间活动。成虫对黑光灯有很强的趋性(对普通灯光趋性不强)，且具有强烈的趋化性(喜吸食糖蜜等带有酸甜味的汁液)。

⑥成虫羽化后需补充营养，最喜食油菜花，其次为桃、李、梨、白菜花等。羽化后3～5天后交配，产卵。卵散产或成堆产，多产于土块或地面缝隙内。每头雌虫可产卵800～2000粒。卵期因温度而异，25 ℃以下为5～6天，30 ℃以上为2～3天。

⑦春播作物早播受害轻，反之较重。秋播作物早播受害重，反之较轻。地下水位较低、土壤板结、碱性大的地块发生轻。沙质壤土有利于小地老虎繁殖。

8.4.3.4 防治技术

(1)防治策略

小地老虎的防治应根据各地为害时期因地制宜，采取以农业防治和化学防治相结合的综合防治措施。

(2)具体措施

1)农业防治

①定植前，堆放地老虎喜食的灰菜、刺儿菜、苦荬菜、小旋花、艾、青蒿、白茅、鹅儿草等杂草，诱集地老虎幼虫，然后人工捕捉，或在草堆中拌入药剂毒杀。

②早春清除玉米田及周围杂草，同时将田埂阳面土层铲掉3 cm左右，减少成虫产卵场所，可以有效降低化蛹地老虎数量。

③清晨在被害苗株的周围寻找潜伏的幼虫，人工捕捉，坚持10～15天。

④适当调节播种期，减轻危害。

2)物理防治 可采用黑光灯诱蛾扑杀成虫，也可配制糖醋液诱杀成虫。

3)化学防治

①配制豆饼(麦麸)毒饵或青草毒饵,播种后即在行间或株间进行撒施。

②穴施或灌根防治:选用辛硫磷等农药,可拌细土后穴施,也可于玉米出苗后兑水灌根。

③喷药防治:对1～3龄幼虫,可用480 g/L毒死蜱·辛硫磷EC的1500倍液、48%毒死蜱EC的2000倍液、2.5%高效氯氟氰EC的2000倍液、10%高效氯氰菊酯EC的1500倍液、21%氰戊菊酯·马拉硫磷EC的3000倍液、2.5%溴氰菊酯EC的1500倍液、20%氰戊菊酯EC的1500倍液等进行地表喷雾。

8.4.4　玉米蚜

8.4.4.1　分布与为害

玉米蚜属半翅目蚜科,俗名腻虫、麦蚰、蚁虫,为世界性害虫,广泛分布于全国各地,主要为害玉米、高粱、小麦、狗尾草等。

8.4.4.2　形态识别

1)有翅孤雌蚜　长卵形,体长1.6～2 mm。头、胸部黑色、发亮(图8-4-20),腹部黄红色至深绿色,腹管前各节有暗色侧斑。触角6节,比身体短,长度为体长的1/3。触角、喙、足、腹节间、腹管及尾片黑色。腹部第2～4节各具1对大型圆斑,第6、7节上有背中横带,第8节中带贯通全节。前翅中脉分为2～3支,后翅常有肘脉2支。

2)无翅孤雌蚜　体长卵形,长1.8～2.2 mm,体深绿色(图8-4-21),披薄白粉,附肢黑色,复眼红褐色。腹部第7节毛片黑色,第8节具背中横带,体表有网纹。触角、喙、足、腹管、尾片黑色。触角6节,长度为体长的1/3。喙粗短,不达中足基节,端节约为基宽的1.7倍。腹管长圆筒形,端部收缩,腹管具覆瓦状纹。尾片圆锥状,具毛4～5根。

3)卵　椭圆形。

图8-4-20　玉米蚜有翅孤雌蚜

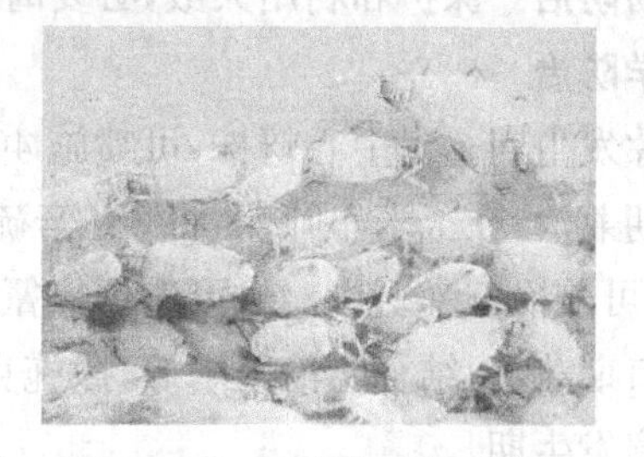
图8-4-21　玉米蚜无翅孤雌蚜

8.4.4.3　发生规律与为害特点

①玉米蚜在长江流域一年发生20多代,以成蚜、若蚜在小麦心叶上越冬,或以孤雌成蚜、若蚜在禾本科植物上越冬。翌年3月至4月随气温上升开始活动,多集中于越冬寄主心叶内为害。4月底至5月初产生大量有翅蚜,迁往春玉米、高粱、芦苇等禾本科作物或杂草上,此为第一次迁飞高峰。玉米抽穗前多集中于心叶内为害,抽雄后扩散至雄穗繁殖、为害。7月中下旬,玉米蚜陆续迁至夏玉米及沟边禾本科杂草上,此为第二次迁飞高峰。随着夏玉米抽雄,大量成蚜、若蚜群集于雄穗苞内,形成黑穗,严重时所有叶片、叶鞘及雌穗苞内外遍

布蚜虫，造成黑株。9月至10月夏玉米老熟，产生有翅蚜，迁至沟边、地头向阳处禾本科杂草及冬小麦上，繁殖1～2代后越冬。

②玉米苗期至成熟期均可受害。玉米蚜常常群集于心叶、叶片背面、花丝和雄穗，刺吸植物组织汁液(图8-4-22)，一般不易在叶面见到。随着心叶的不断展开，玉米蚜陆续迁向新生心叶内，集中繁殖、为害，常致叶片变黄或发红，影响生长发育。因此，在展开的叶面常可见到一层密密麻麻的蜕壳，此为玉米蚜为害玉米的主要特征。玉米蚜还可分泌蜜露，常在被害部位形成黑色霉状物，此有别于高粱蚜。为害严重时影响植株光合作用，甚至使植株枯死。雄穗受害常影响授粉，导致减产。此外，蚜虫还能传播玉米矮花叶病毒和红叶病毒，导致病毒病，造成更大损失。在紧凑型玉米上，玉米蚜主要为害雄花和上层1～5叶，下部叶受害轻。

③玉米蚜的天敌有异色瓢虫、七星瓢虫、龟纹瓢虫、食蚜蝇、草蛉和寄生蜂等(图8-4-23)。

图8-4-22 玉米蚜为害状

图8-4-23 七星瓢虫和草蛉

8.4.4.4 防治技术

(1)防治策略

以种植抗虫品种为基础，加强保健栽培，并辅以化学防治措施。

(2)具体措施

1)农业防治 选育抗蚜品种；作物合理布局、间作套种。

2)生物防治 保护和利用天敌，必要时可人工繁殖、释放和助迁。

3)化学防治

①点片发生期。对中心蚜株，可喷施40%乐果EC的1500倍液。

心叶期兼治：在玉米心叶期，将3%辛硫磷GR(22.5～30 kg/hm^2)撒于心叶，既可防治玉米螟，也可兼治玉米蚜虫。也可选用氯氰菊酯，兑水后喷雾。

喇叭口期兼治：结合防治玉米螟，撒施克百威GR。

②普遍发生期。

抽雄期是防治玉米蚜的关键时期。玉米抽雄初期可选用啶虫脒或吡虫啉，兑水后喷雾；还可撒施毒沙土(40%乐果EC兑水后拌细沙土)，1 g/株，均匀地撒在植株心叶上，也可兼防兼治玉米螟。

当有蚜株率达30%～40%且出现“起油株”时，及时采取普治措施。常用药剂有40%乐果EC、50%抗蚜威WP、10%吡虫啉WP、30%乙酰甲胺磷EC等，按药液量为150～600 kg/hm^{2}进行喷雾防治。

8.4.5 甜菜夜蛾

8.4.5.1 分布与为害

甜菜夜蛾属鳞翅目夜蛾科，别名贪夜蛾，是一种世界性分布、间歇性大发生的杂食性害虫。甜菜夜蛾分布极广，主要为害玉米、大豆、棉花、葱等植物。受害株率一般为60%～80%，严重的高达95%，严重时植株地面以上被吃光。

8.4.5.2 形态识别

1)成虫(图8-4-24) 体长8～10 mm，翅展19～25 mm，灰褐色，头、胸部有黑点。前翅灰褐色，基线仅前段可见双黑纹；内横线双线黑色，波浪形外斜；剑纹为一黑条；环纹粉黄色，具黑边；肾纹粉黄色，中央褐色，具黑边；中横线黑色，波浪形；外横线为双线，黑色，锯齿形，前、后端线间为白色；亚缘线白色，锯齿形，两侧有黑点，外侧有一较大的黑点；缘线为一列黑点，各点内侧均衬白色。后翅白色，翅脉及缘线黑褐色。

2)幼虫 老熟幼虫体长约22 mm。体色变化很大，由绿色、暗绿色、黄褐色、褐色至黑褐色，背线有或无，颜色亦各异。较明显的特征是腹部气门下线为明显的黄白色纵带，有时带粉红色，此带的末端直达腹部末端，不弯到臀足上去(甘蓝夜蛾老熟幼虫此纵带通到臀足上)。各节气门后上方具一明显的白点(图8-4-25)。注意：甜菜夜蛾幼虫有时难以与菜青虫、甘蓝夜蛾幼虫区分。

图8-4-24 甜菜夜蛾成虫

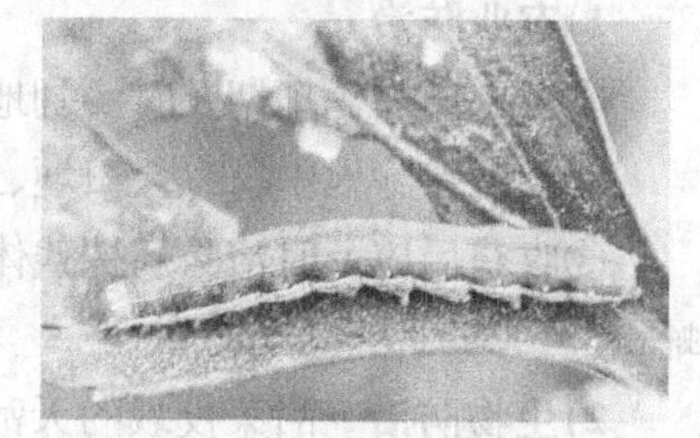

图8-4-25 甜菜夜蛾幼虫

3)卵 圆球状，白色，成块产于叶面或叶背，8～100粒不等，排为1～3层，外面覆有雌蛾脱落的白色绒毛，因此不能直接看到卵粒(图8-4-26)。

4)蛹 体长约10 mm，黄褐色(图8-4-27)。中胸气门显著外突。臀棘上有刚毛2根，其腹面基部亦有2根极短的刚毛。

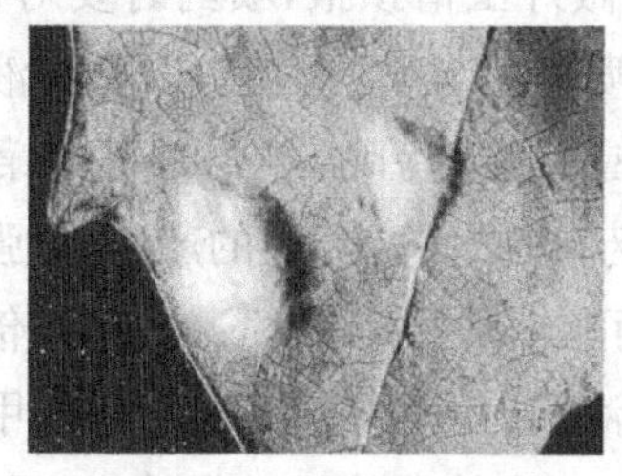

图8-4-26 甜菜夜蛾卵

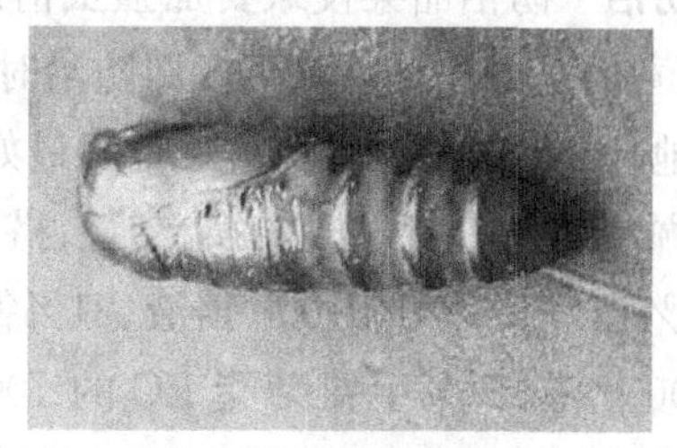

图8-4-27 甜菜夜蛾蛹

8.4.5.3 发生规律与为害特点

①甜菜夜蛾在黄淮地区一年发生5代，世代重叠现象严重。甜菜夜蛾以蛹在表土层越冬，

翌年6月中旬始见越冬成虫。第1代幼虫发生于6月下旬至7月上旬,第2代幼虫发生于7月下旬至8月上旬,第3～5代发生于8月至10月,第5代幼虫于10月中下旬化蛹越冬。

②幼虫共5龄。1～2龄幼虫吐丝结网,多群集于叶尖3～5 mm幼嫩部位取食,食量小,抗药性弱,孵化后2天左右从啮食处钻入茎秆内,残留白色透明外表皮。3龄后食量大增,且分散为害,可致毁产绝收。幼虫在虫口密度过高且缺食料的条件下,有自相残杀现象。幼虫具有杂食性、假死性、畏光性、迁移性等特性。

③甜菜夜蛾成虫昼伏夜出,白天潜伏在土缝、玉米、草丛间等隐蔽处,夜间活动频繁,有2个活动高峰期,即19:00—22:00和5:00—7:00。成虫有较强的趋光趋化性,受惊吓时作短距离飞行。

④卵多成块产于玉米中上部叶片上,卵块少则几粒,多则百粒以上,其上盖有一层灰色鳞毛,平均每头雌蛾可产卵4～5块,约200～600粒。卵期平均为3～5天。初产卵时乳白色,后变淡黄色,近孵化时呈灰黑色,清晨7:00前孵虫最多。

8.4.5.4 防治技术

(1)防治策略

根据甜菜夜蛾发生规律与为害特点以及大龄幼虫的抗药、耐药性,在防治上应采取"治早、治小"策略,以农业防治为基础,化学防治为主导,辅以物理防治与生物防治。

(2)具体措施

1)农业防治

①玉米田在化蛹期及时浅翻地,及时消灭翻出的虫蛹,减少下代虫源。

②及时铲除地中、田边、田埂、地头杂草,减少甜菜夜蛾滋生场所。

③收获后应及时清除病株残体,并加强冬菜地的中耕除草及冬闲地的耕翻,以减少越冬蛹量。

2)生物防治 甜菜夜蛾的天敌主要有寄生蜂、寄生蝇、田间小蜘蛛、食虫蝽、草蛉等,其中缘腹绒茧蜂为优势种,对甜菜夜蛾有一定的控制作用。尤其在第3、4代幼虫发生期,如果田间湿度适宜,寄生率较高,就可以在不施药的情况下靠天敌控制甜菜夜蛾为害。

3)物理防治 由于成虫具有较强的趋光性和趋化性,因此,有条件的可设置黑光灯或频振式杀虫灯,或采用性诱剂、糖醋液等进行诱杀。

4)化学防治 防治甜菜夜蛾要加强虫情调查,做好虫情预报,喷药时要对植株上下、四周及叶片正、背面全面喷施。在玉米田防治时应以喷头向上喷药为宜,以防药液流失和幼虫受惊假死坠地,影响防治效果。施药时间最好选在清晨或傍晚,必要时可在第一次喷药后5～7天再喷施一次。注意合理轮换、交替、搭配用药,以减缓抗药性的产生,增强防治效果。

常用10%虫螨腈SC的1000倍液、21%氰戊菊酯·马拉硫磷EC的1500倍液、5%氟虫脲EC的1500倍液、20%甲氰菊酯EC的1000倍液、1%甲氨基阿维菌素苯甲酸盐EC的3000～4000倍液,每5～6天喷施一次,连续喷施2～3次效果较好。另外,为保护田间天敌,可选用20%灭幼脲SC、10%吡虫啉WP等药剂,配成药液后喷施,效果较好。

8.4.6 东亚飞蝗

8.4.6.1 分布与为害

蝗虫俗称蚂蚱，属直翅目蝗总科，全世界已知有10000多种，中国约有1000多种，其中重要的有东亚飞蝗、亚洲飞蝗和西藏飞蝗。东亚飞蝗分布较广，从北纬42°以南至南海，西起甘肃陇南地区，东至东海及台湾均有分布。其中，长江以北的华北平原即黄淮海平原为主要蝗区。东亚飞蝗是我国历史上造成灾害最重、最多的害虫。亚洲飞蝗主要分布于新疆、内蒙古、东北地区及甘肃河西走廊地区。西藏飞蝗主要分布于西藏、青海地区。

飞蝗喜食禾本科和莎草科植物，尤其是芦苇、稗草和红草，一般不取食双子叶植物。成虫和若虫（蝗蝻）咬食植物叶片和嫩茎，大发生时可将作物吃成光秆。

8.4.6.2 形态识别

1)成虫 雄虫体长为32.4～48.1 mm，雌虫体长为38.6～52.8 mm；体色常为绿色或黄褐色（图8-4-28），可因型别、性别和羽化后时间长短以及环境不同而有所变异。触角丝状；具1对复眼和3个单眼，咀嚼式口器，后足明显较长，善跳跃。前翅透明、狭长，有光泽，具暗色斑纹；后翅透明，静止时折起，为前翅所覆盖。腹部第1节背板两侧具鼓膜器。腹部末端雄虫下生殖板短锥形，雌虫为1对产卵瓣。

2)若虫 若虫一生要蜕皮5次。若虫的形态和生活习性与成虫相似，只是身体较小，生殖器官没有发育成熟。若虫体长约4.8 mm，眼后方具白色纵纹，两眼间至腹背末端尚有1条白色的纵线，后足腿节特别发达，体背的白色纵线特别醒目（图8-4-29）。

3)卵 卵囊黄褐色或淡褐色，长筒形，长约45 mm，中间略弯，上端为胶液，卵粒在下部排列成4行，微斜。每块卵囊一般含卵50～80粒，卵粒长6～7 mm，直径约1.5 mm(图8-4-30)。

图8-4-28 东亚飞蝗成虫

图8-4-29 东亚飞蝗若虫

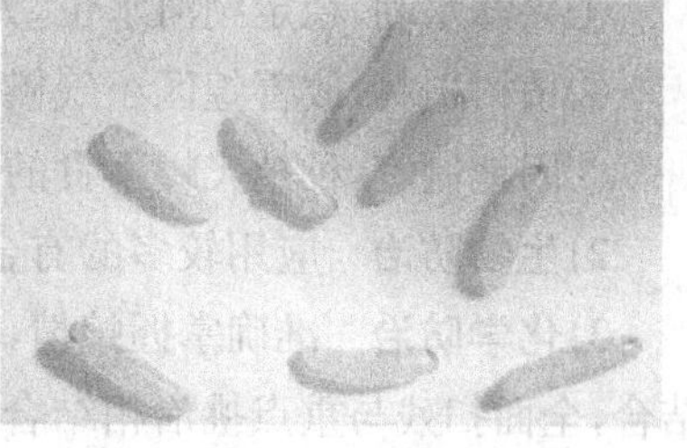
图8-4-30 东亚飞蝗卵

8.4.6.3 发生规律与为害特点

①飞蝗无滞育，黄淮海地区一年发生2代，江淮地区一年发生2～3代。东亚飞蝗在自然气温条件下生长，一年发生2代，第1代称为夏蝗，第2代称为秋蝗。

②16:00左右（日落前）为飞蝗成虫活动高峰期。飞蝗取食与气候和龄期有关，干旱季节食量大；3龄前食量较小，4龄食量大增，成虫食量最大。每头虫一生可取食267 g。

③飞蝗成虫产卵时喜欢栖息在地势低洼、易涝易旱或水位不稳定的海滩或湖滩及大面积荒滩或耕作粗放的夹荒地上，且主要在植被稀少、坚硬、向阳处产卵（图8-4-31）。产卵时腹部长度可达平时的3倍。飞蝗以卵在土下4～6 cm处的卵囊内越冬。4月下旬至5月中

旬越冬卵孵化，5 月中上旬为盛期，夏蝻期为 40 天，6 月中旬至 7 月上旬羽化成虫(成虫寿命为 50～60 天)，7 月上旬产卵，8 月中下旬秋蝗羽化，9 月产卵越冬。

图 8-4-31 东亚飞蝗成虫产卵

图 8-4-32 东亚飞蝗为害状

④群聚迁飞和迁移：分布呈现群聚型和散居型。群聚型的前胸背板中线直平，蝗蝻 2 龄前在植物上部，2 龄后喜群集于裸地或稀草地，开始由少数蝗蝻跳动引起条件反射，9:00—16:00 向与太阳垂直的方向迁移，飞行路程达数百公里，高度可越过 1000 m。夜晚群集于植物上部。散居型的前胸背板中线弧状隆起。

⑤发育适宜温度为 20～42 ℃，最适温度范围为 28～34 ℃。飞蝗多发生在水旱交替的低海拔地区。遇有干旱年份，这种荒地随天气干旱、水面下降而增大时，有利于蝗虫发育繁殖，容易酿成蝗灾(图 8-4-32)。

8.4.6.4 防治技术

(1)防治策略

坚持“预防为主、改治并举”的治蝗方针和“狠治夏蝗、控制秋蝗”的防治策略。

(2)具体措施

1)改造蝗区

①兴修水利，稳定湖河水位，大面积垦荒种植，减少蝗虫发生基地。

②植树造林，改善蝗区小气候，消灭飞蝗产卵繁殖场所。

③因地制宜，种植飞蝗不食的作物，如甘薯、马铃薯、麻类等，断绝飞蝗的食物来源。

2)生物防治 应用较多的有金龟子绿僵菌和蝗虫微孢子虫。

3)化学防治 准确掌握蝗情，根据发生的面积和密度，做到飞机防治与地面机械防治相结合，全面扫残与重点挑治相结合，夏蝗重治与秋蝗扫残相结合，歼灭蝗蝻于 3 龄以前。卵孵化出土盛期至 3 龄前夕为防治适期，防治指标为夏蝗 0.3 头/m^2，秋蝗 0.45 头/m^2。

①喷雾：可选用马拉硫磷、甲萘威、氟虫脲及拟除虫菊酯类农药，兑水后喷施。

②毒饵：麦麸(米糠、玉米粉、高粱)100 份＋清水 100 份＋敌百虫 0.15 份，15～22.5 kg/hm^2。

8.4.7 蓟马

蓟马为黄淮海夏玉米区的重要的苗期害虫之一。近年来，随着耕作制度的改变，黄淮海夏玉米区广泛采用免耕技术，在小麦收获后及时带茬播种玉米，使得原来在小麦和麦田杂草上为害的蓟马在夏玉米出苗后转移到玉米幼苗上为害。这是近年来玉米田苗期蓟马为害严重的原因之一。玉米播期的多样化为其发生提供了适宜的寄主条件，因此蓟马为害呈逐年加重趋势,以晚春玉米、套播玉米和早播夏玉米田受害重。蓟马主要有黄呆蓟马、禾蓟马和稻管蓟马等,均属缨翅目,前两者属蓟马科,后一种属管蓟马科。现以黄呆蓟马为例,介绍蓟马的分布与为害、形态识别、发生规律与为害特点及防治技术。

8.4.7.1　分布与为害

黄呆蓟马分布于华北、新疆、甘肃、宁夏、江苏、四川、西藏、台湾等地区,其寄主为玉米、蚕豆、苦荬菜及小麦等禾本科植物。一般夏玉米上蓟马虫株率为 40%～50%,每百株有蓟马 2000～4000 头。

8.4.7.2　形态识别

1)成虫　长翅型成虫(图 8-4-33)体长一般为 1～1.7 mm,体黄色(略暗),胸、腹背(端部数节除外)有暗黑区域。头、前胸背无长鬃。触角 8 节,第 1 节淡黄色,第 2～4 节黄色,逐渐加黑,第 5～8 节灰黑色,第 3、4 节具叉状感觉锥,第 6 节有淡的斜缝。通常具 2 对狭长的翅,翅缘有长的缨毛。前翅淡黄色,前脉鬃间断,绝大多数有 2 根端鬃,少数 1 根,脉鬃弱小,缘缨长,具翅胸节明显宽于前胸。每 8 节腹背板后缘有完整的梳,腹端鬃较长而暗。半长翅型成虫的前翅长达腹部第 5 节。短翅型成虫的前翅短小,退化成三角形芽状,具翅胸几乎不宽于前胸。

2)若虫　初孵若虫小如针尖,头、胸占身体的比例较大,触角较粗短(图 8-4-34)。2 龄后呈乳青色或乳黄色,有灰斑纹;触角末端数节灰色;体鬃很短,仅第 9、10 腹节鬃较长;第 9 腹节上有 4 根背鬃,略呈节瘤状。前蛹(3 龄)头、胸、腹淡黄色,触角、翅芽及足淡白色,复眼红色;触角分节不明显,略呈鞘囊状,向前伸;体鬃短而尖,第 8 腹节侧鬃较长;第 9 腹节背面有 4 根弯曲的齿。

3)卵　长约 0.3 mm,宽约 0.13 mm,肾形,乳白色至乳黄色。

4)蛹(4 龄)　触角鞘背于头上,向后至前胸。翅芽较长,接近羽化时带褐色。

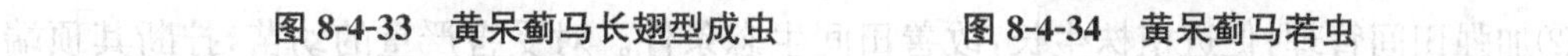

图 8-4-33　黄呆蓟马长翅型成虫　　　　图 8-4-34　黄呆蓟马若虫

8.4.7.3　发生规律与为害特点

①一年发生 1～10 代。成虫在禾本科杂草根基部和枯叶内越冬,次年 5 月中下旬迁到玉米上为害,在玉米上繁殖 2 代。第 1 代若虫于 5 月下旬至 6 月初发生在春玉米或麦类作物上,6 月中旬进入成虫盛发期,6 月中下旬为卵高峰期,6 月下旬是若虫盛发期,7 月上旬成虫发生在夏玉米上。由此可见,蓟马在玉米苗期及心叶末期(大喇叭口期)发生量大;抽雄后,蓟马的数量随即显著下降。

②干旱、麦糠覆盖的夏玉米田黄呆蓟马发生重,小麦植株矮小、稀疏地块中的套种玉米

常受害重，降雨对其发生和为害有直接的抑制作用。一般来说，蓟马在玉米上的发生数量由大到小依次为春玉米、中茬玉米、夏玉米，中茬套种玉米上的单株虫量虽较春玉米少，但受害较重，在缺水肥条件下受害更重。

③通常以成虫、若虫在心叶反面为害，以其锉吸式口器刮破玉米表皮，将口针插入组织内吸取汁液并分泌毒素，抑制玉米生长发育。被害植株叶片上出现成片的银灰色斑，叶片点状失绿(图 8-4-35)，严重时部分心叶叶片畸形、破裂，心叶扭曲呈马尾巴状，难以长出，严重影响玉米的正常生长，这与玉米粗缩病症状相似。大喇叭口期遇雨后心叶基部常常易发生细菌性顶腐病。由此可见，玉米苗期是最为敏感的时期，一旦蓟马为害严重，将导致缺苗断垄，影响玉米产量。

图 8-4-35　黄呆蓟马为害状

④成虫有长翅型、半长翅型和短翅型之分，行动迟钝，不活泼，阴雨天很少活动，受惊后亦不愿迁飞。

⑤成虫取食处就是其产卵场所。卵多产于叶片组织内，卵背鼓出于叶面。

⑥黄呆蓟马以成虫和 1、2 龄若虫为害。初孵若虫乳白色，取食后逐渐变为乳青色或乳黄色。3、4 龄若虫停止取食，掉落在松土内或隐藏于植株基部叶鞘、枯叶内。6 月中旬主要是成虫猖獗为害期，6 月下旬至 7 月初若虫数量增加。黄呆蓟马有转换寄主为害的习性。

8.4.7.4　防治技术

(1)防治策略

以种植抗虫品种为主，加强保健栽培，并辅以化学防治措施。

(2)具体措施

1)农业防治

①结合中耕除草，冬、春季尽量清除田间地边杂草，减少越冬虫口基数。

②加强田间管理，促进植株生长，改善田间生态条件。对受害严重的幼苗，拧断其顶端可帮助心叶抽出。

③邻近麦田的玉米田要适时灌水施肥，加强管理，促进玉米苗早发快长。

④轮作结合套播改直播，适时栽培玉米，避开蓟马高峰期。

2)化学防治　有机磷、氨基甲酸酯类农药对蓟马有较好的防效。在蓟马发生初期及时施用 40%毒死蜱 EC、25%喹硫磷 EC、20%丁硫克百威 EC、10%吡虫啉 WP、1.8%阿维菌素 EC、10%虫螨腈 EC、40%氧乐果 EC 等杀虫剂，防效均在 85%以上(吡虫啉效果最好，且可兼治蚜虫)。在早晨或傍晚比较凉快的时间施药，最好选用直喷头，将药液喷到玉米心叶里。

药液中可添加含锌的叶面肥，在防治黄呆蓟马的同时给玉米补充锌元素，促进玉米健壮生长。

8.5 油菜虫害防治技术

油菜害虫的种类较多，主要有蚜虫、茎象虫、小菜蛾、菜粉蝶、潜叶蝇及跳甲等，近年尤以蚜虫、小菜蛾和茎象甲为害严重，严重影响油菜产量和品质。

8.5.1 油菜蚜虫

8.5.1.1 分布与为害

蚜虫俗称蜜虫、腻虫、油虫等，隶属于半翅目，包括球蚜总科和蚜总科，主要分布于北半球温带地区和亚热带地区，热带地区分布很少。我国油菜蚜虫主要有桃蚜、萝卜蚜(又称菜缢管蚜)和甘蓝蚜3种，是为害油菜的主要虫害之一。萝卜蚜和桃蚜在全国都有发生，其中以萝卜蚜数量最多；甘蓝蚜主要发生在北纬40°以北，或海拔1000 m以上的高原、高山地区。蚜虫为害叶、茎、花、果，以刺吸式口器吸取油菜体内汁液(图8-5-1)，造成卷叶、死苗，使植株的花序、角果萎缩或全株枯死。干旱年份危害更为严重。除此之外，蚜虫是传播油菜病毒病的主要媒介，病毒病的发生与蚜虫密切相关。

8.5.1.2 形态识别

1)甘蓝蚜

有翅胎生雌蚜：体长约2 mm，具翅2对、足3对、触角1对，体浅黄绿色，被蜡粉，背面有几条暗绿横纹，两侧各具黑点5个，腹管短小，淡黑色；尾片圆锥形，两侧各有2根毛。

无翅胎生雌蚜：体长约2.5 mm，无翅，具足3对、触角1对，体呈椭圆形，体暗绿色，少被蜡粉；腹管短小，淡黑色，尾片圆锥形，两侧各有2根毛。

2)萝卜蚜

有翅胎生雌蚜：体长约1.6 mm，具翅2对、足3对、触角1对，体呈长椭圆形，头胸部黑色，腹部黄绿色，薄被蜡粉，两侧具黑斑，背部有黑色横纹；腹管淡黑色，圆筒形；尾片圆锥形，两侧各有2～3根长毛。

无翅胎生雌蚜：体长约1.8 mm，体黄绿色，无翅，具足3对、触角1对。躯体薄被蜡粉，腹管淡黑色，圆筒形；尾片圆锥形，两侧各有2～3根长毛。

3)桃蚜

有翅胎生雌蚜：体长约2 mm，头、胸部黑色，腹部绿色、黄绿色、褐色、赤褐色，背面有黑斑纹。腹管细长，圆柱形，端部黑色；尾片圆锥形，两侧各有3根毛。

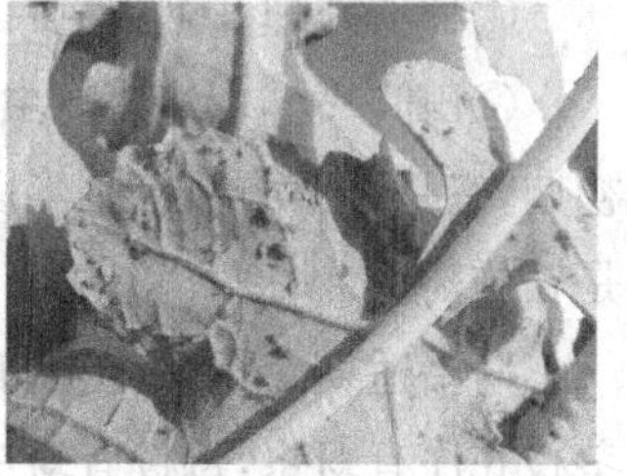
图8-5-1　桃蚜为害状

无翅胎生雌蚜：体长约2 mm，体全绿色、黄绿色、枯黄色、赤褐色，有光泽，无翅，具足3对、触角1对，腹管和尾片同有翅胎生雌蚜。

8.5.1.3 发生规律与为害特点

①油菜蚜虫一年发生10～40代，世代重叠，不易区分。

②油菜出苗后，有翅成蚜迁飞至油菜田，胎生无翅蚜建立蚜群为害，当营养或环境不适时，又胎生有翅蚜迁出油菜田。冬油菜区一般有2次为害期，一次在苗期，另一次在开花结果期。在长江流域及其以南、以北地区，油菜蚜虫主要为害期在苗期，干旱地区或开花结果期也可能大发生。云贵高原地区主要为害期在开花结果期。北方春油菜区自苗期开始发生，至开花结果期达到高峰。

③油菜蚜虫的发生和为害主要取决于气温（适温为14～26℃）和降雨。在温度适宜的条件下，无雨或少雨、天气干燥极适于蚜虫繁殖、为害。秋季和春季天气干旱，往往能引起蚜虫大发生。阴湿天气多，蚜虫的繁殖则受到抑制，为害较轻。

8.5.1.4 防治技术

(1)防治策略

治蚜虫的3个关键点：一是早治，油菜出苗就开始治蚜虫；二是连续治；三是普治，即同时防治其他十字花科作物的虫害。

(2)具体措施

1)农业防治

①油菜生育期间，及时清除田间及附近杂草，断缺蚜虫食料，结合间苗、定苗或移栽，除去有蚜株，防止有翅蚜的迁飞和繁殖、为害。

②注意抗旱和保持土壤湿润，抑制蚜虫繁殖。

③播种后用药土覆盖，移栽前喷施一次杀虫剂。

④及时中耕培土，培育壮苗。

⑤合理密植，增强田间通风透光性。

2)物理防治

①用黄板诱杀蚜虫。油菜苗期，在地边设置黄板，可以诱杀大量有翅蚜。

②用银灰色、乳白色、黑色地膜覆盖地面50%左右，有驱蚜防病毒病的作用。

3)生物防治 保护及人工饲养、释放天敌，如蚜茧蜂、草蛉、食蚜蝇、瓢虫及蚜霉菌等。

4)化学防治

①种子处理。可用克百威拌种，防苗期蚜虫。

②田间喷雾。油菜蚜虫防治应抓住3个时期施药，一是苗期（3片真叶），二是本田现蕾初期，三是油菜植株有一半以上抽薹高度达10 mm时。但这3个时期也要看蚜虫数量决定是否施药。

防治适期及指标：苗期有蚜株率达10%，虫口密度为每株1～2头，抽薹开花期10%的茎枝花序有蚜虫，每枝有蚜虫3～5头时开始喷药，或移栽前3天施药一次。

常用药剂有10%吡虫啉WP、1.8%阿维菌素·高效氯氰菊酯EC、37%高效氯氰菊酯·马拉硫磷EC、40%乐果EC、20%氧乐果EC或2.5%溴氰菊酯EC等。

8.5.2　油菜潜叶蝇

8.5.2.1　分布与为害

油菜潜叶蝇属双翅目潜蝇科，除西藏外，全国都有发生，可为害十字花科的油菜、白菜、萝卜以及豌豆、蚕豆、莴苣、番茄、马铃薯等 22 个科的 130 种植物。近年来，油菜潜叶蝇在安徽有明显上升趋势，尤其是 3 月中下旬至 4 月中下旬，油菜中下部叶片受害较重，对油菜的产量和质量均有较大影响。

8.5.2.2　形态识别

1)成虫　体长 2～2.5 mm，翅展 5～7 mm，头部黄褐色，体灰色。触角黑色，共 3 节。胸、腹部灰黑色，胸部隆起，背部有 4 对粗大背鬃，小盾片三角形。足黑色，翅半透明(图 8-5-2)，有紫色反光。

2)幼虫　蛆状(图 8-5-3)，低龄时乳白色，高龄时黄白色。头小，口钩黑色。

3)蛹　黄色至黑褐色，长扁椭圆形。

4)卵　长椭圆形，灰白色，长约 0.3 mm。

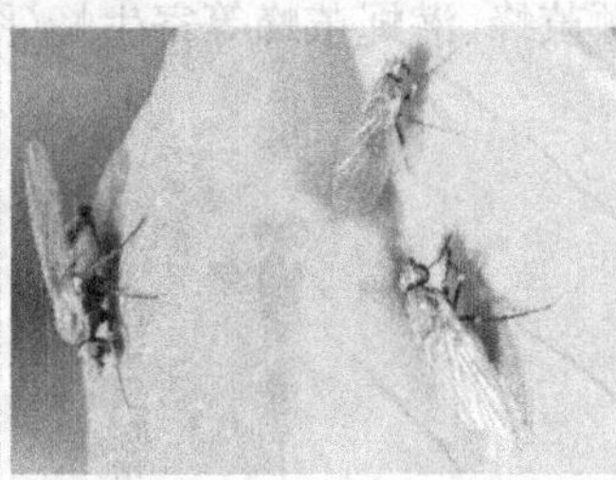

图 8-5-2　油菜潜叶蝇成虫

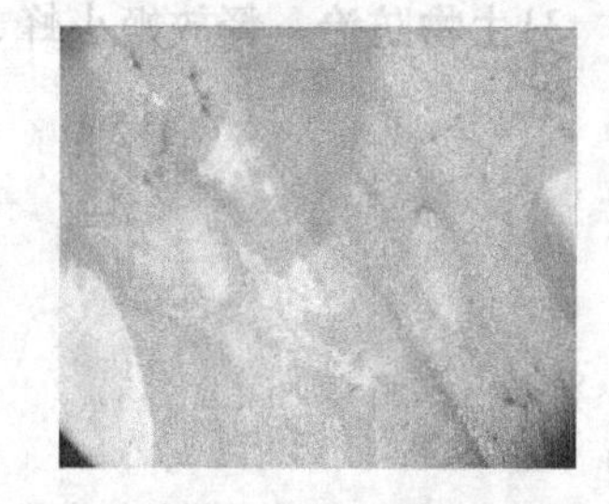

图 8-5-3　油菜潜叶蝇幼虫

8.5.2.3　发生规律与为害特点

①油菜潜叶蝇寄主范围广，食性很杂。成虫取食可形成刻点。

②油菜潜叶蝇在安徽一年至少发生 5 代，以蛹在田中越冬。长江中下游油菜产区有 2 个高峰期：一是 3 月中上旬(幼虫在 3 月中下旬)，二是 4 月中下旬(幼虫在 4 月底至 5 月初)。

③幼虫在叶片上下表皮间潜食叶肉，形成黄白色或白色弯曲虫道(图 8-5-4)，严重时虫道连通，叶肉大部被食光，叶片橘黄、早落。

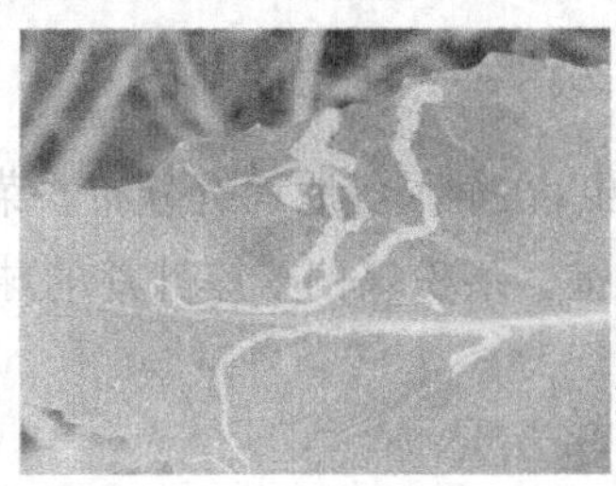

图 8-5-4　油菜潜叶蝇为害状

④生活习性：成虫多在晴朗白天活动，吸食花蜜或茎叶汁液。夜晚及风雨天则栖息在植株内或其他隐蔽处，但多在傍晚时出来交尾、产卵。卵散产于嫩叶叶背边缘或叶尖附近组织

中，产卵处略高。产卵时用产卵器刺破叶片表皮，在被刺破小孔内产卵1粒。每头雌虫的产卵量为45～98粒。夏季卵期为4～5天，春、秋季为9天。幼虫共3龄，幼虫期为5～14天(初夏为10天左右)。卵孵化后幼虫即潜入叶片组织取食叶肉，形成虫道。老熟后，幼虫将前气门伸到叶片的表皮外，在叶肉内化蛹，蛹期为5～6天。

⑤春季，随温度上升，油菜潜叶蝇为害逐渐加重，至夏初达到为害高峰期，入夏后数量骤减，秋季又有增加，但为害远较春季轻。当气温高于35 ℃时，油菜潜叶蝇无法成活。

8.5.2.4 防治技术

(1)防治策略

以种植抗虫品种为基础，加强保健栽培，并辅以化学防治措施。

(2)具体措施

1)农业防治 摘除带虫老叶，早春及时清除杂草，摘除底层老黄叶，减少虫源数量。灌水灭蛹，在化蛹高峰期适时灌水，能起到灭蛹作用。

2)诱杀成虫 用甘薯、胡萝卜煮汁(或30%糖液)，加0.05%敌百虫，3～5天喷药一次，共喷4～5次，可诱杀成虫。

3)生物防治 释放姬小蜂、反颚茧蜂、潜蝇茧蜂等寄生蜂(图8-5-5)。

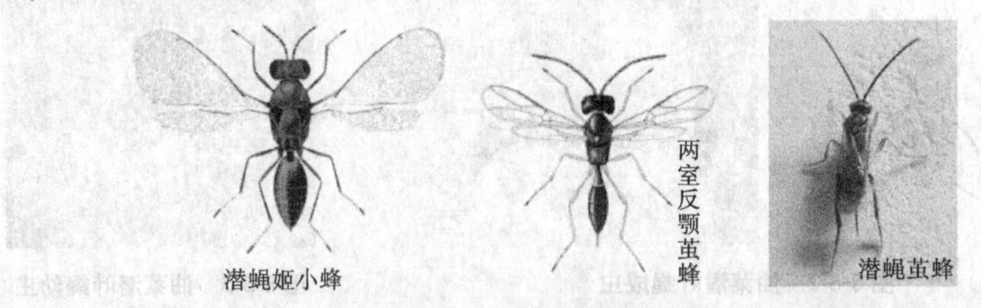

图8-5-5 潜叶蝇的寄生蜂

4)化学防治 在成虫盛发期和幼虫初潜期各喷药防治一次，间隔7～10天。用0.9%阿维菌素EC的3000倍液、20%杀铃脲SC的8000倍液、25%灭幼脲SC的1500倍液、20%氰戊菊酯EC的3000倍液、40%乐果EC的1000倍液、50%敌敌畏EC的800倍液、48%毒死蜱EC的1000倍液等进行喷雾防治。

8.5.3 菜粉蝶

8.5.3.1 分布与为害

菜粉蝶属于鳞翅目粉蝶科，其幼虫为菜青虫，在全国各地均有分布。菜粉蝶以幼虫取食寄主叶片，咬成孔洞和缺刻，春、秋两季为害最重。菜粉蝶偏嗜厚叶片的球茎甘蓝和结球甘蓝，缺乏十字花科植物时也可为害其他植物。

8.5.3.2 形态识别

1)成虫 体长12～20 mm，翅展45～55 mm，体灰褐色。前翅白色，近基部灰黑色，顶角有近三角形黑斑，雌蝶前翅有2个显著的黑色圆斑，雄虫仅有1个显著的黑色圆斑。后翅白色，前缘有2个黑斑(图8-5-6)。

图 8-5-6　菜粉蝶成虫

2)幼虫　共 5 龄。体青绿色,腹面淡绿色,体表密布褐色瘤状小突起,其上生细毛,背中线黄色,沿气门线有 1 列黄斑(图 8-5-7)。

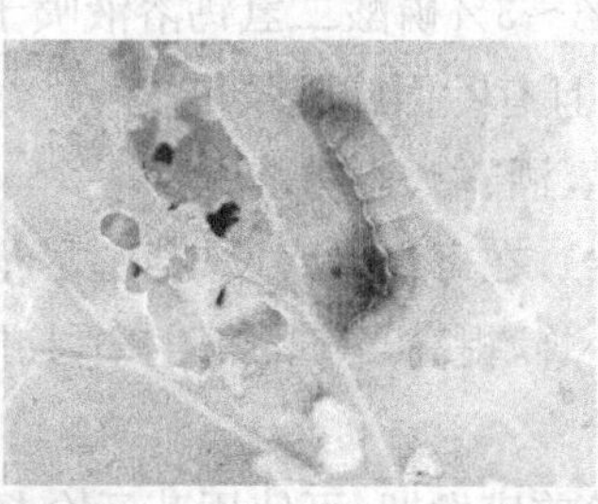

图 8-5-7　菜粉蝶幼虫

3)卵　瓶状,初产时淡黄色(图 8-5-8)。

4)蛹　纺锤形,绿色、黄色或棕褐色,体背有 3 个角状突起,头部前端中央有 1 个短而直的管状突起(图 8-5-9)。

图 8-5-8　菜粉蝶卵

图 8-5-9　菜粉蝶蛹

8.5.3.3　发生规律与为害特点

①幼虫在油菜苗期为害最为严重,其为害油菜等十字花科植物叶片,造成缺刻和孔洞,严重时吃光全叶,仅剩叶脉和叶柄,致使植株枯死。

②生活习性:一年发生 3～9 代,以蛹在枯叶、墙壁、树缝及其他物体上越冬。次年 3 月中下旬出现成虫。成虫夜晚栖息在植株上,白天活动,以晴天无风的中午最为活跃。成虫产卵时对含有芥子油的甘蓝型油菜有很强的趋性,卵散产于叶背面。低龄幼虫受惊后有吐丝、下垂的习性,大龄幼虫受惊后有蜷曲、落地的习性。4 月至 6 月、8 月至 9 月为幼虫发生盛期。

③发生条件:菜青虫发育的适宜温度为 20～25 ℃,适宜相对湿度为 76%左右。

8.5.3.4 防治技术

(1)防治策略

在防治上要掌握“治早、治小”的原则,将幼虫消灭在1龄之前。

(2)具体措施

1)农业防治

①及时清洁田园杂草,灭蛹,捕蝶,及时处理枯枝、落叶,减少化蛹、产卵场所,减少残留的幼虫和蛹,降低下代虫源基数。

②合理布局,尽量避免十字花科蔬菜连作。夏季停种过渡寄主,可减轻为害。在成虫产卵始盛期,将1%~3%磷酸二氢钙溶液喷于菜粉蝶喜欢产卵的叶片上,可使植株上着卵量减少50%~70%,且有叶面施肥效果。

③成虫用糖、酒、醋、药诱杀。

2)生物防治 在寄生蜂盛发期间,尽量减少使用化学农药,保护天敌。可于11月中下旬释放蝶蛹金小蜂,提高当年的寄生率,控制早春菜青虫发生。

3)化学防治

①幼虫3龄前盛发期:可使用苏云金杆菌,兑水后均匀喷雾,施药时间要根据预测预报的防治适期提前2~5天,且要避开强光照、低温、暴雨等不良天气。

②2龄幼虫高峰期前:可使用20%除虫脲SC、25%灭幼脲SC、1.8%阿维菌素EC、50%敌敌畏EC、90%敌百虫SP、45%马拉硫磷EC、2.5%溴氰菊酯EC、20%氰戊菊酯EC、40%氰戊菊酯·马拉硫磷EC、5%氟啶脲EC、5%氟虫脲EC、40%辛硫磷EC等,兑水后均匀喷雾。

8.5.4 小菜蛾

8.5.4.1 分布与为害

小菜蛾属鳞翅目菜蛾科,别名菜蛾、吊丝虫、两头尖,为十字花科蔬菜的主要害虫,广泛分布于非洲、欧洲、美洲和亚洲。我国各省区都有发生,以南方各省发生较多。

小菜蛾主要为害十字花科植物,其中以甘蓝、花椰菜、球茎甘蓝、白菜、萝卜、油菜受害最重,也可为害番茄、生姜、马铃薯、洋葱,以及紫罗兰、桂竹香等观赏植物和板蓝根等药用植物。

8.5.4.2 形态识别

1)成虫 体长约6 mm,灰褐色(图8-5-10),头部黄白色,胸、腹部灰褐色。复眼球形,黑色;触角丝状,褐色,有白纹。前翅狭长,密布暗褐色小点,后缘从翅基到外缘的翅中央有三度曲折的黄白色波纹;静止时两翅折叠呈屋脊状,黄白色部分合并成3个连串的斜方块,前翅缘毛翘起如鸡尾。雄蛾前翅暗灰色,前缘稍淡,三度曲折为黄褐色波状带,腹部末节管状,不分裂。后翅狭长,缘毛很长。

2)幼虫 幼虫共4龄。老熟幼虫头黄褐色,胸、腹部绿色(图8-5-11)。腹部第4、5节膨大,两头尖细,近纺锤形。体节明显,前胸背板上有淡褐色小点,排列成2个“U”形花纹。腹足及尾足均细长，尾足向后伸长，超过腹末；腹足趾钩单序缺环形。

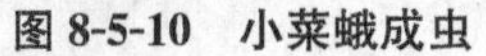

图 8-5-10 小菜蛾成虫

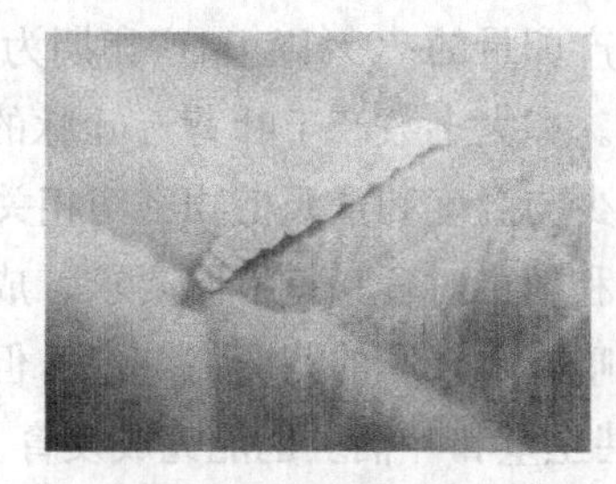

图 8-5-11 小菜蛾幼虫

3)卵 椭圆形，扁平，淡黄绿色，表面光滑，有光泽(图 8-5-12)。

4)蛹 初为淡绿色，渐呈淡黄绿色，最后变为灰褐色。翅芽达第 5 腹节后缘。无臀棘，肛门附近有钩刺 3 对，腹末有小钩 4 对。茧纺锤形，薄如网，灰白色，可见蛹体(图 8-5-13)。蛹多附着在叶片上。

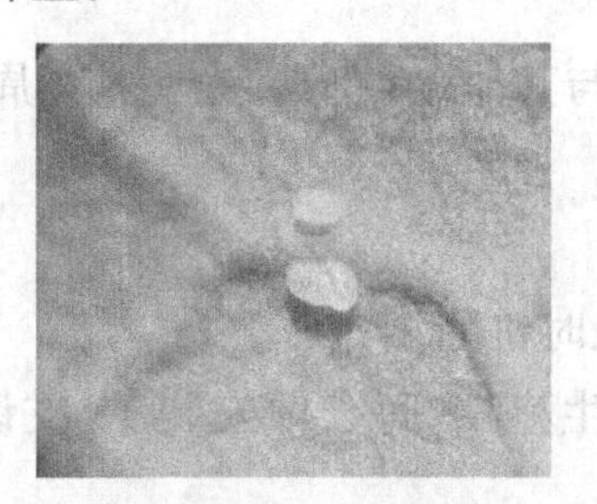

图 8-5-12 小菜蛾卵

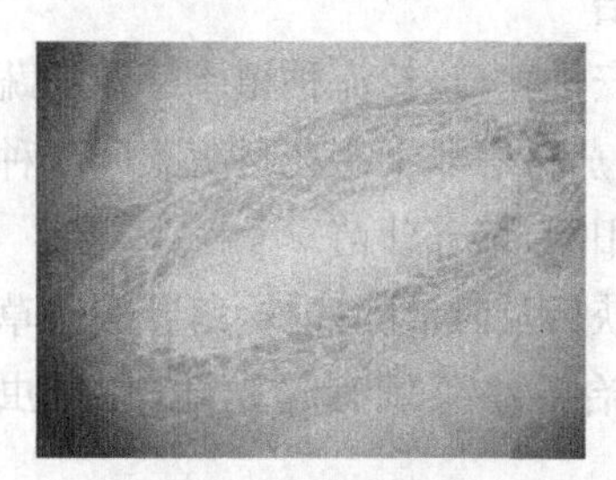

图 8-5-13 小菜蛾蛹

8.5.4.3 发生规律与为害特点

①小菜蛾一年发生 5～6 代，在北方以蛹越冬，在长江流域以南无越冬现象，终年可以繁殖。其寿命和产卵期都很长，世代重叠严重。各种虫态均可越冬、越夏，无滞育现象。全年发生危害，明确呈 2 个高峰：第一次在 5 月中旬至 6 月下旬，第二次在 8 月下旬至 10 月下旬(正值十字花科蔬菜大面积栽培)。在 2 个盛发期内完成 1 代约需 20 天。

②对温度的适应范围广。从 0～35 ℃都能存活，最适温度为 20～30 ℃。耐低温的能力较强，幼虫在 0 ℃条件下可以忍耐 42 天。因此，春、秋两季的气温对小菜蛾最适合，形成 2 个为害高峰(春季重于秋季)。

③小菜蛾主要以幼虫为害叶片，初孵幼虫潜入叶内取食；2 龄幼虫取食叶片下表皮及叶肉，残留上表皮呈透明小斑点，俗称“开天窗”。老熟幼虫(3～4 龄幼虫)可使叶片形成空洞(图 8-5-14)和缺刻，严重时叶片被吃成网状，仅留下叶脉。幼虫很活跃，遇惊扰即迅速扭动、倒退或吐丝、下坠，俗称“吊丝虫”或“吊死鬼”，静止片刻又返回叶片上继续取食。老熟后，在叶脉附近或落叶上结茧化蛹。

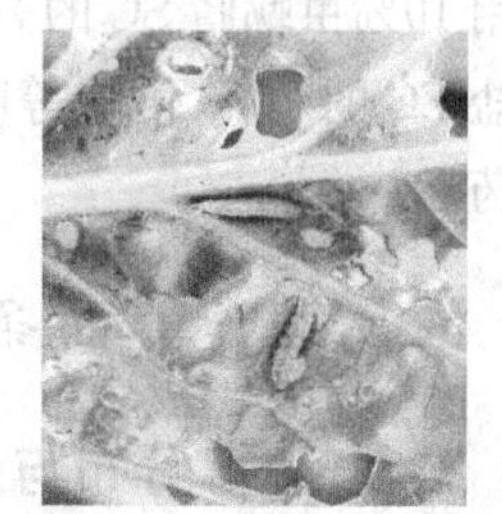

图 8-5-14 小菜蛾幼虫为害状

④成虫昼伏夜出，受惊扰时可在株间短距离飞行。有趋光性，19:00－23:00 为上灯高峰时间，但灯诱效果不够理想。成虫飞行能力不强，但能随风作远距离迁飞。

⑤羽化当天即可交配,一生可多次交配,在适温下羽化当天即可产卵,羽化前5天内产卵量占一生产卵量的70%以上,产卵期为10天左右。卵散产,部分产卵成块,一般5～11粒聚集在一起。卵大多数产于叶背近叶脉的凹陷处,少数产于叶正面和叶柄上。成虫寿命和产卵量的多少与温度和蜜源植物密切相关。一般产卵200粒左右,最多可达589粒。

⑥成虫和幼虫对食料有不同要求。成虫喜欢在含芥子油的蔬菜(如萝卜、芥菜等)上产卵。幼虫偏嗜叶片较厚的芥蓝、甘蓝类,但对完成发育所需的营养要求不高,在落叶、老叶、黄叶、残株甚至茎和叶柄上也能完成发育。

8.5.4.4 防治技术

(1)防治策略

以种植抗虫品种为基础,加强保健栽培,并辅以化学防治措施。

(2)具体措施

1)农业防治

①要合理安排茬口,轮流种植十字花科蔬菜与其他蔬菜,尽量避免油菜周年连作。

②与豆科、茄科等非十字花科蔬菜间隔种植。

③覆盖遮阳网,培养壮苗。

④蔬菜收获后及时清除残株、落叶和杂草,及时耕翻。

2)物理防治 小菜蛾有趋光性,在成虫发生盛期,每公顷安装15支诱虫灯,可减少虫源。

3)生物防治

①施用苏云金杆菌或甘蓝夜蛾核型多角体病毒,可以使小菜蛾幼虫感病而死。在小菜蛾对苏云金杆菌产生抗性的地区,提倡苏云金杆菌与化学农药轮用或混用。

②应用顺-11-十六碳烯乙酸酯等昆虫性信息素诱杀雄蛾。

图 8-5-15 小菜蛾绒茧蜂

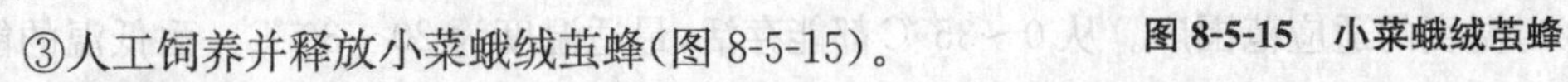

③人工饲养并释放小菜蛾绒茧蜂(图8-5-15)。

4)化学防治 幼虫初期(1～2龄)为防治适期。合理用药,轮换用药,可避免抗性产生。常用10%虫螨腈SC的2000倍液、20%溴灭菊酯EC的3000倍液、1%甲氨基阿维菌素苯甲酸盐EC的2000倍液等喷雾。除此之外,还可使用丁醚脲、阿维菌素、氟铃脲、印楝素等农药。

8.5.5 黄曲条跳甲

8.5.5.1 分布与为害

黄条跳甲属鞘翅目叶甲科,俗称狗蚤虫、跳蚤虫,包括黄曲条跳甲、黄直条跳甲、黄宽条跳甲和黄狭条跳甲,其中黄曲条跳甲最为常见。国外分布于亚洲、欧洲、北美洲等地区的50多个国家。国内除新疆、西藏、青海外各省区都有分布,且虫口密度都很高。寄主有8科19种,偏嗜白菜、萝卜、芥菜、油菜、甘蓝、芥蓝、花菜等十字花科蔬菜以及茄科、豆科、葫芦科作物。

8.5.5.2　形态识别

1)成虫　黑色,有光泽,体长 1.8～2.4 mm。每鞘翅上有一条弯曲的黄色纵条纹(图 8-5-16),条纹外侧凹曲很深。鞘翅上散布许多小刻点。头、前胸背板、触角基部为黑色。后足腿节膨大,善于跳跃。

2)幼虫　共 3 龄。老熟幼虫长约 4 mm,长圆筒形,白色或黄白色,各节具不显著肉瘤,生有细毛(图 8-5-17)。

图 8-5-16　黄曲条跳甲成虫

图 8-5-17　黄曲条跳甲幼虫

3)卵　椭圆形,长约 0.3 mm,白色或淡黄色,半透明(图 8-5-18)。

4)蛹　长约 2 mm,椭圆形,乳白色(图 8-5-19),腹部有一对叉状突起。

图 8-5-18　黄曲条跳甲卵

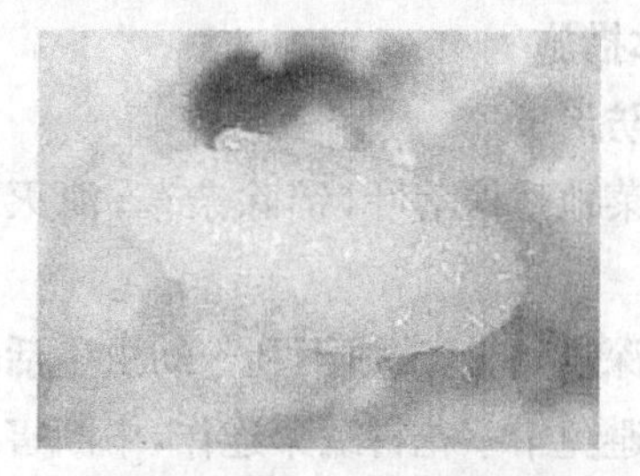

图 8-5-19　黄曲条跳甲蛹

8.5.5.3　发生规律与为害特点

①一年发生 4～7 代。在长江流域以成虫匍匐于地面的菜叶下面或残枝落叶、杂草中越冬。春、秋季节为害严重,田间发生动态呈双峰型。成虫寿命极长,平均 50 天,最长可达 1 年,且有世代重叠。

②成虫为害嫩叶,常数十头成群在一张叶片上为害(尤以叶背为多),被害叶片布满稠密的椭圆形孔洞(图 8-5-20)。成虫喜欢取食叶片的幼嫩部位,所以幼苗期受害最重,刚出土幼苗受害可成片枯死。成虫也可为害花蕾、嫩荚,常造成毁苗现象。

③幼虫共 3 龄。在土内栖息的深度与作物根系分布有关(从须根向主根,从上向下)。幼虫无转株为害习性。幼虫生活在土中,专门嚼食为害寄主植物的根部表皮,使其表面形成许多不规则的条状斑痕,同时可咬断须根(图 8-5-21),使植株叶丛发黄、萎蔫甚至枯死,且可传播油菜细菌性软腐病。

图 8-5-20　黄曲条跳甲成虫为害状

图 8-5-21　黄曲条跳甲幼虫为害状

④成虫活泼,善于跳跃,高温时能飞行。早晚或阴天躲藏于叶背或土块下,中午前后最活跃。成虫有较强的趋光性(趋黄光性),对黑光灯特别敏感。成虫有趋嫩性,常集中于幼嫩的心叶为害。

⑤产卵期较长,一般为 30～45 天。产卵时间多为晴天中午前后,且卵散产于植株周围 3 cm左右的湿润土壤中或细根上。每头雌虫可产卵 100～150 粒,越冬代可达到 620 粒。

8.5.5.4　防治技术

(1)防治策略

以种植抗虫品种为基础,加强保健栽培,并辅以化学防治措施。

(2)具体措施

1)农业防治

①清除菜地残株落叶,铲除杂草,消灭黄曲条跳甲的越冬场所和食料基地,减少田间虫源。

②播前深耕晒土,造成不利于幼虫生活的环境并消灭部分蛹。

③尽量避免十字花科蔬菜连作,中断害虫的食物供给时间,可减轻危害。

2)物理防治

①利用成虫具有趋光性及对黑光灯敏感的特点,使用黑光灯诱杀,具有一定防治效果。

②利用黄曲条跳甲喜欢的黄色诱集成虫,在田间间隔性地放置黄板(图 8-5-22)或黄盘。

图 8-5-22　黄板诱集黄曲条跳甲

3)化学防治

①土壤处理:在耕翻播种时,均匀撒施 5%辛硫磷 GR(30～45 kg/hm^2),可杀死幼虫和蛹,持效期在 20 天以上。

②药剂拌种:氯虫苯甲酰胺具有触杀、胃毒和内吸作用,能杀灭土壤表层根区内的黄曲条跳甲幼虫。播种前用 20%氯虫苯甲酰胺 SC 拌种(1∶10),晾干后即可播种。

③幼虫的防治:菜苗出土后立即进行调查,在幼龄期及时用药剂灌根或撒施药剂,可选用的药剂有 20%氯虫苯甲酰胺 SC、48%毒死蜱 EC、90%敌百虫 SP、5%辛硫磷 GR 等。

④成虫的防治:可选用的药剂有苏云金杆菌、除虫脲、灭幼脲、毒死蜱、吡虫啉、溴氰菊酯、氯氰菊酯、马拉硫磷等,兑水后均匀喷雾,7～10 天后再喷药一次。注意交替使用上述农药,以减缓抗药性的产生。喷药时应从田边往田内围喷,以防成虫逃逸。

8.5.6　菜蝽

8.5.6.1　分布与为害

菜蝽属半翅目蝽科，又称河北菜蝽、云南菜蝽、斑菜蝽、花菜蝽、姬菜蝽、萝卜赤条蝽，分布于我国南北方油菜和十字花科蔬菜栽培区，主要为害甘蓝、花椰菜、白菜、萝卜、油菜、芥菜等十字花科蔬菜。

8.5.6.2　形态识别

1)成虫　椭圆形，体长 6～9 mm，体色橙红色或橙黄色，有黑色斑纹。头部黑色，侧缘上卷，橙色或橙红色。前胸背板上有 6 个大黑斑，略呈 2 排，前排 2 个，后排 4 个(图 8-5-23)。小盾片基部有 1 个三角形大黑斑，近端部两侧各有 1 个较小黑斑，小盾片橙红色部分呈“Y”形，交会处缢缩。翅革片具橙黄色或橙红色曲纹，在翅外缘形成 2 个黑斑；膜片黑色，具白边。足黄、黑相间。腹部腹面黄白色，具纵列黑斑 4 个。

2)若虫　无翅，外形与成虫相似，虫体与翅芽均有黑色与橙红色斑纹(图 8-5-24)。

3)卵　鼓形，初为白色，后变灰白色，孵化前灰黑色(图 8-5-25)。

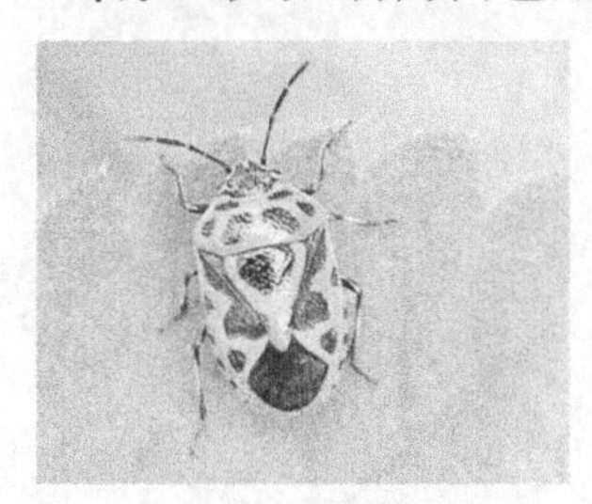

图 8-5-23　菜蝽成虫

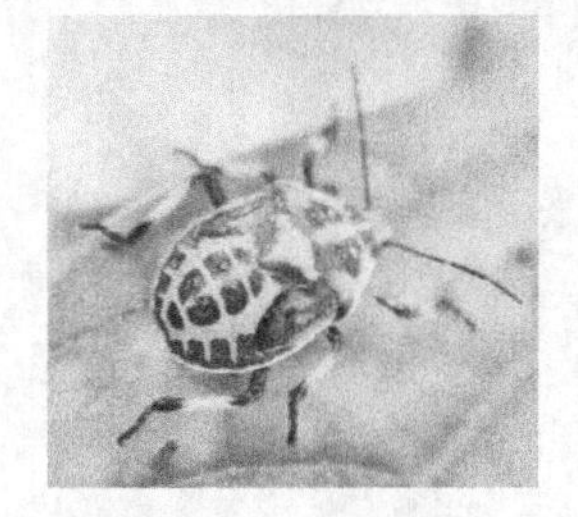

图 8-5-24　菜蝽若虫

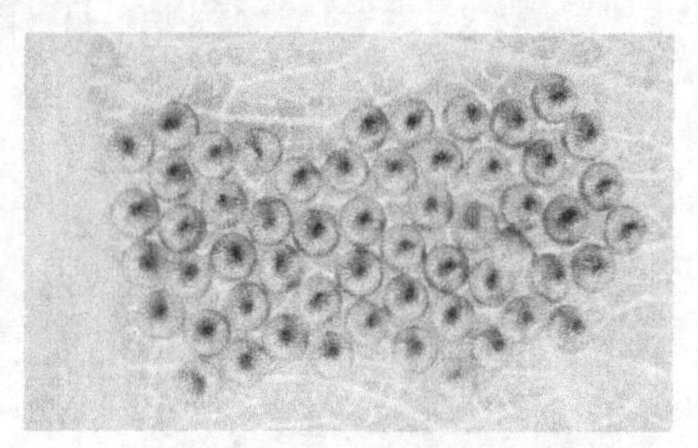

图 8-5-25　菜蝽卵

8.5.6.3　发生规律与为害特点

①长江中下游地区一年发生 2～3 代，以成虫在枯枝落叶下、树皮内、石块下、土缝中或枯草中越冬。4 月中下旬起进入发生始盛期，5 月至 9 月是主要为害期，10 月下旬至 11 月中旬进入越冬期。越冬代成虫寿命近 300 天。成虫多次交配，多次产卵。每头雌虫一生可产卵数十粒至 200 粒。雌虫产卵于叶背，卵单层成块，排列整齐。

②成虫、若虫刺吸植物汁液，尤喜刺吸嫩芽、嫩茎、嫩叶、花蕾和幼荚。由于其唾液对植物组织有破坏作用，可阻碍糖类的代谢和同化作用的正常进行，因此被刺处留下黄白色至微黑色斑点(图 8-5-26)，幼嫩器官受害最重。幼苗子叶期受害则萎蔫甚至枯死；花期受害则花蕾枯萎、脱落，不能结荚或籽粒不饱满。除此之外，菜蝽还可传播软腐病。

图 8-5-26　菜蝽为害状

③成虫喜光，趋嫩，多栖息在植株顶端嫩叶或顶尖上。成虫中午活跃，善飞，早晚不太活动，早晨露水未干时多集中在植株上部交配。成虫有假死性，受惊后缩足坠地，有时也振翅飞离。

④若虫共5龄，初孵若虫群集，随着龄期增大逐渐分散，大龄若虫的适应性和耐饥饿力强。

8.5.6.4 防治技术

(1)防治策略

以种植抗虫品种为基础，加强保健栽培，并辅以化学防治措施。

(2)具体措施

1)农业防治

①早春清除田边、渠边、林带及果园内野生的十字花科杂草。秋冬及时冬耕和清理菜地、残根落叶，耕翻整地，以消灭部分越冬成虫。

②在田间发现卵块时，应及时摘除。

③适时浇水，淹杀产于地面的第1代卵块。一般浸水8 h可淹杀50%的卵块。

2)化学防治 若虫3龄前使用氰戊菊酯·马拉硫磷EC、高效氟氯氰菊酯EC、辛硫磷·甲氰菊酯EC、氯氰菊酯EC、高效氯氟氰菊酯EC、高效氯氰菊酯EC等农药，兑水后喷雾防治。

第9章 农田草害防治技术

扫码查看本章彩图

9.1 稻田杂草防治技术

9.1.1 稻田杂草种类

我国所有稻区的稻田历来杂草发生量大、杂草种类多,且各地杂草发生种类不同。据统计,稻田杂草有200多种,其中发生普遍、为害严重、最常见的杂草约有40种。尤以稗草发生与为害面积最大,多达1400万公顷,约占稻田总面积的43%,稗草不仅发生与为害的面积最大,而且造成稻谷减产也最严重。除稗草外,稻田常见杂草还有异型莎草、牛毛毡、水莎草、扁秆藨草、碎米莎草、眼子菜、鸭舌草、节节菜、水苋菜、千金子、双穗雀稗、野慈姑、空心莲子草、鳢肠、陌上菜、刚毛荸荠、萤蔺和浮萍等。

生产力水平的不断提高和施肥量的加大,给稻田杂草营造了一个良好的生长、繁殖环境,稻田杂草与水稻争地、争肥、争光、争水,严重影响水稻的产量和品质。全国稻田草害在中等以上(2～5级)的面积达1546.7万公顷,其中严重为害(4～5级)面积为380万公顷,分别占水稻种植面积的46.8%和11.5%。除此之外,杂草还可诱发病虫害,有的杂草还是多种病虫的中间寄主。

9.1.2 稻田杂草发生规律

我国幅员辽阔,不同地区气候、土壤、耕作等条件各异,各地稻田杂草的种类、发生情况不同,稻田草害区可以划分成热带和南亚热带2～3季稻草害区、中北部亚热带1～2季稻草害区、暖温带单季稻草害区、温带稻田草害区和云贵高原稻田草害区5个区。中北部亚热带1～2季稻草害区位于长江流域,是我国主要稻区,包括福建北部、江西、湖南南部直到江苏、安徽、湖北、四川北部,及河南和陕西的南部。该区年平均气温为14～18 ℃,年降雨量为1000 mm左右,稻田杂草为害面积约占72%,其中中等以上为害面积占45.6%。

1)安徽省杂草数量增长的3个时期

①种子萌发期:每年4月20日至5月20日,是防治的最佳时期。

②分蘖期:每年5月21日至6月20日。

③生殖生长期:每年6月21日至7月30日。

2)安徽省各类稻田杂草发生规律

①秧田:杂草种类多,主要为稗草等禾本科杂草和莎草科杂草以及节节菜、陌上菜、眼子菜等杂草,牛毛毡和藻类也可造成区域性危害。

②移栽田:移栽田生育期长,杂草交替发生。

③抛秧田:抛秧田秧苗较小,可根据田间杂草情况进行挑治。

④直播田:直播田杂草发生一般有 3 个高峰期。第一个高峰期出现在直播后 5～7 天,以稗草、千金子等禾本科杂草为主,一般占总出草量的 60%左右;第二次高峰期一般出现在直播后 15～20 天,以异型莎草、节节菜、鸭舌草等杂草为主,约占出草总量的 25%;第三次高峰期出现在播种后 20～30 天,以水莎草为主,约占总出草量的 15%。

9.1.3 稻田草害防治技术

9.1.3.1 农业除草技术

防除稻田杂草,要实行以农业技术为主的综合防除措施,收效才较显著。在水稻的栽培管理过程中,必须把防除杂草的措施贯穿在农事操作的每一个环节,才能较好地防除杂草。

1)水旱轮作 从根本上改变杂草的生态环境,创造有利于作物生长而不利于杂草滋生蔓延的条件,是最经济有效的除草措施。水田改旱地后,稗草、异型莎草、看麦娘等湿性杂草经旱地一年大都死亡,故水旱轮作是消灭杂草的好办法。

2)消灭草籽

①用黄泥水、盐水、硫铵水选种,或用机械选种,以汰除混杂在作物种子中的草籽。

②农家肥应堆沤并使其充分腐熟,以消灭混在其中的草籽。

③在杂草尚未成熟之前予以拔除。

3)加强管理,防除杂草

①耕作除草:水稻移栽前,先灌浅水使田土湿润,让稗草等杂草萌发,然后耕耙,反复数次,可消灭大量杂草。水稻播后 15 天左右,杂草萌发量为 50%～80%时进行中耕,可消灭大量杂草。秋、冬季深翻,将大量草籽埋入深层土中,使其不能萌发。

②以肥灭草:施河泥、厩肥,可促进作物生长,压死或延缓杂草萌发。待杂草长出,作物已长高长大,可抑制杂草生长。

③淹水或晒田除草:水稻秧田内,当稗草 2～3 叶时,灌深水淹没,可淹死稗草而秧苗不受影响。水稻分蘖末期进行晒田,不仅可以控制无效分蘖,还能杀死水绵、刚毛藻、青萍等水生杂草。

9.1.3.2 生物除草技术

1)放养绿萍 放养绿萍可抑制稻田杂草大量发生。

2)稻田养鱼 稻田养鱼,特别是养草鱼,可消灭多种杂草。

3)其他生物防除

①放鸭吃草(图 9-1-1)。

②以虫灭草:豚草卷蛾(图 9-1-2)、广聚萤叶甲和豚草条纹叶甲等可以消灭豚草,稗草螟专食稗草,空心莲子草叶甲(图 9-1-3)可控制空心莲子草数量。我国于 1987 年自美国引入空心莲子草叶甲,经检疫和食性测定后,同年在重庆市北碚区释放成虫 500 头,当年繁殖第 2 代,次年

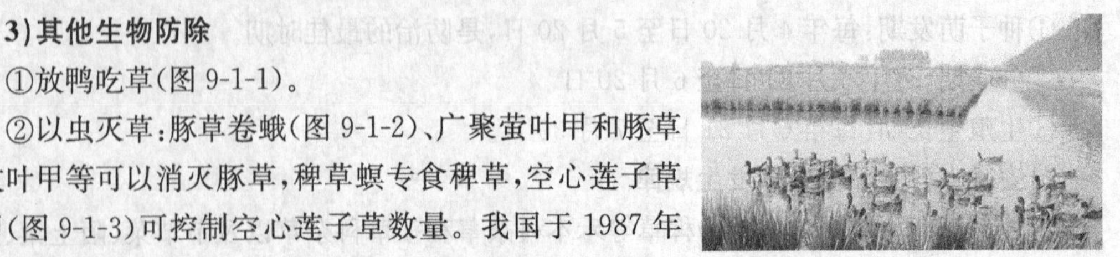

图 9-1-1 放鸭吃草

即将塘内空心莲子草基本清除;1988年于湖南长沙的水库中释放成虫、幼虫及卵,因冬季低温,通过人工保护越冬,次春再度释放,取得良好效果。目前,四川、福建、湖南等省已建立空心莲子草叶甲释放点。

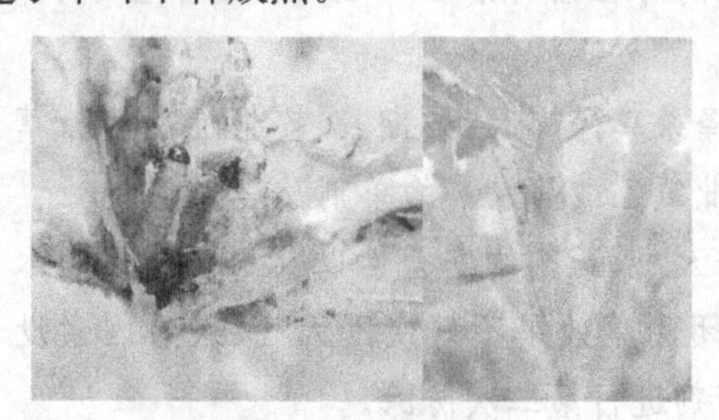

图9-1-2　豚草卷蛾

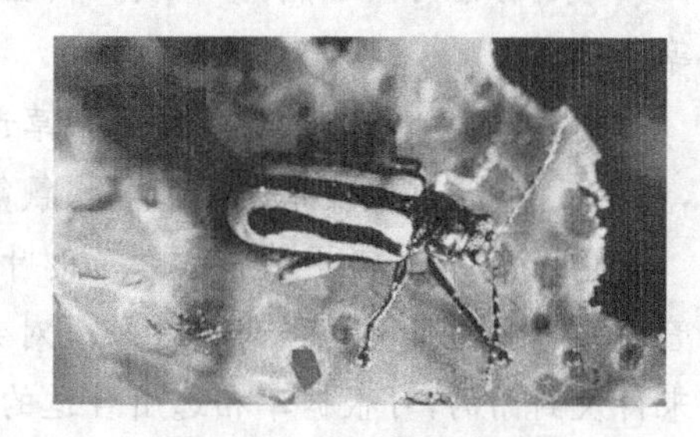

图9-1-3　空心莲子草叶甲

9.1.3.3　化学除草技术

(1)各类稻田杂草化学除草思路

1)秧田　秧田杂草为稗草等禾本科杂草和莎草科杂草以及节节菜、陌上菜、眼子菜等杂草时,可于谷种扎根后用苄嘧磺隆·丙草胺(加解草啶)进行土壤喷雾。也可在幼苗长出2叶1心后用二氯喹啉酸挑治稗草。

2)移栽田　移栽田秧苗的秧龄都在5叶以上,耐药性强,生育期长,杂草交替发生。防治策略:狠抓前期,前期用一次性除草剂进行封闭(多用苄嘧磺隆·乙草胺毒土封闭),后期视杂草发生情况进行挑治。例如,空心莲子草可用氯氟吡氧乙酸防除,野荸荠可用吡嘧磺隆防除,稗草可用二氯喹啉酸防除。也可在移栽前用苄嘧磺隆·苯噻酰草胺进行封闭处理。

3)抛秧田　抛秧田秧苗较小,对除草剂安全性要求较高,封闭时常采用苄嘧磺隆·丁草胺毒土,以后根据田间杂草情况进行挑治。

4)直播田　为避免杂草萌发期与水稻发芽生长在时间上重叠,在实际操作中必须先将稻种催芽再播于大田,这样能保证杂草萌发与水稻有几天的时间差。利用这个时间差可防除杂草。

"一封、二杀、三补"技术体系

多年实践表明,水稻直播田除草采用"一封、二杀、三补"的技术体系是科学合理的,目前该技术已被广泛应用。

①"一封"关键点:耕前灭老草,播后芽前封新草。

耕前灭老草:播种前10～15天灭空闲田杂草,排水后用灭生性除草剂或禾本科杂草除草剂杀灭老草,压低杂草基数。

"一封"防治时间节点:播后5天内完成。催芽播种扎根后,喷施含有安全剂的封闭除草剂。同时精细整地,以防因田间不平导致给药不匀,造成高处长草、低处无苗。或者在种子播下后2～4天(禾本科杂草萌芽高峰期)用苄嘧磺隆·丙草胺(含安全剂)进行封闭。封闭时保持田间湿润但不能有明显的积水,保持3～4天后回浅水,进行正常管理。

药剂推荐:建议选用优质(含安全剂)除草剂单剂或混剂,如丙草胺、苄嘧磺隆·丙草胺等。

②“二杀”关键点：杀早(时间)，杀小(秧龄、草龄)，均匀周到。

“二杀”防治时间节点：第一次田间出草高峰在播种后10～15天，以千金子、稗草等杂草为主。

药剂推荐：见草选药，针对顽固杂草选择杀草谱广、持效期长、安全性高的除草剂，如氰氟草酯、五氟磺草胺、双草醚、氯氟吡氧乙酸等农药的单剂及混剂。

注意：除草前应考虑秧苗和杂草的叶龄大小、药剂的安全性以及药前药后的水分管理。以水封草可增强药剂效果。对封闭除草效果不好或因天气、人为因素没有来得及封闭的，可根据草相选用合适的药剂进行第二次防除。

③“三补”关键点：药剂对路，补除到位。

“三补”防治时间节点：第二次田间出草高峰在播种后的25～40天，以双穗雀稗、稗草、千金子等杂草为主。

“三补”主要解决前2次除草遗留的大龄顽固杂草和新出杂草。

药剂推荐：五氟磺草胺·氰氟草酯、灭草松·2甲4氯、双草醚·氰氟草酯等。

注意：针对大龄顽固杂草，药剂选择的针对性要强，混配药剂要科学合理，水分管理要同步跟上，以实现用药灭草、以水除草、以苗压草，一举消灭杂草。孕穗期不得使用除草剂，需人工拔除即将老熟的杂草，降低来年杂草基数。

(2)常用除草剂种类

移栽田除草剂主要有苄嘧磺隆·乙草胺、苄嘧磺隆·异丙草胺、苄嘧磺隆·苯噻酰草胺、苄嘧磺隆·丙草胺、异噁草松、噁草酮等。

(3)稻田化学除草综合方案

1)水稻秧田 秧田播种后，一般是秧苗先出，杂草随后而生，但秧苗的生命力不如杂草强，故杂草很快超过秧苗而影响秧苗的生长。同时，秧苗与稗草苗期外形相似，人工拔除十分困难，应用化学除草，既省劳力，又能使秧苗粗壮、分蘖多。

①播种前撒毒土：提前将秧田整好，灌水3～6 cm，促使杂草种子萌动。然后用除草剂拌湿润细土，均匀撒于田中，撒药后4天排水、播种。这种方法在晚稻秧田使用效果好。也可用50%禾草丹EC，在早、中、晚稻田除稗效果均好。

②随播随用药：中、晚稻秧田整好后，不催芽播种，播后灌浅水。使用除草剂拌湿润细土，拌匀后撒施，保水2～3天，见谷芽排水。

③出苗后喷药：在秧苗立针现青期，稗草1叶1心至2叶1心期，选择晴天露水干后施药。施药前一天或当天上午将田水排干，用敌稗兑水喷雾。喷雾要均匀，喷头以距苗30～40 cm为宜。喷药后一般晒田1～2天。晒田是为了使稗草充分吸收敌稗，使稗草得不到水分的补充，破坏稗草的水分平衡。晒田1～2天后灌浅水两昼夜，以水层不淹没秧尖、只淹没稗草生长点为宜。3天后稗草即可死亡。

还可用20%敌稗EC，分2次进行喷雾。即第一次用20%敌稗EC 0.5 kg兑水30 kg喷雾；晒田1天后，再用20%敌稗EC 0.5 kg兑水30 kg喷雾，然后晒田1天，灌水淹稗。这种分2次喷雾的方法具有提高杀稗效果和避免水稻受损的优点。

在稗草2叶期前喷施敌稗防除稗草的效果比较理想。如稗草长到2、3叶期，可用茎叶喷雾制剂进行叶面喷雾。喷药须在无风的晴天进行，喷药前应排去田内的水层，喷雾力求均匀。喷药当天不灌水，次日灌浅水，保持水层5天左右，不串灌。双季晚稻秧田期，三棱草多的田块在扯秧前7～8天喷施2甲4氯，能除草脱秧根，提高扯秧效果。

2)水稻本田

①水稻本田使用化学除草剂必须注意气温。气温高时，化学除草剂对杂草的杀伤力强。早稻在插秧(抛秧)后10天左右施药，中稻、晚稻一般在插秧(抛秧)后4～6天施药。

②对三棱草、鸭舌草、野慈姑等杂草，可视情况施用2甲4氯，在稻田水排干后的第2天兑水喷雾。喷药后隔一天再灌水，以后按正常管理。数天后三棱草、鸭舌草、野慈姑即可逐渐死亡。

③在插秧半月之后，眼子菜等恶性杂草长出的稻田，当长出3～5片叶、红叶变绿叶时，用扑草净加湿润细土配成毒土撒施，保持3～6 cm的水层7天，除草效果很好。如用扑草净配合2甲4氯，拌湿润细土，均匀撒施，不仅能杀灭眼子菜，还能杀死日照飘拂草、节节草、鸭舌草、野慈姑、野荸荠等杂草。

(4)除草剂使用注意事项

稻田化学除草剂不仅效果好，灭草及时，有利于全苗、壮苗、省肥、增产、增收，还可大大减轻劳动强度，解放劳力。然而稻田除草剂的推广应用也带来了一些负面影响。例如，有些地方多年来一直使用含有甲磺隆的除草剂，残留在土壤中引起药害。水田化学除草剂的施用一定要科学，对不同的稻田杂草一定要选择适宜的除草剂品种，适期、适量施用。稻田除草剂使用过程中应注意以下几点：

①严格按照除草剂产品说明书操作，切勿随意混配，加大用药量。幼苗期施用、超剂量使用或不按规定技术要求施用或误用，可造成药害。施用双草醚时应注意，籼稻高剂量，粳稻低剂量，糯稻禁用。

②避免在温度高于35 ℃时进行除草，应在无露水的早晨或傍晚施药。

③施药后7天内不可追施肥料，杂草吸收除草剂的过程需要3～5天，此时如果追肥，会对杂草补充营养，甚至有解毒作用。

④针对中后期恶性杂草，注意分批防除，先防除禾本科杂草，后防除阔叶杂草。

⑤注意除草设备的选择。选择高容量除草设备，消除因除草剂药液浓度过高产生的药害隐患。

9.2　麦田草害防治技术

农田杂草是制约小麦产量与品质的主要生物灾害。杂草与小麦争光、争水、争肥，严重影响小麦的产量和质量。安徽省麦田年均杂草发生面积为130万公顷，草害造成减产为10%～15%，重发年份达30%。

9.2.1 麦田杂草种类

安徽省麦田常见杂草有11科27种，主要为猪殃殃、播娘蒿、荠菜、大巢菜、牛繁缕、婆婆纳、田紫草、泽漆、野油菜等阔叶杂草，以及硬草、野燕麦、看麦娘、日本看麦娘、雀麦等禾本科杂草。

9.2.2 麦田杂草发生规律

麦田杂草出草为害时间长，受冬季低温抑制，常年有2个出草高峰。出草始于小麦播种后7天左右，播后14～30天为冬前出草盛期(第一个出草盛期)，播后70～110天为第二个出草盛期。冬前出草量大，为害时期长，冬前出草占田间总发生量的60%～70%。若秋季雨水多、气温高，早播麦田冬前出草量大；若春季雨水仍多，则杂草发生量也大。晚茬麦田冬前出草量少，春季出草量较多。在秋冬干旱、春雨较多的年份，早播麦田的冬前出草量减少，开春后常有大量杂草萌发。

不同前茬的麦田的杂草发生量和杂草种类也有明显不同。旱地麦田杂草群落以阔叶杂草为主；稻茬麦田阔叶杂草、禾本科杂草并发，同时伴生其他杂草，群落结构比旱地麦田丰富；豆茬、玉米茬麦田杂草危害较山芋茬重；机条播、合理密植麦田杂草危害轻于常规播种过密麦田。

9.2.3 麦田草害防治技术

9.2.3.1 农业除草技术

根据安徽省农业生态区及杂草分布特点采用相应的农业防除技术。

①淮北小麦主产区：可实行多种形式的水旱轮作或间作套种；推广条播麦；深翻灭草；施用腐熟肥料，减少草种再侵染。

②江淮麦稻连作区：坚持适度规模的水旱轮作；大力推广机条播麦；耕翻灭草。

③沿江麦棉套种、油稻连作区：坚持水旱轮作；精选麦种，汰除草籽；推广阔幅条播麦和机条播麦。

④皖西南山区麦稻连作、多种经济作物区：采用以轮作换茬为基础，以促进壮苗压草为前提，辅以化学除草技术的农业综合控制技术。

人工防除

传统的人工除草(人工锄草、人工拔除和人工割草)具有松土、培根、保墒、增强土壤通透性，除草无污染等优点，且不受时间、季节限制。在除草剂错过防除适期或失去有效控制时段时，人工防除仍不失为麦田杂草综合治理辅助措施之一，尤其是对多年生杂草、大龄杂草、检疫性杂草，人工防除有显著效果。

9.2.3.2 生物除草技术

利用尖翅小卷蛾防治扁秆藨草等已在实践中取得应用效果，今后应加强此种防治措施的发掘利用，尤其是对某些恶性杂草的生物防除。

9.2.3.3　化学除草技术

(1)常用除草剂种类

唑草酮、精噁唑禾草灵、氯氟吡氧乙酸、双氟磺草胺·唑嘧磺草胺、酰嘧磺隆、炔草酯、甲基二磺隆、氟唑磺隆、氰氟草酯、噁唑酰草胺等。

(2)麦田化学除草综合方案

对麦田杂草，要根据田间杂草的种类和发生情况选用适宜的除草剂，适时用药。适期播种的麦田一般以秋播和冬前用药防除为重点；播种过晚的小麦田冬前出草很少，可在开春后气温稳定在 5 ℃以上时(3 月上旬)进行一次化学除草，同时防除禾本科杂草和阔叶杂草。

1)不同区域麦田杂草群落结构特征

①淮北及沿江江南麦区：以防除阔叶杂草为主，兼除禾本科杂草。

②江淮麦区：以防除禾本科杂草为主，兼除阔叶杂草。免耕麦区重点防除稻槎菜、菵草等杂草。

2)根据麦田具体草相制定化学除草方案

①猪殃殃、荠菜、播娘蒿、牛繁缕、婆婆纳等阔叶杂草：于小麦 3～5 叶期使用 20%氯氟吡氧乙酸 EC、75%苯磺隆 WG、15%噻吩磺隆 WP、50%酰嘧磺隆 WG 等药剂。

②猪殃殃、泽漆、遏兰菜等混生杂草：于小麦 3～5 叶期使用 40%唑草酮 WG、20%氯氟吡氧乙酸 EC、20% 2 甲 4 氯 SL 等药剂。

③野燕麦、看麦娘、菵草等禾本科杂草：于小麦 3～5 叶期使用 10%精噁唑禾草灵 EC 等药剂。

④猪殃殃、看麦娘、野燕麦等混生杂草：于小麦 3～4 叶期、杂草 2 叶期使用 50%异丙隆·精噁唑禾草灵 WP，于小麦 1～3 叶期使用 50%异丙隆 WP，或于小麦 3～5 叶期使用 48%麦草畏 AS 和 50%异丙隆 WP。

⑤免耕稻槎菜、菵草等多种混生杂草：于小麦播种前 1 天使用 41%草甘膦 AS 等药剂，或于小麦播种前 2～4 天使用草甘膦和异丙甲草胺。

(3)除草剂使用注意事项

①使用除草剂时，首先要保证作物及后茬作物的安全，选择安全、高效、残留期较短的品种，淘汰甲磺隆、氯磺隆等残留期较长、对后茬作物影响较大的除草剂品种。淘汰麦草畏等使用技术要求严格、易产生严重药害的品种。为保证小麦后茬作物安全，在麦田禁止使用氯磺隆、苯磺隆、甲磺隆及其混剂。对 2 甲 4 氯、2,4-滴丁酯等易因飘移而产生药害的农药，除复配用药外，一般不提倡单独使用，防止对后茬作物产生药害。

②严格控制用药剂量。按推荐剂量使用，如果除草剂用量过大，易造成药害，且对下茬作物有不良影响；如果用量偏低，则效果差。

③严格按照稀释倍数兑足水，保证药液使用量为 450～600 mL/hm^2。均匀喷雾，不重喷，不漏喷。

9.3 棉田草害防治技术

植棉业一直是我国农业生产的支柱产业，其总产量居世界前列。生产上，随着单产水平的普遍提高，在品种、土肥、病虫草害等影响棉花产量的三大因素中，病虫草害已成为影响我国棉花生产的主导因素。近年来，杂草危害问题已成为制约棉花产量和品质的关键因素之一。因此，棉花杂草综合防治技术对棉花生产具有重要现实意义。

9.3.1 棉田杂草种类

安徽省沿江植棉区种植方式主要为油菜和棉花连作。油菜、棉花连作棉田杂草有 15 科 30 种，其中早熟禾、通泉草、马齿苋、千金子和婆婆纳为优势种。双子叶杂草在种类和数量上均超过单子叶杂草，其中禾本科杂草 9 种，莎草科杂草 1 种，双子叶类杂草 20 种。从种类和数量来看，棉花不同生育期双子叶类杂草均多于单子叶类杂草；尤其在蕾期，双子叶类杂草在数量和种类上分别占 69.0%和 68.0%。

9.3.2 棉田杂草发生规律

我国棉田杂草主要以禾本科和莎草科杂草为主，其发生量占杂草群落的 78.1%，阔叶杂草约占 21.9%。常年严重为害棉花的杂草有马唐、稗草、牛筋草、千金子、狗尾草、蓼、藜、狗牙根、双穗雀稗、牛繁缕、铁苋菜等。

棉田杂草的分布和群落组成因地理位置、生态环境、栽培制度和气候条件的不同而有所差异。棉田杂草发生一般有 2～3 次高峰，主要集中在苗期和蕾铃期。长江流域棉区杂草群落以喜温湿的千金子、空心莲子草、牛繁缕等为主，一年有 3 个高峰期：第一个高峰期在 5 月中旬，第二个高峰在 6 月中下旬，第三个高峰期在 7 月下旬至 8 月初。

苗期主要杂草有棒头草、莎草、婆婆纳、茴茴菜和垂盆草，主要优势种为早熟禾和通泉草；蕾期主要杂草有牛筋草、千金子、早熟禾、棒头草、稗草、莎草、铁苋菜、婆婆纳、茴茴菜和艾，主要优势种为马齿苋和通泉草；花铃期主要杂草有牛筋草、莎草、铁苋菜、通泉草和斑地锦草，主要优势种为千金子、婆婆纳和马齿苋。整个生育期各阶段均发生的杂草有莎草、通泉草和婆婆纳，其中莎草的发生量较平稳，通泉草呈下降趋势，婆婆纳则呈上升趋势，至花铃期上升为主要优势种。

9.3.3 棉田草害防治技术

9.3.3.1 农业除草技术

①合理密植：密植是一种有效的杂草防治措施。密植在一定程度上能降低杂草发生量，抑制杂草的生长。培育壮苗，促进棉苗早封行，可提高棉株的竞争性，抑制杂草的生长。

②水旱轮作：水旱轮作能有效抑制杂草的发生，简化杂草群落结构，减轻棉田杂草危害。

③冬前深翻：冬前深翻能杀灭香附子等杂草，降低越冬杂草基数。

④中耕除草：中耕除草在我省棉花生产中已被广泛采用，可有效杀灭棉花中后期行间杂草。

⑤人工除草：我省棉区劳力较充裕，结合培土护根和起垄的人工锄草仍然是一种主要的除草措施。人工除草虽然费工、费时，有时还会因长期阴雨天气不能及时除草造成草荒，但作为一种辅助的措施还是十分重要的。

9.3.3.2　生物除草技术

研究发现，脉尖翅小卷蛾（图 9-3-1）初孵幼虫可沿香附子叶背行至叶心，吐丝并蛀入嫩心，使心叶失绿、萎蔫而死，继而蛀入鳞茎，咬断输导组织，致使香附子整株死亡。除香附子外，脉尖翅小卷蛾对其他棉田杂草也有良好的防除效果，有十分广阔的发展前景。

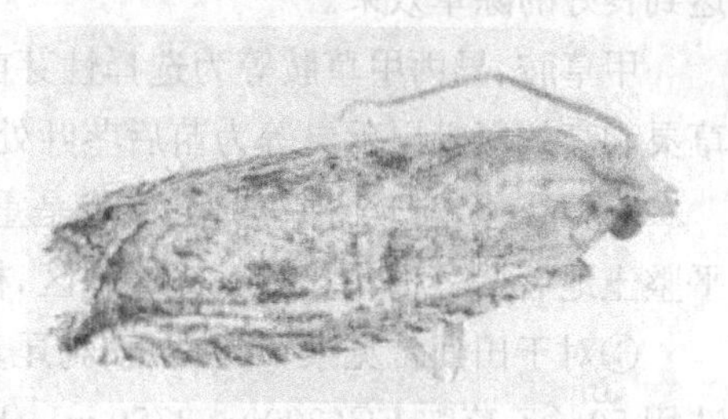

图 9-3-1　脉尖翅小卷蛾

9.3.3.3　化学除草技术

(1)常用除草剂种类

土壤处理时，可以选择氟乐灵、甲草胺、乙草胺、丁草胺、敌草隆、仲丁灵等除草剂；茎叶处理时，可以选择吡氟禾草灵、高效氟吡甲禾灵、喹禾灵、草甘膦等除草剂。

(2)棉田化学除草综合方案

1)棉花苗床　在棉花苗床播种后覆膜前施药，施药量一般不宜过大，否则影响育苗质量。可以施用50%乙草胺 EC(450～750 mL/hm²)、72%异丙甲草胺 EC(1125～1500 mL/hm²)、72%异丙草胺 EC(1125～1500 mL/hm²)、33%二甲戊灵 EC(750～1125 mL/hm²)、50%乙草胺 EC(600 mL/hm²)、24%乙氧氟草醚 EC(150 mL/hm²)，兑水后喷施于土表。注意：棉花幼苗期遇低温、多湿、苗床积水或药量过多，易受药害，表现为叶片皱缩。待棉花长至3片复叶以后，温度升高时可以恢复正常生长，一般情况下对棉苗基本没有影响。

棉花播后苗前药害症状

①持续低温、高湿条件下，过量施用50%乙草胺EC，16天后药害症状：棉苗出苗缓慢，矮化，生长受抑制，须根和根毛减少。

②低温高湿条件下，喷施48%仲丁灵EC，16天后药害症状：出苗缓慢，根系生长受抑制，长势差，药害重者缓慢死亡。

③低温高湿条件下，喷施48%氟乐灵EC，22天后药害症状：心叶卷缩、畸形，轻者生长受抑制，长势明显差于空白对照，重者缓慢死亡。

④低温高湿条件下，喷施33%二甲戊灵EC，6天后药害症状：出苗缓慢，根系生长受抑制，根系短且根数少，心叶畸形、卷缩，植株矮小，长势差于空白对照，重者萎缩死亡。

⑤喷施50%扑草净WP，16天后药害症状：多数受害棉花正常出苗，高剂量区棉花叶片枯黄，全株死亡。光照强、温度高时药害发展迅速。

⑥高湿条件下，过量喷施24%乙氧氟草醚EC，16天后药害症状：叶片出现褐

斑，生长缓慢。药害轻时，暂时受抑制；药害严重时，叶片枯死，新叶不能发出，逐渐死亡。

2)地膜覆盖棉花直播田 一般在棉花播种之前或棉花播种之后覆盖地膜之前施用除草剂效果好。但要注意的是，棉田墒情一定要足，这样除草剂才能充分渗透到土壤耕作层内，达到良好的除草效果。

甲草胺、异丙甲草胺等为选择性芽前酰胺类除草剂，可在棉花播种之前施用。精吡氟禾草灵和高效氟吡甲禾灵等为苗后茎叶处理剂，可在棉花或杂草出苗后使用。

3)棉花移栽田 棉花育苗移栽是重要的栽培方式。在部分生产条件好的棉花区，翻耕平整土地后播种棉花。对于这些地区，棉花移栽前是杂草防治最有利、最关键的时期。

①对于田间常见杂草为马唐、狗尾草、牛筋草、稗草、藜、苋的田块，在棉花播后芽前，可选用50%乙草胺EC(3000～3750 mL/hm^2)、33%二甲戊灵EC(3000～3750 mL/hm^2)、72%异丙甲草胺EC(3000～3750 mL/hm^2)，兑水后均匀喷施。

②对于田间有大量禾本科杂草和阔叶杂草的地块，在棉花移栽前可以选用50%乙草胺EC(3000～3750 mL/hm^2)、48%二甲戊灵EC(2250～3750 mL/hm^2)、72%异丙草胺EC(3000～4500 mL/hm^2)加24%乙氧氟草醚EC(300～600 mL/hm^2)、20%嗯草酮EC(1500～2250 mL/hm^2)、50%扑草净WP(450 g/hm^2)，配成药液后均匀喷施。施药时应注意棉田墒情和天气预报。乙氧氟草醚、嗯草酮为触杀型芽前除草剂，施药时要喷施均匀。扑草净对棉花的安全性差，不要随意加大剂量，否则易产生药害。

4)成株期棉田 在棉花生长中后期或雨季，部分棉田的杂草以马唐、狗尾草、马齿苋、藜、苋为主。在棉花株高50 cm以后，若香附子发生严重，可以用47%草甘膦AS(450～1500 mL/hm^2)，选择晴天无风天气，兑水后定向喷施。施药时视草情、墒情确定用药量。注意不要喷到棉花叶片上，否则会产生严重的药害。

(3)除草剂使用注意事项

①因为应用的时间不同，农药的性能不一样，应用方法也不一样。适宜播种前土壤处理的有氟乐灵等药剂，适宜播后苗前土壤处理的有仲丁灵、乙草胺等药剂，适宜棉花苗期茎叶喷雾的有高效氟吡甲禾灵、精喹禾灵等药剂，适宜棉花成株期定向喷雾的有草甘膦等药剂。

②使用的除草剂种类要适合，除草时间选择要适宜。除禾本科杂草外，一般在杂草3～5叶期(阔叶杂草2～4叶期)施药防效较好。

③用药剂量要准，要用足水量，每公顷至少450～675 kg水。

④在使用除草剂时，要注意气温、土质和用水量等因素，按照说明书认真操作。在干旱、草量大的情况下，要适当增加用药量。

⑤施用除草剂的器械要专用。

⑥对于棉田阔叶杂草，目前本地无效果较好的除草剂，使用新型除草剂前要先试验后应用。

9.4　玉米田草害防治技术

9.4.1　玉米田杂草种类

目前,玉米在江淮地区的种植面积逐年扩大,田间杂草情况也发生了变化,部分杂草难以防除。玉米田杂草主要以禾本科杂草与阔叶杂草为主,常见杂草有马唐、狗尾草、牛筋草、稗草、藜、马齿苋、反枝苋、铁苋菜、刺儿菜、香附子、碎米莎草、千金子、双穗雀稗、空心莲子草、牛繁缕、婆婆纳、藜、田旋花和画眉草等。

9.4.2　玉米田杂草发生规律

玉米田草相复杂,单、双子叶混生,主要杂草为稗草、狗尾草、牛筋草、刺儿菜、马齿苋、香附子、铁苋菜、画眉草、反枝齿苋、田旋花、藜等。这些杂草生命力极强,生长相当旺盛,恢复力强,易死而复生,种子易落,有惊人的繁殖能力和生存力,适应能力极强,不分土质,有强传播力和多种传播途径。调查发现,玉米田杂草为害越来越重,某些杂草同时产生了抗性,单一除草剂已不能抑制其发生、发展。杂草一般可使玉米减产10%～20%,严重的可减产30%～50%。

9.4.3　玉米田草害防治技术

9.4.3.1　农业除草技术

1)轮作灭草　与豆科作物轮作可以减弱玉米田中狗尾草、稗草等杂草的危害。合理套作、混作,在农田建立人工植被,使其构成复合群体,应用遮阳网以降低光照强度,可恶化杂草的生态环境,抑制某些杂草种子的萌发。例如,选择土壤条件适宜的玉米田混种春白菜,可以减少裸地面积,抑制某些早春型杂草出土。在玉米生长的中后期,垄沟内复种绿肥或蘑菇,也能有效控制杂草危害,达到肥地、治草、增收的目的。

2)合理耕作

①春耕除草:从土壤解冻到春播期间进行耕地作业,可有效消灭越冬杂草和早春出土的杂草,还可将前一年散落于土表的杂草种子翻埋于土壤深层,使其当年不能萌发出苗。

②中耕除草:6月至7月在高温多雨前翻耕,既可消灭大量田间杂草,也可消灭大量株间杂草。中耕一般在玉米的4、5叶期进行,共2～3次。第二次应该适当壅土,埋压株间杂草。第三次可采取大犁翻垄,将杂草翻埋至土中,将多年生杂草地下根茎切断或翻出土表,使其失去发芽能力。

③秋耕除草:在9月至10月玉米收获后的茬地进行翻耕作业,可消灭春、夏出苗的残草、越冬杂草和多年生杂草。

3)以密控草　合理密植可利用作物自身的群体优势,抑制喜光性杂草种子的萌发与出土,创造不利于杂草生长的环境条件,加速作物的封行进程,以达到防草促苗的效果。

9.4.3.2 生物除草技术

据报道,画眉草弯孢霉菌株 QZ-2000 对玉米田中的马唐有良好的防除效果。其孢子仅需 1 h 即可在马唐叶表面萌发,4 h 即可形成附着孢,24 h 内可使叶片溃烂。菌丝侵入表皮的位置主要为马唐细胞间隙和表皮,其次为气孔。

9.4.3.3 化学除草技术

(1)常用除草剂种类

目前,我国使用较多的玉米田除草剂有莠去津、乙草胺、异丙甲草胺、丁草胺、甲草胺、烟嘧磺隆、2,4-D 丁酯等,主要用于玉米田封闭除草或苗后茎叶处理。

(2)玉米田化学除草综合方案

江淮丘陵地区玉米种植一般有 2 种播种模式,一种是免耕播种,另一种是耕翻点播。耕翻点播可以除去翻耕时地表上的一般杂草。

1)翻耕点播玉米田 只要土壤湿度适宜,用药及时,用一般的土壤封闭除草剂进行播后苗前土壤处理就可达到理想的除草效果。目前,常用除草剂品种有 50%乙草胺 EC 等药剂。

2)免耕播种玉米田 杂草易在收获后未整地的时候生出,这时赶上多雨季节,温度又适宜,杂草生长速度又快,各种杂草相继出土,大草、中草、小草、新草生长严重威胁玉米生长。在防除上一般先采用草甘膦等灭生性除草剂,将长出土面的杂草除净,再用乙草胺等药剂在玉米播后出苗前进行土壤处理。播后苗前未能及时进行土壤处理,土壤封闭效果不好的玉米田块又长出杂草时,可用砜嘧磺隆·莠去津、烟嘧磺隆等除草剂进行除草,使用较方便,且对作物安全,见草施药不必等雨。

①播前混土处理:对于土壤干旱或土壤墒情较差的地块,一般混合使用 40%莠去津 SC 与 50%乙草胺 EC,兑水后均匀喷雾,然后混土 3~5 cm。

②播后苗前土壤处理:若小麦收割后免耕种植玉米,在灌溉条件好的地区,最好在麦茬空地灌溉后播种,然后喷药,或施药后灌溉、雨后喷药除草。常用药剂为乙草胺·莠去津,具有杀草谱广、效果好、对作物安全等优点。在玉米播后苗前或玉米 3 叶前、杂草 2~3 叶前使用,对杂草总防效为 95%以上。

③苗后茎叶处理:50%砜嘧磺隆·莠去津 WP 可防除已出土的一年生禾本科杂草及阔叶杂草,施药时期为杂草 2~5 叶期、玉米 2~5 叶期(全田喷雾,玉米 5 叶期后要定向喷雾)。其杀草谱广,对作物安全,茎叶处理防除玉米田杂草效果极佳,但单位面积成本稍高。

9.5 油菜草害防治技术

油菜田杂草种类多、数量大,可与油菜争夺水、肥、光照和生存空间。苗期受害可导致油菜成苗数减少,形成弱苗、瘦苗、高脚苗,抽薹后分枝结荚数和荚籽粒数明显减少,千粒重降低。研究表明,在免耕移栽、肥力中等的油菜田,每平方米有硬草 45.5~91 株,可使油菜株高降低 4.02%,有效分枝减少 3.9%,单株结荚数减少 11.01%,单荚籽粒减少 5.32%,千粒重降低 0.02%,产量损失 15.83%。不少杂草还是油菜主要病虫害的中间寄主,因此,杂草严重发生的地块更加重了对油菜的危害。

9.5.1　油菜田杂草种类

油菜田的杂草一般分为禾本科杂草（单子叶杂草）和阔叶杂草（双子叶杂草）。其中，禾本科杂草主要有看麦娘、牛毛毡、早熟禾、棒头草等，阔叶杂草主要有牛繁缕、猪殃殃、碎米荠、播娘蒿、天蓬草、通泉草、婆婆纳等。

9.5.2　油菜田杂草发生规律

冬油菜区一般是一年两熟或两年三熟制，多与水稻或玉米、大豆、蔬菜等作物轮作，秋种夏收。

①稻茬免耕直播油菜田由于播种时气温高、墒情好，油菜播种后杂草立即萌发出土，并很快形成出苗高峰。安徽省油菜多在10月中旬播种，只要播种时土壤墒情好，播种后5天杂草开始出土，7～15天为杂草出苗高峰期，有90%的杂草可在播种后40天内出土。这些杂草构成与油菜竞争并形成危害的主要杂草群落。由于12月至来年1月的气温低，油菜和杂草基本停止生长。2月底以后气温回升，土壤较深层的杂草种子有少量萌发、出土，但由于油菜生长速度快，很快被覆盖形成郁闭，因缺少光照而生长瘦弱，为害不大。多数杂草在3月中下旬进入拔节期，4月至5月陆续开花结实，成熟后落入田间。

②直播油菜田杂草出土高峰期和杂草数量与秋季、冬季气温及降雨量有关。若温度高、雨量大，则杂草数量大、危害重。若冬季冷得早，则杂草出土停止早；若冬季冷得迟，则杂草出土时间长。油菜播种后干旱少雨，土壤墒情差，可致杂草出土推迟，但降雨后将很快达到杂草出苗高峰。

随着耕作制度的改革和化学除草面积的不断扩大，油菜田杂草的区系和为害程度也发生了明显变化。长江流域长期推行油菜与水稻轮作，使水稻后茬油菜田的土壤湿度比玉米、大豆、棉花后茬油菜田的土壤湿度大，这使一些喜湿性杂草如看麦娘、狼尾草、日本看麦娘、硬草和棒头草等的发生面积扩大，为害加重。由于近年来机械化收割与秸秆还田得到推广，无数杂草种子不经高温沤肥直接返回农田，加之稻茬免耕直播油菜田面积的扩大，因此与耕翻田相比，免耕田的杂草出土早、数量大、长势旺、为害重。20世纪80年代以前，长江中下游油菜田的主要杂草是看麦娘和牛繁缕，长期单一使用绿麦隆后，看麦娘和牛繁缕得到了有效控制，但对绿麦隆耐药性强的日本看麦娘、硬草、棒头草、茼草的种群密度上升，已成为该区油菜田的主要恶性杂草。由于以前缺少防除油菜田阔叶杂草的高效安全除草剂，一些地区连年单一使用防除禾本科杂草的除草剂，如高效氟吡甲禾灵、吡氟禾草灵、喹禾灵、野麦畏等，减轻了禾本科杂草的危害，但阔叶杂草种群密度迅速上升，为害加重。

9.5.3　油菜田草害防治技术

9.5.3.1 农业除草技术

在水利条件较好的地区可推行水稻与小麦、油菜、绿肥的“三三制”轮作。绿肥田常在4

月 20 日至 30 日耕翻种水稻，这时看麦娘、日本看麦娘、硬草等杂草的种子尚未成熟就被消灭掉，使秋季种植的油菜(或小麦)田杂草数量明显减少。由于目前还缺少防治油菜田阔叶杂草的高效安全的除草剂，阔叶杂草为害严重的油菜田可与小麦、玉米、大豆等作物轮作，在这些作物的生长季节用苯磺隆、乙草胺·莠去津、氟磺胺草醚、灭草松、乳氟禾草灵、三氟羧草醚等除草剂压低阔叶杂草的发生基数后再种植油菜。

9.5.3.2 生物除草技术

喜食扁秆杂草的尖翅小卷蛾、专食蓼科杂草的褐小黄叶甲、取食眼子菜的连斑水螟(图 9-5-1)、嗜食黄花蒿的尖翅筒喙象、喜食扁蓄的角胫叶甲等，对油菜田杂草有良好的防除效果，有十分广阔的应用前景。

图 9-5-1 连斑水螟

9.5.3.3 化学除草技术

(1)常用除草剂种类

野麦畏、氟乐灵、苯磺隆、乙草胺·莠去津、氟磺胺草醚、灭草松、乳氟禾草灵、三氟羧草醚、乙草胺、异丙甲草胺、甲草胺、敌草胺、丁草胺、禾草丹、克草胺、二甲戊灵等。

(2)油菜田化学除草综合方案

1)播前土壤处理 可用野麦畏、氟乐灵、敌草胺处理土壤，以防除野燕麦、看麦娘、硬草和藜等杂草，也可用绿麦隆处理土壤，防除多数禾本科杂草和阔叶杂草。

①野麦畏：在野燕麦严重发生而阔叶杂草很少的油菜田，可于油菜播种前使用 40%野麦畏 EC(3000 L/hm²)，兑水后均匀喷于土表。由于野麦畏容易挥发和光解，喷药后应立即用圆盘耙或钉齿耙混土 5～10 cm，然后播种油菜。西北地区干旱，蒸发量大，施药后可混土 10 cm左右。

②氟乐灵：用于防除看麦娘、日本看麦娘、稗草、棒头草、野燕麦等一年生禾本科杂草及繁缕、牛繁缕等。在油菜苗床和直播田播前或移栽田移栽前使用，于平整打畦后使用 48%氟乐灵 EC(1.2～2.25 L/hm²)，兑水后均匀喷于土表，随即耙地混土 3～5 cm。若在春油菜区防除野燕麦，可适当增大氟乐灵的用量(2.25～2.6 L/hm²)，混土 10 cm 左右。为防止氟乐灵对小麦和青稞产生药害，可混用 48%氟乐灵 EC(1.5 L/hm²)与 40%野麦畏 EC(1.5 L/hm²)。氟乐灵只对刚萌发的杂草幼芽有效，不宜在播后苗前使用，也不宜在杂草出苗后使用。与同类除草剂相比，氟乐灵对土壤湿度的要求不太严格，在干旱及灌溉困难地区使用同样有较好的除草效果。

2)播后苗前土壤处理 可用乙草胺、异丙甲草胺、甲草胺、敌草胺、丁草胺、禾草丹、克草胺、二甲戊灵等土壤处理剂防除一年生禾本科杂草和部分小粒种子的阔叶杂草。

①敌草胺：用于防除看麦娘、野燕麦、千金子、稗草、马唐、牛筋草、早熟禾等一年生禾本科杂草及藜、蓼、苋、猪殃殃、繁缕、马齿苋、苦苣菜等阔叶杂草，对油菜很安全。在油菜苗床、直播田(播后苗前)、移栽田(移栽前或移栽后)，用 50%敌草胺 WP(1.5～2.5 L/hm²)，配成药液后均匀喷于土表，干旱时施药后应浅混土。使用敌草胺的地块下茬不宜种高粱、玉米、甜菜等敏感作物。

②乙草胺：对看麦娘、日本看麦娘、硬草、稗草等禾本科杂草有特效，杀草活性高，可兼除繁缕等部分小粒种子的阔叶杂草。在油菜苗床、直播田（播后苗前）、移栽田（移栽前或移栽后），用50%乙草胺EC（0.9～1.8 L/hm²），兑水后均匀喷于土表。用药量因地而异，土壤有机质含量高时用高剂量，有机质含量低时用低剂量；在温度高、土壤湿度大的南方用低剂量，在温度低、土壤缺水的北方用高剂量。干旱时应及时灌溉或将药剂混入2～3 cm深的土层中。乙草胺对刚萌发的杂草防效好，对已出土的杂草防效下降，防治禾本科杂草应在1叶期以前施药。

③二甲戊灵：对一年生禾本科杂草如看麦娘、稗草、野燕麦、硬草、马唐、棒头草、早熟禾等有特效，可兼除藜、蓼、苋等阔叶杂草。播后苗前、移栽前或移栽缓苗后，用33%二甲戊灵EC（1.5～3 L/hm²），兑水后均匀喷于土表，对禾本科杂草的防治效果可达95%。

④甲草胺：主要防除以看麦娘为主的一年生禾本科杂草，兼除部分阔叶杂草。在苗床、直播田（播后苗前）、移栽田（移栽前或移栽后），用48%甲草胺EC（2.7～3.75 L/hm²），兑水后均匀喷雾。

⑤禾草丹：主要防除以看麦娘为主的禾本科杂草，兼除部分阔叶杂草。在油菜直播田（播后苗前）或移栽田（移栽成活后）禾本科杂草1.5叶期以前，用50%禾草丹EC（1.5～3.75 L/hm²），兑水后均匀喷雾。禾草丹对油菜安全，播后苗前至子叶期施药均不会产生药害。移栽田施药兑水量不能少于600 L/hm²，否则嫩叶上易产生药害斑点。干旱时应在灌溉后施药或加大药液兑水量。

⑥绿麦隆：可防除阔叶杂草和禾本科杂草混生田的看麦娘、日本看麦娘、硬草、棒头草、繁缕、牛繁缕、荠菜、稻槎菜等多种杂草。在免耕稻茬直播油菜田播种前用25%绿麦隆WP（3.75 L/hm²），在免耕稻茬移栽油菜田移栽前用25%绿麦隆WP（4.5～5.25 kg/hm²），配成药液后均匀喷雾或制成毒土均匀撒施。气温较高时，喷雾有可能产生药害，撒施药土比较安全。在免耕田或移栽田，以看麦娘为主的杂草比翻耕田早出土5～7天，数量也比翻耕田多20%左右，因此，水稻收割后应及时抢墒施药。

3）苗后茎叶处理

①春油菜区：可用烯草酮、高效氟吡甲禾灵、精吡氟禾草灵、精喹禾灵、乙草胺·精喹禾灵、烯禾啶、禾草灵、精噁唑禾草灵等作茎叶处理剂，防除禾本科杂草；可用草除灵等作茎叶处理剂，防除阔叶杂草。化学除草要避免多年连续单用某一种除草剂，以防优势杂草被控制后，一些次要杂草产生耐药性或抗药性上升而成为优势杂草，应选用杂草谱和作用机制不同的除草剂交替、轮换使用或混合使用。

烯草酮：广谱高效选择性茎叶处理剂，对禾本科杂草如看麦娘、日本看麦娘、稗草、野燕麦、棒头草、硬草、狗牙根、白茅、芦苇等有理想的防除效果。药剂可迅速被杂草茎叶吸收传导至生长点，发挥除草作用，施药后1 h降雨不会影响除草效果。在油菜出苗后或移栽后、禾本科杂草2～5叶期，在晴天的上午用12%烯草酮EC（450～600 mL/hm²），兑水后均匀喷雾。

高效氟吡甲禾灵：杀草谱广，施药适期长，吸收传导快，可有效防除禾本科杂草，对油菜很安全。在禾本科杂草出苗至生长期均可施药，以杂草2～5叶期施药效果最好。可用

10.8%高效氟吡甲禾灵 EC(375～525 mL/hm²),兑水后均匀喷雾。

乙草胺·精喹禾灵:对看麦娘、日本看麦娘、稗草、野燕麦、马唐、牛筋草、千金子等禾本科杂草及繁缕、牛繁缕、雀舌草等部分阔叶杂草有很好的防除效果。在油菜出苗后或移栽缓苗后、大部分阔叶杂草2叶期前,用35%乙草胺·精喹禾灵 EC(750～1050 mL/hm²),兑水后对杂草均匀喷雾。干旱地块在雨后或灌溉后施药效果更好。阔叶杂草2叶期之前施药效果好,草龄过大则影响药效。禾本科杂草草龄超过4叶期时应适当增加用药量。

②冬油菜区:在冬油菜区防治以看麦娘为主的禾本科杂草,可于看麦娘2～5叶期使用15%精吡氟禾草灵 EC(675～975 mL/hm²)、5%精喹禾灵 EC(675～975 mL/hm²)、20%烯禾啶 EC(1050～1500 mL/hm²)、7.5%精噁唑禾草灵 EW(675～975 mL/hm²),兑水后均匀喷雾。

草除灵:对油菜田阔叶杂草有很好防治效果,用15%草除灵 EC(2～3.75 L/hm²)可有效防治繁缕、牛繁缕、雀舌草、苍耳、猪殃殃、荠菜等阔叶杂草。用药适期取决于杂草发生规律和油菜品种类型。在甘蓝型油菜冬前苗期施药,油菜叶片向下皱卷,7～10天后恢复正常,对产量无不良影响;在白菜型油菜同期施药,药害较重,对产量有明显影响;但在这2种油菜的越冬期及返青期施药均不产生药害。因此,对于耐药性弱的白菜型冬油菜,应在越冬期或返青期施药;对于耐药性较强的甘蓝型冬油菜,冬前阔叶杂草基本出齐的地区可在冬前施药,冬前冬后各有一个出草高峰的地区应在冬后的出草高峰后施药。

(3)除草剂使用注意事项

①施药最佳时间为油菜封行前、杂草3～5叶期。

②视草情、墒情合理选择用药量,即草大、墒情差时加大药量,用高限。

③采用二次稀释法。施药时,避免药液飘移到其他敏感作物上。

模块 3

植物化学保护技术

第10章 常用农药品种

10.1 杀虫杀螨剂

杀虫剂是防治农林业害虫及病媒昆虫的农药。使用杀虫剂防治害虫可追溯到古希腊罗马时代。生于公元前9世纪的古希腊人Homer曾提到燃烧的硫黄可作为熏蒸剂。古罗马学者Pliny长老曾提倡用砷作为杀虫剂，还谈到用苏打和橄榄油处理豆科植物的种子防治害虫的方法。早在16世纪，我国已开始使用砷化合物作为杀虫剂。16世纪，人们已知道除虫菊的杀虫作用。19世纪，除虫菊已实际应用于害虫防治。

系统科学地研究杀虫剂是从19世纪中叶开始的。在砷化合物方面的深入研究，导致了1867年巴黎绿(乙酰亚砷酸铜)的应用。当时，该药在美国用于控制马铃薯叶甲。一直到20世纪30年代后期，杀虫剂在植物保护上的应用仍局限于无机化合物及植物性农药，单位面积上使用量高，作用比较单一。这一时期也称为低效杀虫剂时代。

20世纪30年代后至第二次世界大战末期，世界各国在新农药研制方面相继取得突破性进展，开创了现代有机合成农药的新纪元。这个时期，滴滴涕的杀虫效果被发现，有机磷杀虫剂得到开发。之后，氨基甲酸酯等含杂原子的有机化合物作为杀虫剂被投入使用，使杀虫剂的发展进入高效杀虫剂时代。

20世纪70年代以后，科学家们在除虫菊酯光稳定性的研究上取得了重大突破，一系列拟除虫菊酯类杀虫剂被投入使用，将杀虫剂研发推向了超高效杀虫剂新时代。

近年来，各国农药工作者在寻找低毒、低残留、超高效杀虫剂新品种的同时，对杀虫剂的作用机理、抗性机理、环境残留以及其他许多理论问题进行了深入研究，有些已达到分子水平。与此同时，一些特异性杀虫剂如昆虫行为调节剂等相继研究成功，使杀虫剂进入一个崭新的时代——特异性杀虫剂或非杀生性杀虫剂时代。与之同步，植物保护的观念也得到进一步完善。

我国的杀虫剂研究是在新中国成立以后逐步建立和发展起来的。新中国成立以前，我国仅有少量无机杀虫剂及天然产物杀虫剂。20世纪50年代初，六六六和滴滴涕等有机氯杀虫剂开始在我国投入生产。20世纪50年代末，我国开始生产有机磷杀虫剂。20世纪70年代后，其他类型杀虫剂及拟除虫菊酯类杀虫剂相继在我国投入生产，使我国的杀虫剂市场形成了门类、品种较为齐全的新格局。

目前，杀虫剂的发展趋势大体上可用3个特征来概括：一是继续向高效低毒化方向发展，二是继续由杀生性向非杀生性方向发展，三是杀虫剂原药向高纯度方向发展。

10.1.1 无机及重金属类杀虫剂

有效成分为无机物的杀虫剂是较早应用的一类杀虫剂。在施用砷制剂等无机杀虫剂时须特别谨慎,因为植物易产生药害。施药时须注意劳动保护,施药后须防止人畜进入施药区,以免中毒。

(1)无机及重金属类杀虫剂的特点

由于无机杀虫剂不溶于有机溶剂,因此制剂种类不多,一般只加工成粉剂、可湿性粉剂、糊剂和饵剂等剂型。无机杀虫剂大多是胃毒剂,故应用范围较窄,一般仅用于防治咀嚼式口器害虫,对刺吸式口器害虫无防治效果。

(2)无机及重金属类杀虫剂的主要分类

1)无机砷杀虫剂 有效成分为含砷化合物的无机杀虫剂,主要品种有亚砷酸酐、砷酸铅、砷酸钙等,对高等动物高毒。亚砷酸酐和砷酸钙对鱼类等水生生物毒性较高,砷酸铅对鱼类等水生生物毒性较低。砷制剂属于原生质毒剂,具有胃毒作用。

2)无机氟杀虫剂 有效成分为含氟化合物的无机杀虫剂,主要品种有氟化钠、氟铝酸钠和氟硅酸钠等,对高等动物高毒。

3)其他无机杀虫剂 矿物油等常常用于果树休眠期杀虫杀螨。

早期的砷制剂、氟制剂毒性高、药效差、药害重,自有机合成杀虫剂大量使用以后大部分已被淘汰。现在使用的无机农药主要有铜制剂与硫制剂。

10.1.2 有机氯杀虫剂

有机氯杀虫剂是一类含氯原子的有机合成杀虫剂,也是发现和应用最早的一类人工合成杀虫剂,代表品种有滴滴涕、六六六、林丹(γ-六六六)和硫丹等,具有广谱、高效、价廉、急性毒性低等特点。我国于1983年停止生产滴滴涕和六六六,1993年全面停止使用滴滴涕和六六六。2019年,生态环境部、农业农村部和国家市场监督管理总局等部局发布《关于禁止生产、流通、使用和进出口林丹等持久性有机污染物的公告》,规定自2019年3月26日起,禁止林丹和硫丹的生产、流通、使用和进出口。

10.1.3 有机磷杀虫剂

有机磷酸酯类杀虫剂是第二次世界大战后发展起来的一类杀虫剂,是发展速度最快的一类药剂。这类杀虫剂具有种类多、药效高、用途广等优点,在目前使用的杀虫剂中仍占有极其重要的地位。

1820年,Lassaigne用乙醇和磷酸反应,从此开始了有机磷化合物的研究。1854年,Clermont合成四乙基焦磷酸酯,即特普,但直到1938年Schrader才发现了特普作为杀虫剂使用的可能性。特普是第一个商品有机磷杀虫剂勃拉盾(Bladan)的有效成分。

第二次世界大战期间,有机磷酸酯因作为战争毒气研究而受到重视。但在此之前,早在1932年,Lange和Krueger已发现二烷基一氟磷酸酯有剧毒。1937年,Schrader在寻找具有杀螨及杀蚜活性的酰氟化合物过程中制成了具有强烈生理作用的撒林。由于撒林对哺乳动物也具有强烈毒性而未能作为杀虫剂使用。1941年,Schrader用二甲基氨基磷酰二氯合成了八甲基焦磷酰胺(八甲磷)。八甲磷具有强内吸性,曾作为内吸杀虫剂,后被内吸磷等农药取代。1941年，Schrader合成对硫磷。对硫磷的杀虫活性高，杀虫谱极广，引起世界各国的重视，促进了有机磷杀虫剂的迅速发展。对硫磷的发现是农药发展史上的一大成就，开启了有机磷杀虫剂构效关系研究的大门。此后，Schrader又发现了一系列新品种，如氯硫磷、敌百虫、倍硫磷等。

至今，有机磷杀虫剂已发展成为有机农药中品种最多、产量最大的一类。据统计，全世界已有300～400种有机磷原药，其中广泛使用的基本品种约100种，加工品种可达100000余种。在我国，北京农业大学黄瑞伦教授于1950年合成对硫磷；1956年，第一家有机磷农药生产厂——天津农药厂开始生产对硫磷。我国投入生产的有机磷杀虫剂有70～80种，主要品种有敌百虫、敌敌畏、毒死蜱等。

(1)有机磷杀虫剂的化学结构类型

①磷酸酯：如敌敌畏、久效磷等。

②硫代磷酸酯、二硫代磷酸酯、三硫代磷酸酯：如杀螟硫磷、氧乐果、马拉硫磷等。

③膦酸酯、硫代膦酸酯：如敌百虫、苯硫磷等。

④磷酰胺、硫代磷酰胺：如甲胺磷、乙酰甲胺磷、水胺硫磷等。

(2)有机磷杀虫剂的特点

①理化性质：一般气味较大，具蒜臭味，大多具有挥发性；在碱液中易分解(敌百虫)。

②生物活性：药效高，杀虫谱广，大多兼有杀螨作用，作用方式多种多样。有机磷杀虫剂一般对害虫、害螨均有较高的防治效果。

③作用机制：抑制乙酰胆碱酯酶或胆碱酯酶的活性，破坏正常的神经冲动传导，引起一系列急性中毒症状。

④残留：在生物体内和环境中易降解为无毒物，在作物中残留少，不易引起公害。

⑤毒性：大多数杀虫效果好的有机磷农药在人畜体内能够转化成无毒的磷酸化合物，但也有不少品种的哺乳动物急性毒性较大，易引起急性中毒，少数品种有迟发性神经毒性中毒。

⑥持效期：与有机氯杀虫剂相比，有机磷杀虫剂的持效期一般较短。但不同品种的持效期差异甚大，有的施药后数小时至3天完全分解失效，如辛硫磷、敌敌畏等。有的品种因植物的内吸作用可维持较长时间的药效，有的甚至能达2个月，如甲拌磷。持效期的差异为合理选用适当品种提供了有利条件。

10.1.3.1　敌百虫(trichlorfon)

1)化学名称　*O*,*O*-二甲基-(2,2,2-三氯-1-羟基乙基)膦酸酯。

2)主要理化性质　原药为白色块状固体，有氯醛气味，在水中的溶解度①约为154 g/L(25 ℃)，易溶于三氯甲烷、醇类、苯、乙醚和丙酮等溶剂，难溶于石油醚及四氯化碳等。在中性和弱酸性溶液中比较稳定，但其溶液长期放置也会变质。在碱性溶液中可以脱去一分子氯化氢，进行分子重排，转化成毒性更强的敌敌畏，如继续分解则失效。在室温下存放相当稳定，易吸湿受潮，但药效不减。

---

①　溶解度：本书中“溶解度”均以饱和溶液浓度表示。

3)生物活性 敌百虫是一种毒性低、杀虫谱广的有机磷杀虫剂,具有很强的胃毒作用,兼具触杀作用,对咀嚼式口器害虫如菜青虫、黏虫、茶毛虫等的胃毒作用突出,对半翅目椿象类有特效。适用于防治多种鳞翅目幼虫和椿象类害虫及家畜寄生虫、卫生害虫。

4)毒性 雌性、雄性大鼠急性经口 LD_{50}分别为 630 mg/kg 和 560 mg/kg,大鼠急性经皮 LD_{50}>2000 mg/kg。

5)常见制剂 80%敌百虫 SP,30%敌百虫 EC。

6)使用技术 用 80%敌百虫 SP 的 500 倍液喷雾可防治玉米黏虫、棉大卷叶虫、棉叶蝉;用 700~1000 倍液喷雾可防治水稻椿象、稻苞虫、黏虫、豆荚螟、玉米螟、菜青虫、黄守瓜、茶毛虫、茶尺蠖、荔枝椿象等;用 800~1000 倍液对半翅目蝽象类有特效,但对菜青虫效果差。

7)注意事项 在常用浓度甚至 500~600 倍的高浓度下,大多数作物均不易产生药害,但浓度超过 1%时易产生药害。高粱极易产生药害,不宜使用敌百虫。

10.1.3.2 敌敌畏(dichlorvos)

1)化学名称 *O*,*O*-二甲基-*O*-(2,2-二氯乙烯基)磷酸酯。

2)主要理化性质 纯品为无色液体,微带芳香味。室温下在水中的溶解度约为 10 g/L。其煤油饱和溶液含量为 2%~3%,能与大多数有机溶剂和气溶胶推进剂混溶。对热稳定,对水特别敏感。在室温下,饱和的敌敌畏水溶液极易水解转化成磷酸氢二甲酯和二氯乙醛,水解速度为每 10 天水解约 3%,在碱性溶液中水解更快。挥发性强,温度越高挥发越快。

3)生物活性 敌敌畏是一种高效、速效、广谱的有机磷杀虫剂,其特点是杀虫范围广、速效、击倒力强、残效期短(1~2 天)、无残毒。敌敌畏具有触杀、胃毒和熏蒸作用,对咀嚼式口器害虫和刺吸式口器害虫均有良好的防治效果。敌敌畏的蒸气压较高,对害虫有极强的击倒力,对一些隐蔽性害虫如卷叶蛾幼虫也有良好的防治效果。敌敌畏对蚊、蝇等卫生害虫以及米象、谷盗等仓储害虫也有良好的防治效果。

4)毒性 雌性、雄性大鼠急性经口 LD_{50}分别为 56 mg/kg 和 80 mg/kg,急性经皮 LD_{50}分别为 75 mg/kg 和 107 mg/kg。对瓢虫、食蚜蝇等天敌、蜜蜂以及水生生物高毒。

5)常见制剂 50%、80%敌敌畏 EC,22%、30%敌敌畏 FU。

6)使用技术

喷雾:用 80%敌敌畏 EC 的 800~1500 倍液喷雾可防治水稻、棉花、果树、蔬菜、甘蔗、烟草、茶、桑等作物上的多种害虫,如蔬菜黄曲条跳甲、菜青虫、茶毛虫、稻叶蝉、飞虱、豆天蛾、苹果卷叶蛾、苹果巢蛾、梨星毛虫、桃蛀果蛾、烟青虫、甘蔗绵蚜等。敌敌畏杀虫作用强弱与气候条件有直接关系,气温高时杀虫效力较强。

撒施:作物封行期,用 80%敌敌畏 EC 0.5 kg 加 30 kg 水和 50~75 kg 稻糠,于傍晚时撒施可杀死伏蚜。

熏蒸:防治仓储害虫时,可喷施 80%敌敌畏 EC 的 1000 倍液,施药后密闭 2~3 天效果显著。温度高时,挥发快,药效迅速。室内熏蒸卫生害虫也可用 80%敌敌畏 EC 的 500 倍液。

7)注意事项 高粱、玉米、瓜类对敌敌畏敏感。敌敌畏在一般浓度下易使高粱、玉米产生药害。苹果开花后喷施 1200 倍药液(或更高浓度)易产生药害。敌敌畏稀释液不稳定,易分解失效,应现配现用。敌敌畏不能与碱性农药混用。

10.1.3.3　辛硫磷(phoxim)

1)化学名称　*O,O*-二乙基-*O*-[(α-氰基亚苄氨基)氧]硫代磷酸酯。

2)主要理化性质　纯品为浅黄色油状液体,原药为红棕色油状液体。20 ℃水中溶解度为 7 mg/kg,易溶于醇、酮、芳烃、卤代烃等有机溶剂,稍溶于脂肪烃、植物油和矿物油。在中性和酸性介质中稳定,在碱性介质中易分解。辛硫磷易光解,遇光(尤其是紫外光)降解速率很快。

3)生物活性　辛硫磷是广谱的有机磷杀虫剂,具有强烈的触杀和胃毒作用,无内吸作用,主要用于防治地下害虫,也可用于防治蚊、蝇等卫生害虫及仓储害虫,对蛴螬、蝼蛄有良好的效果,对鳞翅目幼虫也特别有效,效果优于常用的敌百虫及杀螟硫磷。

4)毒性　对哺乳动物的毒性很低。雌性、雄性大鼠急性经口 LD_{50} 分别为 2170 mg/kg 和 1976 mg/kg,雄性大鼠急性经皮 LD_{50} 为 1000 mg/kg。

5)常见制剂　40%辛硫磷 EC,3%辛硫磷 GR。

6)使用技术

喷雾:40%辛硫磷 EC 的 1200 倍液可防治茶树害虫,如茶橙瘿螨、小绿叶蝉等;800～1000 倍液可防治棉铃虫、红铃虫、棉蚜等;2000～2500 倍液可防治菜青虫、小菜蛾幼虫等;500～800 倍液可防治水稻二化螟、黑尾叶蝉、褐飞虱等;2500 倍液可防治桑毛虫、桑螟、桑蓟马等。

拌种:防治蛴螬、蝼蛄采用种子处理方法。小麦用 40%辛硫磷 EC 500 mL 加水 25～50 kg,拌种子 250～500 kg(浸种 3～4 h)。玉米、高粱、大豆用 40%辛硫磷 EC 500 mL 加水 20 kg,拌种子 200 kg(浸种 3～4 h)。3%辛硫磷 GR 以 0.05%～0.1%的浓度拌种,可用于防治上述谷物的地下害虫(22.5～27 kg/hm^2)。

浇灌:40%辛硫磷 EC 的 1000 倍液可防治花生蛴螬。

毒饵:40%辛硫磷 EC 与麸料以 1∶100 的比例配成毒饵(75 kg/hm^2)可防治地老虎(傍晚施药)。

浸苗:0.75%～1.5%辛硫磷溶液可防治山芋、花生的线虫病。

7)注意事项　辛硫磷易光解,应在傍晚、阴天施用。土壤施药可防治地下害虫,残效期为 1～2 个月。辛硫磷对瓢虫等天敌及蜜蜂毒性大,应注意。

10.1.3.4　马拉硫磷(malathion)

1)主要名称　*O,O*-二甲基-*S*-[1,2-双(乙氧基甲酰)乙基]二硫代磷酸酯。

2)主要理化性质　纯品为琥珀色透明液体。室温下微溶于水,溶解度为 145 mg/L,能与多种有机溶剂混溶。对光稳定,对热稳定性差。在中性介质中稳定,在 pH>7 或 pH<5 的介质中迅速分解。不能与碱性农药混用。

3)生物活性　马拉硫磷具有良好的触杀、胃毒作用和微弱的熏蒸作用,适用于防治咀嚼式口器和刺吸式口器害虫,还可用来防治蚊、蝇等卫生害虫。

4)毒性 雌性、雄性大鼠急性经口 LD_{50} 分别为 1751.5 mg/kg 和 16345 mg/kg,急性经皮 LD_{50} 为4000～6150 mg/kg;对眼睛、皮肤有刺激性;对蜜蜂高毒。马拉硫磷对高等动物毒性低,对害虫毒性高,因为马拉硫磷在高等动物和昆虫体内进行 2 种不同的代谢过程。在高等动物体内被羧酸酯酶(肝中)水解为一羧酸及二羧酸化合物而失去毒性;在昆虫体内被氧化为毒力更高的马拉氧磷从而发挥强大的杀虫性能。

5)常见制剂 45%马拉硫磷 EC。

6)使用技术 45%马拉硫磷 EC 的 1500～2000 倍液可防治棉花害虫,2000 倍液可防治水稻害虫,800～2000 倍液可防治果树害虫,2000～3000 倍液可防治大田作物害虫。

7)注意事项 瓜类和番茄幼苗对马拉硫磷较敏感,不能使用高浓度药液。

10.1.3.5 乙酰甲胺磷(acephate)

1)化学名称 *O*,*S*-二甲基-*N*-乙酰基硫代磷酰胺。

2)主要理化性质 纯品为白色结晶。易溶于水(约 6.5 g/L)、甲醇、乙醇、丙酮等极性较大的溶剂和二氯甲烷、二氯乙烷等卤代烷烃类,在醚和苯、甲苯、二甲苯中的溶解度较小。低温时贮存相当稳定;在酸性介质中很稳定,在碱性介质中易分解。

3)生物活性 乙酰甲胺磷是一种内吸性广谱杀虫剂,持效期长,具胃毒、触杀作用,且可杀卵。主要用于防治稻飞虱、叶蝉、蓟马、稻纵卷叶螟、棉小象鼻虫、棉铃虫、果树小食心虫、菜青虫、小菜蛾、黏虫和各种蚜虫等。

4)毒性 大鼠急性经口 LD_{50} 为 823 mg/kg。

5)常见制剂 30%、40%乙酰甲胺磷 EC。

6)使用技术 乙酰甲胺磷对人畜毒性低,杀虫效果好,适合于防治粮棉油作物、蔬菜、茶、桑、果树、甘蔗、烟草、牧草等作物的害虫。30%乙酰甲胺磷 EC 的 500～1000 倍液可防治菜青虫、小菜蛾、棉蚜,300～500 倍液可防治稻纵卷叶螟、棉铃虫、棉红铃虫、柑橘介壳虫等。

10.1.4 氨基甲酸酯类杀虫杀螨剂

17—18 世纪,尼日利亚爱菲克斯人的统治者利用毒扁豆制作的神裁毒药"esere"执行死刑。后来,人们于 1864 年分离出毒扁豆碱(physostigmine),于 1925 年确定毒扁豆碱的分子式。毒扁豆碱为人类发现的第一个天然氨基甲酸酯类化合物,可以使瞳孔收缩,能治疗青光眼,用量过多使人呼吸困难甚至死亡,但不能用于杀虫。

杜邦公司 1931 年研发的二硫氨基甲酸衍生物四乙基硫代氨基甲酰硫化物是最早发现的有杀虫能力的氨基甲酸酯,对蚜虫有触杀毒性。此外,一些化合物(如福美双)有拒食作用,可以保护植物不受天幕毛虫、日本甲虫、墨西哥豆甲虫等为害;四乙基硫代氨基甲酰硫化物及代森钠能杀螨。不过,这些氨基甲酸的盐(酯)具有卓越的杀菌活性,至今仍作为杀菌剂使用。

第一个真正的氨基甲酸酯类杀虫剂是由瑞士嘉基公司的 Hans Gysin 博士在 20 世纪 40 年代中后期合成的。Gysin 在芳香酰胺里寻找更有效的化合物时合成了一系列环烷氨基甲酸酯,其中一个就是地麦威,它的驱避作用不佳,却对家蝇、蚜虫及其他几种害虫的毒性很大。当时,Gysin 证明最有希望的氨基甲酸酯类化合物是杂环烯醇的衍生物,其中异索威、敌蝇威和地麦威于 20 世纪 50 年代在欧洲实现商品化。异索威大都用作选择性杀蚜剂,地麦威用作触杀型杀蚜剂,而敌蝇威则用作杀蝇纸上的触杀剂。

美国联合碳化物公司的 Joseph A. Lambrech 博士根据嘉基公司的发现和有些氨基甲酸酯是有效的除草剂这一点,在 1953 年合成了甲萘威。这个氨基甲酸酯和嘉基公司产品的不同点是把烯醇基换成了芳基,把二甲基氨基甲酸酯换成了甲基氨基甲酸酯。甲萘威是一种非常好的杀虫剂,1957 年被命名为西维因(甲萘威)并实现商品化。

美国加利福尼亚大学 Robert L. Metcalf 等发现了几种氨基甲酸酯,它们在体外虽然能抑制昆虫神经的胆碱酯酶,但直接施于昆虫体表却没有杀虫活性。Metcalf、T. R. Fukuto 等认为,这些化合物之所以无效是因为铵盐及季胺结构上有固定的电荷,妨碍其穿透昆虫表皮蜡质及多脂的神经系统。因此,他们根据这一理论合成了 49 个不带电荷的脂溶性毒扁豆碱类似物,其中有几个取代苯基甲基氨基甲酸酯对家蝇、温室蓟马、橘蚜等有强烈触杀毒性(害扑威、异丙威及速灭威等已经商品化)。但更重要的是,Metcakf 和 Fukuto 的研究确定了芳基-*N*-甲基氨基甲酸酯的卓越杀虫活性,成为大量氨基甲酸酯类新农药的基础。

联合碳化物公司的化学家们另一个结构上的创新是合成的氨基甲酸酯既在电子结构上具有芳基化合物的特点,又有结构上模拟胆碱酯酶的底物乙酰胆碱,即肟基氨基甲酸酯。特别是涕灭威,它不仅具有触杀和内吸作用,而且具有杀线虫及杀螨活性。

(1)氨基甲酸酯类杀虫杀螨剂的特点

①大多数品种的速效性好,药效高,持效期短,选择性强。杀虫范围不如有机磷杀虫剂、有机氯杀虫剂那样广,一般不能用于防治螨类和介壳虫类,但能有效防治叶蝉、飞虱、蓟马、棉蚜、棉铃虫、玉米螟以及对有机磷杀虫剂和有机氯杀虫剂产生抗性的一些害虫,有的品种如克百威还具有内吸作用,可用于防治螟虫类、稻瘿蚊等害虫。

②氨基甲酸酯类杀虫剂的分子结构与毒性密切相关。分子结构不同的氨基甲酸酯类杀虫剂的毒效和防治对象有很大差别。例如,克百威是含有苯并呋喃结构的氨基甲酸酯,具有内吸性,可以有效防治三化螟、二化螟、飞虱、叶蝉、稻苞虫、黏虫、蓟马、稻瘿蚊、稻水象甲、蚜虫、线虫等,但对螨类、潜叶虫、介壳虫等效果很差。速灭威是苯环上含间位甲基的氨基甲酸酯,异丙威是苯环上含邻位异丙基的氨基甲酸酯,速灭威和异丙威对叶蝉和飞虱有速效,但对另一些害虫的效果较差甚至无效。

苯环上的取代基是烃基的(如甲基、乙基、异丙基、叔丁基、异丁基),取代基处于邻位或间位的害虫的毒性强,处于对位的活性比较低,而且取代基为支链的比取代基为直链的活性高。

苯环上连接氯原子的化合物(如害扑威)对叶蝉、飞虱、蚜虫、粉虱及鳞翅目初龄幼虫有速效但持效期短,而对蓟马的毒性则比苯环上连接烃基的要小一些。在这一系列化合物中,氯原子接在间位和邻位的比接在对位的毒性强。

③增效性能多样。氨基甲酸酯类杀虫剂与有机磷杀虫剂混用,并不是都会有增效作用。有些氨基甲酸酯类杀虫剂与有机磷杀虫剂混用,竞争乙酰胆碱酯酶的作用部位,从而产生拮

抗作用。有些氨基甲酸酯类杀虫剂对脂肪族酯酶具有选择性抑制作用，而脂肪族酯酶又是有机磷杀虫剂(如马拉硫磷)进行解毒代谢的主要水解酶，因而这些氨基甲酸酯类杀虫剂对有机磷杀虫剂有增效作用。拟除虫菊酯类杀虫剂的增效剂(如芝麻素、氧化胡椒基丁醚)能抑制虫体对氨基甲酸酯类杀虫剂的解毒代谢能力，对氨基甲酸酯有显著的增效作用。

④毒性差异大。大部分氨基甲酸酯类杀虫剂比有机磷杀虫剂毒性低，多具有高度选择性，对天敌较安全，对鱼类比较安全，对蜜蜂有较高毒性，对人畜的毒性都比较小(克百威口服毒性大，皮肤接触毒性小)。胆碱酯酶复活剂(如氯磷啶)能使很多有机磷药剂中毒的患者或试验动物体的磷酰化酶"复活"，但对氨基甲酸酯类杀虫剂的中毒无疗效，而且会产生不良副作用，而阿托品则表现良好的拮抗作用。

⑤残留量低。分子结构接近天然产物，在自然界易被分解。

⑥氨基甲酸酯类杀虫剂需要在昆虫体内完整的突触处(反射弧)发挥毒效，作用部位集中在胸部神经节的运动神经。

(2)氨基甲酸酯类杀虫杀螨剂的低毒衍生化

①芳基和烷基硫基类。

②二烷基氨基硫基类。

③*N*,*N*′-硫双氨基类。

④*N*-磷酰胺硫基类。

⑤*N*-氨基酸酯硫基类。

10.1.4.1 硫双威(thiodicarb)

1)化学名称 3,7,9,13-四甲基-5,11-二氧杂-2,8,14-三硫杂-4,7,9,12-四氮杂十五烷-3,13-二烯-6,10-二酮。

2)主要理化特性 原药为浅棕褐色结晶。难溶于水，能溶于丙酮、甲醇、二甲苯。常温下稳定，在弱酸和碱性介质中迅速水解。

3)生物活性 硫双威属于氨基甲酰肟类杀虫剂，具有一定的触杀和胃毒作用，对主要的鳞翅目、鞘翅目和双翅目害虫有效，对鳞翅目的卵和成虫均有较高的活性。

4)毒性 大鼠急性经口 LD_{50} 为 66 mg/kg，雄兔急性经皮 LD_{50} ＞2000 mg/kg，对皮肤无刺激作用，对眼睛有轻微刺激作用。

5)常见制剂 75％硫双威 WP，80％硫双威 WG，375 g/L 硫双威 SC。

6)使用技术 硫双威(0.23～1.0 kg/hm^2)能防治棉花、水稻、大豆、玉米等作物上的棉铃虫、棉红铃虫、二化螟、稻苞虫、黏虫、卷叶蛾、尺蠖等，持效期为 7～10 天。

7)注意事项 硫双威对高粱和棉花的某些品种有轻微药害。

10.1.4.2 克百威(carbofuran)

1)化学名称 2,3-二氢-2,2-二甲基苯并呋喃-7-基-*N*-甲基氨基甲酸酯。

2)主要理化性质 纯品为白色无味结晶。微溶于水，25 ℃水中溶解度为 700 mg/L，可溶于苯、乙腈、丙酮、二氯甲烷、环己酮、乙醇、二甲基亚砜、二甲基甲酰胺、*N*-甲基吡咯烷酮等多种有机溶剂，难溶于二甲苯和石油醚。遇碱不稳定，光能促使其分解。

3)生物活性　克百威是一种广谱性的杀虫和杀线虫剂,具有胃毒、触杀和内吸等作用,持效期长,经内吸传导积聚于叶部(尤其叶尖),对水稻、棉花有明显的刺激生长作用,能缩短生长期,提高产量。颗粒剂在棉田中残效期长(40～50 天),易杀伤天敌。

克百威主要用于防治地下害虫、刺吸类害虫(如棉蚜、蓟马、稻瘿蚊、小麦吸浆虫、飞虱、叶蝉类)、食叶性害虫(如黏虫、稻水象甲)和钻蛀性害虫(如二化螟、三化螟、稻苞虫、玉米螟、甘蔗螟虫)及线虫。

4)毒性　高毒。大鼠急性经口 LD_{50} 为 8～14 mg/kg,家兔急性经皮 LD_{50}>10200 mg/kg。对眼睛和皮肤无刺激作用。对鱼类等水生生物剧毒。

5)常见制剂　3%克百威 GR。

6)使用技术

毒土法:于害虫发生期撒施 3%克百威 GR(22.5～37.5 kg/hm^2),可防治水稻本田稻飞虱、叶蝉、稻瘿蚊、蓟马等,也可兼治水蛭。水田施药时要保持 3.3 cm 水层。

根区施药:防治食叶、蛀食类害虫,采用根基深施、拌种的施药方法,水田施药要注意保持水层。防治小麦、棉花蚜虫,可于作物播种时施用 3%克百威 GR(22.5～37.5 kg/hm^2),一般施于小麦株根区或棉花播种沟里(离幼苗 2 cm、深 2.5 cm 处),持效期为 50～60 天。南方水稻秧田防治生长期三化螟、稻瘿蚊等害虫,可于整地后、播种前撒施 3%克百威 GR,然后播种、埋芽,持效期长,不需多次施药。防治大豆孢囊线虫时,可于作物播种之际在大豆根部附近均匀撒施 3%克百威 GR(30～45 kg/hm^2)。土壤施药也可防蛴螬、白蚁。

7)注意事项　不能用于瓜果蔬菜。不能作喷雾使用。对鱼类毒性很大,施药后,稻田水不能放入池塘。不能与敌稗等除草剂混用,敌稗应在施用克百威前 3～4 天施用,或在施用克百威 1 个月后施用。

10.1.4.3　茚虫威(indoxacarb)

1)化学名称　(S)-7-氯-2,3,4*a*,5-四氢-2-[甲氧基羰基(4-三氟甲氧基苯基)氨基甲酰基]茚并[1,2-*e*][1,3,4]噁二嗪-4*a*-羧酸甲酯。

2)主要理化性质　水中溶解度(25 ℃)为 1.4 mg/L。水溶液稳定性 DT_{50} 为 1 年(pH 为 5),常温下贮存稳定。

3)生物活性　茚虫威的杀虫机理独特,通过阻断昆虫神经细胞内的钠离子通道,使神经细胞丧失功能,与其他杀虫剂不存在交互抗性。茚虫威具有触杀和胃毒作用,对各龄期幼虫都有效,适用于防治甜菜夜蛾、小菜蛾、菜青虫、斜纹夜蛾、甘蓝夜蛾、棉铃虫、烟青虫、卷叶蛾、苹果蠹蛾、叶蝉、金刚钻、马铃薯甲虫等害虫。药剂通过接触和取食进入昆虫体内,4 h内昆虫即停止取食,随即被麻痹,昆虫的协调能力会下降(可导致幼虫从作物上落下),一般在施药后 24～60 h 死亡。

4)毒性　30%茚虫威 WG 对雌性、雄性大鼠急性经口 LD_{50} 分别为 687 mg/kg、1867 mg/kg,大鼠急性经皮 LD_{50}>5000 mg/kg。无致癌、致畸和致突变作用。对哺乳动物、家畜低毒,同时对环境中的非靶生物等有益昆虫非常安全,在作物中残留低,用药后第 2 天即可采收,对多次采收的作物如蔬菜类也很适用。

5)常见制剂 30%茚虫威 WG,15%茚虫威 SC。

6)使用技术

防治小菜蛾、菜青虫:在2~3龄幼虫期,用30%茚虫威 WG(66~132 g/hm^2)或15%茚虫威 SC(132~199.5 mL/hm^2)加水喷雾。

防治甜菜夜蛾:低龄幼虫期用30%茚虫威 WG(66~132 g/hm^2)或15%茚虫威 SC(132~199.5 mL/hm^2)加水喷雾。根据害虫危害的严重程度,可连续施药2~3次,每次间隔5~7天。清晨、傍晚施药效果更佳。

防治棉铃虫:用30%茚虫威 WG(99~132 g/hm^2)或15%茚虫威 SC(132~264 mL/hm^2)加水喷雾。根据棉铃虫危害的严重程度,每隔5~7天施药一次,连续施药2~3次。

7)注意事项 施药后,害虫从接触药液或食用含有药液的叶片到死亡会有一段时间,但害虫此时已停止取食、为害。需要与不同作用机理的杀虫剂交替使用,每季作物上建议使用不超过3次,以避免抗性的产生。药液配制时,先配成母液,再加入药桶中,充分搅拌。配制好的药液要及时喷施,避免长久放置。应使用足够的喷液量,以确保作物叶片的正反面能被均匀喷施。

10.1.4.4 异丙威(isoprocarb)

1)化学名称 2-异丙基苯基-*N*-甲基氨基甲酸酯。

2)主要理化性质 纯品为白色结晶,不溶于卤代烷烃和水,难溶于芳烃,溶于丙醇、甲醇、乙醇、二甲基亚砜、乙酸乙酯等有机溶剂。在酸性条件下稳定,在碱性溶液中不稳定。原粉为浅红色片状结晶,熔点为89~91 ℃,密度为0.26 g/mL。

3)生物活性 异丙威具有较强的触杀作用和微弱的内吸作用,速效性强,但残效不长,有一定的选择性,主要用于防治稻叶蝉、飞虱类害虫,兼治蓟马,亦能用于防治其他咀嚼式口器害虫。对稻田蜘蛛类天敌较为安全,对水蛭有强烈的杀伤作用。

4)毒性 大鼠急性经口 LD_{50}为403~485 mg/kg,小鼠急性经口 LD_{50}为150 mg/kg,雄性大鼠急性经皮 LD_{50}>500 mg/kg;对家兔眼睛和皮肤的刺激性极小。对鱼类安全,对蜜蜂有毒。

5)常见制剂 40%异丙威 WP,20%异丙威 EC,10%异丙威 FU。

6)使用技术 20%异丙威 EC 的1000倍液可防治稻叶蝉、飞虱等,400~500倍液可防治水稻蓟马、瓜类蓟马、果树潜叶蛾、木虱等。

7)注意事项 在一般使用浓度下对作物安全,但对薯类作物有药害。不能与除草剂敌稗同时使用,否则易产生药害,使用这两种农药的间隔期应在10天以上。不宜与碱性农药混施。施用颗粒剂时,田里要保持浅水3~4 cm(3天)。

10.1.4.5 抗蚜威(pirimicarb)

1)化学名称 2-*N*,*N*-二甲基氨基-5,6-二甲基嘧啶-4-基-*N*,*N*-二甲基氨基甲酸酯。

2)主要理化性质 白色无臭结晶。能溶于醇、酮、酯、芳烃、氯化烃等多种有机溶剂。遇强酸、强碱或紫外光照射易分解。在一般条件下贮存较稳定,对一般金属设备无腐蚀作用。

3)生物活性 抗蚜威为强选择性氨基甲酸酯类杀蚜虫剂,通过抑制胆碱酯酶而杀虫,对蚜虫有强烈触杀作用,对蚜虫的天敌毒性很低。20 ℃以上时有熏蒸作用,对植物叶面有一定渗透性。主要用于喷雾,可防治蔬菜、烟草、油菜、花生、大豆、小麦、高粱上的蚜虫,但对棉蚜无效。

4)毒性 对高等动物毒性中等。大鼠、小鼠急性经口 LD_{50} 分别为 68～147 mg/kg 和 107 mg/kg,大鼠急性经皮 LD_{50}＞500 mg/kg。对皮肤和眼睛无刺激作用。对动物无致畸、致癌、致突变作用。2年慢性毒性试验表明,大鼠无可见作用水平为每天12.5 mg/kg,狗为1.8 mg/kg。三代繁殖和神经毒性试验未见异常情况。对水生生物低毒,多数鱼类 LC_{50} 为 32～40 mg/kg;对蜜蜂安全。

5)常见制剂 50%抗蚜威 WP。

6)使用技术 喷施50%抗蚜威 WP 的2000～4000倍液可防治甘蓝、白菜、豆类、烟草、麻苗上的蚜虫。

7)注意事项 该药的药效与温度有关,20 ℃以上有熏蒸作用,15 ℃以下以触杀作用为主,15～20 ℃时熏蒸效果随温度上升而增强。因此,温度低时施药要均匀,最好选择无风、温暖天气,效果较好。同一作物一季内最多施药3次,间隔期为10天。药液必须用金属容器盛装。对棉蚜效果差,不宜用于防治棉蚜。

10.1.5 拟除虫菊酯类杀虫杀螨剂

除虫菊花中含有1.5%杀虫有效成分,称为除虫菊素。除虫菊素对很多种害虫有高活性,并且有很强的击倒作用,但对哺乳动物无毒害作用。除虫菊素接触空气、日光以后很快分解,不残留有害物质。因此,天然除虫菊素很早就被视为理想的杀虫剂,至今仍在广泛应用。但由于地理、气候条件限制,天然除虫菊素已不能满足要求。因此,人工合成了一系列的类似天然除虫菊素化学结构的合成除虫菊酯,称为拟除虫菊酯类杀虫剂。它们不仅保留了天然除虫菊素的杀虫高效及强烈的击倒作用和对高等动物低毒以及在环境中易生物降解的特点(在自然界低残留),而且在杀虫毒力及对日光的稳定性上都优于天然除虫菊。目前,拟除虫菊酯类农药已发展成为20世纪70年代以来有机化学合成农药中极为重要的杀虫剂。拟除虫菊酯类农药在世界杀虫剂销售额中占20%,其中销售量最大的品种有氯氰菊酯、氰戊菊酯、溴氰菊酯和氯氟氰菊酯。

第一代拟除虫菊酯杀虫剂:在天然除虫菊素化学结构的基础上发展起来,大体经历了20多年的时间(1948－1971)。第一个人工合成的拟除虫菊酯是丙烯菊酯,由美国人 Schechter 和 Laforge 于1947年合成,于1949年商品化。它以除虫菊素Ⅰ为原型,用丙烯基代替环戊烯醇侧链的戊二烯基(即在醇环侧链除去一个双键),使光稳定性稍有改善。

第二代光稳定性拟除虫菊酯杀虫剂:在菊酯化学结构的改造中,对菊酸部分的改造一直没有太大进展。直至1973年,Mataui 引入苯氧基苄醇合成甲氰菊酯,情况才有了改变。同年,Elliott 博士成功合成了第一个具有光稳定性的农用拟除虫菊酯——氯氰菊酯,日本人板谷将滴滴涕的有效结构嵌入菊酸中,住友公司大野等又将氰基引入菊醇,开发合成了分子结构中没有环丙烷的氰戊菊酯,打破了菊酯必须具有三碳环结构的传统观点,使合成工艺大大简化,解决了天然除虫菊素和第一代拟除虫菊酯分子中的两个光不稳定中心(菊酸侧链的

“偕二甲基”和醇部分的不饱和结构)的问题。这又是一次意义重大的突破。自此,第二代光稳定性拟除虫菊酯得到了前所未有的发展。

目前,为弥补拟除虫菊酯对鱼毒性高、对螨类和土壤害虫效果差及没有内吸性等不足,寻求更有效的化合物类型的研究已获重要进展:在结构中引入氟原子、硅原子等,提高了对螨类的活性,但对鱼和蜜蜂的毒性并未降低。这类拟除虫菊酯类化合物的代表有氟氯菊酯、氟氯氰菊酯、氯氟氰菊酯、七氟菊酯、氟硅菊酯及硅醚菊酯等。除此之外,人们还改变了酯结构。日本东京大学合成了不含酯结构的“菊酯”——肟醚菊酯,仍具有拟除虫菊酯类化合物的类似活性,但对鱼的毒性显著降低。这一结构的改进,打破了一般认为拟除虫菊酯类杀虫剂具有高活性必须是酯结构的说法,又增添了一个新的研究领域。

(1)拟除虫菊酯类杀虫杀螨剂的作用方式

拟除虫菊酯具有触杀和胃毒作用,不具有内吸性,为负温度系数药剂。该类化合物作用于昆虫的外周和中枢神经系统,通过刺激神经细胞引起重复放电而使昆虫麻痹。拟除虫菊酯引起的中毒征象可分兴奋期与抑制期(或麻痹期)两个阶段。

(2)拟除虫菊酯类杀虫杀螨剂的优缺点

优点:①具有高效性;②击倒速度快;③杀虫谱广,能对 50～60 科 150 种以上害虫有效;④对作物安全,能刺激生长,促进增产;⑤毒性低,残留低,易分解,无公害;⑥具有神经毒性,可使害虫兴奋、麻痹、死亡;⑦作用方式为拒避、拒食、击倒。

缺点:①连续施用同一种拟除虫菊酯,害虫易产生抗药性;②拟除虫菊酯类农药易杀伤鱼类和天敌;③常见的拟除虫菊酯类农药杀螨效果差。

10.1.5.1 氯氰菊酯(cypermethrin)

1)化学名称 (*RS*)-α-氰基-3-苯氧基苄基(*SR*)-3-(2,2-二氯乙烯基)-2,2-二甲基环丙烷羧酸酯。

2)主要理化性质 氯氰菊酯原药为黄色或棕色黏稠半固体物质,60 ℃时为液体。水溶性差,可溶于丙酮、醇类及芳烃类溶剂。对光和热稳定。在酸性介质中比在碱性介质中稳定。

3)生物活性 氯氰菊酯和高效氯氰菊酯杀虫谱广,药效迅速,残效期长,具触杀和胃毒作用,对某些害虫的卵有杀伤作用,对螨类和盲蝽象的效果差。主要用于防治果树、棉花、蔬菜、小麦、大豆等作物上的鳞翅目、鞘翅目和双翅目害虫(如棉铃虫、桃小食心虫、柑橘潜叶蛾、菜青虫等),对植食性半翅目害虫也有很好的防效,对土壤害虫有较好的持久活性。

4)毒性 大鼠急性经口 LD_{50} 为 251～4123 mg/kg。

5)常见制剂 10%氯氰菊酯 EC,4.5%高效氯氰菊酯 EC。

6)使用技术

棉铃虫、棉红铃虫:10%氯氰菊酯 EC,45～75 mL/hm^2,喷雾,可兼治金刚钻、小造桥虫、棉蓟马等。

苹果桃小食虫、柑橘潜叶蛾、茶尺蠖:10%氯氰菊酯 EC,2000～4000 倍液,喷雾。

菜叶虫、小菜蛾、菜蚜:10%氯氰菊酯 EC,75～150 mL/hm^2,喷雾。

7)注意事项　不可与碱性农药如波尔多液等混用。对水生生物、蜜蜂、蚕极毒,勿将药液及洗涤施药器具的污水倒入鱼池、河道中,蜜蜂采蜜期不可施药。用药量与次数不可随意增加,应注意与非菊酯类农药交替使用,以延缓抗性的产生。对棉蚜、棉铃虫已产生抗性的地区应暂停使用。

10.1.5.2　溴氰菊酯(deltamethrin)

1)化学名称　(*S*)-α-氰基-3-苯氧基苄基(1*R*,3*R*)-3-(2,2-二溴乙烯基)-2,2-二甲基环丙烷羧酸酯。

2)主要理化性质　纯品为白色无味结晶。水中溶解度极低,易溶于丙酮、苯、二甲苯、二甲基亚砜、环己酮和二氧六环等。对光和热稳定,有"光稳定菊酯"之称。在酸性及中性溶液中不易分解,比较稳定,在碱性溶液中很易分解失效。

3)生物活性　溴氰菊酯具有很强的触杀作用,有一定的胃毒作用和拒避活性,无内吸及熏蒸作用。据报道,溴氰菊酯的触杀毒力约为滴滴涕的 100 倍,甲萘威的 80 倍,马拉硫磷的 50 倍,对硫磷的 40 倍,生物苄呋菊酯的 19 倍(家蝇),氯菊酯的 10 倍。除此之外,溴氰菊酯还有一定增产作用,因此田间用药量极低。但是,昆虫易对其产生抗药性。溴氰菊酯杀虫范围很广,能防 140 多种害虫,但对螨类、棉铃象甲、稻飞虱及螟虫(蛀茎后)效果差。

4)毒性　大鼠急性经口 LD_{50} 为 128.50～138.70 mg/kg。对皮肤及眼睛的黏膜有刺激。对鱼类、蜜蜂高毒。

5)常见制剂　2.5%溴氰菊酯 EC。

6)使用技术　一般使用 2.5%溴氰菊酯 EC 的 2000～3000 倍液。有效成分 9～12 g/hm^2,防治叶蝉、稻纵卷叶螟、蓟马等;有效成分 3～405 g/hm^2,防治苗期棉蚜;有效成分 7.5 g/hm^2,防治菜青虫、小菜蛾、菜螟、小地老虎、斜纹夜蛾等。

7)注意事项　防治棉蚜时应以叶背面喷洒为主。采用超低容量喷雾防效显著,超过常规施药。不可连续用药,应与有机磷农药轮用,以延缓其抗性产生。

10.1.5.3　氟氯氰菊酯(cyfluthrin)和氯氟氰菊酯(cyhalothrin)

1)化学名称

氟氯氰菊酯:(*RS*)-α-氰基-4-氟-3-苯氧基苄基(1*RS*,3*RS*;1*RS*,3*SR*)-3-(2,2-二氯乙烯基)-2,2-二甲基环丙烷羧酸酯。

氯氟氰菊酯:(*RS*)-α-氰基-3-苯氧基苄基(*Z*)-(1*RS*,3*RS*)-(2-氯-3,3,3-三氟丙烯基)-2,2-二甲基环丙烷羧酸酯。

2)生物活性　氟氯氰菊酯和氯氟氰菊酯是广谱、触杀型杀虫剂,且对螨类表现较好的防治效果,可用于防治大多数害虫和害螨。但是,这 2 个品种均无内吸作用,对钻蛀性害虫防效较差。

3)常见制剂　5.7%氟氯氰菊酯 EC,2.5%高效氯氟氰菊酯 EC。

10.1.5.4　氰戊菊酯(fenvalerate)

1)化学名称　(*RS*)-α-氰基-3-苯氧基苄基(*RS*)-2-(4-氯苯基)-3-甲基丁酸酯。

2)主要理化性质　蒸气压低。水溶性差,可溶于大多数有机溶剂。对热和光稳定。在酸性介质中比在碱性介质中稳定。

3)生物活性 氰戊菊酯为高效、广谱触杀型杀虫剂,有一定胃毒作用,无内吸活性,对鳞翅目幼虫效果良好,对直翅目、半翅目害虫也有较好的效果,但对螨无效。

4)毒性 大鼠急性经口 LD_{50} 为 451 mg/kg。

5)常见制剂 20%氰戊菊酯 EC,5%S-氰戊菊酯 EC。

6)使用技术

棉花害虫:防治棉铃虫,可于卵孵盛期、幼虫蛀蕾铃之前施用 20%氰戊菊酯 EC(300~750 mL/hm²)。防治棉红铃虫,可于卵孵盛期施用 20%氰戊菊酯 EC(300~750 mL/hm²),可兼治红蜘蛛、小造桥虫、金刚钻、卷叶虫、蓟马、盲蝽等害虫。防治棉蚜,可施用 20%氰戊菊酯 EC(150~375 mL/hm²,对伏蚜要增加用量)。

果树害虫:防治柑橘潜叶蛾,可于各季新梢放梢初期喷施 20%氰戊菊酯 EC 的 5000~8000 倍液,可兼治橘蚜、卷叶蛾、木虱等。防治柑橘介壳虫,可于卵孵盛期喷施 20%氰戊菊酯 EC 的 2000~4000 倍液。

蔬菜害虫:防治小菜蛾,可于 3 龄前施用 20%氰戊菊酯 EC(225~450 mL/hm²)。防治菜青虫,可于 2~3 龄幼虫发生期施用 20%氰戊菊酯 EC(150~375 mL/hm²)。

大豆害虫:防治食心虫,可于大豆开花盛期、卵孵高峰期施用 20%氰戊菊酯 EC(300~600 mL/hm²),可兼治蚜虫、地老虎。

小麦害虫:防治麦蚜、黏虫,可于麦蚜发生期、黏虫 2~3 龄幼虫发生期喷施 20%氰戊菊酯 EC 的 3000~4000 倍液。

果树害虫:防治桃小食心虫、梨小食心虫、刺蛾、卷叶虫等,可于成虫产卵期间、初孵幼虫蛀果前喷施 20%氰戊菊酯 EC 的 3000 倍液,以杀灭虫卵、幼虫,防止蛀果,其残效期可维持 10~15 天,保果率高。

螟蛾、叶蛾等:于幼虫出蛰为害初期喷施 20%氰戊菊酯 EC 的 2000~3000 倍液,可兼治蚜虫、木虱等害。

叶蝉、潜叶蛾等:于成虫产卵初期喷施 20%氰戊菊酯 EC 的 4000~5000 倍液。

7)注意事项 不可与碱性农药等物质混用。对蜜蜂、鱼虾、家蚕等毒性高,使用时不可污染河流、池塘、桑园、养蜂场所。在害虫、害螨并发的作物上使用此药时,由于氰戊菊酯对螨无效,对天敌毒性高,易造成害螨猖獗,所以要配合杀螨剂使用。

10.1.5.5 醚菊酯(etofenprox)

1)化学名称 2-(4-乙氧基苯基)-2-甲基-丙基-3-苯氧基苄基醚。

2)主要理化性质 纯品为白色结晶,酯香味。25 ℃时水中溶解度为 1 mg/L。化学性质稳定,光稳定性好,于 80 ℃贮存 90 天未见明显分解,在 pH 为 2.8~11.9 的土壤中半衰期约为 6 天。

3)生物活性 醚菊酯杀虫活性高,击倒速度快,具有触杀和胃毒作用,持效期较长(20 天以上),速效性和持效性均优于吡蚜酮和烯啶虫胺。醚菊酯杀虫谱广,对作物安全,对天敌安全,适用于防治水稻、蔬菜、棉花上的害虫,对半翅目飞虱科有特效,对鳞翅目、半翅目、直翅目、鞘翅目、双翅目的多种害虫有很好的效果。与波尔多液混用后杀虫效力变化很小或稍有提高。

4)毒性　急性经口 LD_{50}:雄性大鼠>21440 mg/kg,雌性大鼠>42880 mg/kg,雄性小鼠>53600 mg/kg,雌性小鼠>107200 mg/kg。急性经皮 LD_{50}:雄性大鼠>1072 mg/kg,雌性小鼠>2140 mg/kg。对皮肤和眼睛无刺激作用。对鱼和蜜蜂高毒。

5)常见制剂　10%醚菊酯 SC。

6)使用技术　以 10%醚菊酯 SC 为例,防治水稻灰飞虱、白背飞虱、褐飞虱,用量为450~600 mL/hm^2;防治稻水象甲,用量为 600~900 mL/hm^2;防治甘蓝青虫、甜菜夜蛾、斜纹夜蛾,用量为 600 mL/hm^2;防治棉花害虫,如棉铃虫、烟草夜蛾、棉红铃虫等,用量为 4500~600 mL/hm^2;防治玉米螟、大螟等,用量为 450~600 mL/hm^2。

7)注意事项　对作物无内吸作用,要求喷药均匀周到。对钻蛀性害虫应在害虫未钻入作物前喷药。悬浮剂放置时间较长出现分层时,应先摇匀后使用。不可与强碱性农药混用。使用时避免污染鱼塘、蜂场。

10.1.6　甲脒类杀虫杀螨剂

甲脒类杀虫杀螨剂主要有杀虫脒和双甲脒。其中杀虫脒因慢性毒性及致癌作用已被禁用,目前仍在广泛使用的为双甲脒。

双甲脒具有虫、螨兼治的作用,现在市场上多用其来防治植物叶螨。双甲脒具有多种作用方式,包括触杀、拒食、驱避与胃毒作用,也有一定的熏蒸和内吸作用;对叶螨科各个发育阶段的虫态都有效,但对越冬的卵效果较差。

甲脒类杀虫杀螨剂对农药发展的突出贡献体现在昆虫毒理学方面:其独特的作用机制曾引起研究人员的高度关注。杀虫脒的作用机制有三方面:一是对轴突膜局部的麻醉作用,二是对章鱼胺受体的激活作用;三是抑制单胺氧化酶的活性。这种独特的作用机制对抗药性害虫的防治有重要意义。

10.1.7　沙蚕毒素类杀虫剂

很早以前,人们发现家蝇因吮食生活在浅海泥沙中的一种环形动物异足索沙蚕的尸体而中毒死亡。这一现象说明,沙蚕体内存在能毒杀家蝇的物质。1934 年,日本人从沙蚕中分离出这种毒物,取名为沙蚕毒素(nereistoxin)。此后,许多沙蚕毒素类似物相继被合成。

沙蚕毒素类杀虫剂具有以下特点:

①具有多种作用方式,如触杀、胃毒作用,不少品种还有很强的内吸性,个别品种的杀虫作用主要是拒食作用。

②作用机制特殊。沙蚕毒素类杀虫剂虽然与有机磷杀虫剂、氨基甲酸酯类杀虫剂及拟除虫菊酯类杀虫剂同属于神经毒剂,但作用机制不同。其作用部位是胆碱能突触,可通过阻遏神经正常传递而使害虫的神经对外来刺激不产生反应。

③低毒低残留。对害虫高效,对天敌较安全,对人畜低毒,对植物安全,对鱼类低毒,但

对家蚕、蜜蜂毒性较高。对环境影响小，施用后在自然界容易分解，不存在残留毒性。

10.1.7.1 杀螟丹(cartap)

1)化学名称 1,3-二(氨基甲酰硫)-2-二甲氨基丙烷。

2)主要理化性质 杀螟丹水溶性很好，难溶于除醇类外的有机溶剂，在碱性条件下不稳定。

3)生物活性 杀螟丹具有内吸、胃毒及触杀作用，药效迅速(害虫一接触药剂即失去取食能力)，持效期较长，除对二化螟、三化螟、稻纵卷叶螟、小菜蛾等鳞翅目害虫有特效外，对蓟马及鞘翅目、半翅目、双翅目、直翅目害虫也有很好的防治效果。杀螟丹在昆虫体内转变为沙蚕毒素，作用于昆虫中枢神经突触的乙酰胆碱受体，阻碍突触部位的兴奋传导，使害虫麻痹。

4)毒性 大鼠急性经口 LD_{50} 为 250 mg/kg。

5)常见制剂 50%、98%杀螟丹 SP。

6)使用技术 杀螟丹一般配成药液喷雾，主要用于防治水稻抗性螟虫、棉花红蜘蛛、蚜虫、地下害虫以及蔬菜和果树害虫。防治早、晚稻白穗，应在螟卵孵化前1～2天、水稻破口期喷雾，或将杀螟丹制成毒土撒施。防治果树和蔬菜害虫，应在害虫幼龄期喷药。

7)注意事项 杀螟丹对家蚕毒性较高，在蚕区使用时，必须严防药剂污染桑叶和蚕室。浓度较高时，对水稻有药害；十字花科蔬菜幼苗对药剂敏感，不可在高温时使用。

10.1.7.2 杀虫双(bisultap)和杀虫单(thiosultap-monosodium)

1)化学名称

杀虫双：1,3-双硫代磺酸钠基-2-二甲氨基丙烷。

杀虫单：一水合二甲基-氢代-2-(1,3-二磺酸单钠硫代丙基)铵。

2)主要理化性质 易吸湿，易溶于水，稳定性一般。在水溶液中易转变为沙蚕毒素，从而起杀虫作用。

3)生物活性 杀虫双和杀虫单具有胃毒、触杀、熏蒸和内吸作用，能被植物茎、叶吸收，具有杀卵杀蛹作用。杀虫双、杀虫单的作用机制同杀螟丹。对水稻螟虫、稻纵卷叶螟有特效，对稻苞虫、稻蓟马、菜青虫防效较好，对稻叶蝉防效一般。

4)毒性 雄性大鼠急性经口 LD_{50} 为 342 mg/kg，雄性小鼠急性经口 LD_{50} 为 316 mg/kg。对鱼低毒，对家蚕有毒。三致试验未见异常。

5)常见制剂 18%杀虫双 AS，3.6%杀虫双 GR，50%、80%杀虫单 SP。

6)使用技术 主要用于防治水稻、玉米、油菜、小麦、大豆、果树、蔬菜上害虫，不可用于棉花。可采取喷雾、毒土及根区施药等方法。采取颗粒剂根区施药法可延长持效期。

18%杀虫双 AS：每公顷用 3000 mL 药剂兑水 1120 kg，可防治二化螟、三化螟、稻纵卷叶螟等害虫。

3.6%杀虫双 GR：45～60 kg/hm^2，加水和炉渣(30～60 目)，拌匀撒施，平均 1 g/株，于玉米心叶期撒施于心叶内，可防治玉米螟；撒施(15～18.425 kg/hm^2)可防治二化螟、三化螟引起的枯心，防治效果达 90%，可兼治稻蓟马等害虫。

7)注意事项　杀虫双在稻田使用时,有效成分用药量不得高于 937.5 g/hm²,使用次数不能超过 3 次。对家蚕毒性大,使用时应避免污染桑叶。柑橘、番茄、棉花对杀虫双敏感。

10.1.8　苯甲酰脲类和嗪类杀虫剂

苯甲酰脲类和噻二嗪类杀虫剂是 20 世纪 70 年代开发的杀虫剂,主要成分是苯甲酰基脲类化合物,属于昆虫生长调节剂。主要作用是抑制靶标害虫表皮的几丁质合成,使其因不能蜕皮或不能化蛹而死亡,或通过干扰昆虫体内 DNA 合成而导致昆虫不育。苯甲酰脲和嗪类化合物作用机制独特,环境安全性较高且广谱、高效,目前已成为新农药创制的一个活跃领域,受到人们的广泛关注。

苯甲酰脲类和嗪类杀虫剂具有以下特点:

①对害虫主要是胃毒作用,触杀作用很小,兼有杀卵作用。对成虫无杀伤力,但有不育作用。

②与有机磷、氨基甲酸酯类、拟除虫菊酯类杀虫剂无交互抗性。

③用药量少,毒力高于有机磷和氨基甲酸酯类杀虫剂,相当或略低于拟除虫菊酯类杀虫剂。

④选择性高,对人畜毒性很低,也无慢性毒性问题;对天敌和鱼虾等水生动物杀伤作用小,对蜜蜂安全,但对家蚕剧毒,须严防污染桑叶和养蚕用具。

⑤杀虫谱广,能防治鳞翅目、鞘翅目、半翅目的许多农业害虫,以及双翅目中的蚊、蝇等卫生害虫。有些品种(如氟虫脲)对农业害螨及为害家畜的寄生螨、蜱亦有较好的防治效果。

⑥在动植物体内及土壤和水中都易分解,因此在农产品中残留量很低,对环境无污染。

10.1.8.1　氟啶脲(chlorfluazuron)

1)化学名称　1-[3,5-二氯-4-(3-氯-5-三氟甲基-2-吡啶氧基)苯基]-3-(2,6-二氟苯甲酰基)脲。

2)主要理化性质　白色结晶性粉末。几乎不溶于水,溶于丙酮。

3)生物活性　氟啶脲为广谱性杀虫剂,以胃毒作用为主,兼有较强的触杀作用,渗透性较差,无内吸作用。杀虫机制是抑制几丁质壳多糖形成,阻碍害虫正常蜕皮,使幼虫蜕皮、蛹发育畸形,成虫羽化、产卵受阻,从而达到杀虫的效果。氟啶脲作用速度较慢,残效期一般为 2~3 周,在幼虫体内半衰期较长。对多种鳞翅目害虫及直翅目、鞘翅目、膜翅目、双翅目害虫有很高活性,对鳞翅目害虫(如甜菜夜蛾、斜纹夜蛾)有特效,对刺吸式口器害虫无效。可用于防治对有机磷、氨基甲酸酯类、拟除虫菊酯类杀虫剂已产生抗性的害虫,还可用于防治甘蓝、棉花、茶树、果树的多种害虫。

4)常见制剂　5%氟啶脲 EC。

5)使用技术　氟啶脲的防治适期为孵卵期至 1~2 龄幼虫盛期,常用 5%氟啶脲 EC 的 1000~2000 倍液喷雾。

棉花害虫(棉铃虫、红铃虫):可于卵孵盛期使用 5%氟啶脲 EC(900~2100 mL/hm²),兑水(1050~1200 kg/hm²)喷雾。

蔬菜害虫(菜青虫、小菜蛾、甜菜夜蛾、斜纹夜蛾、银纹夜蛾、甘蓝夜蛾、小地老虎等):可于幼虫初孵盛期使用5%氟啶脲EC(600～120 mL/hm^2),兑水(600～900 kg/hm^2)喷雾。

豆野螟:可于斑豆、菜豆开花期及豆野螟盛卵期喷施5%氟啶脲EC的1000～2000倍液。

6)注意事项 在卵孵化盛期至低龄幼虫期均匀喷药,7天左右一次,注意喷洒叶片背面,使叶背均匀着药。害虫发生偏重时最好与速效性杀虫剂混配使用。

10.1.8.2 噻嗪酮(buprofezin)

1)化学名称 2-特-丁基亚氨基-3-异丙基-5-苯基-1,3,5-噻二嗪-4-酮。

2)主要理化性质 白色结晶。对酸和碱稳定,对光和热稳定。

3)生物活性 噻嗪酮是一种杂环类昆虫几丁质合成抑制剂,通过抑制昆虫体内几丁质的合成和干扰新陈代谢,使若虫蜕皮畸形或翅畸形而缓慢死亡,与常规农药无交互抗性。噻嗪酮具有很强的触杀、胃毒作用,对作物有一定的渗透能力,能被作物叶片或叶鞘吸收,但不能被根系吸收。

噻嗪酮对害虫有很强的选择性。对鞘翅目、部分半翅目以及蜱螨目害虫具有持效性杀幼虫活性,主要用于叶蝉、飞虱、粉虱和介壳虫等害虫的防治,对小菜蛾、菜青虫等鳞翅目和缨翅目害虫无效。该药对成虫没有直接的杀伤力,但可缩短其寿命,使其产卵量减少,产不育卵,即使孵化,幼虫也很快死亡,从而减少下一代的发生量,控制害虫种群数量。

噻嗪酮药效发挥慢,一般要在施药后的3～5天才呈现效果。若虫蜕皮时才开始死亡,施药后7～10天死亡数达到高峰,因而药效期长,一般直接控制虫期为15天左右,可保护天敌,发挥天敌控制害虫的效果,总药效持效期长达30天。在正常使用条件下,噻嗪酮对大部分有益生物(如脉翅目的草蛉、膜翅目的寄生蜂等天敌昆虫)较安全。

4)毒性 大鼠急性经口LD_{50}为2198 mg/kg,大鼠急性经皮LD_{50}>5 mg/kg;小鼠急性经口LD_{50}>5 mg/kg。

5)常见制剂 25%噻嗪酮WP,25%噻嗪酮SC。

6)使用技术 主要用于水稻、果树、茶树、蔬菜等作物的害虫防治。防治白粉虱,可混用25%噻嗪酮SC的1500倍液与2.5%联苯菊酯EC的5000倍液。防治小绿叶蝉、棉叶蝉,可喷施25%噻嗪酮SC的800倍液。防治B型烟粉虱和温室白粉虱,可喷施25%噻嗪酮SC的800～1200倍液喷雾。防治长绿飞虱、白背飞虱、灰飞虱等,可喷施25%噻嗪酮SC的1600倍液喷雾。防治侧多食跗线螨(茶黄螨),可喷施25%噻嗪酮SC的2000倍液。

7)注意事项 噻嗪酮无内吸传导作用,要求喷药均匀周到。不可在白菜、萝卜上使用,否则会出现褐色斑或绿叶白化等药害表现。不能与碱性药剂、强酸性药剂混用。不宜多次、连续、高剂量使用,一般一年只用1～2次,一般作物安全间隔期为7天。连续喷药时,注意与不同杀虫机理的药剂交替使用或混合使用,以延缓害虫耐药性的产生。只宜喷雾使用,不可用于毒土法。对家蚕和部分鱼类有毒,桑园、蚕室及周围禁用,避免药液污染水源、河塘。施药田水及清洗施药器具废液禁止排入河塘等水域。

10.1.9 氯化烟酰类杀虫剂

氯化烟酰类杀虫剂是指硝基甲撑、硝基胍及其开链类似物。烟碱即属于此类化合物。

1978 年,在苏黎世的国际纯粹化学与应用化学协会会议上,Soloway 等人报道了一类称为杂环硝基甲撑的新化合物(Ⅰ),并提出此类化合物具有杀虫活性,其中活性最高的为SD35651。1979 年,Soloway 等又报道了此类化合物(Ⅱ),但未报道其生物活性。1984 年,日本特殊农药制造公司的化学家合成硝基胍 NTN33893(Ⅲ)作为杀虫剂,并于 1985 年进行了登记,其通用名为吡虫啉。吡虫啉是第一个作用于烟碱型乙酰胆碱受体的氯化烟酰类化合物,现已成为杀虫剂中产量最大的品种。1995 年,日本武田药品工业株式会社合成烯啶虫胺。同年,日本曹达株式会社合成啶虫脒。氯化烟酰类杀虫剂对蚜虫和白粉虱等有卓越的生物活性,在不同的生物体间有明显的选择性,具有良好的内吸性。

氯化烟酰类杀虫剂具有以下特点:吡虫啉、啶虫脒等和烟碱一样,作用于昆虫神经系统突触部位的乙酰胆碱受体。其作用机制独特,与有机磷酸酯、氨基甲酸酯和拟除虫菊酯类杀虫剂间不存在交互抗性问题。因此,对上述杀虫剂产生抗性的害虫对吡虫啉、啶虫脒等都敏感。氯化烟酰类杀虫剂可以和其他类杀虫剂混用,用于害虫综合防治。

10.1.9.1 吡虫啉(imidacloprid)

1)化学名称 1-(6-氯-3-吡啶基甲基)-*N*-硝基亚咪唑烷-2-基胺。

2)主要理化性质 纯品为无色结晶,在水中的溶解度为 0.5 g/L(20 ℃)。

3)生物活性 吡虫啉具有广谱、高效、低毒、低残留,害虫不易产生抗性,对人畜、植物和天敌安全等特点,具有触杀、胃毒和内吸多重药效。吡虫啉是内吸性杀虫剂,经叶面喷洒后,可以传导至植物韧皮部和木质部。可用于防治蚜虫、叶蝉、飞虱、粉虱、蓟马等刺吸式口器害虫,对鞘翅目、双翅目和鳞翅目的某些害虫,如稻水象甲、稻负泥虫、稻螟虫、潜叶蛾等也有效,但对鳞翅目害虫的幼虫效果较差,对线虫和红蜘蛛无效。

4)毒性 大鼠急性经口 LD_{50} 约为 450 mg/kg,急性经皮 LD_{50}≥5000 mg/kg。吡虫啉原药对眼有轻微刺激作用,对皮肤无刺激作用,无致突变性、致畸性和致癌性。

5)常见制剂 10%、50%吡虫啉 WP,5%吡虫啉 EC,2%吡虫啉 GR。

6)使用技术 一般亩用有效成分为 3~10 g,喷雾或拌种,安全间隔期20 天。毒土处理(土壤中浓度为 1.25 mg/L)可长时间防治白菜上的桃蚜和蚕豆上的豆卫茅蚜。颗粒剂以有效成分 1 g/育苗箱处理,对稻叶蝉和飞虱有优异的防效;以有效成分1 g/kg种子处理,可防治豆蚜和棉蚜(至少 5 周)。25%吡虫啉 EC(600~900 g/hm^2)兑水喷雾可防治十字花科蔬菜的蚜虫。

7)注意事项 不可与碱性农药混用。不宜在强阳光下喷雾,以免降低药效。

10.1.9.2 啶虫脒(acetamiprid)

1)化学名称 (*E*)-*N*-[(6-氯-3-吡啶基)甲基]-*N'*-氰基-*N*-甲基乙脒。

2)主要理化性质 纯品为白色结晶,25 ℃时在水中的溶解度为 4200 mg/L,能溶于丙酮、甲醇、乙醇、四氯甲烷、氯仿、乙腈和四氢呋喃等。在 pH 为 4~7 的水溶液中稳定;pH 为 9、45 ℃条件下逐渐水解;在日光下稳定。

3)生物活性 啶虫脒杀具有触杀和胃毒作用,除卓越的内吸活性外,还具有较强的渗透作用,显示出速效杀虫力,持效期可达20 天。啶虫脒与吡虫啉属于同一类杀虫剂,但它的杀虫谱比吡虫啉广,对半翅目(蚜虫、叶蝉、粉虱、蚧虫、介壳虫等)、鳞翅目(小菜蛾、潜蛾、小食心虫、稻纵卷叶螟)、鞘翅目(天牛、猿叶虫)以及缨翅目(蓟马类)害虫均有较好防效。啶虫脒作用机制独特,可用于防治对有机磷、氨基甲酸酯类以及拟除虫菊酯类农药产生抗药性的害虫。啶虫脒可以和其他种类杀虫剂配伍,用于害虫综合防治。

4)毒性 雄性大鼠急性经口 LD_{50} 为 217 mg/kg,雌性大鼠急性经口 LD_{50} 为 146 mg/kg,对皮肤及眼睛无刺激作用,Ames 试验为阴性。对天敌杀伤力小,对鱼毒性较低,对蜜蜂影响小。

5)常见制剂 20%啶虫脒 SP,5%啶虫脒 EC。

6)使用技术 以 3%啶虫脒 EC 为例,防治蔬菜蚜虫可于蚜虫初发生期喷施 1000~1500 倍液,防治枣、苹果、梨、桃蚜虫,可于果树新梢生长期或蚜虫发生初期喷施 2000~2500 倍液,防治柑橘蚜虫可于蚜虫发生期喷施 2000~2500 倍液,防治稻飞虱可喷施 1000 倍液,防治棉花、烟草、花生蚜虫可于蚜虫发生初盛期喷施 2000 倍液。

7)注意事项 啶虫脒在黄瓜上的安全间隔期为 8 天。不可与碱性物质混用。为避免产生抗药性,尽可能与其他杀虫剂交替使用。对鱼、蜂、蚕毒性大,施药时应远离水产养殖区,禁止在河塘中清洗施药用具;蜜源作物花期禁用,蚕室和桑园禁用。

10.1.9.3 噻虫嗪(thiamethoxam)

1)化学名称 3-(2-氯-1,3-噻唑-5-基甲基)-5-甲基-1,3,5-噁二嗪-4-亚基(硝基)胺。

2)主要理化性质 白色结晶粉末,原药外观为灰黄色至白色结晶粉末。

3)生物活性 噻虫嗪的作用机理与吡虫啉相似,可选择性抑制昆虫中枢神经系统烟酸乙酰胆碱酯酶受体,进而阻断昆虫中枢神经系统的正常传导,使害虫出现麻痹而死亡。噻虫嗪不仅具有触杀、胃毒、内吸活性,而且具有更高的活性、更好的安全性、更广的杀虫谱,且作用速度快,持效期长,可取代那些对哺乳动物毒性高、有残留和环境问题的有机磷杀虫剂、氨基甲酸酯类杀虫剂、有机氯杀虫剂。

噻虫嗪对半翅目、鞘翅目、双翅目、鳞翅目、缨翅目害虫(尤其是半翅目害虫)有高活性,可有效防治蚜虫、叶蝉、飞虱类、粉虱、金龟子幼虫、马铃薯甲虫、线虫、地面甲虫、潜叶蛾等害虫及对多种类型化学农药产生抗性的害虫。与吡虫啉、啶虫脒、烯啶虫胺无交互抗性。既可用于茎叶处理、种子处理,也可用于土壤处理。在推荐剂量下使用对作物安全、无药害。

4)毒性 低毒。大鼠急性经口 LD_{50} 为 1563 mg/kg。对眼睛和皮肤无刺激作用。对蜜蜂有毒。

5)常见制剂 25%、50%噻虫嗪 WG,70%噻虫嗪 WS。

6)使用技术 以 25%噻虫嗪 WG 为例,防治稻飞虱可于若虫发生初盛期进行叶面喷雾,用药量为 24~48 g/hm^2,喷液量为 450~600 L/hm^2;防治苹果蚜虫,可用 5000~10000 倍液进行叶面喷雾;防治瓜类白粉虱,可喷施 2500~5000 倍液;防治棉花蓟马,喷雾用药量为 95~390 g/hm^2;防治梨木虱,可喷施 10000 倍液,果园用药量为 90 g/hm^2;防治柑橘潜叶蛾,可喷施 3000~4000 倍液。

7)注意事项 避免在低于−10 ℃和高于 35 ℃的场所储存。

10.1.10 邻甲酰氨基苯甲酰胺类杀虫剂

邻甲酰氨基苯甲酰胺类杀虫剂是一类对鳞翅目害虫高效，对哺乳动物低毒、安全，作用机制独特，无交互抗性，对环境友好的新型杀虫剂，是继以吡虫啉为代表的新烟碱类杀虫剂后的又一个新的突破。作用机制是诱导昆虫鱼尼丁受体的活化，使内源钙离子释放，进而导致昆虫死亡。氟苯虫酰胺、氯虫苯甲酰胺、溴氰虫酰胺、四氯虫酰胺、环溴虫酰胺等都属于邻甲酰氨基苯甲酰胺类杀虫剂。其中，氯虫苯甲酰胺是杜邦公司以氟苯虫酰胺为先导化合物，经过深入先导优化研究发现的，是邻甲酰氨基苯甲酰胺类杀虫剂中第一个商品化品种（商品名为康宽），可用于防治各种鳞翅目害虫，防治效果明显优于当前生产中使用的其他商品化杀虫剂，表现出高效、广谱、持效等特点，具有广阔的市场发展前景。四氯虫酰胺是沈阳化工研究院以氯虫苯甲酰胺为先导化合物，对其结构中的苯环取代基、吡唑取代基进行结构修饰得到的具有高杀虫活性的化合物。

10.1.10.1 氯虫苯甲酰胺(chlorantraniliprole)

1)化学名称 3-溴-*N*-[4-氯-2-甲基-6-(甲氨基甲酰基)苯]-1-(3-氯吡啶-2-基)-1-氢-吡唑-5-甲酰胺。

2)主要理化性质 白色结晶，微溶于有机溶剂，性质稳定。

3)生物活性 氯虫苯甲酰胺可激活昆虫鱼尼丁受体，使害虫持续过度释放细胞内钙库中的钙离子（脱钙），导致昆虫肌肉麻痹瘫痪，于 24～72 h 内死亡。氯虫苯甲酰胺具有胃毒作用，可使害虫迅速停止取食（7 min），丧失活力，回吐。氯虫苯甲酰胺杀虫谱广，持效性好，持效期可以达到 15 天，对鳞翅目害虫（夜蛾科、螟蛾科、蛀果蛾科、卷蛾科、粉蛾科、菜蛾科、麦蛾科、细蛾科等）的幼虫活性高，还能控制鞘翅目（象甲科、叶甲科）、双翅目（潜蝇科）、半翅目（烟粉虱）的多种害虫。对农产品无残留影响，同其他农药混合性能好。

4)毒性 大鼠急性经口 LD_{50}＞5000 mg/kg，大鼠急性经皮 LD_{50}＞5000 mg/kg。对施药人员非常安全，对稻田有益昆虫和鱼虾也非常安全。

5)常见制剂 5%、200 g/L 氯虫苯甲酰胺 SC，0.4%氯虫苯甲酰胺 GR，35%氯虫苯甲酰胺 WG。

6)使用技术

防治稻纵卷叶螟：150 mL/hm^2，常规喷雾，间隔期为 7 天。7 天后杀虫效果达 94.2%，保叶效果达 90.0%；14 天后杀虫效果达 86.0%，保叶效果达 83.9%。

防治水稻二化螟、三化螟：200 g/L 氯虫苯甲酰胺 SC，常规喷雾，间隔期为 7 天。20 天后白穗防效达 96.1%，虫伤株防效达 98.7%，杀虫效果达 93.6%。

防治蔬菜小菜蛾：5%氯虫苯甲酰胺 SC，30～55 mL/hm^2，兑水均匀喷雾，间隔期为 1 天。

防治果树金纹细蛾、桃小食心虫等：35%氯虫甲酰胺 WG，加水配成 17500～25000 倍液，均匀喷雾防治，间隔期为 14 天。

防治莲藕地蛆：600 g 0.4%的氯虫苯甲酰 GR 与 10 kg 细土均拌成毒土，于成虫产卵期和幼虫孵化期撒施。

防治玉米螟：于玉米喇叭口期施药，用药量为 600 mL/hm^2。

7)注意事项 为避免抗药性的产生，一季作物或一种害虫宜使用 2～3 次，每次间隔时间在 15 天以上。氯虫苯甲酰胺对家蚕高毒，稻桑混作区要注意安全用药。

10.1.10.2 四氯虫酰胺(tetrachlorantraniliprole)

1)化学名称 3-溴-2′,4′-二氯-1-(3,5-二氯-2-吡啶基)-6′-(甲氨基甲酰基)-1*H*-吡唑-5-甲酰苯胺。

2)主要理化性质 白色或灰白色粉末，易溶于二甲基甲酰胺、二甲基亚砜，可溶于二氧六环、四氢呋喃和丙酮，光照条件下稳定。

3)生物活性 四氯虫酰胺的化学结构和作用机理与氯虫苯甲酰胺相似，属于邻甲酰氨基苯甲酰胺类鱼尼丁受体调节剂，即通过与鱼尼丁受体结合，打开钙离子通道，使细胞内的钙离子持续释放到肌浆中，钙离子和肌浆中基质蛋白结合，使害虫肌肉持续收缩。靶标害虫因此表现为抽搐、麻痹、拒食，最终死亡。四氯虫酰胺对多种害虫具有触杀、胃毒和内吸传导作用，对鳞翅目害虫有超高活性，速效性好，持效期长。

4)毒性 大鼠急性经口 LD_{50}＞5000 mg/kg，大鼠急性经皮 LD_{50}＞2000 mg/kg，对家兔眼睛、皮肤均无刺激性，对豚鼠无皮肤致敏性，Ames 试验、小鼠骨髓细胞微核试验和睾丸细胞染色体畸变试验均为阴性。

5)常见制剂 10%四氯虫酰胺 SC。

6)使用技术 以 10%四氯虫酰胺 SC 为例，防治甘蓝甜菜夜蛾、小菜蛾、黏虫，有效成分用量为 45～60 g/hm^2；防治稻纵卷叶螟、二化螟，有效成分用量为 15～30 g/hm^2，持效期为 15 天左右；防治玉米螟虫，有效成分用量为 30～60 g/hm^2。

四氯虫酰胺可与多种杀虫剂、杀菌剂复配，与氟铃脲和三氟甲吡醚等复配防治蔬菜、水稻及果树的鳞翅目害虫，与新烟碱类杀虫剂复配防治多种害虫，与三唑类杀菌剂复配防治玉米地下害虫和丝黑穗病等。

7)注意事项 四氯虫酰胺与氟苯虫酰胺、氯虫苯甲酰胺、溴氰虫酰胺等现有邻甲酰氨基苯甲酰胺类杀虫剂存在交互抗性。

10.1.11 吡咯(吡唑)类杀虫剂

吡唑类杀虫剂中代表品种氟虫腈是法国罗纳-普朗克公司于 1987 年研发，并于 1993 年商品化生产的苯基吡唑类杀虫剂。围绕氟虫腈已经开发了多个具有广阔发展前景的高效化合物，其中包括安万特公司开发的乙虫腈和我国大连瑞泽农药股份有限公司创制的丁虫腈等。与吡啶类杀虫剂相比，氟化苯基吡唑类农药杀虫机制独特，杀虫谱广，主要作用于细胞内线粒体膜，是优良的氧化磷酸化解偶联剂，可干扰质子浓度，使其透过线粒体膜受阻，从而影响三磷酸腺苷产生，导致细胞死亡。

10.1.11.1 虫螨腈(chlorfenapyr)

1)化学名称 4-溴-2-(4-氯苯基)-1-乙氧基甲基-5-三氟甲基吡咯-3-腈。

2)主要理化性质 纯品为白色固体。能溶于丙酮、乙醚、二甲基亚砜、四氢呋喃、乙腈、醇类等有机溶剂，不溶于水。

3)生物活性 虫螨腈为芳基吡咯类杀虫、杀螨、杀线虫剂，是由美国氰胺公司于 1985 年在二噁吡咯霉素(从链霉菌属真菌的代谢产物中分离得到)的基础上开发成功的。其杀虫机理是作用于昆虫体内细胞的线粒体，通过昆虫体内的多功能氧化酶起作用，主要抑制二磷酸腺苷向三磷酸腺苷的转化，即阻断线粒体的氧化磷酰化作用。虫螨腈具有胃毒作用及一定的触杀作用、内吸活性，对钻蛀、刺吸和咀嚼式害虫及害螨有优良的防效，持效期中等，与其他杀虫剂无交互抗性。在高温干旱时期，虫螨腈的效果更突出。在叶面渗透性强，有一定的内吸作用，在作物上有中等残留活性。

4)毒性 对雌性、雄性大鼠急性经口 LD_{50} 分别为 459 mg/kg、223 mg/kg，家兔急性经皮 $LD_{50}\geqslant$2000 mg/kg。对家兔眼睛有轻度刺激作用。Ames 经改进试验及仓鼠卵巢试验表明无致突变性。日本鲤鱼 LC_{50} 为 0.5 mg/L(48 h)。

5)常见制剂 10%、30%虫螨腈 SC。

6)使用技术 主要用于防治小菜蛾、菜青虫、甜菜夜蛾、斜纹夜蛾、菜螟、菜蚜、斑潜蝇、蓟马等多种蔬菜害虫。低龄幼虫期或虫口密度较低时用 10%虫螨腈 SC(450 mL/hm^2)，兑水喷雾，每茬菜最多喷 2 次，间隔 10 天左右；虫龄较高或虫口密度较大时加大用量(600～750 mL/hm^2)。

7)注意事项 每茬菜最多只允许使用 2 次，以免产生抗药性。在十字花科蔬菜上的安全间隔期暂定为 14 天，对西瓜、西葫芦、苦瓜、甜瓜、香瓜、冬瓜、南瓜、吊瓜、丝瓜、莴苣、烟草等作物敏感。避免在高温时间、开花期、幼苗期用药。虫螨腈对水生生物(鱼)有毒，因此稻田应用存在潜在风险。

10.1.11.2 丁虫腈(flufiprole)

1)化学名称 5-甲代烯丙基氨基-3-氰基-1-(2,6-二氯-4-三氟甲基苯基)-4-三氟甲基亚磺酰基吡唑。

2)主要理化性质 白色粉末，常温下在酸、碱性介质中稳定。

3)生物活性 丁虫腈是一种对害虫以胃毒为主，兼有触杀和一定的内吸作用的广谱杀虫剂，主要通过 γ-氨基丁酸调节的氯通道干扰氯离子的通路，破坏正常中枢神经系统，致害虫死亡。对鳞翅目幼虫、半翅目、缨翅目、鞘翅目、双翅目害虫具有优异防治效果，对作物安全。丁虫腈的作用机制独特，与其他类杀虫剂间不存在交互抗性，可用于防治对拟除虫菊酯类、氨基甲酸酯类及环戊二烯类杀虫剂产生抗性的害虫。

4)毒性 低毒。对家兔的皮肤和眼睛无刺激性，无三致作用。对水生动物低毒。

5)常见制剂 5%丁虫腈 EC。

6)使用技术 防治水稻的二化螟、三化螟、稻纵卷叶螟、飞虱等害虫，一般用 5%丁虫腈 EC(750～900 mL/hm^2)兑水喷雾。防治十字花科蔬菜的小菜蛾、甜菜夜蛾、菜青虫等，可于幼虫 1～3 龄高峰期，用 5%丁虫腈 EC(450～900 mL/hm^2)兑水喷雾，危害严重的年份在施药后 7 天再施药防治。丁虫腈可混性好，可与辛硫磷、毒死蜱、吡虫啉、噻嗪酮、高效氯氰菊酯、阿维菌素等混用，均表现相加作用或增效作用。

7)注意事项 甘蓝田安全间隔期为7天，稻田为30天，每个生长季节甘蓝田最多施用3次，稻田最多施用2次。使用时应避开蜜源作物花期；养鱼稻田、蚕室、桑园、蜂箱附近禁用。不得与碱性物质混用。为延缓抗性产生，可与其他作用机制不同的杀虫剂轮换使用。

10.1.12 吡啶类杀虫剂

吡啶类农药被称为第四代农药，具有高效、低毒的特点，具有良好的环境相容性，符合新型农药的发展要求和趋势。吡啶类杀虫剂对刺吸式害虫有优异的防治效果，对高等动物低毒，选择性强。

吡啶类杀虫剂的代表品种有吡蚜酮(pymetrozine)，最早由瑞士汽巴-嘉基公司于1988年开发，对刺吸式口器害虫表现出优异的防治效果，对蚜虫、粉虱科、叶蝉科、飞虱科及粉虱科害虫效果尤其显著。

1)化学名称 (*E*)-4,5-二氢-6-甲基-4-(3-吡啶基亚甲基氨基)-1,2,4-三嗪-3(2*H*)-酮。

2)主要理化性质 白色结晶，在有机溶剂中的溶解度较大，可用醇、酮类溶剂溶解。

3)生物活性 吡蚜酮属于新型吡啶杂环类杀虫剂，具有高效、低毒、高选择性、对环境生态安全等特点。吡蚜酮对害虫具有触杀作用，同时还有优良的内吸活性，其内吸活性(LC_{50})是抗蚜威的2～3倍，是氯氰菊酯的140倍以上。在植物体内，既能在木质部输导，也能在韧皮部输导，对多种作物的刺吸式口器害虫表现出优异的防治效果，因此既可用作叶面喷雾，也可用于土壤处理。吡蚜酮具有良好的输导特性，能很好地被作物吸收，通过内吸传导作用散布到作物各个部位，在茎叶喷雾后新长出的枝叶也可以得到有效保护。

吡蚜酮的作用方式独特，对害虫没有直接击倒活性，只要昆虫接触到吡蚜酮，几乎立即产生口针阻塞效应，立刻停止取食，最终饥饿致死，而且此过程是不可逆转的。在因停止取食而死亡之前的几天时间内，昆虫可能会表现得很正常。尽管目前对吡蚜酮所引起的口针阻塞机制尚不清楚，但已有研究表明这种不可逆的"停食"不是由"拒食作用"引起的。吡蚜酮与以前生产中大量使用的药剂没有交互性。

吡蚜酮具有选择性强(只对刺吸式口器昆虫有效)，对哺乳动物、鸟类、鱼虾、蜜蜂、非靶标节肢动物等都有很好的选择性，对某些重要天敌或益虫，如棉铃虫的天敌七星瓢虫、普通草蛉、叶蝉及飞虱科的天敌蜘蛛等益虫几乎无害。与吡虫啉、啶虫脒等相比，吡蚜酮杀虫谱更广，可以防治抗有机磷和氨基甲酸酯类杀虫剂的桃蚜等抗性品系害虫。

吡蚜酮及其主要代谢产物在土壤中的淋溶性很低，仅存在于表层土，在推荐施用剂量下污染地下水的可能性很小。

4)常见制剂 25%吡蚜酮SC，50%吡蚜酮WG。

5)使用技术 适用于蔬菜、小麦、水稻、棉花、果树、瓜果及多种大田作物，主要防治大部分半翅目害虫，尤其是蚜虫科、飞虱科、粉虱科、叶蝉科害虫，如甘蓝蚜、棉蚜、麦蚜、桃蚜、小绿斑叶蝉、褐飞虱、灰飞虱、白背飞虱、甘薯粉虱及温室粉虱等。

防治蔬菜蚜虫、温室粉虱，用药量为75 g/hm²；防治小麦蚜虫，50%吡蚜酮WG用药量为75～150 g/hm²；防治水稻飞虱、叶蝉，50%吡蚜酮WG用药量为225～300 g/hm²；防治棉花蚜虫，50%吡蚜酮 WG 用药量为 300～450 g/hm²。用于蔬菜田和观赏植物时，防治蚜虫的推荐用量为 10 g/hm²（有效成分），防治白粉虱的推荐用量为 20 g/hm²（有效成分）。

防治烟草、棉花、马铃薯上的棉蚜和桃蚜，推荐用药量为 100～200 g/hm²（有效成分）。

6)注意事项　喷雾时要均匀周到，尤其对目标害虫的为害部位。对水稻的安全间隔期为 7 天，每季最多使用 2 次。对蜜蜂、鱼类等水生生物、家蚕有毒，施药期间应避免对周围蜂群的影响，蜜源作物花期禁用，蚕室和桑园附近禁用。养鱼稻田禁用，远离水产养殖区施药，禁止在河塘等水体中清洗施药器具。

10.1.13　阿维菌素类杀虫杀螨剂

阿维菌素是由日本北里大学大村智等和美国默克公司首先开发的一类具有杀虫、杀螨、杀线虫活性的十六元大环内酯双糖化合物，由链霉菌中灰色链霉菌 MA-4680 发酵产生。美国默克公司对该菌株进行深入研究，分离出 8 个结构十分接近的物质并命名为阿维菌素。阿维菌素系列化合物实际上包括三类：阿维菌素、伊维菌素和埃玛菌素。伊维菌素主要用作兽药，埃玛菌素的苯甲酸盐就是甲氨基阿维菌素苯甲酸盐（简称甲维盐）。

20 世纪 80 年代末，上海市农药研究所从广东揭阳的土壤中分离筛选得到 7051 菌株，后经鉴定证明该菌株与 MA-4680 相似，其产物与阿维菌素的化学结构相同。我国于 1996 年登记了第一个阿维菌素原药。到目前为止，我国阿维菌素产量占全球 80%以上，是真正的阿维菌素生产消费大国。

10.1.13.1　阿维菌素（abamectin）

1)化学名称　(10*E*,14*E*,16*E*)-(1*R*,4*S*,5′*S*,6*S*,6′*R*,8*R*,12*S*,13*S*,20*R*,21*R*,24*S*)-6′-[(*S*)-仲丁基]-21,24-二羟基-5′,11,13,22-四甲基-2-氧代-3,7,19-三氧杂四环[15.6.1.$1^{4,8}$.$0^{20,24}$]二十五-10,14,16,22-四烯-6-螺-2′-(5′,6′-二氢-2′*H*-吡喃)-12-基 2,6-二脱氧-4-*O*-(2,6-二脱氧-3-*O*-甲基-α-L-阿拉伯-己吡喃糖基)-3-*O*-甲基-α-L-阿拉伯-己吡喃糖苷（Ⅰ）与(10*E*,14*E*,16*E*)-(1*R*,4*S*,5′*S*,6*S*,6′*R*,8*R*,12*S*,13*S*,20*R*,21*R*,24*S*)-6′-异丙基-21,24-二羟基-5′,11,13,22-四甲基-2-氧代-3,7,19-三氧杂四环[15.6.1.$1^{4,8}$.$0^{20,24}$]二十五-10,14,16,22-四烯-6-螺-2′-(5′,6′-二氢-2′*H*-吡喃)-12-基 2,6-二脱氧-4-*O*-(2,6-二脱氧-3-*O*-甲基-α-L-阿拉伯-己吡喃糖基)-3-*O*-甲基-α-L-阿拉伯-己吡喃糖苷（Ⅱ）的混合物。

2)主要理化性质　原药为白色或黄白色结晶粉，乳油为褐色液体，无可见悬浮物和沉淀。通常贮存条件下稳定，pH 为 5～9 和 25 ℃时其水溶液不会发生水解。

3)生物活性　阿维菌素是一种高效、广谱的抗生素类杀虫杀螨剂。阿维菌素类化合物对昆虫和螨类具有触杀和胃毒作用，且有微弱的熏蒸作用，无内吸作用，不杀卵。阿维菌素对叶片有很强的渗透作用，可杀死表皮下的害虫，且残效期长。其作用机制与一般杀虫剂不同，可干扰神经生理活动，刺激释放 γ-氨基丁酸（对节肢动物的神经传导有抑制作用）。螨类成螨、若螨及昆虫幼虫与药剂接触后即出现麻痹症状，不活动，不取食，2～4 天后死亡。因其不引起昆虫迅速脱水，所以致死作用较慢。喷施于叶表面可迅速分解消散，渗入植物薄壁组织内的活性成分可较长时间存在于组织中，对害螨和植物组织内取食为害的昆虫有长残效性。

阿维菌素对捕食性和寄生性天敌虽有直接杀伤作用，但因植物表面残留少，因此对益虫的损伤小。对根节线虫作用明显。主要用于防治家禽、家畜体内外寄生虫和农作物害虫，如寄生红虫、害螨及双翅目、鞘翅目、鳞翅目害虫。

阿维菌素类化合物对哺乳动物安全，因为哺乳动物神经系统缺乏谷氨酸门控氯离子通道。此类药物对哺乳动物神经系统其他配体门控氯离子通道结合度低，不能穿透血脑屏障。

4）毒性 原药对大鼠急性经口 LD_{50} 为 10 mg/kg，小鼠急性经口 LD_{50} 为 13 mg/kg，家兔急性经皮 $LD_{50}>2000$ mg/kg，大鼠急性经皮 $LD_{50}>380$ mg/kg，大鼠急性吸入 $LC_{50}>$ 5.7 mg/L。对水生生物和蜜蜂高毒，鳟鱼 LC_{50} 为 3.6 μg/L(96 h)，蓝鳃翻车鱼 LC_{50} 9.6 μg/L(96 h)；蜜蜂经口 LD_{50} 为 0.009 μg/蜂，接触 LD_{50} 为 0.002 μg/蜂。对皮肤无刺激作用，对眼睛有轻微刺激作用。无致畸、致癌、致突变作用。

5）常见制剂 0.5%、1.8%、3.2%、5%阿维菌素 EC，1.8%阿维菌素 WP。

6）使用技术

防治小菜蛾、菜青虫：于低龄幼虫期使用2%阿维菌素 EC 的 1000～1500 倍液，药后 14 天对小菜蛾的防效为 90%～95%，对菜青虫的防效可达 95%。

防治金纹细蛾、潜叶蛾、潜叶蝇、美洲斑潜蝇和蔬菜白粉虱等害虫：于卵孵化盛期和幼虫发生期喷施 1.8%阿维菌素 EC 的 3000～5000 倍液(与高效氯氰菊酯混用)，药后 7～10 天防效仍达 90%。

防治甜菜夜蛾：用 1.8%阿维菌素 EC 的 1000 倍液，药后 7～10 天防效仍达 90%。

防治果树、蔬菜、粮食等作物的叶螨、瘿螨、茶黄螨、二斑叶螨和各种抗性蚜虫：喷施 1.8%阿维菌素 EC 的4000～6000 倍液，药后 7～10 天防效仍达 90%。

防治蔬菜根结线虫病：按 6～8 mL/L 的浓度配制溶液，喷灌株穴，残效期达 60 天，防效为 80%～90%。

防治枣龟蜡蚧等介壳虫类害虫和梨树黄粉蚜、梨木虱、军配虫等抗性害虫：于害虫发生初期喷施 2%阿维菌素 EC 的 2000～3000 倍液，10～15 天喷一次，连喷 2 次，防治效果达 98%。

7）注意事项 阿维菌素杀虫、杀螨的速度较慢，施药后 3 天才出现死虫高峰，但害虫在施药当天即停止取食为害。阿维菌素对鱼高毒，应避免污染水源。阿维菌素对蚕高毒，桑叶喷药后 40 天还有明显毒杀作用。阿维菌素对蜜蜂有毒，不可于开花期施用。最后一次施药应距收获期 20 天以上。阿维菌素性质不太稳定，对光线特别敏感(迅速氧化失活)，应注意贮存使用条件。

10.1.13.2 甲氨基阿维菌素苯甲酸盐(emamectin benzoate)

1）化学名称 (4″*R*)-4″脱氧-4″-甲氨基阿维菌素 B_1 苯甲酸盐。

2）主要理化性质 白色或淡黄色结晶粉末，溶于丙酮和甲醇，微溶于水，不溶于已烷。在通常贮存的条件下稳定。

3）生物活性 甲氨基阿维菌素可简称为甲维盐，是从发酵产品阿维菌素 B_1 开始合成的一种新型高效半合成抗生素杀虫剂，是阿维菌素的结构改造产物，与阿维菌素具有相同的作用方式。甲维盐高效、广谱，对鳞翅目害虫的幼虫和其他许多害虫及螨类的活性极高，在非常低的剂量(0.084～2 g/hm²)下仍有很好的效果，尤其对鳞翅目、双翅目害虫，如红带卷叶蛾、烟蚜夜蛾、棉铃虫、烟草天蛾、小菜蛾、黏虫、甜菜夜蛾、草地贪夜蛾、粉纹夜蛾、甘蓝银纹夜蛾、菜粉蝶、甘蓝横条螟、番茄天蛾、马铃薯甲虫、墨西哥瓢虫等。甲维盐具有强烈的触杀、胃毒作用及一定的熏蒸作用，对叶片有很强的渗透作用，可杀死表皮下的害虫，且持效期长。甲维盐和土壤结合紧密，不淋溶，在环境中也不积累，极易被作物吸收并渗透到表皮，在10天以后出现第二个杀虫致死率高峰，很少受环境因素如风、雨等影响。

4)毒性 对鱼高毒，对蜜蜂有毒。

5)常见制剂 0.2%、1%甲氨基阿维菌素苯甲酸盐EC。

6)使用技术 被推荐用于蔬菜、果树、棉花、水稻、大豆、玉米、茶叶、烟草等农作物上的多种害虫及螨类的防治。一般推荐使用剂量为4.95～17.51 g/hm²(有效成分)；可用1%甲维盐EC(10～12 g)兑水(50～60 kg)，于低龄幼虫盛发期均匀喷雾。

防治草地贪夜蛾、甜菜夜蛾：1%甲维盐EC(225～375 g/hm²)兑水(50～60 kg/hm²)，于低龄幼虫盛发期均匀喷雾。甲维盐对其幼虫(3龄幼虫，下同)的活性是阿维菌素的13倍，是顺式氯氰菊酯的53倍、氟铃脲的57倍、毒死蜱的119倍。甲维盐对甜菜夜蛾的胃毒活性比阿维菌素高1500倍。

防治烟青虫：用1%甲维盐EC(750～1125 g/hm²)兑水(50～60 kg/hm²)，于低龄幼虫盛发期均匀喷雾。

防治4龄棉铃虫：使用0.2%甲维盐EC的4000倍液，持效期长达10天，对棉花生长无不良影响。

防治蔬菜害虫：使用1%甲维盐EC的8000倍液防治菜青虫，8天杀虫效果为86.03%；6000倍液防治菜青虫，8天杀虫效果为96.85%；8000倍液防治小菜蛾，6天杀虫效果为86.51%；6000倍液防治小菜蛾，6天杀虫效果为91.45%。

防治玉米螟：于玉米心叶末期、玉米花叶率达到10%时施药，用药量为16.2～21.6 g/hm²(有效成分)，拌细沙(150 kg/hm²)，撒在玉米心叶丛最上面4～5个叶片内。

防治果树害虫：防治苹果红蜘蛛，用量为有效成分浓度2～3 mg/kg，在苹果红蜘蛛发生始盛期喷雾，至叶片完全润湿。防治桃小食心虫，用量为有效成分浓度6 mg/kg，于桃小食心虫卵盛期施药。

7)注意事项 温度低于22 ℃时尽量不要使用。夏秋季节应在10:00以前或15:00以后施药，防止强光分解降低药效。对蜜蜂高毒，使用时应避开蜜蜂采蜜期。鱼类、水生生物对甲维盐敏感，不可在池塘、河流等水体附近用药。与其他不同作用机理的杀虫剂复配，扩大杀虫谱，提高杀虫活性，延缓害虫抗药性。与有机磷类或菊酯类农药混用有增效作用。禁止与百菌清、代森锌混用。

10.1.14 保幼激素与蜕皮激素类杀虫剂

昆虫脑激素、保幼激素和蜕皮激素等对昆虫的生长、变态和滞育等主要生理现象有重要的调控作用。保幼激素与蜕皮激素类杀虫剂就是在对上述激素研究的基础上发展起来的。人们往往将保幼激素与蜕皮激素类杀虫剂及几丁质合成抑制剂称为昆虫生长调节剂。蜕皮激素类杀虫剂的杀虫机理是促进害虫提前蜕皮，形成畸形小个体，最后因脱水、饥饿而死亡。1988 年，美国罗门哈斯公司报道了第一个商品化蜕皮激素类似物抑食肼，使蜕皮激素类杀虫剂的农业应用成为可能。继抑食肼之后，罗门哈斯公司又推出活性更高的新品种，日本也开展了这方面的研究。这些杀虫剂并不快速杀死昆虫，而是通过干扰昆虫的生长发育来减轻害虫对农作物的危害。目前，我国农药市场上蜕皮激素类杀虫剂主要有抑食肼、虫酰肼、甲氧虫酰肼。

保幼激素与蜕皮激素类杀虫剂活性高，用量少，专一性强，且无公害。由于这类药剂与传统杀虫剂毒杀害虫的致死作用不同，故也称作软杀虫剂。

保幼激素和保幼激素类杀虫剂对昆虫的主要作用是阻止昆虫发育、抑制变态发生。另外，此类化合物还可影响昆虫的形态发育、生殖作用、卵黄发育生长、多型现象和社会昆虫的分级发育等。保幼激素类似物烯虫酯对蚊、蝇的幼虫有较强的杀灭作用，对鳞翅目、半翅目和某些鞘翅目害虫有效。

蜕皮激素类似物抑食肼和虫酰肼克服了天然蜕皮激素的不足，成为继保幼激素类似物及几丁质合成抑制剂之后的又一类昆虫生长调节剂。抑食肼具有内吸活性，可以用于土壤处理，防治马铃薯甲虫，亦可以通过在播种时灌水保护玉米种子不受鳞翅目幼虫为害。虫酰肼可防治水稻、葡萄、蔬菜和大豆害虫，对鳞翅目害虫具有更优良的专一性及更广的防治谱。

10.1.14.1 烯虫酯(methoprene)

1)化学名称 (E,E)-(RS)-11-甲氧基-3,7,11-三甲基十二碳-2,4-二烯酸异丙酯。

2)主要理化性质 工业品为琥珀色液体，沸点为 100 ℃(7 Pa)。水中仅溶 1.4 mg/kg，与常用有机溶剂可混溶。

3)生物活性 烯虫酯对鳞翅目、双翅目、鞘翅目多种昆虫有效，能干扰烟草甲虫、烟草粉螟等昆虫的生长发育、蜕皮过程，使成虫失去繁殖能力，从而有效控制贮存烟叶害虫种群增长，可用于防治蚊、蝇等卫生害虫及烟草螟蛾等贮藏期害虫。

4)毒性 小鼠急性经口 LD_{50}≥10000 mg/kg。制剂对眼睛有刺激作用。

5)常见制剂 20%S-烯虫酯 CS。

6)注意事项 烯虫酯具有可燃性，应远离火源和高热物体表面，保持密封，严禁未经稀释直接使用。

10.1.14.2 抑食肼(yishijing)

1)化学名称 N-苯甲酰基-N'-特丁基苯甲酰肼。

2)主要理化性质 白色或无色结晶，无味，水中溶解度约为 50 mg/L。在常温下贮存稳定，在土壤中半衰期为 27 天(23 ℃)。

3)生物活性 抑食肼是一种非甾类昆虫生长调节剂，具有蜕皮激素活性，具有触杀、胃毒作用，可通过根系内吸杀虫，抑制进食，加速蜕皮，减少产卵。抑食肼杀虫谱广，对鳞翅目、鞘翅目及某些半翅目和双翅目害虫(如菜青虫、斜纹夜蛾、小菜蛾、二化螟、稻纵卷叶螟、黏虫、马铃薯甲虫、苹果蠹蛾、舞毒蛾、卷叶蛾等)的幼虫有高效。对有抗性的马铃薯甲虫防效优异。施药后 48 h 见效,幼虫死亡速度慢,应提前用药,持效期较长,无残留。

4)毒性　大鼠急性经口 LD_{50}为 435 mg/kg,大鼠急性经皮 LD_{50}>5000 mg/kg。对家兔眼睛和皮肤无刺激作用。Ames 试验为阴性。

5)常见制剂　20%、25%抑食肼 WP。

6)使用技术　一般用 20%抑食肼 WP 配成药液进行叶面喷雾。防治稻纵卷叶螟、稻黏虫,用药量为 150～300 g/hm^2;防治蔬菜(叶菜类)菜青虫、斜纹夜蛾,用药量为 150～195 g/hm^2;防治小菜蛾,用药量为 240～375 g/hm^2;防治甘蓝菜青虫,用药量为 195～300 g/hm^2。

7)注意事项　喷药应均匀周到,以便充分发挥药效。抑食肼作用缓慢,施药后 2～3 天见效,应在害虫发生初期用药,以收到更好的效果,最好不要在雨天施药。抑食肼持效期长,蔬菜、水稻收获前 7～10 天内禁止施药。不能与碱性物质混用。可与阿维菌素混用,以防治十字花科蔬菜斜纹夜蛾。应保存于干燥、阴凉、通风良好处,严防受潮、暴晒。

10.1.14.3　虫酰肼(tebufenozide)

1)化学名称　3,5-二甲基苯甲酸-1-(1,1-二甲基乙基)-(4-乙基苯甲酰基)肼。

2)主要理化性质　灰白色固体,常温常压下稳定,避免与强氧化剂接触。

3)生物活性　虫酰肼具有胃毒作用,可干扰昆虫的正常生长发育,诱导鳞翅目幼虫在进入蜕皮阶段前产生致命蜕皮反应,使其因蜕皮不完全而脱水、饥饿致死。除此之外,虫酰肼还具有较强的化学绝育作用。虫酰肼作用机理独特,与其他杀虫剂无交互抗性。虫酰肼对鳞翅目害虫有特效,对双翅目昆虫有一定作用,可有效防治甜菜夜蛾、水稻螟虫、玉米螟、苹果卷叶蛾、葡萄小卷蛾、梨小食心虫、菜青虫等害虫,持效期为 14～20 天。

4)毒性　大鼠急性经口 LD_{50}>5000 mg/kg,大鼠急性经皮 LD_{50}>5000 mg/kg。对家兔眼睛和皮肤无刺激作用。诱变性试验结果为阴性,无致畸、致突变、致癌作用。对水生生物有毒,可能对水体环境产生长期不良影响。

5)常见制剂　20%虫酰肼 SC。

6)使用技术　防治枣、苹果、梨、桃等果树的害虫,如卷叶虫、食心虫、刺蛾、毛虫、潜叶蛾、尺蠖等,可喷施 20%虫酰肼 SC 的 1000～2000 倍液。防治蔬菜、棉花、烟草、粮食等作物的抗性害虫,如棉铃虫、小菜蛾、菜青虫、甜菜夜蛾及其他鳞翅目害虫,可喷施 20%虫酰肼 SC 的 1000～2500 倍液。

7)注意事项　虫酰肼对卵效果差,在幼虫发生初期喷药效果好。虫酰肼对鱼和水生脊椎动物有毒,用药时应避免污染水源。虫酰肼对蚕高毒,严禁在桑蚕养殖区用药。

10.1.15　熏蒸杀虫剂

在适当气温下,利用有毒的气体、液体或固体挥发所产生的蒸气,在船舱、仓库、粮食加工厂、资料室以及各种密闭室内环境毒杀害虫,称为熏蒸。熏蒸剂是以其气体分子起作用的,不包含以液态或固态的颗粒悬浮在空中发挥作用的气雾剂。使用熏蒸剂要在密闭的条件下进行,因此可以彻底地消灭害虫。熏蒸剂主要用于粮食储存过程中杀虫和口岸检疫消毒。近年来,大棚蔬菜的蓬勃兴起也给熏蒸剂提供了广阔的发展空间。

熏蒸剂所产生的有毒气体可以直接通过昆虫表皮或气门进入气管。由于昆虫气管的组织结构、性质与表皮基本相同,因此,凡可以通过表皮的熏蒸剂,同样可以通过气管而渗透到血液,使昆虫中毒死亡。

影响熏蒸效果的因素有很多,主要有药剂的物理化学性质、熏蒸物体的性质、温度、湿度、昆虫种类及发育阶段等。理想的熏蒸剂应具有沸点低、比重小、蒸气压高等特点。

10.1.15.1 磷化铝(aluminium phosphide)

1)化学名称 磷化铝。

2)主要理化性质 原药为浅黄色或灰绿色松散固体,无气味,密度为 4.55 g/mL;不熔融,加热至 1000 ℃也不分解且蒸气压也很小,1100 ℃升华;易吸水分解,释放的磷化氢是无色气体,具有电石或大蒜气味;微溶于水,可溶于乙醇和乙醚。

3)生物活性 磷化铝为广谱性熏蒸杀虫剂。磷化铝分解释放的磷化氢气体能杀死害虫,除粉螨外,对其他仓储害虫都有效,可用于防治大米、大麦、小麦、玉米、豆类等谷物中的米象、谷象、豆蛾、锯谷盗、杂拟谷盗、长角谷盗、烟草甲等多种粮仓害虫的成虫、蛹、幼虫及卵。磷化氢渗透力强,无药害,在粮仓中残留毒性低。磷化氢的毒理机制可能是抑制昆虫呼吸酶,影响昆虫呼吸代谢中的氧化还原过程。

4)毒性 磷化铝分解释放的磷化氢对人有剧毒。空气中含量达 0.01 mg/L 对人有危害,空气中含量达 0.14 mg/L 使人呼吸困难以致死亡。

5)常见制剂 56%磷化铝 TB,56%磷化铝 DP。

6)使用技术 密闭仓库用 56%磷化铝 TB 熏蒸,3~8 片/1000 kg 储粮,囤垛 2~5 片/m^3,熏蒸空间1~4 片/m^3。应尽可能使用聚氯乙烯塑料薄膜覆盖,以节省药剂,提高杀虫效果,仓房密闭条件差的可增加 20%~30%的剂量。投药可用探管及投药器投药,也可在粮面上施药,还可将药装入布袋,均匀放在粮堆表面或放在粮面各层间。局部粮食发生虫害时,可在粮面上用塑料薄膜或篷布覆盖,进行局部施药。熏杀田鼠,每鼠洞 1~2 片。

熏蒸时间视温度和湿度而定:5 ℃以下不宜熏蒸,5~9 ℃不少于 14 天,10~16 ℃不少于 7 天,16~25 ℃不少于 4 天,25 ℃以上不少于 3 天。

熏蒸完毕,掀开帐幕或塑料薄膜,开启门窗或通风闸口,采用自然或机械通风,排净毒气。入库时,用 5%~10%硝酸银溶液浸制的试纸检验毒气,确认无磷化氢气体时方可入内。

7)注意事项 磷化铝属高毒熏蒸杀虫剂,遇水或潮湿空气分解,在贮运过程中,要严防水湿、雨淋、高温和日晒,不能和其他化学品混储,应储藏于冷凉干燥的专用仓库。熏蒸时要消灭一切火源,药剂投放量较大时,不能过于集中,以免磷化氢浓度过高而自燃。不能用于熏蒸金、银、钢等金属制品,以免腐蚀金属。谷物熏蒸后要通风散气 10 天,空仓要通风散气 5 天,否则不能进入仓内作业。磷化铝应在专业技术人员指导下使用,使用时应遵守有关法规和安全措施。

10.1.15.2 硫酰氟(sulfuryl fluoride)

1)化学名称 硫酰氟。

2)主要理化性质　无色无味不燃不爆的气体。可溶于乙醇、氯仿、四氯化碳、甲苯等有机溶剂,与溴甲烷能混溶。400 ℃以下稳定;在水中水解很慢,在碱性溶液中易水解。无腐蚀性,对纤维品无损害。

3)生物活性　硫酰氟是优良熏蒸剂,具渗透力强、毒性低、不变色、电绝缘性能好、使用范围广、用量小、吸附量少、解吸快等特点。适用于毛、棉及化纤织品、木材、皮革、烟草、竹木器、工艺品及土特产仓库、文物档案害虫的防治和粮、棉、林木种子的杀虫消毒,对建筑物和水库堤坝白蚁有明显效果,也可防治德国蜚蠊和家蝇的各个虫态。硫酰氟对根结线虫有良好的防效,对土壤真菌也有杀灭作用。硫酰氟蒸气压大,穿透性强,可杀死深土层中的线虫。

4)毒性　大鼠急性经口 LC_{50} 为 920.6～1197.4 mg/L,家兔的绝对致死浓度为 3250 mg/L。5 mg/L 每天接触 8 h,200 mg/L 每周接触 8 h,对人都是危险的。

5)常见制剂　99%硫酰氟熏蒸剂。

6)使用技术　硫酰氟可有效防治多种仓库害虫,防治成虫用药量为 0.59～3.45 g/m^3,防治卵用药量为 54～75.8 g/m^3,熏蒸 16 h。

7)注意事项　硫酰氟在蛋白和脂类含量高的物质(如肉和乳酪)中有较高的残留,因此,暂不用于粮食和食品熏蒸。硫酰氟钢瓶应贮存在干燥、阴凉和通风良好的仓库中,严防受热,搬运时应注意轻拿、轻放,防止激烈震荡和日晒。

10.1.16　专门性杀螨剂

螨类属于节肢动物门蛛形纲螨目,个体较小,大多密集群居于作物的叶片背面为害。在一个群体中可以存在所有生长阶段的螨,包括卵、若螨、幼螨和成螨。螨类繁殖迅速,越冬场所变化大,这些都决定了螨类较难防治。对螨类的防治可以在越冬期进行,如采取矿物油制剂及杀螨剂喷洒越冬场所等,但最有效的防治期是其活动期。

杀螨剂是指用于防治蛛形纲中有害螨类的化学药剂。理想的杀螨剂应具有强杀螨能力,不但能杀死成螨,对螨卵、若螨和幼螨也应具有良好的杀伤作用,即可以防治螨类的各个虫态;应有较长的持效期,施用一次即可以防治整个变态期间的螨;化学性质应相对稳定,可以与其他农药混用,以达到兼治其他病虫的目的;对作物安全,对高等动物安全,且能保护天敌,不会污染环境。

有机磷酸酯类、氨基甲酸酯类杀虫剂及含有氟元素的拟除虫菊酯类杀虫剂中的许多品种都具有杀螨活性,本节中不再赘述。

10.1.16.1　嘧螨酯(fluacrypyrim)

1)化学名称　甲基(*E*)-2-{α-[2-异丙氧基-6-(三氟甲基)嘧啶-4-苯氧基]-*O*-甲苯基}-3-甲氧丙烯酸酯。

2)主要理化性质　纯品为白色固体。

3)生物活性　嘧螨酯是线粒体呼吸抑制剂,具有触杀和胃毒作用,对害螨的各个虫态(包括卵、若螨、成螨)均有效,且速效性好,持效期长达 30 天,主要用于防治苹果红蜘蛛、柑橘红蜘蛛、叶螨、全爪螨等果树害螨。嘧螨酯是甲氧基丙烯酸酯类杀菌剂类似物,除对螨有效外,在 250 mg/L 浓度下对某些病害也有较好的活性。

4)毒性 大鼠急性经口 LD_{50}>5000 mg/kg,大鼠急性经皮 LD_{50}>5000 mg/kg,对人无影响,对鱼、蜜蜂高毒。

5)常见制剂 目前,国内无嘧螨酯产品在有效登记状态。

10.1.16.2 螺甲螨酯(spiromesifen)

1)化学名称 3-均三甲苯基-2-氧代-1-氧杂螺[4.4]壬-3-烯-4-基-3,3-二甲基丁酸酯。

2)主要理化性质 无色粉末,无特殊气味。

3)生物活性 螺甲螨酯是由拜耳开发的第二代螺环季酮酸类杀螨剂,具触杀作用,没有内吸性。对害螨的卵、幼螨、若螨具有良好的杀伤效果,对成螨无效,但具有降低产卵孵化率的作用(图 10-1-1)。

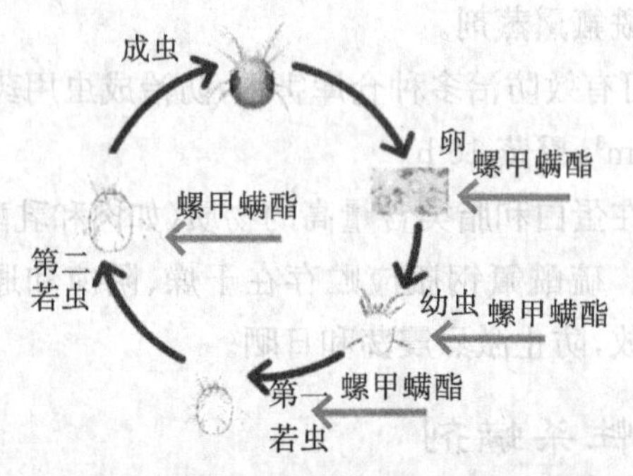

图 10-1-1 螺甲螨酯对害螨的卵、幼螨、若螨的作用

螺甲螨酯的作用机理独特,可影响粉虱和螨虫的发育,干扰抑制螨虫体内脂质体的生物合成,破坏螨虫的能量代谢活动,最终杀死螨虫,尤其在幼螨阶段有较好的活性,同时还可以使螨虫和粉虱的卵巢管闭合,降低成虫、成螨的繁殖能力,大大减少产卵数量。螺甲螨酯具有广谱、持效期长、毒性低、无交互抗性等特点,主要用于棉花、蔬菜和观赏植物,防治粉虱和叶螨。螺甲螨酯与常用杀虫剂、杀螨剂无交互抗性,可有效防治对吡丙醚产生抗性的粉虱,与灭虫威复配能有效防治具有抗性的粉虱。

室内试验和田间试验证明,螺甲螨酯对有益生物是安全的(对捕食螨有轻微至中等毒性,对瓢虫无害),适用于害虫综合防治,植物相容性好,对环境安全。

4)毒性 大鼠急性经口 LD_{50}>2500 mg/kg。对家兔皮肤和眼睛无刺激性。

5)常见制剂 目前,国内仅有专供出口产品登记。

10.1.16.3 噻螨酮(hexythiazox)

1)化学名称 (4*RS*,5*RS*)-5-(4-氯苯基)-*N*-环己基-4-甲基-2-氧代-1,3-噻唑烷-3-基甲酰胺。

2)主要理化性质 纯品为无色结晶;微溶于水,能溶于多种有机溶剂;化学性质稳定,可与石硫合剂、波尔多液等多种农药混用。

3)生物活性 噻螨酮为非内吸性杀螨剂,对害螨具有强触杀和胃毒作用,持效期长;对作物表皮具有较强的渗透作用,能深入叶片内并渗透到叶背杀死害螨;对多种叶螨的卵、若螨和幼螨都有很强的杀伤作用,但对成螨毒力很小,对锈螨、瘿螨效果较差,但仍可使接触到药剂的雌成螨所产卵的孵化率降低；药效发挥较迟缓，一般在施药后 7～10 天达到药效高峰，持效期为 40～50 天。

噻螨酮与有机磷杀虫剂无交互抗性，可用于防治多种作物上的叶螨，一般在螨类活动期常量喷雾。高温、低温时使用的效果无显著差异。在常用浓度下使用，对作物、天敌、蜜蜂及捕食螨影响很小。

4)毒性　大鼠和小鼠急性经口 LD_{50} 均大于 5000 mg/kg。对人畜毒性低，在常用剂量下对天敌、蜜蜂、鱼类影响很小。

5)常见制剂　5％噻螨酮 EC，5％噻螨酮 WP。

6)使用技术

防治柑橘红蜘蛛：于红蜘蛛发生始盛期、平均每叶有螨 2～3 头时，喷施 5％噻螨酮 EC 的 1500～2000 倍液。

防治蔬菜、花卉作物叶螨：于幼若螨发生始盛期、平均每叶有螨 3～5 头时，喷施 5％噻螨酮 EC 的 1500～2000 倍液。

防治果树害螨：在北方果园，可防治苹果全爪螨和山楂叶螨，对二斑叶螨也有很好的效果。一般在春季苹果开花前后，螨卵和幼、若螨集中发生期施药。夏季害螨繁殖速度快、数量多，又有大量成螨，噻嗪酮在短期内不易控制，应与杀成螨活性高的药剂混用，以提高防治效果。

7)注意事项　噻螨酮对成螨效果差，见效速度慢，应于螨卵孵化至幼、若螨盛发期喷雾防治。噻螨酮无内吸性，喷药应均匀周到。为延缓抗药性的产生，应与其他杀螨剂轮换使用。高温、高湿条件下，喷洒高浓度药液可使某些作物的新梢嫩叶产生轻微药害。

10.1.16.4　炔螨特(propargite)

1)化学名称　2-(4-叔丁基苯氧基)环已基 2-丙炔基亚硫酸酯。

2)主要理化性质　纯品为深琥珀色黏稠液，160 ℃分解，不溶于水，溶于大多数有机溶剂。

3)生物活性　炔螨特为广谱有机硫杀螨剂，能杀灭多种害螨。害螨接触有效剂量的药剂后立即停止进食，减少产卵，48～96 h 内死亡。炔螨特还可杀灭对其他杀虫剂已产生抗药性的害螨，对成螨、若螨、幼螨及螨卵的效果均较好，未见抗药性问题。炔螨特的持效期随着单位面积使用剂量的增加而延长。炔螨特具有选择性，对蜜蜂及天敌较安全，对人畜及自然环境危害小，是综合防治的理想杀螨剂。

4)毒性　大鼠急性经口 LD_{50} 为 4029 mg/kg，急性吸入 LC_{50} 为 0.05 mg/L。对家兔的眼睛和皮肤有强烈刺激性。

5)常见制剂　40％、73％炔螨特 EC。

6)使用技术　防治茄子、豆类、瓜类、番茄、辣椒等蔬菜上的红蜘蛛，可于发生初期喷施 73％炔螨特 EC 的 2000～3000 倍液。防治侧多食跗线螨，可喷施 73％炔螨特 EC 的 1000 倍液。防治截形叶螨、二斑叶螨等，可喷施 73％炔螨特 EC 的 1000～2000 倍液。防治蘑菇上的腐食酪螨，可喷施 73％炔螨特 EC 的 8000 倍液。防治柑橘螨类、甜橙螨类、苹果叶螨等果树害螨及棉花螨类,可喷施73%炔螨特EC的2000～3000倍液。对25 cm以下嫩梢期的柑橘、甜橙和苹果,用药浓度不应低于2000倍。

7)注意事项 在炎热潮湿的条件下,对幼嫩作物喷洒高浓度炔螨特可能会造成轻微药害,使叶片趋曲或有斑点,但对作物的生长没有影响。除不能与波尔多液及强碱农药混合使用外,可与一般农药混用。炔螨特为触杀型农药,无组织渗透作用,故需均匀喷洒于作物叶片的两面及果实表面。应防潮湿、暴晒、受热。

10.1.16.5 哒螨灵(pyridaben)

1)化学名称 2-特丁基-5-(4-特丁基苄硫基)-4-氯-3-(2*H*)-哒嗪酮。

2)主要理化性质 纯品为无色结晶;微溶于水,溶于大多数有机溶剂且稳定;对光不稳定。

3)生物活性 哒螨灵具有触杀和胃毒作用,无内吸性,持效期为30～60天,可用于防治多种植食性害螨,对全爪螨、小爪螨和瘿螨的各发育阶段(卵、幼螨、若螨和成螨)均有效,对移动期的成螨同样有明显的速杀作用。击倒迅速,与常用杀螨剂无交互抗性。

4)毒性 雌性、雄性大鼠急性经口LD_{50}分别为358 mg/kg、435 mg/kg。大鼠和家兔急性经皮LD_{50}>2000 mg/kg。对家兔皮肤和眼睛无刺激作用,对豚鼠皮肤无过敏性,无致畸、致癌、致突变作用。

5)常见制剂 15%哒螨灵EC,20%哒螨灵WP。

6)使用技术 适用于柑橘、苹果、梨、山楂、茶树、棉花、烟草、蔬菜(茄子除外)及观赏植物,可防治多种害虫、害螨。不受温度变化的影响,早春、秋季使用均可达到满意效果。安全间隔期为15天。使用浓度为50～200 mg/kg时,可有效防治粉螨、粉虱、蚜虫、叶蝉和缨翅目害虫;使用浓度为50～100 mg/kg时,可有效防治全爪螨、叶蝉、小爪螨、始叶螨和瘿螨等。防治柑橘和苹果红蜘蛛、梨和山楂等锈壁虱时,害螨发生期均可喷施15%哒螨灵EC的2300～3000倍液(为提高防治效果,最好在平均每叶2～3头时施药)。哒螨灵对跳甲有很好的击倒作用,45 g/hm^2可以在10 min内杀死跳甲。

7)注意事项 在棉花上的安全间隔期不少于14天,每个作物周期最多使用3次。施药时要均匀,注意与其他作用机制不同的杀螨剂轮换使用。哒螨灵对鱼类有毒,施药时应远离池塘、水源;花期使用对蜜蜂有不良影响,作物花期应避开蜜蜂活动区域施药。禁止在河塘等水体中清洗施药器具,以免污染水体。不能与波尔多液、石硫合剂等强碱性药剂混用。哒螨灵对光不稳定,需避光保存于阴凉处。

10.2 杀菌剂

杀菌剂就是对植物病原菌具有毒杀或抑制生长作用的农药,可杀死病菌,抑制病菌生长,使病菌孢子不能萌发,改变病菌的致病过程,或通过调节植物代谢诱导植物抗病。专用于杀灭细菌的称为杀细菌剂;只对病原菌的生长起抑制作用的有时特称为抑菌剂;防止农产品、食品腐烂和轻工业品发霉的分别称为防腐剂和防霉剂。

杀菌剂的发展经历了以下几个阶段：

第一阶段（1882 年以前）为以硫元素为主的无机杀菌剂时期：1705 年，升汞用于木材防腐和种子消毒。1761 年，硫酸铜首次用于防治小麦黑穗病。1802 年，首次制备出石硫合剂（石灰硫黄合剂），用于防治果树白粉病。

第二阶段（1882—1934 年）为以铜元素为主的无机杀菌剂时期（向有机杀菌剂过渡）：1882 年，波尔多液（硫酸铜与石灰的混合物）被发现可以用于防治葡萄霜霉病。1914 年，德国的 I. 里姆首先利用有机汞化合物防治小麦黑穗病，标志着有机杀菌剂发展的开端。

第三阶段（1934—1965 年）为保护性有机杀菌剂时期：1934 年，美国人 W. H. 蒂斯代尔等利用二硫代氨基甲酸盐衍生物（福美类农药）防治植物病害，从而开辟了有机杀菌剂的新纪元。1942 年，四氯苯醌作为种子处理剂问世。1943 年，代森类农药（乙撑二硫代氯基甲酸类衍生物）问世。1953 年，克菌丹、灭菌丹、喹啉铜以及某些抗生素（如灭瘟素、链霉素等）问世。

第四阶段（1965 年至今）为内吸性有机杀菌剂时期：1965 年，日本开发出有机磷杀菌剂稻瘟净。1966 年，美国开发出具有内吸性的萎锈灵。1967 年，美国开发的苯并咪唑类杀菌剂苯菌灵问世，标志着内吸性杀菌剂时代的开始。1968 年，有机磷杀菌剂异稻瘟净和嘧啶类杀菌剂甲菌啶、乙菌啶问世。1969 年，日本开发出甲基硫菌灵。1974 年，联邦德国开发出唑菌酮。1975 年，美国开发出三环唑。1977 年，瑞士开发出甲霜灵等第二代内吸杀菌剂。以甾醇抑制剂的出现为标志，三唑酮、三唑醇等三唑类杀菌剂也逐渐成为杀菌剂市场的主力。1978 年，法国开发出三乙膦酸铝。1996 年，嘧菌酯成为首个成功商品化的甲氧基丙烯酸酯类杀菌剂，取代了三唑类杀菌剂的主导地位。与此同时，农用抗生素也有较快的发展。有机汞、有机砷和某些有机氯杀菌剂因毒性或环境污染问题而逐渐被淘汰。

目前，杀菌剂的发展主要集中在防治真菌病害的药剂方面，对防治细菌病害和病毒病害的药剂开发得还不够。杀菌剂主要沿着定向合成新化合物、天然产物（微生物、高等植物）的研究利用、非杀生性病害防治剂 3 个研究方向发展。

中国自 20 世纪 50 年代起主要发展保护性杀菌剂，20 世纪 70 年代后开始发展内吸性杀菌剂和农用抗生素，并停止使用有机汞剂。杀菌剂的发展速度不如杀虫剂快，但是杀菌剂对农业的增产保护作用已经越来越被广大农民所认识。随着中国农业的现代化，杀菌剂的发展速度必将加快。

(1)杀菌剂分类

1)按杀菌剂的结构分类

①无机杀菌剂：硫黄、石硫合剂、碱式硫酸铜、波尔多液、氢氧化铜、氧化亚铜等。

②有机硫杀菌剂：代森铵、福美锌、代森锌、代森锰锌、福美双等。

③有机磷、砷杀菌剂：稻瘟净、敌瘟磷、三乙膦酸铝、甲基立枯磷、甲基胂酸锌等。

④取代苯类杀菌剂：甲基硫菌灵、百菌清、敌磺钠、五氯硝基苯等。

⑤唑类杀菌剂：三唑酮、多菌灵、噁霉灵、苯菌灵、噻菌灵等。

⑥抗生素类杀菌剂：井冈霉素、多抗霉素、春雷霉素、农用链霉素、嘧啶核苷类抗生素等。

⑦其他杀菌剂:甲霜灵、乙烯菌核利、腐霉利、异菌脲、灭菌丹、克菌丹、氟菌唑、敌菌灵等。

2)按杀菌剂的防治原理分类

①保护剂:在病原微生物接触植物或侵入植物体之前,用药剂处理植物或周围环境,抑制病原孢子萌发或杀死萌发的病原孢子,以保护植物免受其害。具有这种保护作用的药剂称为保护剂,如波尔多液、代森锌、碱式硫酸铜、松脂酸铜、代森锰锌、百菌清等。

②治疗剂:药物从植物表皮渗入植物组织内部,经输导、扩散或产生代谢物来杀死或抑制病原,使病株不再受害,恢复健康。具有这种治疗作用的药剂称为治疗剂,如甲基硫菌灵、多菌灵、春雷霉素等。

③铲除剂:施药后能直接杀死已侵入植物的病原物。具有这种铲除作用的药剂称为铲除剂,如福美胂、五氯酚钠、石硫合剂等。

3)按杀菌剂在植物体内的传导特性分类

①内吸性杀菌剂:能被植物叶、茎、根、种子吸收进入植物体内,扩散、存留或产生代谢物,可防治一些深入植物体内或种子胚乳内的病害,以保护作物不受病原物的侵染或对已感病的植物进行治疗,兼具治疗和保护作用。常见品种有多菌灵、烯唑醇、霜脲氰、噻菌铜、甲霜灵、三乙膦酸铝、甲基硫菌灵、敌磺钠、三唑酮等。

②非内吸性杀菌剂:药剂不能被植物内吸、传导、存留。目前,大多数杀菌剂品种都是非内吸性的。此类药剂不易使病原物产生抗药性,比较经济,但大多数只具有保护作用,不能防治深入植物体内的病害。常见品种有碱式硫酸铜、多果定、百菌清、松脂酸铜、石硫合剂、波尔多液、代森锰锌、福美双等。

4)按杀菌剂的使用方法分类 杀菌剂可分为种子处理剂、土壤处理剂和喷洒剂。

10.2.1 无机杀菌剂

10.2.1.1 波尔多液(bordeaux mixture)

1)化学名称 硫酸铜-氢氧化钙的混合物。

2)主要理化性质 天蓝色胶状悬浊液,碱性。

3)生物活性 波尔多液本身并没有杀菌作用,当它被喷洒在植物表面时,可因其黏着性而吸附于作物表面。植物在新陈代谢过程中分泌的酸性液体,以及细菌在入侵植物细胞时分泌的酸性物质,可使波尔多液中少量的碱式硫酸铜转化为可溶的硫酸铜,从而产生少量铜离子。铜离子进入病菌细胞后,可使其蛋白质凝固。除此之外,铜离子还能破坏病菌细胞中某种酶,使细菌代谢不能正常进行。在相对湿度较高、叶面有露水或水膜的情况下,药效较好,持效期长,不易产生抗性。可防治霜霉病、炭疽病、马铃薯晚疫病、棉腐病、幼苗猝倒病等病害,对叶部病害效果尤佳,对棉花、花生、马铃薯有刺激生长作用。

4)毒性 对人畜低毒。

5)常见制剂 80%波尔多液 WP,28%波尔多液 SC。

6)使用技术 防治苹果早期落叶病、炭疽病、轮纹病,可于苹果落花后开始喷药,半月喷一次，和其他杀菌剂交替使用，共喷3～4次。防治苹果烂果病(轮纹病、炭疽病)，可于往年出现病果前10～15天喷药，15～20天喷药一次，连喷3～4次，采果前25天停用。防治苹果霉心病，应于苹果显蕾期开始喷药。防治苹果、梨锈病，可在果园周围的桧柏上喷药。防治葡萄黑痘病、炭疽病、霜霉病，12～15天喷药一次，共喷2～4次。进入雨季后，使用波尔多液防治葡萄病害效果好。

7)注意事项　波尔多液是一种保护性杀菌剂，最好在发病前或者发病初期使用。波尔多液对金属有腐蚀作用，不能用金属容器配制、盛放。药液应现配现用，不可久置。波尔多液对桃、茄子、葫芦、西瓜、黄瓜、李、白菜、小麦有药害。

10.2.1.2　氢氧化铜(copper hydroxide)

1)化学名称　氢氧化铜。

2)生物活性　氢氧化铜为多作用位点杀菌剂，具有治疗和保护作用，能够防治真菌和细菌性病害。氢氧化铜的杀菌谱非常广，可用于防治黄瓜细菌性角斑病、白菜软腐病、番茄青枯病以及马铃薯晚疫病、早疫病、黑痣病、枯萎病、黑胫病、环腐病、软腐病等病害。尤其推荐马铃薯收获前和杀秧剂一起使用或收获后尽快喷施地面，可以有效防止病菌侵染薯块，防治马铃薯后期病害和储藏期病害，持效期长达30天。氢氧化铜耐雨水冲刷，药膜遇雨水具有再悬浮性，可动态分布，雨后不需要补喷。

3)常见制剂　46%、77%氢氧化铜WG。

4)使用技术　防治黄瓜细菌性角斑病、番茄青枯病、番茄溃疡病、番茄斑疹病、白菜软腐病等病害时，可喷施46%氢氧化铜WG的1500倍液。

5)注意事项　可以与大部分杀虫剂、杀菌剂及叶面肥混用。不能与单一金属元素肥(只含有一种金属元素的单剂肥，如硫酸锌、硫酸镁等)、杀菌剂三乙膦酸铝、展着剂和渗透剂等混用。禁止在对铜敏感的桃、李、杏、猕猴桃上使用。

10.2.2　有机硫杀菌剂

10.2.2.1　代森锰锌(mancozeb)

1)化学名称　乙撑双二硫代氨基甲酸锰和锌离子的配位化合物。

2)主要理化性质　原药不溶于水，高温下易分解。

3)生物活性　代森锰锌为保护性杀菌剂，无内吸性，残效期为10～15天。常与内吸性杀菌剂混配，以延缓抗药性的产生，可用于防治多种作物的真菌性叶部病害，如蔬菜霜霉病、炭疽病、褐斑病等，也可用于防治苗期立枯病、猝倒病。代森锰锌是防治番茄早疫病和马铃薯晚疫病的理想药剂，防效分别为80%和90%左右。

4)毒性　低毒。对皮肤有刺激性。

5)常见制剂　50%、70%、80%代森锰锌WP，30%代森锰锌SC。

6)使用技术　代森锰锌一般用于叶面喷洒，隔10～15天喷药一次，连喷2～3次。以80%代森锰锌WP为例，防治番茄、茄子、马铃薯的疫病、炭疽病、叶斑病，可于发病初期喷施400～600倍液，连喷3～5次；防治蔬菜苗期立枯病、猝倒病，可拌种，用药量为种子质量的

0.1%～0.5%；防治瓜类霜霉病、炭疽病、褐斑病，可喷施400～500倍液，连喷3～5次；防治白菜、甘蓝霜霉病和芹菜斑点病，可喷施500～600倍液，连喷3～5次；防治莱豆炭疽病、赤斑病，可喷施400～700倍液，连喷2～3次。

7)注意事项 贮存时避免高温。不能与铜制剂和碱性药剂混用。

10.2.2.2 福美双(thiram)

1)化学名称 双(*N*,*N*-二甲基甲硫酰)二硫化物。

2)主要理化性质 纯品白色至灰白色粉末，不溶于水，微溶于有机溶剂，遇酸分解。

3)生物活性 福美双为保护性杀菌剂，对多种作物的霜霉病、疫病、炭疽病和禾谷类黑穗病、苗期黄枯病有较好的防治效果。

4)毒性 大鼠急性经口 LD_{50} 为780～865 mg/kg，小鼠急性经口 LD_{50} 为1500～2000 mg/kg，对皮肤和黏膜有刺激作用。对鱼类有毒，对蜜蜂无毒。高剂量使用对田间老鼠有一定驱避作用。

5)常见制剂 50%、80%福美双 WP。

6)使用技术 防治棉花苗期病害，可用50%福美双 WP 300 g 拌棉籽100 kg，加适量水充分摇匀后立即播种。防治烟草和甜菜根根腐病、番茄和甘蓝黑肿病及瓜类猝倒病、黄枯病，可用50%福美双 WP 100 g 处理土壤500 kg，用于温室苗床处理。防治苹果黑点病、梨黑腥病，可用50%福美双 WP 500 g 加水250～400 kg 配成药液，均匀喷雾。防治水稻稻瘟病、胡麻叶斑病、立枯病，可用50%福美双 WP 0.5 kg 拌100 kg 种子。防治麦类黑穗病及玉米、高粱黑穗病，可用50%福美双 WP 0.5 kg 拌100 kg 种子。

7)注意事项 不能与铜制剂、汞制剂及碱性农药混用或前后紧连使用。拌过药的种子有残毒，不能再食用。福美双在黄瓜上的间隔期为15天，每季最多使用3次。禁止在水体中清洗施药器具，避免污染水源。

10.2.3 有机磷杀菌剂

20世纪30年代，德国研发了有机磷杀虫剂。1958年，人们发现有机磷杀虫剂具有一定杀菌作用。

10.2.3.1 异稻瘟净(iprobenfos)

1)化学名称 *O*,*O*-二异丙基*S*-苄基硫代磷酸酯。

2)主要理化性质 纯品为无色固体或液体，工业品为淡黄色，有臭味。不溶于水，易溶于多数有机溶剂，稳定性好。

3)生物活性 异稻瘟净具有内吸传导作用，主要破坏细胞通透性，阻止某些亲脂的几丁质前体通过细胞质膜，使几丁质的合成受阻，细胞壁不能生长，抑制菌体的正常生长。若使用不当，病菌可产生抗药性；不同类型的有机磷杀菌剂之间也存在负交互抗性。异稻瘟净低残留，最终代谢产物为磷酸、亚磷酸。异稻瘟净对半知菌类、担子菌纲和子囊菌纲病菌均有很强的杀菌活性，对稻瘟病菌、苗立枯病菌、菌核病菌、白粉病菌等各种卵菌有良好的杀灭作用，亦可兼治稻飞虱、稻叶蝉等虫害。适用于茎叶喷雾、土壤处理、水田撒施等方法。

4)毒性　中等毒。小鼠急性经口 LD_{50} 为 237.7 mg/kg,大鼠急性经皮 LD_{50} 为 570 mg/kg。对眼和皮肤无刺激作用。蓄积性毒性低,对鱼、贝类毒性低。

5)常见制剂　40%异稻瘟净 EC。

6)使用技术

水稻叶瘟:当田间始见稻瘟病急性型病斑时,用40%异稻瘟净 EC(2250 mL/hm^2)兑水(1125 kg/hm^2)常量喷雾,或兑水(225～300 kg/hm^2)低容量喷雾。若病情继续发展,可在7天后再施药一次。

水稻穗瘟:在水稻破口期和齐穗期各施药一次,每次用40%异稻瘟净 EC(2250～3000 mL/hm^2)兑水(900～1125 kg/hm^2)常量喷雾,或兑水(225～300 kg/hm^2)低容量喷雾。对前期叶瘟发生较重、后期肥料过多、稻苗生长嫩绿、抽穗不整齐、易感病品种的田块,如遇抽穗期多雨露的情况,可在第二次施药7天后再施一次(12.5 g 药剂兑水 50～100 kg,粗喷)。

7)注意事项　对于水稻,特别是籼稻品种,如果喷雾不均匀,浓度过高,药量过多,稻苗会产生褐色药害斑。异稻瘟净不能与碱性农药、有机磷杀虫剂及五氯酚钠等混用。安全间隔期为20天。

10.2.3.2　稻瘟灵(isoprothiolane)

1)化学名称　1,3-二硫戊环-2-亚基丙二酸二异丙酯。

2)主要理化性质　纯品为无色结晶,稍有臭味;熔点为54～54.5 ℃;微溶于水,易溶于有机溶剂;对光、热稳定,在 pH 为3～10的介质中稳定,在水中、紫外线下不稳定。

3)生物活性　稻瘟灵是一种高效、低毒、低残留的杀菌剂,具有内吸性,对稻瘟病有特效。稻株吸收药剂后,累积于叶组织(特别是穗轴与枝梗上),抑制病菌侵入和生长,具有保护和治疗作用。稻瘟灵对真菌的作用机理是抑制脂肪酸的生物合成,破坏细胞膜的通透性。对稻瘟灵产生抗药性的菌株对硫赶磷酸酯类杀菌剂表现正交互抗药性。防治稻瘟病的速效性不及有机磷杀菌剂,但药效期长,一般为20～45天,甚至长达65天。稻瘟灵对水稻纹枯病、小球菌核病和白叶枯病也有一定防效。稻瘟灵对人畜安全,对植物无药害。

4)常见制剂　30%、40%稻瘟灵 EC,40%稻瘟灵 WP。

5)使用技术　以40%稻瘟灵 WP 为例。

防治水稻叶瘟:可于田间出现叶瘟发病中心或急性病斑时施药,用药量为900～1125 g/hm^2,加水(450 kg/hm^2)配成药液后喷雾;经常发生地区可在发病前7～10天施药,用药量为900～1500 g/hm^2,加水(450 kg/hm^2)配成药液后泼浇。

防治穗颈瘟:用药量为1125～1500 g/hm^2,加水(450 kg/hm^2)配成药液后喷雾,孕穗后期至破口期和齐穗期各喷一次。

6)注意事项　使用稻瘟灵时田间要有水层(注意保水)。不能与强碱性农药混用。鱼塘附近使用时须慎重。安全间隔期为15天,防穗瘟时要在收割前14天施用。泼浇或撒毒土时,药效期虽长,但成本大大提高,一般不推荐。

10.2.4 取代苯类杀菌剂

10.2.4.1 百菌清(chlorothalonil)

1)化学名称 2,4,5,6-四氯-1,3-二氰基苯。

2)主要理化性质 纯品为白色无味粉末。微溶于水,易溶于二甲苯和丙酮等有机溶剂。化学性质稳定,对弱碱或弱酸性介质及光照稳定,在强碱介质中分解。无腐蚀作用。

3)生物活性 百菌清是一种广谱保护性杀菌剂,其作用机理是与真菌细胞中的3-磷酸甘油醛脱氢酶发生作用,使真菌细胞的新陈代谢受破坏而失去生命力。百菌清没有内吸传导作用,但有良好的附着力,可附着于植物体表,不易被雨水冲刷,因此药效期较长,残效期为7～10天。百菌清主要用于防治子囊菌纲、担子菌纲、半知菌纲和卵菌纲的多种真菌引起的病害,但对腐霉属真菌引起的土传病害效果不好。对多菌灵产生抗药性的病害,改用百菌清防治能收到良好的效果。

4)毒性 大鼠急性经口和家兔急性经皮 LD_{50} ＞10000 mg/kg,大鼠急性吸入 LD_{50} ＞4.7 mg/L(1 h)。对人畜低毒,对鱼毒性大。对家兔眼睛有明显刺激作用,可使角膜混浊,且不可逆转,但对人眼睛没有此种作用。无致畸、致突变作用。

5)常见制剂 40％百菌清SC,75％百菌清WP,10％百菌清OL,2.5％、10％、30％、45％百菌清FU,5％百菌清DP。

6)使用技术 百菌清主要用于防治多种作物的锈病、炭疽病、白粉病、霜霉病。以75％百菌清WP为例,防治枣、苹果等果树的腐烂病、霜霉病、炭疽病、褐斑病和白粉病等病害,可于初发病至8月中旬喷施800～1000倍液,10～15天喷一次;防治黄瓜霜霉病、白粉病等病害,可于发病初期喷施800～1000倍液,7～10天喷一次,连续喷2～3次;防治多种蔬菜的疫病、霜霉病、白粉病等病害,可于发病初期喷施800～1000倍液,7～10天喷一次,连续喷2～3次。

7)注意事项 梨、柿等对百菌清敏感,易产生药害;与杀螟硫磷混用时,桃树易产生药害;与炔螨特混用时,茶树易产生药害;梅花、玫瑰花等花卉也容易产生药害;桃树现花蕾期和谢花后可以使用,幼果期慎用,浓度高时会产生锈斑;红提、青提幼果期易产生药害,套袋后使用问题不大;苹果谢花20天以内的幼果不宜用药,容易产生药害,苹果的一些黄色品种尤其是金帅品种,用药后会产生锈斑。百菌清对鱼和蜜蜂的毒性也都较强,水田使用须谨慎,不宜在作物开花期前后使用。不可与石硫合剂等碱性农药混用。油类物质可能加重药害,混配药液时不宜添加油类助剂,与乳油制剂混配时也要小心。

10.2.4.2 敌磺钠(fenaminosulf)

1)化学名称 4-二甲氨基苯重氮磺酸钠。

2)主要理化性质 黄色至棕色结晶或棕色粉末,可溶于水,易溶于极性溶剂。水溶液遇光、热和碱易分解。

3)生物活性 敌磺钠具有一定内吸、渗透作用,可作为种子和土壤处理剂,主要作用于病原真菌的线粒体呼吸链,对腐霉菌和丝囊菌引起的多种病害有特效,对其他真菌病害也有较好的防效,且兼有刺激作物生长的作用。

4)毒性　对人畜相对安全。大鼠急性经口 LD_{50} 为75 mg/kg,大鼠急性经皮 LD_{50} > 100 mg/kg。对皮肤有刺激作用。对鱼类毒性中等。

5)常见制剂　50%、70%敌磺钠 SP。

6)使用技术

蔬菜病害:防治马铃薯环腐病,可用70%敌磺钠 SP 拌种,药种比为1∶333。防治黄瓜、西瓜的立枯病、枯萎病,可用70%敌磺钠 SP(3105~6000 g/hm²)加水(1125~1500 kg/hm²)配成药液,喷茎基部(或灌根),在发病初期连续喷2~3次。防治白菜、黄瓜霜霉病和番茄、茄子炭疽病,可用70%敌磺钠 SP 的500~1000倍液喷雾。

棉花苗期病害:可用70%敌磺钠 SP 拌种,药种比为1∶333。

烟草黑胫病:可用70%敌磺钠 SP 7125 g 拌225~375 kg/hm²细土,撒在烟草基部并立即盖土。

水稻苗期立枯病、黑根病、烂秧病:用70%敌磺钠 SP 拌种。

小麦锈病:可用70%敌磺钠 SP(3.7~7.3 kg/hm²)加水配成药液后喷雾。

松杉苗木立枯病、黑根病:可用70%敌磺钠 SP 拌种,药种比为1∶(200~500)。

7)注意事项　不可与碱性农药及抗生素类农药混用。一般不宜在温室使用。对于有机质含量高或黏重的土壤,应适当提高药量。

10.2.5　二羧酰亚胺类杀菌剂

10.2.5.1　异菌脲(iprodione)

1)化学名称　3-(3,5-二氯苯基)-1-异丙基氨基甲酰基乙内酰脲。

2)主要理化性质　纯品为无色结晶,难溶于水,易溶于丙酮、二甲基甲酰胺等有机溶剂,遇碱分解,无吸湿性,无腐蚀性。

3)生物活性　异菌脲一种高效广谱的触杀型杀菌剂,对病原菌生活史的各阶段均有影响,对孢子、菌丝体、菌核均有作用,可抑制病菌孢子萌发和菌丝生长。在植物体内几乎不能渗透,属于保护性杀菌剂。对灰葡萄孢属、核盘属、链孢霉属、小菌核属、丛梗孢属具有较好的杀菌作用,可用于防治灰霉病、早期落叶病、腐心病、早疫病、菌核病、黑穗病等病害。

4)毒性　雌性、雄性大鼠急性经口 LD_{50} 分别为1530 mg/kg、2060 mg/kg,雌性、雄性小鼠急性经口 LD_{50} 分别为2670 mg/kg、1870 mg/kg。对眼睛和皮肤无刺激作用。无致畸、致癌、致突变作用。

5)常见制剂　50%异菌脲 WP,25%、255 g/L、500 g/L 异菌脲 SC,10%异菌脲 EC。

6)使用技术

防治苹果斑点落叶病:可于苹果春梢开始发病时喷施50%异菌脲 WP 的1000~1500倍液,隔10~15天再喷药一次,秋梢旺盛生长期再喷2~3次。

防治苹果轮纹病、褐斑病:可喷施50%异菌脲 WP 的1000~1500倍液。

防治梨黑斑病:可于始见发病时喷施50%异菌脲 WP 的1000~1500倍液,以后视病情隔10~15天再喷1~2次。

防治葡萄灰霉病：可于发病初期喷施50%异菌脲WP的750～1000倍液，连喷2～3次。

防治草莓灰霉病：可于发病初期开始施药，将50%异菌脲WP(750～1500 g/hm²)配成药液，8～10天喷一次，至收获前2～3周停止施药。

防治核果(杏、樱桃、桃、李等)果树的花腐病、灰霉病、灰星病：可将50%异菌脲WP(1005～1500 g/hm²)配成药液，花腐病于果树初花期和盛花期各喷施一次，灰霉病于收获前喷施1～2次，灰星病于果实收获前1～2周和3～4周各喷施一次。

防治柑橘疮痂病：可于发病前半个月和发病初期喷施50%异菌脲WP的1000～1500倍液。

防治柑橘贮藏期青霉病、绿霉病、黑腐病和蒂腐病：可用50%异菌脲WP的500倍液与42%噻菌灵SC的500倍液混合浸果1 min后包装贮藏。

防治香蕉贮藏期轴腐病、冠腐病、炭疽病、黑腐病：可用255 g/L异菌脲SC的170倍液浸果。若与噻菌灵混用，防效更好，且可显著提高由镰刀菌引起的腐烂病的防治效果。异菌脲也可用于防治梨、桃贮藏期病害。

防治西瓜叶枯病和褐斑病：可于播前用50%异菌脲WP(种子量的0.3%)拌种，生长期发病可喷施50%异菌脲WP的1500倍液，10天喷药一次，连喷2～3次。

7)注意事项 不能与腐霉利、乙烯菌核利等作用方式相同的药剂混用或轮用。不能与强碱性或强酸性药剂混用。为预防抗性菌株的产生，作物全生育期异菌脲的施用次数要控制在3次以内，在病害发生初期和高峰前使用效果更好。

10.2.5.2 腐霉利(procymidone)

1)化学名称 *N*-(3,5-二氯苯基)-1,2-二甲基环丙烷-1,2-二甲酰基亚胺。

2)主要理化性质 白色结晶，常温常压下稳定。

3)生物活性 腐霉利为内吸性杀菌剂，兼有保护和治疗作用，主要作用机制是抑制菌体内甘油三酯的合成，低温高湿条件下使用效果显著。腐霉利对葡萄孢属和核盘菌属真菌有特效，可用于防治果树、蔬菜作物的灰霉病、菌核病，也可用于防治对苯并咪唑类农药(甲基硫菌灵、多菌灵)产生抗性的真菌引起的病害。使用后保护效果好、持效期长，能阻止病斑发展蔓延。在作物发病前或发病初期使用，可取得满意效果。

4)毒性 原药对大鼠急性经口LD_{50}＞7700 mg/kg，大鼠急性经皮LD_{50}＞2500 mg/kg。对眼睛和皮肤有刺激作用。无致癌、致畸、致突变作用。对蓝鳃鱼LC_{50}(96 h)为10 mg/L。

5)常见制剂 10%、15%腐霉利FU，43%腐霉利SC，50%腐霉利WP。

6)使用技术 腐霉利常用于油菜、萝卜、茄子、黄瓜、白菜、番茄、向日葵、西瓜、草莓、桃、樱桃、花卉、葡萄等作物，防治灰霉病、菌核病、灰星病、花腐病、褐腐病、蔓枯病等病害。

防治蔬菜、草莓等的灰霉病：可喷施50%腐霉利WP的1000～2000倍液，初花期、盛花期、结果期分别喷施1～2次。

防治菌核病：可于发病初期喷施50%腐霉利WP的1500～2000倍液，初花期、盛花期喷1～2次。

防治枣树锈病、黑斑病、灰斑病等病害：可于发病初期喷施50%腐霉利WP的1000倍液

1～2次，防治效果达95%。

7)注意事项 腐霉利容易使病菌产生抗药性，不可连续使用，应与其他农药交替使用。药剂要现配现用，不可长时间放置。不可与强碱性药物如波尔多液、石硫合剂混用，也不可与有机磷农药混配。防治病害应尽早用药，最好要在发病前，最迟也要在发病初期使用。药剂应存放在阴暗、干燥、通风处。

10.2.6 苯并咪唑类杀菌剂

10.2.6.1 多菌灵(carbendazim)

1)化学名称 *N*-(2-苯并咪唑基)氨基甲酸甲酯。

2)主要理化性质 纯品为白色结晶固体，原药为棕色粉末。不溶于水，微溶于丙酮、氯仿和其他有机溶剂。可溶于无机酸及乙酸并形成相应的盐，化学性质稳定。

3)生物活性 多菌灵具有内吸治疗和保护作用，可干扰病原菌有丝分裂中纺锤体的形成，影响细胞分裂，对半知菌、多子囊菌等真菌引起的病害有防治效果，可用于叶面喷雾、种子处理和土壤处理等，防治白粉病、疫病、炭疽病、菌核病、灰霉病、枯萎病、黄萎病、立枯病、猝倒病、倒秧病等病害。

4)常见制剂 25%、50%多菌灵WP，40%、50%多菌灵SC，80%多菌灵WG。

5)使用技术

①喷雾。防治瓜类白粉病、疫病，番茄早疫病，豆类炭疽病、疫病，油菜菌核病，可将50%多菌灵WP(1500～3000 g/hm^2)配成药液，于发病初期喷洒，共喷2次，间隔5～7天。

防治大葱、韭菜灰霉病，可喷施50%多菌灵WP的300倍液。防治茄子、黄瓜菌核病，瓜类、菜豆炭疽病、豌豆白粉病，可喷施50%多菌灵WP的500倍液。防治十字花科蔬菜、番茄、莴苣、菜豆菌核病，番茄、黄瓜、菜豆灰霉病，可喷施50%多菌灵WP的600～800倍液。防治十字花科蔬菜白斑病、豇豆煤霉病、芹菜早疫病(斑点病)，可喷施50%多菌灵WP的700～800倍液。防治以上病害均于发病初期第一次用药，间隔7～10天喷一次，连续喷药2～3次。

防治枣、苹果、梨的轮纹病、黑斑病、褐斑病、炭疽病害：于落花后7～10天喷施50%多菌灵WP的600～800倍液，以后视降雨情况隔10～15天于降雨后喷药。干旱季节无降雨时可不喷药，但在雨季或空气潮湿、夜间树上长时间结露时，无降雨也须间隔10～15天定期喷药，至果实采收前30～40天停止施药。

②拌种。防治番茄枯萎病，按种子质量的0.3%～0.5%拌种。防治菜豆枯萎病，按种子质量的0.5%拌种，或用60～120倍药液浸种12～24 h。

③毒土。防治蔬菜苗期立枯病、猝倒病，可用50%多菌灵WP拌干细土，比例为1∶(1000～1500)。播种时将药土撒入播种沟后覆土，药土用量为10～15 kg/m^2。

④灌根。防治黄瓜、番茄枯萎病和茄子黄萎病，可用50%多菌灵WP的500倍液灌根，每株灌药0.3～0.5 kg，发病重的地块间隔10天再灌一次。

6)注意事项 多菌灵可与一般杀菌剂混用，但不宜与碱性药剂混用，与杀虫剂、杀螨剂混用时要现混现用。长期单一使用多菌灵易使病菌产生抗药性，为延缓病菌抗药性，应与其他杀菌剂轮换使用或混合使用。土壤处理时，有时会被土壤微生物分解，降低药效。若土壤处理效果不理想，可改用其他施药方法。安全间隔期为15天。

10.2.6.2 甲基硫菌灵(thiophanate-methyl)

1)化学名称 4,4′-(1,2-亚苯基)双(3-硫代脲基甲酸甲酯)。

2)主要理化性质 纯品为无色棱状结晶，溶于丙酮、甲醇、氯仿、乙腈，不溶于水，在碱性介质中分解。

3)生物活性 甲基硫菌灵具有预防和内吸作用，持效期为5～7天，进入植物体内后能转化成多菌灵，可干扰病菌菌丝形成，影响病菌细胞分裂，使孢子萌发长出的芽管畸形，从而杀死病菌。甲基硫菌灵可广泛用于防治粮、棉、油、蔬菜、果树的多种病害，如番茄叶霉病，蔬菜炭疽病、褐斑病、灰霉病，瓜类白粉病、炭疽病和灰霉病，豌豆白粉病，水稻稻瘟病和纹枯病，小麦锈病、白粉病、赤霉病和黑穗病，油菜菌核病，花生疮痂病，果树根部病害(如根腐病、紫纹羽病、白纹羽病、白绢病等)，苹果和梨的腐烂病、轮纹病、炭疽病、褐斑病、花腐病、霉心病、褐腐病、黑星病、白粉病、锈病、煤污病，葡萄黑痘病、炭疽病、白粉病、褐斑病等病害。

甲基硫菌灵主要用于叶面喷雾，也可用于土壤处理，可与噁霉灵混用，以防治根部及土壤病害，效果显著。

4)毒性 大鼠急性经口 LD_{50} 为6640～7500 mg/kg，小鼠急性经口 LD_{50} 为3150～3400 mg/kg，大鼠、小鼠急性经皮 LD_{50}＞10000 mg/kg。鲤鱼 LC_{50} 为11 mg/L(48 h)。无致癌、致畸、致突变作用。

5)常见制剂 50％甲基硫菌灵SC，70％甲基硫菌灵WP。

6)使用技术

防治麦类赤霉病：可于初花期喷施70％甲基硫菌灵WP的700～1400倍液，一季内喷2次。防治麦类黑穗病：可用70％甲基硫菌灵WP 150 g拌种50 kg。防治小麦白粉病：可喷施70％甲基硫菌灵WP的700倍液。

防治水稻叶瘟：可喷施70％甲基硫菌灵WP的1500倍液，间隔7～10天，连喷2次。防治水稻纹枯病：可喷施70％甲基硫菌灵WP的700倍液。

防治油菜菌核病：可喷施70％甲基硫菌灵WP的1500倍液。

防治花生叶斑病：可喷施70％甲基硫菌灵WP的500倍液。

防治蔬菜炭疽病、白粉病、灰霉病、菌核病、枯萎病，瓜类蔓枯病，白菜白斑病，茄子黄萎病，蕹菜、草莓轮斑病，落葵、草莓蛇眼病，芦笋、罗勒、香椿、莲藕等特菜的褐斑病，茭白胡麻叶斑病，小西葫芦根霉腐烂病，十字花科特菜褐腐病等：可于发病初期喷施70％甲基硫菌灵WP的800～1000倍液，间隔7～10，连喷2～3次。

防治番茄叶霉病：可将70％甲基硫菌灵WP(525～795 g/hm^2)配成药液，于发病初期施药，间隔7～10天，连续使用2～3次。病害发生严重地区可适当增加剂量(1200 g/hm^2)。

防治大蒜白腐病：可用50％甲基硫菌灵WP拌种，用药量为蒜种质量的0.4％。

7)注意事项 不能与铜制剂、碱性农药、强酸性农药混用。连续使用易产生抗药性，应注意与不同类型药剂交替使用。不少地区用甲基硫菌灵防治灰霉病、菌核病等已难奏效，需改用其他药剂防治。甲基硫菌灵的安全间隔期：黄瓜为4天，每季最多使用2次；西瓜为14天，每季多使用3次；番茄为3天，一季最多使用3次；芦笋为14天，每季最多使用5次；花生为7天，每季最多使用4次；梨为21天，每季最多使用2次；苹果为21天，每季最多使用4次；水稻为30天，每季最多使用3次；麦类为30天，每季最多使用2次。

10.2.6.3 咪鲜胺(prochloraz)

1)化学名称 *N*-丙基-*N*-[2-(2,4,6-三氯苯氧基)乙基]-咪唑-1-甲酰胺。

2)主要理化性质 纯品为无色液体，在常温及中性介质下稳定，在浓酸和浓碱介质中分解。

3)生物活性 咪鲜胺是一种广谱、低毒杀菌剂，具有预防、保护和铲除等多重作用，无内吸性。其作用机理是抑制麦角甾醇生物合成，对子囊菌和半知菌引起的病害有显著防效，可用于防治禾谷类作物、果树、蔬菜等的许多病害。

4)毒性 大鼠急性经口 LD_{50} 为1600 mg/kg，大鼠急性经皮 $LD_{50}>5$ mg/kg。

5)常见制剂 0.05%咪鲜胺AS，25%、45%咪鲜胺EC，45%咪鲜胺EW。

6)使用技术

防治禾谷类作物茎、叶、穗上的许多病害(如白粉病、叶斑病)：可进行种子处理(有效成分200～400 mg/L)或叶面喷雾(0.3～1.0 kg/m²)。

防治果树、蔬菜、蘑菇和观赏植物的许多病害：果树和蔬菜于收获前喷洒，推荐浓度为20～50 g/100 L，收获后贮存浸渍用量为250～1000 mg/L。叶面喷雾时应以植物着药但不滴液为宜，间隔10～15天，连喷3次可获防效。

防治柑橘果实贮藏期的蒂腐病、青霉病、绿霉病、炭疽病：于采收后用25%咪鲜胺EC的500～1000倍液浸果2 min，捞起、晾干、贮藏。单果包装，效果更好。也可每吨果实用0.05%咪鲜胺AS 2～3 L喷涂。

防治香蕉果实的炭疽病、冠腐病：于采收后用0.05%咪鲜胺AS的450～900倍液浸果2 min后贮藏。

防治贮藏期荔枝黑腐病：用45%咪鲜胺EC的1500～2000倍液浸果1 min后贮存。

7)注意事项 咪鲜胺的安全间隔期为7天，每季作物最多施药2～3次。但用咪鲜胺处理果实，应当天采收当天用药。可与多种农药混用，但不宜与强酸、强碱性农药混用。施药时不可污染鱼塘、河道或水沟。对于咪鲜胺引起的药害，可对叶片喷施芸薹素(最好添加细胞分裂素)。

10.2.7 三唑类杀菌剂

10.2.7.1 丙硫菌唑(prothioconazole)

1)化学名称 2-[2-(1-氯环丙基)-3-(2-氯苯基)-2-羟丙基]-1,2-二氢-3*H*-1,2,4-三唑-3-硫酮。

2)主要理化性质 丙硫菌唑为白色结晶性粉末，在水中溶解度为300 mg/L(20 ℃)。

3)生物活性 丙硫菌唑具有很好的内吸活性以及保护、治疗和铲除作用,且持效期长,对作物安全。其作用机理是抑制真菌中甾醇的前体——羊毛甾醇或2,4-亚甲基二氢羊毛甾醇14位上的脱甲基化作用。与三唑类杀菌剂相比,丙硫菌唑具有更广谱的杀菌活性,几乎对谷物上所有真菌病害(小麦和大麦的白粉病、纹枯病、枯萎病、叶斑病、锈病、菌核病、网斑病、云纹病等)都有优异防效,还能防治油菜和花生的土传病害(如菌核病)以及主要叶面病害(灰霉病、黑斑病、褐斑病、黑胫病、菌核病和锈病等)。除此之外,丙硫菌唑还表现出良好的保绿防衰作用,增产效果明显。丙硫菌唑既可用于叶面喷雾,也可用于种子处理,有良好的耐雨淋性。

4)毒性 毒性低,无致畸、致突变作用,对胚胎无毒性,对人和环境安全。

5)常见制剂 250 g/L丙硫菌唑EC,30%丙硫菌唑OD。

6)使用技术 在目标病害症状出现前后进行叶面处理、种子处理。使用剂量通常为200 g/hm^2(有效成分)。防治小麦赤霉病,可使用30%丙硫菌唑OD 40~45 mL,人工喷雾兑水30~45 L,飞机喷雾兑水0.8~1 L,于小麦扬花初期见花施药,5~7天后再施药一次,防治效果达85%。

10.2.7.2 苯醚甲环唑(difenoconazole)

1)化学名称 (顺反)-3-氯-4-[4-甲基-2-(1*H*-1,2,4-三唑-1-基甲基)-1,3-二噁戊烷-2-基]苯基-4-氯苯基醚。

2)主要理化性质 无色固体,易溶于有机溶剂。300 ℃以下稳定,在土壤中移动性小,缓慢降解。

3)生物活性 苯醚甲环唑为内吸性杀菌剂,具有保护和治疗作用。其作用机制是通过抑制体内的麦角甾醇的生物合成,干扰病菌的正常生长。除此之外,苯醚甲环唑对病菌的孢子有非常强烈的抑制作用。苯醚甲环唑杀菌谱广,可用于防治子囊菌纲、担子菌纲、半知菌(包括链格孢属、壳二孢属、尾孢霉属、刺盘孢属、球座菌属、茎点霉属、柱隔孢属、壳针孢属、黑星菌属)、白粉菌科、锈菌目及某些种传病原菌引起的病害。叶面处理或种子处理可提高作物的产量和品质。

4)毒性 大鼠急性经口LD_{50}为1453 mg/kg,家兔急性经皮$LD_{50}>2010$ mg/kg。对家兔皮肤和眼睛有刺激作用,对豚鼠无皮肤致敏作用。对蜜蜂无毒。

5)常见制剂 10%苯醚甲环唑WG。

6)使用技术 苯醚甲环唑广泛应用于果树、蔬菜等作物,可有效防治黑星病、黑痘病、白腐病、斑点落叶病、白粉病、褐斑病、锈病、条锈病、赤霉病等,主要用作叶面处理剂和种子处理剂。下面以10%苯醚甲环唑WG为例,介绍苯醚甲环唑的使用技术。

防治梨黑星病,可于发病初期喷施6000~7000倍液,发病严重时喷施3000~5000倍液,间隔7~14天,连续施药2~3次。防治苹果斑点落叶病,可于发病初期喷施2500~3000倍液,发病严重时喷施1500~2000倍液,间隔7~14天,连续喷药2~3次。防治葡萄炭疽病、黑痘病,可喷施1500~2000倍液。防治柑橘疮痂病,可喷施2000~2500倍液。防治西瓜蔓枯病,用药量为750~1200 g/hm^2。防治草莓白粉病,用药量为300~600 g/hm^2。

防治马铃薯、番茄早疫病，可于发病初期喷施 800～1200 倍液，持效期为 7～14 天。防治莱豆、豇豆等豆类蔬菜叶斑病、锈病、炭疽病、白粉病和辣椒炭疽病，可于发病初期喷施 800～1200 倍液，持效期为 7～14 天。防治炭疽病时最好和代森锰锌或百菌清混用。

7)注意事项　苯醚甲环唑不宜与铜制剂混用，因为铜制剂会降低其杀菌能力，如果确实需要与铜制剂混用，则要加大苯醚甲环唑的用药量。苯醚甲环唑有内吸性，可以通过输导组织传送到植物全身，但为了确保防治效果，喷雾时用水量一定要充足，要求果树全株均匀喷药。西瓜、草莓、辣椒喷液量为 750 L/hm^2。果树可根据果树大小确定喷液量，大果树喷液量高，小果树喷液量低。施药应选早晚气温低、无风时进行。晴天空气相对湿度低于 65%、气温高于 28 ℃、风速大于 5 m/s 时应停止施药。苯醚甲环唑虽有保护和治疗双重效果，但为了尽量减轻病害造成的损失，应充分发挥其保护作用，因此施药时间宜早不宜迟，发病初期喷药效果更佳。苯醚甲环唑对水生生物有毒，严禁污染水源。

10.2.7.3　戊唑醇(tebuconazole)

1)化学名称　(*RS*)-1-(4-氯苯基)-4,4-二甲基-3-(1*H*-1,2,4-三唑-1-基甲基)戊-3-醇。

2)主要理化性质　纯品为无色结晶，原药为白色结晶。

3)生物活性　戊唑醇具有保护、治疗、铲除三大功能，杀菌谱广，持效期长。其作用机理是通过抑制病菌细胞膜上麦角甾醇的去甲基化，阻止病菌细胞膜的形成，进而杀死病菌。戊唑醇还能够促进作物的生长，使之根系发达、叶色浓绿，提高作物产量和质量。

戊唑醇可有效防治禾谷类作物的多种锈病、白粉病、网斑病、根腐病、赤霉病、黑穗病及种传轮斑病、茶树茶饼病、香蕉叶斑病等病害。

4)毒性　大鼠急性经口 LD_{50} 为 4 mg/kg，大鼠急性吸入 LC_{50}＞800 mg/m^3 (4 h)，大鼠急性经皮 LD_{50}＞5 mg/kg，小鼠急性经口 LD_{50} 为 2 mg/kg。对家兔皮肤无刺激作用，对眼睛有严重刺激性。无致癌、致畸、致突变作用。

5)常见制剂　2%戊唑醇湿拌种剂，25%戊唑醇 EW，43%戊唑醇 SC，6%戊唑醇 FS。

6)使用技术　戊唑醇主要用于防治小麦、水稻、花生、蔬菜、香蕉、苹果、梨、玉米及高粱等作物上的多种真菌病害，用作种子处理剂和叶面喷雾剂。

小麦散黑穗病和腥黑穗病：用 2%戊唑醇湿拌种剂 100～150 g 拌种(100 kg 种子)，充分拌匀后播种。戊唑醇拌种对小麦出芽有抑制作用，一般晚发芽 2～3 天(最多 5 天)，对后期产量没有影响。

小麦(水稻)纹枯病：用 2%戊唑醇湿拌种剂 170～200 g 拌种(100 kg 种子)，或用 6%戊唑醇 FS 60～80 g 包衣(100 kg 种子)。喷雾处理时使用 43%戊唑醇 SC，用药量为 150～225 mL/hm^2，兑水 450～675 L/hm^2。

玉米丝黑穗病：用 2%戊唑醇湿拌种剂 400～600 g 拌种(100 kg 种子)。

苹果斑点落叶病：于发病初期喷施 43%戊唑醇 SC 的 5000～8000 倍液，每隔 10 天喷一次，春梢时期喷药 3 次，秋梢时期喷药 2 次。

7)注意事项　茎叶喷雾时，在蔬菜幼苗期、果树幼果期应注意使用浓度，以免造成药害。

戊唑醇应贮存于干燥、通风、阴凉处。

10.2.7.4 已唑醇(hexaconazole)

1)化学名称 (*RS*)-2-(2,4-二氯苯基)-1-(1*H*-1,2,4-三唑-1-基)-己-2-醇。

2)主要理化性质 纯品为无色结晶,稳定性好。

3)生物活性 已唑醇的生物活性、杀菌机理与三唑酮、三唑醇相似,具有抑菌谱广、渗透性和内吸传导性强、保护和治疗效果好等特点,其作用机理是破坏和阻止病菌麦角甾醇生物合成,使病菌不能形成细胞膜,最终死亡。已唑醇可有效防治子囊菌、担子菌和半知菌引起的病害,尤其对担子菌和子囊菌引起的病害如白粉病、锈病、黑星病、褐斑病、炭疽病、纹枯病、稻曲病等有较好的预防和治疗作用,对水稻纹枯病有良好防效,但对卵菌和细菌无效。

4)毒性 低毒。大鼠急性经口 LD_{50} 为2189 mg/kg,大鼠急性经皮 $LD_{50}>2000$ mg/kg。对家兔皮肤无刺激作用,但对眼睛有轻微刺激作用。无致突变作用。

5)常见制剂 5%已唑醇 SC,5%已唑醇 ME。

6)使用技术 已唑醇对葡萄白粉病有突出防效,对黑腐病的效果比其他药剂好,15～20 mg/L适于严重流行年份。单用(10～20 mg/L)或与二硫代氨基甲酸酯混用对苹果黑星病和白粉病有很好的防效,对苹果胶锈菌也很有效。33.3～62.5 mg/kg 喷雾可防治苹果斑点落叶病。在花生上,已唑醇单用或与低浓度的百菌清混用,对防治早期和晚期叶斑病效果都很好,优于百菌清。已唑醇对咖啡锈病有治疗活性,持效期很长。病害流行年份,30 g/hm^{2}喷 3 次的效果与铜制剂喷 5 次的效果相当,略优于三唑酮(250 g/hm^2)喷 3 次的效果;仅用 10 g 已唑醇即可获得 250 g 三唑酮的防效。5%已唑醇 ME 稀释至 40～50 mg/kg 喷雾可防治梨黑心病。

7)注意事项 在水稻上使用的间隔期为 30 天,每季作物最多使用 3 次。建议与其他作用机制不同的药剂轮换使用,以延缓抗性产生。在施药期间应避免对周围蜂群的影响,蜜源作物花期禁用。蚕室和桑园附近禁用。远离水产养殖区施药,禁止在河塘等水体中清洗施药器具。养鱼稻田禁用,施药后田水不能直接排入河塘等水体。

10.2.8 嘧啶类杀菌剂

10.2.8.1 嘧霉胺(pyrimethanil)

1)化学名称 *N*-(4,6-二甲基嘧啶-2-基)苯胺。

2)主要理化性质 原药为无色、白色或白色带微黄色结晶。能溶于有机溶剂,微溶于水,在弱酸、弱碱性条件下稳定。

3)生物活性 嘧霉胺具有保护和治疗作用,对灰霉菌(尤其是对常用的苯并咪唑类及氨基甲酸酯类杀菌剂已产生抗药性的灰霉菌)有特效。其杀菌作用机理独特:通过抑制灰霉菌的侵染酶的分泌,阻止病菌的芽管伸长和菌丝生长,杀死病菌。在一定的用药时间内,嘧霉胺对灰霉菌孢子萌芽也具有一定抑制作用。嘧霉胺兼具内吸传导和熏蒸作用,施药后可迅速到达植株的花、幼果等喷雾无法达到的部位杀死病菌,尤其是加入卤族特效渗透剂后,可增加其在叶片和果实上附着的时间和渗透的速度,有利于吸收,使药效更快、更稳定。嘧霉胺对温度不敏感,在较低温度下施用不影响药效。嘧霉胺常用于防治灰霉病、枯萎病、黑星病、斑点落叶病等病害。

4)毒性　小鼠急性经口 LD_{50} 为 4061～5358 mg/kg,大鼠急性经口 LD_{50} 为 4150～5971 mg/kg,大鼠急性经皮 LD_{50} ＞5000 mg/kg。对家兔眼睛和皮肤无刺激性。在实验剂量范围内对动物无致畸、致癌、致突变作用。

5)常见制剂　20%、30%、37%、40%嘧霉胺 SC,20%、40%嘧霉胺 WP。

6)使用技术　防治黄瓜、番茄灰霉病,可于发病前或发病初期施用 40%嘧霉胺 WP 的 800～1200 倍液,用水量为 450～1125 kg/hm^2。植株高大,高药量、高水量;植株矮小,低药量、低水量。每隔 7～10 天施药一次,共施药 2～3 次。露地菜用药应选早晚风小、低温时进行。防治葡萄灰霉病,可喷施 40%嘧霉胺 SC 的 1000～1500 倍液。当生长季节需施药 4 次以上时,应与其他杀菌剂交替使用,避免产生耐药性。

7)注意事项　晴天 8:00—17:00、空气相对湿度低于 65%时使用,气温高于 28 ℃时应停止施药。建议对嘧霉胺敏感的豆类蔬菜和茄子谨慎用药,在使用嘧霉胺的时候必须注意控制药量。若茄子产生药害(叶片上出现非常多黑褐色病斑,叶片黄化、掉落),易被误认为茄子斑点落叶病而使用农药,加重药害,因此建议辨别嘧霉胺药害斑点以及侵染性病害斑点。嘧霉胺在豆类蔬菜上的药害通常表现为黄白色叶片,严重的叶片干枯、脱落,花果也掉落。

10.2.8.2　嘧菌环胺(cyprodinil)

1)化学名称　*N*-(4-甲基-6-环丙基嘧啶-2-基)苯胺。

2)主要理化性质　纯品为粉状固体,有轻微气味。

3)生物活性　嘧菌环胺主要作用于病原真菌的侵入期和菌丝生长期,通过抑制病原菌细胞中甲硫氨酸的生物合成和水解酶活性,干扰真菌生命周期,阻止病原菌侵入植物,破坏植物体中菌丝体,影响其生长。嘧菌环胺与三唑类、咪唑类、吗啉类、二羧酸亚胺类、苯基吡咯类杀菌剂均无交互抗性,对半知菌和子囊菌引起的灰霉病和斑点落叶病等有极佳的防治效果,非常适用于病害综合防治。嘧菌环胺具有保护、治疗、叶片穿透及根部内吸活性,适用于叶面喷雾或种子处理,也可用作大麦种衣剂。嘧菌环胺具有内吸传导性,可迅速被叶片吸收,通过木质部进行传导,同时也可跨层传导,耐雨水冲刷,药后 2 h 下雨不影响药效。低温、高湿条件下(高湿可提高吸收比例,低温可阻止有效成分分解,保证叶表有效成分的持续吸收),速效性差但持效性佳;高温、低湿条件下,见效快但持效期短。

4)毒性　低毒。大鼠急性经口 LD_{50} ＞2000 mg/kg,大鼠急性经皮 LD_{50} ＞2000 mg/kg,大鼠急性吸入 LC_{50} (4 h)＞2000 mg/L。对家兔眼和皮肤无刺激。无三致作用。

5)常见制剂　50%嘧菌环胺 WG。

6)使用技术　嘧菌环胺主要用于防治灰霉病、白粉病、黑星病、叶斑病、盈枯病以及小麦眼纹病等病害。

防治草莓灰霉病,应抓好早期预防,从初现幼果开始,视天气情况隔 7～10 天喷施一次 50%嘧菌环胺 WG 的 1000 倍液,连续施药 2～3 次。防治辣椒灰霉病,应抓好早期预防,于苗后真叶期至开花前病害侵染初期开始，视天气情况和病害发展隔 7～10 天喷施一次 50% 嘧菌环胺 WG 的 1000 倍液，连续施药2～3 次。防治油菜菌核病，可用 50%嘧菌环胺 WG 的 800 倍液喷于植株中下部。由于带菌（有病）的花瓣是引起叶片、茎秆发病的主要原因，因此，应与油菜主茎盛花期至第一分枝盛花期（最佳防治适期）用药，隔 7～10 天喷一次，连喷 2～3 次。当辣椒、茄子盛果期灰霉病严重（烂秆、纵裂）时，可将 50%嘧菌环胺 WG 调成糊状，也可以用药土和成泥糊，涂抹于病处。

7）注意事项 嘧菌环胺可与绝大多数杀菌剂和杀虫剂混用。为保证作物安全，建议在混用前进行相容性试验。尽量不要和乳油类杀虫剂混用。一季使用 2 次时，嘧啶胺类的其他产品只能使用 1 次；当一种作物在一季内施药处理灰霉病 6 次时，嘧啶胺类的产品最多使用 2 次；当一种作物在一季内施药处理灰霉病 7 次或超过 7 次时，嘧啶胺类的产品最多使用 3 次。嘧菌环胺对黄瓜不安全，容易产生药害；在温度高的情况下，对大棚番茄也有药害，应慎用。

10.2.9 吡啶类杀菌剂

10.2.9.1 啶酰菌胺（boscalid）

1）化学名称 2-氯-*N*-(4′-氯联苯-2-基)烟酰胺。

2）主要理化性质 纯品为白色粉末。

3）生物活性 啶酰菌胺是一种线粒体呼吸抑制剂，通过抑制线粒体电子传递链上琥珀酸辅酶 Q 还原酶（也称为复合物Ⅱ），阻碍三羧酸循环，使氨基酸和糖缺乏、能量减少，干扰细胞的分裂和生长。啶酰菌胺的作用机理与其他酰胺类和苯甲酰胺类杀菌剂类似，可有效防治对甾醇抑制剂及双酰亚胺类、苯并咪唑类、苯胺嘧啶类、苯基酰胺类和甲氧基丙烯酸酯类杀菌剂产生抗性的病菌。啶酰菌胺可以抑制孢子萌发、芽管伸长、附着器形成，在真菌的所有其他生长期也有效。啶酰菌胺为叶面应用杀菌剂，有很好的叶内渗透性，可以在植物叶部垂直渗透和向顶传输，表现出卓越的耐雨水冲刷性和持效性。啶酰菌胺具有优异的预防作用，且有一定治疗效果，主要用于防治油菜、葡萄、果树、番茄、蔬菜和大田作物等白粉病、灰霉病、菌核病、褐腐病和根腐病。

4）毒性 大鼠急性经口 $LD_{50}>5000$ mg/kg，急性经皮 $LD_{50}>2000$ mg/kg。对家兔皮肤和眼睛无刺激性。无致突变、致畸和致癌作用，对繁殖无不良影响。

5）常见制剂 50%啶酰菌胺 WG。

6）使用技术 防治梨、葡萄和收获后猕猴桃的灰霉病，用药量为 1～1.2 kg/hm²。可用于葡萄的不同生长阶段，葡萄成串前施药效果最佳。防治蔬菜灰霉病、早疫病、菌核病，可用啶酰菌胺 12 g 加水 30 kg 配成药液喷雾。防治草莓灰霉病等，可喷施啶酰菌胺的 1300 倍液。

7）注意事项 啶酰菌胺不能与碱性农药混用。配好的药液要立即使用。黄瓜的安全间隔期为 2 天，每季最多用药 3 次。草莓的安全间隔期为 3 天，每季最多用药 3 次。葡萄的安全间隔期为 7 天，每季最多用药 3 次。洗涤药械或处置废弃物时不可污染水源。

10.2.9.2 啶菌噁唑(pyrisoxazole)

1)化学名称 5-(4-氯苯基)-2,3-二甲基-3-(吡啶-3-基)异噁唑啉。

2)主要理化性质 原药外观为稳定的均相液体,无可见悬浮物和沉淀物。易溶于丙酮、氯仿、乙酸乙酯、乙醚,微溶于石油醚,不溶于水。在水中、日光或避光条件下稳定。

3)生物活性 啶菌噁唑是一种内吸低毒杀菌剂,具有独特的作用机制(抑制甾醇合成)和广谱杀菌活性,可经由植物根部和茎叶吸收,抑制灰霉病菌的菌丝生长、孢子萌发及芽管伸长,从而有效控制叶部病害的发生和危害。对灰霉病、叶霉病、早疫病、黑星病、枯萎病等有预防和治疗作用,对作物安全。与目前广泛使用的甲基硫菌灵、腐霉利、多菌灵、异菌脲、乙霉威等杀菌剂作用机制不同,不具有交互抗性。啶菌噁唑主要用于防治番茄灰霉病、黄瓜灰霉病、草莓灰霉病等病害,对番茄叶霉病、黄瓜白粉病、黑星病也有很好的防治效果。

4)毒性 大鼠急性经口 LD_{50}>4640 mg/kg,急性经皮 LD_{50}>2150 mg/kg。

5)常见制剂 25%啶菌噁唑 EC。

6)使用技术 防治番茄灰霉病,可于发病前或发病初期用25%啶菌噁唑 EC 的 625~1250 倍液进行叶面喷雾,间隔7~8天,喷药2~3次。防治保护地番茄叶霉病,可用25%啶菌噁唑 EC(195~240 g/hm^2,有效成分)兑水(900 kg/hm^2)配成药液喷雾。防治莴苣菌核病,可喷施25%啶菌噁唑 EC 的 1000~1500 倍液。防治大棚黄瓜灰霉病,可喷施25%啶菌噁唑 EC 的 800 倍液,还可以增强植株的抗病性,提高黄瓜产量;交替使用啶菌噁唑和百菌清等药液可兼防黑星病、炭疽病、蔓枯病等病害。防治大葱、百合灰霉病,可于发病初期喷施25%啶菌噁唑 EC 的 600~800 倍液。

7)注意事项 在灰霉病发病前或发病初期施药防治效果最好,发病重时需加大用药量。作物安全间隔期为3天,每季最多使用3次。与其他药剂轮换使用或使用混剂可延缓病菌抗药性的产生。

10.2.10 氨基甲酸酯类杀菌剂

10.2.10.1 霜霉威盐酸盐(propamocarb hydrochloride)

1)化学名称 *N*-3-二乙胺基丙基氨基甲酸丙基酯盐酸盐。

2)主要理化性质 白色结晶,易吸潮,有淡芳香味,稳定性好,易溶于有机溶剂,可腐蚀金属。

3)生物活性 霜霉威盐酸盐是一种高效、广谱的氨基甲酸酯类杀菌剂,可通过抑制病菌细胞膜中磷脂和脂肪酸的生化合成,抑制菌丝生长蔓延、孢子囊的形成和孢子萌发,兼有保护、治疗作用,对卵菌纲真菌有特效。霜霉威盐酸盐具有较好的局部内吸作用,处理土壤后能很快被根系吸收并向上输送至整株植物,茎叶喷雾处理后能被叶片迅速吸收起到保护作用,适用于土壤处理、种子处理和液面喷雾。霜霉威盐酸盐对霜霉病、疫病、猝倒病、绵疫病、白锈病等病害有良好的防治效果。

4)毒性 大鼠急性经口 LD_{50}为 2000~8550 mg/kg,急性经皮 LD_{50}>3920 mg/kg。

5)常见制剂 66.5%、722 g/L 霜霉威盐酸盐 AS。

6)使用技术 一般情况下,土壤处理可用722 g/L霜霉威盐酸盐AS的400~600倍液浇灌,叶面处理可用722 g/L霜霉威盐酸盐AS的600~1000倍液于发病前喷雾,间隔7~10天施药一次。防治白菜类霜霉病,可于发病初期喷施722 g/L霜霉威盐酸盐AS的600~800倍液。防治萝卜根肿病,可于移栽前用722 g/L霜霉威盐酸盐AS的600倍液制毒土,开沟施于定植穴,或于发病初期用722 g/L霜霉威盐酸盐AS的600倍液灌根(500 mL/穴)。防治萝卜黑根病,可于发病初期开始用722 g/L霜霉威盐酸盐AS的600倍液灌根(250 g/株),间隔7~10天,连续用药1~2次。防治白菜类白锈病,可于发病初期喷施722 g/L霜霉威盐酸盐AS的600~800倍液,间隔10天,连续用药2~3次。防治番茄土传病害(立枯病、猝倒病、根腐病),可于番茄播种盖土后出苗前施药,用722 g/L霜霉威盐酸盐AS 25 mL兑水15 kg,混匀后苗床喷淋或浇灌。

7)注意事项 为预防和延缓病菌抗病性,应注意与其他农药交替使用,每季最多使用3次。不可与碱性物质混用。

10.2.10.2 乙霉威(diethofencarb)

1)化学名称 *N*-(3,4-二乙氧基苯基)氨基甲酸异丙酯。

2)主要理化性质 原药为乳白色结晶,难溶于水,能溶于乙醇、乙醚、丙酮、氯仿等有机溶剂,在强酸、强碱条件下分解。

3)生物活性 乙霉威是一种内吸性杀菌剂,其抑菌机制是乙霉威进入菌体细胞后与菌体细胞内的微管蛋白结合,从而影响细胞的分裂。这种作用方式与多菌灵很相似,但二者并不作用于同一位点。乙霉威与苯并咪唑类杀菌剂(多菌灵等)、二羧酰亚胺类杀菌剂(腐霉利等)有负交互抗性。乙霉威单用易产生抗性,一般与保护性杀菌剂制成混剂,应用于关键时期和对多菌灵、腐霉利等有较高抗性菌的地区。乙霉威一般与苯并咪唑类杀菌剂复配使用,但可能使病菌对两种化合物均产生抗药性。乙霉威可有效防治对多菌灵、腐霉利等产生抗药性的灰霉菌、青霉菌、绿霉菌引起的病害,也可用于水果保鲜。

4)毒性 大小鼠急性经口LD_{50}>5000 mg/kg,大鼠急性经皮LD_{50}>5000 mg/kg。对鸟类、水生生物低毒。

5)常见制剂 乙霉威一般不作单剂使用,与多菌灵、甲基硫菌灵或嘧霉胺等制成混剂。

10.2.11 酰胺类杀菌剂

10.2.11.1 精苯霜灵(benalaxyl-M)

1)化学名称 (2*R*)-2-(2,6-二甲基-*N*-(2-苯基乙酰基)苯胺基)丙酸甲酯。

2)主要理化性质 纯品为白色、无味微晶体,微溶于水,易溶于有机溶剂,稳定性好。

3)生物活性 精苯霜灵是苯霜灵高活性的*R*-异构体,兼具保护、治疗及铲除作用,可被植物根、茎、叶迅速吸收,运转到植物体内各个部位,包括生长点。其主要通过影响内源核糖体RNA聚合酶的活性来干扰核糖体RNA的生物合成,从而达到杀死病菌的目的。研究表明,精苯霜灵对病原菌的膜功能有一定影响,能够抑制病原菌游动孢子的萌发,诱导菌丝体中氨基酸的渗漏。即保护作用主要是抑制病原菌孢子的萌发和菌丝体的生长,治疗作用主要是抑制菌丝体的生长，铲除作用主要是抑制孢子的形成。精苯霜灵对卵菌具有高选择性和高活性，特别是霜霉科真菌（如疫霉属、单轴霉属、假霜霉属、指梗霉属、盘霜霉属、腐霉属真菌），主要用于防治霜霉病、晚疫病等由卵菌引起的病害。

4）毒性　大鼠急性经口 LD_{50} ＞2000 mg/kg，急性经皮 LD_{50} ＞2000 mg/kg，急性吸入 LC_{50} ＞4.42 mg/L。对大鼠的皮肤和眼睛无刺激性，对豚鼠皮肤没有致敏性。无致畸性、致癌性和致突变性。在哺乳动物体内代谢迅速，给药后 2 天迅速排出（尿液和粪便）；在植物体内可代谢为糖苷。土壤微生物降解是其主要的环境中代谢途径。对鸟类、藻类、溞类、蜜蜂、蚯蚓等环境生物低毒。

5）常见制剂　目前国内无单剂登记，仅有 69％代森锰锌·精苯霜灵 WG。

10.2.11.2　烯酰吗啉（dimethomorph）

1）化学名称　(*E*,*Z*)-4-[3-(4-氯苯基)-3-(3,4-二甲氧基苯基)丙烯酰]吗啉。

2）主要理化性质　纯品类白色或淡黄色粉末。常温常压下稳定。

3）生物活性　烯酰吗啉具有内吸、保护作用，对霜霉科和疫霉属的真菌有独特的作用方式（引起孢子囊壁分解）。除游动孢子形成及孢子游动期外，对卵菌生活史的各个阶段均有作用（孢子囊梗及卵孢子的形成阶段更敏感）。若在孢子形成之前用药，可以完全抑制孢子产生。烯酰吗啉的内吸性极强，根部施药后可通过根部进入植株的各个部位，叶面喷洒后亦可进入叶片内部，及时防治已侵入作物体内的病菌，对新生叶片也有理想的保护作用，施药后能在作物表面形成有效的保护膜。烯酰吗啉主要用于防治葡萄等果树上的霜霉病及晚疫病等病害，通常与代森锰锌混用。

4）毒性　大鼠急性经口 LD_{50} ＞3900 mg/kg，急性经皮 LD_{50} ＞2000 mg/kg，急性吸入 LC_{50} ＞4.24 mg/L。对家兔皮肤无刺激性，对眼有轻微刺激，对豚鼠无致敏作用。无致突变、致畸和致癌作用。对蜜蜂低毒，对家蚕无毒害作用，对鱼类中等毒性。

5）常见制剂　50％、80％烯酰吗啉 WG，50％烯酰吗啉 WP，69％烯酰吗啉·代森锰锌 WP。

6）使用技术　防治黄瓜、苦瓜、十字花科蔬菜霜霉病，可于发病前或发病初期施药，69％烯酰吗啉·代森锰锌 WP 用量为 22500～29925 g/hm^2，间隔 7～10 天，连续喷药 3～4 次。防治辣椒疫病、葡萄霜霉病、烟草黑胫病、马铃薯晚疫病，可于发病前或发病初期施药，69％烯酰吗啉·代森锰锌 WP 用量为 1995～2505 g/hm^2（葡萄霜霉病用药量为 2250～3000 L/hm^2），间隔 7～10 天，连续喷药 3～4 次。

7）注意事项　黄瓜、辣椒、十字花科蔬菜幼小时，喷液量和用药量低。喷药要使药液均匀覆盖叶片。应贮存于阴凉、干燥和远离饲料处。每季作物最多使用 4 次，注意与作用机制不同的其他杀菌剂轮换使用。

10.2.11.3　苯并烯氟菌唑（benzovindiflupyr）

1）化学名称　*N*-[11-(二氯亚甲基)-3-三环[6.2.1.02,7]十一碳-2(7),3,5-三烯基]-3-(二氟甲基)-1-甲基吡唑-4-甲酰胺。

2）主要理化性质　纯品为白色粉末，无味，在土壤中稳定，易溶于有机溶剂。

3)生物活性 苯并烯氟菌唑可作用于病原菌线粒体呼吸链上的蛋白复合体Ⅱ,即琥珀酸脱氢酶(succinate dehydrogenase,SDH),影响病原菌的呼吸链电子传递系统,阻碍其能量代谢,抑制病原菌的生长,导致其死亡,从而达到防治病害的目的。苯并烯氟菌唑主要用于谷类作物,对小麦、玉米和特种作物等多种作物的主要病害有突出防效,可很好地防治小麦叶枯病、花生黑斑病、小麦全蚀病及小麦基腐病,对小麦白粉病、玉米小斑病及灰霉病有特效,对亚洲大豆锈病防效优异。与甲氧基丙烯酸酯类及三唑类杀菌剂无交互抗性,可以和多种杀菌剂复配使用。

4)毒性 雌性大鼠急性经口 LD_{50} 为 55 mg/kg,大鼠急性经皮>2000 mg/kg,大鼠急性吸入 LC_{50}>0.56 mg/L。对家兔眼睛有微弱的刺激作用,对家兔皮肤有微弱刺激作用。无致突变作用。

5)常见制剂 目前国内无单剂登记,仅有45%苯并烯氟菌唑·嘧菌酯 WG。

10.2.11.4 吡噻菌胺(penthiopyrad)

1)化学名称 1-甲基-*N*-[2-(4-甲基戊烷-2-基)噻吩-3-基]-3-(三氟甲基)吡唑-4-甲酰胺。

2)主要理化性质 本品为淡黄色粉状固体。

3)生物活性 吡噻菌胺可作用于病原菌线粒体呼吸链上的蛋白复合体Ⅱ,即琥珀酸脱氢酶(SDH),阻碍其能量代谢,抑制病原菌的生长,导致其死亡,从而达到防治病害的目的。吡噻菌胺与甲氧基丙烯酸酯类杀菌剂(抑制病原菌呼吸作用复合体Ⅲ)的作用位点不同,无交互抗性,常复配使用,以延缓抗性的产生,扩大杀菌防治谱。吡噻菌胺具有良好的抗代谢稳定性、热稳定性、化学稳定性、内吸传导性,可耐雨水冲刷,兼具保护和治疗作用。杀菌谱较广,可用于油菜、谷物、蔬菜、果树、坚果树、观赏植物、马铃薯、向日葵、草坪和其他大田作物上,防治由链格孢属、壳二孢属、葡萄孢属、白粉菌属、丝核菌属、核盘菌属、壳针孢属、单囊丝壳属和黑星菌属病原菌引起的病害,如锈病、菌核病、灰霉病、白粉病、茎腐病、褐斑病、黑星病、斑点落叶病、炭疽病、币斑病等。吡噻菌胺安全性非常高,安全间隔期短,大部分果蔬上的采收间隔期为1天,非常适用于对品质要求高的果蔬作物。

4)毒性 对大鼠急性经口 LD_{50}>2000 mg/kg,急性经皮 LD_{50}>2000 mg/kg,急性吸入 LD_{50}>5669 mg/L。对家兔眼睛有轻微刺激,对家兔皮肤无刺激性和无致敏性。Ames 试验为阴性,无致癌、致突变性。对蜜蜂安全,对环境安全性强。

5)常见制剂 20%吡噻菌胺 SC。

6)使用技术 吡噻菌胺常用剂量为100~200 g/hm^2(有效成分)。

7)注意事项 每季作物最多使用3次,注意与作用机制不同的其他杀菌剂轮换使用。

10.2.11.5 缬菌胺(valifenalate)

1)化学名称 3-(4-氯苯基)-3-[[(2*S*)-3-甲基-2-(丙-2-基氧羰基氨基)丁酰基]氨基]丙酸甲酯。

2)主要理化性质 纯品为无色结晶,稳定性好。

3)生物活性 缬菌胺是一种高效广谱杀菌剂,其主要通过抑制真菌细胞壁和蛋白质的合成，来抑制孢子的侵染和萌发，抑制菌丝体的生长，导致其变形、死亡。缬菌胺可在短时间内快速、彻底地杀灭霜霉病菌，从而抑制病害蔓延。其作用机理有别于目前所有防治卵菌的杀菌剂(无交互抗性)，是抗性治理的理想用药。

4)毒性　大鼠急性经口 LD_{50}＞5000 mg/kg，急性经皮 LD_{50}＞2000 mg/kg，急性吸入 LC_{50}＞2000 mg/m³。对家兔眼睛、皮肤无刺激。无致畸、致癌和致突变作用。对人畜无害，对环境无污染。

5)常见制剂　目前国内无单剂登记，仅有 66％代森锰锌·缬菌胺 WG。

10.2.12　甲氧基丙烯酸酯类杀菌剂

10.2.12.1　嘧菌酯(azoxystrobin)

1)化学名称　(*E*)-{2-[6-(2-氰基苯氧基)嘧啶-4-基氧]苯基}-3-甲氧基丙烯酸甲酯。

2)主要理化性质　纯品为浅棕色结晶固体。微溶于己烷、正辛醇，溶于甲醇、甲苯、丙酮，易溶于乙酸乙酯、乙腈、二氯甲烷。

3)生物活性　嘧菌酯是一种广谱 β-甲氧基丙烯酸酯类杀菌剂，通过与细胞色素 bc_1 复合物的 Q_o 位点结合，抑制电子从细胞色素 b 向细胞色素 c 的转移，从而抑制线粒体呼吸。嘧菌酯可诱导产生活性氧，诱导细胞凋亡。嘧菌酯具有内吸性和传导性好、渗透性强、持效期长等特点，对几乎所有真菌病害(如子囊菌纲、担子菌纲、卵菌纲和半知菌引起的白粉病、锈病、颖枯瘸、网斑病、霜霉病、稻瘟病等病害)都有保护、治疗和铲除三重作用功效，且与目前已有杀菌剂无交互抗性。

4)毒性　大鼠急性经口 LD_{50}＞5000 mg/kg，急性经皮 LD_{50}＞2000 mg/kg。

5)常见制剂　25％、50％嘧菌酯 SC，50％嘧菌酯 WG。

6)使用技术　嘧菌酯主要用于水稻、花生、葡萄、马铃薯、果树、蔬菜、咖啡、草坪等，使用剂量为 25～50 mL/hm²，使用方式多样，可用于茎叶喷雾，也可用于种子处理和土壤处理。

防治黄瓜霜霉病、疫病、炭疽病、黑星病等病害，可于发病初期用药，25％嘧菌酯 SC 用药量为 900～1350 mL/hm²，兑水(450～750 kg/hm²)均匀喷雾，1～2 天即可控制以上病害。防治水稻稻瘟病、纹枯病等病害，可于发病前或发病初期开始用药，25％嘧菌酯 SC 用药量为 300～600 mL/hm²，间隔 10 天，连喷 2 次。防治西瓜枯萎病、炭疽病、蔓枯病等病害，可于发病前或发病初期用药，50％嘧菌酯 WG 用药量为 450～750 g/hm²，间隔 10 天，连喷 2～3 次。防治草莓白粉病，可于发病初期开始喷施 50％嘧菌酯 SC 的 5000～7000 倍液，间隔 7～10 天，连喷 1～3 次。

7)注意事项　嘧菌酯不能与杀虫剂乳油(尤其是有机磷类乳油)混用，也不能与有机硅类增效剂混用，以防因渗透性和展着性过强引起药害。

10.2.12.2　醚菌酯(kresoxim-methyl)

1)化学名称　(*E*)-甲氧亚氨基-[2-(邻甲基苯氧基甲基)苯基]乙酸甲酯。

2)主要理化性质　原药为白色粉末结晶。

3)生物活性　醚菌酯是一种高效、广谱、低毒的甲氧基丙烯酸酯类杀菌剂，具有保护、铲除、渗透、内吸及缓慢向顶移动活性，持效期长。其杀菌机理是通过抑制细胞色素 b 和 c_1 间电子转移而抑制线粒体的呼吸，破坏病菌的能量形成，最终导致病菌死亡。通过抑制孢子萌发、菌丝生长及孢子产生而发挥防病作用，可用于防治对 14-脱甲基化酶抑制剂及苯甲酰胺类、二羧酰胺类和苯并咪唑类杀菌剂产生抗性的菌株。醚菌酯可在一定程度上诱导寄主植物产生免疫，防止病菌侵染。醚菌酯还具有改变土壤环境、促进植物生长发育的明显作用，可使作物迅速恢复生长，进入作物体内即可发挥作用，效果显著。醚菌酯对草莓白粉病、甜瓜白粉病、黄瓜白粉病、苹果黑星病和梨黑星病等病害有特效，对葡萄霜霉病、葡萄白腐病、小麦锈病、小麦颖枯病、小麦网斑病、甜菜白粉病和甜菜叶斑病等病害有较好的防效。

4)毒性 大鼠急性经口 LD_{50}＞5000 mg/kg。对家兔眼睛、皮肤有轻度刺激。Ames 试验、小鼠精子致畸试验和小鼠微核试验均为阴性，无致畸、致癌和致突变作用。对蜜蜂安全。

5)常见制剂 25％醚菌酯 SC，30％醚菌酯 WP，50％醚菌酯 WG。

6)使用技术

十字花科蔬菜霜霉病、黑斑病：可于发病初期开始喷药，间隔 10 天，连喷 1～2 次，一般用 25％醚菌酯 SC(600～900 mL/hm^2)兑水(45～60 kg/hm^2)均匀喷雾。

甜瓜白粉病：可用 30％醚菌酯 WP(1500～2250 g/hm^2)加水配成药液均匀喷雾，隔 6 天再喷 1 次。

梨黑星病，可于发病初期喷施 2000～3000 倍液，间隔 7 天，连喷 3 次。

西瓜及甜瓜的炭疽病、白粉病：可于发病初期或初见病斑时开始喷施 25％醚菌酯 SC 的 1000～1500 倍液，间隔 10 天，连喷 3～4 次(与不同类型药剂交替使用)。

黄瓜霜霉病(兼治白粉病、黑星病、蔓枯病)：可于定植后 3～5 天或初见病斑时开始喷药，间隔 7～10 天，连续喷药(与不同类型药剂交替使用)，一般用 25％醚菌酯 SC(900～1350 mL/hm^2)兑水(900～1350 kg/hm^2)均匀喷雾。植株矮小时，用药量应适当降低。

番茄晚疫病、早疫病、叶霉病：前期以防治晚疫病为主，兼防早疫病，从初见病斑时开始喷药，间隔 7～10 天，连喷 3～5 次(与不同类型药剂交替使用)；后期以防治叶霉病为主，兼防晚疫病、早疫病，于初见病斑时开始喷药，间隔 10 天，连喷 2～3 次，重点喷洒叶片背面。药剂使用量同黄瓜霜霉病。

辣椒炭疽病、疫病、白粉病：可于发病初期或初见病斑时开始喷药，间隔 10 天，连喷 3～4 次(与不同类型药剂交替使用)，一般用 25％醚菌酯 SC(750～105 mL/hm^2)兑水(6075 kg/hm^2)均匀喷雾。

芸豆、豌豆、豇豆等豆类蔬菜的白粉病、锈病：可于发病初期开始喷施 25％醚菌酯 SC 的 1000～1200 倍液，间隔 10 天，连喷 2～4 次(与不同类型药剂交替使用)。

马铃薯晚疫病、早疫病、黑痣病：防治晚疫病、早疫病时，可于初见病斑时开始喷药，间隔 10 天，连喷 4～7 次(与不同类型药剂交替使用)，一般用 25％醚菌酯 SC(900～120 mL/hm^2)兑水(1125 kg/hm^2)均匀喷雾。防治黑痣病时，可于播种时于播种沟内施药，一般用 25％醚菌酯 SC(600～900 mL/hm^2)兑水(450～675 kg/hm^2)喷雾。

7)注意事项 不可与强碱、强酸性农药混用。安全间隔期为 4 天，作物每季度最多喷施

3～4 次。苗期注意减少用量，以免对新叶产生危害。

10.2.12.3　吡唑醚菌酯(pyraclostrobin)

1)化学名称　*N*-[2-[[1-(4-氯苯基)吡唑-3-基]氧甲基]苯基]-*N*-甲氧基氨基甲酸甲酯。

2)主要理化性质　纯品为白色至浅米色无味结晶。易溶于有机溶剂，稳定性好。

3)生物活性　吡唑醚菌酯的抑菌机制是通过阻止细胞色素 b 和 c_1 间电子传递，抑制线粒体呼吸作用，使线粒体不能产生和提供细胞正常代谢所需要的能量，最终导致细胞死亡。吡唑醚菌酯可通过抑制孢子萌发和菌丝生长而发挥药效，具有保护、治疗、铲除、渗透、强内吸及耐雨水冲刷作用，可以被作物快速吸收，主要滞留于叶部蜡质层，还可以过叶部渗透作用传输到叶片的背部，对叶片正反两面的病害都有防治作用。吡唑醚菌酯在叶部向顶、向基传输及熏蒸作用很小，但在植物体内的传导活性较强。

吡唑醚菌酯还是一个植物保健品(激素型杀菌剂)，有利于作物生长，增强作物对环境影响的耐受力，提高作物产量。吡唑醚菌酯除了对病原菌的直接作用外，还能诱导许多作物尤其是谷物的生理变化：增强硝酸盐(硝化)还原酶的活性，从而提高作物快速生长阶段对氮的吸收；降低乙烯的生物合成，从而延缓作物衰老；当作物受到病毒袭击时，加速抵抗蛋白的形成(与作物自身水杨酸合成物对抗逆蛋白的合成作用相同)。即使是在植物不发病的情况下，吡唑醚菌酯也可以通过控制继发病和减轻来自非生物因素的压力来提高作物产量。吡唑醚菌酯不仅毒性低，对非靶标生物安全，而且对使用者和环境均安全友好。

4)毒性　大鼠急性经口 LD_{50}＞5000 mg/kg，急性经皮 LD_{50}＞2000 mg/kg。对家兔皮肤有中等刺激作用，对家兔眼睛无刺激性。无致突变、致畸和致癌作用，对生殖无不良影响。

5)常见制剂　25％吡唑醚菌酯 EC，50％吡唑醚菌酯 WG。

6)使用技术　叶面处理和种子处理皆可，粮食作物用药量为 50～250 g/hm^2，草坪用药量为 280～560 g/hm^2。喷雾处理时，一般间隔 10 天喷一次药，喷药次数视病情而定。防治白菜炭疽病，可于发病前或发病初期开始施药，一般用 25％吡唑醚菌酯 EC(450～750 mL/hm^2)兑水喷雾，每隔 7～10 天喷药一次；安全间隔期为 14 天，每季最多使用 3 次。

7)注意事项　作物幼苗苗圃期，作物生长旺盛且高温高湿条件下，吡唑醚菌酯使用浓度过高会有一定药害风险。吡唑醚菌酯对极个别美洲葡萄和梅品种在某一生长期有药害；在梨树上使用时，为避免产生药害，施药时应避开开花始期及落花的 20 天时间。吡唑醚菌酯的作用位点比较单一，所以抗性起得比较快。使用时一定要控制使用次数，同时与烯酰吗啉、多菌灵等杀菌剂交替使用，以延缓抗性产生。吡唑醚菌酯对蚕有影响，对附近有桑园地区使用时应严防飘移。不能与铜制剂等混用。

10.2.13　抗生素类杀菌剂

10.2.13.1　井冈霉素(validamycin)

1)化学名称　*N*-[(1*S*)-(1,4,6/5)-3-羟甲基-4,5,6-三羟基-2-环己烯][*O*-β-D-吡喃葡萄糖基-(1→3)]-1*S*-(1,2,4/3,5)-2,3,4-三羟基-5-羟甲基环己胺。

2)主要理化性质 纯品为白色粉末,溶于水、二甲基甲酰胺,微溶于乙醇,不溶于丙酮、苯、乙酸乙酯等有机溶剂,吸湿性强;室温条件下,在 pH 为 3~9 的水溶液中稳定。

3)生物活性 井冈霉素是一种由放线菌产生的抗生素,具有较强的内吸性,可干扰和抑制菌体细胞生长。井冈霉素主要用于防治水稻纹枯病,也可用于防治稻曲病、玉米大小斑病及蔬菜、棉花等作物的病害。

4)毒性 大鼠、小鼠急性经口 LD_{50}>2000 mg/kg,皮下注射 LD_{50}>1500 mg/kg,涂抹大鼠皮肤(5000 mg/kg)无中毒反应。对人畜低毒,对鱼类低毒,鲤鱼 TLm(96 h)LD_{50}>40 mg/kg。

5)常见制剂 5%井冈霉素 AS,5%、20%井冈霉素 SP。

6)使用技术

水稻病害:防治纹枯病,可于水稻封行后至抽穗前期或盛发初期施药,一般用 5%井冈霉素 SP(1500~2250 g/hm^2)加水(1125~1500 kg/hm^2)配成药液,对准水稻中下部喷雾或泼浇,间隔 7~15 天,施药 1~3 次。防治稻曲病,可于水稻孕穗期,用 5%井冈霉素 AS(1500~2250 mL/hm^2)兑水(750~1125 kg/hm^2)喷雾。

棉花立枯病:可用 5%井冈霉素 AS 的 7500~15000 倍液灌苗床(45 mL/m^2)。

麦类纹枯病:可用 5%井冈霉素 AS 600~800 mL 拌种(100 kg 种子),搅拌均匀,堆闷几小时后播种。田间病株率达到 30%左右时,可用 5%井冈霉素 AS(1500~2250 mL/hm^2)兑水(900~1125 kg/hm^2)喷雾。

7)注意事项 可与除碱性农药以外的多种农药混用。应存放在阴凉干燥处,注意防腐、防霉、防热。

10.2.13.2 春雷霉素(kasugamycin)

1)化学名称 [5-氨基-2-甲基-6-(2,3,4,5,6-五羟基环己基氧代)四氢吡喃-3-基]氨基-α-亚氨乙酸。

2)主要理化性质 纯品为白色结晶;盐酸盐为白色针状或片状结晶,有甜味。原药为棕色粉末。纯品难溶于有机溶剂,盐酸盐易溶于水,不溶于甲醇、乙醇、丙酮、苯等有机溶剂。在酸性和中性介质中比较稳定,遇碱性溶液易失效。50 ℃、pH 为 5 的条件下贮存 10 周,效价没有下降;pH 为 9 时,效价下降至 42.6%。在常温下稳定。

3)生物活性 春雷霉素是一种由链霉菌产生的代谢产物,属于农用抗生素类杀菌剂,可与 70S 核糖核蛋白体的 30S 部分结合,抑制氨基酰-tRNA 和 mRNA-核糖核蛋白复合体的结合,从而抑制蛋白质合成。春雷霉素的保护作用较差,但对植物的渗透力强,能被植物很快内吸并传导致全株,喷药后见效快,耐雨水冲刷,持效期长。春雷霉素对稻瘟病有优异防效(水稻抽穗期和灌浆期施药对结实无影响),对西瓜细菌性角斑病和桃树流胶病、疮痂病、穿孔病等病害有特效。瓜类喷施春雷霉素后叶色浓绿且能延长收获期。

4)毒性 大鼠急性经口 LD_{50} 为 22000 mg/kg,小鼠急性经口 LD_{50} 为 20000 mg/kg。对大鼠无致畸、致癌作用,不影响生殖。按规定剂量使用,对人畜、鱼类和环境都非常安全。

5)常见制剂 2%、4%、6%春雷霉素 AS,2%、4%、6%春雷霉素 WP。

6)使用技术　防治稻瘟病、粟瘟病时，使用浓度为40 mg/L，叶瘟达2级时喷药，病情严重时应在第一次施药后7天左右再喷施一次。防治穗颈瘟，在稻田出穗1/3左右时喷施，穗颈瘟严重时，除在破口期施药外，齐穗期也要喷一次药。防治番茄叶霉病、西瓜细菌性角斑病、黄瓜细菌性角斑病、芹菜早疫病、番茄叶霉病、辣椒细菌性疮痂病、桃树流胶病、桃树疮痂病、桃树穿孔病、高粱炭疽病等病害，可于发病初期喷药，用2%春雷霉素AS(2100～2500 mL/hm^2)兑水(900～1200 kg/hm^2)均匀喷雾。

7)注意事项　应用春雷霉素喷雾防治稻瘟病，应于发病初期施药，保证药液充足、喷洒均匀。对水稻很安全，但对大豆、菜豆、豌豆、葡萄、柑橘、苹果有轻微药害，使用时应注意。配制药液时，可加0.2%中性皂作黏着剂，提高防治效果。春雷霉素可与敌瘟磷等农药混用，不可与碱性农药混用。番茄、黄瓜于收获前7天停止施药，水稻于收获前21天停止施药。应现配现用，以防变质失效。

10.2.13.3　中生菌素(zhongshengmycin)

1)主要理化性质　纯品为白色粉末，原药为浅黄色粉末，易溶于水，微溶于乙醇。在酸性介质中稳定，在低温条件下稳定，熔点为173～190 ℃，易溶于水。

2)生物活性　中生菌素是由淡紫灰链霉菌海南变种产生的抗生素，具有触杀、渗透作用，其主要抑菌机制是抑制菌体蛋白质合成，使菌丝变形，抑制菌丝生长，抑制孢子萌发，直接杀死孢子。中生菌素还可刺激植物体内植保素及木质素的前体物质的生成，从而提高植物的抗病能力。

中生菌素的抗菌谱广，对细菌、酵母菌及丝状真菌均有效，可用于防治农作物的细菌性病害及部分真菌性病害，如白菜软腐病、黄瓜细菌性角斑病、水稻白叶枯病、苹果轮纹病、小麦赤霉病等。使用安全，可在花期使用。

3)毒性　低毒。雌性、雄性大鼠急性经口LD_{50}分别为316 mg/kg、2376 mg/kg，大鼠急性经口LD_{50}＞2000 mg/kg。

4)常见制剂　3%中生菌素WP，3%中生菌素AS。

5)使用技术

蔬菜细菌性病害：防治白菜软腐病、茄科青枯病，可于发病初期用1000～1200倍液喷淋，共3～4次。防治姜瘟病，可用300～500倍液浸种2 h后播种，生长期用800～1000倍液灌根，每株0.25 kg药液，共灌3～4次。防治黄瓜细菌性角斑病、菜豆细菌性疫病、西瓜细菌性果腐病，可于发病初期用1000～1200倍液喷雾，间隔7～10天，共喷3～4次。

水稻白叶枯病、恶苗病：可用600倍液浸种5～7天，发病初期再用1000～1200倍液喷雾1～2次。

果树病害：防治苹果轮纹病、炭疽病、斑点落叶病、霉心病，葡萄炭疽病、黑痘病，西瓜枯萎病、炭疽病等病害，可于发病初期开始喷施1000～1200倍液，共喷3～4次。

6)注意事项　不可与碱性农药混用。发病前和发病初期用药效果显著。施药应做到均匀、周到。施药后遇雨应补喷。贮存在阴凉、避光处。

10.2.14 杀植物病毒剂

病毒病应以预防为主，综合防治。市场上常见的防治病毒病的农药有氨基寡糖素、香菇多糖、宁南霉素、盐酸吗啉胍、毒氟磷等。

10.3 除草剂

据调查，全世界有50000多种杂草，其中可造成严重经济损失的约1800种，可与农作物争肥、争水、争光，降低作物产量和品质，诱发病虫害。据估计，全世界的农作物每年因草害(已经过人工或机械除草)平均损失潜在产量的12%。除草的方法有多种，但化学除草较其他除草方法有其独特的优点：方便、有效且经济，便于大面积机械化操作，不仅可提高劳动生产率，改善劳动条件，还可促进免耕法和地膜栽培法等栽培技术的发展革新。

农田化学除草的开端可以上溯到19世纪末期。人们在防治欧洲葡萄霜霉病时发现，波尔多液能伤害一些十字花科杂草而不伤害禾谷类作物；法国、德国、美国于同时期发现硫酸铜等的除草作用，并将其用于小麦等地除草。

有机除草剂时期始于1932年选择性除草剂二硝酚的发现。自1942年美国发现2,4-滴的除草活性以来，有机除草剂得到了迅速发展，全球杂草化学防除市场就此拉开序幕。2,4-滴能打乱植物体内的激素平衡，使其生理失调，对禾本科以外的植物是一种很有效的除草剂。一般认为，这种选择性取决于植物对2,4-滴解毒作用的强度。1971年问世的草甘膦具有杀草谱广、对环境无污染的特点，是有机磷除草剂的重大突破。多种新剂型和新使用技术的出现使除草效果大为提高。1980年，世界范围内除草剂销售额已占农药总销售额的41%，超过杀虫剂而跃居首位。

20世纪90年代，对羟基苯基丙酮酸双氧化酶(4-hydroxyphenylpyruvate dioxygenase, HPPD)首次被确定为除草剂作用靶标。HPPD抑制剂类除草剂是一组结构上不完全相关，但作用机理相同的化合物。它们通过抑制HPPD的活性，使对羟基苯基丙酮酸转化为尿黑酸的过程受阻，导致生育酚及质体醌无法正常合成，进而影响靶标体内类胡萝卜素的生物合成，促使植物分生组织产生白化症状，最终导致植株死亡。以HPPD为靶标的除草剂具有高效、低毒、作物安全性高、不易产生抗性、环境相容性好以及对后茬作物安全等诸多优点，近年来增长较快，备受行业瞩目。除HPPD外，常见除草剂的作用靶标还有乙酰乳酸合成酶(acetolactate synthase, ALS)、原卟啉原氧化酶(protoporphyrinogen oxidase, PPO)、谷氨酰胺合成酶(glutamine synthetase, GS)等。

(1)除草剂的分类

1)按传导情况分类

①触杀型除草剂：不能被植物体吸收、传导和渗透，只在杂草与药剂接触的部位起作用(局部杀伤)，如百草枯、敌草快、灭草松等。

②内吸传导型除草剂：药剂施于植物上或土壤中后，能被杂草的根、茎、叶等接触部位吸

收并传导到植株各部位，导致整个杂草植株的生长发育受抑制，如草甘膦、苄嘧磺隆等。

③触杀、内吸传导综合型除草剂：具有触杀、内吸传导双重功能，如杀草胺等。

2)按作用方式分类

①选择性除草剂：植物对其具有选择性，即在一定剂量和浓度范围内只杀死某种或某类杂草，对农作物安全无害，如高效氟吡甲禾灵、哒草特、2,4-滴丁酯等。

②灭生性除草剂：也称非选择性除草剂，可杀死所有接触药剂的植物，即对农作物和杂草都产生毒杀作用，如百草枯、草甘膦等。可利用作物与杂草之间存在的各种生理差异，如出苗时间早迟、根系分布的深浅、外形生长相异及药剂持效期长短等，正确合理地使用除草剂，以达到除草不伤苗的目的。

3)按施药方法分类

①茎叶处理剂：以溶液形式直接喷洒在植株茎叶上，如草甘膦。

②土壤处理剂：以溶液形式直接喷洒在土壤表面，如扑草净。

③茎叶、土壤双重处理剂：既可用于茎叶处理，也可用于土壤处理，如莠去津。

4)按作用机理分类 根据除草剂的作用机理可以将除草剂分为生长调节剂（如2,4-滴）、光合作用抑制剂（如百草枯）、氨基酸生物合成抑制剂（如草甘膦）、脂肪酸生物合成抑制剂（如敌稗）和细胞分裂抑制剂（如氟乐灵）等。

(2)除草剂的选择性

除草剂在某个剂量下对一些植物敏感，对另一些植物安全，这种现象称为选择性。除草剂的选择性可大致分为形态选择性、生理生化选择性、时差选择性、位差选择性，具体内容参见本书4.3.2.2节。除此之外，还可利用安全剂和转基因技术获得选择性。

①利用安全剂获得选择性：除草剂安全剂的迅速发展使化学除草剂的选择性进入了一个新纪元。如异丙甲草胺、甲草胺通常不能用于高粱田，但用安全剂处理高粱种子后，便可以放心地使用上述除草剂。有的安全剂和除草剂可制成混剂，如扫弗特就是丙草胺与安全剂解草啶的混合剂。常见除草剂安全剂有解草酮、解草啶、解草唑、吡唑解草酯等。

②利用转基因技术获得选择性：灭生性除草剂不能用于作物生长期除草，但把抗草甘膦基因转移到棉花上后可用草甘膦除草，只杀草不伤棉花。目前，抗草甘膦玉米、抗草甘膦大豆等一系列转基因品种已经问世。

(3)除草剂的使用方法

1)土壤处理

①播前土壤处理，如噁草酮（洒后栽秧）。

②播后苗前土壤处理，如乙草胺（喷于土表）。

③苗后土壤处理，如丁草胺（栽秧后5～7天拌土撒施）。

2)茎叶处理

①播前茎叶处理：在农田尚未播种或移栽前，用除草剂喷杂草。要求除草剂具有广谱性，易被叶面吸收，持效期短，不影响种植作物，如灭生性除草剂草甘膦、百草枯等。

②生育期茎叶处理：作物出苗后用除草剂喷杂草茎叶要求除草剂具有较高的选择性，如

用草铵膦和2甲4氯防除麦田杂草，用高效氟吡甲禾灵防除阔叶作物田禾本科杂草，用氟磺胺草醚防除大豆田阔叶杂草等。生育期茎叶处理宜在草龄小、作物处于安全期时进行，如草铵膦和2甲4氯只能在年后至小麦拔节前使用。

10.3.1 苯氧羧酸类除草剂

苯氧羧酸类除草剂的主要特点：第一，通常用于茎叶处理，防治一年生与多年生阔叶杂草（非禾本科杂草）；用于土壤处理时，对于一年生禾本科杂草及种子繁殖的多年生杂草幼芽也有一定的防效，但在这些禾本科杂草出苗后防效便显著下降或没有防效。第二，苯氧羧酸类除草剂可被阔叶杂草的根系与茎叶迅速吸收，既能通过木质部导管与蒸腾流一起传导，也能与光合作用产物结合，在韧皮部的筛管内传导，在植物的分生组织（生长点）中积累。第三，当将其盐或酯喷于植株后，植物会将其变为相应的酸而产生毒害作用。第四，苯氧羧酸类除草剂属于激素类除草剂，几乎影响植物的每一种生理过程与生物活性。第五，用于土壤处理时，盐比酯易于淋溶，特别是在轻质土以及降雨多的地区。第六，施于土壤中的苯氧羧酸类除草剂主要由土壤微生物降解。在温暖而湿润的条件下，它们在土壤中的残效期为1～4周。而在冷凉、干燥的气候条件下，残效期较长（1～2个月）。第七，在正常用量条件下，对人畜低毒，对环境安全。

苯氧羧酸类除草剂的代表品种有2,4-滴丁酯和2甲4氯等。其中，2,4-滴丁酯自2023年1月23日起禁止使用。下面以2甲4氯（MCPA）为例进行介绍。

1）化学名称 2-甲基-4-氯苯氧乙酸。

2）主要理化性质 无色结晶，对酸很稳定。

3）生物活性 2甲4氯为苯氧羧酸类选择性激素型除草剂，具有较强的内吸传导性，主要用于苗后茎叶处理。药剂可穿过角质层和细胞质膜，最后传导到植物各部位，在不同部位对核酸和蛋白质合成产生不同影响：在植物顶端抑制核酸代谢和蛋白质的合成，使生长点停止生长，幼嫩叶片不能伸展，直至光合作用不能正常进行；传导到植株下部的药剂使植物茎部组织的核酸和蛋白质合成增多，促进细胞异常分裂，使根尖膨大，丧失吸收养分的能力，造成茎秆扭曲、筛管堵塞、韧皮部破坏、有机物运输受阻，最终导致植物死亡。

2甲4氯的作用方式和选择性与2,4-滴相同。但其挥发性比2,4-滴弱，作用速度比2,4-滴慢，因而在寒地稻区使用比2,4-滴安全。对禾本科植物的幼苗期很敏感，3～4叶期后抗性逐渐增强，分蘖末期最强，而幼穗分化期敏感性又增强。在气温低于18 ℃时药效明显变差，对未出土的杂草效果不好。

2甲4氯被广泛用于麦田、玉米田、稻田、城市草坪、麻类作物，防除一年生或多年生阔叶杂草和部分莎草；与草甘膦混用可防除抗性杂草，杀草速度明显加快；作为水稻脱根剂使用能提高拔秧功效。用于土壤处理时，对一年生禾草及种子繁殖的多年生杂草幼芽也有一定防效。

4）毒性 大鼠经口 LD_{50} 为800 mg/kg，经皮 LD_{50} ＞1000 mg/kg，小鼠皮下注射 LD_{50} 为492 mg/kg。

5)常见制剂　13% 2甲4氯AS,56% 2甲4氯钠WP。

6)使用技术　适用于稻田、麦田及其他旱地作物田,防治三棱草、鸭舌草、泽泻、野慈姑及其他阔叶杂草。通常用量为450～900 g/hm²(有效成分)。严禁用于双子叶作物。

麦田:小麦分蘖期至拔节前,用13% 2甲4氯AS(2250～3000 mL/hm²)兑水(600～900 kg/hm²)喷雾,可防除大部分一年生阔叶杂草。

稻田:水稻栽插半月后,用13% 2甲4氯AS(3000～3750 mL/hm²)兑水(750 kg/hm²)喷雾,可防除大部分莎草科杂草及阔叶杂草。

玉米田:玉米播后苗前,用13% 2甲4氯AS(1500 mL/hm²)进行土壤处理。玉米4～5叶期,用13% 2甲4氯AS(3000 mL/hm²)兑水(600 kg/hm²)喷雾,可防除玉米田莎草及阔叶杂草。玉米生长期,用13% 2甲4氯AS(4500～6000 mL/hm²)定向喷雾,对生长较大的莎草也有很好的防除作用。

河道清障:除灭河道水葫芦宜在防汛前期的5月至6月日最低气温在15 ℃以上时进行。对株高在30 cm以下的水葫芦,可选晴天用13% 2甲4氯AS(11250 mL/hm²)或混用13% 2甲4氯AS(7500 mL/hm²)和10%草甘膦AS(15000 mL/hm²),加皂粉1500～3000 g,兑水(1125 kg/hm²)喷雾。对株高30 cm以上的水葫芦,仍采用上述除草剂,兑水量加大(1500 kg/hm²)。喷施上述除草剂后,气温越高,水葫芦死亡越快,死亡率越高;气温越低,药效越差。一般于施药后15～20天全株枯死。

7)注意事项　施药时要注意避开敏感生育期,要控制好剂量,防止用量过大、喷洒不匀,导致浓度偏高,引起药害。水稻5叶期以后才能使用2甲4氯。超量使用或在水稻4叶期之前以及拔节之后施药,易产生药害,导致禾苗叶片失绿发黄、新叶葱管状、穗卷曲难以抽出、穗畸形等症状。移栽田大剂量使用2甲4氯会产生药害,表现为根系乳突状群聚、茎扭曲、提前拔节、茎节上长有乳突状畸形根。可视当地杂草抗药性,适时适量合理混施。但2甲4氯对噁唑酰草胺、氰氟草酯等部分禾本科除草剂有拮抗作用,不可随意混用。对各类阔叶作物如大豆、棉花、烟草、蔬菜等会产生药害,绝不能用于以上作物。施用时注意风向,防止飘移到以上作物,施药后要彻底清洗喷雾器,洗净后才能再喷施其他农药。保存于阴凉、干燥处。

10.3.2　苯甲酸类除草剂

苯甲酸类除草剂的主要特点:第一,通常用于禾本科作物田,进行茎叶处理,防治一年生与多年生阔叶杂草(非禾本科杂草)。第二,多数品种除具有除草活性之外,还具有植物生长调节活性。第三,施用后能被迅速吸收,积累于植物代谢活跃的部位,如分生组织。第四,具有类生长素或干扰内源生长素的作用,可影响植物根与芽的生长,造成叶片畸形、叶柄和茎弯曲、开花异常、分枝增多、新根和根毛减少。第五,苯甲酸类除草剂的盐在土壤中易被淋溶,残效期差异很大(2周至1年)。

下面以苯甲酸类除草剂的代表品种麦草畏(dicamba)为例进行介绍。

1)化学名称　3,6-二氯-2-甲氧基苯甲酸。

2)主要理化性质 纯品为白色结晶,难溶于水,易溶于乙醇、异丙醇、丙酮、甲苯、二氯甲烷等多种有机溶剂。

3)生物活性 麦草畏具有内吸传导作用,对一年生和多年生阔叶杂草有显著防效,可用于防除猪殃殃、藜、牛繁缕、大巢菜、播娘蒿、苍耳、薄蒴草、田旋花、刺儿菜、问荆、鳢肠等。一般于苗后喷雾,药剂通过杂草的茎、叶、根吸收,通过韧皮部及木质部上下传导,阻碍植物激素的正常活动,从而使其死亡。禾本科植物吸收后能很快代谢分解使之失效,表现较强的抗药性,故对小麦、玉米、水稻等禾本科作物比较安全。

4)毒性 对人畜毒性较低。原药对大鼠急性经口 LD_{50} 为 1879~2740 mg/kg,家兔急性经皮 LD_{50} >2000 mg/kg,大鼠急性吸入 LC_{50} ≥200 mg/kg。对眼和皮肤有刺激作用。虹鳟鱼 LC_{50} 为 28 mg/L。

5)常见制剂 48%麦草畏 AS。

6)使用技术

麦田:春小麦 3 叶 1 心至 5 叶期(分蘖盛期)为施药适期,冬小麦 4 叶期至分蘖末期为施药适期。一般使用 48%麦草畏 AS(300~450 mL/hm^2)兑水(300~450 L/hm^2)均匀喷雾。实际生产中常混用麦草畏与 2 甲 4 氯钠。

玉米田:玉米播后苗前或出苗后均可用药,既可单用,也可混用。玉米 4~10 叶期施药安全、高效,玉米 10 叶以后进入雄花孕穗期,应停止施药。单用时使用 48%麦草畏 AS(375~600 mL/hm^2)兑水(375~450 L/hm^2)均匀喷雾,施药 20 天内不宜动土。麦草畏也可与甲草胺、乙草胺、莠去津等药剂混用,以扩大杀草谱,增强除草效果。

7)注意事项 小麦 3 叶前和拔节后禁止使用。麦草畏主要通过茎叶吸收,故此药不宜用于土壤处理。药剂正常使用后,小麦、玉米苗在初期有匍匐、倾斜或弯曲现象,一周后方可恢复。不同小麦品种对此药有不同的敏感反应,应用前要进行敏感性测定。

10.3.3 酰胺类除草剂

酰胺类除草剂的主要特点:第一,几乎所有品种都是防治一年生禾本科杂草的特效除草剂,对阔叶杂草的防效相对较差。第二,大多数品种都是土壤处理剂,主要在作物播后芽前施药。单子叶植物的主要吸收部位是幼芽,而双子叶植物则主要通过幼根吸收,其次是幼芽。部分品种(如敌稗)只能进行茎叶处理,施入土壤无活性。第三,多数品种通过抑制种子发芽和幼芽生长,使幼芽严重矮化而死亡。主要作用机理为抑制脂肪合成,主要抑制脂肪酸的生物合成,也可能抑制发芽种子 α-淀粉酶及蛋白酶的活性,从而抑制幼芽和根的生长。另外,酰胺类除草剂也能抑制植物的呼吸作用,或作为电子传递链的抑制剂、解耦联剂抑制植物的光合作用,或干扰植物体蛋白质的生物合成,影响细胞分裂,影响膜的生物合成及完整性。例如,敌稗能够有效抑制光合作用中的希尔反应。吡氟草胺(类胡萝卜素生物合成抑制剂)等品种作用机制比较特殊。第四,位差选择性在氯代乙酰胺类除草剂的安全使用中起着较大的作用。此种选择性主要取决于作物与杂草在土壤中的位置及作物种子的播种深度,以及除草剂本身的物理化学特性、土壤特性、气候条件以及植物吸收药剂部位。第五,土壤处理的品种在土壤中的持效期较长，一般为 1～3 个月，而在植物体内易于降解（毒草胺一般为 5 天，甲草胺与丁草胺多为 10 天）。

10.3.3.1　乙草胺（acetochlor）

1）化学名称　*N*-(2-乙基-6-甲基苯基)-*N*-乙氧基甲基-氯乙酰胺。

2）主要理化性质　纯品为淡黄色液体，原药因含有杂质而呈深红色。性质稳定，不易挥发和光解。不溶于水，易溶于有机溶剂。

3）生物活性　乙草胺是选择性芽前处理除草剂，主要由单子叶植物的胚芽鞘或双子叶植物的下胚轴吸收，吸收后向上传导，通过阻碍蛋白质合成而抑制细胞生长，使杂草幼芽、幼根生长停止，进而死亡。可用于防除一年生禾本科杂草，一次施药可确保作物整个生育期无杂草危害，对多年生杂草无效。

4）毒性　大鼠急性经口 LD_{50} 为 2593 mg/kg，家兔急性经皮 LD_{50} 为 794 mg/kg。虹鳟鱼 LC_{50} 为 0.5 mg/L(96 h)。

5）常见制剂　50％、89％乙草胺 EC，20％、40％乙草胺 WP。

6）使用技术

大豆田：大豆播前或播后芽前，用 89％乙草胺 EC(0.5～0.7 L/hm^2)兑水(450～750 kg/hm^2)，均匀喷雾。

花生田：露地种植，于花生播后苗前用 50％乙草胺 EC(2.55～3 L/hm^2)兑水(450 kg/hm^2)，均匀喷雾；地膜覆盖种植，于播后苗前用 50％乙草胺 EC(1.125～1.5 L/hm^2)兑水(450 kg/hm^2)，均匀喷于土表后盖地膜，可防治马唐等禾本科杂草，对双子叶杂草也有很好的抑制作用。

玉米田：玉米播后苗前用 50％乙草胺 EC(1.5～2.25 L/hm^2)喷雾，喷液量为 450～750 kg/hm^2；对地膜覆盖玉米，用药量可适当降低(1.125～1.5 L/hm^2)。土壤湿度适宜时，对禾本科杂草防除效果好。单用乙草胺对阔叶杂草防除效果略差，可与莠去津或嗪草酮混用，对单、双子叶杂草均有较好防效。

油菜田：油菜移栽前或移栽活棵后，用 50％乙草胺 EC(1.125～1.5 L/hm^2) 兑水(450 kg/hm^2)进行土壤处理，对牛繁缕、碎米荠、猪殃殃也有一定效果。

稻田：插秧田(30 天以上大田秧)插后 3～5 天，稗草出土前至 1.5 叶前，用 50％乙草胺 EC(150～225 mL/hm^2)拌细砂土均匀撒施，田间浅水层 3～5 cm 保持 5～7 天，只补水不排水。通常采用乙草胺与磺酰脲类除草剂苄嘧磺隆的混剂，杀草谱宽，可一次性除草。

7）注意事项　杂草吸收乙草胺的部位主要是芽梢和幼芽，因此必须在杂草萌芽前或幼芽期施药，以获得好的防治效果。土壤墒情影响药效，干旱影响杂草对药剂的吸收。大豆苗期遇低温、多湿，田间长期渍水时，乙草胺对大豆生长有抑制作用，表现为大豆叶皱缩，待大豆 3 片复叶可恢复正常生长，一般对产量无影响。水稻秋田、直播田及小苗、弱苗移栽田勿用乙草胺及其混剂。在玉米、甘蔗田使用，宜与莠去津混用。乙草胺不可与碱性物质相混。小麦、小米、韭菜、甜菜、西瓜、籽瓜、黄瓜、菠菜和高粱等对乙草胺较为敏感，施药时注意避开上述作物。

10.3.3.2　甲草胺（alachlor）

1）化学名称　*N*-(2,6-二乙基苯基)-*N*-甲氧基甲基-氯乙酰胺。

2)主要理化性质 奶油色固体，难溶于水，可溶于丙酮、苯、乙醇、乙酸乙酯，不易挥发，抗紫外线分解，在强酸或碱性条件下分解。

3)生物活性 甲草胺为选择性旱地芽前除草剂，被植物幼芽吸收后，可抑制蛋白酶的活性，阻碍蛋白质合成，致使杂草死亡。主要用于防除作物出苗前土壤中萌发的杂草，如稗草、牛筋草、秋稷、马唐、狗尾草、蟋蟀草、臂形草等，对已出土杂草基本无效。

4)毒性 低毒。大鼠急性经口 LD_{50} 为 1200 mg/kg，家兔急性经皮 LD_{50} 为 5000 mg/kg。

5)常见制剂 43%、480 g/L 甲草胺 EC。

6)使用技术 旱地作物田一般于播种后至出苗前施药，可用 480 g/L 甲草胺 EC(3～3.25 L/hm^2)兑水(525 kg/hm^2)，均匀喷于土表，视土壤有机质含量和土壤质地确定用量。防除大豆田菟丝子，一般于大豆出苗后、菟丝子缠绕初期施药，可用 480 g/L 甲草胺 EC(3～3.25 L/hm^2)兑水(525 kg/hm^2)，均匀喷洒被菟丝子缠绕的大豆茎叶。

7)注意事项 干旱时可适当加大药液用水量或浅混土，以保证药效，但土壤积水易发生药害。高粱、谷子、黄瓜、瓜类、胡萝卜、韭菜、菠菜等对甲草胺敏感，不宜施用。水稻播种覆土后或水稻苗 1～2 叶期施用甲草胺会使水稻产生明显的药害。

10.3.4 二硝基苯胺类除草剂

二硝基苯胺类除草剂的主要特点：第一，除草谱广，不仅可以防除一年生禾本科杂草，而且可以防除部分一年生阔叶杂草。第二，所有品种都是土壤处理剂，主要防除杂草幼芽，多在作物播种前或播种后出苗前施用。此类除草剂可抑制次生根生长，对幼芽也有明显抑制作用，对单子叶植物的抑制作用比对双子叶植物的抑制作用强。第三，除草机制主要是抑制细胞的有丝分裂，被视为核毒剂，可使根尖分生组织内细胞变小或伸长区细胞无明显伸长，皮层薄壁组织中细胞异常增大、胞壁变厚，根尖呈鳞片状。第四，易挥发和光解，田间喷药后必须尽快耙地拌土。第五，除草效果比较稳定，在土壤中挥发的气体也起杀草作用，因而在干旱条件下也能发挥较好的除草效应，这是其他除草剂不具备的特性，故对于干旱现象普遍的我国北方地区也十分适用。第六，应用范围广，不仅能用于大豆田与棉田，还能用于其他豆科、十字花科作物田以及果园、森林、苗圃等，有的品种还是稻田的良好除草剂。第七，在土壤中的持效期中等或稍长，大多数品种的半衰期为 2～3 个月，正确使用时对轮作中绝大多数后茬作物无残留毒害。第八，水溶度低，被土壤强烈吸附，故在土壤中既不垂直移动，也不横向移动，在土壤含水量高的情况下也难以向下移动，因此，不会污染地下水源。

10.3.4.1 氟乐灵(trifluralin)

1)化学名称 *N*,*N*-二丙基-4-三氟甲基-2,6-二硝基苯胺。

2)主要理化性质 橘黄色结晶，不溶于水，易溶于有机溶剂。对高温、酸、碱稳定，紫外光下分解。

3)生物活性 氟乐灵是选择性芽前土壤处理剂，易被杂草的胚芽鞘与胚轴吸收，主要通过影响激素的生成和传递，抑制细胞分裂而使杂草死亡。氟乐灵对禾本科杂草和部分小粒种子的阔叶杂草有效，持效期长，对已出土杂草无效。适用于防除稗草、马唐、牛筋草、石茅高粱、千金子、大画眉草、早熟禾、雀麦、硬草、棒头草、苋、藜、马齿苋、繁缕、蓼、蒺藜等一年生禾本科杂草和部分阔叶杂草。

4)毒性 大鼠急性经口 LD_{50}>10000 mg/kg,家兔急性经皮 LD_{50}>20000 mg/kg。对鸟类低毒,对鱼类高毒。

5)常见制剂 480 g/L 氟乐灵 EC。

6)使用技术

棉田:播前整好地,用 480 g/L 氟乐灵 EC(1.875~2.25 L/hm^2)兑水(750 kg/hm^2)均匀喷布土表,随即混土 2~3 cm,混土后即可播种。

大豆田:地整好后,用 480 g/L 氟乐灵 EC(1.5~2.25 L/hm^2)兑水(525 kg/hm^2)均匀喷布土表,随即混土 1~3 cm。在北方春大豆播种区,施药后 5~7 天播种;在南方夏大豆种植区,施药后隔天即可播种。

油菜、花生、芝麻和蔬菜田:播前 3~7 天施药,用 480 g/L 氟乐灵 EC(1.5~2.25 L/hm^2)兑水均匀喷布土表,随即混土。

7)注意事项 氟乐灵蒸气压高,在地膜覆盖棉田使用时 480 g/L 氟乐灵 EC 用药量不宜超过 1.5 L/hm^2,在叶菜类蔬菜地使用时用药量不宜超过 2.25 L/hm^2,以免产生药害。氟乐灵易挥发、光解,施药后必须立即混土。

10.3.4.2 二甲戊灵(pendimethalin)

1)化学名称 *N*-(乙基丙基)-3,4-二甲基-2,6-二硝基苯胺。

2)主要理化性质 纯品为橙黄色结晶。不溶于水,易溶于有机溶剂,对酸、碱稳定。

3)生物活性 主要抑制分生组织细胞分裂,不影响杂草种子萌发,在幼芽、茎和根吸收药剂后起作用。二甲戊灵适用于玉米、大豆、棉花、蔬菜田及果园,防除马唐、狗尾草、早熟禾、看麦娘、牛筋草、鳢肠、龙葵、藜、苋等一年生禾本科杂草和阔叶杂草。二甲戊灵对菟丝子幼苗生长也有很强的抑制作用。

4)毒性 大鼠急性经口 LD_{50}为 1250 mg/kg,小鼠急性经口 LD_{50}为1620 mg/kg,家兔急性经皮 LD_{50}>5000 mg/kg。无影响剂量:蓝鳃鱼为 0.1 mg/L,虹鳟鱼为 0.075 mg/L,鲶鱼为 0.32 mg/L。野鸭经口 LC_{50} 为 10338 mg/kg,鹌鹑经口 LC_{50} 为 4187 mg/kg。蜜蜂经口 LD_{50}为 50 μg/蜂。

5)常见制剂 330 g/L 二甲戊灵 EC,30%、450 g/L 二甲戊灵 SC。

6)使用技术

大豆田:播前土壤处理,用 330 g/L 二甲戊灵 EC(3~4.5 L/hm^2)兑水(325~600 kg/hm^2)对土壤喷雾。

玉米田:苗前、苗后均可使用,若苗前施药,必须在玉米播种后出苗前 5 天内用药,用 330 g/L二甲戊灵 EC(3 L/hm^2)兑水(375~750 kg/hm^2)均匀喷雾。

花生田:可用于播前或播后苗前土壤处理,用 330 g/L 二甲戊灵 EC(3~4.5 L/hm^2)兑水(25~40 kg/hm^2)喷雾。

棉田:施药时期、方法及用药量同花生田。

蔬菜田：韭菜、小葱、甘蓝、花菜、小白菜直播蔬菜地，可于播种覆土后施药，用 330 g/L 二甲戊灵 EC（1.5～2.25 L/hm^2）兑水（375～600 kg/hm^2）喷雾。甘蓝、花菜、莴苣、茄子、番茄、青椒移栽菜地，可于移栽前或移栽缓苗后施药，用 330 g/L 二甲戊灵 EC（1.5～3 L/hm^2）兑水（450～750 kg/hm^2）喷雾。

烟草田：可于烟草移栽后施药，用 330 g/L 二甲戊灵 EC（1.5～3 L/hm^2）兑水（450～750 kg/hm^2）均匀喷雾。

7）注意事项 二甲戊灵对鱼类高毒，不得污染水源和鱼塘。在玉米田、大豆田施药时，播种深度应在 3～6 cm，避免种子接触药剂。用于土壤处理时，先施药后灌水可增强土壤对药剂的吸附，减少药害。在双子叶杂草较多的田块，应考虑与其他除草剂混用。有机质含量低的砂土不宜于苗前施用二甲戊灵。

10.3.5 取代脲类除草剂

取代脲类除草剂的主要特点：第一，多数品种水溶性低、脂溶性差，因而多加工成可湿性粉剂、悬浮剂等剂型。第二，不抑制种子发芽，主要被植物根吸收，通过木质部导管随蒸腾流向上运输，积累于叶片中，可防除杂草幼苗，无法抑制杂草种子萌发，因此适用于芽前土壤处理。除草效果与土壤含水量密切相关，含水量高，除草效果好。药剂从茎叶进入杂草体的能力差，加入润湿剂能促进吸收，提高茎叶处理的杀草效果。第三，对杂草的主要作用部位为叶片，当叶片受害后自叶尖起发生褪绿，然后呈水浸状，最后坏死。大多数品种的杀草原理是抑制光合作用，光照强有利于药效的发挥，使受害植株不能吸收二氧化碳、放出氧气，从而停止合成有机物使植株饥饿而死。第四，大多数品种主要用于防除一年生杂草，特别是阔叶杂草，可与多种类型的除草剂复配以提高药效、扩大杀草谱。第五，水溶性低，不易淋溶，抗光解，不易挥发，能在土壤表层存留较长时期（持效期 2～4 个月），因而可以通过位差选择增强选择性。

10.3.5.1 敌草隆（diuron）

1）化学名称 1,1-二甲基-3-(3,4-二氯苯基)脲。

2）主要理化性质 纯品为白色结晶固体，易溶于热乙醇，微溶于乙酸乙酯、乙醇和热苯，不溶于水。不易氧化、水解，遇强酸、强碱易分解，无腐蚀性，不易燃。受高热分解，放出有毒烟气。

3）生物活性 敌草隆属内吸传导型除草剂，具有一定触杀活力，可被植物的根和叶吸收，以根系吸收为主。杂草根系吸收药剂后，传到地上叶片中，沿着叶脉向周围传播，抑制光合作用中的希尔反应，致使叶片失绿，叶尖和叶缘褪色，进而发黄、枯死。在低剂量情况下，敌草隆可作为选择性除草剂使用；在高剂量情况下，敌草隆可作为灭生性除草剂使用。敌草隆可用于防除非耕地一般杂草，也可用于棉田选择性除草。在水稻、棉花、玉米、甘蔗等作物田及茶园使用，可防除稗草、马唐、狗尾草、蓼、藜及眼子菜等杂草。

4）毒性 低毒。大鼠急性经口 LD_{50} 为 3400 mg/kg。慢性毒性试验：大鼠无可见作用水平为 250 mg/kg(2 年)，狗无可见作用水平为 125 mg/kg(1 年)。高浓度时对眼睛和黏膜有刺激性。无致畸、致癌、致突变作用。

5)常见制剂　25%、80%敌草隆 WP。

6)使用技术　棉田于播后出苗前用25%敌草隆WP(3~4.5 kg/hm²)加水(750 kg/hm²)配成药液,均匀喷于土表,防效可达 90%。一般在棉田使用一次即能控制整个生育期的田间杂草。稻田用药量为 0.75~1.5 kg/hm²,可防除眼子菜,防效可达 90%。果树、茶园可于杂草萌芽高峰期用 25%敌草隆 WP(3~3.75 kg/hm²)加水(53 kg/hm²)配成药液,喷于土表,亦可在中耕除草后进行土壤喷雾处理。

7)注意事项　敌草隆对麦苗有杀伤作用,麦田禁用。在茶、桑、果园宜采用毒土法,以免产生药害。敌草隆对棉叶有很强的触杀作用,施药必须施于土表,棉苗出土后不宜使用敌草隆。砂性土壤用药量应比黏质土壤适当减少。砂性漏水稻田不宜用。桃树对敌草隆敏感,使用时应注意。

10.3.5.2　绿麦隆(chlorotoluron)

1)化学名称　1,1-二甲基-3-(3-氯-4-甲基苯基)脲。

2)主要理化性质　白色粉末状,难溶于水,易溶于多种有机溶剂。常温下稳定,遇强碱或强酸分解。

3)生物活性　绿麦隆是选择性芽后茎叶处理剂,为触杀型除草剂,主要由杂草叶片吸收,通过抑制光合作用,使组织迅速坏死。常用于麦田,防除播娘蒿、荠菜、猪殃殃等阔叶杂草,对部分禾本科杂草也有一定防效。

4)毒性　对人畜毒性较低。大鼠急性经口 LD_{50} 为 1626~2056 mg/kg,急性经皮 LD_{50} > 2000 mg/kg。对鸟类和鱼类低毒,对蜜蜂无毒。

5)常见制剂　25%绿麦隆 WP。

6)使用技术

麦田:于播种后出苗前用 25%绿麦隆 WP(3.75~4.5 kg/hm²)加水(750 kg/hm²)配成药液,均匀喷布土表,或拌细潮土(300 kg/hm²)均匀撒施于土表。出苗后 3 叶期以前用 25%绿麦隆 WP(45~56.25 kg/hm²)加水(11250 kg/hm²)配成药液,均匀喷布土表。麦苗 3 叶期以后不能用药,易产生药害。

棉田:于播种后出苗前用 25%绿麦隆 WP(3.75 kg/hm²)加水(525 kg/hm²)配成药液,均匀喷布土表。

玉米、高粱、大豆田:播种后出苗前或玉米 4~5 叶期施药,用 25%绿麦隆 WP(3~4.5 kg/hm²)加水(750 kg/hm²)配成药液,均匀喷布土表。

7)注意事项　绿麦隆水溶性差,施药时应保持土壤湿润,否则药效差。绿麦隆在土壤中持效期长,对后茬敏感作物(如水稻)可能有不良影响,应严格掌握用药量和用药时间。

10.3.6　氨基甲酸酯类除草剂

氨基甲酸酯类除草剂的主要特点:第一,主要防治杂草幼芽及幼苗,对成株杂草的防效较差。第二,主要被植物根、胚芽及叶片吸收,在植物体内传导。第三,主要作用部位是植物的分生组织，通过抑制根、芽生长，使受害植物根尖肿大、短化，使幼芽畸形。第四，主要作用机制是抑制植物细胞分裂，其次是抑制光合作用和氧化磷酸化作用。第五，微生物降解是土壤处理品种降解的主要因素。在土壤中的持效期较短，在温暖而湿润的土壤中持效期为3～6周。

下面以氨基甲酸酯类除草剂的代表品种禾草丹(thiobencarb)为例进行介绍。

1)化学名称 S-[(4-氯苯基)甲基]二乙基硫代氨基甲酸酯。

2)主要理化性质 纯品为无色透明油状液体，工业品为淡黄色至浅黄褐色液体。易溶于丙酮、醇类、苯类等多种有机溶剂，难溶于水。对酸、碱、热、光均较稳定。

3)生物活性 禾草丹为广谱、内吸传导型、选择性稻田除草剂，可被杂草根部和幼芽吸收，对杂草的生长点和细胞的有丝分裂有强烈的抑制作用，对一年生禾本科杂草及莎草科杂草有特效，也可用于防除某些阔叶杂草。

4)毒性 低毒。大鼠急性经口LD_{50}为1300 mg/kg，小鼠急性经口LD_{50}为560 mg/kg，大鼠急性经皮LD_{50}为2900 mg/kg；大鼠急性吸入LC_{50}为7.7 mg/L(1 h)。鹌鹑LD_{50}为7800 mg/kg，野鸭LD_{50}＞10000 mg/kg。白虾LC_{50}为0.264 mg/L(96 h)，鲤鱼LC_{50}为3.6 mg/L(48 h)。

5)常见制剂 50％禾草丹EC。

6)使用技术

水稻秧田：播前或水稻立针期施药，用50％禾草丹EC(2.25～3.75 L/hm²)制成毒土撒施，保持2～3 cm水层5～7天。温度高或地膜覆盖田的情况，使用量酌减。

水稻直播田：播前或播后稻苗2～3叶期施药，用50％禾草丹EC(3～4.5 L/hm²)兑水(525 kg/hm²)喷雾，保持3～5 cm水层5～7天。

水稻插秧田：水稻移栽后3～7天、稗草处于萌动高峰至2叶期以前施药，用50％禾草丹EC(3～3.25 L/hm²)兑水(525 kg/hm²)均匀喷雾，或混细土潮土(300 kg/hm²)撒施，保持3～5 cm水层5～7天。自然落干，不要排水。

麦田：播后出苗前施药，用50％禾草丹EC(4.5 L/hm²)兑水(525 kg/hm²)均匀喷于土表。

7)注意事项 稻田使用一定注意保持水质。应在杂草2叶期以前施药，否则药效下降。沙质田或漏水田不宜使用禾草丹。有机质含量高的土壤应适当增加用药量。

10.3.7 二苯醚类除草剂

二苯醚类除草剂的主要特点：第一，部分品种是土壤处理剂，施于土表，通常不拌土，否则除草效果易下降；部分品种为茎叶处理剂，施入土壤中无效。第二，主要防除一年生杂草幼芽，而且对阔叶杂草的防除效果优于禾本科杂草，应在杂草萌芽前施用；茎叶处理剂可以有效防除多种一年生和多年生阔叶杂草，但对多年生阔叶杂草主要防除杂草的地上部分。第三，水溶度低，可被土壤胶体强烈吸附，故淋溶性小，在土壤中不易移动，持效期中等。第四，主要起触杀作用，在植物体内传导性很差或不传导，可使受害植物产生坏死褐斑，对幼龄分生组织的毒害作用较大。生产应用时防除低龄杂草效果好。第五，作用靶标主要是植物体内的原卟啉原氧化酶。第六，作物易产生药害，但这种药害系接触性药害（局部），一般经5～10天可恢复正常，不会造成作物减产。第七，对鱼、贝类低毒。

10.3.7.1　乙氧氟草醚（oxyfluorfen）

1）化学名称　2-氯-α，α，α-三氟对甲苯基-3′-乙氧基-4′-硝基苯基醚。

2）主要理化性质　纯品为无色结晶固体，工业品为红色至黄色固体。难溶于水，易溶于多种有机溶剂。

3）生物活性　乙氧氟草醚是一种超低用量的选择性、芽前芽后触杀型除草剂。杂草主要由胚芽鞘、中胚轴吸收药剂致死。适用于水稻、大豆、小麦、棉花、玉米、蔬菜等作物田及果园，防除阔叶杂草及某些禾本科杂草，如鸭跖草、稗草、莎草、田菁、雀麦、曼陀罗等。

4）毒性　对人畜毒性较低。狗和雄性大鼠急性经口 LD_{50}＞5000（原药）mg/kg，家兔急性经皮 LD_{50}＞10000 mg/kg。对水生无脊椎动物和鱼高毒。

5）常见制剂　20%、24%、240 g/L 乙氧氟草醚 EC。

6）使用技术　水稻移栽后 4～6 天、稗草芽期至 1.5 叶期，用 24%乙氧氟草醚 EC（150～230 mL/hm^2）制成毒土均匀撒施。大豆田、棉田等可于播后苗前施药，用 24%乙氧氟草醚 EC（750 mL/hm^2）兑水均匀喷于土表。

7）注意事项　乙氧氟草醚为触杀型除草剂，施药时要均匀，施药剂量要准。在插秧田使用时，以药土法施用比喷雾安全，应在露水干后施药。施药田整平，保水层，水层不可淹没水稻心叶。在移栽稻田使用时，稻苗高应在 20 cm 以上，秧龄应在 30 天以上，气温为 20～30 ℃。气温低于 20 ℃、土温低于 15 ℃或秧苗过小、嫩弱或遭伤害未恢复时，不宜施用。勿在暴雨来临之前施药，施药后遇暴雨、田间水层过深，需要排出深水，保浅水，以免伤害稻苗。水稻、大豆易产生药害，初次使用时应根据不同气候带先进行小规模试验，找出适合当地使用的最佳施药方法和最适剂量后再大面积使用。

10.3.7.2　三氟羧草醚（acifluorfen）

1）化学名称　2-氯-4-三氟甲基苯基-3′-羧基-4′-硝基苯基醚。

2）主要理化性质　纯品为浅黄色固体，难溶于水，易溶于多种有机溶剂。

3）生物活性　三氟羧草醚为选择性芽后除草剂，被杂草茎叶吸收后通过抑制原卟啉原氧化酶使呼吸系统和能量生产系统停滞，抑制细胞分裂从而使杂草死亡。适用于防除一年生阔叶杂草和大豆、花生等作物田的其他杂草，如马齿苋、鸭跖草、铁苋菜、苘麻、粟米草、藜、龙葵、苍耳、曼陀罗等。

4）毒性　对人畜毒性较低。雌性、雄性大鼠急性经口 LD_{50} 分别为 1370 mg/kg、2025 mg/kg，雌性、雄性小鼠急性经口 LD_{50} 分别为 1370 mg/kg、2050 mg/kg。鳟鱼 LC_{50} 为 17 mg/L（96 h），蓝鳃鱼 LC_{50} 为 62 mg/L（96 h）。鹌鹑急性经口 LD_{50} 为 325 mg/kg。对蜜蜂安全。

5）常见制剂　21.4%三氟羧草醚 AS。

6）使用技术　大豆田推荐用药量为 380～420 g/hm^2，稻田推荐用药量为 180～320 g/hm^2。大豆田一般在大豆 1～3 叶期、杂草 2～4 叶期施药，用 21.4%三氟羧草醚 AS 兑水喷雾。

7）注意事项　阔叶杂草超过 6 叶期后防效较差。天气恶劣时或大豆因其他除草剂产生药害时不可使用。施药时注意风向，不可使药液飘至棉花、甜菜、向日葵及观赏植物上。存放于阴凉、干燥、通风处。

10.3.7.3 乳氟禾草灵(lactofen)

1)化学名称 *O*-[5-(2-氯-4-三氟甲基苯氧基)-2-硝基苯甲酰基]-DL-乳酸乙酯。

2)主要理化性质 深红色液体，难溶于水，易溶于多种有机溶剂。

3)生物活性 乳氟禾草灵是选择性触杀型苗后除草剂，经由植物茎叶吸收，在其体内进行有限的传导，通过破坏细胞膜的完整性导致细胞内含物的流失，使杂草干枯死亡。适用于大豆、花生田，防除龙葵、酸模叶蓼、节蓼、铁苋菜、反枝苋、凹头苋、刺苋、鸭跖草、水棘针、豚草、苘麻、藜(2 叶期前)、苍耳(2 叶期前)、曼陀罗、粟米草、马齿苋、裂叶牵牛、圆叶牵牛、香薷、卷茎蓼等一年生阔叶杂草。对多年生的苣荬菜、刺儿菜、问荆等有较强的抑制作用，也可用于果园防除阔叶杂草。

4)毒性 对人畜毒性较低。原药对大鼠急性经口 $LD_{50}>5000$ mg/kg，大鼠急性经皮 $LD_{50}>2000$ mg/kg，家兔急性经皮 $LD_{50}>2000$ mg/kg。对眼睛有刺激作用，对皮肤刺激较小。蓝鳃翻车鱼 LC_{50} 为 0.1 mg/L，鹌鹑急性经口 $LD_{50}>2510$ mg/kg，对蜜蜂低毒。易燃，易被土壤微生物分解。

5)常见制剂 240 g/L 乳氟禾草灵 EC。

6)使用技术 大豆田可于苗后 2～4 复叶期、阔叶杂草基本出齐、多数株高不超过 5 cm 时施药，用 240 g/L 乳氟禾草灵 EC(300～750 mL/hm^2)兑水喷雾。花生田可于花生 1～2.5 片复叶期、大部分阔叶杂草出齐时施药，用 240 g/L 乳氟禾草灵 EC(375～450 mL/hm^2)兑水(20～30 L/hm^2)茎叶喷雾。

7)注意事项 乳氟禾草灵安全性较差，故施药时应尽可能保证药液均匀，做到不重喷、不漏喷，严格限制用药量。乳氟禾草灵对 4 叶期以前生长旺盛的杂草活性高。低温、干旱不利于药效的发挥。施药后大豆茎叶可能出现枯斑式黄化现象，但这是暂时的接触性药斑，不影响新叶的生长，1～2 周便恢复正常，不影响产量。

10.3.8 取代苯类除草剂

10.3.8.1 丙炔噁草酮(oxadiargyl)

1)化学名称 5-特丁基-3-(2,4-二氯-5-(炔丙氧基)苯基)-1,3,4-噁二唑-2(3*H*)-酮。

2)主要理化性质 无色无味粉末，难溶于水，易溶于多种有机溶剂。

3)生物活性 丙炔噁草酮为选择性触杀型苗期除草剂，主要用于水稻插秧田土壤处理，在杂草出苗前后被稗草等敏感杂草的幼芽或幼苗接触吸收而起作用。丙炔噁草酮施于稻田水中，经过沉降，逐渐被表层土壤吸附，形成稳定的药膜封闭层。当其后萌发的杂草幼芽接触此药膜时，在有光的条件下，接触部位的细胞膜破裂，叶绿素分解，生长旺盛部位的分生组织遭到破坏，最终枯萎、死亡。主要用于防除鬼针草、藜、苍耳、圆叶锦葵、鸭舌草、梅花藻、龙葵、苦苣菜、节节菜等阔叶杂草，稗草、千金子、马唐、牛筋草等禾本科杂草，以及异型莎草、碎米莎草等莎草科杂草，对恶性杂草四叶萍也有良好的防效。

4)毒性　对人畜毒性较低。大鼠急性经口 LD_{50}＞5000 mg/kg,家兔急性经皮 LD_{50} 为 2000 mg/kg。对家兔皮肤无刺激,对家兔眼睛有轻微刺激。对鱼和水虱无毒。

5)常见制剂　80％丙炔噁草酮 WG,80％丙炔噁草酮 WP。

6)使用技术　水稻移栽前施药,即在耙地之后进行耢平时,趁水浑浊将配好的药液泼浇到田里,3 天后再插秧。移栽后施药,即在插秧后 5～7 天采用毒土法施药,保持 3～5 cm 水层 5～7 天,使用 80％丙炔噁草酮 WG 或 80％丙炔噁草酮 WP,南方用药量为 80 g/hm^2,北方用药量为 80～90 g/hm^2。

7)注意事项　催芽播种秧田必须在播种前 2～3 天施药,如播种后立即施药,易出现药害。旱田使用时,土壤要保持湿润,否则药效无法发挥。

10.3.8.2　噁草酮(oxadiazon)

1)化学名称　5-特丁基-3-(2,4-二氯-5-异丙氧基苯基)-1,3,4-噁二唑-2(3*H*)-酮。

2)主要理化性质　原药为无色无味不吸水结晶,室温下不挥发。难溶于水,易溶于多种有机溶剂。在通常贮存条件下稳定,无腐蚀性,在碱性溶液中分解。

3)生物活性　噁草酮为触杀型芽前、芽后除草剂,被杂草幼芽和茎叶吸收而起作用,在有光的条件下能发挥良好的杀草活性。对萌芽期杂草尤为敏感,杂草一旦发芽,芽鞘的生长即被抑制,其组织便迅速腐烂,最终死亡。随着杂草生长,药效下降,噁草酮对已长大的杂草基本无效。噁草酮主要用于稻田,防除稗草、雀稗、异型莎草、鸭舌草、节节菜等杂草,亦可用于棉花、大豆、向日葵、花生、马铃薯、甘蔗、芹菜等作物田及果园,防除一年生禾本科杂草和阔叶杂草,对苋科、藜科、大戟科、酢浆草科、旋花科杂草也有良好防效。

4)毒性　对人畜低毒。大鼠急性经口 LD_{50}＞8000 mg/kg,急性经皮 LD_{50}＞8000 mg/kg。对鸟、蜜蜂低毒,对鱼为中等毒。

5)常见制剂　120 g/L、250 g/L 噁草酮 EC。

6)使用技术

稻田:旱稻水灌直播田,于播种后出苗前用 120 g/L 噁草酮 EC(1.5～2.25 L/hm^2)兑水(750 kg/hm^2),均匀喷布土表。秧田、水直播田,一般整好地后(最好田间还处于泥水状)用 120 g/L噁草酮 EC(1.5～2.25 L/hm^2)兑水(325 kg/hm^2),喷布全田,保持水层 2～3 天,排水后播种;亦可在秧苗 1 叶 1 心至 2 叶期,用 120 g/L 噁草酮 EC(1.5 L/hm^2)兑水(450 kg/hm^2)均匀喷布全田,保持浅水层 3 天。移栽田,可于水稻移栽前 1～2 天或移栽后 4～5 天用 120 g/L 噁草酮 EC(1.875～2.25 L/hm^2)甩施,施药后保持浅水层 3 天,自然落干,以后正常管理。

花生田、棉田:播种后出苗前用 250 g/L 噁草酮 EC(1.125～1.5 L/hm^2)兑水(525 kg/hm^2),均匀喷布土表。

7)注意事项　催芽播种秧田必须在播种前 2～3 天施药,如播种后立即施药,易出现药害。旱田使用时,土壤要保持湿润,否则药效无法发挥。

10.3.9　三酮类除草剂

三酮类除草剂的主要特点:第一,水溶液的贮存稳定性强,不易挥发与光解。第二,与其他除草剂的物理相容性好，利于开发混剂。第三，呈弱酸性，便于植物吸收，可使植物分生组织失绿、白化，使植物死亡。

10.3.9.1 硝磺草酮(mesotrione)

1)化学名称 2-(4-甲磺酰基-2-硝基苯甲酰基)环己烷-1,3-二酮。

2)主要理化性质 纯品为浅黄色固体，原药为淡茶色至沙色不透明固体，热贮稳定性好。原药54 ℃贮存14天性质稳定。

3)生物活性 硝磺草酮是一种芽前、苗后广谱选择性除草剂，容易在植物木质部和韧皮部传导，可抑制对羟基苯基丙酮酸双氧化酶，具有触杀作用和持效性，可有效防治主要的阔叶杂草和一些禾本科杂草。

4)毒性 大鼠急性经口 LD_{50}＞5000 mg/kg，急性经皮 LD_{50}＞2000 mg/kg。对家兔皮肤无刺激性，对家兔眼睛有轻度刺激性；豚鼠皮肤变态反应(致敏)试验结果为不具致敏性。大鼠90天亚慢性喂养试验无可见作用水平：雄性为5.0 mg/kg，雌性为7.5 mg/kg(饲料)。Ames试验、小鼠骨髓细胞微核试验等5项致突变试验结果均为阴性，未见致突变作用。对鱼、鸟、蜜蜂、家蚕等环境生物均为低毒。

5)常见制剂 10％、40％硝磺草酮SC，75％硝磺草酮WG，10％、20％硝磺草酮OD。

6)使用技术 硝磺草酮为独特的玉米田除草剂，使用方法为茎叶喷雾，一季玉米使用一次，在推荐剂量下不仅对玉米安全，而且对环境、后茬作物安全。以10％硝磺草酮SC为例，一般用药量为1050～1500 mL/hm^2，一般喷液量为225～450 L/hm^2。

芽前用药(有效成分100～225 g/hm^2)或芽后用药(有效成分70～150 g/hm^2)可有效防除玉米田一年生的苍耳、三裂叶豚草、苘麻、藜、苋和蓼等阔叶杂草，还可防除玉米田的稗草、马唐等杂草，尤其对磺酰脲类抗性杂草有效，而对铁苋菜和一些禾本科杂草防治效果较差。施药适期为玉米3～5叶期、杂草2～4叶期。

除玉米田外，硝磺草酮亦可用于草坪及甘蔗、水稻、洋葱、高粱和其他小宗作物田。

40％硝磺草酮SC在国外已用于黑麦草、早熟禾、狗牙根、高羊茅等草坪，防除杂草。国内试验表明，480 g/hm^2(有效成分用量)对早熟禾、狗牙根草坪安全，对供试杂草(反枝苋、藜和马唐)7叶期内防效在90％以上；240 g/hm^2(有效成分用量)处理对高羊茅草坪安全，对供试反枝苋、藜7叶期内防效可达90％。在供试剂量范围内，40％硝磺草酮SC对早熟禾的生物量及观赏品质无影响，但对其他供试草坪会产生一定影响。

7)注意事项 每季作物最多使用1次。尽量早用药，除草效果更佳。施药时应避免雾滴飘移至邻近作物。硝磺草酮耐雨水冲刷，药后3 h遇雨药效不受影响。硝磺草酮不可用于白爆裂玉米和观赏玉米。如遇毁(翻、补)种，须补种玉米，补种后不可再施用硝磺草酮。若后茬种植甜菜、苜蓿、烟草、蔬菜、油菜、豆类，须先做试验后种植。一年两熟制地区，后茬作物不得种植油菜。不得用于玉米与其他作物间作、混种田。禁止在河塘等水体中清洗施药器具。远离水产养殖区，天敌昆虫放飞区禁用。建议与其他类型除草剂轮换使用。

10.3.9.2 氟吡草酮(bicyclopyrone)

1)化学名称 4-羟基-3-[2-(2-甲氧基-乙氧基甲基)-6-(三氟甲基)-吡啶-3-基羰基]-双环

[3.2.1]辛-3-烯-2-酮。

2)主要理化性质 有氧土壤中的降解半衰期 DT_{50} 为 213.2 天,水中光解(pH 为 7)DT_{50} 为 43 天,水中光解特性稳定。

3)生物活性 氟吡草酮是一种新型对羟基苯基丙酮酸双氧化酶(HPPD)抑制剂类除草剂,由杂草植物根系和叶片吸收,抑制 HPPD 的活性,使对羟基苯基丙酮酸转化为尿黑酸的过程受阻,导致酪氨酸的积累、质体醌和生育酚的生物合成停止,从而抑制靶标体内类胡萝卜素的生物合成,进而导致叶绿素的含量下降,使植物分生组织失绿,产生白化症状,最终导致杂草植株死亡。

氟吡草酮可选择性防除玉米田阔叶杂草,对三裂叶豚草和苍耳等大型种子阔叶杂草的防效较高,而不影响玉米,因为玉米可将其快速代谢为无活性化合物。因此,氟吡草酮特别适用于玉米田,也可用于水稻、甘蔗等作物田。氟吡草酮抗性发展缓慢,适用于抗性杂草综合治理。除此之外,氟吡草酮还具有对后茬作物安全、土壤中残留期较短、在动植物体内代谢快、毒性较低、可与多种药剂混配等优点。

4)毒性 微毒。大鼠急性经口 LD_{50}>5000 mg/kg,急性经皮 LD_{50}>5000 mg/kg,急性吸入 LC_{50}>5.21 mg/L。没有皮肤刺激性,对眼睛有轻度刺激性,无皮肤致敏性。大鼠亚慢性经口毒性无可见不良作用水平为 0.72 mg/kg/d,大鼠亚慢性经皮毒性无可见不良作用水平为 50 mg/kg/d。氟吡草酮在哺乳动物体内可于 24 h 内完成代谢,主要通过尿液排出,无蓄积。氟吡草酮对鱼类、溞类、蜜蜂等环境生物的毒性均较低。

5)常见制剂 目前,国内仅有专供出口产品登记。

10.3.9.3 环磺酮(tembotrione)

1)化学名称 2-{2-氯-4-甲磺酰基-3-[(2,2,2-三氟乙氧基)甲基]苯甲酰基}环己烷-1,3-二酮。

2)主要理化性质 环磺酮原药为米黄色粉末,无特殊气味,熔点为 123 ℃,分解温度约为 150 ℃,相对密度(20 ℃)为 1.56 g/mL。水中溶解度(20 ℃)为 0.22 g/L(pH 4)、28.30 g/L(pH 7)、29.69 g/L(pH 9)。有机溶剂中溶解度(20 ℃):乙醇为 8.2 mg/L,正己烷为 47.6 mg/L,甲苯为 75.7 mg/L,二氯甲烷>600 mg/L,丙酮为 300~600 mg/L,乙酸乙酯为180.2 mg/L,二甲基亚砜>600 mg/L。

3)生物活性 环磺酮是在磺草酮的基础上引入三氟乙氧基得到的新化合物,属于 HPPD 抑制剂。环磺酮的活性高于磺草酮和硝磺草酮,对多种杂草有很强的杀灭作用,无残留活性,有较强的抗雨水冲刷能力,可以在作物的整个生长期内保持良好的除草活性,通常用于玉米田和大豆田,芽后处理防除禾本科杂草,对阔叶杂草有较好的防除效果。环磺酮对后茬作物的安全性也很好。使用环磺酮后,若下茬种植普通玉米、甜玉米、爆裂玉米,可以立即种植。若秋季下茬种植谷物(除玉米和高粱外)、甘蔗,可于 4 个月后种植;若春季下茬种植大豆,可于 4 个月后种植;若下茬种植葫芦、向日葵、豌豆、棉花、马铃薯、油菜、苜蓿、番茄、甜菜等,可于 10 个月后种植。若短于上述所有作物安全间隔期,则有可能对下茬作物造成伤害。

4)毒性 大鼠急性经口 LD_{50}>2000 mg/kg,急性经皮 LD_{50}>2000 mg/kg,急性吸入

LC_{50}＞5.03 mg/L。对家兔眼睛有中等刺激作用，对家兔皮肤无刺激性，对豚鼠皮肤有轻微致敏作用。环境友好，风险较低。鸟类急性经口(山齿鹑)LD_{50}＞2250 mg/kg，鸟类短期饲喂(山齿鹑)LC_{50}＞1788 mg/kg。鱼类急性毒性(虹鳟鱼)LC_{50}(96 h)＞100 mg/L。藻类急性毒性(月牙藻)EbC_{50}(96 h)为0.75 mg/L。蜜蜂急性经口LD_{50}(72 h)＞92.8 μg/蜂，蜜蜂急性接触＞100 μg/蜂。蚯蚓急性毒性LC_{50}(14天)＞1000 mg/kg干土。

5)常见制剂 420 g/L环磺酮SC，8%环磺酮OD。

6)使用技术 环磺酮主要用于玉米田，防治一年生杂草。于玉米苗后3～5叶期、杂草2～6叶期施药，用8%环磺酮OD(1125～1575 mL/hm^2)兑水(525～600 L/hm^2)，均匀喷施于杂草茎叶。

7)注意事项 不可与有机磷杀虫剂混用，以免造成药害。

10.3.10 磺酰胺类除草剂

10.3.10.1 唑嘧磺草胺(flumetsulam)

1)化学名称 2′,6′-二氟-5-甲基[1,2,4]-三唑并[1,5*a*]嘧啶-2-磺酰苯胺。

2)主要理化性质 灰白色无味固体，难溶于水，易溶于多种有机溶剂。

3)生物活性 唑嘧磺草胺是典型的乙酰乳酸合成酶(ALS)抑制剂，通过抑制支链氨基酸的合成，抑制使蛋白质合成，使植物停止生长。适用于玉米、大豆、小麦、大麦等作物田，防治一年生及多年生阔叶杂草，如问荆、荠菜、小花糖芥、独行菜、播娘蒿、蓼、婆婆纳、苍耳、龙葵、反枝苋、藜、苘麻、猪殃殃、曼陀罗等，对幼龄禾本科杂草也有一定防除效果。

4)毒性 大鼠急性经口LD_{50}＞5000 mg/kg，家兔急性经皮LD_{50}＞2000 mg/kg，大鼠急性吸入LC_{50}(4 h)≥1.2 mg/L。对鱼无毒。

5)常见制剂 80%唑嘧磺草胺WG。

6)使用技术 玉米田，于播后、苗前封闭使用，有效成分用量分别为30～40 g/hm^2和20～30 g/hm^2。麦田，于3叶至分蘖末期茎叶喷雾，有效成分用量为18～24 g/hm^2。大豆田，播前土壤处理用药量为48～60 g/hm^2(有效成分)，苗后茎叶处理用药量20～25 g/hm^2(有效成分)。

7)注意事项 后茬不宜种植油菜、萝卜、甜菜等十字花科蔬菜及其他阔叶蔬菜。

10.3.10.2 五氟磺草胺(penoxsulam)

1)化学名称 3-(2,2-二氟乙氧基)-*N*-(5,8-二甲氧基[1,2,4]三唑并[1,5-*c*]嘧啶-2-基)-α,α,α-三氟甲苯基-2-磺酰胺。

2)主要理化性质 原药为浅褐色固体，难溶于水，易溶于多种有机溶剂。

3)生物活性 五氟磺草胺为传导型除草剂，经茎叶、幼芽及根系吸收，通过木质部和韧皮部传导至分生组织，抑制乙酰乳酸合成酶(ALS)，使生长点失绿，处理后7～14天顶芽变红、坏死，2～4周植株死亡。五氟磺草胺为稻田用广谱除草剂，可有效防除稗草、一年生莎草科杂草，且对众多阔叶杂草有效，如沼生异蕊花、鳢肠、田菁、竹节花、鸭舌草等。持效期长达30～60天，一次用药能基本控制全季杂草危害。

4)毒性 对大鼠急性经口 LD_{50}＞5000 mg/kg,家兔急性经皮 LD_{50}＞5000 mg/kg,大鼠急性吸入 LC_{50}(4 h)＞3.5 mg/L。

5)常见制剂 250 g/L、10%五氟磺草胺 OD。

6)使用技术 水稻的旱直播田、水直播田、秧田以及抛秧、插秧栽培田,用量为 15～30 g/hm²(有效成分)。旱直播田于芽前或灌水后施药,水直播田于苗后早期施药,插秧栽培田则在插秧后 5～7 天施药,可采用喷雾或拌土处理。

7)注意事项 本品对水生生物有毒,应远离水产养殖区施药。禁止在河塘等水体中清洗施药器具。

10.3.10.3 氟酮磺草胺(triafamone)

1)化学名称 *N*-[2-(4,6-二甲氧基-1,3,5-三嗪-2-羰基)-6-氟苯基]-1,1-二氟-*N*-甲基甲磺酰胺。

2)主要理化性质 纯品为乳白色固体粉末,水中溶解度(20 ℃)为 35 mg/L,溶于丙酮、甲醇、二氯甲烷,微溶于异丙醇,挥发性极差。相对稳定,在强酸、碱性条件下不稳定。

3)生物活性 氟酮磺草胺为乙酰乳酸合成酶(ALS)抑制剂,通过阻止缬氨酸、亮氨酸、异亮氨酸的生物合成,抑制细胞分裂和植物生长。以根系和幼芽吸收为主,兼具茎叶吸收除草活性(即兼有土壤封闭和茎叶处理效果)。可于芽前或芽后早期使用,能有效封杀稗草、双穗雀稗等禾本科杂草,扁秆藨草、异型莎草、日照飘拂草、水莎草等莎草,以及丁香蓼、慈姑、醴肠、眼子菜、狼把草等阔叶杂草。

4)毒性 大鼠急性经口 LD_{50}为 5000 mg/kg,家兔急性经皮 LD_{50} 5000 mg/kg。对皮肤无刺激性,有短暂的眼睛刺激性(家兔)。蜜蜂 LC_{50}＞100 μg/蜂(48 h,接触)。Ames 试验结果为无诱变性。

5)常见制剂 19%氟酮磺草胺 SC。

6)使用技术 19%氟酮磺草胺 SC 适用于多种类型的水稻品种,包括粳稻和籼稻。水稻移栽田,水稻缓苗后,在保持浅水层的情况下,采取甩施法或毒土撒施法均可有效防除鳢肠、丁香蓼、异型莎草等一年生杂草,推荐用量为 24～36 g/hm²(有效成分)。旱直播稻 4 叶期用 19%氟酮磺草胺 SC(180～270 mL/hm²)兑水均匀喷雾,药后及时回水,对稗草、莎草、扁秆藨草、丁香蓼等杂草有较好防效,而且不易反弹。对有千金子、马唐等杂草的田块,需要与氰氟草酯、噁唑酰草胺等除草剂混用,以扩大杀草谱。氟酮磺草胺兼有土壤封闭和茎叶处理效果,在直播稻田进行茎叶处理对稗草、莎草、千金子也有较好的封闭效果。用 19%氟酮磺草胺 SC 进行飞防施药时,前期用药量为 225 g/hm²(也有的为 180 g/hm²),用水量为 9750 mL/hm²,飞行速度为 6 m/s。药后水稻可能出现蹲苗现象,但分蘖正常,无须采取措施,15 天后开始恢复。

7)注意事项 水稻 1 叶 1 心期施用氟酮磺草胺为时过早,有一定的安全隐患,等到水稻 4 叶期后施用较安全。氟酮磺草胺对粳稻较安全,可以在粳稻田施用;对糯稻的安全性尚不明确,暂不建议在糯稻田施用。

10.3.11 有机磷除草剂

有机磷除草剂的主要特点:第一,部分品种的选择性比较差,往往作为灭生性除草剂用于森林、果园及免耕田,部分品种具有较好的选择性。第二,除草谱较广,其中草甘膦不仅能防除一年生杂草,还可以防除一些多年生杂草,有些土壤处理剂可以防除多种一年生杂草。第三,稳定性较差,在酸性和碱性条件下会迅速分解。有机磷除草剂在土壤中的移动性也较差,其在土壤中的活动和持效期与土壤的理化性质密切相关。

10.3.11.1 草铵膦(glufosinate-ammonium)

1)化学名称 4-[羟基(甲基)膦酰基]-DL-高丙氨酸铵。

2)主要理化性质 草铵膦为白色结晶,有轻微气味,易溶于水,难溶于有机溶剂。

3)生物活性 草铵膦进入植物体内后,能与ATP相结合并占据谷氨酰胺合成酶的反应位点,从而不可逆地抑制谷氨酰胺合成酶(GS)的活性并破坏之后的一系列代谢过程。谷氨酰胺合成酶受到抑制后,谷氨酰胺的合成受阻,继而植物体内氮代谢紊乱,蛋白质和核苷酸等物质的合成减少,光合作用受阻,叶绿素合成减少;同时,细胞内铵离子的含量增加,使得细胞膜遭到破坏,叶绿体解体,最终导致植物全株枯死。草铵膦杀草速度快,2~6 h内杂草光合作用便开始受阻,1天内停止生长,2~3天出现失绿、坏死等症状,1~2周内全株枯死。草铵膦的作用能够持续25~45天,控草时间长于其他除草剂。草铵膦杀草谱广,对农田的绝大多数一年生及多年生杂草有较好的防除效果。可用于果园、葡萄园、马铃薯田、非耕地,防治一年生和多年生双子叶杂草及禾本科杂草,如鼠尾、看麦娘、马唐、稗、野生大麦、多花黑麦草、狗尾草、金狗尾草、野小麦、野玉米、曲芒发草、羊茅等,也可防除藜、苋、蓼、荠、龙葵、繁缕、马齿苋、猪殃殃、苦苣菜、田旋花、蒲公英等阔叶杂草,对莎草和蕨类植物也有一定效果。

4)毒性 雄性大鼠急性经口 LD_{50} 为2000 mg/kg,雌性大鼠急性经口 LD_{50} 为1620 mg/kg;雄性小鼠急性经口 LD_{50} 为431 mg/kg,雌性小鼠急性经口 LD_{50} 为416 mg/kg;狗急性经口 LD_{50} 为200~400 mg/kg。雄性大鼠急性经皮 LD_{50} >2000 mg/kg,雌性大鼠急性经皮 LD_{50} 为4000 mg/kg。

5)常见制剂 10%、200 g/L草铵膦AS。

6)使用技术 于阔叶杂草生长旺盛始期及禾本科杂草分蘖始期进行喷雾处理,用药量为0.7~1.2 kg/hm²,控草期为4~6周,必要时可再次施药,可显著延长有效期。马铃薯田宜在芽前施用,亦可在收获前喷施,杀除地上残茬,便于收获。防除蕨类植物,用药量为1.5~2 kg/hm²。一般为单用,有时也可与西玛津、敌草隆或2甲4氯等混用。

7)注意事项 草铵膦一般可以在播种前和作物苗后期使用,作物刚出苗时严禁使用。草铵膦不能在低温条件下使用,因为低温环境会影响除草效果。多雨季节杂草长得比较快,可以酌情增加用药量;天气特别干旱时,也需要酌情增加用药量,因为干旱天气会加快药剂的挥发速度。

10.3.11.2 草甘膦(glyphosate)

1)化学名称 *N*-膦羧基甲基甘氨酸。

2)主要理化性质 纯品为白色固体,难溶于水,易溶于多种有机溶剂。

3)生物活性 草甘膦为内吸传导型广谱灭生性除草剂,可通过抑制植物体内的烯醇丙酮基莽草素磷酸合成酶,阻碍莽草素向苯丙氨酸、缬氨酸及色氨酸的转化,使蛋白质合成受到干扰,导致植物死亡。

4)毒性 大鼠急性经口 LD_{50} 为 4973 mg/ kg,小鼠 LD_{50} 为 1568 mg/ kg。鳟鱼 $LC_{50}>$ 1000 mg/L,水蚤 LC_{50} 为 780 mg/L。对蜜蜂和鸟低毒。

5)常见制剂 30%、46%草甘膦 AS,30%、50%和 65%草甘膦 SP,68%、80%草甘膦铵盐 SG。

6)使用技术

果园、桑园等:防除一年生杂草用30%草甘膦 AS(2.5～5 kg/hm^2),防除多年生杂草用30%草甘膦 AS(5～7.5 kg/hm^2),兑水量为 300～450 kg/hm^2,对杂草茎叶定向喷雾。

农田:农田倒茬播种前防除田间已生长杂草,用药量可参照果园除草。棉花生长期用药,需定向喷雾,用30%草甘膦 AS(2.5～3.75 kg/hm^2),兑水量为 300～450 kg/hm^2。

休闲地、田边、路边:于杂草 4～6 叶期,用 30%草甘膦 AS(2.5～5 kg/hm^2),加柴油、兑水(300～450 kg/hm^2)对杂草喷雾。

7)注意事项 草甘膦为灭生性除草剂,施药时注意防止药液飘移到非目标植物上造成药害。对多年生恶性杂草,如白茅、香附子等,在第一次用药后隔 1 个月再施一次药,才能达到理想防治效果。晴天高温时用药效果好,施药后 4～6 h 内遇雨应补喷。施药后 3 天内勿割草、放牧和翻地。

10.3.12 磺酰脲类除草剂

磺酰脲类除草剂的发现是除草剂进入超高效时期的标志。磺酰脲类除草剂的主要特点:第一,活性极高,每公顷用药量以克计,属于超高效农药品种。第二,除草谱广,每个品种的除草谱差别较大。第三,选择性强,主要是生物化学选择性。每个品种均有相应的适用作物和除草谱,对作物高度安全,对杂草高效。第四,使用方便,既可用于土壤处理,也可用于茎叶处理,可以被杂草的根、茎、叶吸收。第五,主要作用靶标是乙酰乳酸合成酶,可导致支链氨基酸异亮氨酸与缬氨酸缺乏,使细胞周期停滞于 G_1 和 G_2 阶段。既不影响细胞伸长,也不影响种子发芽及出苗,其高度专化效应表现为抑制植物细胞分裂,使植物生长受抑制。植物受害后产生偏上性生长,幼嫩组织失绿,有时显现紫色或花青素色,生长点坏死,叶脉失绿,植物生长严重受抑制、矮化,最终全株枯死。该类除草剂作用迅速,杂草受害后生长迅速停止,而杂草全株彻底死亡所需时间较长。第六,对哺乳动物安全,在环境中易分解,不积累,部分品种在土壤中的持效期较长,可能会对后茬作物产生药害。

10.3.12.1 苄嘧磺隆(bensulfuron-methyl)

1)化学名称 3-(4,6-二甲氧基嘧啶-2-基)-1-(2-甲氧基甲酰基苄基)磺酰脲。

2)主要理化性质 纯品为白色无臭固体,易溶于水和多种有机溶剂。

3)生物活性 苄嘧磺隆是选择性内吸传导型除草剂。药剂在水中迅速扩散,经杂草根部和叶片吸收后转移到其他部位,可阻碍支链氨基酸生物合成,使敏感杂草生长受阻,幼嫩组织过早发黄，抑制叶部、根部生长。苄嘧磺隆能有效防除稻田一年生及多年生阔叶杂草和莎草，在作物芽后、杂草芽前及芽后施药，对鸭舌草、眼子菜、节节菜及莎草科杂草（球柱草、异型莎草、水莎草等）效果良好。

4）毒性 大鼠急性经口 LD_{50} 为 5000 mg/kg，小鼠急性经口 $LD_{50}>10985$ mg/kg，家兔急性经皮 $LD_{50}>2000$ mg/kg。对眼无刺激。大鼠慢性经口无可见作用水平为 750 mg/kg。鲤鱼 $LC_{50}>1000$ mg/L(48 h)，野鸭急性经口 $LD_{50}>2150$ mg/kg。

5）常见制剂 10％苄嘧磺隆 WP。

6）使用技术

水稻秧田和直播田：播种后至杂草 2 叶期以内均可施药。防除一年生阔叶杂草和莎草，用 10％苄嘧磺隆 WP（300～450 g/hm^2）加水（450 kg/hm^2）配成药液喷雾，或混细潮土（300 kg/hm^2）撒施，施药时保持 3～5 cm 水层 3～4 天。

水稻移栽田：移栽前后 3 周均可使用，但以插秧后 5～7 天施药为宜，用 10％苄嘧磺隆 WP(300～450 g/hm^2)加水配成药液喷雾，或混细土撒施，保持 5 cm 水层 3～4 天，自然落干。防除多年生杂草、兼除稗草时，用药量可适当提高(450～750 g/hm^2)。

7）注意事项 苄嘧磺隆对 2 叶期以内杂草效果好，超过 3 叶效果差。对稗草效果差，以稗草为主的秧田不宜使用。施药时稻田内必须有水层(3～5 cm)，以使药剂均匀分布。施药后 7 天内不排水、串水，以免降低药效。

10.3.12.2 烟嘧磺隆(nicosulfuron)

1）化学名称 2-(4,6-二甲氧基嘧啶-2-基氨基甲酰氨基磺酰)-*N*,*N*-二甲基烟酰胺。

2）主要理化性质 纯品为无色结晶，易溶于水和多种有机溶剂。

3）生物活性 烟嘧磺隆是内吸性除草剂，可经杂草茎叶和根部吸收，随后在植物体内传导，抑制植物乙酰乳酸合成酶（支链氨基酸合成抑制剂），使敏感植物生长停滞，茎叶褪绿，逐渐枯死。可用于防除玉米田一年生和多年生禾本科杂草、莎草和某些阔叶杂草，对狭叶杂草活性高于阔叶杂草，对玉米安全。

4）毒性 大、小鼠急性经口 $LD_{50}>5000$ mg/kg，家兔急性经皮 $LD_{50}>2000$ mg/kg，大鼠急性吸入 $LC_{50}>5.47$ mg/L。鲤鱼 $LC_{50}>10$ mg/L(96 h)。

5）常见制剂 40 g/L 烟嘧磺隆 SC，40 g/L 烟嘧磺隆 OD，80％烟嘧磺隆 WP，75％烟嘧磺隆 WG。

6）使用技术 玉米 3～4 叶期，杂草出齐且株高多为 5 cm 左右时，用 40 g/L 烟嘧磺隆 SC 兑水茎叶喷雾，夏玉米用药量为 750～1125 mL/hm^2，北方春玉米用药量为 975～1500 mL/hm^2，兑水量为 450 kg/hm^2。

7）注意事项 不同玉米品种对烟嘧磺隆的敏感性有差异，其安全性从高到低为马齿型玉米、硬质玉米、爆裂玉米、甜玉米。一般玉米 2 叶期前及 10 叶期以后对烟嘧磺隆敏感。甜玉米或爆裂玉米对烟嘧磺隆敏感，勿用。对后茬小麦、大蒜、苜蓿、马铃薯、大豆等无残留药害；但对小白菜、甜菜、菠菜、黄瓜、向日葵及油葵等有药害。在粮菜间作或轮作地区，应做好对后茬蔬菜的药害试验。用有机磷药剂处理过的玉米对烟嘧磺隆敏感，二者的使用间隔期为 7 天左右。

10.3.13　咪唑啉酮类除草剂

咪唑啉酮类除草剂的主要特点：第一，内吸传导作用强，经茎叶和根吸收后在木质部与韧皮部传导，积累于分生组织。第二，作用机制为抑制乙酰乳酸合成酶（ALS）活性，使支链氨基酸（缬氨酸、亮氨酸与异亮氨酸）的生物合成受抑制，从而使植物因生长停止而死亡。第三，此类除草剂可用于土壤处理，也可用于茎叶处理。土壤处理后，杂草分生组织坏死，生长停止，虽然一些杂草能发芽出苗，但不久便停止生长，而后死亡；茎叶处理后，杂草生长停止，并在 2～4 周内死亡。第四，主要用于大豆田、烟草田或非耕地，防治一年生或多年生阔叶杂草与部分禾本科杂草。第五，在土壤中不易挥发和光解，残效期长，可达半年之久，对后茬敏感作物有伤害。

10.3.13.1　甲氧咪草烟（imazamox）

1）化学名称　（*RS*）-2-（4-异丙基-4-甲基-5-氧-2-咪唑啉-2-基）-5-甲氧基甲基尼古丁酸。

2）主要理化性质　本品为固体，难溶于水，易溶于多种有机溶剂。

3）生物活性　甲氧咪草烟为咪唑啉酮类除草剂，经叶片吸收、传导并积累于分生组织，可抑制 ALS 的活性，导致支链氨基酸（缬氨酸、亮氨酸与异亮氨酸）生物合成停止，最终使植株死亡。甲氧咪草烟可有效防除大多数一年生禾本科杂草与阔叶杂草，如野燕麦、稗草、狗尾草、金狗尾草、看麦娘、稷、千金子、马唐、鸭跖草（3 叶期前）、龙葵、苘麻、反枝苋、藜、小藜、苍耳、香薷、水棘针、狼把草、繁缕、柳叶刺蓼、鼬瓣花、荠菜等，对多年生的苣荬菜、刺儿菜等有抑制作用。

4）毒性　对哺乳动物的毒性极低。大鼠和小鼠急性经口 $LD_{50}>5000$ mg/kg，家兔急性经皮 $LD_{50}>4000$ mg/kg。鹌鹑急性经口 $LD_{50}>1846$ mg/kg，虹鳟鱼 LC_{50} 为 122 mg/L（96 h）。

5）常见制剂　4％甲氧咪草烟 AS，70％甲氧咪草烟 WG。

6）使用技术　大豆田应于大豆出苗后 2 片真叶展开至第 2 片三出复叶展开时用药。防除禾本科杂草，应于 2～4 叶期用药。防除阔叶杂草，应于株高为 2～7 cm 时用药。防除苍耳，应于 4 叶期前用药（对未出土的苍耳药效差）。防除鸭跖草，2 叶期施药效果最佳，3 叶期以后药效差。4％甲氧咪草烟 AS 推荐用药量为 1.125～1.245 L/hm²，使用低剂量时须加入硫酸铵（喷液量的 2％）。土壤水分适宜、杂草生长旺盛及杂草幼小时用低剂量，干旱及难防治杂草多时用高剂量。

7）注意事项　若施药后 2 天内遇 10 ℃以下低温，可使大豆对甲氧咪草烟的代谢能力降低，易造成药害。北方低洼地及山间冷凉地区不宜使用甲氧咪草烟。喷洒甲氧咪草烟时不能加增效剂 YZ-901、AA-921。

10.3.13.2　咪唑乙烟酸（imazethapyr）

1）化学名称　（*RS*）-5-乙基-2-（4-异丙基-4-甲基-5-氧代-2-咪唑啉-2-基）吡啶-3-羧酸。

2）主要理化性质　纯品为无色结晶，无臭味。溶于水和多种有机溶剂。在酸性及中性条件下稳定，遇强碱分解。

3)生物活性 咪唑乙烟酸可经根、叶吸收,在木质部和韧皮部传导,积累于植物分生组织内,影响缬氨酸、亮氨酸、异亮氨酸的生物合成,使植物死亡。对大豆田和其他豆科植物田的禾本科杂草和某些阔叶杂草(如苋菜、蓼、藜、龙葵、苍耳、稗草、狗尾草、马唐、黍等)有优异的防效。

4)毒性 大鼠急性经口 LD_{50}>5000 mg/kg,雌性小鼠急性经口 LD_{50}>5000 mg/kg,家兔急性经皮 LD_{50}>2000 mg/kg。鱼毒 LC_{50}(96 h):蓝鳃鱼为 420 mg/L,鲇鱼为 240 mg/L,虹鳟为 340 mg/L。蜜蜂 LD_{50}>0.1 mg/蜂。

5)常见制剂 5%、10%咪唑乙烟酸 AS。

6)使用技术 苗期(大豆真叶期至 2 片复叶期、杂草 1~4 叶期),用 5%咪唑乙烟酸 AS(1000~2000 mL/hm^2)兑水(450~600 kg/hm^2)均匀喷雾。插后苗期(土壤墒情好时),用 5%咪唑乙烟酸 AS(1500~2250 mL/hm^2)兑水(450~600 kg/hm^2)均匀喷雾。

7)注意事项 施药均匀、周到,避免重复施药,一年内仅可施药一次。避免飞机高空施药。施药时切不可飘移至敏感作物上,敏感作物有甜菜、白菜、油菜、西瓜、黄瓜、马铃薯、茄子、辣椒、番茄、高粱等。上述作物在第二年内不能种植,甜菜三年内不能种植。

10.3.14 吡啶类除草剂

吡啶类除草剂的主要特点:第一,除草谱广,不仅能防治一年生阔叶杂草,个别品种还能有效防除多年生杂草、灌木及木本植物。第二,可以被植物叶片与根迅速吸收并在体内迅速传导,对植物的杀伤力强,单位面积的用药量少。第三,在土壤中的稳定性强,持效期长。第四,水溶度高,在土壤中易淋溶至深层,而且纵向移动性也较强,故防治多年生深根杂草有特效。第五,在光下比较稳定,不易挥发。

10.3.14.1 三氯吡氧乙酸(triclopyr)

1)化学名称 [(3,5,6-三氯-2-吡啶)氧基]乙酸。

2)主要理化性质 纯品为白色结晶,微溶于水,易溶于多种有机溶剂。

3)生物活性 三氯吡氧乙酸为内吸传导型选择性除草剂。药剂可由植物的叶面和根系吸收,并在植物体内传导,主要作用于核酸代谢,使植物产生过量核酸,一些组织转变成分生组织,造成其根、茎、叶畸形,储藏物质被耗尽,维管束被栓塞或破裂,植株逐渐死亡。三氯吡氧乙酸能防除走马芹、胡枝子、山刺玫、山杨、柳、蒙古栎、铁线莲、山荆子、稠李、山梨、红丁香、婆婆纳、唐松草、蕨、蚊子草等杂草。

4)毒性 急性毒性:大鼠经口 LD_{50}为 630 mg/kg,家兔经口 LD_{50}为 550 mg/kg,家兔经皮 LD_{50}>2 mg/kg,豚鼠经口 LD_{50}为 310 mg/kg,鸭经口 LD_{50}为 1693 mg/kg。

5)常见制剂 48 g/L 三氯吡氧乙酸 EC,62%三氯吡氧乙酸丁酯 EC。

6)使用技术

非耕地和森林:可于杂草旺盛生长期施药,用 48 g/L 三氯吡氧乙酸 EC(1.8~3.6 L/hm^2)兑水(450 kg/hm^2)叶面喷雾。用药时间为叶面充分展开、旺盛生长阶段,个别灌木处于开花前。

麦田:可于苗后施药,用 62%三氯吡氧乙酸丁酯 EC(49.5 mL/hm^2)兑水(450~

600 kg/hm^2)均匀喷雾,能防除抗2,4-滴的阔叶杂草。

7)注意事项 该药对禾本科杂草、莎草无效。用药后2 h内无雨则有效。施药时要注意风向,不能喷到阔叶作物(如茄科、豆科作物)上,以免产生药害。

10.3.14.2 氯氟吡氧乙酸(fluroxypyr)

1)化学名称 4-氨基-3,5-二氯-6-氟-2-吡啶氧乙酸。

2)主要理化性质 纯品为白色结晶,微溶于水,易溶于多种有机溶剂。

3)生物活性 氯氟吡氧乙酸具有内吸传导作用,有典型的激素型除草剂反应,低浓度时促进植物生长,高浓度时抑制生长,浓度更高时毒杀植物,可以作用于植物的内源激素,对植物体内的几乎所有生理生化过程均有广泛的影响。一般于苗后使用,在禾谷类作物上使用适期较宽。可用于小麦、大麦、玉米等作物田及果园、牧场、林场等地,防除阔叶杂草,如猪殃殃、田旋花、荠菜、繁缕、马齿苋等。

4)毒性 大鼠急性经口LD_{50}为2405 mg/kg,家兔急性经皮$LD_{50}>5000$ mg/kg,大鼠急性吸入$LD_{50}>296$ mg/m^3。虹鳟鱼$LC_{50}>100$ mg/L(96 h),金鱼LC_{50}为0.7 mg/L(96 h),水蚤LC_{50}为100 mg/L(48 h)。鹌鹑急性经口$LD_{50}>2000$ mg/L(酯)。蜜蜂$LC_{50}>0.1$ mg/蜂(48 h)。

5)常见制剂 200 g/L氯氟吡氧乙酸EC。

6)使用技术

麦田:大、小麦整个生育期内均可施药,无任何药害症状。冬小麦宜在返青期或小麦分蘖盛期至拔节期施药。春麦2~5叶期(杂草生长旺盛期)用药防效最佳。一般使用200 g/L氯氟吡氧乙酸EC(750~1125 mL/hm^2),兑水(450 kg/hm^2)均匀喷雾。

玉米田:于玉米4~7叶期、田间阔叶杂草生长旺盛期施药,用200 g/L氯氟吡氧乙酸EC(975~1500 mL/hm^2)兑水(450 kg/hm^2)均匀喷雾。

7)注意事项 果园施药时,应避免将药液直接喷到树叶上,尽量采用低压喷雾,在葡萄园施药可用保护罩进行定向喷雾。

10.3.14.3 氨氯吡啶酸(picloram)

1)化学名称 4-氨基-3,5,6-三氯吡啶-2-羧酸。

2)主要理化性质 无色粉末,带氯气味;在酸、碱条件下稳定,热碱中分解,紫外光照射下分解;微溶于水,易溶于多种有机溶剂。

3)生物活性 氨氯吡啶酸为激素型除草剂,可抑制线粒体系统呼吸作用、核酸代谢,干扰蛋白质合成,使叶绿体及其他细胞器畸形。被植物叶片、根和茎部吸收后,能够快速向生长点传导,使植物上部畸形、枯萎、脱叶、坏死,木质部导管受堵变色,最终导致死亡。氨氯吡啶酸可以防除大多数双子叶杂草,对根生杂草如刺儿菜、小旋花等效果突出,对十字花科杂草效果差。

4)毒性 急性经口LD_{50}:雄性大鼠>5000 mg/kg,小鼠为2000~4000 mg/kg,家兔约2000 mg/kg。鱼LC_{50}(96 h):虹鳟鱼为5.5 mg/L,大翻车鱼为14.5 mg/L。水蚤LC_{50}为34.4 mg/L。

5)常见制剂 24%氨氯吡啶酸 AS。

6)使用技术 麦田用药量为 120~225 g/hm²(有效成分),兑水量为 105~450 kg/hm²,喷雾处理,对小麦株高有一定的影响,但一般不影响产量。玉米田可于玉米株高为 7~23 cm 时进行叶面喷雾,用药量为 337.5 g/hm²(有效成分),兑水量为 225~300 kg/hm²。

7)注意事项 光照和高温有利于药效发挥。豆类、葡萄、棉花、烟草、甜菜等对药剂敏感,轮作倒茬时要注意。施药后 2 h 内遇雨会使药效降低。喷雾器(尤其是金属材料)壁上的残存物极难清洗干净。

10.3.15 脲嘧啶类除草剂

脲嘧啶类除草剂为原卟啉原氧化酶抑制剂,具有超高效、低毒、残效期短、选择性强、无交互抗性、对非目标生物安全以及环境污染小等特点。一般情况下,施用该类除草剂几小时以后,杂草就出现叶片卷曲、皱缩、枯黄、坏死等症状,幼苗损伤更重。苗后施用效果较好,相对湿度大时有更好的除草活性,温度并不直接影响除草效果。脲嘧啶类除草剂对一年生阔叶杂草药效好一些,对多年生杂草效果差一些。

10.3.15.1 苯嘧磺草胺(saflufenacil)

1)化学名称 *N*′-[2-氯-4-氟-5-(3-甲基-2,6-二氧-4-(三氟甲基)-3,6-二氢-1(2*H*)-嘧啶)苯甲酰]-*N*-异丙基-*N*-甲基硫酰胺。

2)主要理化性质 原药为白色粉末,在水中溶解度不高。常温下稳定,遇碱分解。54 ℃贮存 21 天稳定。

3)生物活性 苯嘧磺草胺为原卟啉原氧化酶抑制剂,被植物的根与幼苗组织吸收后能通过阻止叶绿素生物合成过程中原卟啉原Ⅳ向原卟啉Ⅳ的转化,阻碍叶绿素的合成,导致植株死亡。

苯嘧磺草胺分子结构(图 10-3-1)中的杂环部分是其除草活性的根源;右侧氮原子上的甲基和异丙基易在单子叶作物中被快速代谢而脱离,从而保证作物的安全性,但其在阔叶杂草中很少被代谢;苯嘧磺草胺中的磺酰基和支链上的亚羰基为产品提供了土壤残留活性、封闭活性、木质部传导和持效作用;支链上的亚氨基则因显示酸性而提供了吸收和传导性能。

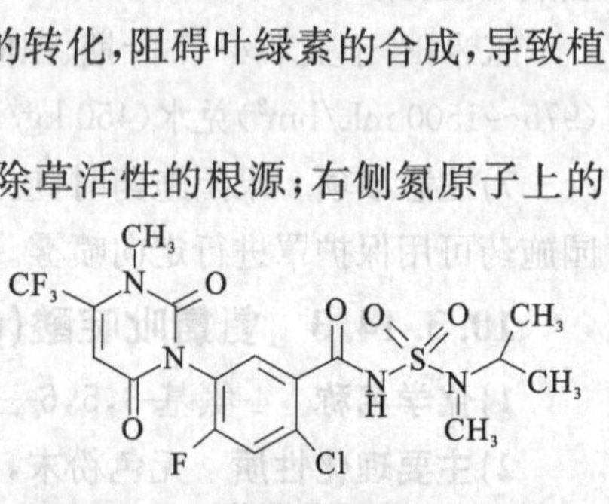

图 10-3-1 苯嘧磺草胺的结构式

苯嘧磺草胺的优点:第一,适用于多种生产系统和非耕地,苗后或苗前均能使用。第二,适用作物多,包括谷物、玉米、棉花、水稻、高粱、大豆和果树等在内的 30 多种作物。第三,防除谱广,能够防除 90 余种阔叶杂草,包括一些对三嗪类、草甘膦及乙酰乳酸合成酶抑制剂存在抗性的杂草。第四,具有叶面触杀和土壤残留活性,作用快,残效期长,可在植物体内双向传导。

4)毒性 大鼠急性经口 LD_{50}>2000 mg/kg,大鼠急性经皮 LD_{50}>2000 mg/kg,家兔急性经皮 LD_{50}>2000 mg/kg。对家兔皮肤和眼睛无刺激性,对豚鼠皮肤无致敏性。

5)常见制剂 70%苯嘧磺草胺 WG。

6)使用技术　播前或播后苗前施用,可用于小粒种子的禾谷类作物田、豆科作物田和棉田等,防除已出苗的杂草,用药量为 50～125 g/hm^2。行间定向喷雾,可用于柑橘、梨及核果果园,防除已出苗的杂草,用药量为 18～25 g/hm^2。作为灭生性除草剂,可用于非耕地。向日葵、大豆、棉花等作物生理成熟后,可作为脱叶剂或枯叶剂使用。

7)注意事项　施药、洗涤药械或处置废弃物时不可污染水源。

10.3.15.2　氟丙嘧草酯(butafenacil)

1)化学名称　(2-甲基-1-氧亚基-1-丙-2-烯氧丙-2-基) 2-氯-5-[3-甲基-2,6-二氧亚基-4-(三氟甲基)嘧啶-1-基]苯甲酸酯。

2)主要理化性质　纯品为白色粉末,微溶于水。

3)生物活性　氟丙嘧草酯为原卟啉氧化酶抑制剂,主要用于果园、棉花地、非耕地,防除重要的禾本科杂草、阔叶杂草、莎草。

4)毒性　大鼠急性经口 LD_{50}>5000 mg/kg,急性经皮 LD_{50}>2000 mg/kg,急性吸入 LC_{50}>5100 mg/L。对家兔眼睛和皮肤无刺激性。北美鹌鹑和野鸭短期饲喂 LC_{50}>5620 mg/L(5 天)。虹鳟鱼 LC_{50} 为 3.9 mg/L(96 h)。蜜蜂接触 LD_{50}>100 μg/蜂,经口 LD_{50}>20 μg/蜂。蚯蚓 LC_{50}>1250 mg/kg 土。

5)常见制剂　目前,国内仅有专供出口产品登记。

10.3.15.3　双苯嘧草酮(benzfendizone)

1)化学名称　2-[5-乙基-2-[[4-[3-甲基-2,6-二氧亚基-4-(三氟甲基)嘧啶-1-基]苯氧基]甲基]苯氧基]丙酸甲酯。

2)生物活性　双苯嘧草酮为原卟啉原氧化酶抑制剂。双苯嘧草酮具有灭生性,土壤降解迅速,常用于苗后除草,可有效防除阔叶杂草、禾本科杂草和莎草科杂草以及部分抗性杂草,对双子叶杂草(尤其是苘麻和刺苋)的活性明显优于对单子叶杂草的活性。双苯嘧草酮可与禾本科杂草除草剂(如草甘膦)混用,适用于多种作物田、果园和非耕地,轮作限制小。

3)毒性　大鼠急性经口 LD_{50}>2000 mg/kg,急性经皮 LD_{50}>2000 mg/kg。

4)常见制剂　目前,国内尚无双苯嘧草酮产品登记。

10.3.16　均三氮苯类除草剂

均三氮苯类除草剂的主要特点:第一,所有品种都是土壤处理剂,主要被根部吸收,个别品种也能被茎叶吸收。第二,对植物体内的多种生理、生化功能具有抑制效果,但主要抑制植物的光合作用。第三,主要用于防除一年生杂草,对阔叶杂草的防除效果优于对禾本科杂草的防除效果。第四,生物化学选择性是均三氮苯类除草剂的最重要特性,也是其可用于玉米等抗性作物的原因。位差选择性对于许多深根作物来说十分重要。第五,长期使用易产生抗药性。第六,结构不同,性质差异较大,可以分为三大类:一是氯-三氮苯类,如莠去津、西玛津、氰草津、特丁津等,选择性强,除草活性高,主要被根部吸收,水溶度低,易为土壤吸附,在土壤中稳定,残效期较长(莠去津、西玛津的残效期达 1 年)。玉米对此类除草剂具有高度耐药性。二是甲氧基-三氮苯类,如灭草通,属于灭生性除草剂,水溶度高,可被植物的根系和茎叶吸收，除草活性强，作用迅速，在土壤中稳定，残效期长。三是甲硫基-三氮苯类，如扑草净、特丁净等，可被植物根系与茎叶吸收，作用迅速，除草活性强，水溶度高，对刚出土的杂草有特效，在土壤中分解迅速，残效期短，一般残效期为1～2个月，不影响后茬作物，选择性差。

10.3.16.1 西玛津(simazine)

1)化学名称 2-氯-4,6-双(乙氨基)-1,3,5-三嗪。

2)主要理化性质 纯品为白色结晶，微溶于氯仿、二氧六环。20～22 ℃溶解度：水中为5 mg/L，甲醇中为400 mg/L，石油醚中为2 mg/L。在弱酸性或弱碱性介质中稳定，但在较高温度下易被较强的酸或碱水解。

3)生物活性 西玛津为选择性内吸传导型土壤处理除草剂，被杂草的根系吸收后沿木质部随蒸腾流迅速向上传导到绿色叶片内，通过抑制杂草光合作用，使杂草死亡。西玛津水溶性极差，在土壤中不易向下运动，被土壤吸附在表层形成药土层。西玛津可以有效防除一年生阔叶杂草及禾本科杂草，如繁缕、雀舌草、卷耳、看麦娘、早熟禾、狗尾草、猪殃殃等，对莎草科杂草及茅草等效果较差。

4)毒性 原药对大鼠急性经口 $LD_{50}>5000$ mg/kg。

5)常见制剂 50%西玛津 WP，90%西玛津 WG。

6)使用技术

玉米、高粱田：于播后苗前、杂草出土萌发盛期，用50%西玛津 WP(4.5～6 kg/hm^2)加水(450～750 kg/hm^2)配成药液，喷雾处理土壤。

果园、茶园：一般于开春后4月至5月、田间杂草处于萌发盛期(出土前)进行土壤处理，先将已出土的杂草铲除干净，然后用50%西玛津 WP(2.25～3.25 kg/hm^2)加水配成药液，喷雾处理土壤。

7)注意事项 西玛津的残效期长，对某些敏感后茬作物生长有不良影响，如对小麦、大麦、燕麦、棉花、大豆、水稻、瓜类、油菜、花生、向日葵等有药害。施用西玛津的地块不宜套种豆类、瓜类等敏感作物，以免发生药害。西玛津用药量应根据土壤的有机质含量、土壤质地、气温而定，一般气温高、有机质含量低的砂土，用药量低。西玛津不可用于落叶松的新播及换床苗圃。

10.3.16.2 莠去津(atrazine)

1)化学名称 2-氯-4-乙氨基-6-异丙氨基-1,3,5-三嗪。

2)主要理化性质 纯品为无色结晶，难溶于水，微溶于有机溶剂。

3)生物活性 莠去津主要被植物根部吸收并向上传导，抑制杂草(如苍耳属、豚草属杂草和野生黄瓜等)的光合作用，使其枯死。莠去津的杀草谱较广，可防除多种一年生禾本科和阔叶杂草，如马唐、稗草、狗尾草、莎草、看麦娘、蓼、藜等，对某些多年生杂草也有一定抑制作用，适用于玉米、高粱、甘蔗等作物田及果园、苗圃、林地，尤其对玉米有较好的选择性(玉米体内有解毒机制)。

4)毒性 大鼠急性经口 LD_{50} 为1780 mg/kg，小鼠急性经口 LD_{50} 为1869～3080 mg/kg，

家兔急性经口 LD_{50} 为 7500 mg/kg，小鼠急性经皮 LD_{50} 为 3100 mg/kg。

5)常见制剂　38%、50%莠去津 SC，48%、80%莠去津 WP。

6)使用技术

春玉米田：可于播后苗前喷雾，害旱时施药后可以混土或适当灌溉，也可于玉米 4 叶期进行茎叶处理，用 38%莠去津 SC(3～3.25 L/hm^2)兑水(450～750 kg/hm^2)喷雾。

夏玉米田：可于播后苗前进行土壤处理，土壤有机质含量为 1%～2%时用 38%莠去津 SC，用药量为 2.625～3 L/hm^2；土壤有机质含量为 3%～5%时，可加大用药量。

茶园、果园：一般在开春后 4 月至 5 月、田间杂草萌发高峰用药，先除去越冬杂草和已出土的大草，用 38%莠去津 SC(3.75～4.5 L/hm^2)兑水(450～750 kg/hm^2)喷于土表。

7)注意事项　莠去津持效期长(2～3 个月)，对后茬敏感作物(小麦、大豆、水稻等)有害，可通过减少用药量或与其他除草剂(如烟嘧磺隆、硝磺草酮)混用解决。桃树对莠去津敏感，不宜在桃园使用。玉米套种豆类时不能使用。

10.3.17　芳氧基苯氧基丙酸类除草剂

芳氧基苯氧基丙酸类除草剂的主要特点：第一，多用于阔叶作物，是防治禾本科杂草的高效除草剂，具有极高的选择性。第二，多数品种为苗后茎叶处理剂，可被植物茎叶吸收，具有内吸、局部传导作用。第三，作用部位是植物的分生组织，对幼芽的抑制作用强，一般于施药后 48 h 开始出现药害症状(生长停止，心叶和其他部位叶片变紫、变黄，最终枯萎、死亡)。第四，主要抑制乙酰辅酶 A 合成酶，从而干扰脂肪酸的生物合成，影响植物的正常生长。第五，此类除草剂进入土壤中即失效，在土壤中无活性。

10.3.17.1　精吡氟禾草灵(fluazifop-P-butyl)

1)化学名称　(*R*)-2-[4-(5-三氟甲基-2-吡啶氧基)苯氧基]丙酸丁酯。

2)主要理化性质　无色液体，工业品为褐色或淡黄色。常温下易溶于丙酮、二氯甲烷、甲醇、丙二醇、二甲苯、甲苯、乙酸乙酯等多种有机溶剂，难溶于水。

3)生物活性　精吡氟禾草灵为内吸传导型茎叶处理除草剂，是脂肪酸合成抑制剂，对禾本科杂草具有很强的杀伤作用，主要由茎叶吸收，施入土壤后也可由根系吸收。施药 48 h 后，杂草出现中毒症状，首先停止生长，随后芽和茎的分生组织出现枯斑，心叶和其他叶片部位逐渐变紫色或黄色，最终枯萎、死亡。精吡氟禾草灵对阔叶作物安全，可用于防除大豆、棉花、马铃薯、烟草、亚麻、花生等作物田的禾本科杂草，如稗草、野燕麦、狗尾草、金狗尾草、牛筋草、看麦娘、千金子、画眉草、雀麦、早熟禾、狗牙根、双穗雀稗、假高粱、芦苇、白茅、匍匐冰草等一年生和多年生禾本科杂草。

4)毒性　雌性、雄性大鼠急性经口 LD_{50} 分别为 2451 mg/kg、3680 mg/kg，急性经口 LD_{50} 分别为 1770 mg/kg、1490 mg/kg。虹鳟鱼 LC_{50} 为 1.5 mg/L(96 h)。蜜蜂 LD_{50} >0.2 mg/蜂。

5)常见制剂　15%精吡氟禾草灵 EC。

6)使用技术　于杂草 2～3 叶期用 15%精吡氟禾草灵 EC(525～750 mL/hm^2)兑水(225～300 kg/hm^2)均匀喷雾。杂草 3 叶期后应加大用药量(750～1050 mL/hm^2)。

7)注意事项 药效受气温和土壤墒情影响较大,在气温高、土壤墒情好、杂草生长旺盛时施药除草效果好。精吡氟禾草灵和干扰激素平衡的除草剂(如2,4-滴)有拮抗作用,混用时除草效果减弱。

10.3.17.2 精噁唑禾草灵(fenoxaprop-P-ethyl)

1)化学名称 (*R*)-2-[4-(6-氯-1,3-苯并噁唑-2-基氧)苯氧基]丙酸乙酯。

2)主要理化性质 纯品为白色固体;易溶于丙酮、甲苯、乙酸乙酯,可溶于乙醇、环己烷、辛醇,难溶于水;对高温、光稳定,遇酸、碱分解。

3)生物活性 精噁唑禾草灵是一种选择性内吸传导型茎叶处理除草剂,可由植物的茎、叶吸收并传导到生长点和分生组织,通过抑制乙酰辅酶A羧化酶而抑制杂草的脂肪酸合成,从而抑制其根、茎、芽的生长,破坏杂草的生长点、分生组织。受药杂草2~3天内停止生长,5~7天心叶失绿变紫色,分生组织变褐,然后分蘖基部坏死,叶片变紫,逐渐枯死。适用于麦田除草,也可用于大豆、花生、棉花、甜菜、马铃薯等作物田,防治一年生和多年生禾本科杂草,如看麦娘、硬草、野燕麦、稗草、狗尾草、黍等,对阔叶杂草无效。

4)毒性 低毒。大鼠急性经口LD_{50}为2357~2500 mg/kg,小鼠急性经口LD_{50}为4670~5490 mg/kg。家兔急性经皮LD_{50}>1000 mg/kg,雄性大鼠急性经皮LD_{50}>2000 mg/kg。对鱼有毒,对鸟低毒,对蜜蜂高毒。蓝鳃鱼LC_{50}为0.31 mg/L(96 h),鹌鹑急性经口LD_{50}>2510 mg/kg,蜜蜂LD_{50}>0.02 μg/蜂。

5)常见制剂 10%精噁唑禾草灵EC,6.9%精噁唑禾草灵EW。

6)使用技术

小麦田:杂草2叶期至拔节期均可施用,但冬前杂草3~4叶期施用效果最好。冬前杂草3~4叶期施药,用10%精噁唑禾草灵EC(975~1200 mL/hm^2)兑水(450~750 kg/hm^2)喷雾。冬后施药,用10%精噁唑禾草灵EC(1200~1350 mL/hm^2)或6.9%精噁唑禾草灵EW(750~1050 mL/hm^2)兑水喷雾。小麦播种出苗后,看麦娘等禾本科杂草2叶期至分蘖期施药效果最好。

大豆田、棉田、花生田等旱田:阔叶作物芽后施药,用10%精噁唑禾草灵EC(1200~1800 mL/hm^2)兑水进行茎叶喷雾处理。

7)注意事项 不能用于大麦、燕麦、玉米、高粱田除草。长期干旱会降低药效。制剂中不含安全剂时不能用于麦田。

10.3.17.3 氰氟草酯(cyhalofop-butyl)

1)化学名称 (*R*)-2-[4-(4-氰基-2-氟苯氧基)苯氧基]丙酸丁酯。

2)主要理化性质 原药为白色结晶固体,溶于大多数有机溶剂(乙腈57.3%,甲醇37.3%,丙酮60.7%,氯仿59.4%),不溶于水。

3)生物活性 氰氟草酯为内吸传导型除草剂,由植物体的叶片和叶鞘吸收,经韧皮部传导,积累于植物体的分生组织区,抑制乙酰辅酶A羧化酶,使脂肪酸合成停止,细胞的生长分裂不能正常进行,膜系统等含脂结构被破坏,最后导致植物死亡。氰氟草酯对水稻等具有优良的选择性(基于不同的代谢速度):在水稻体内,氰氟草酯可被迅速降解为对乙酰辅酶A羧化酶无活性的二酸态，因而对水稻具有高度的安全性。氰氟草酯在土壤和典型的稻田水中降解迅速，故对后茬作物安全。氰氟草酯对千金子高效，对低龄稗草有一定的防效，还可防除马唐、双穗雀稗、狗尾草、牛筋草、看麦娘等杂草，对莎草科杂草和阔叶杂草无效。

4)毒性 大鼠急性经口 LD_{50}>5000 mg/kg，大鼠急性经皮 LD_{50}>2000 mg/kg。

5)常见制剂 10%、15%氰氟草酯EC。

6)使用技术 稻田可以在杂草3叶期至分蘖期施药，用10%氰氟草酯EC(600～900 mL/hm^2)兑水进行茎叶喷雾。喷药时要排干田水，2天后正常管理。

7)注意事项 杂草幼苗期施药除草效果较好，杂草过大时效果差，施药时可以适当加大剂量。

10.3.17.4 噁唑酰草胺(metamifop)

1)化学名称 (*R*)-*N*-甲基-*N*-2-氟苯基-2-[4-[(6-氯-苯并噁唑)氧基]苯氧基]丙酰胺。

2)主要理化性质 淡棕色粉末，水中溶解度为0.69 mg/L(20 ℃，pH为7)。

3)生物活性 噁唑酰草胺主要通过抑制乙酰辅酶A羧化酶，抑制植物脂肪酸的合成。用药后几天内，敏感杂草叶面褪绿，有些杂草在施药后2周内干枯，甚至死亡。噁唑酰草胺对水稻安全，可用于直播和移栽稻田，可有效防除稻田主要杂草，如稗草、马唐、千金子和牛筋草。

4)毒性 大鼠急性经口 LD_{50}>2000 mg/kg，急性经皮 LD_{50}>2000 mg/kg，急性吸入 LC_{50}>2.61 mg/L。对皮肤和眼无刺激，皮肤接触无致敏反应。Ames试验、染色体畸变试验、细胞突变试验、微核细胞试验均为阴性。水蚤急性毒性 EC_{50}(48 h)为0.288 mg/L，水藻生长抑制 EC_{50}(72 h)>2.03 mg/L，蜜蜂 LD_{50}>100 μg/蜂(有效成分)。

5)常见制剂 10%噁唑酰草胺EC，20%噁唑酰草胺OD。

6)使用技术

使用适期：水稻2叶1心以后，杂草3～4叶期使用最佳。

使用剂量：一般用量为1200～1500 mL/hm^2，草龄大或马唐较多的田块需适当加量，一般用量为1500～1800 mL/hm^2。

使用方法：水稻移栽田、水直播田，施药时放干田水，按适当的用药量兑水(450 kg/hm^2)喷雾。施药24 h后复水，以马唐为主的稻田尤其要注意及时复水控草，否则马唐易复发。旱直播田喷药时土壤要湿润。

7)注意事项 每季作物最多使用一次，安全间隔期为90天。水稻3叶期后用药较为安全，正常使用技术条件下对后茬作物安全。噁唑酰草胺必须在禾本科杂草齐苗后施药，马唐、稗草、千金子3～4叶期均可使用，尽量避免过早或过晚施药。随着草龄增长、密度增大，可适当增加用水量。禁止使用弥雾机，避免药液飘移到邻近的禾本科作物田。不宜与其他农药或助剂混用。对鱼类等水生生物有毒，应远离水产养殖区施药。套养鱼或虾蟹的稻田禁用，施药后的田水不得直接排入水体。药后及时彻底清洗药械，废弃物切勿污染水源或水体。对赤眼蜂高风险，对鸟类中等毒，施药时需注意保护天敌生物。

10.3.18 环己烯酮类除草剂

环己烯草酮类除草剂的主要特点:第一,环己烯酮类除草剂具有高度选择性,可防治多种禾本科杂草,对双子叶作物安全。第二,适用作物广,可以用于多种阔叶作物(禾本科作物易发生药害)。第三,具有好的内吸性(渗透转移性),施药后药剂可被杂草茎和叶迅速吸收,很快传导到根系和植物生长点,破坏杂草的分裂组织,使被处理的植物生长缓慢,失去竞争力。有效成分在施药后1~3 h内即被吸收,随后降雨并不降低其除草活性。第四,环己烯酮类除草剂的作用靶标是乙酰辅酶A羧化酶,通过抑制乙酰辅酶A羧化酶而阻碍脂肪酸的生物合成。第五,除草效果显著,一般在施药后7~14天内可以观察到幼嫩组织褪绿、坏死,随后其余叶片进行性干缩。第六,易分解,主要用于芽后对杂草茎叶处理,土壤中的药剂会很快分解,在土壤中的持效期短,因此对后茬作物安全。第七,使用方便,对人畜毒性低。

10.3.18.1 烯禾啶(sethoxydim)

1)化学名称 2-[1-(乙氧基亚氨基)丁基]-5-[2-(乙硫基)丙基]-3-羟基环己-2-烯酮。

2)主要理化性质 纯品为淡黄色液体,无臭味,溶于甲醇、辛醇、乙酸乙酯、己烷、苯、二甲苯等多种有机溶剂,微溶于水。

3)生物活性 烯禾啶是一种具有高度选择性的芽后除草剂,主要通过杂草茎叶吸收,迅速传导至生长点和节间分生组织,通过抑制乙酰辅酶A羧化酶,阻碍脂肪酸的生物合成。烯禾啶对阔叶作物安全,可以用于大豆、棉花、油菜、花生、西瓜、甜菜、向日葵、马铃薯、萝卜、番茄、白菜、菜豆、豌豆、甜瓜、洋葱、胡萝卜、茄子、烟草、亚麻等作物田及茶园、果园,防除稗草、野燕麦、狗尾草、看麦娘、马唐、牛筋草等杂草。

4)毒性 大鼠急性经口 LD_{50} 为3200~3500 mg/kg,急性经皮 LD_{50} >5000 mg/kg,急性吸入 LC_{50} >6.28 mg/L(4 h)。鲤鱼 LC_{50} 为148 mg/L(96 h)。鹌鹑急性经口 LD_{50} >5000 mg/kg。对蜜蜂无明显危害。

5)常见制剂 12.5%、20%烯禾啶EC。

6)使用技术 防除一年生禾本科杂草,可于杂草3~5叶期使用20%烯禾啶EC(750~1200 mL/hm^2);防除多年生禾本科杂草,可用20%烯禾啶EC(1200~2250 mL/hm^2)兑水(30~50 kg/hm^2)进行茎叶喷雾。

7)注意事项 用于苗后茎叶处理,用药量应根据杂草的生长情况和土壤墒情确定。水分适宜、杂草少时,宜降低用药量。应用时应避免药液飘移到小麦、水稻等禾本科作物上。

10.3.18.2 烯草酮(clethodim)

1)化学名称 (*RS*)-2-[(*E*)-1-[(*E*)-3-氯烯丙氧基亚氨基]丙基]-5-[2-(乙硫基)丙基]-3-羟基环己-2-烯酮。

2)主要理化性质 原药为琥珀色透明液体,能溶于多种有机溶剂,对光不稳定。

3)生物活性 本品是一种内吸传导型高选择性芽后除草剂,可迅速为植物叶片吸收,并传导至根部和生长点,抑制植物支链脂肪酸的生物合成。被处理的植物体生长缓慢,丧失竞争力,幼苗组织早期黄化,随后其余叶片萎蔫,最终整株死亡。烯草酮适用于大豆、花生、棉花等阔叶作物田，可以防除一年生和多年生禾本科杂草，如稗草、野燕麦、马唐、狗尾草、牛筋草、看麦娘、早熟禾、硬草，以及许多阔叶作物田中的自生禾谷类作物。

4)毒性　大鼠急性经口 LD_{50}为 1360～1630 mg/kg，家兔急性经皮 LD_{50}＞5000 mg/kg，大鼠急性吸入 LC_{50}＞3.9 mg/L(42 h)。对鱼类、鸟类低毒。虹鳟鱼 LC_{50}为 67 mg/L(96 h)，蓝鳃鱼 LC_{50}＞120 mg/L；水蚤 LC_{50}＞120 mg/L(48 h)；鹌鹑 LD_{50}＞2000 mg/kg。对蜜蜂安全。

5)常见制剂　24%、30%烯草酮 EC。

6)使用技术　在禾本科杂草生长旺盛期施药，一年生杂草宜于 3～5 叶期施药，多年生杂草宜于分蘖后施药。一般使用 24%烯草酮 EC，用药量为 300～750 mL/hm^2。非最适时期施药，需要增大用药量或增加施药次数。

7)注意事项　不宜用于小麦、大麦、水稻、谷子、玉米、高粱等禾本科作物田。

10.3.19　其他种类除草剂

10.3.19.1　辛酰溴苯腈(bromoxynil octanoate)

1)化学名称　2,6-二溴-4-氰基苯基辛酸酯。

2)主要理化性质　淡黄色低挥发性蜡状固体，不溶于水，溶于多数有机溶剂，贮存稳定，与大多数其他农药不反应，稍有腐蚀性，易被稀碱溶液水解。

3)生物活性　辛酰溴苯腈是选择性苗后茎叶处理剂，主要由叶片吸收，在植物体内进行极其有限的传导，通过抑制光合作用使植物组织坏死。辛酰溴苯腈是一种触杀型除草剂，具有显著的除草性能，可用于防除一年生和多年生阔叶杂草，对禾本科作物具有较高的选择性，可用于作物各个生长期。广泛用于小麦、玉米、高粱、甘蔗、亚麻、洋葱等多种作物田，防除蓼、藜、苋、麦瓶草、龙葵、苍耳、田旋花等多种阔叶杂草。

4)毒性　大鼠急性经口 LD_{50}为 250 mg/kg，小鼠急性经口 LD_{50}为 245 mg/kg，家兔急性经口 LD_{50}为 325 mg/kg。虹鳟鱼 LC_{50}(96 h)为0.05 mg/L。对蜜蜂无毒。

5)常见制剂　25%辛酰溴苯腈 EC。

6)使用技术

麦田：小麦 3～5 叶期，阔叶杂草基本出齐、处于 4 叶期前、生长旺盛时施药，用 25%辛酰溴苯腈 EC(1.5～2.55 L/hm^2)兑水(30 kg/hm^2)均匀喷雾。

玉米田、高粱田：可于作物 3～8 叶期施药，用 25%辛酰溴苯腈 EC(1.245～1.995 L/hm^2)兑水(30 kg/hm^2)进行茎叶处理，均匀喷洒到杂草上。

7)注意事项　如遇低温或高湿天气，除草效果可能降低，作物安全性也可能降低。气温超过 35 ℃、湿度过大时不能施药，否则会产生药害。施药后 6 h 内无雨可保证药效。不宜与肥料混用，也不能添加助剂，否则会产生药害。

10.3.19.2　二氯喹啉酸(quinclorac)

1)化学名称　3,7-二氯喹啉-8-羧酸。

2)主要理化性质　无色结晶，溶于丙酮、乙醇、乙酸乙酯，微溶于水。

3)生物活性　二氯喹啉酸可被萌发的种子、根、茎及叶部迅速吸收，向茎叶顶端传导，使杂草中毒死亡，与生长素类物质的作用症状相似。二氯喹啉酸对水稻生长高度安全，对大龄稗草防除效果好（主要作用于稗草生长点，使其心叶不能抽出）。二氯喹啉酸适用于稻田，可以有效防除稗草，对鸭舌草、三棱草、眼子菜、水芹、田菁、臂形草等杂草也有一定防除效果，对莎草科杂草效果差。

4)毒性 低毒。大鼠急性经口 LD_{50} 为 2680 mg/kg，急性经皮 $LD_{50}>2000$ mg/kg，急性吸入 LC_{50}(4 h)>5.2 mg/L。对鱼、蜜蜂无毒。

5)常见制剂 25%、50%、75%二氯喹啉酸 WP，50%二氯喹啉酸 SP，50%、70%二氯喹啉酸 WG，25%、30%二氯喹啉酸 SC。

6)使用技术

秧田、水直播田：于稻苗 3～5 叶期、稗草 1～5 叶期施药，用 50%二氯喹啉酸 WP（华南为 20～30 g/hm^2，华北、东北为 450～750 g/hm^2）加水（600 kg/hm^2）配成药液，在田中无水层但湿润的状态下喷雾，施药后24～48 h 复水。稗草 5 叶期后应加大剂量。

旱直播田：于直播前、出苗后至 2 叶 1 心期施药，用 50%二氯喹啉酸 WP(450～750 g/hm^2)加水(750 kg/hm^2)配成药液，喷药后保持浅水层 1 天以上或保持土壤湿润。

移栽本田：栽植后即可施药，一般在移栽后 5～15 天施药，用 50%二氯喹啉酸 WP（华南为 300～450 g/hm^2，华北、东北为 450～750 g/hm^2）加水（600 kg/hm^2）配成药液，排干田水后喷雾。

7)注意事项 土壤中残留量较大，易使后茬作物产生药害，后茬可种水稻、玉米、高粱。茄科（烟草、马铃薯、辣椒等）、伞形花科（胡萝卜、芹菜）、藜科（菠菜、甜菜）、锦葵科、葫芦科（各种瓜类）、豆科、菊科、旋花科作物对二氯喹啉酸敏感。

10.4 植物生长调节剂

除日光、温度、水分、矿物质等营养条件外，植物在整个生长过程中还需要有某些微量的生理活性物质。这些极少量生理活性物质为植物激素，对调节控制植物的生长发育具有特殊作用。植物激素都是内生的，故又称内源激素。从植物体内提取植物激素，扩大应用到农业生产中是很困难的。

植物生长调节剂是随着对植物激素的深入研究而发展起来的人工合成激素，具有天然植物激素的活性，有着与植物激素相同的生理效应。植物生长调节剂可调控植物发育程序，增强作物对环境变化的适应性，更有利于良种潜力的充分发挥。

植物生长调节剂可按作用方式分类：

①生长素类：促进细胞伸长和分化，延迟器官脱落，可形成无籽果实，如吲哚乙酸、吲哚丁酸。

②赤霉素类：促进细胞伸长，促进开花，打破休眠，如赤霉酸。

③细胞分裂素类：主要促进细胞分裂，保持地上部绿色，延缓衰老，如玉米素、二苯脲、苄氨基嘌呤。

④乙烯释放剂:用于抑制细胞伸长生长,引起横向生长,促进果实成熟、衰老和营养器官脱落,如乙烯利。

⑤生长素传导抑制剂:能抑制顶端优势,促进侧枝侧芽生长,如三碘苯甲酸、氯芴醇(整形素)。

⑥生长延缓剂:主要抑制茎的顶端分生组织活动,延缓生长,如矮壮素、甲哌鎓、多效唑等。

⑦生长抑制剂:可破坏顶端分生组织活动,抑制顶芽生长,但与生长延缓剂不同,在施药后一定时间内植物可恢复顶端生长,如抑芽丹。

⑧芸苔素:能促进植物生长,增加营养体收获量,提高坐果率,促进果实膨大,增大粒重等,在逆境条件下能提高作物的抗逆性,应用浓度极低,如24-表芸苔素内酯、22,23,24-表芸苔素内酯、28-表高芸苔素内酯、28-高芸苔素内酯、14-羟基芸苔素甾醇。

(1)乙烯利(ethephon)

1)化学名称 2-氯-乙基膦酸。

2)主要理化性质 纯品为白色针状结晶,工业品为淡棕色液体,易溶于水、甲醇、丙酮、乙二醇、丙二醇,微溶于甲苯,不溶于石油醚,常温常压下稳定。

3)生物活性 乙烯利具有促进果实成熟、调节性别转化等效应。乙烯利主要通过增强细胞中核糖核酸合成的能力,促进蛋白质的合成。在植物离层区,如叶柄、果柄、花瓣基部,蛋白质合成增多促使离层区纤维素酶合成,加速离层形成,导致器官脱落。乙烯利能增强酶的活性,在果实成熟时还能活化磷酸酯酶及其他与果实成熟有关的酶,促进果实成熟。在衰老或感病植物中,由于乙烯利促进蛋白质合成,可能引起过氧化物酶的变化。乙烯能抑制内源生长素的合成,延缓植物生长。

4)毒性 大鼠急性经口 LD_{50} 为 3400 mg/kg,小鼠急性经口 LD_{50} 为 2850 mg/kg,家兔急性经皮 LD_{50} 为 5730 mg/kg。对皮肤、眼睛有刺激作用,对黏膜有酸蚀作用。无致畸、致癌、致突变作用。

5)常见制剂 40%乙烯利 AS。

6)使用技术

①促进雌花分化:黄瓜苗龄为1叶1心时喷一次药液,用药浓度为200~300 mg/kg,可使雌花增多,节间变短,坐瓜率提高,增产效果相当显著。西葫芦3叶期用150~200 mg/kg乙烯利溶液喷洒植株,间隔10~15天,共喷3次,可使雌花增多,提前7~10天成熟,早期产量可增加15%~20%。

②促进果实成熟:番茄催熟,可采用涂花梗、浸果和涂果的方法。涂花梗即果实白熟期用300 mg/kg乙烯利溶液涂花梗。涂果即果实白熟期用400 mg/kg乙烯利溶液涂花的萼片及其附近果面。浸果即转色期采收后放在200 mg/kg乙烯利溶液中浸泡1 min,再捞出于25 ℃下催红。大田喷果催熟,后期一次性采收时用1000 mg/kg乙烯利溶液重点喷果实即可。西瓜催熟,用100~300 mg/kg乙烯利溶液喷洒已经长足的西瓜,可以提前5~7天成熟,可溶性固形物增加1%~3%,西瓜甜度增大,促进种子成熟,减少白籽瓜。

③促进植株矮化:番茄幼苗3叶1心至5片真叶时用300 mg/kg乙烯利溶液处理2次,可控制幼苗徒长,使番茄植株矮化,增强抗逆性,增加早期产量。

④打破植物休眠:生姜播种前用乙烯利浸种有明显促进生姜萌芽的作用,表现为发芽速度快、出苗率高,每块种姜上的萌芽数量增多,由每个种姜上1个芽增加到2～3个芽。使用乙烯利浸种时,应严格掌握使用浓度。250～500 mg/kg为适宜浓度,有促进发芽、增加分枝、提高根茎产量的作用。

7)注意事项 要严格掌握药液的喷洒浓度,防止发生药害。应在天气晴朗时喷施,以20～30 ℃最适宜,气温低于20 ℃时需适当增加用药剂量。施药后5 h内遇雨应补喷。乙烯利不能与碱性农药混用。作物后期施乙烯利时,要及时收获,以免造成催熟过度。乙烯利对金属容器有腐蚀作用。

(2)赤霉酸(gibberellic acid)

1)化学名称 (1α,2β,4aα,4bβ,10β)-2,4a,7-三羟基-1-甲基-8-亚甲基赤霉-3-烯-1,10-二羧酸-1,4a-内酯。

2)主要理化性质 纯品为结晶状固体,微溶于水,溶解于甲醇、乙醇、丙酮,微溶于乙醚和乙酸乙酯,不溶于氯仿,其钾、钠、铵盐易溶于水(钾盐溶解度为50 g/L)。干燥的赤霉酸在室温下稳定存在,但在水溶液或者水-乙醇溶液中会缓慢水解,半衰期(20 ℃)约14天(pH为3～4)。在碱性介质中降解并重排成低生物活性的化合物。

3)生物活性 赤霉酸是一种植物体内普遍存在的内源激素,属贝壳杉烯类化合物,可促进作物生长发育,使之提早成熟,提高产量,改进品质。赤霉酸能迅速打破种子、块茎和鳞茎等器官的休眠,促进发芽,减少蕾、花、铃、果实的脱落,提高果实结果率,或形成无籽果实,也能使某些二年生植物在当年开花。

4)毒性 小鼠急性经口LD_{50}＞25000 mg/kg,大鼠急性经皮LD_{50}＞2000 mg/kg。对皮肤和眼睛没有刺激。

5)常见制剂 4%赤霉酸EC,20%赤霉酸ST,40%赤霉酸SP,75%、85%赤霉酸结晶粉。

6)使用技术

①促进坐果或无籽果的形成:黄瓜开花期用50～100 mg/kg药液喷花一次促进坐果、增产。葡萄(玫瑰香葡萄)开花后7～10天用200～500 mg/kg药液喷果穗一次,促进无核果形成。

②促进营养生长:芹菜收获前2周用50～100 mg/kg药液喷叶一次,菠菜收获前3周喷叶1～2次,可使茎叶增大。

③打破休眠,促进发芽:马铃薯播前用0.5～1 mg/kg药液浸块茎30 min,大麦播前用1 mg/kg药液浸种,可促进发芽。

④延缓衰老及保鲜:蒜薹用50 mg/kg药液浸薹茎基部10～30 min,柑橘绿果期用5～15 mg/kg药液喷果一次,香蕉采收后用10 mg/kg药液浸果,黄瓜、西瓜采收前用10～50 mg/kg药液喷瓜,可起到保鲜作用。

⑤调节开花：菊花春化阶段用 1000 mg/kg 药液喷叶，仙客来蕾期用 1～5 mg/kg 药液喷花蕾，可促进开花。

⑥提高杂交水稻制种的结实率：一般在母本 15%抽穗到 25%抽穗期间用 25～55 mg/kg 药液喷雾处理 1～3 次。先用低浓度，后用高浓度。

7)注意事项　赤霉酸水溶性差，用前先用少量乙醇溶解，再加水稀释至所需浓度。使用赤霉酸处理的作物不孕籽增加，故留种田不宜施药。使用浓度要控制精确，浓度过高会产生药害。赤霉酸遇碱易分解，不可与碱性物质混用。

(3)氯吡脲(forchlorfenuron)

1)化学名称　1-(2-氯-4-吡啶)-3-苯基脲。

2)主要理化性质　白色无味结晶性固体，不溶于水。

3)生物活性　氯吡脲是一种具有细胞分裂素活性的苯脲类植物生长调节剂，是目前促进细胞分裂活性最高的一种人工合成激素，其生物活性较苄氨基嘌呤高 10～100 倍。氯吡脲可经由植物的根、茎、叶、花、果吸收，然后运输到起作用的部位。主要生理作用是促进细胞有丝分裂、蛋白质合成、光合作用等，增加细胞数量，增大果实；促进植物组织分化和发育；打破侧芽休眠，促进萌发；延缓作物后期叶片的衰老，调节营养物质分配；诱导多种作物的愈伤组织生长出芽；提高花粉可孕性，诱导部分果树单性结实，促进坐果，改善果实品质。

4)毒性　雌性、雄性大鼠急性经口 LD_{50} 分别为 1568 mg/kg、2787 mg/kg，雌性、雄性小鼠急性经口 LD_{50} 分别为 2783 mg/kg、2218 mg/kg，家兔急性经皮 LD_{50} >2000 mg/kg。大鼠急性吸入 LC_{50} (4 h)：在饱和蒸气中不致死。对皮肤刺激轻微作用，对眼睛和呼吸系统有刺激作用。虹鳟鱼 LC_{50} (96 h)为 9.2 mg/L，鲤鱼 LC_{50} (48 h)为 8.6 mg/L。

5)常见制剂　0.1%氯吡脲 SL。

6)使用技术

①促进茎、叶、根、果生长：用于烟草可使叶片肥大而增产。

②促进结果：可以增加番茄、茄子、苹果等果蔬的产量。

③加速疏果和落叶：疏果可增加果实产量，提高品质，使果实大小均匀。在桃开花后 30 天以 20 mg/L 浓度喷幼果，可增大果实，促进着色，改善品质。在中华猕猴桃开花后 20～30 天以 5～10 mg/L 浓度浸果，可促进果实肥大。对棉花和大豆而言，落叶可方便收获。

④浓度高时可作除草剂。

7)注意事项　氯吡脲主要用于花期处理。在甜瓜、西瓜等瓜类上应慎用，尤其在浓度偏高时会有副作用产生，可引起果实空心、畸形果、顶端开裂，影响果内维生素 C 含量。氯吡脲与赤霉素或其他生长素类药剂混用效果优于单用，但须在专业人员指导下进行，或在先试验后示范的前提下进行，勿任意混用。处理后 12 h 内遇雨须重新施药。药液应现用现配，否则效果降低。

(4)胺鲜酯(diethyl aminoethyl hexanoate)

1)化学名称　己酸二乙氨基乙醇酯。

2)主要理化性质　原药为白色或淡黄色片状结晶，粉碎后为白色粉状物，无可见机械杂质,具有清淡的酯香味,有油腻感,易溶于水、醇和其他有机溶剂;常温条件下储存非常稳定,对高温不稳定,酸性介质中稳定,碱性介质中分解。

3)生物活性 胺鲜脂的作用机理:提高植物过氧化物酶和硝酸还原酶的活性;提高叶绿素的含量,加快光合作用速率;促进植物细胞的分裂和伸长,促进根系的生长;提高植株碳、氮的代谢率,增强植株对水肥的吸收,增加植株的鲜重和干重,调节植株体内水分的平衡,从而提高植株的抗旱、抗寒性。胺鲜脂对大豆、块根、块茎、叶菜类效果较好,可作为肥料和杀菌剂增效剂使用,也可用于解除药害。胺鲜脂无毒副作用,无残留,与生态环境的相容性较好,能与含锌、铁、锰、铜、硼、氮、磷、钾等元素的肥料很好地相容,可促进植物对这些营养元素的吸收和利用。

4)常见制剂 8%胺鲜酯 SP,1.6%、2%胺鲜酯 AS。

5)使用技术

①保花保果促生长:番茄、茄子、辣椒、甜椒等茄果类,用 10～20 mg/L 胺鲜酯于幼苗期、初花期、坐果后各喷一次。黄瓜、冬瓜、南瓜、丝瓜、苦瓜、节瓜、西葫芦等瓜类,用 8～15 mg/L胺鲜酯于幼苗期、初花期、坐果后各喷一次。西瓜、香瓜、哈密瓜、草莓、苹果、梨、荔枝、龙眼、桃、李、梅、枣、樱桃、枇杷、葡萄、杏、山楂、橄榄等,用 8～15 mg/L胺鲜酯于初花期、坐果后、果实膨大期各喷一次。柑橘、橙,用 5～15 mg/L 胺鲜酯于初花期、生理落果中期、果实 2～3 cm 时各喷一次。香蕉,用 8～15 mg/L 胺鲜酯于花蕾期、断蕾期后各喷一次。

②促进营养生长:大白菜、菠菜、芹菜、生菜、芥菜、蕹菜、甘蓝、花椰菜、香菜等叶菜类,用 20～60 mg/L 胺鲜酯于定植后、生长期喷雾,间隔 7～10 天,共喷 2～3 次。韭菜、大葱、洋葱、大蒜等葱蒜类,用 10～15 mg/L胺鲜酯于营养生长期喷雾,间隔 10 天,共喷 2～3 次。

③促进块根、块茎生长:萝卜、胡萝卜、牛蒡等根菜类,用 8～15 mg/L 胺鲜酯浸种 6 h。用 10～20 mg/L 胺鲜脂于幼苗期、肉质根形成期和膨大期各喷一次。马铃薯、地瓜、芋头,用 8～15 mg/L 胺鲜酯于苗期、块根形成和膨大期各喷一次。

④提高制种产量:菜豆、豌豆、扁豆、蚕豆等豆类,用 5～15 mg/L 胺鲜酯于幼苗期、盛花期、结荚期各喷一次。花生,用 8～15 mg/L 胺鲜脂浸种 4 h,于初花期、下针期、结荚期各喷一次。水稻,用 10～15 mg/L 胺鲜酯浸种 24 h,于分蘖期、孕穗期、灌浆期各喷一次。小麦,用 12～18 mg/L 胺鲜酯浸种 8 h,于三叶期、孕穗期、灌浆期各喷一次。玉米,用 6～10 mg/L 胺鲜酯浸种 12～24 h,于幼苗期、幼穗分化期、抽穗期各喷一次。高粱,用 8～15 mg/L 胺鲜酯浸种 6～16 h,于幼苗期、拔节期、抽穗期各喷一次。

⑤提高经济作物品质:油菜,用 8～15 mg/L 胺鲜酯浸种 8 h,于苗期、初花期、结荚期各喷一次。棉花,用 5～15 mg/L 胺鲜酯浸种 24 h,于苗期、花蕾期、花铃期各喷一次。烟叶,用 8～15 mg/L 胺鲜酯于定植后、团棵期、旺长期各喷一次。茶叶,用 5～15 mg/L 胺鲜酯于茶芽萌动时喷一次,采摘后喷一次。甘蔗,用 8～15 mg/L 胺鲜酯于幼苗期、拔节始期、快速生长期各喷一次。甜菜,用 8～15 mg/L 胺鲜酯浸种 8 h,于幼苗期、直根形成期和膨大期各喷一次。香菇、蘑菇、木耳、草菇、金针菇等食用菌类,用 8～15 mg/L 胺鲜酯于子实体形成初期、出菇期、成长期各喷一次。

⑥延长植物生命期：观赏植物，用15～60 mg/L胺鲜酯于苗期喷雾，间隔7～10天喷一次，生长期间隔15～20天喷一次。

⑦提高固氮能力：大豆，用8～15 mg/L胺鲜酯浸种8 h，于苗期、初花期、结荚期各喷一次。

6)注意事项　胺鲜酯不能与碱性农药或者肥料混合用。注意使用次数，不能随意增大浓度。桃易产生药害。

(5)复硝酚钠(sodium nitrophenolate)

1)化学名称　邻硝基苯酚钠(Ⅰ)，对硝基苯酚钠(Ⅱ)，5-硝基邻甲氧基苯酚钠(Ⅲ)。

2)主要理化性质

邻硝基苯酚钠：红色结晶，具有特殊的芳香烃气味，熔点为44.9 ℃(游离酸)，易溶于水，可溶于甲醇、乙醇、丙酮等有机溶剂，常规条件下贮存稳定。

对硝基苯酚钠：黄色结晶，无味，熔点为113～114 ℃，易溶于水，可溶于甲醇、乙醇、丙酮等有机溶剂，在常规条件下贮存稳定。

5-硝基邻甲氧基苯酚钠：橘红色片状结晶，无味，熔点为105～106 ℃(游离酸)，易溶于水，可溶于甲醇、乙醇、丙酮等有机溶剂，常规条件下贮存稳定。

3)生物活性　复硝酚钠为强力细胞赋活剂、广谱型植物生长调节剂和优秀的肥料及杀菌剂增效剂。其与植物接触后能迅速渗透到植物体内，促进细胞的原生质流动，提高细胞活力，加速植株生长发育，促根壮苗，保花保果，提高产量，增强抗逆能力。既可单独使用，也可作为农药添加剂、肥料添加剂。复硝酚钠具有速效性，30 ℃以上24 h可以见效，25 ℃以上48 h可以见效。

4)毒性

邻硝基苯酚钠：雌性、雄性大鼠急性经口LD_{50}分别为1460 mg/kg、2050 mg/kg，对眼睛和皮肤无刺激作用，在试验剂量内对动物无致突变作用。

对硝基苯酚钠：雌性、雄性大鼠急性经口LD_{50}分别为482 mg/kg、1250 mg/kg，对眼睛和皮肤无刺激作用，在试验剂量内对动物无致突变作用。

5-硝基邻甲氧基苯酚钠：雌性、雄性大鼠急性经口LD_{50}分别为3100 mg/kg、1270 mg/kg，对眼睛和皮肤无刺激作用。

5)常见制剂　14%、1.8%复硝酚钠AS。

6)使用技术

①复硝酚钠与肥料复配：植物对营养元素吸收好，见效快，同时能解除拮抗作用，解决搁肥、厌无机肥症问题，能调节营养平衡。

②复硝酚钠与杀菌剂复配：可增强植物免疫能力，减少病原菌侵染，增强植物的抗病能力，使杀菌剂2天内起到明显的效果，药效持续20天左右，药效提高30%～60%，用药量减少10%以上(参考用量为2‰～5‰)。

③复硝酚钠与杀虫剂复配：不仅能拓宽药谱，增强药效，预防药害，还能促使受害植物恢复生长(参考用量为2‰～5‰)。

④复硝酚钠与种衣剂复配：低温下仍起调节作用，能缩短种子休眠期，促进细胞分裂，诱导生根、发芽，抵制病原菌的侵扰，使幼苗健壮（复配量为1‰）。

7)注意事项 浓度过高时对作物幼芽及生长有抑制作用。喷洒要均匀，蜡质层厚的植物要先加入适量展着剂再喷洒。可与农药、肥料混合使用，效果更好。烟叶在采收30天前停止使用。复硝酚钠要贮放在阴凉处。在实际使用过程中，复硝酚钠对温度有一定要求：15 ℃以上时，复硝酚钠才能迅速发挥作用。

(6)芸苔素

1)化学名称

24-表芸苔素内酯(24-epibrassinolide)：(22*R*,23*R*,24*R*)-2α,3α,22,23-四羟基-24-甲基-B-高-7-氧杂-5α-胆甾-6-酮。

22,23,24-表芸苔素内酯(22,23,24-trisepibrassinolide)：(22*S*,23*S*,24*R*)-2α,3α,22,23-四羟基-24-甲基-B-高-7-氧杂-5α-胆甾-6-酮。

28-表高芸苔素内酯(28-epihomobrassinolide)：(22*S*,23*S*,24*S*)-2α,3α,22,23-四羟基-24-乙基-B-高-7-氧杂-5α-胆甾-6-酮。

28-高芸苔素内酯(28-homobrassinolide)：(22*R*,23*R*,24*S*)-2α,3α,22,23-四羟基-24-乙基-B-高-7-氧杂-5α-胆甾-6-酮。

14-羟基芸苔素甾醇(14-hydroxylated brassinosteroid)：(20*R*,22*R*)-2β,3β,14,20,22,25-六羟基-5β-胆甾-6-酮。

2)主要理化性质 微溶于水，易溶于甲醇、乙醇、氯仿、丙酮等。

3)生物活性 芸苔素是一种新型天然植物内源激素，广泛存在于植物的花粉、种子、茎和叶等器官中，能充分激发植物内在潜能，促进作物生长，提高作物的耐冷性，提高作物的抗病、抗盐能力，使作物的耐逆性增强，减轻除草剂对作物的药害，增加作物产量。

芸苔素促进伸长的效果非常显著，其作用浓度要比生长素低好几个数量级。其作用机理与生长素相似，与生长素有正协同作用。推荐在叶菜类、瓜果类、小麦、玉米、水稻、棉花、花生、大豆、油菜等作物上使用。

4)毒性 对人畜低毒。大鼠急性经口 LD_{50} ≥2000 mg/kg，急性经皮 LD_{50} ≥2000 mg/kg。对鱼的毒性也很低。

5)常见制剂 0.004%、0.01% 14-羟基芸苔素甾醇AS，0.01%芸苔素内酯EC。

6)使用技术

小麦：用0.05～0.5 mg/kg药液浸种24 h，可促进根系生长和株高增长；分蘖期以此浓度进行叶面处理，能增加分蘖数；小麦孕期用0.01～0.05 mg/kg药液进行叶面喷雾，增产效果最显著，一般可增产7%～15%。

玉米：抽雄前以0.01 mg/kg的药液喷玉米整株，可增产20%，吐丝后处理也有增加千粒重的效果。

其他作物：可用于油菜蕾期和幼荚期、水果花期和幼果期、蔬菜苗期和旺长期、豆类花期和幼荚期，增产效果都很好。

7)注意事项　下雨时不能喷药,喷药后 6 h 内下雨要重喷。喷药时间最好在 10:00 以前和 15:00 以后。

(7)萘乙酸(1-naphthyl acetic acid)

1)化学名称　2-(1-萘基)乙酸。

2)主要理化性质　白色针状结晶或结晶性粉末,无味,溶于热水、乙醚、丙酮、氯仿苯、乙酸及碱性溶液,微溶于冷水和乙醇。

3)生物活性　萘乙酸是一种促进植物根系生长的植物生长调节剂,可促进细胞分裂与扩大,诱导形成不定根,改变雌、雄花比例,提高坐果率,防止落果。萘乙酸可经叶片、树枝的嫩表皮、种子进入植物体内,随同营养流输导到作用部位。萘乙酸常用于商用的发根粉或发根剂中,用于植物扦插繁殖,也可用于植物组织培养。作为植物生长调节剂,通常用于小麦、水稻、棉花、茶、桑、番茄、苹果、瓜类、马铃薯、林木等。

4)毒性　原粉对大鼠急性经口 LD_{50} 为 1000～5900 mg/kg。对皮肤和黏膜有刺激作用。

5)常见制剂　5%萘乙酸 AS。

6)使用技术　在甘薯上用于浸秧,方法是将成捆薯秧基部 3 cm 浸于药液中,浓度为 10～20 mg/kg,时间为 6 h。水稻移栽时浸秧根,浓度为 10 mg/kg,时间为 1～2 h。在小麦上用于浸种,浓度为 20 mg/kg,时间为 6～12 h。在棉花上用于盛花期叶面喷洒,浓度为 10～20 mg/kg,生育期间共喷 2～3 次。如用于防落果,使用浓度不宜过高,否则会产生相反的作用,因为高浓度萘乙酸可促进植物体内乙烯的生成。用于促根时,宜与吲哚乙酸或其他有促根作用的药剂混用,因为单用萘乙酸时虽然促根作用好,但苗生长不理想。对瓜果类进行喷洒时,以叶面均匀喷湿为宜,大田作物一般喷药量为 7.5 kg/100 m^2 左右,果树为 11.3～19 kg/100 m^2。

7)注意事项　萘乙酸可与一般杀虫剂、杀菌剂及化肥混用。天晴无雨时施药效果更好。早熟苹果品种使用易疏花、疏果,产生药害。

(8)甲哌鎓(mepiquat chloride)

1)化学名称　1,1-二甲基哌啶氯化铵。

2)主要理化性质　纯品为无味白色结晶固体,易溶于水,微溶于有机溶剂。

3)生物活性　甲哌鎓能使节间缩短、叶片增厚、叶绿素合成增多,抑制主茎和果枝伸长,使植株提前开花,防止落叶、落蕾,提高坐果率,多用于棉花,对甜(辣)椒、番茄、葡萄等也有较好的促生长作用。甲哌鎓是赤霉素的拮抗剂,二者的功效正好相反。

4)毒性　大鼠急性经口 LD_{50} 为 1420 mg/kg。对家兔眼睛和皮肤无刺激作用。对家禽、鸟类、蜜蜂无毒。

5)常见制剂　10%、98%甲哌鎓 SP,25%甲哌鎓 AS。

6)使用技术

浸种:一般每亩用量为 1 g,加水 8 kg,浸种(1 kg 种子)约 24 h,捞出晾至种皮发白播种,可提高种子活力,抑制下胚伸长,促进壮苗稳长,提高抗逆性,防止高脚苗。如无浸种经验,建议在苗期(2～3 叶期)亩用 0.1～0.3 g,兑水 15～20 kg 喷洒。

蕾期：7.5～15 g/hm²，兑水375～450 kg喷洒，可保根壮苗，定向整型，增强抗旱、涝能力。

初花期：30～45 g/hm²，兑水30～40 kg喷洒，可抑制旺长，塑造理想株型，优化冠层结构，推迟封行，增加优质铃数，简化中期整枝。

盛花期：用45～60 g/hm²，兑水600～750 kg喷洒，可抑制后期无效枝蕾和赘芽生长，防贪青迟熟，增结早秋桃，增加铃重。

7)注意事项 贮存在避光干燥处，要严防受潮，潮解后可在100 ℃左右烘干。甲哌鎓可与久效磷、乐果混用，也可与杀菌剂或根外追肥(如磷酸二氢钾)一起施用，混合后要立即施用。如施用后出现抑制过度现象，可喷施500 mg/L赤霉酸缓解。棉田施药后24 h内降雨影响药效。

(9)氟节胺(flumetralin)

1)化学名称 *N*-(2-氯-氟苄基)-*N*-乙基-4-三氟甲基-2,6-二硝基苯胺。

2)主要理化性质 纯品为黄色结晶，熔点为101～103 ℃，20 ℃水中溶解度为0.1 mg/L，易溶于苯、二氯甲烷。

3)生物活性 氟节胺具有接触兼局部内吸的特点。氟节胺被植物吸收快，作用迅速，主要影响植物体内酶系统功能，与植物生长点细胞的微管蛋白结合，使微管蛋白丧失聚合作用，可控制生长点细胞的分裂速度，促进营养生长向生殖生长转化，增加叶绿素与蛋白质含量。施药后2 h无雨即可见效。氟节胺可抑制烟草侧芽生长，对预防花叶病有一定效果。氟节胺广泛用于烟草抑芽、棉花塑形整枝、柑橘控夏梢和辣椒控旺塑形。

4)毒性 低毒。大鼠急性经口LD_{50}为5000 mg/kg，急性经皮LD_{50}为2000 mg/kg。对眼睛有强烈刺激作用，对皮肤有中等刺激作用，一般无全身毒性。无致畸和致突变作用。虹鳟鱼$LC_{50}>3.2\ \mu g/L$(48 h)，水蚤$LC_{50}>2.8\ \mu g/L$，鹌鹑急性经口$LD_{50}>2000$ mg/kg，野鸭$LD_{50}>2000$ mg/kg，蜜蜂急性经口LD_{50}为0.075～5 μg/蜂。

5)常见制剂 25%氟节胺EC，25%氟节胺SC。

6)使用技术

①烟草：氟节胺适用于烤烟、晒烟及雪茄烟，为烟草专用抑芽剂。在烟株上部花蕾伸长期至初花期，人工打顶并抹去大于2.5 cm的腋芽，24 h内用喷雾法、杯淋法和涂抹法施药一次。喷雾法用25%氟节胺EC(9000 mL/hm²)兑水(30 kg/hm²)，喷洒顶叶；杯淋法每株用500倍液15～20 mL，顺烟茎淋下；涂抹法用毛笔或棉球蘸药液涂在腋芽上。

②棉花：第一次用药，株高为55～60 cm，果枝为5～6台，时间为6月15日至25日(枝到不等时，时到不等枝)，混用氟节胺(450～750 g/hm²)和甲哌鎓(75～120 g/hm²)，兑水量为450～900 kg/hm²。第二次用药，株高为75 cm，果枝为7～8台，时间为7月15日左右，混用氟节胺(750～105 g/hm²)和甲哌鎓(根据棉花长势确定剂量)，兑水量为450～900 kg/hm²。

7)注意事项 本品对鱼有毒，应避免药剂污染水塘、河流。对2.5 cm以上的侧芽效果不好，施药时应事先打去。施药时，应确保棉株顶尖生长点充分接触药液。氟节胺不能代替甲哌鎓，全程应正常使用甲哌鎓，氟节胺只能控制侧枝的幼芽，整体株高和节间距离仍需由甲哌鎓进行化控。氟节胺可以与甲哌鎓、微量元素混用，但不能与刺激植物生长的叶面肥混用。为保证使用效果，严禁施药后立即进水肥，打药后控制 3～5 天再进水肥最好，建议施药后首次施肥氮肥减半。为保障效果与安全性，必须进行二次稀释保障有效成分的均匀分布。若仅用于棉花整枝塑形，按第一次用药时间和剂量进行施用，若施药后 4～6 h 内下雨，需减量补药，后期人工正常打顶。

(10)吲哚丁酸(4-indol-3-ylbutyric acid)

1)化学名称　4-(吲哚-3-基)丁酸。

2)主要理化性质　纯品为白色结晶，原药为白色至浅黄色结晶。溶于丙酮、乙醚和乙醇等有机溶剂，难溶于水。在中性、酸性介质中稳定，在碱金属的氢氧化物和碳酸化合物的溶液中则成盐，在强光下缓慢分解，在土中迅速降解。

3)生物活性　吲哚丁酸可经由叶面喷洒、蘸根等方式，由叶片种子等部位进入植物体并集中在生长点部位，促进细胞分化和分裂，有利于新根生成和维管束系统的分化，诱导根原体形成不定根，表现为根多、根直、根粗、根毛多。

4)毒性　小鼠急性经口 LD_{50} 为 100 mg/kg，鲤鱼 TLm(48 h)为 180 mg/L。按规定剂量使用，对蜜蜂无毒。

5)常见制剂　0.5%、1%吲哚丁酸 SL，1.2%吲哚丁酸 AS。

6)使用技术

浸渍法(又称浸泡法)：根据插条生根的难易程度，容易生根的种类使用较低浓度，不易生根的种类使用较高浓度。一般用 50～300 mg/L 吲哚乙酸浸插条基部 6～24 h，浓度高者浸泡时间短。

快浸法：根据插条生根的难易程度，用 500～1000 mg/L 吲哚丁酸浸插条基部 5～8 s。

蘸粉法：将适量吲哚丁酸与乙醇混合溶解(1000～5000 mg/L)，再将滑石粉或黏土泡在乙醇中，待乙醇挥发完即得到药粉。用时先润湿插枝基部，然后蘸粉或喷粉。插条蘸粉前要先将基部用水浸透，蘸后抖掉多余的粉。

7)注意事项　吲哚丁酸易光解，在土壤中降解速度也非常快，一般 24～48 h 即可完全分解，应在遮光条件下储存。吲哚丁酸不可用于叶面喷洒。

(11)苄氨基嘌呤(6-benzylaminopurine)

1)化学名称　6-(*N*-苄基)氨基嘌呤。

2)主要理化性质　纯品为白色针状结晶，难溶于水，可溶于碱性或酸性溶液，在酸性和碱性介质中性质稳定。

3)生物活性　苄氨基嘌呤是第一个人工合成的细胞分裂素，可促进细胞分裂，抑制植物叶内叶绿素、核酸、蛋白质的分解，提高氨基酸的含量，保持地上部绿色，延缓衰老，诱导芽组织分化，促进侧芽生长，促使氨基酸、生长素、无机盐等向处理部位调运。苄氨基嘌呤可用于植物从发芽到收获的各个阶段，如在菜田可用于蔬菜浸种和贮藏保鲜，在果园可用于提高坐果率。

4)毒性 对高等动物毒性低，雌性、雄性大鼠急性经口 LD_{50} 分别为 2130 mg/kg、2125 mg/kg，小鼠急性经口 LD_{50} 为 1300 mg/kg，小鼠急性经皮 LD_{50} >5000 mg/kg。对眼睛有刺激和伤害作用。鲤鱼 TLm(48 h)为 400 mg/kg。

5)常见制剂 2%苄氨基嘌呤 SL。

6)使用技术

①促进侧芽萌发：春秋季使用促进蔷薇腋芽萌发，在下位枝腋芽的上下方各 0.5 cm 处划伤口涂药。苹果幼树整形，可以于旺盛生长时处理，刺激侧芽萌发，形成侧枝。

②促进葡萄和瓜类的坐果：于花前 2 周用 100 mg/L 苄氨基嘌呤处理葡萄花序，可防止落花落果。瓜类开花时用 10 g/L 苄氨基嘌呤涂瓜柄，可提高坐果率。

③农产品及花卉保鲜：对于莴苣、甘蓝、花茎甘蓝、花椰菜、芹菜、双孢蘑菇、石竹、玫瑰、菊花、紫罗兰、百子莲等，在采收前或采收后都可用 100～500 mg/L苄氨基嘌呤喷雾或浸泡处理，以有效保持它们的颜色、风味、香气。

④提高稻秧成活率：于 1～1.5 叶期用 10 mg/L 苄氨基嘌呤处理水稻苗的茎叶，可延缓下部叶片变黄的速度，保持根的活力。

7)注意事项 苄氨基嘌呤的移动性差，单独使用时叶面喷施效果不好，须与其他生长抑制剂混用。作为绿叶保鲜剂，单独使用有效果，与赤霉素混用效果更好。贮存于阴凉通风处。

(12)矮壮素(chlormequat-chloride)

1)化学名称 2-氯乙基三甲基氯化铵。

2)主要理化性质 纯品为白色结晶，有鱼腥臭，易溶于水，在常温下饱和水溶液浓度可达 80%左右，不溶于苯、二甲苯、无水乙醇，溶于丙醇，易潮解，在中性或弱酸性介质中稳定，在碱性介质中加热能分解。

3)生物活性 矮壮素一种优良的植物生长调节剂，可控制植株的营养生长(即根茎叶的生长)，促进植株的生殖生长(即花和果实的生长)，使植株节间缩短、矮壮、抗倒伏，促进叶片颜色加深，加强光合作用，提高植株的坐果率。矮壮素是赤霉素的拮抗剂，可阻碍内源赤霉素的生物合成，从而延缓细胞伸长，但不抑制细胞分裂，因此使植株矮化。矮壮素对节间伸长的抑制作用可被外施赤霉素解除。矮壮素能提高根系的吸水能力，使叶片气孔数减少，降低蒸腾速率，明显影响植物体内脯氨酸(对细胞膜起稳定作用)的积累，有利于提高植物抗旱、抗寒、抗盐碱及抗病等抗逆性。矮壮素在土壤中很易被降解，且不易被土壤固定，因此不影响土壤微生物活动。

4)毒性 低毒。雌性、雄性大鼠急性经口 LD_{50} 分别为 1020 mg/kg、670 mg/kg，雌性小鼠灌胃 LD_{50} 为 810 mg/kg，雄性家兔急性经皮 LD_{50} 为 440 mg/kg，豚鼠急性经皮 LD_{50} 为 615 mg/kg。1000 mg/kg 饲喂大鼠 2 年无不良影响。

5)常见制剂 50%矮壮素 AS，80%矮壮素 SP。

6)使用技术

辣椒和马铃薯：于现蕾至开花期施药。马铃薯建议用 50%矮壮素 AS 的 200～300 倍液进行叶面喷雾，可以控制植株地面以上部分的生长，达到增产效果。辣椒一般使用 20～25 mg/L矮壮素进行茎叶喷雾，可以有效控制辣椒徒长，提高辣椒的坐果率。

甘蓝和芹菜：一般使用 4.0～5.0 g/L 矮壮素，喷施于其生长点，可以有效控制作物的抽薹以及开花。

番茄：于苗期使用 50 mg/L 矮壮素对土表进行淋洒，可有效控制番茄的生长，使番茄株型更加紧凑，提早开花。番茄定植移栽后若出现徒长也可用 0.5 g/L 矮壮素浇施控旺，药液量为 0.1～0.15 L/株。一般用后 5～7 天显效，20～30 天后番茄生长恢复正常。

棉花：用 50％矮壮素 AS(30 mL/hm^2)兑水均匀喷雾，可以抑制棉花徒长，增蕾保桃。对于有徒长现象或密度较大的棉田，可分 2 次喷药，第一次在初花期，第二次在盛花期。对于前期无徒长现象的棉田，蕾期可不喷药，只在封行前喷一次，可以不打旁心，减少秋芽，相当于化学整枝。

水稻：于水稻分蘖末期喷施 50％矮壮素 AS 的 300 倍液，能防止水稻倒伏，促使稻粒饱满，提高产量。

大豆：用 50％矮壮素 AS 的 200～300 倍液进行叶面喷雾，可增加豆粒数，起到抗旱、抗寒、抗盐碱和增产的作用。

玉米、高粱和谷子：用 50％矮壮素 AS 的 100 倍液浸泡种子 6 h，捞出阴干播种。

苹果(幼龄树)：用 50％矮壮素 AS 的 33～100 倍液喷雾，从 7 月上旬至 8 月上旬，15 天喷一次，共喷 3 次，能促进新梢加粗、节间缩短、叶色浓绿、叶片加厚加宽，增强抗寒能力，有利于安全越冬。

葡萄：用 50％矮壮素 AS 的 500 倍液喷雾，能抑制副梢生长，促使果实整齐，提高坐果率，增大果重。

小麦：用 50％矮壮素 AS 的 16～33 倍液浸种 6～12 h，阴干后播种，可使根系发达、叶色浓绿，促进分蘖增加，使麦苗健壮，对晚播麦效果更明显，有利于提高抗寒性。用 2500～5000 mg/L 矮壮素浸种，或用 10 g 矮壮素拌种(1 kg 种子)，晾干后播种，可使幼苗生长健壮，根系生长良好，有效分蘖增多，茎秆粗壮，缩短基部节间，提高抗倒伏能力。小麦拔节期喷施 3000 mg/L 矮壮素，可防小麦倒伏。

7)注意事项　严格规范使用，以免发生药害。若初次使用，可先进行小面积试验。水肥条件好、群体有徒长趋势时使用效果较好，地力条件差、长势不旺地块的不能使用。棉花用药不宜过早、过多，以免影响棉株正常生长。小麦用药不宜过晚，以免抑制生长，影响产量。小麦拔节期是指在小麦基部能够用手摸到较硬的节，基部叶片离开地表，开始变成直立叶时，而非所谓的“拔节抽穗期”。若此时才用矮壮素，则会严重减产。矮壮素不可与碱性化肥等混用。矮壮素应贮存于阴凉通风处。

第11章 农药的安全使用技术

11.1 农药科学使用基本原则

农药是重要的农业生产资料，是防治农作物病虫草害的利器，不可或缺。科学、合理、安全使用农药不仅关系到农业丰产丰收，也关系到广大人民群众的身体健康，关系到人类赖以生存的自然环境。综合防治从策略上强调发挥自然因素对有害生物的调控作用，但不排斥化学防治手段，特别是对于暴发性病虫草害，化学防治往往是唯一的应急措施。关键是如何科学合理地使用农药，以达到安全、有效、充分协调与利用天敌和延缓有害生物抗药性产生的目的。

11.1.1 根据有害生物的特性合理选用农药

各种生物在生长发育过程中都会存在某些薄弱环节，容易受到农药的毒害。农作物病、虫、草、鼠等有害生物的种类极多，各地间差异很大，甚至分布于不同地区的同一种有害生物的行为、习性、生理型、生态型也可能不同。它们对药剂的反应及耐药力均有一定差异，在甲地表现出良好防效的药剂在乙地可能效果很差。所以在选用农药时，除了要根据有害生物的类别选用相应的药剂种类，还应根据有关资料报道及当地的实际试验结果来选用有效的农药种类。除此之外，化学农药的长期使用使大部分有害生物均不同程度地产生了抗药性，有的甚至已发展到几乎无药可治的地步。在这种情况下，任何新农药的选用和推广均需经过预试验或示范试验，决不能单凭某些文献报道或其他地方的经验来简单选用。

11.1.2 充分发挥农药的药效

在有害生物防治中，科学合理地选用农药固然十分重要，但在选好农药品种后，能否充分发挥农药的潜能直接关系到防效的高低。

安全和防治效果是必须首先考虑的。使用农药时，首先必须了解农药的性能、剂型、施药时间、施药方法、使用技术和注意事项。

一种农药常常被制成多种剂型，每一种剂型均有其最优的使用场合，剂型的不同及其种类的多少直接关系到该种农药的使用范围和效果。在农业生产中，有害生物的发生发展、作物种类及生长发育阶段、施药时的环境条件等因素，既复杂多变，又紧密相关，所以应根据这些变化有针对性地选用剂型，以获得最佳的防治效果。

在防治对象已经明确、药剂种类和剂型已经选定以后，农药的应用适期、方法和使用技术就成为防效的决定性因素。尤其在应用毒性较高的农药时，要严格按照安全防护措施进行操作。施药时应注意作物安全间隔期，特别是在果树、蔬菜等作物上施药时。同时，还要了解作物对药剂的反应，防止产生药害。

为保证药剂防效，还应根据有害生物的发生特点和药剂的性能确定施药适期、施药方式和方法，以达到事半功倍的效果。施药适期主要是指利用农药防治病虫草害的最适合的施药时间，这是在对有害生物发生发展规律和药剂基本特点全面了解的基础上决定的。施药方式和方法则由农药种类、剂型特性、有害生物为害特点、选用药械的性能等因素决定。

农药使用技术研究的实质就是如何使农药最有效地与防治对象接触并发挥毒杀作用。所以农药使用技术的研究内容都是为了给药剂与防治对象的接触创造有利条件。这里的"接触"是指药剂同生物体之间发生的实质性接触，称为"有效接触"。通过这种接触，药剂可在有害生物体内达到"有效计量"，最终对有害生物产生毒害作用。故农药的使用技术涉及农药的浓度、剂量、单用、混用、间隔使用，以及农药在施用表面或最佳位点的黏着、展布、滞留、对生物体的渗透等因素。

11.1.3　利用农药的选择性

农药的选择性一般指的是选择毒性和毒力。农药选择毒性主要是指对防治对象活性高，但对高等动物的毒性小，这是农药研究中的一个主要方向。农药选择毒力是指对不同昆虫种类之间的选择性，与其相对的术语是广谱性。早期农药选择性的研究重点是寻找对高等动物或被保护植物安全、对有害生物有毒杀效果的药剂，即在高等动物、植物和有害生物(昆虫、病菌、杂草等)之间寻求高度的选择性，使品种具有高效、低毒的特点。近年来，农药选择性的研究更注重对防治对象以外生物(天敌、有益昆虫等)的安全性，即寻找对非防治目标伤害很小的药剂。

(1)生理选择性

生理选择性是利用药剂渗透性、解毒作用或活化代谢、在体内的蓄积和排泄以及和作用点的亲和力等方面的差别而获得的选择性。由于生物间存在生理上的差别，以上每一种过程的受阻与否都有可能产生一定程度的选择性。

(2)生态选择性

生态选择性是利用害虫的习性、行为的差异以及药剂的加工和施用方法差异而获得的选择性。

(3)保护和利用天敌

有害生物和天敌是共居于一个统一体中的一对矛盾，它们相互制约，并在一定的条件下相互转化。农药对有害生物和天敌的影响取决于药剂本身及其使用技术。若农药对有害生物杀伤力大，对天敌的影响较小，则天敌的抑制作用就会明显地表现出来；否则，有害生物就会失去控制，暴发成灾。为解决化学防治与保护、利用天敌的矛盾，可通过以下途径加以调节。

①使用选择性农药。忌用广谱性农药，尽量选用对天敌杀伤力小的选择性农药。如用噻嗪酮防治稻飞虱，用灭幼脲防治黏虫、菜青虫等。

②改进药剂使用方法。如用毒土法撒施、内吸剂涂茎、根区施药、药剂点心等代替常规

喷雾、喷粉，可减少对天敌的影响。此外，还可采取点片防治、抽条防治等方法，以创造有利于天敌繁殖的生态条件。具体施药方法取决于病虫草害的种类、发展情况以及药剂的种类，以确保总体防效为宜。

③按新的防治指标施药。过去的防治指标多是按经验或按化学防治的要求提出的，指标偏严，用药过早，防治面积偏大。新的防治指标是从综合防治的要求出发，经过损失率测定，充分利用某些农作物的耐害补偿能力而制定的。例如，华北棉区棉蚜和第2代棉铃虫的防治指标一般放宽了3倍，长江流域棉区第1代红铃虫可不治。按新的防治指标施药可减少农药防治的面积和次数，既节省人工成本，也利于天敌种群的发展。

④其他途径。还可通过使用有效低浓度、按考虑保护天敌因素的防治指标施药和在防治适期施药等途径，尽可能将对天敌的影响降到最低。

11.1.4 影响农药效果的环境因素

在有害生物防治工作中，常会发现使用同一种药剂防治同一种有害生物时，由于不同地区环境条件的差异，药效差别很大。其中主要的环境因素是温度、湿度、雨水、光照、风、土壤性质及作物长势等。环境条件的改变不但可明显影响生物体的生理活动，而且可影响药剂的稳定性，结果都会影响药效。

温度对农药效力影响很大，特别是杀虫剂。这里需要引出“温度系数”的概念，即某种农药在20 ℃时对某种试虫的半数致死剂量(LD_{50})和30 ℃时半数致死剂量的比值。若温度系数等于或接近1，则表明温度此农药影响不大；若温度系数大于1，则表明此农药为正温度系数农药；若温度系数小于1，则表明此农药为负温度系数农药。一般来讲，在一定温度范围内，温度高时，农药的生物活性和有害生物的生活力均较强，药效容易发挥，有害生物容易中毒，故大部分农药为正温度系数农药。但负温度系数农药的确存在，其代表为拟除虫菊酯类农药。负温度系数现象在杀菌剂和除草剂中还鲜有报道。

光照和温度关系密切，但单就光照而言，不同农药的反应也有所不同：大部分农药均可不同程度地光解，有的甚至会很快失效。但有的药剂，特别是不少除草剂，只有在光照作用下才能起到除草作用。

风和雨均可影响农药的使用操作、滞留量和持效期。一般情况下，施药后如很快遇雨则要补施。但这也要视具体情况而定，适当降雨可明显提高土壤处理法使用药剂的效果。

11.1.5 防止和延缓有害生物抗药性的产生

农药能杀死有害生物，有害生物通过突变和自然选择作用亦能形成抗药品系。为防止和延缓有害生物抗性的产生，可采取下列对策。

①轮换使用农药。在某一地区连年使用单一品种农药是导致有害生物产生抗性的主要原因。因此，必须注意轮换使用农药，特别是轮用具有不同机理的农药，如有机磷杀虫剂与氨基甲酸酯类杀虫剂交替使用。

②注意农药使用浓度和防治次数。随意提高农药使用浓度、增加防治次数是加速有害

生物抗药性产生的另一主要原因。因此,要避免为强求高效而盲目用药的现象,做到严格按要求配药,不达防治指标不轻易用药。

③对抗性有害生物换用没有交互抗性的农药。例如,棉叶螨对有机磷农药产生抗性后,换用选择性的杀螨剂;对菊酯类杀虫剂产生抗性的棉蚜和棉铃虫等,可用灭多威防治等。

④合理混用农药。合理混用单剂或使用混剂可提高药效,减少农药用量。

⑤节制用药。克服农药万能思想,实施综合防治。

11.1.6　农药的安全使用

农药为生物毒剂,其中绝大部分对高等动物有一定毒性,若使用不当可能造成人畜中毒。中国政府及有关部门多年来针对农药的安全管理、科学使用发布了一系列通知和法令,从事相关工作的人员应熟悉有关内容并严格遵守。在农药使用过程中还要特别注意对环境,特别是农田生态的影响。要针对病、虫、草、鼠等有害生物的发生情况,适时、适量地使用农药,不可随意进行大剂量、大面积、全覆盖式施药,以防农药残留对土壤及地下水环境造成污染,更要避免因大量杀伤非靶标生物而严重破坏农田生态环境。农药的安全使用应恪守五大黄金守则。

(1)时刻小心谨慎

农药购买、运输、储存及使用的整个过程要小心谨慎。购买农药后,上锁单独储存,防止儿童及其他无关人员接触农药;不更换原包装,严禁用饮料瓶盛装农药。取用农药过程中严禁进食,使用后正确处理废弃农药。

(2)阅读并正确理解农药标签

农药标签上一般会标明农药的特性、使用方法、可能的风险以及正确应对办法等重要内容。使用前要认真阅读并理解标签上的内容,按标签上的使用技术要求操作。

(3)施药人员加强防护

施药人员要穿防护衣服,如长袖、长裤和防雨鞋,夏季施药时一定要戴上遮阳帽(图 11-1-1)。混配药液时要戴上防护面罩和手套。许多农户都有这样一个错觉,认为温度越高,喷施化学农药的效果越好,故选择在中午或是午后喷药。其实,这种喷药方法极不科学,尤其在夏季,副作用非常大。在不适宜的天气施药,不仅会降低药效,达不到理想的防治效果,还可能危害施药人员的健康,所以喷施农药一定要注意天气(图 11-1-2)。

图 11-1-1 施药人员加强防护

图 11-1-2 施用农药须注意天气

(4)施药后清洁卫生

药液滴、溅到皮肤上或眼中时，应迅速用清水冲洗。施药后要彻底清洗全身(图11-1-3)，清洗施药时穿的防护服及工作服(分开洗)。

图 11-1-3　施药后清洁卫生

(5)及时维护施药器械

施药前，正确校准施药器械，以保证施药剂量；施药后，及时清洗药械。一旦发现药械有滴漏现象，一定要及时维修(图 11-1-4)。平时要注意药械的维护保养，备足配件。

图 11-1-4　及时维护施药器械

综上所述，在采用化学防治方法时，必须了解具体的环境条件，掌握药剂的性能特点及有害生物发生的基本规律，利用一切有利因素，控制不利因素，科学、合理、适时地使用农药，这样才能获得比较好的防治效果，减少对生态环境的影响，提高投入产出比，实践植物化学保护的基本宗旨。

11.2 农药的施用方法

农药的施用方法是指为把农药施用到目标物上所采用的各种施药技术措施。按农药的剂型和喷洒方式可分为喷雾法、喷粉法、施粒法、熏烟法、烟雾法及毒饵法等。随着耕作制度的演变、农药新剂型和新药械的不断出现,以及人们环保意识的不断加强,农药施用方法还在继续发展和完善。

农药的科学使用并非易事,现代农药使用技术要求农药最大限度击中靶标,最小限度危及环境。而影响这一技术要求的条件很多,内在条件如药剂本身性质、剂型以及药械的性能等,外在条件更为复杂,而且往往具有可变性,诸如作物种类、发育阶段、土壤性质、施药前后的气象条件等。这些条件既可对施药质量和效果产生有利作用,也可产生不利作用,甚至产生其他负面作用,如对作物造成药害、污染环境等。要做到科学使用农药,应具备以下基础理论和知识:①熟知靶标生物和非靶标生物的生物学特点、发生发展特点;②了解农药诸多方面特性,如理化性质、生物活性、作用方式、防治对象等;③掌握农药剂型及制剂特点,以确定施药方法;④对施药机械工作原理应有所了解,以利于操作和提高施药质量;⑤理解农药喷洒出后的运动行为,到达靶标后的迁移、转化与自然环境条件的关系等。

总之,农药的科学使用方法是在对农药特性、剂型特点、防治对象的生物学特性和发生规律、保护对象的生物学特性以及自然环境条件的全面了解和科学分析的基础上建立的。正确的施药方法确定后,提高施药质量则是保证良好防治效果的关键。

11.2.1 农药的配制

科学合理地配制农药是保证防治效果、安全使用农药的关键。

(1)使用量的计算

一般情况下,农药标签上使用量的标注有2种形式:制剂用量、有效成分用量。

1)制剂用量 制剂用量一般标记为单位面积制剂用量或稀释倍数。

①单位面积制剂用量:农药使用中最常用、最直接的用量表示方法,常以亩用量或公顷用量表示。

制剂用量=单位面积制剂用量×施药面积

例如:46%氢氧化铜 WG 单位面积制剂用量为30 g/亩(换算为450 g/hm^2),则10 hm^2农田的制剂用量为450×10=4500(g)。

②稀释倍数:农药制剂与所配药液的比例。

制剂用量=单位面积用水量×施药面积÷稀释倍数

例如:25 g/L 高效氟氯氰菊酯 EC 的稀释倍数为3000倍(即1 L 制剂可以兑水配成3000 L 药液)。若植保无人机用水量为15000 mL/hm^2,则10 hm^2农田的制剂用量为15000×10÷3000=50(mL)。

2)有效成分用量 国际普遍采用单位面积有效成分用量标注农药使用量。

制剂用量＝单位面积有效成分用量×施药面积÷农药含量

例如:抗蚜威防治小麦蚜虫的使用量为 75 g/hm^2(有效成分),则 10 hm^2 农田的 50%抗蚜威 WP 用量为 75×10÷50% ＝1500(g)。

(2)农药的称量

农药一般分为固态农药(如可湿性粉剂、水分散粒剂等)和液态农药(如水剂、乳油、微乳剂和悬浮剂等)。固态农药一般用秤或天平量取。液态农药一般用有刻度的量具如量杯、量筒量取,用量极少时也可以用注射器抽取。无论是固态农药还是液态农药,均不提倡用瓶盖量取,因为量取数量不准确,而且容易洒泼出来,经皮吸收,引起中毒。

(3)农药的稀释

农药的稀释一般采用二次稀释法(也称两步配药法)。先取一个较小的容器,倒入少量水,再将称量好的农药制剂缓慢加入其中,搅拌均匀(得到母液),然后将其加入配药罐中,加入相应量的水,搅拌均匀。二次稀释法是国际通用配药必需步骤,可使农药充分分散,有利于精准用药,可减少药害,提高防治效果。

农药稀释对水的要求:无人机喷药比常规喷药要求严格。首先是水温,一般水温要求控制在 20～25 ℃。温度过高会使农药变性;温度过低,农药不能充分溶解。其次,忌用活水配制农药。活水中杂质较多,用其配制农药易堵塞无人机喷头,同时还会破坏药液的悬浮性而产生沉淀。再次,深井水不可直接用于配制农药。深井水中含钙、镁离子较多,与农药结合易产生沉淀而降低药效。深井水取出后,应先静置 6～12 h,以提高水温,沉淀矿物质。喷雾前,取其上清液配制农药。最后,污水等不能用于配制农药,因为不明污水的成分复杂,可能与农药发生化学反应,从而导致农药失效或使农作物产生药害。

11.2.2　使用农药须做到"七项注意"

①严格按标签使用农药。农药使用者应当严格按照农药的标签标注的使用范围、使用方法和剂量、使用技术要求和注意事项使用农药,不得扩大使用范围、加大用药剂量或者改变使用方法。

②不得使用禁用的农药。

③按安全间隔期要求停止用药。标签标注安全间隔期的农药,在农产品收获前应当按照安全间隔期的要求停止使用。

④慎用剧毒、高毒农药。剧毒、高毒农药不得用于防治卫生害虫,不得用于蔬菜、瓜果、茶叶、菌类、中草药材的生产,不得用于水生植物的病虫害防治。

⑤不得随意丢弃农药包装。农药使用者应当保护环境,保护有益生物和珍稀物种,不得在饮用水水源保护区、河道内丢弃农药、农药包装物或者清洗施药器械。妥善收集农药包装等废弃物,要统一回收、销毁。

⑥严禁在饮用水水源保护区内使用农药,严禁使用农药毒鱼、虾、鸟、兽等。

⑦规模使用者应建立农药使用记录。农产品生产企业、食品和食用农产品仓储企业、专业化病虫害防治服务组织和从事农产品生产的农民专业合作社等应当建立农药使用记录,

如实记录使用农药的时间、地点、对象以及农药名称、用量、生产企业等。农药使用记录应当保存 2 年以上。

11.2.3 选购农药应做到“四看”

①看农药名称:农药包装上应标明农药名称(中文通用名)、有效成分含量及剂型。没有标明农药名称(中文通用名)、有效成分含量及剂型的农药不能购买。

②看农药登记证:标签上应标注农药登记证号、生产许可证号。标签上没有农药登记证号、生产许可证号的农药不能购买。

③看使用范围:通过“中国农药查询”App 或“中国农药信息网”数据中心查询、核对所购农药的登记使用范围。若出现超出使用范围的文字或图片,应避免购买。

④看产品商标:农药产品只能标注注册商标(右上角带符号“®”)。未经注册商标或标注不合规的产品不能购买。

11.2.4 农药的施用方法

(1)喷雾法

农药制剂中除超低容量喷雾剂不需加水稀释直接喷洒外,可供喷雾使用的其他农药剂型如乳油、可湿性粉剂、悬浮剂、水剂以及可溶粉剂等,均需加水配成药液才能使用。

1)按喷雾机械分类

①航空喷雾。新中国成立以来,航空喷雾发展迅速,尤其近年来植保无人机逐渐升温。杀虫剂、杀菌剂、植物生长调节剂已较广泛应用于航空喷雾,而除草剂的航空喷雾还处于摸索阶段。

航空喷雾的优点:施药工效高,对暴发性害虫的防治很有利,每架次可喷药防治 400～500 hm²,每天可起飞 5～6 次;适应性较广,对地面喷药有困难的地方,如森林、沼泽、山丘及水田等,航空喷雾防治较为方便;用药液量少,可用常量、低容量喷雾,也可用超低容量喷雾。

航空喷雾的缺点:药剂在作物上的覆盖度往往不及地面喷药,尤其作物的中、下部受药较少,因此用于防治在作物下部为害的病虫害效果较差;施药地块必须集中,否则作业不便;大面积防治往往不利于有益生物的生存;施药成本偏高。

②地面喷雾。地面喷雾有 3 种方式:手动机械喷雾、机动机械喷雾、静电喷雾。

2)按喷雾容量分类

①大(高)容量喷雾:喷孔直径为 1.3 mm,大田植物喷洒量>600 L/hm²。

②中容量喷雾:喷孔直径为 1.3 mm,大田植物喷洒量为 200～600 L/hm²。

③低容量喷雾:喷孔直径为 0.7 mm,大田植物喷洒量为 50～200 L/hm²。

④很低容量喷雾:喷孔直径为 0.7 mm,大田植物喷洒量为 5～50 L/hm²。

⑤超低容量喷雾:喷孔直径为 0.7 mm,大田植物喷洒量<5 L/hm²。

3)按喷雾方式分类 按喷雾方式可分为针对性喷雾、飘移性喷雾、循环喷雾、泡沫喷雾、经典喷雾、手动吹雾、弥雾等。

(2)喷粉法

喷粉法是利用鼓风机所产生的气流将农药粉剂吹散后沉积到作物上的施药方法。喷粉法工效高，适用于大面积干旱地区或水源缺乏的山区，能在作物上形成均匀而持久的药粉沉淀。但喷粉法用药量大，残留期短，易飘移，污染环境。

(3)撒施法和泼浇法

撒施法或泼浇法是指将药剂掺土撒施或泼浇药液，主要用于防治在稻株下部活动的水稻螟虫、稻飞虱等害虫。因为在密植的情况下喷施药剂不易到达植株根部，撒施较喷施效果好。

采取撒施法时，药剂需掺过 10～20 目筛的细土(225～300 kg/hm^2)。药剂为粉剂时，可直接与细土拌和。药剂为液剂时，应当先加 4～5 倍的水稀释，用喷雾器喷到细土上拌和。对植株上部的害虫，应于露水未干时施药；对植株下部的害虫，应于露水干后施药。

撒施法和泼浇法工效高，使用方便，还可使药剂穿过茂密的茎叶层而沉落到害虫活动场所，此为喷粉法、喷雾法所不及。

(4)土壤施药法

土壤对药剂的不利影响往往大于地上部对药剂的不利影响。例如，药剂易流失，黏重或有机质多的土壤对药剂吸附作用强而使有效成分不能充分利用，土壤酸碱度影响农药稳定性，某些盐类、重金属往往能使药剂分解等。土壤施药方法很多，如撒施、条施、灌施等，主要用于防治一些地下害虫和土传性病害，残效期长，对天敌和环境污染小。

(5)拌种法

拌种法是指将药粉与种子拌匀，使每粒种子外面都覆盖一层药粉，主要用于防治一些种传病害和地下害虫，使用方便，防治效果好，对环境污染小。拌种法可分为干拌法和湿拌法，粉剂附着量一般为种子量的 0.2%～0.5%。拌种应在拌种器内进行，以 30 r/min 拌和 3～4 min为宜。带绒毛的棉籽拌种时不能用拌种器，可将药粉与填充物(如细土、炉渣灰等)混匀，再与浸泡(或经催芽)后的棉籽拌和均匀。

(6)种苗浸渍法

用于浸种的药剂多为水溶性制剂或乳剂，药液用量以浸没种子为限。浸种药液可连续使用，但要补充所减少的药液量。浸种效果与药液浓度、温度和时间密切相关。浸种温度一般为 10～25 ℃，温度高时，应适当降低药液浓度或缩短浸种时间；温度一定、药液浓度高时，浸种时间可缩短些。对不同种子，药液浓度、温度、浸种时间适用范围有一定差异。浸秧苗的基本原则同浸种。

(7)毒饵法

毒饵法是指用害虫喜食的食物(如豆饼、花生饼、麦麸等)作饵料，加适量水，拌和适量具有胃毒作用的农药(如敌百虫等)，制成毒饵，诱杀有害生物的方法。药剂用量一般为饵料的 1%～3%，毒饵用量为 22.5～30 kg/hm^2。播种期施药，可将毒饵撒在种沟里或随种子播下。幼苗期施药，可将毒饵撒在幼苗基部，最好用土覆盖，以延长残效期。地面撒毒饵时，饵料还可用鲜水草或野菜，药剂用量为饵料的 0.2%～0.3%，毒饵用量为 150～225 kg/hm^2。傍晚

(尤其雨后傍晚)撒饵效果最好。毒饵法对地老虎、蟋蟀效果很好,对金针虫等也有一定效果。

(8)熏蒸法

熏蒸法主要用于防治仓库害虫(仅在农作物茂密封行情况下在田间用药剂熏蒸杀虫),保温大棚栽培地也可使用此方法。

(9)其他施药方法

其他施药方法有注射法(主要针对林木病虫害)和涂茎法等。

11.2.5 农药混用

农药混用即将2种或2种以上农药混合在一起使用的施药方法。混用配方的优越性得到实践证明并经过有关方面系统研究之后,可将其加工成混剂,使之更方便使用。而农药现场混合使用在药剂选择及配比上较使用混剂机动灵活,可重点防治某种有害生物。

农药混用的目的不外乎提高防治效果,扩大防治范围,减少施药次数,延缓有害生物抗药性发展速度,以及提高对被保护对象的安全性等。

药剂的混用要讲究科学性,在混用之前要先了解药剂的理化性质、作用特点以及生物活性等,田间试验后才能大面积使用,绝不能乱混滥用。

(1)农药混用的原则

①混用品种之间不发生不良化学反应(如水解、碱解、酸解或氧化还原反应等),保证正常药效或增效,不影响药剂的物理性状(如乳化性、悬浮率等)。例如,多数有机磷杀虫剂不能与波尔多液、石硫合剂等混用;粉剂不能与可湿性粉剂、可溶粉剂混用。

②不同品种混用后不能使作物产生药害。例如,有机磷杀虫剂与敌稗混用后,会使水稻产生药害;波尔多液与石硫合剂混用,易使作物产生药害。

③农药混合后毒性不增大,保证对人畜安全。

④混用要合理。品种间搭配须合理,如防除大豆田禾本科杂草,单用烯禾啶、吡氟氯禾灵即可防除,两者混配虽然从药剂稳定性上可行,但既不增效,也不扩大防治范围,因此没有必要混用。农药混用是为了省工省时,提高经济效益,如制成混剂后成本增幅很大是不被允许的。

⑤注意农药品种间的拮抗作用,保证混用的效果。如灭草松与烯禾啶混用因拮抗作用而降低对禾本科杂草的防效。

(2)农药混用的类别

①杀虫剂混用:由2种以上杀虫剂混配而成,是混剂中最多的一类。我国已应用的混剂品种有阿维菌素·毒死蜱EC、吡虫啉·噻嗪酮WP、敌百虫·辛硫磷EC等。对于混剂应严格管理,避免粗制滥造。

②杀虫剂与杀菌剂混用:由一种或多种杀虫剂与一种或多种杀菌剂混配而成。我国已应用的混剂品种有吡虫啉·多菌灵WP、辛硫磷·三唑酮EC等,但实际生产中多混用单剂(现用现配)。

③杀虫剂与除草剂混用：品种较少。

除草剂和杀虫剂不宜混用

以玉米除草剂为例，含有烟嘧磺隆的除草剂和有机磷杀虫剂混用，容易产生药害。玉米除草剂施用后 7 天内不能用有机磷杀虫剂。另外，玉米除草剂主要是往杂草上喷，让杂草吸收药液，进而杀死杂草，而杀虫剂则是喷在玉米叶片上，让玉米叶片吸收药液，达到防虫治虫的目的。

④杀菌剂混用：由 2 种或 2 种以上杀菌剂混配而成，品种较多。我国应用的混剂品种有甲霜灵·代森锰锌 WP、硫黄·多菌灵 SC 等。

⑤杀菌剂与除草剂混用：品种较少。

⑥除草剂混用：由 2 种或 2 种以上除草剂混配而成，品种很多。我国应用的混剂品种有烟嘧磺隆·乙草胺·莠去津 OD、麦草畏·草甘膦 AS 等。

⑦植物生长调节剂混用：由 2 种或 2 种以上植物生长调节剂混配而成，品种较少。我国应用的混剂有苄氨基嘌呤·赤霉酸 SL、吲哚丁酸·萘乙酸 SL 等。

⑧农药与化学肥料混用：植物生长调节剂与化肥混合，以叶面喷洒、浸种、浸苗或灌浇形式使用，效果显著。如禾草丹与化肥混拌或禾草丹加克百威再加尿素施用于水田；随玉米、大豆和甜菜播种混用磷酸氢二铵与克百威；矮壮素与硫酸铵混合后，以追肥的方式施入麦田。

(3)农药混用中的物理、化学变化

实际上，农药混用后的化学变化及物理变化是很复杂的，有些反应还不能预测，因此，农药混用前必须进行药效及药害测定，必要时还要做毒性实验。

1)物理变化 乳油间混用一般不会出现物理性状变化，而乳油与可湿性粉剂等混用往往会出现破乳现象。乳油与含有钙、镁元素的农药混用时，破乳现象明显。

2)农药混用中的化学变化

①有机磷酸酯类农药、氨基甲酸酯类农药中的绝大多数品种对碱性物质敏感。这两类农药含酯结构，易被水解，遇碱更容易分解。一般情况下，弱酸性与弱酸性、中性与中性、弱酸性与中性农药可以混用，而酸性或中性农药则不宜与碱性农药混用。从常用的农药看，碱性农药主要有波尔多液和石硫合剂，尤其以石硫合剂的碱性较强。可与弱碱性农药混用的只有有机氯农药中的某些杀虫剂及杀螨剂，若遇强碱也可能脱去氯化氢而失效。所以一般有机合成农药不与碱性农药混用。

②有些农药对酸性的敏感性低。有些农药对酸性的敏感性虽不像碱性敏感性那样突出，但在酸性条件下会降低药效，甚至产生药害。

(4)混用农药对生物的联合作用

1)相加作用 农药混用后对有害生物的毒力等于各单剂单独使用时的毒力之和。例如甲萘威和氯氰菊酯按 1∶1 混合使用对黑尾叶蝉的 LD_{50} 为 51.6 μg/kg，而单独用甲萘威和氯氰菊酯对黑尾叶蝉的 LD_{50} 分别为 44.8 μg/kg、59.0 μg/kg。一般情况下，作用机制相同的农药混用，药剂之间互不产生影响，常表现为相加作用。作用机制不同的药剂，若不发生毒理学上的相互影响，也能表现为相加作用。农药混合后毒力表现为相加作用（即没有增效作用）时，要判断有无混合使用的价值，还要看药剂的互补性。如果有互补性，还是有使用价值的。

2）增效作用 农药混用时对有害生物的毒力大于各单剂单用时毒力的总和。例如马拉硫磷和残杀威按1∶1混合使用对黑尾叶蝉的LD_{50}为20 μg/kg。而单独使用马拉硫磷和残杀威对黑尾叶蝉的LD_{50}分别为228 μg/kg、263 μg/kg。显然，混用较单用毒力提高了很多，说明这2种药剂混用有显著增效作用。但值得注意的是，有些药剂混用在增效的同时也有增毒作用。若增毒作用太大，使用不安全，亦不可取。

3）拮抗作用 农药混用时对有害生物的毒力低于各单剂单用时毒力的总和。例如，禾草灵与2甲4氯混用会降低禾草灵对野燕麦的防治效果。这种混用应该避免。

混用农药联合作用的测定

农药混合对生物的作用是复杂的，可能为相加作用、增效作用，也可能为拮抗作用。为了科学地混合使用农药，必须对农药混合后的毒力进行测定。混用农药联合作用的测定方法有很多，最常用的方法是孙云沛等于1960年提出的通过毒力指数计算混剂联合毒力的方法。首先以常规方法测得混剂及组成混剂的各单剂的毒力回归式并求出LD_{50}或LC_{50}值，再以一种单剂为标准计算各单剂的毒力指数（toxicity index，TI）、混剂的实际毒力指数和理论指数，最后计算其共毒系数（cotoxicity coefficient，CTC）。但该方法比较麻烦，所以一般采用等效线法。线形轨迹不但可以帮助判断其联合作用类别（增效、减效或相加），还可以显示最佳配比，但该法仅适用于二元混配。

11.2.6 农药精准施药技术

传统农药使用技术往往根据全田块发生病虫草害严重区域的总体情况，全面喷洒过量的农药来保证目标区域接受足够的农药量。但由于田间土壤状况、农药条件和喷雾目标个体特征等存在不均匀性，显然全面均匀施药难以达到最高的农药使用效率，而且可带来一系列不可忽略的问题，如显著增加农药使用成本乃至农林生产成本，操作者在施药过程中易受污染，农林产品的农药残留量易超标等。过量使用农药还有导致环境污染和破坏生态平衡的风险。从世界范围来看，农药喷雾技术、喷雾器械及农药剂型正向着精准、低量、高浓度、对靶性、自动化方向发展。

农药精准使用技术是利用现代农林生产工艺和先进技术，设计在自然环境中基于实时视觉传感或基于地图的农药精准施用方法。该方法涵盖施药过程中的目标信息采集、目标识别、施药决策、可变量喷雾执行等农药精准使用的主要技术要点，以节约农药，提高农药使用效率，减轻环境污染，改善施药工艺和施药器械，实现农药使用技术的智能化、精准化和自动化，促进生态环境保护和农林生产的可持续发展。简而言之，农药精准使用技术就是要实现定时、定量和定点施药。

有害生物精准防控是指将现代高新技术（特别是信息技术）应用于有害生物防治，即在机械化的基础上，对地理信息系统、定位系统（北斗卫星导航系统、全球定位系统等）、决策支持系统、传感技术进行集成，以定量获取农田小区作物上病虫草害实际发生情况而进行科学决策。在有害生物综合治理领域，利用地理信息系统，结合生物地理统计学，可以进行有害生物空间分布、空间相关分析、有害生物发生动态的时空模拟和大尺度数据库管理，从而实现综合治理，应用潜力巨大。

(1)有害生物识别系统

生物识别技术是指利用有害生物的生物特征进行认证的一种技术。更具体一点，生物识别技术就是通过将计算机与光学、声学、生物传感器和生物统计学原理等密切结合，利用有害生物固有的生理特性和行为特征来进行识别鉴定。生物识别系统先对生物特征进行取样，提取其特征并转化成数字代码，进一步组合成特征模板。有害生物同识别系统进行交互认证时，识别系统获取其特征并与数据库中的特征模板进行比对，以判断是否匹配，从而决定接受或拒绝。在生物特征识别技术的基础上，利用有害生物的生理特征或行为特征，可开发实时可视的有害生物识别系统。

案例1:中国农作物有害生物监控信息系统

中国农作物有害生物监控信息系统是由农业农村部种植业管理司、全国农业技术推广服务中心开发建设，其重点是构筑国家级农作物有害生物监测和控制体系信息化基础平台，实现农作物有害生物监控信息的规范化与系统化采集、储存、统计、分析、发布和共享，促进农作物有害生物监测调查工作和资料收集整理的标准化和系统化，满足国家、省、市、县各级按权限发布农作物有害生物监控信息的需要，实现体系内信息的有效共享，更好地向社会、向农民提供技术支持和服务。

网址：www. ccpmis. org. cn

案例2:国门生物安全基础数据信息资源平台

国门生物安全基础数据信息资源平台是由海关总署国际检验检疫标准与技术法规研究中心开发建设的信息化平台，可为动植物检疫、植物保护和有害生物风险分析工作提供信息支持和技术服务，实现信息资源的整合与共享。

网址：www. pestchina. com

(2)专家系统

管理信息系统和决策支持系统仅能处理数据，不能处理知识，因而不能将专家的知识和经验导入这些辅助决策系统。人工智能的出现为我们提供了一条应用计算机技术来利用专家知识的途径，即专家系统。

专家系统是一个或一组能在某些特定领域内应用大量的专家知识和推理方法求解复杂问题的人工智能计算机程序。专家系统属于人工智能的一个发展分支，其研究目标是模拟人类专家的推理思维过程。一般先将领域专家的知识和经验用一种知识表达模式存入计算机，然后系统对输入的事实进行推理，作出判断和决策。

专家系统有3个特点：一是启发性，即用判断性知识来进行推理；二是透明性，即可以解释自己的推理过程；三是灵活性，即可以不断增加自己的知识储备。

目前，有害生物综合管理领域已出现不少实用的专家系统，其应用覆盖病虫草害诊断、病虫草情预测、杀虫剂(杀菌剂、除草剂等)选择、喷量决策以及人员培训等，大大拓宽了有害生物综合管理技术。

参考文献

[1] 丁岩钦. 论害虫种群的生态控制 [J]. 生态学报,1993,13(2):99—106.

[2] 王厚振,等. 棉铃虫预测预报与综合治理 [M]. 北京:中国农业出版社,1999.

[3] 中国农业百科全书总编辑委员会昆虫卷编辑委员会. 中国农业百科全书:昆虫卷 [M]. 北京: 农业出版社,1990.

[4] 中国农业科学院植物保护研究所. 中国农作物病虫害:上 [M]. 2 版. 北京:中国农业出版社,1979.

[5] 中国农业科学院植物保护研究所. 中国农作物病虫害:下 [M]. 2 版. 北京:中国农业出版社,1979.

[6] 白金铠. 杂粮作物病害 [M]. 北京:中国农业出版社,1997.

[7] 吕佩珂,高振江,张宝棣,等. 中国粮食作物、经济作物、药用植物病虫原色图鉴:上 [M]. 呼和浩特:远方出版社,1999.

[8] 吕佩珂,高振江,张宝棣,等. 中国粮食作物、经济作物、药用植物病虫原色图鉴:下 [M]. 呼和浩特:远方出版社,1999.

[9] 仵均祥. 农业昆虫学:北方本 [M]. 3 版. 北京:中国农业出版社,2016.

[10] 刘绍友,等. 农业昆虫学 [M]. 杨陵:天则出版社,1990.

[11] 刘惕若,王守正,李丽丽. 油料作物病害及其防治 [M]. 上海科学技术出版社,1983.

[12] 闫凯莉,唐良德,吴建辉,等. 诱杀技术在害虫综合治理(IPM)中的应用 [J]. 中国植保导刊,2016,36(6):17—25.

[13] 杜正文. 中国水稻病虫害综合防治策略与技术 [M]. 北京:农业出版社,1991.

[14] 李秀钰,邓传松. 淮北沿海棉区杂草发生情况及化除配套技术 [J]. 中国棉花,2003(1):38.

[15] 李建军,李英强,丁世民. 中国北方常见杂草及外来杂草鉴定识别图谱 [M]. 青岛:中国海洋大学出版社,2012.

[16] 李桂亭,王学林,杨华,等. 淮北棉区棉花病虫害综合治理技术概要 [J]. 植保技术与推广,1996,16(3):13—14.

[17] 李振岐,曾士迈. 中国小麦锈病 [M]. 北京:中国农业出版社,2002.

[18] 时春喜. 农药使用技术手册 [M]. 北京:金盾出版社,2009.

[19] 沈佐锐. 昆虫生态学及害虫防治的生态学原理 [M]. 北京:中国农业大学出版社,2009.

[20] 张玉聚,等. 中国农田杂草防治原色图解 [M]. 北京:中国农业科学技术出版社,2010.

[21] 张青文. 有害生物综合治理学 [M]. 北京:中国农业大学出版社,2007.

[22] 张泽溥. 我国棉田杂草种类、分布及防除 [J]. 杂草科学,1994(3):7－9.

[23] 张宝棣. 经济作物病虫害原色图谱:甘蔗、烟草、茶树 [M]. 广州:广东科技出版社,2004.

[24] 张宝棣. 经济作物病虫害原色图谱:花生、大豆、油菜、芝麻、麻类、桑树 [M]. 广州:广东科技出版社,2004.

[25] 张朝贤,等. 棉田和油菜田杂草化学防除 [M]. 北京:化学工业出版社,2004.

[26] 陆宴辉,赵紫华,蔡晓明,等. 我国农业害虫综合防治研究进展 [J]. 应用昆虫学报,2017,54(3):349－363.

[27] 陈利锋,徐敬友. 农业植物病理学:南方本 [M]. 北京:中国农业出版社,2001.

[28] 林乃铨. 害虫生物防治 [M]. 4 版. 北京:科学出版社,2010.

[29] 周尧. 周尧昆虫图集 [M]. 郑州:河南科学技术出版社,2001.

[30] 周大荣. 我国玉米螟的发生、防治与研究进展 [J]. 植保技术与推广,1996,16(2):38－40.

[31] 赵紫华. 从害虫"综合治理"到"生态调控"[J]. 科学通报,2016,61(18):2027－2034.

[32] 洪晓月,丁锦华. 农业昆虫学 [M]. 2 版. 北京:中国农业出版社,2007.

[33] 倪汉祥,商鸿生. 小麦主要病虫害及其综防技术研究 5 年来取得显著进展 [J]. 植物保护,1996(4):37－39.

[34] 徐汉虹. 植物化学保护学 [M]. 4 版. 北京:中国农业出版社,2007.

[35] 郭予元. 棉铃虫的研究 [M]. 北京:中国农业出版社,1998.

[36] 黄保宏,邹运鼎,毕守东,等. 黑缘红瓢虫成虫人工饲料研究 [J]. 中国农业大学学报,2005,10(3):4－9.

[37] 黄保宏,邹运鼎,毕守东,等. 梅园昆虫群落特征、动态及优势种生态位 [J]. 应用生态学报,2005,16(2):307－312.

[38] 程媛,韩岚岚,于洪春,等. 性诱剂、赤眼蜂和化学药剂协同防治大豆食心虫的研究 [J]. 应用昆虫学报,2016,53(4):752－758.

[39] 程家安. 水稻害虫 [M]. 北京:中国农业出版社,1996.

[40] 程遐年,吴进才,马飞. 褐飞虱研究与防治 [M]. 北京:中国农业出版社,2003.

[41] 强胜. 杂草学 [M]. 2 版. 北京:中国农业出版社,2009.

[42] 强胜,李扬汉. 安徽沿江圩丘农区水稻田杂草区系及草害的研究 [J]. 安徽农业科学,1994,22(2):135－138.

[43] 赖军臣,王慧卿,肖春华,等. 小麦常见病虫害防治 [M]. 北京:中国劳动社会保障出版社,2011.

[44] 魏鸿钧,张治良,王荫长,等. 中国地下害虫 [M]. 上海:上海科学技术出版社,1989.

[45] ABROL D P. Integrated pest management: current concepts and ecological perspective [M]. Academic Press,2014.